GUTTENTAGSCHE SAMMLUNG
Nr. 237 DEUTSCHER REICHSGESETZE Nr. 237

Das
DM-BILANZGESETZ
und die Umstellung von Schuldverhältnissen

KOMMENTAR

von

Dr. Henning von Boehmer
Rechtsanwalt bei dem Oberlandesgericht in Düsseldorf

Berlin 1949

Walter de Gruyter & Co.

vormals G. J. Göschen'sche Verlagshandlung / J. Guttentag, Verlagsbuchhandlung / Georg Reimer / Karl J. Trübner / Veit & Comp.

Archiv-Nr. 211 237

12249. Druck A. W. Hayn's Erben, Berlin SO 36 (VIII/99)

Vorbemerkung

Das DM-Bilanzgesetz bildet die gesetzliche Grundlage für die Aufstellung der Eröffnungsbilanzen in Deutscher Mark und die Neufestsetzung des Kapitals und damit für die neuen Bilanzverhältnisse in der Wirtschaft. Das vorliegende Werk soll dazu dienen, das Verständnis für das DM-Bilanzgesetz und die Anwendung dieses Gesetzes in der Praxis zu erleichtern.

Hinsichtlich der Bewertung von Forderungen und Verpflichtungen verweist das DM-Bilanzgesetz (§§ 24 und 30) auf das Umstellungsgesetz. Für die Bilanzaufstellung ist daher auch eine Kenntnis der Vorschriften auf dem Gebiete der Umstellung von Schuldverhältnissen notwendig. Die Ausführungen im zweiten Teil über die Umstellung von Schuldverhältnissen behandeln eine Reihe von Zweifelsfragen auf diesem Gebiete.

Die Zusammenstellung von Gesetzen, Verordnungen und Richtlinien im dritten Teil enthält die wichtigsten Vorschriften, die bei der Anwendung des DM-Bilanzgesetzes gebraucht werden. Für den Wertansatz von Valuta-Schuldverhältnissen gilt die Umrechnungstabelle für ausländische Währungen (Anlage zu den Richtlinien zur Erstellung der Reichsmarkschlußbilanz und der Umstellungsrechnung der Geldinstitute), die auf Seite 359 ff. enthalten ist (§ 10). Für die Bewertung der Wertpapiere gilt der Wertpapierkurszettel der Bank deutscher Länder nach dem Stand vom 31. Dezember 1948, der auf Seite 363 ff. enthalten ist (§ 22).

Inhaltsverzeichnis

Seite

VI. Dritter Teil:

Gesetze, Verordnungen und Richtlinien zur D-Mark-Eröffnungsbilanz, Kapitalneufestsetzung und Währungsumstellung

---

Abkürzungsverzeichnis

BB	=	„Betriebsberater".
DRZ	=	„Deutsche Rechtszeitschrift".
MDR	=	„Monatsschrift für Deutsches Recht"
NJW	=	„Neue Juristische Wochenschrift".
RG	=	Entscheidungen des Reichsgerichts in Zivilsachen.
RGBl	=	„Reichsgesetzblatt".
SJZ	=	„Süddeutsche Juristenzeitung".
UG, Ums.Ges.	=	Umstellungsgesetz (Drittes Gesetz zur Neuordnung des Geldwesens).
VO	=	Verordnung.
WG	=	Währungsgesetz.
ZJBl	=	Zentraljustizblatt (britische Zone).

Literaturverzeichnis

a) In Buchform

Ebbecke, „Die Abwicklung schwebender Schuldverhältnisse nach der Währungsumstellung", Essen, 1948.

Harmening-Duden, „Die Währungsgesetze" München und Berlin, 1949.

Hubernagel, „Umstellungsgesetz, erläutert für die Rechtspraxis", Wuppertal-Elberfeld, 1948.

Langen, „Die neuen Währungsgesetze", Essen-Kettwig, 1949.

Priese-Rebentrost, „Kommentar zu den Gesetzen zur Neuordnung des Geldwesens", Iserlohn, 1948.

Schäffer, „Geld- und Währungsordnung", Frankfurt a. M., 1948.

Walb, „Die Grundgesetze der Geldneuordnung", Duisburg, 1948.

Walter-Seeliger, „Die Regelung der Schuldverhältnisse nach der Währungsreform", Düsseldorf, 1948.

b) In Zeitschriften

1. W. Aprath: „Währungsreform als Bilanzproblem" in „Finanzrundschau" 1948, Nr. 7, S. 50.
2. H. Barz, „Aufbauverträge und Umstellungsgesetz" in NJW 1948, Heft 14, S. 537.
3. H. Bergmann, „Die Umstellung der RM-Verbindlichhkeiten aus allgemeinen Schuldverhältnissen" in NJW 1948, Heft 11, S. 405.
4. H. Bertermann, „Die Umstellung von Reichsmarkverbindlichkeiten aus Verkäufen unter Eigentumsvorbehalt" in „Juristische Rundschau", 1948, Heft 9, S. 249.
5. K. A. Bettermann, „Die Einwirkung der Währungsreform auf schwebende Prozesse, insbesondere auf die Zulässigkeit von Rechtsmitteln" in NJW 1948, Heft 12, S. 447.
6. G. Boehmer, „Zur Einwirkung des Umstellungsgesetzes auf Schmerzensgeldansprüche" in SJZ 1949, Nr. 5, Sp. 315 ff., sowie 8. Beiheft der DRZ, 1949.
7. E. Boesebeck, „10 : 1 oder 1 : 1?" in NJW 1948, Heft 13, S. 509.
8. C. Böttcher, „Zur Frage der Auslegung der Währungsgesetze" in „Der Betriebsberater" 1949, Heft 6, S. 105.
9. E. Bötticher, „Versendungskauf und Bewirkung der Gegenleistung im Sinne des § 18 Abs. 1 Z. 2 des Umstellungsgesetzes" in MDR 1949, Heft 1, S. 2.
10. Brandstetter, „Währungsumstellung und Geldstrafe" in NJW 1948, Heft 18, S. 675.
11. R. Bruns, „Wertansprüche und Wertklauseln nach dem Umstellungsgesetz" in MDR 1948, Heft 11, S. 400.
12. E. v. Caemmerer, „Währungsgesetzgebung und Schuldverhältnisse" in SJZ 1948, Sp. 497 ff.

13. Carl, „Schuldverhältnisse und Währungsreform" in „Der Betrieb" 1948, Nr. 34, S. 304.

14. Caspari, „Anwaltsgebühren und Währungsumstellung" in NJW 1948, Heft 14, S. 540.

15. J. Consbruch, „Zur Frage des mehrfachen Sitzes von Aktiengesellschaften" in NJW 1949, Heft 10, S. 375.

16. H. Coing, „Die Abwicklung von Lieferverträgen nach dem Umstellungsgesetz" in NJW 1948, Heft 12, S. 441.

17. H. Coing, „Die Geltendmachung von Forderungen gegen das Reich gegenüber Ansprüchen aus dem Reichsvermögen" in NJW 1949, S. 203.

18. Cossmann, „Währungsschiedsgerichte und Wiedereinführung der Sprungrevision" in NJW 1948, Heft 13, S. 516.

19. H. Dahs, „Der Einfluß der Währungsumstellung auf die Rechtsmittel im Zivilprozeß" in MDR 1948, Heft 11, S. 388.

20. H. Däubler, „Die Umstellung der Auseinandersetzungsforderungen nach § 18, Abs. 1, Ziffer 3 des Umstellungsgesetzes" in DRZ 1949, Heft 1, S. 3.

21. K. Duden, „Allgemeine privatrechtliche Wirkungen der Geldreform" in „Deutsche Rechts-Zeitschrift" 1948, Sondernummer, S. 330.

22. K. Duden, „Die westdeutsche Währungsreform" in DRZ 1948, Heft 8/9, S. 265.

22a. K. Duden, „Die Umstellung der Grundpfandrechte und die Umstellungsgrundschulden" in DRZ, 1949, Heft 13, S. 295 ff.

23. T. Eppig, „Zu § 18 Ziffer 3 des Umstellungsgesetzes" in NJW 1949, Heft 1, S. 17.

24. W. Flume, „Die Umstellung bei Leistungsverzug des Sachschuldners vor der Währungsreform" in „Deutsche Rechts-Zeitschrift" 1949, Heft 7, S. 147 ff.

25. W. Flume, „Die Aeußerungen des Büros für Währungsfragen" in „Der Betrieb" 1949, Nr. 8, S. 61.

26. R. Frhr. v. Godin, „Scheckgutschrift unter Vorbehalt" in DRZ 1948, Heft 8/9, S. 286.

27. H. Gramm, „Die vorzeitige Kündigung von Angestellten gem. § 27 Abs. 1 des Umstellungsgesetzes" in MDR 1948, Heft 12, S. 465.

28. G. Gutzschebauch, „Umwandlung und Aufhebung von Stiftungen infolge der Geldumstellung" in „Der Betriebs-Berater" 1949, Heft 6, S. 119.

29. Haaß, „Restkaufgelder in der Westberliner Währungsreform" in „Juristische Rundschau" 1948, Heft 11/12, S. 295.

30. M. Hachenburg, „Die Angehörigen der Vereinten Nationen im Umstellungsgesetz" in SJZ 1949, Nr. 4, Sp. 243 ff.

31. R. Harmening, „Die Neuordnung des Geldwesens in den westlichen Besatzungszonen" in NJW 1948, Heft 11, S. 401.

32. H. Harmsen, „Währungsreform und gewerblicher Rechtsschutz" in NJW 1948, Heft 12, S. 444.

33. W. Hoepfner, „Die Vertragshilfe nach § 21 des Umstellungsgesetzes" in NJW 1949, Heft 1, S. 13.

34. Hothorn, „Einwirkung der Währungsreform auf Kaufverträge nach Hingabe eines Bezugsscheines" in NJW 1948, Heft 13, S. 515.

35. Hothorn, „Schmerzensgeldansprüche und Währungsreform" in NJW 1949, S. 215.

36. G. Hubernagel, „Die umstellungsfreien Geldschulden nach dem Umstellungsgesetz" in NJW 1948, Heft 11, S. 409.

37. H. Jacobsohn, „Restkaufgelder und Währungsreform" in MDR 1948, Heft 12, S. 448.

38. H. Jacobsohn, „Wiederkehrende Leistungen aus Kauf- und Werkverträgen". in „Der Betriebsberater" 1948, Heft 20, S. 398.

39. Kaap, „Zur Frage der Umstellung wiederkehrender Leistungen nach § 18, Abs. 1, Ziffer 1, Abs. 2 Umstellungsgesetz" in NJW 1948, Heft 14, S. 546.

40. Kaulbach, „Schuldnerschutz nach der Währungsreform" in DRZ 1948, Sondernummer, S. 349.

41. E. Klein, „Die Steuervergehen nach dem Umstellungsgesetz" in SJZ 1948, Nr. 9, Sp. 555.

42. W. Kraemer, „Währungsreform und Anwaltsgebühren" in SJZ 1948, Nr. 8, Sp. 477.

43. G. Loenicker, „Die Rechtslage des Bausparwesens nach der Geldneuordnung" in NJW 1949, Heft 1, S. 16.

44. U. Meyer, „Die Deckung bei der steckengebliebenen Banküberweisung" in DRZ. 1949, Heft 4, S. 74.

45. Ph. Möhring, „Die Währungsreform im Spiegel der Rechtsprechung des Obersten Gerichtshofes für die britische Zone" in „Monatsschrift für Deutsches Recht" 1949, Heft 5, S. 270 ff.

46. Ph. Möhring, „Einfluß der Währungsreform auf die Rechtsprechung zu den Fragen der Ost-West-Banküberweisungen" in NJW 1948, Heft 13, S. 505.

47. K. Münzel, „Bereicherungsanspruch und Umstellung" in NJW 1949, Heft 11, S. 409 ff.

48. K. Münzel, „Die Einwirkungen der Währungsreform auf das Verfahren und die Zwangsvollstreckung" in DRZ 1948, Sondernummer, S. 341.

49. E. Natter, „Die währungsmäßige Umstellung der Ansprüche des Anwalts auf Gebühren und Ersatz von Auslagen aus den am 21. 6. 1948 laufenden Mandaten" in DRZ 1948, Sondernummer, S. 347.

50. J. Over, „Die Lohnsteuer nach der Währungsreform" in „Finanzrundschau" 1948; Nr. 7, S. 56.

51. E. Paterna, „Gewerblicher Rechtsschutz und Währungsumstellung" in MDR 1948, Heft 11, S. 402.

52. K. Petersen, „Zivilistische Fragen der Währungsreform" in MDR 1949, Heft 1, S. 20, sowie S. 88 ff.

53. E. R. Prölss, „Währungsreform und Versicherung" in DRZ 1948, Sondernummer, S. 353.

54. G. Reinicke, „Die Einwirkung der Währungsreform auf Schuldverhältnisse gem. dem 3. Gesetz zur Neuordnung des Geldwesens" in MDR 1948, Heft 7, S. 194.

55. G. u. D. Reinicke, „Die Einwirkung der Festkontenregelung auf Schuldverhältnisse" in MDR 1949, Heft 1, S. 11, sowie 1948, S. 321 ff.

56. S. Rentrop, „Umstellungsverlust in der Ueberleitungsbilanz" in „Der Betrieb", 1948, Nr. 34, S. 298.

57. P. Riebesell, „Die Versicherung nach der Währungsumstellung" in „Der Betriebsberater", 1949, Heft 6, S. 107.

58. Riedler, „Schadensversicherung in der Währungsreform" in NJW 1948, Heft 15, S. 618.

59. U. Schnurr, „Kompensationsgeschäft und Währungsumstellung" in NJW 1948, Heft 15, S. 617.

60. H. Rowedder, „Die Umstellung von Kaufverträgen mit Währungsumstellungsklauseln" in NJW 1949, Heft 11, S. 418 f.

61. Seeburg, „Fragen der Vertragshilfe aus § 21 Umstellungsgesetz" in MDR 1949, Heft 1, S. 23.

62. J. Sieveking, „Vertraglich übernommene Schadensersatzverpflichtungen in der Währungsumstellung" in MDR 1949, Heft 1, S. 8.

63. A. Spengler, „Die steckengebliebene Banküberweisung" in „Der Betrieb", 1949, Nr. 9, S. 105.

64. A. Spengler, „Umstellungsprobleme in der Zivil- und prozeßrechtlichen Praxis" in NJW 1948, Heft 17, S. 643.

64a. Springer, „Der Doppelsitz der Aktiengesellschaft" in NJW, 1949, S. 561 ff.

65. E. Süße, „Westzonen-Währungsumstellung und Anwaltsgebühren" in „Juristische Rundschau", 1948, Heft 10, S. 269.

66. H. Theest, „Die Vertragsversicherung in der Währungsreform" in NJW 1948, Heft 11, S. 415.

67. E. Thomas, „Die Zwangsvollstreckung aus Reichsmarkschuldtiteln" in NJW 1948, Heft 15, S. 578.

68. H. W. Weber, „Grundpfandrechte, persönliche Forderung und Bürgschaft bei Trümmergrundstücken" in DRZ 1949, Heft 7, S. 145 ff.

69. P. Wetzel, „Anwaltsgebühren und Währungsumstellung" in NJW 1948, Heft 11, S. 411.

70. Wicher, „Zur steckengebliebenen Banküberweisung" in NJW 1949, Heft 12, S. 445 ff.

71. Wünschmann, „Fragen des Privatrechts aus der Währungsreform" in „Juristische Rundschau", 1948, Heft 9, S. 240.

Erster Teil

Das DM-Bilanzgesetz

(Gesetz über die Eröffnungsbilanz in Deutscher Mark und die Kapitalneufestsetzung)

mit einer Einführung und Erläuterungen

Einführung zum DM-Bilanzgesetz

Die Wirtschaft sieht sich nach der Aenderung der Währung im Juni 1948 in einer ähnlichen Lage, in der sie sich nach der Währungsstabilisierung im Jahre 1924 befand. Wie damals das Bilanzwesen nach der Zerstörung der Wertbegriffe durch die Inflation und der Einführung einer stabilen Währung auf eine neue Grundlage gestellt werden mußte, so muß auch nach der Einführung der Deutschen Mark eine Neubewertung aller Aktiven und Passiven in der neuen Währung erfolgen. Aehnlich wie die „Verordnung über Goldbilanzen" vom 28. Dezember 1923 die gesetzliche Grundlage für die Aufstellung des Inventars und der Bilanz in Goldmark gleich $^{10}/_{42}$ des nordamerikanischen Dollars bildete, so bildet das D-Markbilanzgesetz die gesetzliche Grundlage für die Aufstellung des Inventars und der Eröffnungsbilanz in Deutscher Mark.

Eine weitere Parallele zu den Vorgängen, die zum Erlaß des D-Markbilanzgesetzes führten, stellt die Einführung der Reichsmark in Oesterreich im Jahre 1938 dar. Die „Verordnung über Reichsmarkeröffnungsbilanzen und Umstellungsmaßnahmen im Lande Oesterreich" vom 2. August 1938 (RGBl. I S. 982) knüpft an die „Verordnung über Goldbilanzen" an und enthält Einzelheiten über die „Umstellung" der Bilanzen auf die Reichsmark, insbesondere für Kapitalgesellschaften (§§ 5 ff. der für Oesterreich geltenden „Umstellungsverordnung"). In ähnlicher Weise ist die Bilanzumstellung im Sudetenland geregelt worden.

Das D-Markbilanzgesetz zerfällt in sechs Abschnitte:

Abschnitt I:

Eröffnungsbilanz

Dieser Abschnitt behandelt den Kreis der Personen und Gesellschaften, der zur Aufstellung einer Eröffnungsbilanz in Deutscher Mark verpflichtet ist, und die für die Eröffnungsbilanz geltenden allgemeinen und besonderen Bewertungsgrundsätze (§§ 1—34). Der Personenkreis ergibt sich aus § 1, jedoch ist für die Kaufleute und bergrechtlichen Gewerkschaften, die ihre Hauptniederlassung oder ihren Sitz in Deutschland außerhalb des Währungsgebietes haben und im Währungsgebiet eine Zweigniederlassung oder sonstige Betriebsstätte unterhalten, eine besondere Regelung hinsichtlich der Aufstellung der Eröffnungsbilanz getroffen worden (§ 2). Die Einzelheiten über die Aufstellung der Bilanz, soweit es sich nicht um Wertansätze handelt, insbesondere über die Fristen für die Aufstellung, Prüfung, Vorlegung, Feststellung und Veröffentlichung der Eröffnungsbilanz, ergeben sich aus § 3. In § 4 ist bestimmt, daß die Eröffnungsbilanz einer Aktiengesellschaft oder Kommanditgesellschaft auf Aktien abweichend von der allgemeinen für diese Gesellschaften geltenden gesetzlichen Regelungen über die Bilanzaufstellungen durch die Hauptversammlung festgestellt wird.

Die Bewertungsvorschriften sind aufgeteilt in die allgemeinen (§§ 5—14) und die besonderen (§§ 15—34). Die allgemeinen Bewertungsvorschriften enthalten insbesondere die Bestimmungen über die Berücksichtigung späterer Währungs- und Kriegsfolgemaßnahmen, das anzuwendende Währungsrecht, die Bewertung von Auslandsvermögen, Valuta-Schuldverhältnissen, Wertklauseln sowie die Berücksichtigung des Lastenausgleichs. Die besonderen Bewertungsvorschriften enthalten Bestimmungen über die Wertansätze für die einzelnen Posten auf der Aktiv- und Passivseite der Eröffnungsbilanz. Von besonderer Bedeutung sind hierbei die Bestimmungen über die Bewertung von Grundstücken innerhalb und außerhalb des Währungsgebietes (§§ 16 und 17), über das bewegliche Anlagevermögen (§ 18), über das Vorratsvermögen (§ 20), über Wertpapiere und Anteile (§ 22), sowie über die Bewertung von Pensionsverpflichtungen (§ 29) und von Forderungen und Verbindlichkeiten (§§ 24 und 30). Die Bewertungsvorschriften sehen vor, daß grundsätzlich der Bilanzzusammenhang unterbrochen wird, also eine Neubewertung ohne Berücksichtigung der Wertansätze in den früheren Reichsmarkbilanzen zu erfolgen hat. Hierdurch wird die Möglichkeit einer Bereinigung der Bilanz und damit zu einer Rückkehr zu richtigen Wertbegriffen gegeben. Gleichzeitig wird dadurch die Möglichkeit zur Vornahme neuer Abschreibungen und damit zur Bildung von Kapital für Investitionszwecke geschaffen. Das D-Markbilanzgesetz erfüllt damit auch wichtige wirtschaftspolitische Aufgaben auf dem Gebiete der Schaffung von Grundlagen für die Wiedergesundung der Wirtschaft.

Abschnitt II:

Die Neufestsetzung der Kapitalverhältnisse von Kapitalgesellschaften

Für die Aufstellung der Eröffnungsbilanz von Aktiengesellschaften, Kommanditgesellschaften auf Aktien und Gesellschaften mit beschränkter Haftung gelten besondere Bestimmungen (§§ 35—59). Besonders wichtig ist, daß diese Gesellschaften, insbesondere solche, die bei einer endgültigen Neufestsetzung des Kapitals nach § 35 überschuldet sein würden, die Möglichkeit haben, unter den Voraussetzungen, die sich aus den §§ 36 bis 38 ergeben, ein allgemeines oder außerordentliches Kapitalentwertungskonto oder ein Kapitalverlustkonto zu bilden und dadurch die endgültige Neufestsetzung des Kapitals auf einen späteren Zeitpunkt, in dem sich mutmaßlich die Vermögensverhältnisse der Gesellschaft verbessert haben, hinauszuschieben. Hier knüpft das D-Markbilanzgesetz an eine Regelung an, die in der „Verordnung über Goldbilanzen" (§ 5) getroffen war und sich bewährt hatte. Wichtig ist auch die Möglichkeit der Berichtigung von Wertansätzen, falls sich bei der Aufstellung späterer Jahresbilanzen für bestimmte Bilanzposten ergibt, daß Wertminderungen oder sonstige Verluste in der bei der Beschlußfassung über die Eröffnungsbilanz angenommenen Höhe tatsächlich nicht eingetreten waren oder nachträglich ausgeglichen sind (§ 47).

Abschnitt III:

Aenderungen auf dem Gebiete des Aktienrechts

Im Zusammenhang mit der Bilanzbereinigung steht auch die Festsetzung neuer Mindestnennbeträge für das Grundkapital und die Aktien sowie neuer Höchstzahlen für die Aufsichtsratsmitglieder von Aktiengesellschaften. Durch die Festsetzung des Mindestnennbetrages für das Grundkapital auf 100 000,— DM und für die Aktie auf 100,— DM wird der bisher geltende Mindestnennbetrag den neuen Währungs- und Wertverhältnissen angepaßt (§ 60).

Abschnitt IV:

Die Neufestsetzung der Geschäftsguthaben und Geschäftsanteile von Erwerbs- und Wirtschaftsgenossenschaften

Während das D-Markbilanzgesetz — vorbehaltlich besonderer Vorschriften — auf Geldinstitute, Versicherungsunternehmen und Bausparkassen, gleichviel in welcher Rechtsform diese Unternehmen betrieben werden, keine Anwendung findet (§ 77) und für sie der Erlaß besonderer Vorschriften zu erwarten ist, werden die auf anderen Gebieten tätigen Erwerbs- und Wirtschaftsgenossenschaften hinsichtlich der Neufestsetzung der Geschäftsguthaben und Geschäftsanteile sowie der Haftsumme und der Feststellung der Eröffnungsbilanz in den §§ 64—72 behandelt. Auf die Erwerbs- und Wirtschaftsgenossenschaften finden eine Reihe von Bestimmungen Anwendung, die für Kapitalgesellschaften gelten, jedoch nicht die Bestimmungen über die vorläufige Neufestsetzung der Kapitalverhältnisse durch Einstellung eines Kapitalentwertungs- oder Kapitalverlustkontos. Eine Ausnahme wird lediglich für Wohnungsbaugenossenschaften gemacht, die ein allgemeines Kapitalentwertungskonto nach § 36 einstellen können. Dieses Konto darf sich jedoch auf höchstens nur 20 % des Gesamtbetrages der Geschäftsguthaben belaufen, während der Höchstbetrag des Kapitalentwertungskontos gemäß § 36 50 % des Betrages des Nennkapitals ist.

Abschnitt V:

Steuern und Gebühren

In den §§ 73 bis 76 werden die Auswirkungen der D-Markeröffnungsbilanz auf dem Gebiete des Steuerrechts und der Gerichts- und notariellen Beurkundungsgebühren behandelt. Die handelsrechtlichen Wertansätze gelten als steuerliche Ausgangswerte sowohl für die Steuern vom Einkommen und Ertrag wie auch vom Vermögen. Durch die Ermäßigung von Gerichtsgebühren und notariellen Beurkundungsgebühren werden die Kosten für die Feststellung der Eröffnungsbilanz und die Neufestsetzung des Kapitals vermindert.

Abschnitt VI:

Schlußvorschriften

Neben Uebergangsvorschriften behandelt dieser Abschnitt die Folgen der nichtfristgemäßen Neufestsetzung der Kapitalverhältnisse bei Kapitalgesellschaften und bestimmt die Termine, zu denen die Kapitalgesellschaften im Falle einer Nichteinhaltung der in den §§ 3, 36, 37 und 64 ff. genannten Fristen sowie im Falle der Unterschreitung der im § 44 Abs. 1 und 2 genannten Mindestnennbeträge aufzulösen sind (§ 80). Ferner enthält § 81 Einzelheiten über die Wiedereinführung der Pflichtprüfung. Die Bestimmung des § 82 Abs. 2 über die Verlängerung von Fristen und Terminen, die in § 3 Abs. 2, 3 und 5 genannt sind, ist wirksam geworden, da das Gesetz erst am 30. August 1949 verkündet, also erst am 31. August 1949 in Kraft getreten ist.

Das DM-Bilanzgesetz

(Gesetz über die Eröffnungsbilanz in Deutscher Mark und die Kapitalneufestsetzung)

Der Wirtschaftsrat hat das folgende Gesetz beschlossen:

ABSCHNITT I

Eröffnungsbilanz

Erster Unterabschnitt

Allgemeine Vorschriften

§ 1

Eröffnungsbilanz

Kaufleute mit Hauptniederlassung (Sitz) im Währungsgebiet, die zur Führung von Handelsbüchern verpflichtet sind, haben für den 21. Juni 1948 ein Inventar und eine Eröffnungsbilanz in Deutscher Mark aufzustellen. Das gleiche gilt für solche gemeinnützigen Wohnungsunternehmen, Wirtschaftsbetriebe der öffentlichen Hand, gleichviel in welcher Rechtsform diese Unternehmen betrieben werden, sowie für solche bergrechtlichen Gewerkschaften, die ihren Sitz im Währungsgebiet haben.

Die Aufstellung der Eröffnungsbilanz

1. „Kaufleute"

a) Der Begriff des Kaufmanns („Mußkaufmann") ist in § 1 HGB dahingehend erläutert, daß jeder Kaufmann ist, „wer ein Handelsgewerbe betreibt". Hiernach können natürliche und juristische Personen wie auch Personenvereinigungen (z. B. die offene Handelsgesellschaft und die Kommanditgesellschaft) die Kaufmannseigenschaft erwerben. Nichtrechtsfähige Vereine (§ 54 BGB) sind nicht „Kaufleute". Auf sie finden die Vorschriften der §§ 705 ff. BGB über die Gesellschaft Anwendung. Wenn keine gemeinschaftliche Firma gewählt wird, so liegt keine offene Handelsgesellschaft, sondern eine Gesellschaft bürgerlichen Rechts vor (RG 82, S. 24). Die Gesellschafter sind Einzelkaufleute.

b) Als Kaufleute sind wegen des fast stets vorhandenen bankmäßigen Betriebes die Sparkassen anzusehen (RG 106, 318). Der Begriff des Gewerbebetriebes ist bei Konsumvereinen, die Waren nur an ihre Mitglieder für deren eigenen Bedarf zu möglichst niedrigen Preisen abgeben, im allgemeinen nicht erfüllt, doch ist hinsichtlich der Erwerbs- und Wirtschaftsgenossenschaft bestimmt (§ 17, Abs. 2 Genossenschafts-Gesetz), daß sie als Kaufleute im Sinne des Handelsgesetzbuches gelten. Aerzte und Zahnärzte sind nicht Kaufleute, da sie kein Gewerbe betreiben, sondern einen wissenschaftlichen Beruf ausüben, jedoch liegt ein Gewerbebetrieb vor, wenn ein Arzt als Inhaber einer Heilanstalt tätig ist und diese Tätigkeit der Erzielung dauernder Einnahmen dient und die Firma im Handelsregister eingetragen ist. Kein Kaufmann ist der Kommanditist einer Kommanditgesellschaft (Staub-Hachenburg, Anm. 6 zu § 161 HGB), wohl aber der Komplementär, ferner der Gesellschafter einer offenen Handelsgesellschaft.

c) Kaufleute kraft Art und Umfang des Gewerbebetriebes und Eintragung („Sollkaufmann") sind diejenigen Gewerbetreibenden, die kein Handelsgewerbe der in § 1, Abs. 2 HGB bezeichneten Art betreiben, sondern ein anderes Gewerbe, das nach Art und Umfang einen in kaufmännischer Weise eingerichteten Geschäftsbetrieb erfordert und deren Firma im Handelsregister eingetragen ist (§ 2 HGB.). Hierzu gehören z. B. ärztliche Heilanstalten, Architekten, Bauunternehmer, chemische Laboratorien, Fremdenpensionate, Gärtner, Landwirte, Lichtspielunternehmer, Theaterunternehmer und Ziegeleibesitzer. Handwerker können auf Grund der Art und des Umfanges ihres Geschäftsbetriebes und Eintragung (§ 2 HGB) die Vollkaufmannseigenschaft nicht erwerben (§ 4 HGB), wohl aber ist dies durch An- und Verkauf von Waren auf Grund des § 1 HGB möglich, so z. B. ist der Uhrmacher, der neben der Reparatur von Uhren fertige Uhren in erheblichem Umfange an- und verkauft, gemäß § 1 HGB Kaufmann.

d) Land- und Forstwirte sind grundsätzlich keine Kaufleute (§ 3, Abs. 1 HGB), jedoch können sie Kaufmannseigenschaft dadurch erwerben, daß sie einen Nebenbetrieb im Handelsregister eintragen lassen, so z. B. eine Brauerei, Brennerei, Seifensiederei, Ziegelei oder einen Mühlenbetrieb oder ein Lohndruschunternehmen (§ 3, Abs. 2 HGB) („Kannkaufmann"). Auf den Umfang des Nebenbetriebes kommt es nicht an, nur muß er so sein, daß er einen kaufmännisch eingerichteten Geschäftsbetrieb erfordert. Für die Steuerbilanz gilt jedoch § 74, Abs. 4 (vgl. Anm. 4 hierzu).

e) Kaufleute kraft ihrer Rechtsform („Formkaufleute") sind gemäß § 6 HGB die Handelsgesellschaften, also die offene Handelsgesellschaft, die Kommanditgesellschaft, die Aktiengesellschaft, die Kommanditgesellschaft auf Aktien sowie die Gesellschaft mit beschränkter Haftung. Ferner gilt gemäß § 17 Genossenschafts-Gesetz die Genossenschaft als Kaufmann, nicht dagegen die stille Gesellschaft (§§ 335 ff. HGB). Soweit es sich um juristische Personen handelt, erlangen sie die Kaufmannseigenschaft ohne Rücksicht auf den Gegenstand des Unternehmens, und zwar sind sie Vollkaufleute, nicht Minderkaufleute im Sinne des § 4 HGB.

2. Verpflichtung zur Führung von Handelsbüchern

a) Jeder Vollkaufmann ist zur Führung von Handelsbüchern verpflichtet (§ 38 HGB), nicht dagegen der Minderkaufmann (§ 4), nämlich Handwerker und Personen, deren Gewerbebetrieb nicht über den Umfang des Kleingewerbes hinausgeht. Ein Handwerk kann auch in Form eines größeren Betriebes betrieben werden. Entscheidend ist, ob die Herstellungsweise handwerksmäßig und handwerksüblich ist, ob also der Inhaber persönlich bei der Herstellung des Arbeitserzeugnisses in handwerksmäßiger Weise mitarbeitet und sich nicht auf die Leitung des Betriebes, die Aufnahme von Bestellungen oder die Verhandlung mit Lieferern und Kunden beschränkt. Ferner sind Personen, deren Gewerbebetrieb nicht über den Umfang des Kleingewerbes hinausgeht, Minderkaufleute im Sinne des § 4 HGB und daher nicht zur Führung von Handelsbüchern verpflichtet.

b) Minderkaufleute sind unter Umständen auf Grund von Steuergesetzen zur Vornahme von Aufzeichnungen verpflichtet (§§ 160 ff. Abgabenordnung und § 31 Umsatzsteuergesetz). Diese Aufzeichnungen stellen aber keine Handelsbücher im Sinne der vorliegenden Bestimmung dar.

c) Scheinkaufleute, das sind Personen oder Gesellschaften, deren Firma im Handelsregister eingetragen ist, ohne daß sie ein Gewerbe betreiben (§ 5 HGB), haben keine Buchführungspflicht, ebenso nicht Personen, die infolge ihres Auftretens im Rechtsverkehr als Kaufleute gelten, wie z. B. die Ehefrau, die als Handelsfrau auftritt (Staub-Hachenburg, Anm. 1 zu § 38 HGB). Die Anordnungen des früheren Reichsstandes des deutschen Handwerks betr. Buchführungspflicht für Handwerker und die Anordnung der Wirtschaftsgruppe Einzelhandel vom 1. Oktober 1938 betr. Buchführungspflicht für Einzelhändler begründen keine Verpflichtung zur Führung von Handelsbüchern im Sinne des § 1. Für die Steuerbilanz gilt § 74, Abs. 4 (vgl. Anm. 4 hierzu).

3. Inventaraufstellung

a) Zur ordnungsmäßigen Buchführung gehört, daß bei Beginn des Handelsgewerbes und alsdann für den Schluß eines jeden Geschäftsjahres Inventur zu machen ist. Die Inventur muß ein genaues Verzeichnis aller Vermögensgegenstände und Schulden enthalten (§ 39 HGB). Hierzu gehört auch die Firma, sofern sie auf abgeleitetem Wege entsprechend §§ 22 ff. HGB erworben worden ist (good will). Auch Patente und sonstige Rechte sind in die Iventur als Aktiva einzustellen, und zwar nicht nur dann, wenn sie entgeltlich erworben worden sind, sondern auch bei unentgeltlichem Erwerb. Sind Miet-, Pacht- oder Nießbrauchrechte auf Grund einer einmaligen Leistung, z. B. einer Abstandszahlung erworben worden, so können sie in der Inventur berücksichtigt werden, ebenso Lieferungs- und Lizenzverträge (RG 56, 18 und 80, 333).

b) Bewertung. Zur Inventur gehört auch die Angabe des Wertes für jeden Vermögensgegenstand (§ 39 HGB). Die Art der Wertberechnung ist in § 40 HGB dahingehend geregelt, daß der objektive Wert anzugeben ist, den das Vermögensstück für das Geschäft und bei dessen Fortbestehen hat, also nicht der Wert, der sich bei einer sofortigen zwangsweisen Veräußerung ergibt, aber auch nicht der Wert, der sich nach dem jeweiligen Ertrag des Geschäfts errechnet (RG 19, 122 und 43, 127). Auch ist nicht der Wert zur Zeit der Inventurerrichtung maßgebend, sondern der Wert zu dem Zeitpunkt, für den die Inventur errichtet wird. Doch können hierbei Tatsachen berücksichtigt werden, die erst nach dem Stichtag bekannt geworden sind. Forderungen sind nach ihrem wahrscheinlichen Wert anzusetzen, also unter Berücksichtigung der Zahlungsfähigkeit des Schuldners, bei Streit über das Bestehen der Forderung, unter Berücksichtigung der

Prozeßlage. Bei Auslandsschuldnern ist die Möglichkeit der Geltendmachung der Forderung zu berücksichtigen, ebenso der Kursstand fremder Währungen, falls eine Forderung auf fremde Währung lautet. Bei Hypothekenforderungen kann auch die Güte der Hypothek berücksichtigt werden. Bei geringerem Wertansatz als dem Nennbetrag der Forderung ist der Wertunterschied durch Aufnahme eines Gegenpostens, der in der Bilanz als Delkredere ins Passivum zu stellen ist, offen auszuweisen. Forderungen, die uneinbringlich sind, sind abzuschreiben (§ 40, Abs. 3 HGB).

4. Eröffnungsbilanz für den 21. Juni 1948

a) Die 17. Durchführungsverordnung zum Umstellungsgesetz bestimmt, daß Kaufleute, die zur Führung von Handelsbüchern verpflichtet sind, zum 20. Juni 1948 ihre in Reichsmark geführten Bücher durch eine Reichsmarkschlußbilanz nebst Gewinn- und Verlustrechnung abzuschließen haben (§ 1). Hierdurch wird die in § 39, Abs. 2 HGB enthaltene Bestimmung, daß die Bilanz zum Schluß eines jeden Geschäftsjahres aufzustellen ist, für das am 20. Juni 1948 laufende Geschäftsjahr durch Bildung eines Rumpfgeschäftsjahres abgeändert. Dementsprechend ist in § 1 bestimmt, daß eine Eröffnungsbilanz in Deutscher Mark aufzustellen ist, wodurch ein weiteres Rumpfgeschäftsjahr gebildet wird. Das mit dem 21. Juni 1948 beginnende Rumpfgeschäftsjahr kann gemäß § 3 der 17. Durchführungsverordnung zum Umstellungsgesetz mit dem folgenden Geschäftsjahr verbunden werden (vgl. § 73, Abs. 7).

b) Die Eröffnungsbilanz legt die Grundlage für die Ertragsrechnung kaufmännischer Unternehmungen in gleicher Weise wie es bei der Eröffnungsbilanz geschieht, die gemäß § 39 HGB von jedem Kaufmann bei Beginn seines Handelsgewerbes aufzustellen ist. Sie stellt die erste summarische Zusammen- und Gegenüberstellung des Aktiv- und Passivbestandes in Deutscher Mark dar und begründet damit einen neuen Rechnungsabschnitt in der neuen Währung. Es handelt sich hier um eine handelsrechtliche Vorschrift, d. h. auch für die Eröffnungsbilanz gelten die Bestimmungen der §§ 39 ff. HGB, der §§ 125 ff. des Aktiengesetzes, des § 42 GmbH-Gesetz und des § 48 Genossenschafts-Gesetz, soweit nicht durch das vorliegende Gesetz Abweichendes bestimmt ist.

Auf die Eröffnungsbilanz finden aber auch die steuerlichen Bilanzierungs-Vorschriften (z. B. § 172 Abgabenordnung) sowie die Rechtsprechung der Finanzgerichte Anwendung, denn die Eröffnungsbilanz stellt gleichzeitig die Grundlage für die Besteuerung der Unternehmungen auf Grund des Einkommen- und Körperschaftssteuergesetzes und für die Vermögenssteuer dar (vgl. §§ 74 u. 75). Sie ist also auch eine Steuerbilanz, und es muß angestrebt werden, die Wertansätze so zu bemessen, daß sie sowohl den handels- wie auch den steuergesetzlichen Bestimmungen entsprechen, daß also die Handelsbilanz mit der Steuerbilanz übereinstimmt.

5. Andere Unternehmungen

Die Pflicht zur Aufstellung der D-Mark-Eröffnungsbilanz ist durch § 1, Satz 2 auf die dort genannten Unternehmungen ausgedehnt worden. Diese Unternehmungen betätigen sich, auch wenn sie nicht auf Grund von § 1 oder § 2 HGB Kaufleute sind, wie solche; daher erscheint es angebracht, sie hinsichtlich der Aufstellung einer Eröffnungsbilanz den Kaufleuten gleichzustellen. Soweit sie steuerpflichtig sind, erlangen sie dann auch die steuerlichen Vorteile, die sich für die buchführungspflichtigen Kaufleute aus den Bewertungsvorschriften der §§ 5 ff. und aus den Steuerbestimmungen der §§ 73 ff. ergeben (vgl. auch Anm. 4 zu § 74). Für diese Unternehmungen ist eine Pflicht zur Führung von Handelsbüchern nicht Voraussetzung für die Verpflichtung zur Aufstellung der D-Mark-Eröffnungsbilanz. Daher gilt § 1, Satz 2 für alle dort genannten Unternehmungen schlechthin. Die Rechtsverhältnisse betreffend die bergrechtlichen Gewerkschaften sind in den §§ 94 ff. des Allgemeinen Berggesetzes für die Preußischen Staaten vom 24. Juni 1865 geregelt.

§ 2

Zweigniederlassungen und sonstige Betriebssätten im Währungsgebiet

(1) Kaufleute und bergrechtliche Gewerkschaften, die ihre Hauptniederlassung (Sitz) in Deutschland außerhalb des Währungsgebiets haben, sind verpflichtet,

a) über die von ihren Zweigniederlassungen oder sonstigen Betriebsstätten im Währungsgebiet betriebenen Geschäfte,

b) über das dem Geschäftsbetrieb des Unternehmens im Währungsgebiet dienende Vermögen,

c) über das sonstige im Währungsgebiet vorhandene Vermögen des Unternehmens gesondert Buch zu führen und Rechnung zu legen. Das gleiche gilt für solche noch bestehenden Unternehmen, die im Handelsregister (Genossenschaftsregister) ihrer Hauptniederlassung (Satz 1) ohne Sitzverlegung gelöscht worden sind, mit der Maßgabe, daß sie außerdem auch über das sonstige im Ausland vorhandene Vermögen des Unternehmens gesondert Buch zu führen und Rechnung zu legen haben. Die Vorschriften des Handelsgesetzbuches über Handelsbücher sowie die Vorschriften dieses Gesetzes über die Aufstellung eines Inventars und einer Eröffnungsbilanz gelten insoweit entsprechend. Gleiches gilt sinngemäß für nach dem 20. Juni 1948 errichtete Zweigniederlassungen oder sonstige Betriebsstätten solcher Unternehmen.

(2) Die Unternehmen haben für ihre im Währungsgebiet befindlichen Zweigniederlassungen einen oder mehrere ständige Vertreter mit Wohnsitz im Währungsgebiet zu bestellen, sofern nicht der Geschäftsinhaber (Gesellschafter) oder die gesetzlichen Vertreter des Unternehmens den Wohnsitz im Wäh-

rungsgebiet haben oder nach anderen Vorschriften ein gesetzlicher Vertreter für Zweigniederlassungen bestellt ist. Die ständigen Vertreter vertreten das Unternehmen hinsichtlich des Vermögens, über das nach Abs. 1 gesondert Buch zu führen ist; sie haben die Befugnisse von gesetzlichen Vertretern. Sie sind zur Eintragung im Handelsregister (Genossenschaftsregister) anzumelden. Das Gericht kann aus wichtigem Grund die Eintragung der Bestellung ablehnen oder die Bestellung widerrufen. Unterhält das Unternehmen im Währungsgebiet nur Betriebsstätten, so hat es am Ort der Geschäftsleitung oder der Verwaltung für die Betriebsstätten im Währungsgebiet eine Zweigniederlassung zu errichten.

(3) Die Errichtung der Zweigniederlassung und die Bestellung der ständigen Vertreter ist abweichend von § 13, 13a des Handelsgesetzbuches, §§ 35, 36 des Aktiengesetzes beim Gericht des Sitzes der Zweigniederlassung zur Eintragung in das Handelsregister (Genossenschaftsregister) anzumelden; das Gericht des Sitzes der Zweigniederlassung hat die Eintragungen von Amts wegen dem Gericht des Sitzes mitzuteilen. Das gleiche gilt für alle sonstigen ausschließlich die Zweigniederlassung betreffenden Anmeldungen durch den ständigen Vertreter.

(4) Wird die Errichtung der Zweigniederlassung oder die Bestellung der ständigen Vertreter nicht binnen sechs Monaten nach Inkrafttreten des Gesetzes bei dem Gericht des Sitzes der Zweigniederlassung angemeldet, so hat es von Amts wegen die Errichtung der Zweigniederlassung einzutragen, einen ständigen Vertreter für die Zweigniederlassung zu bestellen und dessen Bestellung einzutragen. Auf Antrag der gesetzlichen Vertreter des Unternehmens kann das Gericht die von Amts wegen erfolgte Bestellung des ständigen Vertreter widerrufen. Die Eintragungen haben ferner von Amts wegen zu erfolgen, wenn

a) die Betriebsstätte oder die Zweigniederlassung erst nach dem Inktrafttreten dieses Gesetzes errichtet wird und die Anmeldungen nicht binnen sechs Monaten nach Errichtung erfolgen,

b) die Bestellung eines ständigen Vertreters vom Gericht widerrufen und die Bestellung eines anderen ständigen Vertreters nicht angemeldet oder dessen Eintragung aus wichtigem Grund abgelehnt wird.

(5) Der ständige Vertreter hat Anspruch auf Ersatz angemessener barer Auslagen und auf Vergütung für seine Tätigkeit. Die Auslagen und die Vergütung setzt das Gericht fest, wenn der ständige Vertreter sich nicht mit dem Unternehmen einigen kann; gegen die Festsetzung ist die sofortige Beschwerde zulässig; die weitere Beschwerde ist ausgeschlossen. Aus der rechtskräftigen Festsetzung findet die Zwangsvollstreckung nach der Zivilprozeßordnung statt.

(6) Der Verwaltungsrat des Vereinigten Wirtschaftsgebietes oder die von ihm beauftragte Stelle kann im Wege der Durchführungsverordnung bestimmen, wieweit die vorstehenden Vorschriften nicht anzuwenden sind auf Unternehmen, die ihre Hauptniederlassung (Sitz) in einem deutschen Gebiet außerhalb des Währungsgebietes haben, in dem diesem Gesetz entsprechende Vorschriften über die Aufstellung einer Eröffnungsbilanz sowie über die Kapitalneufestsetzung gelten.

Die Zweigniederlassungen und sonstigen Betriebsstätten

1. Handelsniederlassung und Sitz

Die Buchführungspflicht erstreckt sich gemäß § 38 HGB auf das ganze Handelsgewerbe eines Kaufmanns. Hat ein Kaufmann mehrere Handelsniederlassungen (§ 13 HGB), so kann er eine zur Hauptniederlassung und die übrigen zu Zweigniederlassungen machen. Die Hauptniederlassung ist von dem Sitz der juristischen Person im Sinne des § 33, Abs. 3 HGB zu unterscheiden, denn der Sitz der juristischen Person braucht nicht mit dem Ort der kaufmännischen Niederlassung zusammenzufallen. Hat ein Kaufmann mehrere Handelsniederlassungen, so kann er sie aber auch in der Weise betreiben, daß jede selbständig ist und die andere nicht berührt. Verschiedentlich wird angenommen, daß eine juristische Person auch einen Doppelsitz haben kann, da dieser Annahme keine gesetzliche Bestimmung entgegenstünden (vgl. hierzu J. Consbruch, „Zur Frage des mehrfachen Sitzes von Aktiengesellschaften", in NJW, 1949, Heft 10, v. 15. Mai 1949, S. 375). Gegen diese Auffassung wendet sich mit Recht Springer (NJW, 1949, S. 561 ff.). Hat ein Unternehmer eine Zweigniederlassung begründet, so stellt diese kein selbständiges Rechtssubjekt dar, sondern sie ist nur eine Geschäftsstelle des Handelsgeschäfts, die eine gewisse Selbständigkeit besitzt (RG 96, 162; 107, 46; 130, 25). Durch die Bestimmungen des § 2, Abs. 2 sind jedoch Zweigniederlassungen und Betriebsstätten, die unter § 2 fallen, den Unternehmungen mit eigener Rechtsfähigkeit gleichgestellt.

2. Buchführungspflicht

Bei Vorhandensein einer Zweigniederlassung sind die Bücher der Zweigniederlassung bei der Hauptniederlassung zu führen. Im allgemeinen wird jedoch für jede Zweigniederlassung gesondert Buch geführt, und nur die Ergebnisse werden in der Buchhaltung der Hauptniederlassung zusammengefaßt. Eine selbständige Buchführungspflicht der Zweigniederlassungen hat bisher nicht bestanden und war weder aus handels- noch aus steuerrechtlichen Gesichtspunkten erforderlich, da das Unternehmen mit Zweigniederlassungen als rechtliche und wirtschaftliche Einheit angesehen wurde.

Erst durch die unterschiedlichen währungspolitischen und rechtlichen Verhältnisse in der Ostzone und in den Westzonen wurde — ähnlich wie hinsichtlich der Frage des Doppelsitzes von Unternehmungen — auch die Frage der gesonderten Buchführungspflicht von Zweigniederlassungen akut. Diese Frage ist nun hinsichtlich der im Währungsgebiet befindlichen Zweigniederlassungen dahin geregelt worden, daß sie eine selbständige Buchführungspflicht haben, also für den Geschäftsbereich der Zweigniederlassung eine D-Mark-Eröffnungsbilanz auf den 21. Juni 1948 aufzustellen haben (§ 2, Abs. 1).

3. Handelsbücher

Die in § 2, Abs. 1, S. 1 genannten Zweigniederlassungen werden hinsichtlich der Führung von Handelsbüchern (§§ 38 ff. HGB) wie selbständige Kaufleute behandelt. Auch wenn die Eintragung einer Zweigniederlassung bei dem Gericht nicht stattgefunden hat (§ 13, Abs. 2 HGB), also nur eine Betriebsstätte unterhalten wird, die nicht als Zweigniederlassung im Handelsregister eingetragen ist, besteht für diese eine Buchführungspflicht. Damit werden die Grundlagen für eine steuerliche Erfassung solcher Zweigniederlassungen und sonstiger Betriebsstätten von Unternehmungen, die ihren Sitz oder ihre Hauptniederlassung nur in der Ostzone haben, geschaffen.

4. Gesetzliche Vertreter für Zweigniederlassungen

Die für die Zweigniederlassung zu bestellenden Vertreter haben die Befugnisse eines gesetzlichen Vertreters. Diese Befugnisse entstehen bereits mit ihrer Bestellung. Die Eintragung in das Handelsregister (bzw. Genossenschaftsregister) hat keine rechtsbegründende (konstitutive) Bedeutung. Es handelt sich hier nur um eine Ordnungsvorschrift, die nur rechtsbekundende (deklaratorische) Bedeutung hat. Die Eintragung ist jedoch zum Zwecke der Führung des Nachweises über die Vertretungsbefugnis wichtig.

5. Betriebsstätten

Im Falle der Unterhaltung einer Betriebsstätte im Währungsgebiet ist für den Betrieb eine Zweigniederlassung zu errichten, damit eine Uebersicht über die im Währungsgebiet befindlichen Betriebe von Unternehmungen der Ostzone und des Ostsektors von Berlin gewonnen wird und eine Kontrolle solcher Betriebe — auch in steuerlicher Hinsicht — erleichtert wird (§ 2, Abs. 2, letzter Satz).

6. Anmeldung beim Gericht der Zweigniederlassung

Die Bestimmung des § 2, Abs. 3 soll die Notwendigkeit der vorherigen Anmeldung und Eintragung der Zweigniederlassung bei dem Gericht der Hauptniederlassung (§ 13, Abs. 2 HGB) hinfällig machen. Die Erfahrungen, die bei der Verlegung des Sitzes von Firmen aus der Ostzone nach den Westzonen gemacht worden sind, haben eine solche Regelung notwendig gemacht, damit die Zweigniederlassung auch dann eingetragen werden kann, wenn eine Mitwirkung des Gerichts in der Ostzone nicht möglich ist. Die Rechtsprechung der Oberlandesgerichte hat verschiedentlich die Begründung eines Doppelsitzes für Unternehmungen auch dann zugelassen, wenn das Gericht in der Ostzone zu dem Antrag auf Sitzverlegung nicht Stellung genommen hat oder wenn ein Antrag wegen Eilbedürftigkeit und Aussichtslosigkeit gar nicht erst gestellt worden ist. Ein solcher Fall muß einer ausdrücklichen Ablehnung in jedem Einzelfalle gleichgestellt werden. Die Eintragung der Zweigniederlassung ist nunmehr auf Grund eines bei dem Gericht der Zweigniederlassung unmittelbar gestellten Antrages möglich (zur Frage des Doppelsitzes vgl. Consbruch, a. a. O., S. 375 und Springer, a. a. O., S. 561 ff.).

7. Bestellung des Vertreters und Errichtung der Zweigniederlassung von Amts wegen

Die Frist von sechs Monaten (§ 2, Abs. 4) soll dazu dienen, baldmöglichst Betriebsstätten in Zweigniederlassungen umzuwandeln und Vertreter zu bestellen, wo die Unternehmung die erforderlichen Maßnahmen nicht von sich aus trifft. Da es sich um Unternehmen handelt, die dem Gesetz nicht unterworfen sind, weil sie außerhalb des Währungsgebietes domizilieren, kann ein unmittelbarer Zwang nicht ausgeübt werden. Doch dürften die Unternehmen im allgemeinen der Vorschrift des Abs. 2 freiwillig entsprechen, damit sie den Vertreter selber auswählen können.

8. Vergütung des Vertreters

Bei der Höhe der Vergütung (§ 2, Abs. 5) sind sowohl die Art seiner Tätigkeit wie auch die wirtschaftliche Lage der Zweigniederlassung und die Bezüge der übrigen Angestellten zu berücksichtigen. Es ist bei Aktiengesellschaften die Bestimmung des § 78 Aktiengesetz betr. die Grundsätze für die Bezüge der Vorstandsmitglieder entsprechend anzuwenden. Man wird darauf zu achten haben, daß bei schlechtem Geschäftsgang eine zu starke Belastung der Zweigniederlassung durch hohe feste Bezüge vermieden wird. Daher ist eine Beteiligung des Vertreters am Reingewinn zweckmäßig — neben einem Festgehalt —, wodurch auch sein Interesse an rentabler Geschäftsführung gesteigert wird.

§ 3

Vorschriften für die Eröffnungsbilanz. Fristen

(1) Soweit sich nicht aus diesem Gesetz etwas anderes ergibt, finden die allgemeinen nach dem Gesetz oder der Satzung für das Inventar und die Jahresbilanz geltenden Vorschriften auch auf die Aufstellung des Inventars sowie die Aufstellung, Prüfung, Vorlegung, Feststellung und Veröffentlichung der Eröffnungsbilanz Anwendung. Auf die Aufstellung der Eröffnungsbilanz von Wirtschaftsbetrieben der öffentlichen Hand findet § 42 des Handelsgesetzbuches keine Anwendung; die Eröffnungsbilanz ist zu prüfen.

(2) Soweit in den folgenden Absätzen nichts anderes bestimmt ist, ist die Eröffnungsbilanz spätestens bis zum 30. September 1949 festzustellen.

(3) Für die Eröffnungsbilanzen von Aktiengesellschaften, Kommanditgesellschaften auf Aktien, Gesellschaften mit beschränkter Haftung und Genossenschaften beginnen die für die Aufstellung, Vorlegung, Feststellung und Veröffentlichung des Jahresabschlusses geltenden gesetzlichen und satzungsmäßigen Fristen am 1. Juli 1949.

(4) Die in § 125 Abs. 5 des Aktiengesetzes bestimmte Frist beträgt für die Eröffnungsbilanz, auch wenn die Satzung dies für den Jahresabschluß nicht bestimmt, sieben Monate.

(5) Die Eröffnungsbilanzen von Gesellschaften mit beschränkter Haftung und Genossenschaften sind spätestens bis zum 31. Januar 1950 festzustellen. Die im § 41 Abs. 4 des Gesetzes betreffend die Gesellschaften mit beschränkter Haftung und die im § 33 Abs. 3 des Genossenschaftsgesetzes bestimmte Frist zur Veröffentlichung des Jahresabschlusses wird für die Eröffnungsbilanz auf neun Monate verlängert. § 15 der Verordnung über Maßnahmen auf dem Gebiet des Rechts der Handelsgesellschaften und der Erwerbs- und Wirtschaftsgenossenschaften vom 4. September 1939 (Reichsgesetzbl. I S. 1694) gilt für die Eröffnungsbilanz nicht.

(6) Das Registergericht kann auf Antrag des Vorstandes (persönlich haftende Gesellschafter; Geschäftsführer) die Fristen angemessen verlängern, wenn glaubhaft gemacht wird, daß diese aus Gründen, die das Unternehmen nicht zu vertreten hat, nicht eingehalten werden können. Die Verlängerung soll sechs Monate nicht übersteigen. Das gleiche gilt für die gesetzlichen und satzungsmäßigen Fristen für die Aufstellung, Vorlegung, Feststellung und Veröffentlichung des ersten Jahresabschlusses in Deutscher Mark.

(7) Verlegt ein Einzelkaufmann oder eine juristische Person die Hauptniederlassung oder eine Handelsgesellschaft den Sitz nach dem 20. Juni 1948 in das Währungsgebiet, so finden die Vorschriften dieses Gesetzes mit der Maßgabe Anwendung, daß das Inventar und die Eröffnungsbilanz für den Tag der Eintragung des Unternehmens im Handelsregister (Genossenschaftsregister) aufzustellen sind und das Gericht der neuen Hauptniederlassung oder des neuen Sitzes die Fristen für die Eröffnungsbilanz bestimmt.

Die Vorschriften für die Eröffnungsbilanz

1. Anwendbarkeit der allgemeinen Vorschriften betr Inventar und Jahresbilanz.

a) Die Aufstellung des Inventars und der Jahresbilanz. Die Pflicht zur Aufstellung von Inventar und Jahresbilanz liegt grundsätzlich „jedem Kaufmann" ob (§ 39 HGB). Bei Einzelkaufleuten ist dies der Inhaber, bei Personengesellschaften (offenen Handelsgesellschaften und Kommanditgesellschaften) sind es die geschäftsführenden Gesellschafter. Für GmbH's sind die Geschäftsführer zur Aufstellung des Inventars und der Bilanz verpflichtet (§ 41 GmbH-Gesetz). Bei Aktiengesellschaften ist der Vorstand hierzu verpflichtet (§ 125 Aktiengesetz).

Für GmbH's gelten die besonderen Bewertungsvorschriften des § 42 GmbH-Gesetzes. Für Aktiengesellschaften gelten die Bewertungsvorschriften des § 133 Aktien-Ges. Die Bewertungsvorschriften der §§ 5 ff. gehen jedoch für die D-Mark-Eröffnungsbilanz vor.

b) Die Prüfung des Inventars und der Jahresbilanz. Eine Prüfung der Bilanz ist im Handelsgesetzbuch nicht vorgeschrieben. Für GmbH's kann gemäß § 42a GmbH-Ges. eine Prüfung durch die Landesbehörden bzw. den Magistrat von Berlin angeordnet werden. Für Aktiengesellschaften ergibt sich die laufende Prüfung durch Wirtschaftsprüfer aus § 135 Aktien-Gesetz. GmbH's, die Bank- oder Sparkassengeschäfte betreiben, sind durch die Verordnung über Prüfung der Jahresabschlüsse von Kreditinstituten vom 7. Juli 1937 (RGBl. I, S. 763) der Pflichtprüfung unterworfen. Die steuerliche Prüfungspflicht (§§ 171, 204 und 205 Abgabenordnung) gilt auch für die D-Mark-Eröffnungsbilanz. Ebenso bezieht sich die für Bausparkassen vorgeschriebene Prüfung hierauf (§§ 57, 112, 114 Privatversicherungs-Aufsichts-Gesetz vom 6. Juni 1931, RGBl. I, S. 315), desgleichen für Lagerhaus-Gesellschaften (Verordnung über Orderlagerscheine vom 16. Dezember 1931, RGBl. I, S. 763, § 9). Für Genossenschaften sieht § 38 Genossenschafts-Gesetz eine Prüfung der Bilanz durch den Aufsichtsrat vor, ferner die §§ 53 ff. Gen.-Ges. durch Prüfer des Verbandes, dem die Genossenschaft angehört (vgl. auch § 81).

c) Die Vorlegung des Inventars und der Bilanz. Das Inventar und die Bilanz sind von dem Kaufmanne, also dem Geschäftsinhaber, nicht durch einen Vertreter, wie z. B. den Prokuristen, zu unterzeichnen (§ 41 HGB). Bei offenen Handelsgesellschaften müssen alle Gesellschafter unterschreiben, bei Kommanditgesellschaften die persönlich haftenden Gesellschafter, nicht dagegen der Kommanditist. Bei der Aktiengesellschaft müssen alle Vorstandsmitglieder, bei der GmbH alle Geschäftsführer und bei der Kommanditgesellschaft auf Aktien alle persönlich haftenden Gesellschafter die Bilanz unterschreiben (RG 112, 25). Die Unterzeichnung der Bilanz einer GmbH durch einen von mehreren Geschäftsführern ist nicht ausreichend (anderer Meinung Brodmann, Anm. 3 zu § 41 GmbH-Gesetz).

Die Vorlagepflicht ergibt sich für die Geschäftsführer einer GmbH aus § 46 GmbH-Gesetz, doch ist diese Bestimmung dispositives Recht (§ 45, Abs. 2 GmbH-Ges), so daß durch die Satzung auch anderen Organen als der Gesellschafterversammlung die Beschlußfassung über die Jahresbilanz übertragen werden kann. Für Aktiengesellschaften bestimmt § 125 Aktien-Gesetz, daß der Vorstand die Bilanz und die Gewinn- und Verlustrechnung dem Aufsichtsrat vorzulegen hat.

Die Vorlagepflicht bei offenen Handelsgesellschaften und bei Kommanditgesellschaften kann in dem Gesellschaftsvertrag im einzelnen geregelt werden. Gegenüber dem Kommanditisten ergibt sie sich aus § 166 HGB. Bei dieser Bestimmung handelt es sich um dispositives Recht (§ 163 HGB).

d) Die Feststellung der Jahresbilanz. Die Jahresbilanz wird bei GmbH's gemäß § 46 GmbH-Gesetz, soweit der Gesellschaftsvertrag nichts Abweichendes bestimmt, durch die Geellschafter-Versammlung festgestellt. Für Aktiengesellschaften bestimmt § 125 Aktiengesetz, daß der Jahresabschluß durch die Billigung des Aufsichtsrates festgestellt wird. Falls sich Vorstand und Aufsichtsrat für die Feststellung durch die Hauptversammlung entscheiden oder falls der Aufsichtsrat den Jahresabschluß nicht billigt, wird er durch die Hauptversammlung festgestellt. Für die Feststellung der Eröffnungsbilanz bestimmt § 4, daß sie durch die Hauptversammlung zu erfolgen hat. Für offene Handelsgesellschaften und Kommanditgesellschaften regelt sich die Feststellung der Bilanz nach dem Gesellschaftsvertrag.

e) Die Veröffentlichung der Jahresbilanz. Für Einzelkaufleute besteht keine Pflicht zur Veröffentlichung der Bilanz, auch nicht für GmbH's, jedoch ist in § 41, Abs. 4 GmbH-Ges. eine Veröffentlichungspflicht für GmbH's vorgesehen, die Bankgeschäfte zum Gegenstand ihres Unternehmens gemacht haben. Aktiengesellschaften müssen ihre Bilanz ausnahmslos, ohne Rücksicht auf den Gegenstand des Unternehmens, veröffentlichen (§ 143 Aktien-Gesetz). Ebenso sind die Bilanzen der Genossenschaften zu veröffentlichen (§ 33 Genossenschafts-Gesetz).

2. Bilanzen von Wirtschaftsbetrieben der öffentlichen Hand

Für Wirtschaftsbetriebe der öffentlichen Hand ist die Bilanzprüfung im einzelnen durch die Verordnung vom 30. März 1933 geregelt (RGBl. I, S. 180). Diese Verordnung ist durch die 9. Durchführungsverordnung vom 4. August 1943 (RGBl. I, S. 454) dahingehend abgeändert worden, daß die Prüfungspflicht nur auf einen von zwei aufeinanderfolgenden Jahresabschlüssen beschränkt worden ist. Durch die Bestimmung des § 81, Abs. 1, Ziff. d) ist diese Verordnung aufgehoben worden, so daß die Verordnung vom 30. März 1933 wieder voll gilt.

3. Frist für die Bilanzfeststellung

a) Allgemein. Die Frist vom 30. September 1949 bezieht sich nicht auf die Aufstellung der Bilanz, sondern auf die Feststellung durch das dazu nach Gesetz oder Satzung berufene Organ. Die Feststellung hat der Aufstellung zu folgen. Die Frist ist gemäß § 82, Abs. 2 bis zum 30. November 1948 verlängert. Sie ist verhältnismäßig kurz, was besonders bei größeren Unternehmungen, die von Einzelkaufleuten oder Personalgesellschaften betrieben werden, zu Schwierigkeiten führen kann. In solchen Fällen kann gemäß Abs. 6 das Registergericht eine Verlängerung der Frist zulassen, jedoch soll die Verlängerung nicht mehr als sechs Monate betragen. Die Verlängerung der Frist über den 31. Dezember 1950 hinaus hat zur Folge, daß an die Stelle des Termins für die Auflösung gemäß § 80, Abs. 1 der Tag tritt, der drei Monate nach Ablauf der verlängerten Frist liegt.

b) Für Aktiengesellschaften, Kommanditgesellschaften auf Aktien, Gesellschaften mit beschränkter Haftung und Genossenschaften. Durch die Nennung des 1. Juli 1949 in § 3, Abs. 3 als Beginn für den Lauf der Frist für die Bilanzfeststellung ergibt sich für die genannten Gesellschaften eine Frist für die Bilanzfeststellung, die sich um den gleichen Zeitraum verschiebt, um den sich der Termin des 1. Juli 1949 gemäß § 82, Abs. 2 verschoben hat. An die Stelle dieses Termins tritt gemäß § 82, Abs. 2 der 1. September 1949. Danach gelten als gesetzliche Fristen für die Eröffnungsbilanz, die jedoch nur dann gelten, wenn die Satzung keine anderen Fristen bestimmt:

aa) für Aktiengesellschaften: Die Frist des § 125, Abs. 1 Aktien-Ges. für die Aufstellung der Bilanz durch den Vorstand läuft bis zum 30. November 1949. Die Frist für die Feststellung der Eröffnungsbilanz durch die Hauptversammlung (§ 4) läuft bis zum 31. März 1950.

bb) für Kommanditgesellschaften auf Aktien: Die Bilanz wird nicht — wie bei der Aktiengesellschaft — durch Vorstand und Aufsichtsrat, sondern durch die persönlich haftenden Gesellschafter mit Billigung der Hauptversammlung oder Aktionäre festgestellt. Gemäß § 228 Aktien-Ges. gilt für die Beschlußfassung der Hauptversammlung § 125, Abs. 5 Aktien-Ges. sinngemäß. Daher läuft die Frist für die Feststellung der Eröffnungsbilanz bis zum 31. März 1950.

cc) für Gesellschaften mit beschränkter Haftung: Die Frist des § 41, Abs. 2 GmbH-Gesetz von drei Monaten bezieht sich nur auf die Aufstellung der Bilanz durch die Geschäftsführer, nicht auf die Feststellung der Bilanz im Wege der Genehmigung durch die Gesellschafter-Versammlung. Für die Feststellung der Eröffnungsbilanz bestimmt § 3, Abs. 5 in Verbindung mit § 82, Abs. 2, daß die Bilanz bis zum 31. März 1950 festzustellen ist.

Für Bankgeschäfte bestimmt § 41, Abs. 4 GmbH-Gesetz, daß die Veröffentlichung der Bilanz innerhalb von drei Monaten nach Ablauf des Geschäftsjahres zu erfolgen hat, falls die Satzung nichts anderes bestimmt. Es ist mit Baumbach (Anm. 3 zu § 41 GmbH-Gesetz) anzunehmen, daß nur die ordnungsmäßig festgestellte Bilanz zu veröffentlichen ist, da vor der Feststellung nur ein Entwurf vorliegt und durch seine Veröffentlichung die Vorschrift des § 41, Abs. 4 GmbH-Gesetz nicht erfüllt wird (anderer Meinung Scholz, Anm. 4 zu § 41 GmbH-Gesetz). In § 3, Abs. 5 wird — unter Berücksichtigung des § 82 Abs. 2 — die Frist für die Veröffentlichung der Eröffnungsbilanz bis zum 31. Mai 1950 festgesetzt. Diese Bestimmung dürfte jedoch nur dann anwendbar sein, wenn für Geldinstitute eine Regelung über die Neufestsetzung der Kapitalverhältnisse vorher erfolgt, da gemäß § 77, Abs. 1 das D-Mark-Bilanzgesetz auf Geldinstitute nicht anwendbar ist.

dd) für Genossenschaften: Für die Aufstellung und die Feststellung der Bilanz bestehen keine bestimmten Fristen, sondern lediglich für die Veröffentlichung, die vom Vorstand innerhalb von sechs Monaten nach Ablauf des Geschäftsjahres durchzuführen ist (§ 33, Abs. 3 Gen.-Ges.). Diese Frist läuft auf Grund des § 3, Abs. 5 in Verbindung mit § 82, Abs. 2 für die Veröffentlichung der D-Mark-Eröffnungsbilanz bis zum 31. Mai 1950. Die Bestimmung des § 15 der Verordnung vom 4. September 1939 (vgl. § 3, Abs. 5) sieht vor, daß die Veröffentlichung der Bilanz von Genossenschaften vorerst nicht stattfindet. Diese Bestimmung gilt für die Eröffnungsbilanz nicht.

§ 4

Feststellung der Eröffnungsbilanz

Die Eröffnungsbilanz einer Aktiengesellschaft oder Kommanditgesellschaft auf Aktien wird durch die Hauptversammlung festgestellt.

Die Feststellung der Eröffnungsbilanz bei Aktiengesellschaften

Durch diese Bestimmung wird § 125 Aktiengesetz über die Bilanzfeststellung hinsichtlich der D-Mark-Eröffnungsbilanz eingeschränkt. Im allgemeinen wird bei der Aktiengesellschaft die Bilanz dadurch festgestellt, daß der Aufsichtsrat die von dem Vorstand aufgestellte Bilanz billigt. Wenn sich jedoch Vorstand und Aufsichtsrat für die Feststellung der Bilanz durch die Hauptversammlung entscheiden oder wenn der Aufsichtsrat die Bilanz nicht billigt, so wird die Bilanz von der Hauptversammlung festgestellt. Diese Regelung gilt für die D-Mark-Eröffnungsbilanz nicht; diese muß vielmehr stets von der Hauptversammlung festgestellt werden. Damit gilt auch nicht die Frist des § 125, Abs. 2 Aktiengesetz, wohl aber ist anzunehmen, daß die Frist des § 125, Abs. 1 Aktiengesetz für die Aufstellung der Bilanz gilt, gemäß der die Bilanz vom Vorstand innerhalb von drei Monaten, also hier bis zum 30. November 1949, aufzustellen ist. Die Innehaltung dieser Frist ist aber keine Voraussetzung für die Gültigkeit der Feststellung des Jahresabschlusses. Die Vorstandsmitglieder setzen sich unter Umständen durch schuldhafte Verzögerung einem Ordnungsstrafverfahren nach § 303, Abs. 1 Akt.-Ges. und einer Schadensersatzpflicht nach § 84 Akt.-Ges. aus. Aber in vielen Fällen wird der Vorstand die Frist nicht einhalten können, da zunächst die Abschlußprüfung durchgeführt sein muß.

Für Kommanditgesellschaften auf Aktien gilt wie für Aktiengesellschaften die gleiche Frist bis zum 31. März 1950 für die Feststellung der Bilanz durch die Hauptversammlung der Kommanditaktionäre, dagegen findet gemäß § 228 Aktiengesetz die Bestimmung des § 125, Abs. 1 nicht Anwendung, so daß der persönlich haftende Gesellschafter die Bilanz nicht innerhalb von drei Monaten, sondern entsprechend § 39, Abs. 2 HGB „innerhalb der einem ordnungsmäßigen Geschäftsgang entsprechenden Zeit" aufzustellen hat. Hierbei hat er darauf zu achten, daß der Hauptversammlung ausreichend Zeit für die Prüfung und Feststellung der Bilanz innerhalb der Frist des § 3, Abs. 4 verbleibt. Hinsichtlich der erforderlichen Mehrheit vgl. § 51.

Zweiter Unterabschnitt

Allgemeine Bewertungsvorschriften

§ 5

Allgemeiner Bewertungsgrundsatz

(1) Vermögensgegenstände dürfen, soweit sich nicht aus §§ 6 bis 34 etwas anderes ergibt, höchstens mit dem Wert angesetzt werden, der ihnen am Stichtag der Eröffnungsbilanz beizulegen ist.

(2) Auf die Eröffnungsbilanz sind § 133 Nr. 1 bis 3 des Aktiengesetzes, § 42 Nr. 1 des Gesetzes betreffend die Gesellschaften mit beschränkter Haftung, § 33c Nr. 1 und 2 des Genossenschaftsgesetzes sowie entsprechende Bestimmungen der Satzung (des Gesellschaftsvertrages, des Statuts) nicht anzuwenden.

(3) Für die künftigen Jahresbilanzen gelten die in der Eröffnungsbilanz angesetzten Werte als Anschaffungs- oder Herstellungskosten im Sinne der im Abs. 2 angeführten gesetzlichen Vorschriften.

(4) Soweit die §§ 6—34 Vorschriften über den Wertansatz von Forderungen ausländischer Gläubiger und von Verbindlichkeiten inländischer Schuldner gegenüber ausländischen Gläubigern enthalten, wird hierdurch die Forderung des ausländischen Gläubigers in ihrem Inhalt und Umfang nicht berührt.

Der allgemeine Bewertungsgrundsatz

1. Wert am Stichtage der Eröffnungsbilanz

a) Allgemeiner Wertbegriff. Die Bestimmung über den Wertansatz entspricht der Bestimmung des § 40, Abs. 2 HGB. Durch die Einfügung des Wortes „höchstens" ist klargestellt, daß im Interesse der Gläubiger eine zu hohe Bewertung vermieden werden muß, aber auch, um eine Selbsttäuschung zu vermeiden. Es handelt sich hier um eine handels-, nicht um eine steuerrechtliche Bestimmung. Infolgedessen ist nicht der steuerliche Begriff des „Teilwertes", sondern der handelsrechtliche des Zeitwertes gewählt worden. In der Praxis dürfte jedoch ein Unterschied nicht bestehen, denn im Interesse der „Bilanzwahrheit" soll eine richtige Bewertung des Vermögens vorgenommen werden, die weder — unter Gefährdung der Gläubigerinteressen — zu überhöhten noch — unter Gefährdung der Steuerinteressen — zu zu niedrigen Wertansätzen führt.

In § 5 wird nur ein allgemeiner Grundsatz für die Bewertung aufgestellt, der in den folgenden Paragraphen in verschiedener Hinsicht eingeschränkt wird. Es wird mit dem Begriff des Zeitwertes der objektive Wert zugrunde gelegt, den das Vermögensstück für das Geschäft bei dessen Fortführung hat, also nicht der Liquidationswert (RG 43, 127), ebensowenig ein subjektiver Wert, den der Geschäftsinhaber dem Vermögensstück aus einer subjektiven Einstellung heraus beimißt. Auch spielt die Ertragslage des Unternehmens keine Rolle, d. h. es darf nicht ein Ertragswert zugrunde gelegt werden, wobei allerdings in steuerlicher Hinsicht § 50, Abs. 2 des Reichsbewertungsgesetzes zu berücksichtigen ist.

Wenn das Gesetz auch einen bestimmten Stichtag für die Bewertung festsetzt, so bedeutet dies nicht, daß Umstände, die an diesem Stichtag noch nicht bekannt waren, wohl aber bei der Bilanzaufstellung bekannt geworden sind, unberücksichtigt bleiben müssen. Dagegen können Umstände, die vor dem Stichtag liegen, bei der Bewertung nicht ohne weiteres zugrunde gelegt werden, denn der Zeitwert ist gerade ein von dem Anschaffungs- oder Herstellungspreis zu unterscheidender Wertbegriff. Man kann jedoch den Zeitwert des § 5 ebensowenig wie den Wertbegriff des § 40 HGB losgelöst von dem Begriff der ordnungsmäßigen Buchführung und Bilanzierung betrachten; denn bei einer Bewertung muß man außer dem Zeitpunkt auch den Wertmaßstab kennen. Dieser Wertmaßstab besteht in der Anwendung des Grundsatzes ordnungsgemäßer Buchführung und Bilanzierung.

Hierbei kommt man bei der üblichen Bilanzaufstellung zu einer Berücksichtigung der Anschaffungs- oder Herstellungskosten und der bis zu dem Bilanzstichtag durch die Abnutzung entstandenen Wertminderung. Bei der Bewertung zum Bilanzstichtag sind daher im allgemeinen die entsprechend der Abnutzung bisher vorgenommenen Abschreibungen zu berücksichtigen. Dies ergibt sich auch daraus, daß jede Bilanz mit der vorhergehenden sowohl hinsichtlich der Bewertung der einzelnen Vermögensgegenstände wie auch hinsichtlich der Gliederung übereinstimmen soll (Grundsatz des Wertzusammenhanges oder der Bilanzkontinuität). Entsprechend diesem Grundsatz müssen in der Steuerbilanz die einmal gewählten und anerkannten Abschreibungsmethoden beibehalten bleiben. Nur ausnahmsweise können sie bei veränderten Verhältnissen gewechselt werden. In der Handelsbilanz gilt der Grundsatz der Bilanzkontinuität im allgemeinen auch, wenn er sich auch nicht in dem Maße durchgesetzt hat, wie in der Steuerbilanz (RG 80, 332 geht zu weit, wenn es sagt: „Eine sogen. Kontinuität der Bilanz gibt es nicht"); er wird insoweit beachtet, als wesentliche Abweichungen in der Gliederung der Bilanz oder in der Bewertung im Geschäftsbericht erwähnt werden müssen (Trumpler, „Die Bilanz der Aktiengesellschaft", S. 22). Das D-Markbilanzgesetz hat jedoch diesen Grundsatz nicht angewendet.

2. Ausschluß von handelsrechtlichen Bewertungs-Vorschriften

In den handelsrechtlichen Bestimmungen, die im Absatz 2 aufgeführt sind, kommt der Gedanke zum Ausdruck, daß für das Anlage- und für das Umlaufvermögen (bei Aktiengesellschaften, während § 42 GmbH-Ges. das Umlaufvermögen nicht erwähnt) die Anschaffungs- oder Herstellungskosten den Höchstwert darstellen und daß eine Ueberbewertung nicht statthaft ist (Höchstwertprinzip). Daher sind Wertverluste entweder von dem Aktivposten abzuziehen oder es ist auf der Passivseite ein Gegenposten in Form von Wertberichtigungen zu bilden. Haben die Gegenstände des Umlaufvermögens einen Börsen- oder Marktpreis, so ist, falls er niedriger ist als die Anschaffungs- oder Herstellungskosten, der niedrigere Börsen- oder Marktpreis in die Bilanz einzusetzen (Niederstwertprinzip).

Diese Vorschriften gelten für die Ertragsbilanz und finden auf die D-Mark-Eröffnungsbilanz keine Anwendung, denn diese ist eine Vermögensbilanz, das heißt, sie dient der Ermittlung des in einem bestimmten Zeitpunkt vorhandenen Vermögens, ohne daß durch Unterbewertungen oder zu hohe Rückstellungen stille Reserven geschaffen werden sollen. Die Steuerbilanz, die gleichfalls eine Vermögensbilanz ist, stimmt mit der D-Mark-Eröffnungsbilanz, wenn sie entsprechend den gesetzlichen Bestimmungen aufgestellt ist, überein (vgl. §§ 74 u. 75).

3. Wertansatz als fiktive Anschaffungs- oder Herstellungskosten

Die in der D-Mark-Eröffnungsbilanz enthaltenen Wertansätze bilden die Grundlage für die späteren Handelsbilanzen. Entsprechend dem Grundsatz der Bilanzkontinuität können also die Wertansätze in den späteren Handelsbilanzen nicht frei gewählt werden, sondern sie sind aus der Eröffnungsbilanz herzuleiten. Von ihnen sind die Abschreibungen zu machen. Bei Verschmelzungen darf über diese Werte nicht hinausgegangen werden.

§ 6

Berücksichtigung späterer Währungs- und Kriegsfolgemaßnahmen

(1) Das Vierte Gesetz zur Neuordnung des Geldwesens (Festkontogesetz) nebst seinen Durchführungsbestimmungen, die Vorschriften über die Neuordnung des Geldwesens in dem französischen, britischen und amerikanischen Sektor von Groß-Berlin sowie über die Währungsreform in der sowjetischen Besatzungszone Deutschlands, namentlich die Anordnung der Deutschen Wirtschaftskommission für die sowjetische Besatzungszone „über die Behandlung von Forderungen von Kreditinstituten in den Westzonen (einschließlich des Saargebiets) oder geschlossenen Banken in Groß-Berlin gegen Schuldner in

der sowjetischen Besatzungszone Deutschlands" vom 18. August 1948 und ähnliche Maßnahmen, die zwischen dem 21. Juni 1948 und dem Tage des Inkrafttretens dieses Gesetzes getroffen worden sind, sind bei den Wertansätzen zu berücksichtigen.

(2) Demontagen, Reparationsentnahmen und ähnliche Maßnahmen, die in der Zeit zwischen dem 21. Juni 1948 und dem Tage des Inkrafttretens dieses Gesetzes getroffen werden, können, wenn ihre Durchführung mutmaßlich eine Ueberschuldung der Kapitalgesellschaft zur Folge hat, bei den Wertansätzen berücksichtigt werden.

Die Rückwirkung des Währungsrechts und von Demontage-Maßnahmen auf den Bilanzstichtag

Da gemäß § 5 der Zeitwert der Vermögensgegenstände am Bilanzstichtag, dem 21. Juni 1948, maßgebend ist, würden ohne eine besondere Bestimmung Vorgänge, die den Wert der Vermögensgegenstände nach diesem Stichtag beeinträchtigen, in der Eröffnungsbilanz unberücksichtigt bleiben müssen, denn sie haben keine rückwirkende Kraft. Das Vermögen ist jedoch sowohl in dem Währungsgebiet der drei Westzonen (durch das Festkontogesetz und seine Durchführungsverordnungen) wie auch in der Ostzone und in Berlin (durch die in § 6 aufgeführten Vorschriften) nach dem Stichtag der Eröffnungsbilanz in seinem Werte beeinträchtigt worden. Es würde zu einer unrichtigen Vermögensbewertung führen, wenn man solche späteren Währungsmaßnahmen nicht berücksichtigen würde. Die Währungsreform muß hinsichtlich der Aufstellung der Eröffnungsbilanz als ein einheitliches Ganzes angesehen werden, wenn sie auch in den verschiedenen Zonen und Sektoren Berlins örtlich und zeitlich uneinheitlich durchgeführt worden ist. Daher ist es vom bilanzmäßigen Standpunkt gerechtfertigt, daß die späteren Währungsmaßnahmen auf den Bilanzstichtag zurückwirken.

Wenn also beispielsweise ein Kaufmann fremde Gelder als Hinterlegungsgelder aufbewahrt hat und die Voraussetzungen der 2. Durchführungsverordnung zum Festkontogesetz (Anmeldung auf Formular B) erfüllt sind, so braucht er diese Beträge in seiner Bilanz nicht als im Verhältnis 10 : 1 umzustellende Verbindlichkeiten auszuweisen, sondern er kann die erst später erfolgte Regelung schon in der Eröffnungsbilanz berücksichtigen, gemäß der die Verpflichtung nur im Verhältnis 10 : 0,65 umzustellen ist. Entsprechendes gilt für die Währungsvorschriften, die für die Ostzone und für Berlin später erlassen sind.

Wenn Demontage- und ähnliche Maßnahmen, die nach dem Bilanzstichtag und vor Inkrafttreten des Gesetzes getroffen sind, mutmaßlich zu einer Ueberschuldung führen, können sie bei den Wertansätzen berücksichtigt werden. Die Entschädigungsansprüche sind mit einem Erinnerungsposten anzusetzen (§ 21).

§ 7
Anzuwendendes Währungsrecht

Ist zweifelhaft, welches Währungsrecht auf in Reichsmark begründete Forderungen oder Verbindlichkeiten anzuwenden ist, so ist für deren Wertansatz in der Regel von folgenden Grundsätzen auszugehen:

1. Befindet sich der Schuldner innerhalb Deutschlands, so ist das Währungsrecht des letztbekannten Wohnsitzes (Sitzes) zugrunde zu legen, den der Schuldner vor dem 21. Juni 1948 gehabt hat, es sei denn, daß sich der Schwerpunkt des Rechtsverhältnisses am 21. Juni 1948 eindeutig an einem anderen Ort befunden hat oder die Voraussetzungen der Nr. 3 vorliegen.

2. Bei durch Grundpfandrecht gesicherten Forderungen ist davon auszugehen, daß sich diese nach dem Währungsrecht am Ort der belegenen Sache richten.

3. Reichsmarkforderungen gegen Schuldner mit Wohnsitz (Sitz) in Deutschland außerhalb des Währungsgebietes gelten für ihren Wertansatz als nach den Vorschriften des Umstellungsgesetzes auf Deutsche Mark umgestellt, soweit in Vermögen vollstreck werden kann, das sich im Währungsgebiet befindet.

Das anzuwendende Währungsrecht

1. Währungsrecht des Wohnsitzes des Schuldners

Die Währungsvorschriften enthalten im allgemeinen keine Bestimmungen darüber, wie Forderungen gegen Schuldner außerhalb des Gebietes, für das die Währungsvorschrift gilt, umzustellen sind. Infolgedessen besteht auch für die Bewertung dieser Forderungen in der Eröffnungsbilanz keine einheitliche Norm. Daher ist eine einheitliche Regelung dahingehend getroffen worden, daß grundsätzlich der letztbekannte Wohnsitz bzw. Sitz des Schuldners vor dem Bilanzstichtag maßgebend ist. Unter „Schwerpunkt des Rechtsverhältnisses" dürften vor allem die Fälle zu verstehen sein, in denen der Schuldner zwar seinen Wohnsitz oder Sitz noch in einer anderen Zone, z. B. der Ostzone, hat, aber auch in der Westzone tätig ist und das Rechtsverhältnis hier begründet und abgewickelt worden ist

2. Währungsrecht des Ortes des dinglichen Rechts

Entsprechend dem dinglichen Gerichtsstande (§§ 24—26 ZPO) ist bei solchen Forderungen, die dinglich gesichert sind, sowohl das dingliche Recht wie auch die persönliche Forderung nach dem Währungsrecht zu bewerten, das am Ort der belegenen Sache gilt. Hier tritt der Ort des Grundstücks an die Stelle des Wohnsitzes des Schuldners.

3. Währungsrecht des Schuldners mit Wohnsitz außerhalb und Vermögen im Währungsgebiet

Für Klagen gegen Personen mit Wohnsitz außerhalb, aber Vermögen innerhalb Deutschlands bestimmt § 23 ZPO den Bezirk als Gerichtsstand, in dem sich das Vermögen befindet. Dementsprechend ist bei Schuldnern mit Wohnsitz außerhalb des Währungsgebietes, also außerhalb der drei Westzonen, jedoch innerhalb Deutschlands, die Forderung nach dem Umstellungsgesetz, also nach dem Währungsrecht der Westzonen, umzustellen und in der Eröffnungsbilanz zu bewerten, sofern der Schuldner Vermögen hat, das sich in den Westzonen befindet oder aus sonstigem Grunde, z. B. auf Grund einer Bürgschaft dort vollstreckt werden kann.

§ 8
Oeffentlich-rechtliche Verfügungsbeschränkungen

Vermögensgegenstände, die einer Verfügungsbeschränkung auf Grund der Gesetze Nr. 52 oder 53 der Militärregierungen und des § 26 Abs. 2 des Umstellungsgesetzes oder einer sonstigen gegen jeden wirkenden Verfügungsbeschränkung unterliegen, brauchen nicht allein wegen dieser Verfügungsbeschränkung mit einem niedrigeren Wert angesetzt zu werden. In dem Bericht über die Neufestsetzung (§ 48) ist der Gesamtbetrag der Vermögensgegenstände anzugeben, die solchen Verfügungsbeschränkungen unterliegen.

Die Bewertung blockierten Vermögens

Die Bestimmung, daß Vermögen, das den Gesetzen Nr. 52 und 53 unterworfen ist, wegen der sich daraus ergebenden Verfügungsbeschränkungen nicht niedriger bewertet zu werden braucht, bezieht sich auf alle Arten von Vermögen, also auch auf Forderungen. Insoweit wird die Bewertungsvorschrift des § 24, Abs. 2 eingeschränkt. Es wird grundsätzlich daran festgehalten, daß sich die Verfügungsbeschränkungen weder auf die Bilanzierung noch auf die D-Mark-Eröffnungsbilanz auswirken müssen.

Ebenso muß in der D-Mark-Eröffnungsbilanz auch die Vorschrift des § 26, Abs. 2 Umstellungsgesetz bei der Bewertung nicht berücksichtigt werden, gemäß der die Verfügungsbeschränkungen der Gesetze 52 und 53 auf alle Altgeldguthaben und auf alle Forderungen und Verbindlichkeiten in Deutscher Mark Anwendung finden, deren Gläubiger oder Schuldner ihren Wohnsitz, Sitz oder Ort der Niederlassung in einem deutschen Gebiet außerhalb des Währungsgebietes haben.

Soweit für die Verwaltung eines dem Ges. 52 oder 53 unterliegenden Unternehmens ein „custodian" („Verwalter") bestellt ist, der an Stelle des Inhabers das Unternehmen verwaltet, hat dieser die Verpflichtung zur ordnungsmäßigen Verwaltung und damit auch zur ordnungsmäßigen Buchführung und Bilanzierung. Ferner hat er die Verpflichtungen des seiner Verwaltung unterstehenden Unternehmens ordnungsgemäß zu erfüllen. Dies ergibt sich aus Artikel IV des Ges. 52, gemäß dem geschäftliche Unternehmen grundsätzlich nicht der Aktionssperre unterliegen, sondern weiterarbeiten können. Mit Rücksicht auf diese Bestimmung werden im allgemeinen auch Forderungen, gegen Unternehmungen, die dem Ges. 52 unterliegen, hinsichtlich der Möglichkeit ihrer Geltendmachung nicht beeinträchtigt, so daß eine Minderbewertung solcher Forderungen in der Bilanz im allgemeinen nicht gerechtfertigt ist.

§ 9
Auslandsvermögen

(1) Vermögensgegenstände, die von dem Kontrollratgesetz Nr. 5 oder entsprechenden Maßnahmen im Ausland erfaßt worden sind, sowie Vermögensgegenstände, die auf Grund des Gesetzes Nr. 53 der Militärregierung abgeliefert wurden, sind

mit einem Erinnerungsposten von einer Deutschen Mark anzusetzen, es sei denn, daß besondere Gründe einen höheren Wertansatz rechtfertigen.

(2) In dem Bericht über die Neufestsetzung (§ 48) sind diese Gegenstände mit dem zuletzt vor Inkrafttreten der in Abs. 1 genannten Maßnahmen in der Bilanz ausgewiesenen Wert unter Berücksichtigung eines Verhältnisses von einer Deutschen Mark für jede Reichsmark aufzuführen. Bei Valuta-Forderungen ist außerdem der Nennbetrag in ausländischer Währung anzugeben.

Die Bewertung von Auslandsvermögen

1. Erinnerungsposten

Das Kontrollratsgesetz Nr. 5 betrifft die Uebernahme und Erfassung deutschen Vermögens im Ausland. Gemäß Art. I ist eine Kommission, bestehend aus Vertretern der vier Besatzungsmächte, gebildet worden, der die Rechte und Ansprüche auf Vermögen, das im Eigentum einer in oder außerhalb Deutschlands befindlichen Person deutscher Staatsangehörigkeit steht, übertragen worden sind. Das Gesetz Nr. 53 betrifft die Devisenbewirtschaftung und sieht die Ablieferung von ausländischen Zahlungsmitteln Wertpapieren, die auf ausländische Währung lauten, Gold, Silber, Platin und dergl. vor.

Soweit sich Vermögensstücke im Ausland befinden oder auf Grund des Gesetzes Nr. 53 der Militärregierung abgeliefert worden sind, ist eine so weitgehende Beeinträchtigung erfolgt, daß eine Bewertung nur fiktive Bedeutung haben würde, denn eine Realisierbarkeit solchen Vermögens ist bis auf weiteres nicht möglich. Es würde daher im allgemeinen dem Grundsatz der Bilanzwahrheit widersprechen, wenn solche Vermögensstücke in der Bilanz mit einem anderen Wert als mit einem bloßen Erinnerungsposten angesetzt würden. Lediglich in Ausnahmefällen ist bei besonderen Gründen ein höherer Wertansatz zulässig.

2. Behandlung im Bericht über die Neufestsetzung

Die Bestimmung des Abs. 2 dient dazu, daß für den Fall einer späteren Regelung der vor der Währungsumstellung vorhandene Wert des Vermögensgegenstandes aus dem Bericht jederzeit ohne weiteres festgestellt werden kann. Da es sich um Sachwerte oder um Forderungen handelt, die im Ausland zu erfüllen sind, werden sie von der Währungsumstellung nicht betroffen. Daher sind sie mit einem Wert unter Berücksichtigung des Verhätlnisses 1 : 1 in Deutscher Mark in dem Bericht aufzuführen. Dies ändert aber nichts daran, daß auch für sie der Ansatz in der D-Mark-Eröffnungsbilanz mit einem Erinnerungsposten von 1,— D-Mark gilt. Der Bericht muß bei Forderungen sowohl den Wert in Deutscher Mark enthalten, der sich bei Berücksichtigung des Umstellungsverhältnisses von 1 : 1 ergibt, wie auch den Nennbetrag in der ausländischen Währung, falls die Forderung auf ausländische Währung lautet. Andernfalls ist nur der Betrag in Deutscher Mark in dem Bericht anzugeben. Die Regelung des Abs. 2 gilt nur für Kapitalgesellschaften, also nicht für Offene Handels- und Kommanditgesellschaften; denn die Vorschrift des § 48 gilt nur für Kapitalgesellschaften.

§ 10
Valuta-Schuldverhältnisse

(1) Für den Wertansatz von Valuta-Verpflichtungen und nicht unter § 9 fallenden Valuta-Forderungen ist der Umrechnungskurs von 0,30 USA-Dollar für eine Deutsche Mark zugrunde zu legen; für die Umrechnung der übrigen Fremd-Valuten ist die von der Bank deutscher Länder als Anlage zu Nr. 21 der Richtlinien zur Erstellung der Reichsmarkschlußbilanz und der Umstellungsrechnung der Geldinstitute im Oeffentlichen Anzeiger für das Vereinigte Wirtschaftsgebiet Nr. 10 vom 5. Februar 1949 veröffentlichte Umrechnungstabelle zugrunde zu legen.

(2) Valuta-Verpflichtungen und nicht unter § 9 fallende Valuta-Forderungen, die vor Aufstellung der Eröffnungsbilanz getilgt worden sind, sind mit dem Betrag anzusetzen, der zu ihrer Tilgung verwandt worden ist.

Die Forderungen und Verpflichtungen in ausländischer Währung

Da die Deutsche Mark nur hinsichtlich des Dollars einen Kurs hat, der von der Joint Export Import Agency (JEIA) festgesetzt wird, bildet dieser Kurs, also eine Deutsche Mark = 0,30 USA-Dollar, die Grundlage für die Errechnung von Wertansätzen für Forderungen und Verpflichtungen in ausländischer Währung. Soweit es sich um Forderungen in anderer fremder Währung handelt, ist die Errechnung des Wertansatzes nach § 10 nur dann vorzunehmen, wenn die Forderung nicht unter § 9 fällt, also nicht durch das Kontrollratsgesetz Nr. 5 oder das Gesetz Nr. 53 der Militärregierung erfaßt wird. Für diese Forderungen kommt eine Umrechnung zwecks Ermittlung eines Wertansatzes nicht in Betracht, da sie nur mit einem Erinnerungsposten von einer Deutschen Mark anzusetzen sind. In § 10 wird im Unterschied zu § 9, Abs. 2 die Umrechnungstabelle der Anlage zu Nr. 21 der Richtlinien zur Ermittlung der Reichsmarkschlußbilanz und der Umstellungsrechnung der Geldinstitute zugrunde gelegt, während § 9, Abs. 2 für die Bestimmung des gemeinen Wertes der Forderung keine besonderen Bestimmungen enthält. In beiden Fällen handelt es sich jedoch nur um allgemeine Bewertungsvorschriften, die nicht besagen, daß die Bonität der Forderung außer acht zu lassen ist. Infolgedessen ist auch bei Valuta-Forderungen § 24, Abs. 2 anzuwenden, wonach zweifelhafte Forderungen nach ihrem wahrscheinlichen Wert einzusetzen und uneinbringliche Forderungen abzuschreiben sind. In § 10 werden also nur die allgemeinen Umrechnungsgrundsätze geregelt, die eine Korrektur nach § 24, Abs. 2 nur bei sicheren Forderungen nicht erforderlich machen.

§ 11
Geldwertschuldverhältnisse

(1) Für den Wertansatz von Forderungen und Verbindlichkeiten, die nicht auf einen bestimmten Betrag lauten, sondern nach dem Inhalt des Schuldverhältnisses in deutscher Währung in Höhe des Wertes einer bestimmten Menge von Edelmetallen,

Waren, Wertpapieren oder ausländischen Zahlungsmitteln oder von Sach- und Dienstleistungen zu erfüllen sind, ist dieser Wert zugrunde zu legen; §§ 10, 20 und 22 sind entsprechend anzuwenden.

(2) Abs. 1 findet keine Anwendung, wenn der Wert einer bestimmten Menge von Feingold geschuldet wird; in diesem Falle ist für den Wertansatz der Umstellungsbetrag in Deutscher Mark zugrunde zu legen, der sich aus den Vorschriften des Umstellungsgesetzes für den durch den Preis von 2790 Reichsmark für 1 kg Feingold bestimmten Reichsmarkbetrag ergibt.

(3) § 5, Abs. 4 findet Anwendung. Im Falle des Abs. 2 ist in dem Bericht über die Neufestsetzung (§ 48) der Unterschiedsbetrag zwischen dem Wertansatz und der Höhe der Verbindlichkeit nach dem für ihren Inhalt und Umfang maßgebenden Recht anzugeben.

Die Bewertung von Geldwertschuldverhältnissen und von Goldmarkverbindlichkeiten

Die Gesetzgebung und Rechtsprechung hat schon lange vor der Währungsreform allen Bestrebungen, durch besondere Gestaltung von Verträgen, eine Freistellung des Gläubigers von der allmählichen Geldentwertung zu erreichen, entgegengewirkt (Verordnung über wertbeständige Rechte vom 16. November 1940, RGBl. I, S. 1521). Der deutschen Auffassung haben sich die Besatzungsmächte angeschlossen und in Gesetz Nr. 51 bestimmt, daß niemand eine Vereinbarung treffen darf, die die Zahlung einer anderen als der Markwährung vorsieht (Art. II.). Dieses Gesetz ist durch die Verordnung Nr. 92/Nr. 118 dahingehend geändert worden, daß die Vereinbarung von Wertbeständigkeitsklauseln u n z u l ä s s i g ist, weil darin ein Mißtrauen gegen die Währung zum Ausdruck gebracht wird. Auch das Umstellungsgesetz wirkt allen Versuchen, sich durch Goldmarkklauseln eine Besserstellung bei der Umstellung zu sichern, entgegen, indem es die Goldmark der Reichsmark bei der Umstellung gleichstellt (§ 13, Abs. 3 des Umstellungsgesetzes). Soweit Forderungen und Verbindlichkeiten nicht auf einen bestimmten Betrag, sondern auf eine bestimmte Menge von Wertgegenständen lautete, richtet sich der Wertansatz nach dem Werte dieser Gegenstände, wobei die Bewertungsvorschriften der §§ 10, 20 und 22 anzuwenden sind. Dies gilt jedoch nicht für Goldmarkverbindlichkeiten. Diese sind in gleicher Weise zu bewerten wie R e i c h s m a r k verbindlichkeiten. Sie erhalten also weder bei der Umstellung der Währung noch bei der Bewertung in der Eröffnungsbilanz eine besondere Behandlung. Auch Feingoldklauseln sind in gleicher Weise zu behandeln, also es ist nicht ein überhöhter Reichsmarkpreis, sondern der übliche von 2790,— RM für ein Kilogramm Feingold zugrunde zu legen und die sich daraus ergebende Reichsmarkverbindlichkeit in der üblichen Weise umzustellen. Der Gläubiger einer solchen Forderung erlangt also k e i n e B e s s e r s t e l l u n g. Dabei ist bei ihm als Forderung und bei dem Schuldner als Verbindlichkeit der normale Betrag, der sich aus der Umstellung ergibt, anzusetzen.

§ 12
Schuldverhältnisse mit Wertsicherungsklausel

(1) Für den Wertansatz von Forderungen und Verbindlichkeiten, die auf einen bestimmten Reichsmarkbetrag lauten, aber mit einer Wertsicherungsklausel versehen sind, ist der Umstellungsbetrag in Deutscher Mark zugrunde zu legen, der sich aus den Vorschriften des Umstellungsgesetzes für den Reichsmarkbetrag ohne Berücksichtigung der Wertsicherungsklausel ergibt.

(2) § 5, Abs. 4 findet Anwendung. In dem Bericht über die Neufestsetzung (§ 48) ist der Unterschiedsbetrag zwischen dem Wertansatz und der Höhe der Verbindlichkeit nach dem für ihren Inhalt und Umfang maßgebenden Recht anzugeben.

Schuldverhältnisse mit Wertbeständigkeitsklauseln

Im Unterschied zu § 11 werden in § 12 solche Schuldverhältnisse behandelt, die auf einen bestimmten Reichsmarkbetrag lauten. Während in dem Falle des § 11 deutsche Währung in Höhe des Wertes einer bestimmten Menge von Edelmetallen, Waren, Wertpapieren, ausländischen Zahlungsmitteln oder von Sach- und Dienstleistungen geschuldet wird, also das Schuldverhältnis nicht auf Zahlung eines bestimmten Reichsmarkbetrages lautet, regelt § 12 den Fall, daß das Schuldverhältnis auf Reichsmark lautet, aber mit einer Wertsicherungsklausel versehen ist. In diesem Falle gilt das gleiche wie im Falle der Vereinbarung einer bestimmten Menge Feingold (§ 11, Abs. 2): Es wird der Reichsmarkbetrag zugrunde gelegt und die Wertsicherungsklausel nicht berücksichtigt. Der Reichsmarkbetrag wird nach den Vorschriften des Umstellungsgesetzes umgestellt. Diese Bewertungsvorschrift schließt nicht aus, daß die Bestimmung des § 24 über die Bewertung von Forderungen unabhängig von der sich auf Grund des Umstellungsgesetzes ergebenden Höhe des Betrages in Deutscher Mark bei der Ermittelung des Wertansatzes zu berücksichtigen ist.

Das Umstellungsgesetz bestimmt in § 13, Abs. 3, S. 1, daß Reichsmarkverbindlichkeiten und Reichsmarkforderungen im Sinne dieses Gesetzes alle Verbindlichkeiten und Forderungen aus vor dem 21. Juni 1948 begründeten Schuldverhältnissen sind, die auf Reichsmark, Rentenmark oder Goldmark lauten, aber nach den Vorschriften in Reichsmark zu erfüllen gewesen wären, die vor dem Inkrafttreten des Währungsgesetzes in Geltung gewesen sind. Unabhängig von dieser gesetzlichen Regelung ist jedoch eine andere Umstellung im Wege der gegenseitigen Vereinbarung zulässig, die in der Eröffnungsbilanz zu berücksichtigen ist (vgl. § 24, Abs. 3).

§ 13
Erinnerungsposten als Höchstwerte bei der Einstellung von Kapitalentwertungskonten

Werden in die Eröffnungsbilanz Kapitalentwertungskonten (§§ 36, 37) eingestellt, so ist in den Fällen, in denen dieses Gesetz die Ansetzung eines Vermögensgegenstandes mit einem Erinnerungsposten zuläßt, der Vermögensgegenstand an Stelle des sonst zulässigen Wertes mit dem Erinnerungsposten in der Eröffnungsbilanz anzusetzen. Gleiches gilt in den Fällen, in denen dieses Gesetz die Ansetzung eines Vermögensgegenstandes mit einem Erinnerungsposten vorschreibt, aber einen höheren Wertansatz aus besonderen Gründen zuläßt.

Die Ansetzung von Vermögensgegenständen mit Erinnerungsposten bei Einstellung von Kapitalentwertungskonten

In den Fällen, in denen die Neufestsetzung unter Bildung eines Kapitalentwertungskontos nach § 36 oder 37 erfolgt, ist es besonders wichtig, daß die übrigen Vermögensgegenstände vorsichtig bewertet werden, denn andernfalls würde die Beschränkung für das Kapitalentwertungskonto, das nach § 36 höchstens 50 % des Nennkapitals und nach § 37 höchstens 90 % des Nennkapitals betragen darf, umgangen werden können, indem Vermögenswerte zu hoch bewertet werden. In solchen Fällen könnte ein niedrigeres Kapitalentwertungskonto gebildet werden als bei geringerer Bewertung der Aktiva, denn von der Bewertung der Aktiva hängt die Höhe des Neukapitals und damit die zulässige Höhe des Kapitalentwertungskontos ab. Um eine zu hohe Bewertung der Aktiva zu vermeiden, ist daher in den Fällen, in denen ein Kapitalentwertungskonto gebildet wird, überall dort, wo ein Erinnerungsposten an Stelle eines sonst zulässigen Wertes eingesetzt werden k a n n, die Einsetzung eines Erinnerungspostens v o r g e s c h r i e b e n, also ein höherer Wertansatz nicht gestattet. Dies gilt z. B. im Falle des § 17 und des § 26, also bei Grundstücken und bei Forderungen gegen Schuldner in Deutschland außerhalb des Währungsgebietes. Bei Bestehen von solchen Forderungen können diese im Falle der Neufestsetzung des Kapitals nach § 35 mit einem höheren Ansatz als dem Erinnerungsposten bewertet werden, wenn ein solcher Ansatz gerechtfertigt ist. Dagegen ist dies nicht zulässig, und es darf nur ein Erinnerungsposten eingesetzt werden, wenn die Bildung eines Kapitalentwertungskontos nach §§ 36 oder 37 erfolgt. Entsprechendes gilt auch, wenn ein Erinnerungsposten vorgeschrieben ist, oder ein höherer Wertansatz aus besonderen Gründen zulässig ist, wie z. B. im Falle des § 9, Abs. 1.

§ 14

Lastenausgleich

(1) Ansprüche und Verbindlichkeiten, die sich aus dem Lastenausgleich ergeben, sind, soweit sich nicht aus diesem Gesetz etwas anderes ergibt, in der Eröffnungsbilanz nicht anzusetzen. Dies gilt auch für die auf Grund des Gesetzes zur Sicherung von Forderungen für den Lastenausgleich vom 2. September 1948 (Gesetz- und Verordnungsblatt des Wirtschaftsrats des Vereinigten Wirtschaftsgebietes 1948 S. 87) und der entsprechenden Gesetze der französischen Zone entstandenen Grundschulden; sie sind jedoch in der Eröffnungsbilanz zu vermerken.

(2) Soweit sich aus dem Lastenausgleich Veränderungen im Vermögen der in § 1 bezeichneten natürlichen und juristischen Personen ergeben, ist deren Eröffnungsbilanz und gegebenenfalls die Eröffnungsbilanz ihrer Gesellschafter mit Wirkung auf den 21. Juni 1948 zu berichtigen.

(3) Soweit die Vorschriften über den Lastenausgleich einen anderen Wertansatz als nach den Vorschriften dieses Gesetzes zwingend anordnen, gelten diese Werte auch als Höchstwerte für die Eröffnungsbilanz.

(4) Vorschriften über die Durchführung der Berichtigung der Eröffnungsbilanz bleiben vorbehalten.

Die einstweilige Nichtberücksichtigung des Lastenausgleichs

Der Lastenausgleich, der gemäß der Präambel zum Währungsgesetz und gemäß § 29 des Umstellungsgesetzes vorgesehen ist, kann nach dem D-Markbilanzgesetz noch nicht berücksichtigt werden, und zwar auch nicht die Maßnahmen, die zur Sicherung der Forderungen gemäß dem Gesetz vom 2. September 1948 getroffen worden sind, vielmehr muß vor einer bilanzmäßigen Berücksichtigung die Gesamtheit der zu treffenden Maßnahmen vorliegen und übersehen werden können. Daher ist auf die Bewertungsvorschriften, die in dem Gesetz über den Lastenausgleich erlassen werden, verwiesen. Diese gehen, soweit sie eine andere Bewertung anordnen, dem D-Markbilanzgesetz vor.

Mit Rücksicht auf die zu erwartenden Bewertungsvorschriften in der Lastenausgleichs-Gesetzgebung ist in Abs. 2 bestimmt, daß Vermögensveränderungen, die sich aus diesen Bewertungsvorschriften ergeben, in der Eröffnungsbilanz durch nachträgliche Aenderung zu berücksichtigen sind. Die Bilanzberichtigung gilt sowohl für die Handels- wie für die Steuerbilanz (vgl. §§ 74 und 75). Diese Bestimmung ist ein Ausfluß des Koppelungsprinzips und bezweckt, eine einheitliche Bewertungsgrundlage für die Vermögensbewertung sowie für die Handels- und Steuerbilanz zu erreichen. Es sollen also die sich aus dem Lastenausgleich ergebenden Wertveränderungen einheitlich auf die Vermögenswerte und die Wertansätze der Handels- und Steuerbilanz zurückwirken, so daß nachträglich der Lastenausgleich berücksichtigt wird, obwohl die Bilanzen bereits ohne Berücksichtigung des Lastenausgleichs aufgestellt waren.

Dritter Unterabschnitt

Besondere Bewertungsvorschriften

§ 15

Aktiven

Für den Ansatz der einzelnen Posten auf der Aktivseite der Eröffnungsbilanz gelten §§ 16 bis 27.

Die Bewertung der Aktiven

1. Allgemeines betr. Handels- und Steuerbilanz

Für Kaufleute enthält § 40 HGB allgemeine Vorschriften über die Bewertung. Für Aktiengesellschaften gelten die besonderen Bilanzierungsbestimmungen der §§ 131 ff. des Aktiengesetzes, insbesondere § 133, der die Wertansätze in der Jahresbilanz behandelt. Für Gesellschaften mit beschränkter Haftung enthält § 42 des GmbH-Gesetzes Sonderbestimmungen über Wertansätze. Bei all diesen Vorschriften handelt es sich nur um die handelsrechtlichen Bilanzen, für die im Interesse des Schutzes der Gläubiger der Grundsatz der Bilanzwahrheit in dem Sinne gilt, daß Ueberbewertungen nicht zulässig sind. Das Handelsrecht will also vermeiden, daß der Kaufmann durch eine Ueberbewertung seines Vermögens zu viel Gewinn ausschüttet, während das Steuerrecht verhindern will, daß der Kaufmann zu wenig Gewinn versteuert, also sein Vermögen nicht unterbewertet. Wenn auch hiernach die Ziele des Handels- und des Steuerrechts bei der Bilanzaufstellung verschiedene sind, so dient für das Steuerrecht die Handelsbilanz doch als Grundlage in dem Sinne, daß gemäß § 5 des Einkommensteuergesetzes die Steuerbilanz aus der Handelsbilanz abgeleitet wird, denn das Steuerrecht geht nach § 5 EinkStGes von dem Betriebsvermögen aus, „das nach den Grundsätzen ordnungsmäßiger Buchführung auszuweisen ist", also von der handelsrechtlichen Buchführung und Bilanzierung. In der Handelsbilanz gilt der Grundsatz der Bilanzkontinuität nicht in dem gleichen Umfange wie in der Steuerbilanz. In der Handelsbilanz bedeutet er im wesentlichen, daß Abweichungen in der Gliederung der Bilanz oder in der Bewertung, soweit sie von Bedeutung sind, im Geschäftsbericht erwähnt werden müssen, und daß ein durch Hinaufsetzung des Wertes von Anlagegegenständen erzielter Buchgewinn nicht mit dem Betriebsgewinn zusammengeworfen werden darf, sondern als außerordentlicher Ertrag ausgewiesen werden muß. In der Steuerbilanz bedeutet der Grundsatz der Bilanzkontinuität wesentlich mehr, nämlich

a) daß der Bilanzansatz bei abnutzbarem Anlagevermögen nicht über den letzten Bilanzansatz hinausgeht (§ 6, Nr. 1 EinkStGes), d. h. daß in Verlustjahren die Werte der abnutzbaren Anlagegegenstände nicht hinaufgesetzt werden dürfen, um in späteren Gewinnjahren entsprechend höhere Abschreibungen vornehmen zu können (sogenannter „Wertzusammenhang" oder „besondere Bilanzkontinuität"),

b) daß der Bewertungsmaßstab beibehalten werden muß, also z. B. nicht beliebig von dem Zeit- oder Teilwert auf den Anschaffungswert übergegangen werden darf und umgekehrt („innere Bilanzkontinuität"),

c) daß auch das Bilanzschema beibehalten werden muß, z. B. Passiv-Posten nicht erscheinen dürfen, die in früheren Bilanzen nicht vorhanden waren,

d) daß die Art der Verbuchung nicht beliebig geändert wird, z. B. regelmäßig wiederkehrende Ausgaben, wie Mieten, Steuern, Versicherungsprämien, gleichbleibend für das Jahr zu verbuchen sind, auf das sie sich beziehen (vgl. Trumpler, „Die Bilanz der Aktiengesellschaft", S. 55 ff.).

2. Bewertungsvorschriften für Handels- und Steuerbilanz

Die „besonderen Bewertungsvorschriften" stellen — wie die Bewertungsvorschriften des Handelsgesetzbuches, des Aktiengesetzes und des Gesetzes betr. Gesellschaften mit beschränkter Haftung — nur handelsrechtliche Bewertungsvorschriften dar. Sie gelten jedoch auch insoweit für die Steuerbilanz, als die Wertansätze als steuerliche Ausgangswerte gelten (§§ 74 u. 75). Dadurch ist der allgemeine Grundsatz der Koppelung der Steuerbilanz mit der Handelsbilanz (§ 5 EinkStGes) auch für die Eröffnungsbilanz zum Ausdruck gebracht. Die Bewertungsvorschriften der §§ 16 ff. gehen als Sondervorschriften für die Eröffnungsbilanz den allgemeinen Bewertungsvorschriften vor. Die Wertansätze richten sich also nach den „besonderen Bewertungsvorschriften" unter Berücksichtigung der „allgemeinen Bewertungsvorschriften". Dies schließt jedoch die Beachtung der sonstigen allgemeinen Bilanzierungsgrundsätze und der besonderen Vorschriften über die Bilanzierung, z. B. § 40 HGB und § 42 GmbH-Gesetz, sowie über die Gliederung der Jahresbilanz (§ 131 Aktiengesetz) nicht aus, nämlich:

a) B i l a n z w a h r h e i t, d. h. die Bilanz darf keine fiktiven Posten enthalten, Aktiva dürfen nicht über und Passiva nicht unter ihren Wert angesetzt werden,

b) B i l a n z k l a r h e i t, d. h. die Posten müssen entsprechend kaufmännischer Uebung klar und übersichtlich und entsprechend den Gliederungsvorschriften der §§ 131, 132 Aktiengesetz, die allgemeine kaufmännische Bilanzierungsübung geworden sind, aufgeführt werden,

c) B i l a n z e i n h e i t l i c h k e i t, d. h. gemäß § 39, Abs. 2 HGB ist für jedes Unternehmen eine einheitliche Bilanz aufzustellen, also weder für mehrere handelsrechtlich selbständige Unternehmen eine einheitliche noch für einzelne Geschäftszweige, Abteilungen oder Zweiggeschäfte nur Sonderbilanzen. Letztere sind zwar zulässig, ersetzen aber nicht die vorgeschriebene einheitliche Bilanz für das Unternehmen.

Dagegen gelten für die Eröffnungsbilanz nicht die Grundsätze der:

a) B i l a n z i d e n t i t ä t (Bilanzenzusammenhang), d. h. die Schlußbilanz eines Jahres muß mit der Anfangsbilanz des neuen Jahres identisch sein,

b) B i l a n z k o n t i n u i t ä t (Bilanzstetigkeit), d. h. die Bilanz muß sowohl hinsichtlich der Bewertung der einzelnen Vermögensgegenstände wie hinsichtlich der Positionen mit der Bilanz des Vorjahres übereinstimmen.

3. D i e A k t i v s e i t e d e r B i l a n z

Die Eröffnungsbilanz ist unter Beachtung der in der kaufmännischen Praxis üblichen Gliederung aufzustellen, also unter Beachtung der sich aus § 131 Aktiengesetz ergebenden Gliederung. Danach sind die vier Hauptgruppen der Aktiva zu unterscheiden:

1. Ausstehende Einlagen auf das Grundkapital,
2. Anlagevermögen (Grundstücke, Maschinen, Werkzeuge, Geschäftsausstattung, Patente, Lizenzen und ähnliche Rechte, Beteiligungen und andere Wertpapiere des Anlagevermögens),
3. Umlaufvermögen (Roh-, Hilfs- und Fertigstoffe, halbfertige Erzeugnisse, fertige Erzeugnisse, Waren, Wertpapiere, eigene Aktien, Hypotheken, Grund- und Rentenschulden, von der Gesellschaft geleistete Anzahlungen, Forderungen, Wechsel, Schecks, Kassenbestand, Bankguthaben),
4. Posten, die der Rechnungsabgrenzung dienen.

Die besonderen Bewertungsvorschriften behandeln zwar nicht jeden einzelnen der in § 131 Aktiengesetz aufgeführten Aktivposten ausdrücklich, jedoch ist aus den Bestimmungen der §§ 16—27 für jeden Posten die Art der Bewertung in der Eröffnungsbilanz zu entnehmen. Daher handelt es sich um Bewertungsgrundsätze, die für die Bilanz den in § 133 Aktiengesetz enthaltenen Bewertungsbestimmungen vorgehen. Es gilt auch für die Eröffnungsbilanz der Grundsatz, daß Wertminderungen, die nach dem Bilanzstichtag eingetreten sind, dann berücksichtigt werden können, wenn sie am Bilanzstichtag bereits latent vorhanden waren, und zwar gilt dies auch für die Steuerbilanz. Ist dagegen der wertmindernde Umstand am Bilanzstichtag noch nicht latent vorhanden (z. B. Brandkatastrophe, unerwarteter Konkurs eines Schuldners), so darf die Wertminderung, die sich aus einem solchen Umstand ergibt, erst bei der nächsten Bilanzaufstellung berücksichtigt werden.

§ 16

Grundstücke innerhalb des Währungsgebietes

(1) Grundstücke innerhalb des Währungsgebietes sind höchstens mit den Einheitswerten anzusetzen, die auf den letzten Feststellungszeitpunkt festgesetzt worden sind. Festsetzungen auf Zeitpunkte nach dem 21. Juni 1948 sind nicht zu berücksichtigen. Auf in Reichsmark festgesetzte Einheitswerte ist § 2 des Währungsgesetzes anzuwenden.

(2) Ist das Grundstück in der steuerlichen Reichsmarkschlußbilanz mit einem höheren Wert als dem nach Abs. 1 maßgebenden Einheitswert angesetzt, so kann es bis zu diesem höheren Wert, jedoch höchstens mit dem Wert, der ihm am Stichtag der Eröffnungsbilanz beizulegen ist, angesetzt werden. Braucht eine steuerliche Reichsmarkschlußbilanz nicht aufgestellt zu werden, so tritt an ihre Stelle die handelsrechtliche Reichsmarkschlußbilanz.

(3) Soweit an Gebäuden Kriegsschäden oder sonstige Wertminderungen eingetreten sind, die am Stichtag der Eröffnungsbilanz noch fortbestehen und durch eine Wertfortschreibung noch nicht berücksichtigt worden sind, ist der Einheitswert anteilmäßig zu mindern.

Die Bewertung von Grundstücken im Währungsgebiet

1. Durchbrechung des Grundsatzes der Bilanzkontinuität

Die Bedeutung dieser Bestimmung liegt darin, daß in der Eröffnungsbilanz von völlig neuen Werten ausgegangen werden kann. Damit wird der Grundsatz der Bilanzkontinuität, der die Wiederhöherbewertung bereits abgeschriebener Gebäude unmöglich macht, durchbrochen. Die bereits auf Gebäude in früheren Jahren gemachten Abschreibungen können also, falls der Einheitswert höher als der Buchwert am Währungsstichtag ist, in Höhe des Unterschiedsbetrages erneut vorgenommen werden. Für zerstörte und demontierte Gebäude ist eine Wertfortschreibung auf Grund des Gesetzes betr Fortschreibungen und Nachfeststellungen von Einheitswerten des Grundbesitzes auf den 21. Juni 1948, vom 10. März 1949 (Gesetzblatt der Verwaltung des Vereinigten Wirtschaftsgebietes vom 5. April 1949, Nr. 9, S. 25) zulässig. Hiernach kann der Einheitswert nach dem 21. Juni 1948 neu festgestellt werden, wenn der neue Wert infolge von Kriegssachschäden, Demontagen oder Restitutionen um mehr als ein Zwanzigstel, mindestens aber um 100 DM oder um mehr als 10 000 DM von dem Einheitswert des letzten Feststellungszeitpunktes abweicht. Die Wertfortschreibung erfolgt nach dem Gesetz vom 10. März 1949 auf den 21. Juni 1948. Da nur Festsetzungen auf Zeitpunkte nach dem 21. Juni 1948 nicht zu berücksichtigen sind, ist das Gesetz vom 10. März 1949 anwendbar. Ferner sind auch solche Kriegsschäden oder sonstige Wertminderungen an Gebäuden zu berücksichtigen, die durch eine Wertfortschreibung noch nicht berücksichtigt worden sind und am 21. Juni 1948 noch fortbestehen. In § 2 des Währungsgesetzes ist bestimmt, daß der D-Markbetrag an die Stelle des RM-Betrages tritt.

2. Berücksichtigung der steuerlichen Reichsmarkschlußbilanz

Grundstücke, die in der Reichsmarkschlußbilanz, und zwar in der steuerlichen Bilanz, mit einem höheren Werte als dem Einheitswerte zu Buche stehen, können auch in der Eröffnungsbilanz mit diesem Werte in D-Mark angesetzt werden. Dadurch wird erreicht, daß Grundstücke, für die bei dem Kauf oder bei einem späteren Gebäudeausbau besonders hohe Aufwendungen gemacht worden sind, trotz des niedrigeren Einheitswertes mit dem höheren Betrage bewertet werden können, und zwar gilt dies für die Handelsbilanz wie auch für die Steuerbilanz. In diesem Falle ist also die Steuerbilanz für die Handelsbilanz maßgebend, während es im allgemeinen umgekehrt ist. Um dem Eigentümer, der ein Grundstück zu ungewöhnlich überhöhten Preisen gekauft hat, nicht die Möglichkeit der Abschreibung von dem überhöhten Preis zu geben, sieht Abs. 2 vor, daß der Wert zwar über dem Einheitswert, aber nicht über dem Zeitwert liegen darf.

3. Nichtberücksichtigung der Kriegssachschäden-Forderungen

Durch die Unterbrechung der Bilanzkontinuität und die Nichtberücksichtigung der Kriegssachschäden-Forderungen (§ 21) wird die Weiterführung von fiktiven Werten in der Bilanz unterbunden. Jeder Kaufmann hat mit der Eröffnungsbilanz seinen Grundbesitz neu zu bewerten, und zwar gelten die Einheitswerte lediglich als Höchstwerte. Er muß im Falle von Kriegsschäden nach Abs. 3 den Höchstwert mindern, kann aber auch aus sonstigen Gründen unter dem Einheitswert bleiben. Dann verliert er zwar die Möglichkeit der erneuten Vornahme von Abschreibungen, hat aber vielleicht Vorteile auf dem Gebiet der Vermögenssteuer und des Lastenausgleichs. Dem Kaufmann ist also in einem gewissen Rahmen eine Ermessensfreiheit gegeben, seine Eröffnungsbilanz hinsichtlich der Grundstückbewertung an die für ihn geltenden besonderen Verhältnisse mit den verschiedenen steuerlichen Folgen anzupassen. Die Bewertung unter dem Einheitswert wirkt sich infolge des Verlustes von Abbschreibmöglichkeiten auf die Körperschafts- bzw. Einkommensteuer ungünstig aus, aber günstig auf Vermögenssteuer und vielleicht Lastenausgleich, dagegen wirkt sich eine höhere Bewertung der Grundstücke wegen der größeren Abschreibungsmöglichkeiten auf die Körperschafts- und Einkommensteuer günstig, dafür aber auf die Vermögenssteuer und vielleicht den Lastenausgleich ungünstig aus.

§ 17
Grundstücke außerhalb des Währungsgebietes

Bei dem Wertansatz von Grundstücken, die außerhalb des Währungsgebietes, aber innerhalb Deutschlands liegen, ist die Möglichkeit, über das Grundstück, seinen Ertrag oder einen etwaigen Verkaufserlös zu verfügen, zu berücksichtigen. In begründeten Fällen können die Grundstücke mit einem Erinnerungsposten von einer Deutschen Mark angesetzt werden.

Die Bewertung von Grundstücken außerhalb des Währungsgebietes

Das D-Markbilanzgesetz trägt auch bei Grundstücken außerhalb des Währungsgebietes den besonderen Verhältnissen, die sich aus der Entwicklung der letzten Jahre ergeben haben, Rechnung. Es gestattet auch hier eine freie Neubewertung ohne Berücksichtigung der bisherigen Buchwerte. Danach werden Grundstücke, die sich in Berlin oder in der Ostzone befinden, in der Regel mit einem erheblichen Abschlag auf den normalen Zeitwert zu bewerten sein. Es handelt sich hier nicht um die Möglichkeit der niedrigeren Bewertung, sondern um eine zwingende Vorschrift. Durch die vorgeschriebene Berücksichtigung der Lage des Grundstücks bei der Bewertung soll verhindert werden, daß der Grundstücksposten in der Eröffnungsbilanz höhere Werte enthält als sie durch die gegenwärtigen Verhältnisse gerechtfertigt sind. Bei der Bewertung der Grundstücke außerhalb des Währungsgebietes ist nicht nur auf die Möglichkeit der Verfügung über das Grundstück selbst, sondern auch über die Möglichkeit der Verfügung über den Ertrag oder einen Verkaufserlös zu berücksichtigen. Grundstücke, die beschlagnahmt sind oder unter Vermögenskontrolle auf Grund des Gesetzes Nr. 52 stehen, sind also geringer zu bewerten als solche, über die frei verfügt werden kann. Obwohl es im § 17 nicht zum Ausdruck kommt, muß angenommen werden, daß es sich hier nur um eine Ergänzung zu § 16 handelt, daß also auch für Grundstücke, die außerhalb des Währungsgebietes sind, neben den Sondervorschriften des § 17 die Bewertungsvorschriften des § 16 gelten. Die Höhe der Bewertungsabschläge ist in das Ermessen des Kaufmannes gestellt. Er darf jedoch nicht willkürlich vorgehen, sondern muß angemessene Werte zu ermitteln suchen. Bei mehreren Grundstücken muß der Wertmaßstab einheitlich sein. In besonderen Fällen braucht nur ein Erinnerungsposten eingesetzt zu werden.

§ 18
Bewegliches Anlagevermögen

(1) Bewegliche Gegenstände des Anlagevermögens (insbesondere Maschinen, Schiffe, maschinelle Anlagen und sonstige Betriebsvorrichtungen, auch wenn sie wesentliche Bestandteile

eines Grundstücks sind, Werkzeuge und Einrichtungsgegenstände) sind höchstens mit dem Wert anzusetzen, der sich auf der Grundlage der am 31. August 1948 in der amerikanischen und britischen Zone geltenden gewöhnlichen Wiederbeschaffungs- oder Herstellungskosten (Neuwert) unter Berücksichtigung der tatsächlichen Gesamtnutzungsdauer im Verhältnis zur bisherigen tatsächlichen Nutzung ergibt.

(2) Ist der Neuwert am letzten Tag des Monats, in dem dieses Gesetz in Kraft tritt, niedriger, so ist höchstens dieser an Stelle des nach Abs. 1 für den 31. August 1948 errechneten Neuwerts dem Wertansatz zugrunde zu legen.

(3) Für die anteilmäßige Berücksichtigung der Gesamtnutzungsdauer gemäß Abs. 1 sind im einzelnen folgende Grundsätze anzuwenden:

a) Entspricht die bisherige tatsächliche Nutzung dem Zeitraum, für den steuerliche Absetzungen für Abnutzung bei Gegenständen dieser Art bisher üblich waren (betriebsgewöhnliche Nutzungsdauer), so sind die Gegenstände höchstens mit einem Drittel des Neuwerts (Abs. 1 oder 2) anzusetzen.

b) Erreicht die bisherige tatsächliche Nutzung noch nicht das Ende der betriebsgewöhnlichen Nutzungsdauer, so kann der Betrag von einem Drittel des Neuwerts für jedes Jahr, für das solche Absetzungen noch möglich gewesen wären, um den Betrag erhöht werden, der sich aus einer Teilung von zwei Dritteln des Neuwerts durch die Gesamtzahl der Jahre der betriebsgewöhnlichen Nutzungsdauer ergibt. Sind Gegenstände dieser Art in einem kürzeren Zeitraum als dem der betriebsgewöhnlichen Nutzungsdauer voll abgeschrieben, so sind sie höchstens mit einem Drittel des Neuwerts anzusetzen.

c) Uebersteigt die bisherige tatsächliche Nutzung die betriebsgewöhnliche Nutzungsdauer, so ist der Betrag von einem Drittel des Neuwerts um einen den tatsächlichen Verhältnissen entsprechenden angemessenen Abschlag zu kürzen.

Die Bewertung des beweglichen Anlagevermögens

1. Der Neuwert für bewegliches Anlagevermögen

Da am Bilanzstichtag, dem 21. Juni 1948, noch keine festen Wertbegriffe in der neuen Währung vorhanden waren und auch in den folgenden Monaten das Preisniveau schwankte, ist ein späterer Termin, der 31. August 1948, als Zeitpunkt für die Ermittelung des Neuwertes festgesetzt worden. An diesem Tage waren die ersten, infolge des Warenhungers zunächst übernormal hohen Preise wieder gesunken und hatten im allgemeinen ungefähr den Stand erreicht, der als normal angesehen werden kann. Der Wert vom 31. August 1948 gilt als Höchstwert. Für in Nutzung befindliche Güter ist ein Abzug in dem Sinne zu machen, daß zunächst die Gesamtnutzungsdauer ermittelt wird. Das Verhältnis zwischen dieser Gesamtnutzungsdauer und der bisherigen tatsächlichen Nutzung muß dem Verhältnis zwischen dem Neuwert des betreffenden Vermögenswertes und dem in die Eröffnungsbilanz einzusetzenden Wert entsprechen.

Wenn also beispielsweise eine Maschine, die eine Nutzungsdauer von 20 Jahren und einen Neuwert von 40 000 DM hat, 15 Jahre in Betrieb ist, so ist das Verhältnis von 20 zu 15, also 4 : 3, für den von dem Neuwert abzusetzenden Betrag maßgebend. Dieses Verhältnis ist 40 000 zu 30 000 so daß also der Betrag von 30 000 abzusetzen und die Maschine höchstens mit 10 000 DM zu aktivieren ist.

Die Bestimmung des § 18 bedeutet auch für das bewegliche Anlagevermögen, daß der Grundsatz der Bilanzkontinuität durchbrochen wird. Der Grund hierfür liegt darin, daß die Unternehmungen in die Lage versetzt werden sollen, aus ihren Abschreibungen, die sie in der neuen Währung auf Grund der Neubewertung des beweglichen Anlagevermögens vornehmen, ihren Investitions- und Erneuerungsbedarf zu decken. Infolge der langdauernden Schwierigkeiten bei der Erneuerung der Maschinen, Werkzeuge und Einrichtungsgegenstände ist eine Modernisierung der gesamten technischen Anlagen allgemein erforderlich. Diese könnte nicht in ausreichendem Maße erfolgen, wenn auf die bereits in der Reichsmark-Zeit abgeschriebenen Maschinen keine neuen Abschreibungen zugelassen würden, sondern die Gewinne voll versteuert werden müßten. Daher dient die Neubewertung infolge der sich daraus ergebenden Möglichkeit neuer Abschreibungen sowohl betrieblich wie allgemeinwirtschaftlich wichtigen Aufgaben.

2. Niederstwertprinzip

Um eine zu hohe Bewertung des beweglichen Anlagevermögens zu vermeiden ist dem Niederstwertgrundsatz in Absatz 2 dadurch Rechnung getragen worden, daß bei einem Sinken des Neuwertes in der Zeit vom 31. August 1948 bis zum letzten des Monats, in dem das Gesetz verkündet wird, der niedrigere Wert einzusetzen ist (vgl. Anm. zu § 82). Während im allgemeinen für Anlagegegenstände nur ein Höchstwert gilt und zwei Höchstwerte nur für Umlaufgegenstände in Frage kommen (Anschaffungs- oder Herstellungspreis und Börsen- oder Marktpreis), sind hier die Werte an zwei verschiedenen Stichtagen zugrunde gelegt, von denen der Wert an dem späteren Stichtag dann gilt, wenn er niedriger ist als der Wert an dem ersten Stichtag. Der Gedanke ist der gleiche wie den, der dem Niederstwertgrundsatz für das Umlaufvermögen zugrunde liegt, nämlich der, daß bei verschiedenen Werten im Interesse der vorsichtigen Bewertung von Aktiven der niedrigere bei der Bilanzaufstellung einzusetzen ist. Da die Preise seit dem 31. August 1948 vielfach gesunken sind, ist praktisch in vielen Fällen nicht der Neuwert am 31. August 1948, sondern der Neuwert am 31. August 1949 als höchster Wertansatz maßgebend.

3. Die Gesamtnutzungsdauer

In Absatz 3 werden für die Bewertung des beweglichen Anlagevermögens besondere Grundsätze aufgestellt, die gleichfalls eine zu hohe Bewertung vermeiden sollen. Es wird hierbei unterschieden zwischen den Fällen, in denen die bisherige tatsächliche Nutzung der für den betreffenden Gegenstand steuerlich üblichen Absetzung entspricht, die betriebsübliche Nutzung nicht erreicht und sie übersteigt.

a) Nutzung entspricht Abschreibungen

Im ersteren Falle, also in dem Falle, in dem die Vermögensgegenstände entsprechend ihrer Nutzung gerade steuerlich abgeschrieben sind, kann der betreffende Gegenstand nur mit höchstens einem Drittel des Neuwertes angesetzt werden. Dieser Betrag stellt insofern eine gewisse steuerliche Hilfe für das Unternehmen dar, als auf ihn neu abgeschrieben werden kann. Es wird der Wirtschaft also nicht durch eine Senkung der Steuersätze, sondern durch die Art, wie sie ihre D-Mark-Eröffnungsbilanz gestalten kann, eine zur Wiedergesundung, insbesondere für den Wiederaufbau der Wirtschaft wertvolle Hilfe geleistet.

b) Nutzung erreicht zulässige Abschreibungsdauer nicht

Im zweiten Falle, also bei noch nicht steuerlich voll abgeschriebenen Werten, wird eine Erhöhung des für vollabgeschriebeine Gegenstände zulässigen Höchstwertes von einem Drittel des Neuwerts zugelassen, und zwar in Höhe des Betrages für jedes Jahr der noch möglich gewesenen Abschreibung, der sich aus der Teilung des Betrages von zwei Dritteln des Neuwertes durch die Zahl der Jahre der betriebsgewöhnlichen Nutzungsdauer ergibt. Hat also beispielsweise eine Maschine einen Neuwert von 30 000 DM und ist auf sie erst 10 Jahre hindurch abgeschrieben worden, während ihre betriebsgewöhnliche Nutzungsdauer 20 Jahre beträgt, so ergibt sich folgende Rechnung: Die Teilung von zwei Dritteln des Neuwertes (20 000 DM) durch die Gesamtzahl der Jahre der betriebsgewöhnlichen Nutzungsdauer (20) ergibt 1000. Da noch für 10 Jahre eine Abschreibung möglich gewesen wäre, kann der Betrag von einem Drittel des Neuwertes (10 000 DM) für jedes Jahr der noch ausstehenden Abschreibung um 1000 DM, also insgesamt um 10 000 DM erhöht werden, so daß sich ein Wertansatz von 20 000 DM ergibt. Die Bestimmung, daß bei voller Abschreibung in kürzerem Zeitraum als dem der betriebsgewöhnlichen Nutzungsdauer der Höchstwert ein Drittel des Neuwertes beträgt (Abs. 3, Ziff. b, letzter Satz), will erreichen, daß solche Gegenstände, die vorzeitig abgeschrieben worden sind, denen gleichgestellt werden, die entsprechend ihrer betriebsgewöhnlichen Nutzungsdauer abgeschrieben worden sind. Dadurch wird der Vorteil, der durch die erhöhte Abschreibung gegenüber der normalen früher erzielt worden ist, jetzt insofern ausgeglichen, als solche Gegenstände statt mit dem erhöhten Betrag jetzt nur mit höchstens einem Drittel des Neuwertes angesetzt werden können. Dementsprechend sind auch die neuen Abschreibungen entsprechend geringer, was angesichts der durch die erhöhten Abschreibungen früher erzielten steuerlichen Vorteile gerechtfertigt ist.

c) Nutzung überschreitet zulässige Abschreibungsdauer

Der dritte Fall, also der Fall der voll abgeschriebenen Gegenstände, die jedoch noch in Benutzung sind, obwohl die betriebsgewöhnliche Nutzungsdauer überschritten ist, wird in der Praxis besonders häufig vorkommen, denn in besonders großem Umfange konnte viele Jahre hindurch der Investitions- und Erneuerungsbedarf nur in unzureichendem Maße gedeckt werden. Für solche Fälle sieht das Gesetz einen

Wertansatz in Höhe von höchstens einem Drittel des Neuwertes unter Kürzung um einen den tatsächlichen Verhältnissen, also insbesondere dem Verschleiß entsprechenden angemessenen Betrag vor. Wie hoch dieser Abschlag ist, ergibt sich aus den technischen Besonderheiten jedes einzelnen Falles. Man wird es darauf abzustellen haben, wie stark der Verschleiß war, ob also beispielsweise eine Maschine besonders stark oder in geringerem Maße eingesetzt worden ist, ob sie mehr oder weniger gründlich überholt worden ist, wie sie allgemein gepflegt worden ist und ob die Verschleißteile erst kürzlich oder bereits vor längerer Zeit durch Ersatzteile erneuert worden sind. Der Unternehmer hat bei solchen nach voller Abschreibung weiter benutzten Gegenständen des beweglichen Anlagevermögens für den Wertansatz in der D-Mark-Eröffnungsbilanz eine gewisse Bewegungsfreiheit, doch nur in beschränktem Umfange insofern, als der von einem Drittel des Neuwertes vorzunehmende Abschlag dem tatsächlichen Verschleiß entsprechen, also angemessen sein muß. Es muß auch hier angestrebt werden, dem Grundsatz der optimalen Bilanzwahrheit als einen der wichtigsten Grundsätze für jede Bilanzierung Geltung zu verschaffen. Zwecks Feststellung der Angemessenheit des Abschlages kann der Unternehmer notfalls Sachverständige herbeiziehen, die den Umfang des Verschleißes unter Berücksichtigung von Erneuerungen ermitteln.

§ 19

Beteiligungen und andere Wertpapiere des Anlagevermögens

Beteiligungen im Sinne des § 131 Abs. 1 A II 6 des Aktiengesetzes sowie andere Wertpapiere des Anlagevermögens sind nach den für Wertpapiere des Umlaufvermögens (§§ 21, 22) geltenden Vorschriften anzusetzen, soweit nicht besondere Gründe einen höheren Ansatz rechtfertigen.

Die Bewertung von Beteiligungen und Wertpapieren

Nach den Vorschriften des Aktiengesetzes (§ 131) sind Beteiligungen, ohne Rücksicht darauf, ob sie in Wertpapieren verkörpert sind oder nicht, als Anlagevermögen zu aktivieren, ebenso Wertpapiere, soweit sie nicht Umlaufvermögen darstellen. Die Abgrenzung zwischen bloßen Wertpapieren und Beteiligungen liegt in dem Zweck des Besitzes, nicht in der Größe des Aktienbesitzes. Ein größerer Aktienbesitz kann danach bloßer Wertpapierbesitz sein, während ein kleinerer als Beteiligung angesehen werden kann. Das Aktiengesetz stellt eine Vermutung dahingehend auf, daß Aktien oder Anteile, deren Nennwert mindestens 25 % des Kapitals der betreffenden Gesellschaft ausmacht, eine Beteiligung darstellen. Diese Vermutung ist widerlegbar. Es kann anderseits auch in einem kleineren Besitz an Akten, Anteilen oder Kuxen eine Beteiligung gesehen werden. Die Mitgliedschaft an einer Personengesellschaft gilt im allgemeinen als Beteiligung. Wertpapiere des Anlagevermögens sind solche, die nicht Umlaufsvermögen darstellen, weil sie dauernd dem Geschäftsbetriebe dienen, wie z. B. Wertpapiere, die in Werk- oder Lieferungsverträgen zur Stellung von Kautionen ausbedungen werden, oder Wertpapiere, die zur Sicherstellung für öffentliche Abgaben oder für Frachten dienen, oder die lediglich der Vermögensanlage dienen.

Das D-Markbilanzgesetz stellt Beteiligungen und Wertpapiere des Anlagevermögens den Wertpapieren des Umlaufvermögens gleich, das heißt, — soweit nicht § 21 Platz greift —, sind sie höchstens mit den Steuerkurswerten anzusetzen, an deren Stelle jedoch vorläufig die Werte treten, die von der Bank deutscher Länder für die Umstellungsrechnung der Geldinstitute mit Stichtag vom 31. Dezember 1948 veröffentworden sind. Es kann jedoch in besonderen Fällen ein höherer Wert angesetzt werden, wenn dies aus besonderen Gründen gerechtfertigt ist. Ein solcher höherer Wert ist zum Beispiel dann gerechtfertigt, wenn die Beteiligung oder der Wertpapierbesitz mit besonderen Rechten ausgestattet ist (z. B. Vorzugsaktien mit Mehrstimmenrecht oder höherem Dividenden-Anspruch) oder wenn es sich um ein größeres Wertpapier-Paket handelt, das für die Geltendmachung von Minderheitsrechten von Bedeutung ist, oder wenn das Wertpapier-Paket auf Grund seiner Größe eine Beherrschung der betreffenden Gesellschaft zuläßt, oder Poolverträge bestehen, die dem Inhaber des Paketes eine gesellschaftsrechtliche Sonderstellung gewähren. In solchen Fällen würde ein Wertansatz, der lediglich den allgemein für Wertpapiere und Beteiligungen geltenden Wert berücksichtigt, den besonderen Verhältnissen nicht gerecht werden. Daher ist für solche Ausnahmefälle ein höherer Wertansatz zugelassen. Voraussetzung ist jedoch, daß es sich um Anlage-, nicht um Umlaufvermögen handelt.

§ 20

Vorratsvermögen

(1) Gegenstände des Vorratsvermögens (insbesondere Roh-, Hilfs- und Betriebsstoffe, halbfertige und fertige Erzeugnisse sowie Waren) sind höchstens mit dem Wert anzusetzen, der sich auf der Grundlage der am 31. August 1948 in der amerikanischen und britischen Zone geltenden gewöhnlichen Wiederbeschaffungs- oder Herstellungskosten ergibt (Neuwert). Ist der Neuwert am letzten Tag des Monates, in dem dieses Gesetz in Kraft tritt, niedriger, so ist höchstens dieser zugrunde zu legen.

(2) Sind Gegenstände des Vorratsvermögens vor dem 1. September 1948 veräußert worden, so sind sie höchstens mit dem Wert anzusetzen, der sich aus dem Verkaufserlös unter Abzug der handelsüblichen Gewinnspanne ergibt, falls dieser niedriger ist als die nach Abs. 1 zulässigen Höchstwerte.

Die Bewertung von Vorratsvermögen

1. Der Begriff des Vorratsvermögens und das Niederstwertprinzip

Das Vorratsvermögen setzt sich zusammen aus den Roh-, Hilfs- und Betriebsstoffen, den halbfertigen Erzeugnissen und den fertigen Erzeugnissen, den Waren, also den Gegenständen, die in der am Bilanzstichtag vorliegenden Form zur Weiterveräußerung bestimmt sind (§ 131 Aktiengesetz). Als Roh-, Hilfs- und Betriebsstoffe sind Heizstoffe, Reinigungs- und Schmiermittel anzusehen, nicht aber Büro- und Verpackungsmaterialien. Für das Vorratsvermögen gilt gemäß § 133 Aktiengesetz das Niederstwertprinzip, das heißt, es gelten für dieses Vermögen — wie allgemein für das Umlaufsvermögen — zwei Höchstwerte: die Anschaffungs- oder Herstellungskosten und der Wert am Bilanzstichtage. Von diesen beiden Werten ist jeweils der niedrigere in der Bilanz einzusetzen. Als Wert am Bilanzstichtage ist der Börsen- oder Marktpreis einzusetzen, falls ein solcher Preis am Bilanzstichtage besteht, andernfalls ist der Wert des Bilanzstichtages nach gesunder und sorgfältiger kaufmännischer Ueberlegung zu ermitteln.

2. Die Bewertung im allgemeinen

Für die D-Mark-Eröffnungsbilanz gilt diese Art der Bewertung nicht. Sie wäre auch nicht durchführbar gewesen, weil die Anschaffungs- oder Herstellungskosten bei solchen Gegenständen des Vorratsvermögens, die vor dem Währungsstichtag angeschafft oder hergestellt worden sind, in der neuen Währung im allgemeinen nicht ermittelt werden können. Auch ist weder ein Börsen- oder Marktpreis noch ein sonstiger Preis am Währungsstichtag mit Sicherheit zu ermitteln. Daher bestimmt § 20, daß höchstens der Wert anzusetzen ist, der den Wiederbeschaffungs- oder Herstellungskosten am 31. August 1948 in der amerikanischen und britischen Zone entspricht. Durch diese Regelung wird in der D-Mark-Eröffnungsbilanz für das Vorratsvermögen eine völlig neue Bewertung eingeführt, die den Bilanzzusammenhang durchbricht, aber den großen Vorteil hat, daß die zum Teil unrichtigen Werte der Reichsmarkzeit in die neue Bilanz nicht übernommen werden, sondern mit einer neuen, richtigen Wertberechnung auch für das Vorratsvermögen begonnen wird. Dem Gedanken des Niederstwertprinzips ist insofern Rechnung getragen, als bei einem Absinken des Preises in der Zeit vom 31. August 1948 bis zum letzten Tag des Monats, in dem das D-Markbilanzgesetz in Kraft getreten ist (§ 82), höchstens dieser niedrigere Wert zugrunde zu legen ist.

3. Die Bewertung bei Veräußerung vor dem 1. September 1948

In Absatz 2 des § 20 ist für die Fälle ein besonderer Wertansatz vorgesehen, in denen Vorratsvermögen zwischen dem Bilanzstichtag und dem 1. September 1948 veräußert worden ist. In solchen Fällen kommt es auf die Wiederbeschaffungs- oder Herstellungskosten am 31. August 1948 nicht an, sondern maßgebend ist der erzielte Verkaufserlös, falls dieser niedriger ist als die Höchstwerte, die sich aus § 20, Abs. 1 ergeben. War also beispielsweise eine Ware vor der Währungsumstellung mit einem Kostenaufwand von 100,— RM hergestellt worden und ist sie nach diesem Zeitpunkt, aber vor dem 1. September 1948 für 300,— DM verkauft worden, so ist sie höchstens mit diesem Betrag abzüglich der handelsüblichen Gewinnspanne zu aktivieren, also, falls diese Gewinnspanne z. B. 20 % betrug, mit 240,— DM. Ist dagegen die Ware erst nach dem 31. August 1948 verkauft worden und betrugen die Wiederbeschaffungs- oder Herstellungskosten am 31. August 1948 zum Beispiel 200 DM, so ist sie, ohne Rücksicht auf den nach dem 31. August 1948 erzielten Verkaufserlös höchstens mit diesem Betrage zu aktivieren. War dieser Verkaufserlös 300,— DM, so stellt der Unterschiedsbetrag von 100,— DM den der Einkommen- bzw. Körperschaftssteuer unterliegenden Gewinn dar.

Die Regelung des § 20 ist für die Unternehmer mit großem Vorratsvermögen insofern besonders günstig, als sie eine Aktivierung zu den in der neuen Währung erforderlichen Wiederbeschaffungs- oder Herstellungskosten zuläßt, also den Unternehmern, die in der Reichsmarkzeit Vorräte angesammelt haben, eine verhältnismäßig hohe Aktivierung gestattet, so daß bei einer Veräußerung nur der Verkaufserlös einen zu versteuernden Gewinn darstellt, der über den Wiederbeschaffungs- oder Herstellungskosten am 31. August 1948 in der neuen Währung liegt, während andernfalls ein höherer Gewinn zu versteuern wäre. Insofern dient auch diese Bestimmung der Erleichterung der Kapitalbildung in der Wirtschaft.

§ 21

Wertpapiere des Reichs und sonstige Forderungen gegen das Reich

Wertpapiere, die Rechte gegen das Reich oder die in § 14 Nr. 2 bis 5 des Umstellungsgesetzes aufgeführten Schuldner verbriefen (einschließlich der im Reichsschuldbuch eingetragenen Forderungen gegen das Reich), Kriegsschädenforderungen sowie sonstige Forderungen gegen das Reich oder die im § 14 Nr. 2 bis 5 des Umstellungsgesetzes aufgeführten Schuldner sind mit einem Erinnerungsposten von einer Deutschen Mark anzusetzen. Das gleiche gilt für etwaige Entschädigungsansprüche auf Grund von Demontagen, Reparationsentnahmen und ähnlichen Maßnahmen.

Die Bewertung von Forderungen gegen das Reich einschl. Wertpapieren des Reichs

Auch hinsichtlich der Forderungen gegen das Reich (einschl. der Kriegsschädenforderungen) und der sonstigen in § 14, Ziffer 2 bis 5 des Umstellungsgesetzes setzt das D-Markbilanzgesetz die bisherige Aktivierung nicht realisierbarer, im wesentlichen fiktiver Werte nicht fort, um das Aktivvermögen der Unternehmungen von allen Ueberbewertungen mit den nachteiligen Folgen auf dem Gebiete der Vermögenssteuer — und eventuell des Lastenausgleichs — frei zu halten. In § 14 Ziff. 2 bis 5 des Umstellungsgesetzes sind im wesentlichen aufgeführt: die Verbindlichkeiten der NSDAP und ihrer Gliederungen, die von der Bahn- und Postverwaltung des Währungsgebietes nicht übernommenen, vor dem 9. Mai 1945 begründeten Verbindlichkeiten der Reichsbahn und der Reichspost, die von den Landeszentralbanken nicht übernommenen Verbindlichkeiten der Reichsbank und die Verbindlichkeiten verschiedener Kriegsfinanzierungsgesellschaften. Auf solche Verbindlichkeiten findet der 2., 3. und 4. Abschnitt des Teiles II des Umstellungsgesetzes keine Anwendung Dies bedeutet, daß solche Verbindlichkeiten mangels Umstellung nicht in D-Mark beziffert, also die betreffenden Forderungen auch nicht bewertet werden können.

Ob und in welcher Weise später eine Regelung über die Umstellung solcher Verbindlichkeiten erfolgt, ist noch nicht zu übersehen.

Daher entspricht es kaufmännischer Vorsicht bei der Bewertung von Aktiven, daß die Forderungen gegen das Reich und die sonstigen in § 14, Ziffer 2 bis 5 des Umstellungsgesetzes aufgeführten Schuldner einstweilen nur mit einem Erinnerungsposten angesetzt werden. Im Falle einer etwaigen späteren Regelung über die Umstellung entsteht kein entsprechend hoher, der Einkommen- bzw. Körperschaftssteuer unterliegender Gewinn, falls die Eröffnungsbilanz gemäß § 47 berichtigt wird. Bis zu einer solchen etwaigen Umstellung wird das Unternehmen von einer Vermögenssteuer und einem eventuellen Lastenausgleich für solche fraglichen Werte befreit.

Wichtig ist, daß auch die Entschädigungsansprüche wegen Demontagen u. dgl. mit einem Erinnerungsposten anzusetzen sind.

§ 22

Sonstige Wertpapiere und Anteile

(1) Wertpapiere, die im Währungsgebiet an einer deutschen Börse amtlich notiert oder im geregelten Freiverkehr gehandelt werden, sind höchstens zu den Steuerkurswerten anzusetzen. An deren Stelle treten vorläufig die Werte, die von der Bank deutscher Länder für die Umstellungsrechnung der Geldinstitute mit Stichtag vom 31. Dezember 1948 im Oeffentlichen Anzeiger für das Vereinigte Wirtschaftsgebiet und in den amtlichen Bekanntmachungsorganen der Länder der französischen Zone veröffentlicht worden sind.

(2) Wertpapiere, für die ein Börsenkurs gemäß Abs. 1 nicht festgesetzt ist, und nicht in Wertpapieren verkörperte Anteile (Geschäftsanteile, Anteile an Personengesellschaften) sind vorläufig höchstens mit einem Drittel des letzten vor dem 21. Juni 1948 festgestellten Vermögenssteuerwertes anzusetzen, es sei denn, daß besondere Gründe einen höheren Wertansatz rechtfertigen.

(3) Anteile (Aktien, Geschäftsanteile, Anteile an Personengesellschaften) an Geldinstituten und Versicherungsunternehmen, für die ein Börsenkurs gemäß Abs. 1 nicht festgesetzt ist, dürfen vorläufig höchstens im Verhältnis von einer Deutschen Mark für je zehn Reichsmark des in der steuerlichen Reichsmarkschlußbilanz ausgewiesenen Wertes angesetzt werden; § 16 Abs. 2 Satz 2 gilt entsprechend.

(4) Wertpapiere von Ausstellern im Währungsgebiet sind, wenn sie sich im Girosammeldepot befinden, vorläufig höchstens mit siebzig vom Hundert der gemäß Abs. 1 und 2 zulässigen Wertansätze anzusetzen.

(5) Andere vor dem 1. Januar 1945 ausgestellte Wertpapiere, für die Lieferbarkeitsbescheinigungen nach den

„Richtlinien für die Bescheinigung der Lieferbarkeit von Wertpapieren" bisher nicht erteilt worden sind und in der ab 1. Juli 1948 geltenden Fassung dieser Richtlinien nicht erteilt werden können, dürfen nur mit einem Erinnerungsposten von einer Deutschen Mark angesetzt werden, soweit nicht besondere Gründe einen höheren Ansatz rechtfertigen.

(6) Wertpapiere in Streifbanddepots im Saargebiet sind wie Wertpapiere im Währungsgebiet zu behandeln.

Die Bewertung sonstiger Wertpapiere

1. Wertpapiere mit und ohne Börsenkurs

Die Wertansätze für Wertpapiere richten sich danach, ob für das betreffende Wertpapier ein Börsenkurs besteht oder nicht. Grundsätzlich gilt für Wertpapiere mit Steuerkurswert dieser als Höchstwert, jedoch tritt vorläufig an seine Stelle der Wert, der sich für die Umstellungsrechnung der Geldinstitute mit Stichtag vom 31. Dezember 1948 nach der Veröffentlichung der Bank deutscher Länder ergibt. Dagegen sind Wertpapiere ohne Börsenkurs vorläufig mit einem Drittel des letzten Vermögensteuerwertes anzusetzen, sofern nicht aus besonderen Gründen ein höherer Wertansatz gerechtfertigt ist. Dies kann z. B. dann der Fall sein, wenn sich durch technische, organisatorische oder sonstige Veränderungen der Wert des Unternehmens erheblich erhöht hat und früher das Wertpapier besonders niedrig bewertet wurde, so daß jetzt eine höhere Bewertung gerechtfertigt ist. Das Wort „vorläufig" deutet darauf hin, daß es sich hier nicht um endgültige Bewertungen handelt, sondern daß der endgültige Wert erst später festgesetzt werden kann, und zwar auf Grund einer Berichtigung der Eröffnungsbilanz nach § 47.

2. Anteile an Geldinstituten und Versicherungsunternehmen

Soweit ein Börsenkurs für solche Anteile nicht besteht, sind sie mit höchstens 10 % des Wertes der steuerlichen Reichsmarkschlußbilanz einzusetzen. Andernfalls gilt für ihre Bewertung das gleiche wie für Wertpapiere mit Börsenkurs allgemein.

3. Wertpapiere ohne Lieferbarkeitsbescheinigung

Für sie ist nur ein Erinnerungsposten einzusetzen. Dies bedeutet, daß später gemäß § 47 eine Berichtigung vorgenommen werden kann, wenn die Beschränkungen, die für solche Wertpapiere gegenwärtig bestehen, fortgefallen sein sollten.

4. Wertpapiere im Girosammeldepot

Die Bewertung von 70 % stellt nur einen Höchstbetrag dar, der zugrunde gelegt, aber auch unterschritten werden kann.

§ 23
Eigene Aktien oder Geschäftsanteile

(1) Eigene Aktien oder Geschäftsanteile dürfen höchstens mit dem nach der Umstellung sich ergebenden neuen Nenn-

betrag angesetzt werden; sie dürfen jedoch, wenn der Betrag der freien Rücklagen geringer ist, höchstens mit diesem Betrag angesetzt werden.

(2) Soweit eigene Aktien oder Geschäftsanteile vor dem Tage des Inkrafttretens dieses Gesetzes veräußert worden sind, kann an Stelle des in Abs. 1 bestimmten Höchstwertes der Veräußerungserlös als Höchstwert angesetzt werden.

Die Bewertung eigener Aktien und Geschäftsanteile

1. Allgemeine Bilanzierung eigener Aktien und Geschäftsanteile

Eigene Aktien sind gemäß § 131 A. III, Ziffer 5 ebenso wie der Aktienbesitz an einer herrschenden Aktiengesellschaft als zum Umlaufvermögen gehörig einzusetzen. Das bedeutet, daß der Wertansatz zum jeweiligen Kurs am Bilanzstichtag zu bilden ist, und zwar auch dann, wenn die eigenen Aktien nicht zur Weiterveräußerung erworben sind, also Anlagevermögen darstellen. Diese Bilanzierungsvorschrift gilt nur für Aktien. Der Aktienbesitz an einer herrschenden Aktiengesellschaft gilt also auch dann als Umlaufvermögen, wenn er wirtschaftlich eine zum Anlagevermögen zu rechnende Beteiligung darstellt. Die Geschäftsanteile an einer herrschenden GmbH. sind dagegen als Beteiligungen in die Bilanz einzustellen.

2. Der Wertansatz für eigene Aktien oder Geschäftsanteile

Die eigenen Aktien oder Geschäftsanteile sind höchstens in gleicher Weise neu festzusetzen wie die anderen Aktien oder Geschäftsanteile der betreffenden Gesellschaft, also unter Beachtung der Vorschriften der §§ 35 ff. Dadurch wird vermieden, daß auf der Aktivseite ein Posten entsteht, der mit einem höheren Wert angesetzt wird als ihm nach den Vermögensverhältnissen der Gesellschaft zukommt. Jedoch ist auch diese Bewertung in den Fällen zu hoch, in denen eine Gesellschaft freie Rücklagen gebildet hat, die geringer sind als der sich ergebende Wertansatz für die eigenen Aktien oder Geschäftsanteile. In solchen Fällen stellt der Betrag der freien Rücklagen den Höchstbetrag für die Bewertung der eigenen Aktien oder Geschäftsanteile dar.

Als solche, den Wertansatz beschränkende Rücklagen gelten nicht die nach § 130 des Aktiengesetzes zu bildenden gesetzlichen Rücklagen, sondern nur die, die freiwillig auf Grund eines Beschlusses der Hauptversammlung oder von der Verwaltung gebildet werden, auch nicht wenn ihre Bildung auf Satzungsbestimmung beruht. Ebenso beeinträchtigen die stillen Reserven nicht die Bewertung der eigenen Aktien oder Geschäftsanteile, also solche Reserven, die durch Unterbewertung von Aktiven und übermäßige Wertberichtigungskonten (zulässigerweise) oder unzulässigerweise durch Einführung erdichteter Verbindlichkeiten, Nichtverbuchung gemachter Gewinne, Belastung der Gewinn- und Verlustrechnung mit erdichteten Aufwendungen entstehen. Die Bildung der stillen Reserven in der erstgenannten Weise ist vom Reichsgericht als handelsrechtlich zulässig anerkannt worden (vgl. RG Bd. 116, S. 125).

§ 24
Forderungen. Grundsatz

(1) Bei dem Wertansatz von Forderungen sind die Vorschriften des Umstellungsgesetzes und dessen Durchführungsverordnungen zu berücksichtigen.

(2) Zweifelhafte Forderungen sind nach ihrem wahrscheinlichen Wert anzusetzen, uneinbringliche Forderungen abzuschreiben. Als zweifelhaft gilt auch eine Forderung, bei der mit einer Herabsetzung im Vertragshilfeverfahren gerechnet werden muß.

(3) Ist eine Forderung nach dem 20. Juni 1948 bis zur Aufstellung der Eröffnungsbilanz im Wege der Vertragshilfe herabgesetzt worden, so ist diese Herabsetzung bei dem Wertansatz zu berücksichtigen. Das gleiche gilt, wenn eine Forderung durch Parteivereinbarung höher oder niedriger festgesetzt worden ist, als dem gesetzlichen Umstellungsverhältnis entsprechen würde.

Die Grundsätze für die Bewertung von Forderungen

1. Die Anwendung des Umstellungsgesetzes nebst Durchführungsverordnungen

Die Aufstellung der D-Mark-Eröffnungsbilanz setzt voraus, daß die Umstellungsgesetzgebung einen gewissen Abschluß erreicht hat, denn neben den Guthaben bei Geldinstituten stellen die Forderungen auf Grund von sonstigen Schuldverhältnissen für jedes Unternehmen einen wichtigen Aktivposten dar. Erst wenn über die Umstellung dieser beiden Gruppen von Aktivwerten allgemein und für den Einzelfall Klarheit besteht, kann eine richtige Bewertung in der D-Mark-Eröffnungsbilanz erfolgen. Daher verweist § 24, Abs. 1 hinsichtlich des Wertansatzes für Forderungen grundsätzlich auf die Vorschriften des Umstellungsgesetzes und der dazu ergangenen Durchführungsverordnungen. Dieses Gesetz ist in vollem Umfange zu berücksichtigen, also nicht nur hinsichtlich seiner Bestimmungen über die Umstellung von Schuldverhältnissen (Teil II), sondern auch hinsichtlich der Bestimmungen des Teiles I über die Umstellung von Reichsmarkguthaben bei Geldinstituten.

Die letzteren Bestimmungen lassen jedoch verhältnismäßig wenig Zweifel über die Bewertung der am Bilanzstichtag vorhanden gewesenen Bankguthaben entstehen, und die etwaigen Zweifel sind im allgemeinen inzwischen behoben worden. Dagegen sind über die Umstellung von sonstigen Schuldverhältnissen viele Unklarheiten entstanden, die bisher nur zum Teil durch die Durchführungsbestimmungen zum Umstellungsgesetz beseitigt worden sind. Bei der Bewertung einer Forderung sind daher die Bestimmungen des Umstellungsgesetzes und der Durchführungsverordnungen zu berücksichtigen. Dies macht es für den Kaufmann erforderlich, daß er sich mit der Umstellungsgesetzgebung vertraut macht. Auch empfiehlt es sich, um eine sichere Bewertungsgrundlage zu erlangen, daß festgestellt wird, ob der Schuldner die Auffassung des Gläubigers über die Art der Umstellung der Forderung anerkennt. Im Falle des Vorliegens eines solchen Anerkenntnisses oder bei zweifelsfreier Umstellung ist — sofern die Bonität des Schuldners unbedenklich ist — die Forderung mit dem Umstellungsbetrage anzusetzen.

2. Zweifelhafte und uneinbringliche Forderungen

Die Bestimmung des § 24, Abs. 2, daß zweifelhafte Forderungen nach ihrem wahrscheinlichen Werte anzusetzen und uneinbringliche Forderungen abzuschreiben sind, entspricht der Bestimmung des § 40, Abs. 3 HGB. Bei der Ermittelung dieses Wertes hat der Kaufmann eine gewisse Ermessensfreiheit. Grundsätzlich ist der Wert am dem Bilanzstichtage maßgebend, und zwar der objektive Wert, wobei nicht der Fall einer sofortigen Zwangsliquidation, sondern der des Fortbestandes des Geschäfts zugrunde zu legen ist. Dies bedeutet, daß bei einer Forderung, die nicht sofort beigetrieben werden kann, nicht schon deswegen ein geringerer Betrag anzusetzen ist, weil der Schuldner im Augenblick nicht zahlen kann, sondern es ist zu berücksichtigen, ob die Forderung gefährdet ist, also auch in späterer Zeit nicht eingebracht werden kann, und ob ausreichende Sicherheiten vorhanden sind oder nicht. Bei bestrittenen Forderungen sind die Aussichten eines etwaigen Rechtsstreites zu berücksichtigen.

Soweit sich die Vermögensverhältnisse des Schuldners erst nach dem Bilanzstichtag, aber vor Aufstellung der Bilanz verschlechtert haben, können solche Umstände berücksichtigt werden, wenn solche Verluste oder Wertminderungen latent am Bilanzstichtag vorhanden waren, also mit einer Wertminderung an diesem Tage gerechnet werden konnte (Urteil des Reichsfinanzhofs, in „Steuer und Wirtschaft" 1932, Nr. 623). Daher muß man annehmen, daß Wertminderungen bei Forderungen, die im Zusammenhang mit der Währungsumstellung entstanden sind, in der D-Mark-Eröffnungsbilanz berücksichtigt werden können, und zwar auch in der Steuerbilanz, also mit steuerlicher Wirkung, denn es war am Bilanzstichtag bekannt, daß die Währungsumstellung für manche Schuldner eine Gefährdung ihrer Unternehmungen und damit eine Verschlechterung ihrer Bonität mit sich bringen würde. In solchen Fällen empfiehlt sich die Einsetzung eines Wertberichtigungspostens. Wenn auch Wertberichtigungsposten in § 131, Abs. 1 B III des Aktiengesetzes nur für das Anlagevermögen vorgesehen sind, so können sie auch für das Umlaufvermögen, also auch für Forderungen eingesetzt werden (Delkrederefond), denn in der Begründung zum Aktiengesetz (B III) heißt es: „Bei den Wertberichtigungen ist die Verteilung auf das Anlage- und Umlaufvermögen gesondert anzugeben." Die steuerliche Folge der Behandlung von zweifelhaften und uneinbringlichen Forderungen im Sinne des § 24, Abs. 2 ist die, daß, soweit eine abgeschriebene Forderung später eingeht, der eingegangene Betrag Gewinn des betreffenden Jahres ist, also entsprechend zu versteuern ist, während bei voller Aktivierung in der Eröffnungsbilanz die Gewinn- und Verlustrechnung nicht beeinträchtigt wird.

3. Einfluß der Vertragshilfe und der Parteivereinbarung auf die Bewertung von Forderungen

a) Vertragshilfeverfahren

Gemäß § 21 des Umstellungsgesetzes können Verbindlichkeiten aus allgemeinen Schuldverhältnissen auf Antrag des Schuldners im Wege der richterlichen Vertragshilfe gestundet oder unter den

Nennbetrag in Deutscher Mark, auf den sie nach dem Umstellungsgesetz umzustellen sind, herabgesetzt werden (vgl. auch Artikel II der 2. Durchführungsverordnung zum Festkontogesetz). Voraussetzung ist, daß die Zahlung „dem Schuldner bei gerechter Abwägung der Interessen und der Lage beider Teile nicht zugemutet werden kann". Die Anwendung des Vertragshilfeverfahrens wirkt auf die Umstellung der Forderung, also auf den Währungsstichtag und damit auf den Wert der Forderung am Bilanzstichtag zurück. Es entspricht daher den allgemeinen Bilanzierungsgrundsätzen, daß solche Veränderungen berücksichtigt werden, und zwar nicht nur dann, wenn das Vertragshilfeverfahren bis zur Aufstellung der Eröffnungsbilanz bereits durchgeführt war, sondern auch dann, wenn mit einer Herabsetzung im Vertragshilfeverfahren gerechnet werden muß. In diesem Falle ist die Forderung wie eine zweifelhafte Forderung zu behandeln, also mit dem Betrag einzusetzen, auf den sie mutmaßlich im Vertragshilfeverfahren herabgesetzt wird, falls nicht die Bonität des Schuldners eine noch weitergehende Herabsetzung rechtfertigt. Hinsichtlich der Verfahrensvorschriften vgl. die 28. DVO zum Umstellungsgesetz.

b) Parteivereinbarung

Das Umstellungsgesetz schließt die nachträgliche Vereinbarung einer anderen Umstellung als das Gesetz sie vorsieht, nicht aus, denn der Grundsatz der Vertragsfreiheit wird durch das Gesetz nicht durchbrochen. Insbesondere stellt eine solche spätere Vereinbarung einer höheren oder geringeren Umstellung bei Schuldverhältnissen keinen Verstoß gegen das Gesetz im Sinne des § 33 UmstGes. dar, denn diese Strafvorschrift betrifft nur die eigentlichen monetären Bestimmungen des Gesetzes, aber nicht diejenigen über allgemeine Schuldverhältnisse. Wenn also eine umgestellte Forderung im Wege der Parteivereinbarung herauf- oder herabgesetzt wird, so ist sie in der Eröffnungsbilanz mit dem vereinbarten Umstellungsbetrage zu bewerten.

§ 25

Schwebende Geschäfte

Lieferungsansprüche aus Kauf- und Werkverträgen, für die die Gegenleistung bereits vor dem 21. Juni 1948 bewirkt war, können so angesetzt werden, als wenn die Lieferung bereits am 21. Juni 1949 erfolgt wäre.

Die Bewertung von Ansprüchen auf Lieferung bzw. Herstellung des Werkes auf Grund von Kauf- und Werkverträgen

Hat ein Kaufmann auf Grund eines Kauf- oder Werkvertrages den Kaufpreis bzw. Werklohn vor der Währungsumstellung gezahlt und der Verkäufer bzw. Unternehmer den Betrag als Erfüllung der Reichsmarkschuld angenommen, also solvendi causa, so bestand am Tage der Währungsumstellung für den Kaufmann keine Reichsmarkverbindlichkeit mehr im Sinne des § 13 Absatz 3 des Umstellungsgesetzes. Gemäß § 13 Abs. 3, Satz 2 findet das Umstellungsgesetz also keine Anwendung, d. h. eine Nachzahlung in Deutscher Mark ist auch dann nicht zu leisten, wenn der Verkäufer bzw. Unternehmer seine Leistung am Tage der Währungsumstellung noch nicht bewirkt hatte. Der Käufer bzw. Besteller behält trotz der Zahlung in Reichsmark seinen Anspruch auf Lieferung bzw. Herstellung des Werkes.

In solchen Fällen noch am Bilanzstichtag schwebender Kauf- oder Werkverträge kann für die Bewertung des Lieferungsanspruches gemäß § 25 die Lieferung als bereits am 21. Juni 1948 erfolgt gelten. Dies bedeutet, daß der Kaufmann den Anspruch so bewerten kann, wie er ihn zu bewerten hätte, wenn die Lieferung am 21. Juni 1948 bereits erfolgt wäre, d. h. es tritt an die Stelle des Anspruches der Neuwert nach § 16 bzw. nach § 18. Hierbei handelt es sich jedoch nur um eine Kannvorschrift, die dem Kaufmann eine Bewertung seiner Ansprüche aus solchen schwebenden Geschäften zu dem Neuwert ermöglichen soll, so daß er den Anspruch nicht zunächst mit einem niedrigen Wert — etwa dem umgestellten Reichsmarkbetrag seiner Zahlung — mit der Folge späterer Hochbewertung und Entstehung eines steuerpflichtigen Gewinnes anzusetzen hat, sondern sogleich den vollen Neuwert einsetzen kann. Will der Kaufmann dagegen — vielleicht wegen Ungewißheit, ob der Verkäufer bzw. Unternehmer später leistet — den Anspruch aus einem solchen schwebenden Geschäft niedriger ansetzen, so ist er hierzu berechtigt, da es sich bei § 25 nur um eine Vorschrift handelt die einen Höchstbetrag vorsieht, nicht aber um eine zwingende Bewertungsvorschrift.

§ 26

Forderungen gegen Schuldner in Deutschland außerhalb des Währungsgebietes

(1) Forderungen gegen Schuldner in Deutschland außerhalb des Währungsgebietes können mit einem Erinnerungsposten von einer Deutschen Mark angesetzt werden.

(2) Für Forderungen, die nach den in dem französischen, britischen und amerikanischen Sektor von Groß-Berlin geltenden Vorschriften zur Neuordnung des Geldwesens umgestellt sind, sowie für Forderungen an Schuldner im Saargebiet gelten §§ 5, 24 Abs. 2, 3.

Die Bewertung von Forderungen gegen Schuldner in Deutschland außerhalb des Währungsgebietes

1. Schuldner in der sowjetischen Besatzungszone und im sowjetischen Sektor von Groß-Berlin

Die Forderungen gegen Schuldner in der sowjetischen Besatzungszone und im sowjetischen Sektor von Groß-Berlin können nicht rechtswirksam geltend gemacht werden. Daher ist es gerechtfertigt, sie nicht mit dem Nennbetrage, sondern nur mit einem Erinnerungsposten anzusetzen. Dies hat zur Folge, daß in den Fällen, in denen der Schuldner später zahlt, eine Berichtigung der Eröffnungsbilanz erfolgen kann, der gezahlte Betrag also nicht gewinnerhöhend wirkt. Der Gläubiger, der von dem Recht des § 47 Gebrauch macht, hat den Unterschiedsbetrag zwischen dem angenommenen Wert der Forderung und dem eingegangenen Betrag nachträglich in die gesetzliche Rücklage (Sonderrücklage) einzustellen.

2. Schuldner in den französischen, britischen und amerikanischen Sektoren von Groß-Berlin und im Saargebiet

Die Währungsreform in den drei Westsektoren Berlins ist zwar erst nach dem Bilanzstichtag durchgeführt worden, jedoch ergibt sich aus § 5 in Verbindung mit § 24 und § 26, Abs. 2, daß sie grundsätzlich zu berücksichtigen ist. Doch können — wie bei allen Forderungen — die besonderen Verhältnisse in Berlin insofern berücksichtigt werden, als bei Unsicherheit des Schuldners entsprechende Minderbewertung zulässig ist. Im einzelnen richtet sich die Umstellung nach der Zweiten Verordnung zur Neuordnung des Geldwesens (Umstellungsverordnung) vom 4. Juli 1948 (Verordnungsblatt für Groß-Berlin, S. 374). Die gleiche Regelung betr. die Bilanzierung gilt für Forderungen gegen Schuldner im Saargebiet.

§ 27

Posten, die der Rechnungsabgrenzung dienen

(1) Für periodische Einnahmen und Ausgaben, die sich auf einen Zeitraum beziehen, in den der 20. Juni 1948 fällt, können als aktive Abgrenzungsposten angesetzt werden:

a) Ausgaben vor dem 21. Juni 1948, soweit sie Aufwand für die Zeit nach dem 20. Juni 1948 darstellen (transitorische Aktiva).

b) Einnahmen nach dem 20. Juni 1948, soweit sie Ertrag für die Zeit vor dem 21. Juni 1948 darstellen (antizipative Aktiva).

(2) Die transitorischen Aktiva sind höchstens mit dem Betrag anzusetzen, um den sich die Ausgaben nach dem 21. Juni 1948 tatsächlich vermindern. Die antizipativen Aktiva sind mit dem Betrag anzusetzen, um den sich die Einnahmen nach dem 20. Juni 1948 tatsächlich erhöhen.

(3) Für anteilige Zinsen sowie für sonstige wiederkehrende Leistungen gelten Abs. 1 und 2 sinngemäß.

Die Bewertung von Posten, die der Rechnungsabgrenzung dienen

Bei diesen Posten handelt es sich um solche, die geleistete Zahlungen für Aufwendungen (Aktivposten) oder erhaltene Zahlungen aus Erträgen (Passivposten) darstellen und bei denen eine Verlegung ganz oder zum Teil in die neue Rechnungsperiode nötig ist, weil die betreffende Aufwendung oder der Ertrag ganz oder teilweise dem neuen Jahr wirtschaftlich und daher auch buchungs- und bilanzmäßig zugerechnet werden muß. Solche Posten betreffen stets die Gewinn- und Verlustrechnung, gehören also nicht zu den Bestandskonten der Bilanz. Zu den Posten der Rechnungsabgrenzung gehören nicht Ansprüche auf Miete oder Zinsen, die nach dem Bilanzstichtag fällig werden, denn der auf das Geschäftsjahr entfallende Betrag ist kein Korrektivposten, sondern eine aktivierbare Forderung (vgl. Trumpler, „Die Bilanz der Aktiengesellschaft", S. 117).

Man unterscheidet die „transitorischen Konten" im weiteren Sinne, zu denen Zahlungen gehören, die auf mehr als ein Jahr zu verteilen sind, und „transitorische Konten" im engeren Sinne, die die eigentlichen Rechnungsabgrenzungsposten darstellen.

In § 27 wird eine Regelung für die eigentlichen Rechnungsabgrenzungsposten, also die transitorischen Posten im engeren Sinne, getroffen, nämlich für Ausgaben, die vor dem Bilanzstichtag geleistet sind, aber die Zeit nach dem 20. Juni 1949 betreffen (transitorische Aktiva), und für Einnahmen nach diesem Tage, die aber die Zeit vor dem Bilanzstichtag betreffen (antiripative Aktiva). Für die Eröffnungsbilanz ist jeweils zu ermitteln, in welchem Umfange durch Ausgaben vor dem Bilanzstichtag Ausgaben danach tatsächlich vermindert und in welchem Umfange sich durch Einnahmen nach dem 20. Juni 1948 Einnahmen danach tatsächlich erhöht haben. Die Posten der Rechnungsabgrenzung sind sodann mit dem Betrage der tatsächlichen Verminderung der Ausgaben bzw. der tatsächlichen Erhöhung der Einnahmen anzusetzen. Für Zinsen und sonstige wiederkehrende Leistungen muß ein Wertansatz in entsprechender Weise erfolgen.

§ 28

Passiven

Für den Ansatz der einzelnen Posten auf der Passivseite der Eröffnungsbilanz gelten §§ 29 bis 34.

Die Bewertung der Passiven

Das Bilanzschema des § 131 des Aktiengesetzes führt als Passivposten sechs Gruppen auf:

1. das Grundkapital,
2. die Rücklagen (gesetzliche und freie),
3. die Wertberichtigungen,
4. die Rückstellungen für ungewisse Schulden,
5. die Verbindlichkeiten,
6. die Posten, die der Rechnungsabgrenzung dienen.

In den besonderen Bewertungsvorschriften der §§ 29 bis 34 werden nur einzelne der Passivposten des § 131 Aktiengesetz behandelt. Soweit keine besondere Regelung erfolgt, gelten die allgemeinen Bewertungsvorschriften (§§ 5 bis 14) und ergänzend die sonstigen handels- und steuerrechtlichen Bilanzierungsvorschriften. Soweit es sich um die Bewertung von Schuldverhältnissen handelt, muß im allgemeinen das, was für die Bewertung von Forderungen in den §§ 16 bis 27 bestimmt ist, auch für die Behandlung der den Forderungen entsprechenden Verbindlichkeiten auf der Schuldnerseite gelten, d. h. mindestens zu dem Betrage, zu dem ein Posten in der Bilanz des Gläubigers als Aktivposten eingesetzt ist, muß er in der Bilanz des Schuldners auf der Passivseite eingesetzt werden. Ein unterschiedlicher Wertansatz ist dann zulässig, wenn der Gläubiger infolge mangelnder Bonität des Schuldners einen Wertabschlag gemäß § 24, Abs. 2 vornimmt, den der Schuldner nicht vornehmen darf, da für ihn die Verbindlichkeit in voller Höhe zu passivieren ist. Insofern kann eine unterschiedliche Bewertung der aus dem gleichen Schuldverhältnis herrührenden Forderung und Schuld vorkommen, jedoch darf die Schuld nicht mit einem geringeren Betrag passiviert werden als die entsprechende Forderung aktiviert worden ist. Andernfalls ist in einer der Bilanzen objektiv unrichtig bewertet, also gegen den Grundsatz der Bilanzwahrheit verstoßen worden.

§ 29

Pensionsrückstellungen

(1) Für die Verpflichtungen aus den bereits am 21. Juni 1948 laufenden Pensionen ist eine Rückstellung in Höhe eines versicherungsmathematisch auf der Grundlage eines dreieinhalbprozentigen Rechnungszinsfußes errechneten Gegenwartswerts auszuweisen. Die Passivierungspflicht besteht jedoch insoweit nicht, als bei vorsichtiger Beurteilung der künftigen Entwicklung des Unternehmens anzunehmen ist, daß die Pensionsverpflichtungen aus den Jahreserträgen erfüllt werden können; Abs. 3 bleibt unberührt.

(2) Für die am 21. Juni 1948 bestehenden Anwartschaften auf Pensionen kann eine Rückstellung bis zur Höhe eines versicherungsmathematisch auf der Grundlage eines dreieinhalbprozentigen Rechnungszinsfußes errechneten Gegenwartswerts ausgewiesen werden.

(3) Eine in der Reichsmarkschlußbilanz ausgewiesene Rückstellung für Pensionsverpflichtungen (einschließlich der Anwartschaften) ist mindestens im Verhältnis von einer Deutschen Mark für je zehn Reichsmark in die Eröffnungsbilanz zu übernehmen.

(4) Eine nach Abs. 2 und 3 in die Eröffnungsbilanz eingestellte Rückstellung darf für den durch sie noch nicht gedeckten Teil der Anwartschaften durch jährliche Zuführungen auf die Höhe gebracht werden, die sich unter der Annahme einer am 21. Juni 1948 neu gegebenen Pensionszusage errechnet.

(5) Hat sich der Umfang der am 21. Juni 1948 bestehenden Pensionsverpflichtungen (einschließlich der Anwartschaften), insbesondere auf Grund des § 21 oder des § 27 des Umstellungsgesetzes, bis zur Aufstellung der Eröffnungsbilanz gemindert, so ist diese Minderung bei der Bemessung der Rückstellungen für diese Verpflichtungen zu berücksichtigen.

(6) In dem Bericht über die Neufestsetzung (§ 48) ist der Fehlbetrag der Rückstellungen anzugeben, der sich errechnet, wenn die am 21. Juni 1948 bestehenden Pensionsverpflichtungen

(einschließlich der Anwartschaften) in der Höhe zurückgestellt werden würden, die sich versicherungsmathematisch auf der Grundlage eines dreieinhalbprozentigen Rechnungszinsfußes als Gegenwartswert errechnet.

Die Rückstellung für Pensionsverpflichtungen

1. Die bilanzmäßige Behandlung laufender Pensionsverpflichtungen

Die bilanzmäßige Behandlung laufender Pensionsverpflichtungen ist schon früher Gegenstand vieler Erörterungen gewesen. Nach einem Gutachten des Fachausschusses der Wirtschaftsprüfer ist die Pensionsverpflichtung handelsrechtlich zu passivieren, und zwar durch Einstellung einer nach versicherungstechnischen Grundsätzen errechneten Kapitalschuld (Gutachten des Fachausschusses der Wirtschaftsprüfer Nr. 13/1933, S. 273, ebenso Mirre, Steuer und Wirtschaft, Teil I, Sp. 1336). Der Reichsfinanzhof hat zwar wiederholt ausgesprochen, daß eine Verpflichtung zur Passivierung nicht bestehe, doch wird die Einstellung einer solchen Kapitalschuld steuerrechtlich dann anerkannt, wenn die Handelsbilanz mit der Steuerbilanz übereinstimmt (RStBl., 1934, Nr. 1005, S. 1121). Da es vielfach nicht möglich ist, die Kapitalsumme in einer einheitlichen Zuweisung in die Bilanz einzustellen, wird es auch steuerrechtlich als zulässig anerkannt, daß ein entsprechender Pensionsfond allmählich durch gleich hohe Zahlungen angesammelt wird, sofern diese Zahlungen die Höhe der Prämien nicht übersteigen, die im Falle des Abschlusses eines Versicherungsvertrages zu zahlen wären (Becker, Anm. 162c zu §§ 19—21 Einkommensteuerges.). Werden Zahlungen an eine Pensionskasse laufend geleistet, so sind sie als Betriebsausgaben abzugsfähig, wenn die Pensionskasse von der Körperschaftssteuer befreit ist (§ 4, Abs. 1, Nr. 7 Körperschaftssteuergesetz)

Wenn die in früheren Jahren allmählich gebildeten Pensionsrückstellungen in voller Höhe in der Eröffnungsbilanz hätten passiviert werden müssen, so hätte dies in vielen Fällen zu einer nicht mehr zu beseitigenden Ueberschuldung von Gesellschaften und damit zu Konkursen geführt. Deshalb sieht § 29, Abs. 1 eine vorsichtige Bildung einer Pensionsrückstellung nach versicherungsmathematischen Gesichtspunkten auf der Grundlage eines Gegenwartswertes, der mit einem 3½ %igen Rechnungszinsfuße errechnet ist, vor. In den Fällen, in denen bei vorsichtiger Beurteilung der künftigen Entwicklung des Unternehmens anzunehmen ist, daß die Pensionsverpflichtungen aus den Jahreserträgen erfüllt werden können, kann auch die Bildung einer solchen Pensionsrückstellung unterbleiben. Nur eine in der Reichsmarkschlußbilanz ausgewiesene Pensionsrückstellung ist stets in die Eröffnungsbilanz zu übernehmen, jedoch umgestellt mindestens im Verhältnis 10 : 1 (§ 29, Abs. 3), während die Pensionszahlungen gemäß § 18, Abs. 1, Ziffer 1 des Umstellungsgesetzes im Verhältnis 1 : 1 umzustellen sind.

Diese Regelung läßt erkennen, daß die Pensionsverpflichtungen in der Eröffnungsbilanz nach Möglichkeit keine zu große Belastung der Bilanz darstellen sollen. Die Unternehmungen, die ihre Pensionsverpflichtungen aus den Jahreserträgen erfüllen und keine Passivierungen vornehmen, erhalten eine wertvolle Hilfe bei der Ueberwindung der sich aus der Währungsumstellung ergebenden Schwierigkeiten.

2. Die bilanzmäßige Behandlung von Anwartschaften auf Pensionen

In § 29, Abs. 2 ist bestimmt, daß für Anwartschaften eine Rückstellung gebildet werden kann, aber nicht muß, während es sich bei den laufenden Pensionen um eine zwingende Vorschrift handelt, allerdings weitgehend gemildert durch die Bestimmung des § 29, Abs. 1, Satz 2. Ebenfalls in das Ermessen des Unternehmens ist es gestellt, ob es für den durch Rückstellungen nicht gedeckten Teil der Anwartschaften und Pensionen jährliche Zuweisungen an den Rückstellungsfond machen will oder nicht, wobei die Höhe auf der Grundlage einer am Bilanzstichtag neu gegebenen Pensionszusage zu errechnen ist (Abs. 4). Auch hier ist die Absicht einer für das Unternehmen möglichst schonenden Regelung erkennbar.

3. Verminderung der Pensionsverpflichtungen

Die Pensionsverpflichtungen können sich durch unmittelbare Neugestaltung des Pensionsverhältnisses auf Grund richterlicher Vertragshilfe (§ 21 Umstellungsgesetz) vermindern oder mittelbar dadurch, daß auf Grund des außerordentlichen Kündigungsrechts für hochbezahlte Angestellte gemäß § 27 Umstellungsgesetz die Zahl der Pensions-Anwärter vermindert wird. Dies ist gemäß § 29, Abs. 5 schon in der Eröffnungsbilanz zu berücksichtigen.

4. Angabe des Fehlbetrages der Rückstellungen

In dem gemäß § 48 aufzustellenden Bericht ist aus Gründen der leichten späteren Ermittelung der Fehlbetrag der Rückstellungen anzugeben, der sich errechnet, wenn für die am Bilanzstichtag vorhanden gewesenen Pensionsverpflichtungen und Anwartschaften eine Rückstellung in der vorgeschriebenen Höhe gebildet worden wäre. Dies gilt nur für Kapitalgesellschaften, da ein Bericht nach § 48 nur für sie aufzustellen ist.

§ 30

Verbindlichkeiten. Grundsatz

(1) Bei dem Wertansatz von Verbindlichkeiten sind die Vorschriften des Umstellungsgesetzes und dessen Durchführungsverordnungen zu berücksichtigen.

(2) Verbindlichkeiten sind mit dem Werte einzusetzen, der ihnen am Stichtage der Eröffnungsbilanz beizulegen ist.

(3) Ist eine Verbindlichkeit nach dem 20. Juni 1948 bis zur Aufstellung der Eröffnungsbilanz im Wege der Vertragshilfe herabgesetzt worden, so ist diese Herabsetzung bei dem Wertansatz zu berücksichtigen. Das gleiche gilt, wenn eine Verbindlichkeit durch Parteivereinbarung höher oder niedriger festgesetzt worden ist, als dem gesetzlichen Umstellungsverhältnis entsprechen würde.

Die Grundsätze für die Bewertung von Verbindlichkeiten

1. Die auszuweisenden Verbindlichkeiten

Das Aktiengesetz zählt in § 131, Abs. 1 B, Ziffer V folgende Verbindlichkeiten, die auf der Passivseite der Bilanz gesondert auszuweisen sind, auf:

1. Anleihen unter Angabe ihrer dinglichen Sicherung,
2. Hypotheken, Grund- und Rentenschulden,
3. von Arbeitern und Angestellten gegebene Pfandgelder,
4. Verbindlichkeiten aus Werkspareinlagen,
5. Anzahlungen von Kunden,
6. Verbindlichkeiten auf Grund von Warenlieferungen und Leistungen,
7. Verbindlichkeiten gegenüber Konzernunternehmen,
8. Verbindlichkeiten aus der Annahme von gezogenen Wechseln und der Ausstellung eigener Wechsel,
9. Verbindlichkeiten gegenüber Banken,
10. sonstige Verbindlichkeiten.

2. Die Bewertung von Verbindlichkeiten

In gleicher Weise wie für Forderungen gilt für die Bewertung von Verbindlichkeiten grundsätzlich das Umstellungsgesetz und seine Durchführungsvorschriften. Daher ist der sich aus diesen Vorschriften ergebende Umstellungsbetrag als Verbindlichkeit in Deutscher Mark einzusetzen. Maßgebend ist die Höhe der Verbindlichkeit am Bilanzstichtag. Soweit die Verbindlichkeit im Wege der richterlichen Vertragshilfe gemäß § 21 des Umstellungsgesetzes herabgesetzt wird, wirkt eine solche Herabsetzung für die Eröffnungsbilanz auf den Bilanzstichtag zurück, sofern sie bis zur Aufstellung der Eröffnungsbilanz durchgeführt ist. Andernfalls ist die Herabsetzung erst in der auf die Eröffnungsbilanz folgenden Bilanz zu berücksichtigen, wirkt also für das erste Rechnungsjahr gewinnerhöhend. Eine Herab- oder Heraufsetzung der Verpflichtung im Wege der Parteivereinbarung ist gleichfalls in der Eröffnungsbilanz zu berücksichtigen, wenn sie vor der Aufstellung der Eröffnungsbilanz erfolgt ist.

§ 31

Verbindlichkeiten gegenüber ausländischen Gläubigern

(1) Verbindlichkeiten gegenüber ausländischen Gläubigern sind nur insoweit anzusetzen, als sie nach der deutschen Gesetzgebung über die Tilgung von Auslandsverbindlichkeiten noch geschuldet werden. Insbesondere sind die bis zum 8. Mai 1945 an die Konversionskasse für deutsche Auslandsschulden abgeführten Zins- und Tilgungsbeträge nicht mehr als Verbindlichkeiten anzusetzen. Dies gilt auch für etwaige Verzugszinsen. § 5, Abs. 4 findet Anwendung.

(2) Ist für die Verbindlichkeit eine Sicherheit bestellt, die von dem Kontrollratsgesetz Nr. 5 oder entsprechenden Maßnahmen im Ausland erfaßt oder nach dem Gesetz Nr. 53 der

Militärregierungen abgeliefert worden ist, so ist dies zu vermerken.

(3) In dem Bericht über die Neufestsetzung (§ 48) ist anzugeben, für welche Valutaverbindlichkeiten (Zins- und Tilgungsbeträge) der Reichsmarkgegenwert an die Konversionskasse für deutsche Auslandsschulden gezahlt und, soweit der Schuldner hierüber unterrichtet ist, wieweit diese den ausländischen Gläubigern zugeführt worden sind.

(4) Abs. 2 und 3 gelten auch für Kredite, die unter die Deutschen Kreditabkommen fallen (Stillhaltekredite).

Die Bewertung von Verbindlichkeiten gegenüber ausländischen Gläubigern

1. Zahlungen an die Konversionskasse für deutsche Auslandsschulden

Durch § 31 soll dafür Sorge getragen werden, daß Auslandsverbindlichkeiten nur insoweit eingesetzt werden, als sie noch wirklich bestehen. Insbesondere sollen die Zins- und Tilgungsbeträge, die an die Konversionskasse für deutsche Auslandsschulden vor dem 8. Mai 1945 gezahlt worden sind, als schuldbefreiende Zahlungen bilanzmäßig behandelt werden, gleichgültig, ob der ausländische Gläubiger den Gegenwert erhalten hat oder nicht. Das gleiche gilt für Zahlungen auf Stillhaltekredite. Durch diese Regelung werden die Vermögenswerte auf den angemessenen Stand gehalten und nicht durch Ansatz von nicht als echte Verpflichtung anzusehenden Passivposten ohne wirtschaftlichen Grund vermindert. Mit Rücksicht darauf, daß eine endgültige Regelung dieser Fragen noch nicht erfolgt ist, und um für eine spätere Regelung Unterlagen zu schaffen, ist die Höhe des Reichsmarkgegenwertes und die Valutaverbindlichkeit in dem Umstellungsbericht anzugeben. Nach deutschem Recht wird der Schuldner durch die Zahlung auf das Sperrkonto bei der Devisenbank von seiner Schuld befreit (§ 1, Abs. 2 des Gesetzes zur Regelung von Kapitalfälligkeiten gegenüber dem Ausland vom 27. Mai 1937, RGBl. I, S. 600, und § 1 des Gesetzes über Zahlungsverbindlichkeiten gegenüber dem Ausland vom 9. Juni 1933, RGBl. I, S. 349).

2. Verbindlichkeiten, die von dem Kontrollratsgesetz Nr. 5 oder dem Gesetz Nr. 53 betroffen sind

Das Kontrollratsgesetz Nr. 5 betrifft die Erfassung und Uebernahme deutschen Vermögens im Auslande; das Gesetz Nr. 53 betrifft die Devisenbewirtschaftung. In den Fällen, in denen die Sicherheiten für Verbindlichkeiten gegenüber ausländischen Gläubigern im Ausland erfaßt sind, oder in denen Werte auf Grund des Gesetzes Nr. 53 abgeliefert worden sind, bleibt die Verbindlichkeit bestehen und ist entsprechend in der Eröffnungsbilanz zu bewerten. Die Maßnahmen, die auf Grund der genannten Gesetze getroffen worden sind, sind jedoch in den Handelsbüchern zu vermerken. Hierdurch soll eine äußerliche Kennzeichnung solcher Verbindlichkeiten geschaffen werden, die vielleicht bei einer späteren Regelung der Fragen, die sich aus der Durchführung der genannten Gesetze ergeben, von Bedeutung sein kann.

§ 32
Reichsmarkverbindlichkeiten gegenüber Angehörigen der Vereinten Nationen

(1) Hat ein Angehöriger der Vereinten Nationen der Umstellung einer Reichsmarkverbindlichkeit bis zum 20. Oktober 1948 widersprochen oder die Annahme einer nach den Vorschriften des Umstellungsgesetzes angebotenen oder bewirkten Leistung verweigert, so darf die Verbindlichkeit gleichwohl nur mit einem Zehntel ihres Reichsmarknennbetrages eingesetzt werden (§ 15 Abs. 2 des Umstellungsgesetzes).

(2) In dem Bericht über die Neufestsetzung (§ 48) ist anzugeben, hinsichtlich welcher Beträge Widerspruch eingelegt ist oder der Gläubiger die Annahme einer angebotenen Leistung verweigert hat, und welche sonstigen Reichsmarkverbindlichkeiten auf Deutsche Mark umgestellt sind, die Angehörigen der Vereinten Nationen geschuldet werden.

Die Bewertung von Verbindlichkeiten gegenüber Angehörigen der Vereinten Nationen

Gemäß § 15, Abs. 1 des Umstellungsgesetzes in Verbindung mit der 7. und 13. Durchführungsverordnung konnte der Gläubiger, der Angehöriger der Vereinten Nationen ist, bis zum 20. Oktober 1948 der Umstellung, wie sie das Umstellungsgesetz vorsieht, widersprechen. Ein solcher fristgemäßer Widerspruch oder die spätere Verweigerung, die angebotene Leistung anzunehmen, hat zur Folge, daß die Vorschriften des Umstellungsgesetzes über Schuldverhältnisse auf die betreffende Verbindlichkeit keine Anwendung findet. Aus § 15, Abs. 2 des Umstellungsgesetzes geht hervor, daß für solche Verbindlichkeiten später eine Sonderregelung erfolgt. Dagegen ist für die ausländischen Gläubiger von Altgeldguthaben bei Geldinstituten eine solche Sonderregelung nicht vorgesehen, diese werden vielmehr ohne Rücksicht auf die Staatsangehörigkeit des Inhabers des Bankguthabens einheitlich umgestellt.

In § 32 ist bestimmt, daß auch in den Fällen in denen der ausländische Gläubiger fristgemäß der Umstellung widerspricht oder die Annahme der angebotenen Leistung verweigert, die Verbindlichkeit, trotz der eventuellen Auferlegung eines höheren Umstellungsbetrages, nur mit einem Zehntel des Reichsmarknennbetrages zu bewerten ist. Diese Regelung ist darauf zurückzuführen, daß in § 15, Abs. 2 des Umstellungsgesetzes die Befreiung des Schuldners von den etwaigen zusätzlichen Lasten durch das Land vorgesehen ist, so daß der Schuldner aus der Regelung des § 15 im Ergebnis keine Mehrbelastung erhält.

§ 33
Verbindlichkeiten gegenüber geschlossenen Geldinstituten

Verbindlichkeiten gegenüber geschlossenen Geldinstituten mit Sitz außerhalb des Währungsgebietes sind mit dem sich bei

Anwendung der Umstellungsvorschriften ergebenden Betrag in Deutscher Mark anzusetzen.

Die Bewertung von Verbindlichkeiten gegenüber geschlossenen Geldinstituten

Die Tatsache, daß ein Geldinstitut außerhalb des Währungsgebietes geschlossen worden ist, wirkt sich auf die bestehenden Verbindlichkeiten gegenüber diesem Geldinstitut nicht aus, denn trotz der Schließung sind seine Forderungen nicht untergegangen. Sie unterliegen daher auch der Umstellung, und dementsprechend sind in der Eröffnungsbilanz des Schuldners die Verbindlichkeiten gegenüber einem geschlossenen Geldinstitut außerhalb des Währungsgebietes wie sonstige Verbindlichkeiten gegenüber Gläubigern außerhalb des Währungsgebietes zu bewerten. Dies stellt § 33 klar, indem er auf die Umstellungsvorschriften verweist.

Personen und Vereinigungen, die ihren Wohnsitz bzw. Sitz außerhalb des Währungsgebietes haben, gehören zu den Altgeldguthaben — Inhabern der Gruppe IV (§ 1, Abs. 1, Ziff. 1d des Umstellungsgesetzes), deren Altgeldguthaben wie die der Gruppe I in Neugeldguthaben umzuwandeln sind (§ 2, Abs. 4 in Verbindung mit § 16 der 1. Durchführungsverordnung und § 7 der 14. Durchführungsverordnung). In § 26, Abs. 2 des Umstellungsgesetzes ist bestimmt, daß Gläubiger oder Schuldner, die ihren Wohnsitz bzw. Sitz in einem deutschen Gebiet außerhalb des Währungsgebietes haben, hinsichtlich ihrer Forderungen einschließlich Altgeldguthaben und Verbindlichkeiten den Verfügungsbeschränkungen der Gesetze Nr. 52 und 53 unterliegen. Die Verbindlichkeiten gegenüber solchen Gläubigern können, soweit der Wohnsitz bzw. Sitz in der sowjetischen Zone oder in dem Ostsektor von Berlin liegt, in der Weise in Deutscher Mark beglichen werden, daß der geschuldete Betrag auf ein nach § 26, Abs. 2 UG gesperrtes Konto des Gläubigers bei einem Geldinstitut oder Postscheckamt im Währungsgebiet gezahlt oder überwiesen wird (§ 1 der 19. DVO zum Umstellungsgesetz). Diese Beschränkungen gelten nicht für den Geldverkehr mit den drei Westsektoren von Berlin. Die Bewertung der Verbindlichkeiten gegenüber geschlossenen Geldinstituten außerhalb des Währungsgebietes erfolgt jedoch ohne Unterschied, ob sich das Geldinstitut in den Westsektoren von Berlin oder im Ostsektor oder in der sowjetischen Zone befindet, einheitlich nach den Umstellungsvorschriften.

§ 34

Posten, die der Rechnungsabgrenzung dienen

(1) Für periodische Einnahmen und Ausgaben, die sich auf einen Zeitraum beziehen, in den der 20. Juni 1948 fällt, sind als passive Abgrenzungsposten anzusetzen:

a) Einnahmen vor dem 21. Juni 1948, soweit sie Ertrag für die Zeit nach dem 20. Juni 1948 darstellen (transitorische Passiva),

b) Ausgaben nach dem 20. Juni 1948, soweit sie Aufwand für die Zeit vor dem 21. Juni 1948 darstellen (antizipative Passiva).

(2) Die transitorischen Passiva sind mit dem Betrag anzusetzen, um den sich die Einnahmen nach dem 20. Juni 1948 tatsächlich vermindern; die antizipativen Passiva sind mit dem Betrag anzusetzen, um den sich die Ausgaben nach dem 20. Juni 1948 tatsächlich erhöhen.

(3) Für anteilige Zinsen sowie für Löhne und Gehälter gelten Abs. 1 und 2 sinngemäß.

Die Bewertung von Posten, die der Rechnungsabgrenzung dienen

Die Rechnungsabgrenzungsposten sind sowohl auf der Aktiv- wie auf der Passivseite der Bilanz ein Sammelkonto für transitorische Posten. Sie sind notwendig, weil die Bilanz infolge ihrer „Periodenfunktion" (Trumpler, „Die Bilanz der Aktiengesellschaft", S. 89) dazu zwingt, den laufenden Aufwand bzw. Ertrag von demjenigen Aufwand bzw. Ertrag zu trennen, der den späteren Bilanzperioden zuzurechnen ist. Die Bilanz hat die Aufgabe zu erfüllen, den Gewinn, der in einem bestimmten Zeitraum, dem Rechnungsjahr, erzielt worden ist, richtig auszuweisen. Wenn sie diese Aufgabe erfüllen will, so muß die Möglichkeit bestehen, gemachte Aufwendungen und erzielte Erträge auf das folgende oder die folgenden Jahre zu verteilen, weil sie diesem oder den mehreren folgenden Jahren wirtschaftlich zuzurechnen sind. Dies gilt für Aktivposten in gleicher Weise wie für Passivposten.

Daher gehören zu den passiven Abgrenzungsposten solche Einnahmen, die vor dem 21. Juni 1948 erzielt worden sind, aber als Ertrag für die Zeit nach dem 20. Juni 1948 anzusehen sind (transitorische Passiva), denn sie dürfen sich ertragsmäßig erst in der später aufzustellenden Bilanz auswirken, müssen also durch Passivierung unter Rechnungsabgrenzungsposten neutralisiert werden. Entsprechend dieser Behandlung der Einnahmen müssen Ausgaben, die nach dem 20. Juni 1948 geleistet worden sind, aber Aufwand für die Zeit vor dem 21. Juni 1948 darstellen als passive Rechnungsabgrenzungsposten (antizipative Passiva) angesetzt werden, da auch sie bilanzmäßig so behandelt werden müssen, als wenn sie vor dem Bilanzstichtag geleistet worden wären. Diese Posten sind wie folgt zu bewerten: die transitorischen Posten, also die vorher erzielten Einnahmen, mit dem Betrag, um den sich die Einnahmen nach dem 20. Juni 1948 tatsächlich vermindern, und die antizipativen Passiva, also die späteren Ausgaben, mit dem Betrag, um den sich die Ausgaben nach dem 20. Juni 1948 tatsächlich erhöhen.

ABSCHNITT II

Neufestsetzung der Kapitalverhältnisse von Kapitalgesellschaften

§ 35

Endgültige Neufestsetzung

(1) Aktiengesellschaften, Kommanditgesellschaften auf Aktien und Gesellschaften mit beschränkter Haftung haben

ihr Grundkapital oder Stammkapital (Nennkapital) und ihre Aktien oder Geschäftsanteile (Anteile) in Deutscher Mark neu festzusetzen.

(2) Das neue Nennkapital ist, wenn nicht von der Befugnis der §§ 36 bis 38 Gebrauch gemacht wird, in Höhe des Betrages des bei der Aufstellung der Eröffnungsbilanz nach Abzug der Schulden sich ergebenden Vermögens festzusetzen, soweit der Betrag nicht in Rücklage gestellt wird.

(3) Den Betrag des nach Abzug der Schulden sich ergebenden Vermögens, der nicht für das Nennkapital in Anspruch genommen, sondern in Rücklage gestellt wird, haben Aktiengesellschaften und Kommanditgesellschaften auf Aktien der gesetzlichen Rücklage, Gesellschaften mit beschränkter Haftung einer besonderen Rücklage zuzuweisen, die nur zum Ausgleich von Wertminderungen und zur Deckung von sonstigen Verlusten verwendet werden darf. Dies gilt nicht, soweit der Betrag nötig ist, um freie Rücklagen, die in der Reichsmarkschlußbilanz ausgewiesen sind, in angemessener Höhe fortzuführen, wobei das Verhältnis zwischen der in der Reichsmarkschlußbilanz ausgewiesenen gesetzlichen Rücklage (Sonderrücklage), soweit diese das Nennkapital nicht übersteigt, und den freien Rücklagen nicht zu Ungunsten der gesetzlichen Rücklage verändert werden darf.

(4) Die Gesellschafter dürfen auf Grund der Neufestsetzung keine Zahlungen erhalten und von der Verpflichtung zur Leistung von Einlagen nicht befreit werden; die §§ 56, 84, 85 und 99 des Aktiengesetzes und die §§ 30, 31, 43 und 44 des Gesetzes betreffend die Gesellschaften mit beschränkter Haftung sind sinngemäß anzuwenden.

Die Neufestsetzung des Kapitals

1. Der Kreis der von der Neufestsetzung Betroffenen

Das D-Markbilanzgesetz regelt in Abschnitt II nur die Neufestsetzung der Kapitalverhältnisse von Kapitalgesellschaften (mit Ausnahme der Geldinstitute, Bausparkassen und Versicherungsunternehmungen, auf die gemäß § 77, Abs. 1 das Gesetz vorbehaltlich besonderer Vorschriften nicht anwendbar ist). Für Personengesellschaften enthält das Bilanzumstellungsgesetz ebensowenig Einzelvorschriften wie für Einzelkaufleute. Deren Bilanzen sind in entsprechender Anwendung der Vorschriften des D-Markbilanzgesetzes für Kapitalgesellschaften unter Berücksichtigung der gesellschaftrechtlichen oder sonstigen besonderen Verhältnisse des Einzelfalles aufzustellen. Der Grund für die Nichterwähnung der Personengesellschaften liegt darin, daß ihre Rechtsverhältnisse auf Grund der individuell gestalteten Gesellschaftsverträge zu unterschiedlich sind, als daß man die Aufstellung der Eröffnungsbilanz und die Neufestsetzung der Kapitalverhältnisse für sie durch allgemeine Bestimmungen hätte regeln können.

2. Die bilanzrechtliche Bedeutung der Neufestsetzung

Die Neufestsetzung bei Kapitalgesellschaften bedeutet, daß das Grundkapital der Gesellschaft umgewertet wird, indem es in Deutscher Mark neu festgesetzt wird. Diese Umstellung stellt keine Kapitalerhöhung oder Kapitalherabsetzung dar. Daher finden auch die für Kapitalerhöhungen und Kapitalherabsetzungen geltenden handels- und steuerrechtlichen Vorschriften keine Anwendung. Das neue Nennkapital ergibt sich aus dem Unterschiedsbetrag, der aus einer Gegenüberstellung der Aktivwerte und der Passivwerte errechnet wird, wobei die Einstellung von Beträgen in die Rücklagen zu berücksichtigen ist. Die Aufstellung der Eröffnungsbilanz, insbesondere die Bewertung der Aktiva und Passiva unter Beachtung der Vorschriften des Abschnitts I, bildet also die Grundlage für die Errechnung des neuen Nennkapitals.

3. Die Bildung von Rücklagen

a) die gesetzlichen Rücklagen

Gemäß § 130 des Aktiengesetzes ist eine gesetzliche Rücklage zu bilden, und zwar durch Einstellung von Beträgen, die in § 130, Abs. 2 aufgeführt sind. Sie darf nicht an die Gesellschafter ausgeschüttet werden, sondern darf nur zu Verlustdeckungen und zum Ausgleich von Wertminderungen verwendet werden. Insofern unterscheidet sich die gesetzliche Rücklage von dem Gesellschaftskapital, da dieses im Wege der Kapitalherabsetzung an die Gesellschafter zurückgezahlt werden kann, während dies bei der gesetzlichen Rücklage ausgeschlossen ist. Dies ist bei der Frage zu beachten, ob das neue Gesellschaftskapital hoch oder niedrig bemessen werden soll. Eine niedrige Bemessung ist zwar durch die Bildung hoher Rücklagen möglich, sie hat aber den Nachteil der Erschwerung von Kapitalherabsetzungen.

b) die freiwilligen offenen Rücklagen

Die Bildung offener Rücklagen hat steuerlich den Nachteil, daß ihre Umwandlung in Gesellschaftskapital nach der ständigen Rechtsprechung des Reichsfinanzhofs als Gewinnausschüttung anzusehen ist. Infolgedessen entsteht bei den Gesellschaftern in solchem Falle eine Einkommensteuerpflicht. Bei der Gesellschaft wirkt die Auflösung von Rücklagen gewinnerhöhend. Daher empfiehlt es sich, aus Anlaß der Umstellung nur den Betrag in Rücklage zu stellen, der für die Deckung von Risiken oder für die Erfüllung von Verpflichtungen benötigt wird. Dadurch wird die Notwendigkeit einer späteren Auflösung der Rücklage vermieden. In Höhe des nach Abzug der Schulden am 21. Juni 1948 bilanzmäßig ausgewiesenen Vermögens — soweit der Betrag nicht in Rücklage gestellt wird — entsteht das neue Nennkapital in D-Mark.

Soweit der für die Bildung des neuen Nennkapitals zur Verfügung stehende Betrag nicht für die Bildung von Nennkapital verwendet, sondern in Rücklage gestellt wird, besteht bei Aktiengesellschaften und Kommanditgesellschaften auf Aktien sowie bei Gesellschaften mit beschränkter Haftung eine Beschränkung in der Verwendung dieses Betrages insofern, als er bei den beiden erstgenannten Gesellschaften der gesetzlichen Rücklage und bei den GmbH's einer besonderen Rücklage zuzuweisen ist und nur zum Ausgleich von Wertminderungen und zur Deckung von sonstigen Verlusten verwendet werden darf. Wenn jedoch der Betrag benötigt wird, um freie Rücklagen aus der Reichsmarkschlußbilanz fortzuführen, so besteht eine Pflicht zur Zuweisung an die gesetzliche bzw. besondere Rücklage nicht, vielmehr kann der Betrag in angemessener Höhe als freie Rücklage fortgeführt werden. Allerdings darf hierdurch das Verhältnis zwischen der in der Reichsmarkschlußbilanz ausgewiesenen gesetzlichen Rücklage, soweit sie das Nennkapital nicht übersteigt, und den freien Rücklagen nicht zu Ungunsten der gesetzlichen Rücklagen verändert werden (§ 35, Abs. 3).

Diese Regelung dient dazu, daß die Beträge, die als neues Kapital zur Verfügung stehen, für diesen Zweck — und nicht zur Bildung ungerechtfertigt hoher Rücklagen — verwendet und in der Bilanz ausgewiesen werden. Sie dienen also der Ausstattung der Gesellschaften mit ausreichendem, sichtbarem Kapital. Gleichzeitig soll durch die Beschränkung der Rücklagen sowohl ihrer Höhe wie auch ihrer Verwendung nach eine richtige Aufteilung der Bilanzposten „Kapital" und „Rücklagen" erreicht werden. Hierdurch werden gleichzeitig die Gläubiger geschützt, da eine unangemessen hohe Rücklagenbildung die Haftungsgrundlage schmälert.

4. Die Wirkung der Neufestsetzung gegenüber den Gesellschaftern

Die Neufestsetzung ist ein rein bilanzmäßiger Vorgang, der der Neufestsetzung des Gesellschaftskapitals sowie der Anteile in Deutscher Mark dient, aber nicht dazu führen soll, daß die Aktionäre bzw. Gesellschafter anläßlich der Neufestsetzung Zahlungen erhalten. Ebensowenig sollen sie von ihrer Verpflichtung zur Leistung von Einlagen befreit werden. Soweit diese Verpflichtungen auf Reichsmark lauten, werden sie im Verhältnis 10 : 1 gemäß § 16 des Umstellungsgesetzes umgestellt. In der Eröffnungsbilanz sind die Ansprüche auf Einlagen unter Forderungen auszuweisen. Sowohl Aktionäre wie Vorstandsmitglieder (ordentliche und stellvertretende) und Aufsichtsratsmitglieder haften für Zahlungen, die Aktionäre anläßlich der Neufestsetzung erhalten, auch sind die allgemeinen Vorschriften über die Sorgfaltspflicht des Vorstandes und des Aufsichtsrates auf die Neufestsetzung des Grundkapitals von Aktiengesellschaften anwendbar (§§ 56, 84, 85 und 99 AktGes). Für Gesellschaften mit beschränkter Haftung gilt entsprechendes (§§ 30, 31, 43 und 44 GmbH-Gesetz).

§ 36

Vorläufige Neufestsetzung durch Einstellung eines Kapitalentwertungskontos

(1) An Stelle einer endgültigen Neufestsetzung nach § 35 kann die Neufestsetzung vorläufig in der Weise durchgeführt werden, daß das in der Reichsmarkschlußbilanz ausgewiesene Nennkapital mit dem gleichen Betrage in Deutscher Mark in die Eröffnungsbilanz übernommen und der Unterschied, um den der Betrag des Nennkapitals das bei der Aufstellung der Eröffnungsbilanz nach Abzug der Schulden sich ergebende Vermögen übersteigt, als Kapitalentwertungskonto auf der Aktivseite der Eröffnungsbilanz eingestellt wird.

(2) Das Kapitalentwertungskonto darf nicht höher sein als der halbe Betrag des Nennkapitals. Die Beibehaltung einer gesetzlichen Rücklage (Sonderrücklage) oder von freien Rücklagen neben dem Kapitalentwertungskonto ist unzulässig. Die

Gesellschaft ist verpflichtet, das Kapitalentwertungskonto innerhalb von drei Geschäftsjahren auszugleichen. Zur Tilgung sind Werterhöhungen auf Grund der Berichtigung von Wertansätzen (§ 47) sowie die jährlichen Reingewinne zu verwenden, deren anderweitige Verwendung einschließlich der Einstellung in gesetzliche oder freie Rücklagen unzulässig ist, solange das Kapitalentwertungskonto besteht.

(3) Die vorläufige Neufestsetzung nach Abs. 1 kann mit einer Neufestsetzung nach § 35 in der Weise verbunden werden, daß das Nennkapital auf einen unter dem in der Reichsmarkschlußbilanz ausgewiesenen Nennkapital liegenden Betrag in Deutscher Mark ermäßigt und das Kapitalentwertungskonto nur in Höhe des Unterschiedes eingestellt wird, um den der Betrag des neu festgesetzten ermäßigten Nennkapitals das bei der Aufstellung der Eröffnungsbilanz nach Abzug der Schulden sich ergebende Vermögen noch übersteigt; das nach Abzug der Schulden sich ergebende Vermögen muß hierbei den Mindestnennbetrag des Nennkapitals gemäß § 44 erreichen. Soweit das Nennkapital ermäßigt ist, liegt eine endgültige Neufestsetzung vor; für die vorläufige Neufestsetzung gilt Abs. 2 sinngemäß.

(4) Die Durchführung des Ausgleichs durch Tilgung gemäß Abs. 2 gilt als endgültige Neufestsetzung.

Die vorläufige Neufestsetzung durch Bildung eines allgemeinen Kapitalentwertungskontos

1. Die Bedeutung des Kapitalentwertungskontos

Die Neufestsetzung nach § 35 ist nur dann durchführbar, wenn das Vermögen größer ist als die Schulden und die Rücklagen, denn nur dann ist ein Unterschiedsbetrag vorhanden, der als das neue Nennkapital in Deutscher Mark festgesetzt werden kann. In vielen Fällen wird aber die Bewertung der Vermögenswerte unter Beachtung der Bewertungsvorschriften der §§ 5—34 ergeben, daß das Vermögen infolge der Währungsumstellung so zusammengeschmolzen ist, daß die Passiva die Aktiva übersteigen. Dies kann z. B. auch dadurch herbeigeführt werden, daß die Altgeldguthaben nur im Verhältnis 10 : 0,65 und in vielen Fällen die Forderungen im Verhältnis 10 : 1 und nicht im Verhältnis 1 : 1 umgestellt sind, während Verbindlichkeiten im Verhältnis 1 : 1 umgestellt sein können.

In solchen Fällen würde die Aufstellung der Eröffnungsbilanz dazu führen, daß eine Ueberschuldung der Gesellschaft bilanzmäßig festgestellt wird, daß also die Voraussetzungen für die Konkurseröffnung bei Aktiengesellschaften vorliegen (§ 207 KO), die die gleichen wie bei GmbH's sind (§ 63 GmbH-Gesetz). Gemäß § 64 GmbH-Gesetz ist Konkursantrag zu stellen, wenn sich bei der Aufstellung der Jahresbilanz oder einer Zwischenbilanz ergibt, daß das Vermögen die Schulden nicht mehr deckt. Dies ist dann der Fall, wenn sich bei der Aufstellung der D-Mark-Eröffnungsbilanz ergibt, daß die Schulden (ohne Berücksichtigung der Rücklagen) die Aktivwerte übersteigen. Eine solche Folge der Neufestsetzung ist im allgemeinen nicht beabsichtigt und soll anläßlich der Aufstellung der Eröffnungsbilanz nach Möglichkeit vermieden werden. Man muß berücksichtigen, daß auch nach der Währungsumstellung die Wertbegriffe noch nicht so feste Formen erhalten haben, daß man mit Sicherheit aus einer Bilanzbewertung ersehen kann, ob ein Unternehmen konkursreif ist oder nicht. Daher ist im Zweifel zunächst anzustreben, dem Unternehmen eine Möglichkeit zur Ueberwindung der sich aus der Währungsumstellung ergebenden Schwierigkeiten zu geben und es nur in den Fällen zum Konkurs kommen zu lassen, in denen eine andere Lösung nicht möglich ist. Aus diesem Gedanken heraus sieht das D-Markbilanzgesetz neben der Neufestsetzung des Nennkapitals auf der Grundlage des Vermögens unter Abzug der Schulden und Rücklagen folgende drei andere Möglichkeiten der Neufestsetzung vor:

a) Die Neufestsetzung unter Bildung eines allgemeinen Kapitalentwertungskontos (§ 36). Das Kapitalentwertungskonto wird in Höhe des Unterschiedsbetrages zwischen dem Betrag des Nennkapitals und dem Vermögen (nach Abzug der Schulden) gebildet, darf nicht höher sein als der halbe Betrag des Nennkapitals und muß innerhalb von drei Geschäftsjahren ausgeglichen sein.

b) Die Neufestsetzung unter Bildung eines außerordentlichen Kapitalentwertungskontos (§ 37). Das Kapitalentwertungskonto wird in gleicher Weise wie das allgemeine Kapitalentwertungskonto gebildet, darf nicht höher als neun Zehntel des Nennkapitals sein und muß innerhalb von sechs Geschäftsjahren ausgeglichen sein.

c) Die Neufestsetzung unter Bildung eines Kapitalverlustkontos (§ 38). Das Kapitalverlustkonto wird in den Fällen gebildet, in denen sich bei Aufstellung der Eröffnungsbilanz eine auf Kriegs- oder Kriegsfolgeschäden beruhende Ueberschuldung ergibt. Die Bildung ist nur mit Zustimmung der Obersten Wirtschaftsverwaltung des Landes im Einvernehmen mit der Landesjustizverwaltung zulässig. Ueber die Tilgung ist der Erlaß besonderer gesetzlicher Vorschriften vorbehalten.

Das Kapitalentwertungs- bzw. -verlustkonto stellt einen fiktiven Aktivwert dar. Es ist kein aktiver Vermögenswert, sondern nur ein bilanzmäßiger Ausgleichsposten. Die praktische Wirkung besteht darin, daß durch die Bildung eines solchen Postens die Bilanz ausgeglichen erscheint, daß also eine Ueberschuldung nicht besteht und damit auch die hierfür geltenden konkursrechtlichen Folgen nicht eintreten. Im Ergebnis kommt die Bildung dieses Postens darauf hinaus, daß auch bei Vorliegen einer Ueberschuldung ein Konkurs vermieden wird, sofern die Ueberschuldung die Hälfte bzw. 90 % des Nennkapitals nicht übersteigt oder — im Falle des Kapitalverlustkontos — die behördliche Zustimmung vorliegt. Es wird also die Umstellung zunächst vorläufig durchgeführt und die endgültige Umstellung um drei bzw. sechs Geschäftsjahre hinausgeschoben bzw. um den Zeitraum, der für die Tilgung des Kapitalverlustkontos etwa später festgelegt wird.

2. Die Bildung und Tilgung des allgemeinen Kapitalentwertungskontos

a) Die Bildung

Voraussetzung für die Bildung des allgemeinen Kapitalentwertungskontos ist, daß das Nennkapital höher ist als der Betrag des Vermögens nach Abzug der Schulden. Hierbei ist das Nennkapital der Reichsmarkschlußbilanz mit dem gleichen Betrage in Deutscher Mark in die Eröffnungsbilanz einzusetzen. Die Höhe des Kapitalentwertungskontos ergibt sich dann aus dem Mehrbetrag des Nennkapitals über den Vermögensbetrag nach Abzug der Schulden. Beträgt also beispielsweise das frühere Reichsmarkkapital 100 000 RM, dagegen das jetzige Vermögen nach Abzug der Schulden nur 80 000 DM, so ist das Kapitalentwertungskonto in Höhe von 20 000 DM zu bilden und auf der Aktivseite der Bilanz einzusetzen.

Es ist aber auch zulässig, daß das Nennkapital ermäßigt wird, also z. B. in dem vorgenannten Fall auf 90 000 DM. Dann wird ein Kapitalentwertungskonto nur in Höhe des ermäßigten Nennkapitals, soweit es das Vermögen nach Abzug der Schulden übersteigt, gebildet, also in dem genannten Fall nur in Höhe von 10 000 DM. Das Nennkapital darf jedoch nicht unter die Mindestbeträge ermäßigt werden, die gemäß § 44 für Kapitalgesellschaften gelten, nämlich für Aktiengesellschaften und Kommanditgesellschaften auf Aktien mindestens 50 000 DM und bei Gesellschaften mit beschränkter Haftung mindestens 5000 DM.

Durch diese Regelung wird erreicht, daß das neue Nennkapital auf einen Betrag festgesetzt werden kann, der den für die betreffende Kapitalgesellschaft geltenden Mindestbetrag nicht unterschreitet und das im Verhältnis 1 : 1 umgestellte frühere Kapital nicht überschreitet. Der Kaufmann kann selbst bestimmen, in welcher Höhe er das neue Kapital festsetzen und dadurch die Höhe des zu tilgenden Kapitalentwertungskontos bilden will. Diese Regelung gibt ihm die Möglichkeit, sich bei der Bildung des Nennkapitals und des Kapitalentwertungskontos nach den für das Unternehmen geltenden besonderen Verhältnissen, insbesondere der Ertragslage, zu richten und das Kapitalentwertungskonto nur in der Höhe entstehen zu lassen, in der er es aus dem Ertrage der nächsten drei Geschäftsjahre voraussichtlich tilgen kann.

b) Die Tilgung

Die Tilgung des Kapitalentwertungskontos hat innerhalb der drei auf die Aufstellung der Eröffnungsbilanz folgenden Geschäftsjahre zu erfolgen, andernfalls muß das Konto gemäß § 46 ausgeglichen werden. Soweit eine Gesellschaft gemäß § 3 der 17. und der 26. Durchführungs-Verordnung ein Rumpfgeschäftsjahr mit dem darauffolgenden Geschäftsjahr verbindet, stellt das verbundene Geschäftsjahr ein einheitliches Geschäftsjahr dar. Im Falle der Nichtverbindung gilt das Rumpfgeschäftsjahr als ein Geschäftsjahr.

Die Tilgungsbeträge werden gebildet aus

1. den etwaigen Werterhöhungen, die auf Grund von Wertberichtigungen gemäß § 47 entstehen,
2. aus den jährlichen Reingewinnen.

Die Reingewinne unterliegen der Körperschaftssteuer, denn die Beträge, die für die Tilgung des Kapitalentwertungskontos verwendet werden, sind nicht abzugsfähige Unkosten. Sie stellen steuerpflichtiges Einkommen dar. Solange das Kapitalentwertungskonto besteht, dürfen die Gewinne weder ausgeschüttet noch dem gesetzlichen Reservefond oder freien Rücklagen zugeführt werden, sondern sind ausschließlich für die Tilgung des Kapitalentwertungskontos zu verwenden. Dies gilt sowohl in dem Falle, daß das Kapitalentwertungskonto unter Umstellung des früheren Kapitals im Verhältnis 1 : 1 gebildet worden ist, wie auch in dem Falle, daß das Nennkapital auf einen niedrigeren Betrag ermäßigt worden ist. In beiden Fällen ist es auch nicht zulässig, daß neben dem Kapitalentwertungskonto gesetzliche Reserven oder freie Rücklagen beibehalten werden. Diese sind vielmehr aufzulösen. Dadurch wird erreicht, daß dem Kapitalentwertungskonto nur das Nennkapital gegenübersteht und das Kapitalentwertungskonto in der Höhe gebildet wird, in der es wirklich erforderlich ist. Bei der Bemessung des Höchstbetrages von 50 % des Nennkapitals ist dieses also in der wirklichen Höhe, nicht in einer durch die Bildung von gesetzlichen oder freiwilligen offenen Rücklagen geminderten Höhe zugrunde zu legen.

§ 37

Außerordentliches Kapitalentwertungskonto

Befinden sich erhebliche Teile des Vermögens im Ausland oder sind in der Eröffnungsbilanz erhebliche Vermögensteile mit Erinnerungsposten angesetzt worden, so kann ein außerordentliches Kapitalentwertungskonto bis zum Gesamtbetrage der mutmaßlichen späteren Wertansätze in die Eröffnungsbilanz eingestellt werden. Das außerordentliche Kapitalentwertungskonto darf allein oder zusammen mit einem Kapitalentwertungskonto nach § 36 nicht höher sein als neun Zehntel des Nennkapitals; es muß besonders ausgewiesen werden. Die Gesellschaft ist verpflichtet, das außerordentliche Kapitalentwertungskonto innerhalb von sechs Jahren auszugleichen. Im übrigen findet § 36 entsprechend Anwendung.

Die vorläufige Neufestsetzung unter Bildung eines außerordentlichen Kapitalentwertungskontos

In vielen Fällen wird das allgemeine Kapitalentwertungskonto nicht ausreichen, um angesichts der geschrumpften Vermögenswerte einen Ausgleich für das Nennkapital zu schaffen. Dies ist besonders dann der Fall, wenn die Vermögenswerte überwiegend aus Bankguthaben oder aus Forderungen bestanden. Ferner wird eine ungewöhnlich starke Schrumpfung der aktiven Bilanzposten dann eintreten, wenn sich erhebliche Teile des Vermögens im Ausland befinden oder wenn die genaue Bewertung wegen Vorliegen von Besonderheiten schwierig ist und an Stelle eines angemessenen Bilanzwertes nur Erinnerungsposten eingesetzt werden. Dies ist der Fall z. B. bei Wertpapieren, die Rechte gegen das Reich verbriefen, und bei sonstigen Forderungen gegen das Reich (§ 21), bei Forderungen gegen Schuldner in Deutschland außerhalb des Währungsgebietes (§ 26) und bei Vermögen, das im Ausland auf Grund des Kontrollratsgesetzes Nr. 5 erfaßt oder gemäß Gesetz Nr. 53 abgeliefert worden ist (§ 9). Es ist zu beachten, daß gemäß § 13 in den Fällen, in denen ein Erinnerungsposten nur angesetzt werden kann, aber nicht muß, wie z. B. im Falle des § 26, ein Zwang hierzu dann besteht, wenn von der Möglichkeit der Umstellung nach den §§ 36 oder 37 Gebrauch gemacht wird.

Durch § 37 wird die Bildung eines außerordentlichen Kapitalentwertungskontos dann gestattet, wenn in erheblichem Umfange Vermögen im Ausland ist oder Erinnerungsposten angesetzt worden sind. Dieses besondere Kapitalentwertungskonto kann allein oder neben dem allgemeinen Kapitalentwertungskonto gebildet werden. Die Notwendigkeit hierzu wird dann gegeben sein, wenn der Höchstbetrag des allgemeinen Kapitalentwertungskontos erreicht ist, indem es bis zur Höhe der Hälfte des Nennkapitals gebildet ist, aber dieser Betrag nicht ausreicht, um die Bilanz auszugleichen, d. h. die Aktivseite so hoch anwachsen zu lassen, daß die Aktivwerte einschließlich Kapitalentwertungskonto den Gesamtbetrag der Passivposten einschließlich Nennkapital erreichen. In sochen Fällen kann (bei Vorliegen der Voraussetzungen betr. Auslandvermögen oder Erinnerungsposten) ein außerordentliches Kapitalentwertungskonto gebildet werden, das allein oder, falls ein allgemeines Kapitalentwertungskonto daneben besteht, mit diesem zusammen den Betrag von neun Zehntel des Nennkapitals nicht übersteigen darf. Dieses — besonders auszuweisende — Kapitalentwertungskonto muß in sechs Jahren — hierunter sind Geschäftsjahre zu verstehen — in gleicher Weise wie das allgemeine Kapitalentwertungskonto durch Verwendung von Werterhöhungen gemäß § 47 und von Reingewinnen ausgeglichen werden. Die Tilgungsdauer ist also doppelt so lange wie die für das allgemeine Kapitalentwertungskonto vorgesehene Tilgungsdauer.

Diese Regelung entspricht im wesentlichen dem Kapitalentwertungskonto, das in der „Verordnung über Goldbilanzen" vom 28. Dezember 1923 (§ 5) vorgesehen war. Für die Goldmarkeröffnungsbilanz galt nur ein Kapitalentwertungskonto, das bis zur Höhe von neun Zehnteln des Grund- oder Stammkapitals gebildet werden konnte. Es sollte dazu dienen, daß die Gesellschaft die endgültige Umstellung auf einen späteren Zeitpunkt, in dem sie günstigere wirtschaftliche Verhältnisse erhofft, verschieben konnte. In der Verordnung über die Goldmarkeröffnungsbilanz ist für die Tilgung des Kapitalentwertungskontos allerdings ein Zeitraum von nur drei Geschäftsjahren vorgesehen.

Die Neufestsetzung durch Bildung eines außerordentlichen Kapitalentwertungskontos — neben dem allgemeinen oder allein — führt also dazu, daß beispielsweise eine Gesellschaft, die ein Kapital von 100 000 RM hatte und dieses im Verhältnis 1 : 1 umgestellt hat, nur in Höhe von neun Zehnteln, also in Höhe von 90 000 DM, ein Kapitalentwertungskonto (außerordentliches und allgemeines) bilden darf. Beträgt das Vermögen nach Abzug der Schulden nur 5000 DM, so müssen die restlichen 5000 DM durch neue Einlagen der Gesellschafter aufgebracht werden, falls das Kapital nicht herabgesetzt wird. Liegen die Voraussetzungen für ein außerordentliches Kapitalentwertungskonto nicht vor, so darf das allgemeine Kapitalentwertungskonto nur in Höhe von 50 000 DM gebildet werden. In diesem Falle sind entweder die neuen Einlagen entsprechend zu erhöhen oder das Nennkapital ist so niedrig festzusetzen, daß es das Aktivvermögen nach Abzug der Schulden und das Kapitalentwertungskonto, das nur bis zur Höhe der Hälfte des Nennkapitals gebildet werden darf, nicht übersteigt.

§ 38

Kapitalverlustkonto bei Ueberschuldung

(1) Ergibt sich bei der Aufstellung der Eröffnungsbilanz eine Ueberschuldung, die auf Kriegs- oder Kriegsfolgeschäden

beruht, so kann ein Kapitalverlustkonto bis zur Höhe dieser Schäden in die Eröffnungsbilanz eingestellt werden, wenn das von der Gesellschaft betriebene Handelsgewerbe ohne Berücksichtigung der Schäden lebensfähig ist. Als Kriegsfolgeschäden gelten nicht Währungsverluste, d.e durch die Gesetze über die Neuordnung des Geldwesens verursacht sind.

(2) Das Nennkapital ist in Höhe des durch die Einstellung des Kapitalverlustkontos entstandenen Ueberschusses der Aktiven über die Schulden festzusetzen. Uebersteigt das danach festzusetzende Nennkapital das im Reichsmarkabschluß ausgewiesene Nennkapital, so ist das Kapitalverlustkonto entsprechend niedriger einzustellen.

(3) Neben einem Kapitalverlustkonto können Kapitalentwertungskonten nach §§ 36, 37 mit der Maßgabe gebildet werden, daß der Unterschiedsbetrag zwischen dem in der Reichsmarkschlußbilanz ausgewiesenen Nennkapital und den Aktiven nach Abzug der Schulden auf der Aktivseite eingestellt wird. Ein nach § 36 eingestelltes Kapitalentwertungskonto darf jedoch nicht höher sein als der halbe Betrag des neu festgesetzten Nennkapitals, ein nach § 37 eingestelltes Kapitalentwertungskonto nicht höher sein als neun Zehntel des neu festgesetzten Nennkapitals.

(4) Die Einstellung eines Kapitalverlustkontos ist nur mit Zustimmung der Obersten Wirtschaftsverwaltung des Landes im Einvernehmen mit der Landesjustizverwaltung zulässig; die Zustimmung ist zu erteilen, wenn die Voraussetzungen für die Bildung des Kapitalverlustkontos vorliegen und ein gesamtwirtschaftliches Bedürfnis an der Fortführung des Unternehmens in der bisherigen Rechtsform anzuerkennen ist.

(5) Die zwangsweise Tilgung des Kapitalverlustkontos bleibt besonderen gesetzlichen Vorschriften vorbehalten.

(6) Im übrigen finden §§ 36, 37 entsprechende Anwendung.

Die vorläufige Neufestsetzung unter Bildung eines Kapitalverlustkontos

Das Kapitalverlustkonto kann dann gebildet werden, wenn

a) eine Ueberschuldung vorliegt und
b) diese Ueberschuldung auf Kriegs- oder Kriegsfolgeschäden zurückzuführen ist,
c) das betreffende Handelsgewerbe ohne Berücksichtigung der Schäden lebensfähig ist und

d) der Landeswirtschaftsminister im Einvernehmen mit dem Landesjustizminister seine Zustimmung erteilt.

In ähnlicher Weise, wie gemäß § 37 den Unternehmen, die Vermögen im Ausland oder aus sonstigen Gründen zur Zeit schwer realisierbares Vermögen besitzen, die Bildung eines außerordentlichen Kapitalentwertungskontos gestattet ist, um eine Ueberschuldung zu vermeiden und eine ausreichende Kapitalbildung zu ermöglichen, werden die Unternehmen, deren Vermögen durch Kriegs- oder Kriegsfolgeschäden beeinträchtigt ist, durch die Zulassung eines Kapitalverlustkontos geschützt. Das Kapitalverlustkonto ist in seiner Gestaltung dadurch beschränkt, daß die Oberste Wirtschaftsverwaltung des Landes im Einvernehmen mit der Landesjustizverwaltung der Bildung des Kapitalverlustkontos z u s t i m m e n muß. Soweit an der Fortführung des Unternehmens in der bisherigen Rechtsform kein gesamtwirtschaftliches Bedürfnis besteht, kann die Zustimmung nach pflichtgemäßem Ermessen erteilt oder verweigert werden. Besteht aber ein solches gesamtwirtschaftliches Bedürfnis, so muß die Zustimmung zur Bildung des Kapitalverlustkontos erteilt werden. In diesem Falle kann die Zustimmung auch nicht davon abhängig gemacht werden, daß das Kapitalverlustkonto nicht in voller Höhe der Kriegs- oder Kriegsfolgeschäden gebildet wird, sondern die Gesellschaft kann das Kapitalverlustkonto in voller Höhe dieser Schäden bilden, und zwar neben Kapitalentwertungskonten nach den §§ 36, 37. Der Unterschiedsbetrag zwischen dem Nennkapital und den Aktiven nach Abzug der Schulden, wie er sich aus der Reichsmarkschlußbilanz ergibt, ist in Deutscher Mark auf der Aktivseite der Eröffnungsbilanz einzustellen. Im übrigen gelten für das allgemeine und das außerordentliche Kapitalentwertungskonto die gleichen Höchstbeträge im Verhältnis zu dem neu festgesetzten Nennkapital, wie sie in den §§ 36 und 37 geregelt sind.

Das Kapitalverlustkonto ist — abgesehen davon, daß eine Beschränkung bei der behördlichen Zustimmung auferlegt werden kann, soweit hierfür Ermessensfreiheit besteht — in seiner Höhe insofern beschränkt, als es nicht dazu führen darf, daß das neu festzusetzende N e n n k a p i t a l den Betrag des in der R e i c h s m a r k s c h l u ß b i l a n z ausgewiesenen Nennkapitals übersteigt. Führt die Bildung des Kapitalverlustkontos dazu, daß das Nennkapital — das aus dem Ueberschuß der Aktiven über die Schulden zu bilden ist — den Betrag des im Reichsmarkabschluß ausgewiesenen Nennkapitals übersteigt, so ist das Kapitalverlustkonto auf die Höhe zu ermäßigen, bei der das neu festzusetzende Nennkapital den gleichen Betrag wie das alte Reichsmarkkapital erreicht. Hierbei ist eine Reichsmark gleich einer Deutschen Mark zu setzen. Die T i l g u n g des Kapitalverlustkontos ist n i c h t g e r e g e l t. Daher sind die Gewinne und Werterhöhungen zunächst zur Tilgung der nach §§ 36 und 37 gebildeten Kapitalentwertungskonten zu verwenden, falls diese neben dem Kapitalverlustkonto bestehen. Im übrigen gelten die Bestimmungen der §§ 36, 37 auch für das Kapitalverlustkonto. Es darf also k e i n e g e s e t z l i c h e oder f r e i e R ü c k l a g e neben dem Kapitalverlustkonto beibehalten werden. Auch dürfen die R e i n g e w i n n e n i c h t in gesetzliche oder freie Rücklagen eingestellt oder a u s g e s c h ü t t e t werden. Wenn letzteres auch nicht ausdrücklich bestimmt ist, so muß es daraus geschlossen werden, daß dies nach § 36 nicht zulässig ist und in § 38, Abs. 6 die entsprechende Anwendung der §§ 36 und 37 vorgeschrieben ist.

§ 39

Bezugsrecht

Wird während des Bestehens eines Kapitalentwertungskontos nach §§ 36, 37 eine Kapitalerhöhung beschlossen, so ist jedem Anteilseigner auf sein Verlangen ein seinem Anteil an dem bisherigen Nennkapital entsprechender Teil der neuen Anteile zuzuteilen, es sei denn, daß ein Dritter die Anteile übernommen und sich verpflichtet hat, sie den Anteilseignern zum Bezuge anzubieten.

Das unmittelbare und das mittelbare Bezugsrecht

Ein Bezugsrecht bei der Ausgabe neuer Aktien steht jedem Aktionär auf Grund von § 153 des Aktiengesetzes zu. Es handelt sich hier um ein Mitgliedsrecht, das nicht schon in der Satzung ausgeschlossen werden kann, sondern auf Grund des § 153, Abs. 3 Aktiengesetz nur in dem Kapitalerhöhungsbeschluß, und zwar nur durch eine Mehrheit, die zugleich die Mehrheit der Stimmen und drei Viertel des anwesenden Grundkapitals umfaßt.

Von diesem gesetzlichen Bezugsrecht unterscheidet sich das Bezugsrecht des § 39 dadurch, daß es nicht nur für Aktiengesellschaften, sondern für alle Kapitalgesellschaften gilt. Es gilt nur so lange, wie das Kapitalentwertungkonto noch nicht getilgt ist, dagegen besteht es nicht in dem Falle, daß nur ein Kapitalverlustkonto gebildet worden ist. Das unmittelbare Bezugsrecht der Anteilseigner besteht dann nicht, wenn ihnen ein mittelbares Bezugsrecht in der Weise eingeräumt worden ist, daß ein Dritter, insbesondere eine Bank, die neuen Anteile mit der Maßgabe übernommen hat, sie den alten Anteilseignern zum Bezug anzubieten. In einem solchen Falle handelt es sich um einen Vertrag zugunsten eines Dritten (der alten Anteilseigner), durch den die alten Anteilseigner das unmittelbare Recht auf Lieferung der neuen Anteile erwerben (§ 328 BGB). Bis zum Bezuge der neuen Anteile durch die alten Anteilseigner ist der Uebernehmer der neuen Anteile Gesellschafter bzw. Aktionär. Er ist auch der Gesellschaft gegenüber für alle Verpflichtungen aus der Zeichnung haftbar. Sowohl das unmittelbare wie das mittelbare Bezugsrecht sind veräußerlich und vererblich. Die Beschränkungen, die für die Uebertragung von Anteilen (Aktien) gelten, wie z. B. die Zustimmung der Gesellschafter-Versammlung oder des Aufsichtsrates, beziehen sich auch auf das Bezugsrecht. Die Vorschriften des § 153 Aktiengesetz gelten für das Bezugsrecht des § 39 bei Aktiengesellschaften entsprechend, jedoch kann das gesetzliche Bezugsrecht des § 39 nicht durch Beschluß einer qualifizierten Mehrheit ausgeschlossen werden.

§ 40

Bilanzmäßige Rückwirkung der Neufestsetzung

In der Eröffnungsbilanz sind Nennkapital und Rücklagen in der Höhe auszuweisen, wie sie nach der Neufestsetzung bestehen sollen.

Die Rückwirkung der Neufestsetzung auf die Eröffnungsbilanz

Die Neufestsetzung des Nennkapitals und die Bildung von Rücklagen sind Vorgänge, die sich erst nach dem Bilanzstichtag vollziehen. Grundsätzlich wirken die wirtschaftlichen Vorgänge nicht zurück, sondern sind erst in der das betreffende Geschäftsjahr abschließenden Bilanz zu berücksichtigen. Dies gilt sowohl für die Handels- wie für die Steuerbilanz. Die Neufestsetzung des Nennkapitals und die Bildung von Rücklagen müssen aber bereits in der Eröffnungsbilanz in der Höhe ausgewiesen werden, in der sie bestehen bleiben sollen, wenn die Eröffnungsbilanz ihren Wert als Ausgangsbilanz für die neue Ertragsrechnung erhalten soll. Daher bestimmt § 40, daß die Neufestsetzung hinsichtlich des Nennkapitals und der Rücklagen rückwirkende Kraft hat.

Das Nennkapital ist mit dem vollen Nennbetrag unter den Passiven auszuweisen, ohne Rücksicht darauf, ob auch für das in der Reichsmarkschlußbilanz ausgewiesene Kapital alle Einlagen gezahlt worden sind oder nicht. Die ausstehenden Einlagen stellen Forderungen dar, die unter die Aktiven einzustellen sind. Für ihre Umstellung gelten die allgemeinen Vorschriften des Umstellungsgesetzes über die Umstellung von Forderungen (vgl. § 42).

Die Rücklagen im Sinne des § 40 stellen den Mehrbetrag dar, um den das Vermögen der Gesellschaft, also die Aktiva abzüglich der Verbindlichkeiten, das Kapital übersteigt. Hierbei handelt es sich nur um die offenen Rücklagen, während die stillen Reserven nicht ausgewiesen werden.

§ 41

Wahrung der gesellschaftsrechtlichen und vertraglichen Beziehungen

(1) Das Verhältnis der mit den Anteilen verbundenen Rechte zueinander wird durch die Neufestsetzung nicht berührt.

(2) Vertragliche Beziehungen der Gesellschaft zu Dritten, die von der Gewinnausschüttung der Gesellschaft, dem Nennbetrag oder dem Wert ihrer Aktien oder ihres Nennkapitals oder in sonstiger Weise von den bisherigen Kapital- oder Gewinnverhältnissen abhängen, bestimmen sich nach den durch die Neufestsetzung eingetretenen neuen Kapital- oder Gewinnverhältnissn; dies gilt insbesondere in den Fällen der §§ 50, 174 des Aktiengesetzes. Dritte brauchen eine durch die Neufestsetzung eintretende Kürzung ihrer Rechte nach Satz 1 nicht gegen sich gelten zu lassen, soweit sie darauf beruht, daß in der Eröffnungsbilanz das Nennkapital zu den Rücklagen in einem durch § 35 Abs. 2 und 3 nicht bedingten ungünstigeren Verhältnis steht, als dies in der Reichsmarkschlußbilanz der Fall ist.

Die Wirkung der Neufestsetzung auf die Anteilsrechte und auf Rechte Dritter

Die Neufestsetzung hat keinen Einfluß auf die gegenseitigen Rechte, die den Anteilsinhabern zustehen. Insbesondere wird der Gesellschaftsvertrag bzw. die Satzung nicht berührt. Dieser Grundsatz gilt nicht nur für Kapitalgesellschaften, sondern ist auch auf Personengesellschaften anwendbar.

Ebenso wird durch die Neufestsetzung das Vertragsverhältnis der Gesellschaft zu Dritten in seinem wirtschaftlichen Inhalt nicht verändert, wobei jedoch zu beachten ist, daß dem Vertragsverhältnis die neuen Kapital- und Gewinnverhältnisse zugrunde zu legen sind. Wenn also beispielsweise die Aktionäre einer Zuckerfabrik Nebenleistungsverpflichtungen übernommen haben (Lieferung von Zuckerrüben), so wird diese Verpflichtung durch die Neufestsetzung nicht berührt, insbesondere darf ihr wirtschaftlicher Inhalt nicht verändert werden. Es handelt sich bei solchen, in § 50 des Aktiengesetzes geregelten Nebenleistungsverpflichtungen um gesellschaftliche Verpflichtungen, die eine der Grundlagen darstellen, auf denen die Gesellschaft aufgebaut ist und die auch nach der Neufestsetzung in der vereinbarten Weise fortbestehen soll. Auf die für diese Verpflichtungen etwa vereinbarte Gegenleistung in Geld finden die Vorschriften des Umstellungsgesetzes über die Umstellung von Schuldverhältnissen Anwendung.

Ferner werden die Rechte aus Wandelschuldverschreibungen (convertible bonds), das sind Schuldverschreibungen, bei denen dem Gläubiger ein Umtauschrecht oder ein Bezugsrecht auf Aktien eingeräumt wird (§ 174 Aktiengesetz), durch die Umstellung nicht berührt, d. h. der wirtschaftliche Inhalt wird nicht verändert, wenn auch der Inhalt der Vertragsbeziehung sich nach den neuen Kapital- und Gewinnverhältnissen richtet. Das gleiche gilt für die Gewinnschuldverschreibungen, das sind solche, bei denen die Rechte der Gläubiger mit Gewinnanteilen der Aktionäre in Verbindung gebracht werden, z. B. durch eine Zusatzverzinsung (etwa Erhöhung des Zinssatzes), wenn die an die Aktionäre gezahlte Dividende einen bestimmten Prozentsatz übersteigt. Auch sonstige Rechte Dritter bestimmen sich nach den neuen Kapital- und Gewinnverhältnissen, ohne daß sich ihr wirtschaftlicher Inhalt verändern darf.

§ 42

Nicht voll eingezahlte Anteile

Anteile, auf die die Einlagen nicht in voller Höhe geleistet sind, gelten im Verhältnis der Anteile der Gesellschafter zueinander für die Neufestsetzung als voll eingezahlt. Der Anspruch der Gesellschaft auf die ausstehenden Einlagen bleibt unberührt; auf ausstehende Bareinlagen sind §§ 13, 16 des Umstellungsgesetzes anzuwenden.

Die Behandlung nicht voll eingezahlter Anteile

Ausstehende Einlagen sind Forderungen der Gesellschaft an ihre Gesellschafter, bei der Aktiengesellschaft an ihre Aktionäre, und zwar in gleicher Weise, ob die noch ausstehenden Einlagen bereits angefordert sind oder nicht. Gemäß § 10, Abs. 2 des Aktiengesetzes müssen Aktien, die noch nicht voll eingezahlt sind, auf Namen lauten. Der Aktiengesellschaft gegenüber ist derjenige Schuldner des ausstehenden Nennbetrages oder des höheren Ausgabebetrages, der im Aktienbuch als Inhaber der Aktie verzeichnet ist. Die Forderung der Gesellschaft gegen ihre Gesellschafter bzw. Aktionäre bleibt auch von der Umstellung des Kapitals unberührt, d. h. sie wird nach wie vor auf der Aktivseite als Forderung ausgewiesen, jedoch in Höhe des sich auf Grund der gemäß § 24 anwendbaren Bestimmungen des Umstellungsgesetzes ergebenden Umstellungsbetrages. Soweit es sich um Bareinlagen handelt, wird also die Forderung im Verhältnis 10 : 1 umgestellt. Die Bewertung von Forderungen auf Sacheinlagen richtet sich nach dem Wert der noch ausstehenden Sacheinlage.

Die Nichteinzahlung der Einlage in voller Höhe wird bei der Neufestsetzung des Kapitals nicht berücksichtigt. Gesellschafter oder Aktionäre, die ihre Bareinlage nicht voll eingezahlt haben, werden also im Verhältnis zu den übrigen Gesellschaftern bzw. Aktionären diesen gleichgestellt, also so behandelt, als wenn sie ihre Einlage voll eingezahlt hätten. Die Vorschriften des § 53, Abs. 2 AktGes. (Vorwegzahlung von 4 % an Aktionäre, die ihre Einlage voll eingezahlt haben) und des § 114, Abs. 2 AktGes. (Stimmrecht erst bei Volleinzahlung der Einlage) finden keine Anwendung. Die Gesellschafter bzw. Aktionäre erhalten also einen dem früheren Anteil am Kapital entsprechenden Anteil an dem neuen Nennkapital, müssen jedoch die noch ausstehende Bareinlage in der auf D-Mark umgestellten Höhe einzahlen, sobald die Gesellschaft diese Forderung auf die ausstehende Einlage geltend macht. Ergibt sich, daß eine Forderung auf ausstehende Einlage nicht sicher ist, so ist sie gemäß § 24 mit ihrem wahrscheinlichen Wert anzusetzen. Im Unterschied zu der Regelung, die vor der Umstellung galt, braucht die Niedrigerbewertung der Forderung auf ausstehende Einlage nicht in Form der passiven Wertberichtigung zu erfolgen, da das Interesse, solche rückständigen Einzahlungen aus der Bilanz zu ersehen, infolge der Neubildung des Nennkapitals nicht mehr besteht.

§ 43

Einziehung von eigenen Anteilen

(1) Die Hauptversammlung (Gesellschaftsversammlung), die über die Eröffnungsbilanz und die Neufestsetzung beschließt, kann die Einziehung von eigenen Anteilen beschließen. Dies gilt auch für die Anteile, die in der Zeit vom 21. Juni 1948 bis zum Inkrafttreten dieses Gesetzes erworben worden sind.

(2) Auf die Einziehung sind die Vorschriften über die Kapitalherabsetzung nicht anzuwenden.

(3) Die Einziehung gilt für die Neufestsetzung als bereits am Stichtag der Eröffnungsbilanz erfolgt.

Die Einziehung von eigenen Anteilen

Für die Einziehung von Aktien bestimmt § 192, Abs. 2 des Aktiengesetzes, daß die Vorschriften über die ordentliche Kapitalherabsetzung zu befolgen sind. Gemäß § 175 AktGes. ist ein solcher Beschluß mit Dreiviertelmehrheit zu fassen. Bei Vorhandensein verschiedener Gattungen von Aktien bedarf es einer Beschlußfassung der einzelnen Gattungen in gesonderter Abstimmung. Auch gilt für die ordentliche Kapitalherabsetzung die Bestimmung des § 178 AktGes., gemäß der den Gläubigern, die sich innerhalb der Sperrfrist melden, im Interesse eines Gläubigerschutzes Sicherheit zu leisten ist. Diese Beschränkungen gelten nicht für den Fall, daß die Hauptversammlung anläßlich der Aufstellung der Eröffnungsbilanz die Einziehung von eigenen Anteilen beschließt. Der Beschluß kann mit einfacher Mehrheit des bei der Beschlußfassung vertretenen Grundkapitals gefaßt werden (vgl. § 51). Ebenso gilt nicht die Beschränkung des § 34 des GmbH-Gesetzes.

Die Wirkung der Einziehung ist, daß der Anteil bzw. die Aktie untergeht. Den betroffenen Inhabern verbleiben keine Rechte oder Pflichten, mit Ausnahme des Anspruchs auf fälligen Gewinn. Auch kann eine Haftung aus § 24 GmbH-Gesetz, soweit der Anspruch gegenüber den übrigen Gesellschaftern bereits fällig geworden ist, in Frage kommen. Hiernach hat jeder Gesellschafter für Fehlbeträge, die bei der Einziehung der Stammeinlagen entstehen, im Verhältnis seines Geschäftsanteiles zu den Geschäftsanteilen der übrigen Gesellschafter zu haften. Es handelt sich hier um eine Haftung über die Stammeinlage hinaus, die auf jedem Geschäftsanteil ruht.

Durch die Bestimmung des § 43 wird das Recht des Vorstandes, eine Zwangseinziehung von Aktien anzuordnen, soweit die Satzung dies vorsieht, nicht berührt, jedoch kann in solchem Falle der Vorstand nicht das in § 43 der Hauptversammlung vorbehaltene Recht, über die Einziehung nach § 43 zu beschließen, durch eigene Entscheidung ersetzen, vielmehr bedarf es auch dann, wenn die Satzung dem Vorstand das Recht der Zwangseinziehung einräumt, eines Beschlusses der Hauptversammlung nach § 43.

§ 44

Mindestnennbeträge nach der Neufestsetzung

(1) Das Grundkapital einer Aktiengesellschaft oder einer Kommanditgesellschaft auf Aktien muß nach der Neufestsetzung mindestens fünfzigtausend Deutsche Mark betragen. Dies gilt nicht, wenn die Gesellschaft zugleich mit der Neufestsetzung die Erhöhung des Grundkapitals auf mindestens fünfzigtausend Deutsche Mark beschließt, und wenn der Kapitalerhöhungsbeschluß zugleich mit der Neufestsetzung eingetragen wird. § 80 Abs. 2 bleibt unberührt.

(2) Das Stammkapital einer Gesellschaft mit beschränkter Haftung muß nach der Neufestsetzung mindestens fünftausend Deutsche Mark betragen. Abs. 1 Satz 2 und 3 gilt sinngemäß.

(3) Bei der Neufestsetzung können Aktien auf zwanzig, fünfzig oder einhundert Deutsche Mark oder ein Vielfaches dieser Beträge gestellt werden; auf zwanzig oder fünfzig Deutsche Mark jedoch nur, soweit dies zum Ausgleich von Spitzenbeträgen nötig ist oder soweit der auf die Aktien entfallende

Betrag einhundert Deutsche Mark nicht erreicht. § 8 Abs. 1 und 3 des Aktiengesetzes gelten für die auf zwanzig oder fünfzig Deutsche Mark gestellten Aktien nicht.

(4) Geschäftsanteile können auf jeden durch zehn Deutsche Mark teilbaren Betrag, müssen jedoch auf mindestens fünfzig Deutsche Mark gestellt werden. Je zehn Deutsche Mark eines Geschäftsanteils gewähren eine Stimme, soweit der Gesellschaftsvertrag nichts anderes bestimmt.

(5) Eine Verminderung der Zahl der Anteile aus Anlaß der Neufestsetzung ist nur zulässig, soweit ohne sie der für die Anteile vorgeschriebene Mindestnennbetrag nicht eingehalten werden kann.

(6) Aktien, die nicht auf einhundert Deutsche Mark oder ein Vielfaches dieses Betrages lauten, sollen spätestens bis zum 31. Dezember 1945 in Aktien, die auf einhundert Deutsche Mark oder ein Vielfaches von einhundert Deutsche Mark lauten, umgetauscht werden.

Das neue Mindest-Nennkapital

1. Die Aktiengesellschaft und die Kommanditgesellschaft auf Aktien

a) Das Grundkapital

Die Neufestsetzung des Grundkapitals der Aktiengesellschaft und der Kommanditgesellschaft auf Aktien kann auch dann eingetragen werden, wenn sich ein niedrigeres Nennkapital als 50 000 DM ergibt, aber zugleich mit der Neufestsetzung die Erhöhung des Kapitals auf 50 000 DM beschlossen wird. Wegen der Beschlußfassung vgl. § 51. Für die Anmeldung des Beschlusses gilt § 151 AktGes. Das erhöhte Kapital braucht nicht voll bis zur Eintragung eingefordert und eingezahlt zu werden, vielmehr genügt die Einzahlung von 25 % der Summe der Kapitalerhöhung (§ 155, Abs. 2 S. 1 in Verbindung mit § 28 Abs. 2 AktGes.). Auch ist es nicht erforderlich, daß die Durchführung der Kapitalerhöhung gemäß § 156 AktGes. gleichzeitig mit der Neufestsetzung eingetragen wird. Daher ist es zulässig, daß das erhöhte Kapital erst nach der Eintragung der Neufestsetzung gezeichnet wird. Die Durchführung der Kapitalerhöhung muß bis zum 31. Dezember 1951 im Handelsregister eingetragen sein (vgl. § 93, in Verbindung mit § 156 AktGes.). Andernfalls ist die Gesellschaft mit Ablauf dieses Tages aufgelöst.

b) Die Aktien

Ebenso wie für das Grundkapital von Aktiengesellschaften ein von dem in § 74 festgesetzten Mindestnennbetrage abweichender Mindestbetrag gilt, sieht § 44, Abs. 3 auch für die Aktien niedrigere Beträge vor, jedoch nur zum Ausgleich von Spitzenbeträgen oder soweit der auf die Aktien entfallende Betrag 100,— DM nicht erreicht. Grundsätzlich wird also auch bei der Aktiengesellschaft die Aktie auf 100,— DM oder ein Vielfaches davon gestellt. Die Bezugnahme auf § 8, Abs. 1 AktGes. gilt für die Fassung, die sich aus § 60, Abs. 2 ergibt. Hiernach ist der Mindestnennbetrag für Aktien 100,— DM. In § 8, Abs. 3 AktGes. ist bestimmt, daß Aktien, die unter dem Mindestnennbetrag, also unter 100,— DM, ausgegeben werden, nichtig sind. Diese Bestimmung ist auf Aktien, die gemäß § 44, Abs. 3 auf 20,— DM und 50,— DM gestellt werden, nicht anwendbar. Bei Vorkommen von Spitzenbeträgen sollen nicht Aktien ausgegeben werden, die nicht auf volle 100,— DM lauten. An Stelle einer einheitlichen Aktie von beispielsweise 120,— DM soll eine Aktie über 100,— DM und eine weitere über 20,— DM ausgegeben werden. Eine Verletzung dieser Sollvorschrift macht die Aktie jedoch nicht nichtig. Aktien, die, ohne daß ein Spitzenausgleich es erfordert, auf einen geringeren Betrag als 100,— DM gestellt werden, sind gemäß § 8, Abs. 3 AktGes. nichtig. Gemäß § 44, Abs. C sollen Aktien über 20,— DM und 50,— DM bis zum 31. Dezember 1954 in Aktien, die auf volle 100,— DM lauten, umgetauscht werden.

2. Die Gesellschaft mit beschränkter Haftung

a) Das Stammkapital

Das Stammkapital einer umgestellten GmbH. kann wesentlich geringer sein als das Stammkapital einer nach der Währungsumstellung neu gegründeten GmbH. Für diese gilt § 5 des GmbH.-Gesetzes in Verbindung mit § 2 des Währungsgesetzes. Es ist also für sie ein Mindestkapital von 20 000 DM erforderlich. Eine Herabsetzung des Mindest-Stammkapitals ist für GmbH.'s im Unterschied zu Aktiengesellschaften (§ 60) nicht vorgesehen. Hinsichtlich der Möglichkeit, den Mindestbetrag dadurch zu erreichen, daß der sich bei der Umstellung ergebende Fehlbetrag durch eine gleichzeitig vorgenommene Kapitalerhöhung ausgeglichen wird, gilt das gleiche wie für Aktiengesellschaften. Ebenso gilt die Bestimmung des § 80, Abs. 2 auch für GmbH.'s, wonach die Eintragung der Kapitalerhöhung bis zum 31. Dezember 1951 erfolgt sein muß, andernfalls ist die Gesellschaft mit Ablauf dieses Tages aufgelöst (vgl. §§ 57, 54 GmbH.-Gesetz).

b) Die Geschäftsanteile

Der Mindestbetrag für Geschäftsanteile ist 50,— DM. Sie müssen auf einen durch 10,— DM teilbaren Betrag lauten. Je 10,— DM gewähren eine Stimme, jedoch kann das Stimmrecht durch den Gesellschaftsvertrag anders geregelt werden.

Wenn also beispielsweise eine GmbH. mit einem Stammkapital von 100 000 RM, das aus einer Stammeinlage von 90 000 RM, einer Stammeinlage von 9 000 RM, einer Stammeinlage von 550 RM und 9 Stammeinlagen von je 50 RM = 450 RM besteht, auf ein neues Kapital von 50 000 DM umgestellt wird, so ergibt sich folgende Berechnung der neuen Stammeinlagen. Die Stammeinlage von 90 000 RM beträgt 45 000 DM, die Stammeinlage von 9 000 RM beträgt 4 500 DM, die Stammeinlage von 550 RM beträgt 270 DM, da ein Betrag von 275 DM nicht durch 10 teilbar ist. Der Spitzenbetrag von 5 DM muß einem anderen Geschäftsanteil zugeschlagen werden. Von den 9 Geschäftsanteilen von je 50 RM müssen je zwei zusammengelegt werden, die je 50 DM ergeben. Der neunte Anteil wird in Höhe von 20 DM gebildet, und die restlichen 5 DM müssen — wie die erstgenannte Spitze von 5 DM — einem anderen Geschäftsanteil zugeschlagen werden. Da gemäß § 5 GmbH-Gesetz die Möglichkeit der Bildung von Anteilen über 50 DM durch das Gesetz vom 28. 6. 1926 (RGBl. I, S. 315) in Fortfall gekommen ist und der Mindestbetrag seitdem 500 RM beträgt, werden Gesellschaften mit so kleinen Anteilen nur selten vorkommen.

§ 45

Umwandlung und Neufestsetzung

(1) Wird eine Kapitalgesellschaft nach dem Gesetz über die Umwandlung von Kapitalgesellschaften vom 5. Juli 1934 (Reichsgesetzbl. I S. 569) und seinen Durchführungsverordnungen umgewandelt, so bedarf es der Neufestsetzung nach den Vorschriften dieses Abschnittes nicht; die Eröffnungsbilanz kann nach den für die gewählte neue Rechtsform geltenden Vorschriften aufgestellt werden. Kapitalgesellschaften, die erst nach dem 31. Dezember 1936 entstanden sind, bedürfen in diesem Falle zur Umwandlung nach Satz 1 nicht der Genehmigung nach § 2 der Vierten Durchführungsverordnung zum Gesetz über die Umwandlung von Kapitalgesellschaften vom 24. Juni 1937 (Reichsgesetzbl. I S. 661).

(2) Wird eine Kapitalgesellschaft zugleich mit der Neufestsetzung nach dem Aktiengesetz in eine Kapitalgesellschaft anderer Rechtsform umgewandelt, so kann die Eröffnungsbilanz nach den für die gewählte neue Rechtsform geltenden Vorschriften aufgestellt werden.

Die Umwandlung von Kapitalgesellschaften

Das Umwandlungsgesetz vom 5. Juli 1934 (RGBl. I, S. 569) dient der Zurückdrängung der Kapitalgesellschaften und der Herausstellung der Rechtsform der Personengesellschaften. Als Mittel zur Erreichung diese Zweckes dient die Steuererleichterung, die durch Fortfall der Körperschaftssteuer gewährt wird. Im Falle einer Verbindung von Umwandlung, Umstellung und Eröffnungsbilanz kann letztere vor der Umwandlung aufgestellt und das Gesellschaftskapital dementsprechend vor der Umwandlung umgestellt werden. Die Umwandlungsbilanz weist das Umwandlungs-Vermögen aus. Sie ist eine Vermögensbilanz, keine Ertragsbilanz. Das Gesellschaftskapital wird nicht besonders ausgewiesen.

Die Umwandlung kann vor Aufstellung der Eröffnungsbilanz und vor der Umstellung beschlossen werden. Dadurch wird für die umgewandelte Kapitalgesellschaft die Aufstellung einer Eröffnungsbilanz und eine Neufestsetzung nach den Vorschriften des D-Markbilanzgesetzes vermieden. Aktiengesellschaften vermeiden bei Verbindung der Umstellung mit der Umwandlung die Notwendigkeit einer Bilanzgliederung nach den Bilanzvorschriften des Aktiengesetzes, die Notwendigkeit, einen Wirtschaftsprüfer zu bestellen und — wie auch die anderen Kapitalgesellschaften — eine besondere Beschlußfassung über die Eröffnungsbilanz und die Umstellung sowie deren Eintragung in das Handelsregister. Im Falle der Uebertragung des Vermögens der umgewandelten Kapitalgesellschaft auf einen zur Führung von Handelsbüchern nicht verpflichteten Kaufmann findet § 1 keine Anwendung. Es braucht also in einem solchen Falle, z. B. bei der Umwandlung einer Vermögensverwaltungs-GmbH in eine Gesellschaft bürgerlichen Rechts, keine Eröffnungsbilanz nach § 1 aufgestellt zu werden. Im Falle der Uebertragung des Vermögens der umgewandelten Kapitalgesellschaft auf eine neu errichtete Personengesellschaft, z. B. auf eine OHG oder eine KG, oder der Fortsetzung des Betriebes durch den übernehmenden Gesellschafter als Einzelkaufmann finden die Umstellungsvorschriften, die für die neue Rechtsform gelten, Anwendung. Hierbei brauchen stille Reserven in der Umwandlungsbilanz nicht ausgewiesen zu werden, und in der Eröffnungsbilanz, die bei Personengesellschaften nicht veröffentlicht zu werden braucht, können die stillen Reserven steuerfrei ausgewiesen werden.

Die Aufstellung einer Eröffnungsbilanz ist auch dann nicht nötig, wenn eine Kapitalgesellschaft ihr Vermögen auf eine schon bestehende Personengesellschaft durch Umwandlung überträgt, also eine Verschmelzung stattfindet, und die übernehmende Gesellschaft vor dem Uebergang des Vermögens eine Eröffnungsbilanz aufgestellt hat (vgl. § 62, Abs. 1) oder wenn sie zur Aufstellung einer Eröffnungsbilanz nicht verpflichtet ist. Eine Verbindung zwischen Umwandlungsbilanz und Eröffnungsbilanz in der Weise ist zulässig, daß die Eröffnungsbilanz sich an die Umwandlungsbilanz anschließt, z. B. indem die Umwandlungsbilanz auf den 20. Juni 1948 beschlossen und die Eröffnungsbilanz alsdann auf den 21. Juni 1948 aufgestellt wird.

Die Umwandlung auf Grund des Umwandlungsgesetzes vom 5. Juli 1934 ist nur für Kapitalgesellschaften zugelassen, die vor dem 1. Januar 1937 entstanden sind. Gesellschaften die nach dem 31. Dezember 1936 entstanden sind, bedürfen einer besonderen Genehmigung (§ 2 der 4. DVO zum Umwandlungsgesetz, RGBl. I, S. 661). Im Falle der Verbindung der Umwandlung mit der Umstellung bedarf es einer solchen Genehmigung nicht. Diese Bestimmung ist für die nach 1936 entstandenen Kapitalgesellschaften besonders wichtig, weil es sich hier um eine Möglichkeit handelt, die steuerlichen Vorteile, die sich aus dem Umwandlungsgesetz ergeben, wahrzunehmen, ohne eine besondere Genehmigung erhalten zu müssen. Die Steuerbegünstigung gilt für Gesel.schaften, die nach dem 31. Dezember 1936 entstanden sind und umgewandelt werden, dann, wenn sie vor dem 1. Oktober 1938 entstanden sind. Danach entstandene Gesellschaften können handelsrechtlich umgewandelt werden, genießen aber nicht die Steuervorteile des Umwandlungsgesetzes.

§ 46

Ausgleich nicht getilgter Kapitalentwertungskonten

(1) Wird ein Kapitalentwertungskonto nicht innerhalb der in § 36 Abs. 2 Satz 3, § 37 Satz 3 bestimmten Frist ausgeglichen, so hat die Hauptversammlung (Gesellschafterversammlung) spätestens bei der Beschlußfassung über den Jahresabschluß des dritten (sechsten) Geschäftsjahres die Maßnahmen zu beschließen, die erforderlich sind, um das Kapitalentwertungskonto auf andere Weise als durch Tilgung, insbesondere durch Ermäßigung des Nennkapitals, auszugleichen. Eine Vermehrung des Vermögens durch neue Einlagen ist, falls für die Leistungen der Einlagen Vorteile gewährt werden oder im Falle der Nichtleistung Nachteile eintreten sollen, nur insoweit

zulässig, als ohne sie der Mindestnennbetrag für Anteile nicht eingehalten werden könnte. Sollen Sacheinlagen gemacht werden, so sind §§ 150, 151 Abs. 3, § 155 Abs. 3 Nr. 2, Abs. 4 des Aktiengesetzes (§ 5 Abs. 4 des Gesetzes betreffend die Gesellschaften mit beschränkter Haftung) sinngemäß anzuwenden.

(2) Die Maßnahmen gemäß Abs. 1 sind unverzüglich durchzuführen. Ihre Durchführung gilt als endgültige Neufestsetzung. Die für die Neufestsetzung geltenden Vorschriften sind auf sie anzuwenden. § 80 Abs. 3 bleibt unberührt.

(3) Auf eine Ermäßigung des Grundkapitals einer Aktiengesellschaft oder Kommanditgesellschaft auf Aktien finden §§ 177, 179 des Aktiengesetzes sinngemäß Anwendung; dagegen gelten §§ 175, 176, 178, 180, 181 des Aktiengesetzes nicht.

(4) Auf eine Ermäßigung des Stammkapitals einer Gesellschaft mit beschränkter Haftung findet § 58 des Gesetzes betreffend die Gesellschaften mit beschränkter Haftung keine Anwendung. Im Falle der Verminderung der Zahl der Geschäftsanteile findet § 179 des Aktiengesetzes sinngemäß Anwendung.

Der Ausgleich der Kapitalentwertungskonten bei Nichttilgung

Falls das Kapitalentwertungskonto aus den Gewinnen oder Werterhöhungen innerhalb von drei bzw. sechs Geschäftsjahren nicht getilgt werden kann, muß bei der Beschlußfassung über den Jahresabschluß für das dritte bzw. sechste Geschäftsjahr über einen anderen Ausgleich, notfalls durch Ermäßigung des Nennkapitals, beschlossen werden. Soweit zur Erreichung des Mindestnennbetrages neue Einlagen geleistet werden müssen, können hierfür Vorteile gewährt werden, für Einlagen, die darüber hinaus geleistet werden, ist dies jedoch nicht zulässig. Im Falle der Leistung von Sacheinlagen kann das Gericht bei Aktiengesellschaften die Eintragung der Kapitalerhöhung ablehnen, wenn der Wert der Sacheinlagen offensichtlich hinter dem Nennbetrag der dafür geleisteten Aktien zurückbleibt (§ 151, Abs. 3 und § 155, Abt. 4 AktGes). Bei der GmbH ist im Falle der Leistung von Sacheinlagen die Person des Gesellschafters, der Gegenstand der Einlage oder Uebernahme sowie der Geldwert, für den die Einlage angenommen wird, oder die für die übernommenen Gegenstände zu gewährende Vergütung in dem Beschluß der Gesellschafterversammlung festzusetzen (§ 5, Abs. 4 GmbH-Ges.). Bei der GmbH besteht kein Gläubigerschutz gegen Ueberbewertung von Sacheinlagen, wie es bei der Aktiengesellschaft das Ablehnungsrecht bei der Eintragung der Kapitalerhöhung darstellt. Lediglich die Gemeinhaftung der Gesellschafter nach § 24 GmbH-Ges. stellt einen gewissen Schutz dar. Nach neuerer Rechtsprechung hat der Registerrichter bei der GmbH ein Recht, Ermittlungen über Ordnungsmäßigkeit der Bewertung der Sacheinlage anzustellen (vgl. RG, Bd. 155, S. 214 und Bd. 141, S. 212).

Eine Hinausschiebung der Maßnahmen zum Ausgleich des Kapitalentwertungskontos ist unzulässig. Wird das Konto nicht bis zum

31. Dezember 1953 bzw. 1956 ausgeglichen, und zwar unter Eintragung der Durchführung des Ausgleichs bis zu diesem Zeitpunkt im Handelsregister, so ist die Gesellschaft aufgelöst (§ 93, Abs. 3). Für die Ermäßigung des Grund- bzw. Stammkapitals gelten die Bestimmungen über eine Kapitalherabsetzung sinngemäß. Die Bestimmung des § 179 AktGes über die Kraftloserklärung von Aktien findet auf Geschäftsanteile einer GmbH sinngemäß Anwendung, wenn sich die Zahl der Geschäftsanteile durch die Ermäßigung des Stammkapitals vermindert. Die Kraftloserklärung wird durch die Gesellschaft durchgeführt.

§ 47
Berichtigung von Wertansätzen

(1) Ergibt sich nach der Neufestsetzung bei der Aufstellung späterer Jahresbilanzen für

a) Vermögensgegenstände außerhalb des Währungsgebietes, insbesondere Forderungen gegen Schuldner außerhalb des Währungsgebietes,

b) Auslandsvermögen,

c) Valutaschuldverhältnisse,

d) sonstige Vermögensgegenstände, die nach diesem Gesetz mit einem Erinnerungsposten oder mit einem vorläufigen Wert eingesetzt worden sind,

daß Wertminderungen und sonstige Verluste in der bei der Beschlußfassung über die Eröffnungsbilanz angenommenen Höhe tatsächlich nicht eingetreten waren oder nachträglich ausgeglichen sind, so ist der Unterschiedsbetrag in die gesetzliche Rücklage (Sonderrücklage) einzustellen, soweit er nicht gemäß § 36 Abs. 2 zur Tilgung eines Kapitalentwertungskontos zu verwenden ist oder zur Tilgung eines Kapitalverlustkontos verwandt wird.

(2) Ergibt sich nach der Neufestsetzung bei der Aufstellung späterer Jahresbilanzen, daß Vermögensgegenstände der in Abs. 1 Buchst. a bis d genannten Art bei der Beschlußfassung über die Eröffnungsbilanz mit einem tatsächlich zu hohen oder Verbindlichkeiten mit einem zu geringen Wert eingesetzt worden sind, so kann der dadurch eingetretene Verlust in ein bei der Neufestsetzung gebildetes Kapitalentwertungskonto innerhalb der durch die §§ 36, 37 vorgeschriebenen Grenzen oder in ein bei der Neufestsetzung gebildetes Kapitalverlustkonto eingestellt werden.

(3) Abs. 1 und 2 gelten entsprechend für Grundstücke, wenn der nach § 16 für den Wertansatz maßgebende Einheitswert sich infolge von Wertfortschreibung oder Aenderung

gegenüber dem in der Eröffnungsbilanz angesetzten Wert erhöht oder erniedrigt.

Die Berichtigung von Wertansätzen

Das D-Markbilanzgesetz sieht in vielen Fällen vor, daß Bilanzposten, die zur Zeit der Aufstellung der Eröffnungsbilanz noch nicht mit Sicherheit bewertet werden können, vorläufig mit einem Erinnerungsposten angesetzt werden können oder müssen (§§ 9, 21, 22, Abs. 5 und 26). Auch sind verschiedentlich nur vorläufige Wertansätze vorgesehen (§ 22, Abs. 1, 2 und 3). Es handelt sich hier um eine Regelung, die dem Schutze der Gläubiger und der Schonung der Gesellschaften dient. Wenn eine spätere Bewertung ergibt, daß der Wertansatz in der Eröffnungsbilanz zu gering war, so ist die Folge der Feststellung eines solchen höheren Wertes nicht die, daß der Wertansatz in dem folgenden Jahresabschluß zu erhöhen ist, was zu einer entsprechenden Erhöhung des Ertrages mit den steuerlichen Auswirkungen führen würde, sondern die Gesellschaft ist nachträglich zu einer Berichtigung der Eröffnungsbilanz berechtigt. War ein Kapitalentwertungskonto gebildet, so ergibt sich aus der Tatsache der Wertberichtigung, daß insoweit das Konto nicht hätte gebildet zu werden brauchen, da das Vermögen insoweit höher war als angenommen. Daher ist in einem solchen Falle die Werterhöhung zur Tilgung des Kapitalentwertungskontos zu verwenden. Besteht dagegen ein Kapitalentwertungskonto nicht, so ist die Werterhöhung in die gesetzliche Rücklage (bei Aktiengesellschaften) bzw. in eine Sonderrücklage (bei GmbH's) einzustellen. Hierdurch wird erreicht, daß steuerliche Auswirkungen aus einer solchen Berichtigung der mit Erinnerungsposten oder nur vorläufig erfolgten Wertansätze vermieden werden.

In entsprechender Weise können auch Verluste, die sich daraus ergeben, daß die in § 47, Abs. 1 genannten Bilanzposten zu hoch oder Verbindlichkeiten zu gering bewertet worden sind, durch Einstellung in das Kapitalentwertungskonto oder in das Kapitalverlustkonto nachträglich berücksichtigt werden, so daß Fehler in der Bewertung in jedem Falle durch eine Berichtigung der Eröffnungsbilanz, nicht durch eine Aenderung der Wertansätze späterer Jahresabschlüsse Rechnung getragen wird. Dies gilt auch für die Aenderung von Einheitswerten bei Grundstücken (§ 16 in Verbindung mit § 47, Abs. 3).

§ 48

Bericht über die Neufestsetzung und Prüfung

Bei Aktiengesellschaften und Kommanditgesellschaften auf Aktien hat der Vorstand (persönlich haftende Gesellschafter) zugleich mit der Eröffnungsbilanz einen Bericht aufzustellen und vorzulegen, in dem die Vorschläge für die Neufestsetzung zu machen und die wesentlichen Umstände darzulegen sind, die für die Bewertung der Vermögensgegenstände und für die Vorschläge für die Neufestsetzung der Kapitalverhältnisse maßgebend gewesen sind. Auf den Bericht sind im übrigen die Vorschriften des Aktiengesetzes über den Geschäftsbericht sinngemäß anzuwenden. Die Prüfung durch den Abschlußprüfer hat sich auf die Vorschläge für die Neufestsetzung zu erstrecken. Macht die Gesellschaft von der Befugnis des § 36 Gebrauch, so haben die Prüfer sich auch zu der Frage zu äußern, ob die tatsächlichen Angaben, auf die der Vorstand (persönlich haftende Gesellschafter) seine Annahme gründet, daß das Kapitalentwertungskonto fristgemäß ausgeglichen werden kann, richtig und vollständig sind. Macht die Gesellschaft von der Befugnis der §§ 37, 38 Gebrauch, so haben sich die Prüfer darüber zu äußern, ob die Voraussetzungen hierfür vorliegen.

Der Bericht über die Neufestsetzung und seine Prüfung

1. Der Bericht

Ein Bericht über die Neufestsetzung ist nach § 48 stets bei Aktiengesellschaften und Kommanditgesellschaften auf Aktien erforderlich, bei Vorliegen der Voraussetzung des § 50 auch bei Gesellschaften mit beschränkter Haftung, dagegen nicht für Personengesellschaften. Trotzdem empfiehlt es sich bei größeren Gesellschaften, einen Bericht aufzustellen, um den Gesellschaftern eine geeignete Unterlage für die Prüfung der Maßnahmen zu bieten. Der Bericht muß die Vorschläge für die Neufestsetzung enthalten, ferner Angaben über die Bewertung der Vermögensgegenstände und über die Umstände, die für die Vorschläge für die Neufestsetzung der Kapitalverhältnisse maßgebend gewesen sind. Da die Bestimmungen des § 128 AktGes über den Geschäftsbericht sinngemäß anwendbar sind, muß gefordert werden, daß der Bericht die Eröffnungsbilanz erläutert und auch die Zusammenhänge mit der Reichsmarkschlußbilanz aufzeigt. Ferner sind genaue Angaben über die Neubildung des Grundkapitals und die Notwendigkeit der Bildung von Kapitalentwertungskonten nach §§ 36 und 37 und eines Kapitalverlustkontos nach § 38 erforderlich sowie über die Beurteilung der Aussichten für die Tilgung dieser Konten. In letzterer Hinsicht sind nicht allgemeine Mutmaßungen ausreichend, sondern es müssen tatsächliche Angaben gemacht werden, aus denen gefolgert wird, daß das Kapitalentwertungskonto fristgemäß ausgeglichen werden kann.

2. Die Prüfung des Berichts

Gemäß § 135 AktGes. erstreckt sich die Prüfung des Jahresabschlusses auch auf den Geschäftsbericht. Dieser zerfällt in zwei Teile, nämlich den Teil, der Angaben über den Geschäftsverlauf und die Lage der Gesellschaft enthält (§ 128, Abs. 1 AktGes.), und den Teil, der den Jahresabschluß erläutert (§ 128, Abs. 2 AktGes). Die eigentliche Prüfung erstreckt sich nur auf den letzteren Teil, doch ist auch der erstere Teil in gewisser Hinsicht zu prüfen, nämlich daraufhin, ob er offensichtlich falsche Darstellungen enthält. In diesem Falle kann der Prüfer den Bestätigungsvermerk versagen (§ 140, Abs. 3 AktGes). Entsprechendes gilt für die Prüfung des Berichts über die Neufestsetzung der Kapitalverhältnisse. Insbesondere hat sich seine Prüfung darauf zu erstrecken, ob die Angaben des Vorstandes über Tatsachen, auf denen die Annahme des fristgemäßen Ausgleichs des Kapitalentwertungskontos beruht, richtig und vollständig sind. Ferner muß sich die Prüfung und die Stellungnahme darauf erstrecken, ob die Voraussetzung des § 37 für die Bildung eines außerordentlichen Kapitalentwertungskontos und des § 38 für die Bildung eines Kapitalverlustkontos vorliegt.

§ 49

Prüfungspflicht bei Aktiengesellschaften und Kommanditgesellschaften auf Aktien

(1) Die Eröffnungsbilanz und die Vorschläge für die Neufestsetzung der Kapitalverhältnisse einer Aktiengesellschaft oder Kommanditgesellschaft auf Aktien sind zu prüfen. Auf die Prüfung finden die für die Prüfung des Jahresabschlusses geltenden Vorschriften Anwendung.

(2) Der für die Prüfung des Reichsmarkabschlusses bestellte Abschlußprüfer gilt auch für die Prüfung der Eröffnungsbilanz und der Vorschläge für die Neufestsetzung der Kapitalverhältnisse als bestellt, falls nicht ein anderer Abschlußprüfer bestellt wird. § 136 Abs. 4 des Aktiengesetzes ist anzuwenden.

Die Prüfung der Aktiengesellschaften und Kommanditgesellschaften auf Aktien

Auf die Prüfung der Eröffnungsbilanz und der Vorschläge für die Neufestsetzung finden die §§ 135 ff. AktGes. über die Prüfung des Jahresabschlusses Anwendung. Die Prüfung hat sich hiernach auch auf die Buchführung zu erstrecken. Ferner ist Gegenstand der Prüfung die formelle Ordnungsmäßigkeit der Eröffnungsbilanz, insbesondere, ob die Bücher ordnungsgemäß unter Beachtung der Vorschrift des § 43 HGB geführt worden sind, ob die Belege vorhanden sind und die einzelnen Konten richtig geführt werden. In materieller Hinsicht erstreckt sich die Prüfung auf die Beachtung der allgemeinen gesetzlichen Bewertungs- und Gliederungsvorschriften für die Bilanz (§§ 131 ff. AktGes.), hinsichtlich der Eröffnungsbilanz auf die Beachtung der Vorschriften des D-Markbilanzgesetzes, insbesondere der allgemeinen und der besonderen Bewertungsvorschriften (§§ 5 ff.) und auf die Beachtung der Satzungsbestimmungen. Bei der Nachprüfung der Bewertung hat sich die Prüfung auf die Feststellung zu beschränken, ob die Höchstwerte eingehalten worden sind, dagegen ist nicht Gegenstand der Prüfung, ob sich die Bildung stiller Reserven in den durch Gesetz und Satzung zugelassenen Grenzen hält (v. Godin-Wilhelmi, Anm. 5 zu § 135 AktGes.). Die ordnungsmäßige Bildung und Verwendung der gesetzlichen Rücklage muß dagegen geprüft werden (§ 130 AktGes.). Die Verpflichtung des Vorstandes zur Auskunfterteilung ergibt sich aus § 138 AktGes. Auch für die Prüfung der Eröffnungsbilanz gelten die Vorschriften des § 139 AktGes. über den Prüfungsbericht, des § 140 AktGes. über den Bestätigungsvermerk und des § 141 AktGes. über die Verantwortlichkeit der Abschlußprüfer.

Für die Eröffnungsbilanz gilt der Abschlußprüfer als bestellt, der für die Prüfung des Reichsmarkabschlusses bestellt worden ist. Einer besonderen Bestellung bedarf es also nicht. Nur in dem Falle, daß die Hauptversammlung bis zum Ablauf des Geschäftsjahres keinen Abschlußprüfer gewählt hat oder der gewählte Prüfer die Prüfung der Eröffnungsbilanz ablehnt oder verhindert ist und die Hauptversammlung statt seiner keinen anderen Prüfer wählt, wird ein Abschlußprüfer durch das Gericht bestellt. Der Vorstand ist zur Stellung eines dahingehenden Antrags verpflichtet (§ 136, Abs. 4 AktGes.).

§ 50

Prüfungspflicht bei Gesellschaften mit beschränkter Haftung

(1) Die Eröffnungsbilanz und die Vorschläge für die Neufestsetzung des Stammkapitals einer Gesellschaft mit beschränkter Haftung sind in entsprechender Anwendung der §§ 135 bis 141 des Aktiengesetzes sowie des § 48 dieses Gesetzes zu prüfen, wenn entweder

a) das in der Reichsmarkschlußbilanz ausgewiesene Stammkapital den Betrag von fünfhunderttausend Reichsmark oder die in der Reichsmarkschlußbilanz ausgewiesene Bilanzsumme den Betrag von zwei Millionen Reichsmark erreicht oder überschreitet, oder

b) in die Eröffnungsbilanz ein außerordentliches Kapitalentwertungskonto (§ 37) eingestellt ist.

(2) Die Prüfer werden von den Geschäftsführern bestellt; die Bestellung bedarf der Zustimmung des Aufsichtsrats, wenn der Gesellschaftsvertrag einen solchen vorsieht.

(3) Zu Prüfern können insoweit auch vereidigte Buchprüfer bestellt werden. Bei Gesellschaften, an denen ausländische Gesellschafter mit mehr als der Hälfte des Stammkapitals beteiligt sind, können für die Prüfung der Eröffnungsbilanz zu Abschlußprüfern auch ausländische Rechnungsprüfer bestellt werden, die in ihrem Heimatstaat zur Prüfung von Jahresabschlüssen zugelassen sind.

Die Prüfung bei Gesellschaften mit beschränkter Haftung

Bisher sieht das GmbH-Gesetz die Prüfung von GmbH's nur in den Fällen vor, in denen der Reichsminister der Justiz dies anordnet. Diese Ermächtigung beruht auf § 42 a GmbH-Gesetz, der durch das Gesetz vom 3. 6. 1937 (RGBl. I, S. 607) in das GmbH-Gesetz eingefügt worden ist. Bei größeren Gesellschaften ist jedoch eine freiwillige Prüfung üblich. Der Reichsjustizminister hat bisher von der ihm verliehenen Ermächtigung nur in dem Falle der Kreditinstitute Gebrauch gemacht (Verordnung vom 7. 7. 1937, RGBl. I, S. 763).

Die Bestimmung des § 50 stellt gegenüber der bisherigen Regelung eine Erweiterung dar, indem große GmbH's und solche, die ein außerordentliches Kapitalentwertungskonto gemäß § 37 in die

Eröffnungsbilanz einstellen, der Prüfungspflicht unterliegen. Maßgeblich für die Größe der Gesellschaft ist nicht das neue Stammkapital, sondern das in der Reichsmarkabschlußbilanz ausgewiesene Stammkapital, das mindestens 500 000 RM betragen muß, oder die Bilanzsumme, für die sich der Mindestbetrag auf 2 Millionen Reichsmark beläuft. Daher besteht die Prüfungspflicht auch für GmbH's mit einem niedrigeren Stammkapital als 500 000 RM, sofern die Bilanzsumme den Mindestbetrag von 2 Millionen Reichsmark erreicht. Die Prüfung bei Einstellung eines außerordentlichen Kapitalentwertungskontos nach § 37 erfolgt ohne Rücksicht auf die Kapitalhöhe, also auch bei GmbH's mit dem Mindestkapital von 20 000 RM. Auch bei Nichtvorliegen der Voraussetzungen des § 50 kann eine Prüfung dann erfolgen, wenn die Voraussetzungen des § 52, Abs. 4 vorliegen, wenn also die Eröffnungsbilanz offensichtlich nicht den gesetzlichen Vorschriften entspricht und das Gericht auf Antrag einer Minderheit der Gesellschafter, die mindestens den zehnten Teil des Stammkapitals vertreten, eine Prüfung anordnet.

Hinsichtlich der Art der Prüfung gilt das gleiche, wie für Aktiengesellschaften (§§ 48 u. 49). Eine Besonderheit besteht insofern, als die Abschlußprüfer nicht — wie bei der Aktiengesellschaft (§ 136 AktGes.) — von der Gesellschafterversammlung gewählt, sondern von den Geschäftsführern bestellt werden, wobei, falls der Gesellschaftsvertrag einen Aufsichtsrat vorsieht, dieser zustimmen muß. Bei Vorhandensein mehrerer Geschäftsführer ist Uebereinstimmung erforderlich. Sie haben den Abschlußprüfern die erforderlichen Auskünfte zu erteilen. Im Falle der Bestellung von Abschlußprüfern gemäß § 50 ist auch ein Bericht aufzustellen und vorzulegen, auf den sich die Prüfung gleichfalls erstreckt. Bei Nichtvorliegen der Voraussetzungen des § 50 braucht ein Bericht nicht aufgestellt zu werden, es empfiehlt sich aber, daß auch GmbH's dies freiwillig tun, da er für spätere Steuerprüfungen und auch für die Unterrichtung der Gesellschafter wertvoll sein kann, — insbesondere in Zusammenhang mit der Prüfung und Ueberwachung der Geschäftsführung gemäß § 46, Ziff. 6 GmbH-Gesetz.

§ 51
Einfache Kapitalmehrheit

(1) Für den Beschluß der Hauptversammlung über die Eröffnungsbilanz, die Einziehung von Aktien und die Neufestsetzung genügt die einfache Mehrheit des bei der Beschlußfassung vertretenen Grundkapitals ohne Rücksicht auf die Stimmenzahl. Eines Sonderbeschlusses der einzelnen Aktiengattungen bedarf es nicht. Dies gilt auch dann, wenn die Satzung etwas anderes bestimmt. Für eine zugleich mit der Neufestsetzung beschlossene Erhöhung des Grundkapitals (§ 44) gelten jedoch die Vorschriften des Aktiengesetzes über die Kapitalerhöhung.

(2) Abs. 1 gilt für die Gesellschaft mit beschränkter Haftung sinngemäß.

Die Beschlußfassung über Eröffnungsbilanz, Einziehung von Aktien und Neufestsetzung

1. Die Eröffnungsbilanz

Der gemäß § 4 für die Feststellung der Eröffnungsbilanz erforderliche Beschluß der Hauptversammlung kann mit einfacher Mehrheit des bei der Beschlußfassung vertretenen Grundkapitals gefaßt werden, ohne Rücksicht auf die Stimmenzahl. Die Einberufungsfrist beträgt zwei Wochen (§ 107, Abs. 1 AktGes.). Im allgemeinen bedürfen Beschlüsse der Hauptversammlung der Mehrheit der abgegebenen Stimmen (einfache Stimmenmehrheit, § 113 AktGes.). Dieser Beschlußfassung nach Stimmenmehrheit steht die Beschlußfassung nach Kapitalmehrheit gegenüber, die in vielen Fällen neben der einfachen oder erhöhten Stimmenmehrheit verlangt wird (§§ 45, 146, 149, 153, 160, 169, 174, 175, 182, 203, 215, 234, 247, 257, 263, 253—256 AktGes.). Im Falle des § 51 wird die Stimmenzahl nicht berücksichtigt, sondern es kommt allein auf die Höhe des Grundkapitals an. Aktien mit erhöhtem Stimmrecht sind, also nur mit der nominellen Kapitalziffer zu rechnen (RG Bd. 125, S. 359).

2. Die Einziehung von Aktien

Auch die Beschlußfassung über die Einziehung von Aktien, die in § 192, Abs. 2 und 4, in Verbindung mit § 175 AktGes. geregelt ist, wird durch § 51 abgeändert, indem an Stelle der nach dem Aktiengesetz erforderlichen Dreiviertelmehrheit und gegebenenfalls der Sonderbeschlüsse der verschiedenen Aktiengattungen die einfache Mehrheit des bei der Beschlußfassung vertretenen Grundkapitals als ausreichend angesehen wird (vgl. § 43). Dagegen gilt diese Erleichterung der Beschlußfassung nicht für die Kapitalerhöhung anläßlich der Aufstellung der Eröffnungsbilanz (§ 44), hierfür sind vielmehr die qualifizierten Mehrheiten des § 149 AktGes. erforderlich.

3. Die Neufestsetzung der Kapitalverhältnisse

Die Neufestsetzung des Grundkapitals bzw. Stammkapitals und der Aktien bzw. Geschäftsanteile (§ 35) erfolgt — ebenso wie die Aufstellung der Eröffnungsbilanz (§ 4) — durch die Hauptversammlung, und zwar genügt die gleiche Mehrheit wie die für die Beschlußfassung über die Eröffnungsbilanz und die Einziehung von Aktien geltende.

4. Die Gesellschaft mit beschränkter Haftung

Bei der GmbH. erfolgt die Einziehung von Geschäftsanteilen durch Beschlußfassung der Gesellschafterversammlung (§ 46, Ziff. 4 GmbH-Gesetz). Die Einziehung richtet sich im allgemeinen nach § 34 GmbH-Gesetz). Soweit die Satzung über die Beschlußfassung von § 51 Abweichendes bestimmt, ist diese Bestimmung für die Beschlußfassung über die Eröffnungsbilanz, die Einziehung von Geschäftsanteilen und die Neufestsetzung unwirksam.

§ 52

Inhalt der Anmeldung. Prüfung durch das Gericht

(1) Bei der Anmeldung des Beschlusses über die Neufestsetzung sind die festgestellte Eröffnungsbilanz und die Berichte

des Vorstandes (der persönlich haftenden Gesellschafter) und des Aufsichtsrats zum Handelsregister des Sitzes der Gesellschaft einzureichen. Bei der Anmeldung hat der Vorstand (persönlich haftende Gesellschafter) zu erklären, daß die Beschlüsse über die Eröffnungsbilanz und die Neufestsetzung nicht angefochten sind oder die Anfechtung rechtskräftig zurückgewiesen ist.

(2) Abs. 1 gilt für die Gesellschaft mit beschränkter Haftung sinngemäß. Der Anmeldung ist eine von den Anmeldenden unterschriebene Liste der Gesellschafter beizufügen, aus der Name, Vorname, Stand und Wohnort der Gesellschafter sowie ihre Stammeinlagen und die darauf noch zu leistenden Einzahlungen hervorgehen.

(3) Das Registergericht kann die Eintragung der Neufestsetzung auch ablehnen, wenn die Prüfer den Bestätigungsvermerk für die Eröffnungsbilanz versagt haben.

(4) Ist die Eröffnungsbilanz einer Gesellschaft mit beschränkter Haftung nicht geprüft worden, so kann das Gericht die Eintragung der Neufestsetzung auch ablehnen, wenn die Eröffnungsbilanz offensichtlich nicht den gesetzlichen Vorschriften entspricht. Auf Antrag einer Minderheit, deren Anteile zusammen den zehnten Teil des bisherigen Stammkapitals in Reichsmark erreichen, kann das Gericht die Prüfung der Eröffnungsbilanz anordnen und Abschlußprüfer (§ 137 des Aktiengesetzes) bestellen. Dem Antrag ist nur stattzugeben, wenn Verdachtsgründe beigebracht werden, daß bei der Aufstellung der Eröffnungsbilanz Unredlichkeiten oder grobe Verletzungen des Gesetzes oder der Satzung vorgekommen sind. Vor der Anordnung sind die Geschäftsführer zu hören.

Die Anmeldung und Eintragung der Neufestsetzung

1. Die Aktiengesellschaft und Kommanditgesellschaft auf Aktien

Die Anmeldung des Beschlusses über die Neufestsetzung erfolgt in der für die Registeranmeldungen üblichen Weise (§§ 28, 151, 176 AktGes., 57, 58 GmbH-Gesetz). Der Bericht des Vorstandes und der Bericht des Aufsichtsrates (§ 96 AktGes.) sind mit einzureichen. Eine Anfechtung ist — wie bei allen Beschlüssen der Hauptversammlung — wegen Verletzung des Aktiengesetzes oder der Satzung zulässig (§ 197 AktGes.). Sie erfolgt durch Klage, ebenso die Feststellung der Nichtigkeit auf Grund einer Nichtigkeitsklage (§ 195 AktGes.). Für die GmbH. ist gleichfalls die Nichtigkeit durch Erhebung der Nichtigkeitsklage und die Anfechtung durch Erhebung der Anfechtungsklage anerkannt, obwohl das GmbH-Gesetz keine Bestimmungen hierüber enthält (RG Bd. 131, S. 145). Für die Erhebung der Anfechtungsklage gemäß § 199 AktGes. gilt eine Frist von einem Monat nach der Beschlußfassung, ohne Rücksicht darauf, wann der Anfechtende von dem Beschluß Kenntnis erlangt hat. Es handelt sich um eine Ausschlußfrist, ihr Ablauf ist also von Amts wegen zu beachten. Die Bestimmung des § 52, Abs. 1, S. 2 dient dazu, das Registergericht auf etwaige Einwendungen gegen die Rechtswirksamkeit des Beschlusses über die Umstellung vor der Eintragung aufmerksam zu machen. In ähnlicher Weise soll der Bestätigungsvermerk des Abschlußprüfers die Prüfung der Umstellung durch das Registergericht erleichtern. Bei Versagen dieses Bestätigungsvermerks kann das Registergericht die Umstellung dennoch eintragen, da es sich bei § 52, Abs. 3 nur um eine Kannvorschrift handelt.

2. Die Gesellschaft mit beschränkter Haftung

Die Bestimmungen über die Anmeldung und Eintragung gelten sinngemäß für die GmbH. Die Neufestsetzung ist von sämtlichen Geschäftsführern (nicht nur von einzelnen vertretungsberechtigten) in notariell beglaubigter Form zum Handelsregister anzumelden (§ 78 GmbH.-Gesetz). Eine Frist ist für die Anmeldung nicht vorgesehen, doch kann die Anmeldung durch Ordnungsstrafen erzwungen werden. Außerdem tritt bei nicht rechtzeitiger Anmeldung die Auflösung der Gesellschaft mit Ablauf des 31. Dezember 1950 ein (§ 93, Abs. 1).

Im Falle der Nichtprüfung der Eröffnungsbilanz durch Abschlußprüfer kann das Gericht die Eintragung ablehnen, wenn die Neufestsetzung den gesetzlichen Vorschriften offensichtlich nicht entspricht. Hierdurch ist auch für solche GmbH's eine gewisse Kontrolle gegeben, ob die Neufestsetzung entsprechend den gesetzlichen Vorschriften vorgenommen worden ist. Darüber hinaus sieht § 52, Abs. 4 die Möglichkeit für das Gericht vor, einen Abschlußprüfer entsprechend der Vorschrift des § 137 AktGes. (öffentliche Bestellung, keine Vorstands- oder Aufsichtsratsmitglieder oder Angestellten) zu bestellen, wenn eine Minderheit der Gesellschafter, deren Anteile mindestens den zehnten Teil des bisherigen Stammkapitals betragen, dies beantragt. Es handelt sich um eine Kannvorschrift, die dadurch eingeschränkt ist, daß Verdachtsgründe beigebracht werden müssen, daß bei der Aufstellung der Eröffnungsbilanz Unredlichkeiten oder grobe Verletzungen des Gesetzes oder der Satzung vorgekommen sind.

§ 53

Anmeldung und Eintragung der vorläufigen Neufestsetzung sowie des Ausgleichs

(1) Der Vorstand (persönlich haftende Gesellschafter, Geschäftsführer) hat die vorläufige Neufestsetzung nach §§ 36 bis 38 zur Eintragung in das Handelsregister anzumelden.

(2) Die Durchführung des Ausgleichs der Kapitalentwertungskonten durch Tilgung nach § 36 Abs. 2, § 37 oder durch andere Maßnahmen nach § 46 ist gleichfalls zur Eintragung in das Handelsregister anzumelden. In der Anmeldung hat der

Vorstand (persönlich haftende Gesellschafter, Geschäftsführer) zu erklären, in welcher Weise der Ausgleich durchgeführt ist. Ist der Ausgleich mittels Vermehrung des Vermögens durch neue Einlagen erfolgt, so finden die Vorschriften des § 28 Abs. 2 und des § 29 Abs. 1 des Aktiengesetzes sinngemäß Anwendung. Der Anmeldung sind außerdem die Jahresabschlüsse, in denen der Ausgleich durchgeführt ist, bei Aktiengesellschaften und Kommanditgesellschaften auf Aktien die Berichte des Vorstandes (der persönlich haftenden Gesellschafter) und des Aufsichtsrats beizufügen. Auf die Anmeldung finden § 295 Abs. 1 Nr. 1 und 2, § 304 des Aktiengesetzes sowie § 82 Abs. 1 Nr. 1, Abs. 2 und 3 des Gesetzes betreffend die Gesellschaften mit beschränkter Haftung entsprechende Anwendung.

Die Anmeldung der vorläufigen Neufestsetzung und des Ausgleichs

Die Neufestsetzung unter Bildung eines Kapitalentwertungs- oder Kapitalverlustkontos stellt nur eine vorläufige Neufestsetzung dar, während die endgültige Neufestsetzung erst mit der Tilgung dieser Konten durchgeführt ist (§ 36, Abs. 4, der auch für § 37 und § 38 gilt). Trotz dieses vorläufigen Charakters der Neufestsetzung ist sie zur Eintragung in das Handelsregister anzumelden. Der Ausgleich, auch wenn er nicht in den drei bzw. sechs Geschäftsjahren erfolgt, sondern gemäß § 46, ist gleichfalls anzumelden. Voraussetzung für die Anmeldung ist, daß — bei Bareinlagen — der eingeforderte Betrag ordnungsgemäß eingezahlt worden ist, und zwar mindestens in Höhe von einem Viertel des Nennbetrages. Falls ein Aufgeld festgesetzt worden ist, muß auch dieses eingezahlt sein. Die Einzahlungspflicht bezieht sich auf jede Aktie für sich, ihr ist also nicht entsprochen, wenn beispielsweise nur für eine Hälfte der Aktien der Nennbetrag eingezahlt worden ist, dagegen für die andere Hälfte der Aktien nichts (v. Godin-Wilhelmi, Anm. 10 zu § 28 AktGes.). In der Anmeldung der Neufestsetzung und des Ausgleichs ist die Erklärung abzugeben, daß die Bareinzahlungen entsprechend § 28, Abs. 2 AktGes. geleistet worden sind (§ 29 Abs. 1, S. 1 AktGes.).

Da die Anmeldung der vorläufigen Neufestsetzung und des Ausgleichs der Kontrolle dieser besonderen Art der Neufestsetzung dient, ist auf die Richtigkeit der dabei gemachten Angaben besonderer Wert zu legen. Der Vorstand bzw. die persönlich haftenden Gesellschafter und Geschäftsführer trifft eine besonders große zivil- und strafrechtliche Verantwortung in dieser Hinsicht. Bei falschen Angaben greift die Strafvorschrift des § 295, Abs. 1, Ziff. 1 u. 2 bzw. des § 304 AktGes. bzw. des § 82 Abs. 1 Ziff. 1 und Abs. 2 und 3 des GmbH-Gesetzes Platz. Hiernach können Gefängnisstrafen verhängt und die bürgerlichen Ehrenrechte aberkannt werden. Wegen der sich aus den falschen Angaben ergebenden Schäden für die Gesellschaft steht den Aktionären bzw. den Gesellschaftern gegen die Vorstandsmitglieder bzw. persönlich haftenden Gesellschafter bzw. Geschäftsführer ein Schadensersatzanspruch zu. Auch stellen solche falschen Angaben einen wichtigen Grund zur sofortigen Abberufung und Kündigung der Anstellungsverträge dar.

§ 54

Umtausch und Zusammenlegung von Aktien

(1) Die auf Reichsmark lautenden Aktien sind, sobald auf Grund der Wertpapierbereinigung Einzelurkunden ausgestellt werden können, in Aktien, die auf Deutsche Mark lauten, umzutauschen oder abzustempeln. Müssen Aktien zusammengelegt werden, so ist auf den Umtausch und die Abstempelung § 179 des Aktiengesetzes, andernfalls § 67 des Aktiengesetzes sinngemäß anzuwenden. Die für die Einreichung der Aktien gesetzte Frist soll sich nicht über ein Jahr nach der Eintragung der Neufestsetzung hinaus erstrecken.

(2) Bevor die Neufestsetzung in das Handelsregister eingetragen ist und Einzelurkunden auf Grund der Wertpapierbereinigung ausgestellt werden können, dürfen die Aktien nicht umgetauscht oder abgestempelt werden.

(3) Werden Mehrstimmrechtsaktien umgetauscht, so bedarf die Ausgabe der neuen Aktien keiner Genehmigung nach § 12 Abs. 2 des Aktiengesetzes, wenn das Verhältnis von Stimmenzahl und Nennbetrag unverändert bleibt oder sich zu Ungunsten der Stimmenzahl ändert.

(4) Das Registergericht kann, sobald die Voraussetzungen des Abs. 1 vorliegen, die Vorstandsmitglieder zur Durchführung des Umtausches oder der Abstempelung durch Ordnungsstrafen anhalten. Der Vorstand und der Vorsitzer des Aufsichtsrats oder sein Stellvertreter haben die Durchführung zur Eintragung im Handelsregister anzumelden.

Der Umtausch und die Zusammenlegung von Aktien

Der Umtausch der alten Reichsmark-Aktien in Aktien, die auf Deutsche Mark lauten, soll erfolgen, sobald nach Abschluß der Wertpapierbereinigung Einzelurkunden ausgestellt werden können. Gemäß § 179 AktGes. kann die Gesellschaft bei Herabsetzung des Grundkapitals Aktien, die zwecks Zusammenlegung umgetauscht oder abgestempelt werden sollen, aber trotz Aufforderung nicht bei ihr eingereicht werden, für kraftlos erklären. Dies stellt eine Rechtsentziehung, nicht nur eine Verrufung der Urkunde dar. An die Stelle der für kraftlos erklärten Aktien hat die Gesellschaft unverzüglich neue Aktien auszugeben, die gemäß § 179, Abs. 3 AktGes. zu verkaufen sind. Bei Nichtzusammenlegung von Aktien kann die Gesellschaft die trotz Aufforderung zur Berichtigung oder zum Umtausch nicht eingereichten Aktien mit Genehmigung des Gerichts für kraftlos erklären (§ 67 AktGes.).

Gemäß § 8 Abs. 2 AktGes. ist für die Ausgabe von Aktien, die auf weniger als 1000 RM lauten, die Zustimmung des Reichsministers der Justiz im Einvernehmen mit dem Reichswirtschaftsminister erforderlich. Durch § 60 ist dieser Betrag auf 100 DM festgesetzt worden. Durch § 60, Abs. 3 ist § 8, Abs. 2 AktGes. aufgehoben. Die Genehmigung ist weder für die Ausgabe der Aktien zum Umtausch noch für die Ausgabe von Mehrstimmrechtsaktien (§ 12, Abs. 2 AktGes.) erforderlich. Grundsätzlich können solche Mehrstimmrechtsaktien nicht ausgegeben werden, jedoch ist in § 12, Abs. 2 AktGes. die Ausgabe mit Genehmigung des Reichsministers der Justiz im Einvernehmen mit dem Reichswirtschaftsminister und den sonst beteiligten Reichsministern ausnahmsweise zulässig. Dieser Genehmigung bedarf es nicht, wenn sich dadurch das Verhältnis von Stimmenzahl und Nennbetrag nicht verändert.

In § 54, Abs. 4 ist dem Registergericht die Möglichkeit gegeben, auf die baldige Durchführung des Umtausches oder der Abstempelung durch Androhung von Ordnungsstrafen an die Vorstandsmitglieder hinzuwirken. Auch hinsichtlich der Durchführung des Umtausches oder der Abstempelung ist die Kontrollmöglichkeit des Gerichts dadurch gewährleistet, daß die Durchführung dem Registergericht zur Eintragung im Handelsregister anzumelden ist.

§ 55

Durchführung der Neufestsetzung von Geschäftsanteilen

Bevor die Neufestsetzung in das Handelsregister eingetragen ist, dürfen die sich aus ihr ergebenden neuen Geschäftsanteile nicht gebildet werden. Werden im Falle der Verminderung der Zahl der Geschäftsanteile der Gesellschaft Anteile nicht zur Verwertung für Rechnung der Beteiligten zur Verfügung gestellt, so sind die an Stelle der bisherigen Geschäftsanteile zu bildenden neuen Geschäftsanteile für Rechnung der Beteiligten durch die Gesellschaft im Wege der öffentlichen Versteigerung zu verkaufen. Der Erlös ist den Beteiligten nach Abzug der Kosten auszuzahlen, oder, wenn ein Recht zur Hinterlegung besteht, zu hinterlegen.

Die Bildung neuer Geschäftsanteile bei der GmbH

Entsprechend dem Umtausch und der Abstempelung von Aktien — sei es mit, sei es ohne Zusammenlegung — regelt § 55 die Bildung der neuen Geschäftsanteile bei der GmbH. Sie darf erst nach der Eintragung der Neufestsetzung im Handelsregister erfolgen. Die neuen Anteile werden durch die Geschäftsführer gebildet, die auch, falls erforderlich, den Verkauf für Rechnung der Beteiligten durchführen, wie aus den Worten „durch die Gesellschaft" hervorgeht.

Falls die Versteigerung nicht durchgeführt werden kann, weil sich keine Käufer finden, bleibt der neugebildete Geschäftsanteil in der Gesellschaft als eigener Anteil. Er steht also nicht den Gesellschaftern im Verhältnis ihrer Beteiligung zu. Die neuen Geschäftsanteile brauchen nicht dem Handelsregister zur Eintragung besonders angemeldet zu werden, vielmehr genügt die Einreichung der in § 52 genannten Unterlagen. Die Neueinteilung des Stammkapitals steht erst dann fest, wenn die Neufestsetzung in das Handelsregister eingetragen ist. Im Interesse der

Klarstellung empfiehlt es sich, die Neubildung der Anteile im Gesellschaftsvertrage der GmbH aufzunehmen, jedoch handelt es sich dann nur um eine deklatorische Maßnahme, die also keinen rechtsbegründenden Charakter hat.

Auf die Veräußerung der Geschäftsanteile für Rechnung der Beteiligten — falls bei Verminderung der Zahl der Geschäftsanteile die betreffenden Anteile der Gesellschaft nicht zur Verwertung zur Verfügung gestellt werden und neue Anteile an Stelle der bisherigen gebildet werden — finden die Bestimmungen der §§ 15 bis 17 GmbH-Ges. Anwendung. Der Erlös aus der Versteigerung wird durch die Geschäftsführer — nach Abzug der Kosten — den Beteiligten ausgezahlt. Eine Hinterlegung kommt dann in Frage, wenn zwischen den Beteiligten über ihre Berechtigung an dem Erlös Streit besteht oder wenn ein Beteiligter die Annahme des ihm angebotenen Erlöses ablehnt (§ 372 BGB). Wenn die Gesellschaft auf die Rücknahme verzichtet, so wird sie von der Verpflichtung zur Leistung dem Berechtigten gegenüber befreit (§ 378 BGB).

§ 56
Ueberschuldung oder Verlust des halben Nennkapitals

(1) Der Vorstand (persönlich haftende Gesellschafter, Geschäftsführer) ist bis zur Beschlußfassung der Hauptversammlung (Gesellschafterversammlung) über die Neufestsetzung nicht verpflichtet, wegen einer bei Aufstellung der Eröffnungsbilanz sich ergebenden Ueberschuldung gemäß § 83 Abs. 2 Satz 2 des Aktiengesetzes, § 64 Abs. 1 Satz 1 Halbsatz 2 des Gesetzes betreffend die Gesellschaften mit beschränkter Haftung die Eröffnung des Konkursverfahrens oder des gerichtlichen Vergleichsverfahrens zu beantragen. Während dieser Zeit ist er auch von der Pflicht zur Einberufung einer Hauptversammlung (Gesellschafterversammlung) nach § 83 Abs. 1 des Aktiengesetzes, § 49 des Gesetzes betreffend die Gesellschaften mit beschränkter Haftung wegen eines Verlustes des Nennkapitals, der sich bei der Aufstellung der Eröffnungsbilanz ergibt, befreit.

(2) Ist eine vorläufige Neufestsetzung (§§ 36, 37) im Handelsregister eingetragen, so ist der Vorstand (persönlich haftende Gesellschafter, Geschäftsführer) wegen eines Verlustes des Nennkapitals, der sich bei der Aufstellung der Eröffnungsbilanz ergibt, für die Zeit, die nach § 36 Abs. 2 Satz 3, § 37 Satz 3 zum Ausgleich der Kapitalentwertungskonten vorgesehen ist, von der Pflicht zur Einberufung einer Hauptversammlung (Gesellschafterversammlung) nach § 83 Abs. 1 des Aktiengesetzes, § 49 des Gesetzes betreffend die Gesellschaften mit beschränkter Haftung befreit. Gleiches gilt für die Dauer des Bestehens eines Kapitalverlustkontos nach § 38.

Die Feststellung der Ueberschuldung bei der Neufestsetzung

Gemäß § 83 Abs. 2 AktGes. hat der Vorstand einer Aktiengesellschaft ohne schuldhaftes Zögern, spätestens aber drei Wochen nach der Zahlungsunfähigkeit, die Eröffnung des Konkursverfahrens oder des gerichtlichen Vergleichsverfahrens zu beantragen. Sinngemäß gilt das gleiche, wenn das Vermögen der Gesellschaft nicht mehr die Schulden deckt. Für die GmbH bestimmt § 64, Abs. 1, das gleiche im Falle der Zahlungsunfähigkeit oder, wenn sich bei der Aufstellung der Jahresbilanz oder einer Zwischenbilanz ergibt, daß das Vermögen nicht mehr die Schulden deckt. Die Ueberschuldung ist von der Unterbilanz zu unterscheiden. Eine Ueberschuldung liegt dann vor, wenn der Verlust höher ist als das gesamte Grundkapital, während bei Vorliegen einer Unterbilanz nur ein Teil des Grundkapitals verloren ist. Durch § 56, Abs. 1 ist der Vorstand bzw. sind die persönlich haftenden Gesellschafter und die Geschäftsführer von der Stellung des Konkursantrages und des Antrages auf Eröffnung des gerichtlichen Vergleichsverfahrens befreit, wenn sich bei Aufstellung der Eröffnungsbilanz eine Ueberschuldung ergibt. Das gleiche gilt hinsichtlich der Pflicht zur Einberufung einer Hauptversammlung bei Feststellung des Verlustes des halben Grundkapitals (§ 83. Abs. 1 AktGes.). Entsprechendes gilt für die GmbH (§ 49, Abs. 3 GmbH-Ges.). Die Befreiung gilt jedoch nur bis zur Beschlußfassung der Haupt- bzw. Gesellschafterversammlung über die Neufestsetzung.

Bei der vorläufigen Neufestsetzung nach §§ 36 bis 38 gilt diese Befreiung von der Pflicht zur Konkursanmeldung nur für die Zeit, während der die Tilgung des Kapitalentwertungs- bzw. Kapitalverlustkontos noch nicht zu erfolgen braucht. Nach Ablauf der drei bzw. sechs Geschäftsjahre muß Konkursantrag gestellt werden (in den Fällen der §§ 36 und 37), wenn die Tilgung des Kapitalentwertungskontos nicht rechtzeitig erfolgt ist. Unabhängig hiervon erfolgt die Auflösung in diesen Fällen mit Ablauf des 31. Dezember 1953 bzw. 1956, wenn das Kapitalentwertungskonto gemäß § 46 nicht fristgemäß ausgeglichen ist (§ 80 Abs. 3). Für das Kapitalverlustkonto gelten keine bestimmten Fristen, vielmehr ist für die zwangsweise Tilgung der Erlaß besonderer gesetzlicher Vorschriften vorbehalten (§ 38, Abs. 5). Daher ist auch die Befreiung von der Konkursanmeldung wegen Ueberschuldung einstweilen nicht befristet.

§ 57

Unbillige Härte als Anfechtungsgrund

(1) Der Vorstand, Mitglieder des Vorstandes oder des Aufsichtsrats können die Anfechtung der Beschlüsse der Hauptversammlung einer Aktiengesellschaft oder Kommanditgesellschaft auf Aktien über die Eröffnungsbilanz, die Einziehung von Aktien (§ 43) und die Neufestsetzung auch darauf stützen, daß die Beschlüsse eine offenbar unbillige, vermeidbare Härte für die Aktionäre oder die Inhaber einzelner Aktiengattungen enthalten.

(2) Aktionäre sind zur Anfechtung aus dem im Abs. 1 genannten Grunde befugt, wenn ihre Anteile zusammen den

zwanzigsten Teil des Grundkapitals erreichen. Ein in der Hauptversammlung nicht erschienener Aktionär mit Wohnsitz (Sitz) außerhalb des Währungsgebietes ist hierbei, auch ohne daß die Voraussetzungen des § 198 Abs. Nr. 2 des Aktiengesetzes vorzuliegen brauchen, zur Anfechtung befugt, wenn er aus sonstigen Gründen am Erscheinen verhindert ist.

Die Anfechtung von Beschlüssen der Hauptversammlung

Das Aktiengesetz führt in § 197 die Gründe auf, die eine Anfechtung von Beschlüssen der Hauptversammlung rechtfertigen. Außer der Verletzung des Aktiengesetzes oder der Satzung kann die Anfechtung auch darauf gestützt werden, daß eigensüchtige, gesellschaftsfremde Zwecke durch Mißbrauch des Stimmrechts verfolgt werden (§ 197, Abs. 2 AktGes.). Hinsichtlich der Eröffnungsbilanz (§ 1), der Einziehung von Aktien (§ 43) und der Neufestsetzung (§ 35) kann die Anfechtung außer auf die in § 197 AktGes. genannten Gründe auch darauf gestützt werden, daß die Beschlüsse „eine offenbar unbillige, vermeidbare Härte für die Aktionäre oder die Inhaber einzelner Aktiengattungen" enthalten. Die unbillige Härte braucht nicht für alle Aktionäre zu bestehen, sondern es genügt, wenn einzelne Aktionäre besonders unbillig hart betroffen werden. Als Gattungen kommen vor allem Aktien in Frage, die verschiedene Rechte bei der Verteilung des Gewinns und des Gesellschaftsvermögens gewähren (§ 11 AktGes.), z. B. Verschiedenheiten im Herrschaftsrecht (§ 12 AktGes.), Aktien mit Vorzugsgewinnanteil (Nachbezugsrecht, § 115 AktGes.). Ob der Tatbestand der unbilligen Härte im Sinne des § 57 erfüllt ist, kann nur auf Grund des Einzelfalles entschieden werden, wobei die gesamten Umstände zu berücksichtigen sind und festzustellen ist, ob die unbillige Härte vermeidbar ist oder nicht.

Zur Anfechtung sind nicht alle in § 198 AktGes. genannten Personen befugt, insbesondere nicht einzelne Aktionäre, sondern nur der Vorstand als Organ und die einzelnen Mitglieder des Vorstandes und des Aufsichtsrates. Aehnlich wie in § 198 Abs. 2 AktGes. Aktionäre, deren Anteile den zwanzigsten Teil des Grundkapitals erreichen, nur hinsichtlich bestimmter dort genannter Anfechtungsgründe zur Anfechtung befugt sind, bestimmt § 57, Abs. 2, daß diese Minderheit auch für die Anfechtung aus dem Gesichtspunkte der unbilligen Härte bei der Beschlußfassung über die Eröffnungsbilanz, die Einziehung von Aktien und die Umstellung erforderlich ist. Die Minderheit in § 57 Abs. 2 bezieht sich nur auf die zu der Hauptversammlung erschienenen Aktionäre und nur auf die, die gegen den Beschluß Widerspruch zu Protokoll erklärt haben. Lediglich die außerhalb des Währungsgebietes wohnenden Aktionäre, die an der Hauptversammlung nicht teilgenommen haben, werden den erschienenen Aktionären in dieser Hinsicht gleichgestellt, wie auch die Aktionäre, auf die die Voraussetzung des § 198, Ziff. 2 AktGes. zutrifft, also die in der Hauptversammlung zu Unrecht nicht zugelassenen Aktionäre oder im Falle der nicht ordnungsmäßig berufenen Hauptversammlung oder im Falle des nicht gehörig angekündigten Gegenstandes der Beschlußfassung.

Unabhängig von der Anfechtung gelten für die Beschlüsse der Hauptversammlung anläßlich der Neufestsetzung die Bestimmungen des Aktiengesetzes über die Nichtigkeitsgründe (§ 195) und über die Nichtigkeitsklage (§ 201). Im Unterschied zur Anfechtung kann sich auf die Nichtigkeit jedermann ohne weiteres berufen, während bei der Anfechtbarkeit, die auf einer Rechtsverletzung beruht, welche das öffentliche Interesse nicht betrifft, erst eine Vernichtung des Beschlusses durch Richterspruch herbeigeführt sein muß, bevor sich jeder darauf berufen kann. Auch hinsichtlich der Klage besteht insofern ein Unterschied, als die Nichtigkeitsklage von jedem, während die Anfechtungsklage nur von bestimmten Personen (§ 198 AktGes.) erhoben werden kann. Allerdings bedarf es auch bei der Nichtigkeitsklage der Prüfung der prozessualen Aktivlegitimation. Die Nichtigkeitsklage ist keine Gestaltungsklage, da die Nichtigkeit bereits vor dem Urteil besteht, während die Anfechtungsklage erst die Nichtigkeit herbeiführt, also rechtsgestaltend wirkt.

Die Nichtigkeit kann auch in anderer Weise als durch Klage geltend gemacht werden, also insbesondere durch Nichtbeachtung des nichtigen Beschlusses oder im Wege der Einrede.

§ 58
Spruchstelle

(1) Die Anfechtung geschieht statt durch Klage (§ 197) des Aktiengesetzes durch Anrufung einer beim Landgericht zu errichtenden Spruchstelle. Die Spruchstelle entscheidet in der Besetzung mit einem Richter als Vorsitzenden und zwei sachverständigen Laienbeisitzern. Die Landesjustizverwaltungen treffen die näheren Vorschriften über die Errichtung, örtliche Zuständigkeit und Zusammensetzung der Spruchstelle, namentlich über ihre Besetzung mit sachverständigen Laienbesitzern. Sie können eine beim Landgericht bestehende Kammer für Handelssachen als Spruchstelle bestimmen.

(2) Ueber die Anfechtung wird im Verfahren der freiwilligen Gerichtsbarkeit entschieden.

(3) Gegen die Entscheidung der Spruchstelle findet das Rechtsmittel der sofortigen Beschwerde statt, über die ein Zivilsenat des Oberlandesgerichts als Spruchstelle entscheidet. Die Entscheidung des Oberlandesgerichts ist mit der weiteren Beschwerde nicht anfechtbar.

(4) Erachtet die Spruchstelle die Anfechtung für begründet, so kann sie die Beschlüsse für nichtig erklären oder sie ändern.

(5) Die Spruchstellen entscheiden nach billigem Ermessen, wer die Kosten des Verfahrens zu tragen hat; im übrigen gelten § 32 Abs. 1, 3 der Ersten Durchführungsverordnung zum Aktiengesetz vom 29. September 1937 (Reichsgesetzbl. I

S. 1026) entsprechend. Von dem Antragsteller ist ein vom Vorsitzenden zu bemessender Gebührenvorschuß zu erheben. § 7 der Kostenordnung gilt entsprechend.

(6) Die Entscheidung der Spruchstelle wird mit ihrer Rechtskraft wirksam.

(7) Die Spruchstelle bestimmt, ob und in welchem Umfang die rechtskräftige Entscheidung in den Gesellschaftsblättern zu veröffentlichen ist.

Das Anfechtungsverfahren vor der Spruchstelle

Während gemäß § 197 AktGes. die Anfechtung im Wege der Klageerhebung erfolgt, sieht § 58 im Interesse der Erleichterung der Anfechtung anläßlich der Neufestsetzung und der Ersparnis von Kosten für die Beteiligten vor, daß die Anfechtung im Falle des § 57 durch Anrufung einer beim Landgericht zu errichtenden Spruchstelle geschieht. Damit knüpft das D-Markbilanzgesetz an die Erste Durchführungsverordnung zum Aktiengesetz vom 20. September 1937 (RGBl I, S. 1026) an, die Spruchstellen sowohl für die Prüfung der Angemessenheit von Gewinnbeteiligungen der Vorstands- und Aufsichtsratsmitglieder (§ 77, Abs. 3 und § 98 Abs. 4 AktGes.) wie auch für die Meinungsverschiedenheiten zwischen Abschlußprüfern und Vorstand betr. den Jahresabschluß vorsieht.

Im Unterschied zu der Anfechtungsklage gibt es bei dem Spruchverfahren nach § 58 nur zwei Rechtszüge. Die Kosten sind deswegen wesentlich niedriger als bei der Anfechtungsklage, weil gemäß § 32 Abs. 1 der Ersten DVO zum AktGes. in jedem Rechtszug eine Gebühr von 50 bis 5000 DM und die Auslagen nach §§ 138 bis 141 der Kostenordnung erhoben werden. Hinsichtlich der Kostenauferlegung ist die Spruchstelle insofern frei, als sie nach billigem Ermessen die Kosten verteilen kann.

Im Unterschied zu den Spruchstellen der Ersten DVO zum Aktiengesetz sieht § 58 Abs. 1 vor, daß in den Spruchstellen „sachverständige Laienbeisitzer" mitwirken. Hierunter dürften vor allem Buchsachverständige zu verstehen sein, die nicht die Qualifikation zur Bekleidung eines Richteramts besitzen. Da es sich bei den zur Entscheidung kommenden Fragen vor allem um solche aus dem Gebiete des Bilanz- und allgemeinen Wirtschaftsrechts handelt, wird die Heranziehung von Wirtschaftsprüfern zur Mitwirkung in den Spruchstellen der Rechtsprechung der Spruchstellen förderlich sein. Die Einzelheiten werden von den Landesjustizverwaltungen geregelt.

§ 59

Anfechtungsklage gegen eine Gesellschaft mit beschränkter Haftung

(1) Beschlüsse der Gesellschafterversammlung einer Gesellschaft mit beschränkter Haftung über die Eröffnungsbilanz, die Einziehung vor eigenen Anteilen und die Neufestsetzung de

Kapitalverhältnisse können nur innerhalb eines Monats nach der Beschlußfassung angefochten werden.

(2) Im übrigen gelten §§ 57, 58 sinngemäß.

Die Anfechtung bei der GmbH

1. Anfechtbarkeit und Nichtigkeit

Bei Mangelhaftigkeit von Beschlüssen der Gesellschafterversammlung einer GmbH werden die aktienrechtlichen Vorschriften sinngemäß angewendet, da das GmbH-Gesetz die Frage, welche Rechtsfolgen bei einer solchen Mangelhaftigkeit entstehen, nicht berührt. Es ist daher bei der GmbH — wie bei der Aktiengesellschaft — anzunehmen, daß eine Nichtigkeit nur in den äußersten Fällen anzunehmen ist, wenn die Sicherheit des Rechtsverkehrs gefährdet wird, daß aber sonst grundsätzlich nur die Anfechtbarkeit gegeben ist. Nichtigkeit liegt dann vor, wenn sich ein Beschluß der Gesellschafterversammlung schlechthin mit dem Wesen der GmbH nicht verträgt, weil er gegen zwingende öffentlich-rechtliche Vorschriften verstößt, auf die die Gesellschafter wirksam nicht verzichten können (RG Bd. 148, S. 186), wie z. B. Verstöße gegen den Grundsatz von der Erhaltung des Stammkapitals (§ 30 GmbHGes.) oder die gesetzliche Haftungsbeschränkung des Gesellschafters (§ 13, Abs. 2 GmbHGes.). Dagegen macht ein Verstoß gegen Bilanzierungsvorschriften einen Beschluß nicht ohne weiteres nichtig, da diese Vorschriften mehr dem Schutz der Gesellschaft und der Gesellschafter als öffentlichen Interessen dienen. Nur bei arglistiger Falschbilanzierung, z. B. bei arglistiger Ueberbewertung von Aktiven ist Nichtigkeit gegeben.

2. Die Anfechtungsklage

Wenn in § 59 die Anfechtung bei der GmbH ausdrücklich zugelassen ist, so wird hinsichtlich der Neufestsetzung das gesetzlich bestätigt, was auf Grund der Rechtsprechung trotz des Fehlens von gesetzlichen Bestimmungen bei der GmbH bisher angenommen wurde. Voraussetzung ist, daß ein Verstoß gegen das Gesetz oder die Satzung vorliegt. Die Anfechtungsklage kann von jedem Gesellschafter erhoben werden. Ob der Geschäftsführer, der nicht Gesellschafter ist, zur Anfechtung berechtigt ist, ist streitig. Es ist mit Baumbach (Anm. 4 B, Anhang zu § 47 GmbH-Gesetz) anzunehmen, daß ebenso wie der Vorstand einer Aktiengesellschaft zur Erhebung der Anfechtungsklage berechtigt ist, auch die Geschäftsführer einer GmbH in ihrer Gesamtheit Beschlüsse der Gesellschafterversammlung anfechten können. Darüber hinaus muß aber auch einzelnen Geschäftsführern in entsprechender Anwendung von § 198 Ziffer 5 AktGes. das Recht der Anfechtung zugestanden werden, wenn sie sich durch die Ausführung des Beschlusses strafbar oder ersatzpflichtig machen würden.

3. Die Anfechtung durch Anrufung der Spruchstelle

Die Beschlüsse betreffend die Eröffnungsbilanz (§ 1), die Einziehung von eigenen Anteilen (§ 43) und die Neufestsetzung (§ 35) können nicht durch Klage, sondern nur durch die Anrufung der Spruchstelle gemäß § 58 angefochten werden, und zwar innerhalb eines Monats nach der Beschlußfassung. Die Erklärung eines Widerspruchs zu Protokoll (§ 198 Ziff. 1 AktGes.) ist nicht Voraussetzung für das Spruchverfahren. Der Antrag muß dahingehend lauten — wie bei der Nichtigkeitsklage —, daß der Beschluß für nichtig erklärt werde. Da es sich um eine Sonderregelung handelt, ist die Anfechtungsklage nicht zulässig, soweit die Beschlüsse die Eröffnungsbilanz, die Einziehung von eigenen Anteilen oder die Umstellung betreffen.

4. Nichtigkeitsklage

Das Gesetz regelt für die GmbH, ebensowenig wie es das GmbH-Gesetz tut, nicht die Frage der Zulässigkeit der Nichtigkeitsklage. Es muß daher angenommen werden, daß sie ebenso für die in § 59 genannten Beschlüsse zulässig ist wie ihre Zulässigkeit in sinngemäßer Anwendung der Vorschriften des Aktiengesetzes angenommen wird.

ABSCHNITT III

Aenderung des Aktiengesetzes und seines Einführungsgesetzes. Uebergangsvorschriften

§ 60

Aenderung des Aktiengesetzes

(1) § 7 Abs. 1 des Aktiengesetzes erhält folgende Fassung: „Der Mindestnennbetrag des Grundkapitals ist einhunderttausend Deutsche Mark."

(2) § 8 Abs. 1 des Aktiengesetzes erhält folgende Fassung: „Der Mindestnennbetrag der Aktien ist einhundert Deutsche Mark. Höhere Aktienbeträge sollen auf volle hundert Deutsche Mark lauten."

(3) § 8 Abs. 2 des Aktiengesetzes wird aufgehoben.

(4) § 86 Abs. 1 Satz 3 des Aktiengesetzes erhält folgende Fassung:

„Die Höchstzahl der Aufsichtsratsmitglieder beträgt bei Gesellschaften mit einem Grundkapital

bis zu 3 000 000 Deutsche Mark sieben,
von mehr als 3 000 000 Deutsche Mark zwölf,
von mehr als 10 000 000 Deutsche Mark fünfzehn,

wobei in den Aufsichtsrat entsandte Mitglieder des Betriebsrats nicht mitgerechnet werden."

Der Mindestnennbetrag für Grundkapital und Aktien und die Höchstzahl der Aufsichtsratsmitglieder

1. Das Grundkapital

Das am 1. Oktober 1937 in Kraft getretene Aktiengesetz setzt den Mindestnennbetrag des Grundkapitals auf 500 000 RM fest, während die

Goldbilanz-Verordnung einen Mindestbetrag für Neugründungen in Höhe von 50 000 RM vorsah. Diese große Erhöhung ist darauf zurückzuführen, daß die Aktiengesellschaft — wie überhaupt die Kapitalgesellschaft — gegenüber der Personengesellschaft nach Möglichkeit zurückgedrängt werden sollte. Sie sollte nur da zugelassen werden, „wo es sich darum handelt, ein Unternehmen auf breiter geldlicher Grundlage zu schaffen und zu diesem Zweck weite Kreise des Volkes zur Aufbringung der erforderlichen Mittel heranzuziehen. Im übrigen soll der Unternehmer die persönliche Verantwortung uneingeschränkt tragen" (Begründung zum Aktiengesetz).

Wenn das Mindest-Grundkapital nunmehr auf 100 000 Deutsche Mark festgesetzt wird, so bedeutet dies zwar eine erhebliche Erleichterung für die Gründung von Aktiengesellschaften gegenüber dem sonst nach dem Währungsgesetz (§ 2) geltenden Mindestnennbetrag von 500 000 DM, jedoch stellt dieser Betrag immer noch eine erhebliche Erhöhung gegenüber dem durch die Goldbilanz-Verordnung festgesetzten Mindestbetrag von 50 000 RM dar und führt zu einer Beschränkung der Gründung von Aktiengesellschaften auf die Fälle, in denen wirklich große Kapitalien benötigt werden und vorhanden sind.

Die Bezeichnung „Mindestnennbetrag" bedeutet, daß die Aktiengesellschaft von vornherein mit einem Grundkapital in mindestens dieser Höhe gegründet werden muß und daß es nicht unter diesen Betrag herabgesetzt werden kann, mit der Annahme, daß eine solche Herabsetzung dann zulässig ist, wenn das Kapital gleichzeitig gemäß § 181 Aktiengesetz auf mindestens 100 000 DM wieder erhöht wird. Ein Beschluß, der das Grundkapital auf einen geringeren Betrag als 100 000 DM herabsetzt, ist gemäß § 195, Ziff. 3 nichtig, denn es handelt sich hier um eine Vorschrift, die überwiegend im öffentlichen Interesse gegeben ist. Die Nichtigkeit kann jedoch durch Genehmigung nach § 7, Abs. 2 AktGes. geteilt werden. Wird eine Aktiengesellschaft nicht von vornherein mit dem Mindestgrundkapital von 100 000 DM gegründet, so macht ein solcher Verstoß gegen § 7, Abs. 1 AktGes. die Gesellschaft und die Satzung nichtig. Die Gesellschaft kann nicht in das Handelsregister eingetragen werden.

Für die Aktiengesellschaften und Kommanditgesellschaften auf Aktien, deren Kapital neu festgesetzt ist, gilt jedoch dieses Mindestkapital nicht, sondern ein Mindestkapital von 50 000 DM (§ 44). Wird dieses Mindestkapital nicht erreicht und die Erhöhung auf 50 000 DM nicht bis zum 31. Dezember 1950 in das Handelsregister eingetragen, so gilt die Aktiengesellschaft als mit Ablauf dieses Tages aufgelöst (§ 80, Abs. 2). Es fragt sich, ob § 7, Abs. 2 AktGes. auch gegenüber der Unterschreitung des Mindestbetrages von § 44, Abs. 1 und der Folge des § 80, Abs. 2 Wirkung hat, ob also Ausnahmen bei der Umstellung von Aktiengesellschaften zugelassen werden können. Dies dürfte zu verneinen sein, da das D-Markbilanzgesetz als Spezialgesetz dem Aktiengesetz als allgemeinem Gesetz vorgeht, jedoch kann im Falle der Neugründung einer gemäß § 80, Abs. 2 aufgelösten Aktiengesellschaft das Grundkapital mit Ausnahmegenehmigung nach § 7, Abs. 2 Aktiengesetz auf einen niedrigeren Betrag als 50 000 DM festgesetzt werden.

2. Die Aktie

Die Goldbilanz-Verordnung bestimmte für den Regelfall den Mindestnennbetrag der Aktie mit 100 RM oder einem Vielfachen davon, während das Handelsgesetzbuch (§ 180) den Mindestbetrag der Aktie auf 1000 M festgesetzt hatte. Das Aktiengesetz führte sodann einen Mindestbetrag von 1000 RM ein, und zwar aus den zu 1) genannten Gründen der möglichst weitgehenden Zurückdrängung der Aktiengesellschaften und Beschränkung auf die Fälle, in denen besonders große Kapitalien benötigt werden. Durch die Festsetzung des Mindestbetrages auf 100 DM wird die Unterbringung des Aktienkapitals in kleinen Stücken in weiten Kreisen des Volkes erleichert, was bei der Gründung der Aktiengesellschaften von Vorteil ist. Es ist aber auch aus volkswirtschaftlichen Gründen erwünscht, daß sich auch weniger kapitalkräftige Schichten an der Zeichnung von Aktien mit geringen Beträgen beteiligen können.

Bei der Neufestsetzung können die Aktien gemäß § 44, Abs. 3 auch auf 20 DM und 50 DM gestellt werden, soweit dies zum Spitzenausgleich nötig ist; diese Aktien sind jedoch bis zum 31. Dezember 1954 in Aktien, die auf 100 DM oder ein Vielfaches davon lauten, umzutauschen (§ 44, Abs. 6).

Aktien, die über einen geringeren Nennbetrag als den Mindestnennbetrag ausgegeben werden, sind nichtig (§ 8, Abs. 3 AktGes.). Ferner macht sich der Ausgeber schadensersatzpflichtig und strafbar (§ 296, Ziff. 5 AktGes.). An Stelle der Aktien können Zwischenscheine (früher „Interimsscheine") ausgegeben werden, die einen Ersatz für die endgültige Urkunde bilden und auf den Namen lauten müssen (§ 10, Abs. 3 AktGes.). Die gemäß § 60, Abs. 3 aufgehobene Bestimmung des § 8, Abs. 3 AktGes. sah vor, daß der Reichsminister der Justiz Ausnahmen von der Bestimmung betreffend den Mindestbetrag für Aktien von 1000 RM zulassen konnte.

3. Der Aufsichtsrat

Die Zahl von sieben und zwölf Aufsichtsratsmitgliedern bei Aktiengesellschaften mit bis zu drei und mit mehr als drei Millionen DM Grundkapital entspricht der bisherigen Regelung für das auf Reichsmark lautende Grundkapital. Dagegen ist für die Ueberschreitung der Höchstzahl von zwölf Mitgliedern insofern Abweichendes bestimmt, als die Ueberschreitung schon bei einem Grundkapital von mehr als zehn Millionen Deutscher Mark (früher zwanzig Millionen Reichsmark) zulässig ist und die Höchstzahl jetzt fünfzehn (früher zwanzig) Mitglieder beträgt. Die Mindestzahl von drei Mitgliedern — soweit die Satzung nicht eine höhere Mindestzahl festsetzt — bleibt die gleiche. Ebenso gilt nach wie vor § 86, Abs. 1, Satz 4 AktGes., wonach Ausnahmen zugelassen werden können, wenn das Wohl der Gesellschaft oder gesamtwirtschaftliche Belange es fordern. Neu ist die Bestimmung, daß bei der Höchstzahl der Aufsichtsratsmitglieder die in den Aufsichtsrat entsandten Mitglieder des Betriebsrates nicht mitgerechnet werden.

§ 61

Aenderung des Einführungsgesetzes zum Aktiengesetz

§ 2 Abs. 1 des Einführungsgesetzes zum Aktiengesetz erhält folgende Fassung:

„Für Aktiengesellschaften und Kommanditgesellschaften auf Aktien, deren Grundkapital infolge der Neufestsetzung nach dem D-Markbilanzgesetz weniger als einhunderttausend Deutsche Mark beträgt, gilt das neu festgesetzte Grundkapital als Mindestnennbetrag im Sinne des § 7 Abs. 1 des Aktiengesetzes. Aendern jedoch solche Gesellschaften ihre Verhältnisse wesentlich, nehmen sie namentlich eine wesentliche Aenderung des Gegenstandes des Unternehmens oder ihrer Verfassung vor, so sind diese Aenderungen nur dann einzutragen, wenn das Grundkapital spätestens zugleich mit den Aenderungen auf einhunderttausend Deutsche Mark erhöht wird."

Der Mindestnennbetrag des Grundkapitals von Aktiengesellschaften, deren Grundkapital neu festgesetzt ist

Durch § 2, Abs. 1 des Einführungsgesetzes zum Aktiengesetz in der neuen Fassung ist der Uebergang für bestehende Aktiengesellschaften auf die neuen Verhältnisse geregelt. Danach können die Aktiengesellschaften, deren Grundkapital nach dem D-Markbilanzgesetz neu festgesetzt ist, einstweilen ohne Erhöhung ihres Grundkapitals weiterbestehen. Das neu festgesetzte Grundkapital gilt als Mindestkapital im Sinne des § 7, Abs. 1 AktGes. Bei einer wesentlichen Aenderung der Verhältnisse ist jedoch das Grundkapital auf mindestens 100 000 DM zu erhöhen. Was als eine wesentliche Veränderung im Sinne dieser Vorschrift anzusehen ist, ist Tatfrage. Die bloße Erhöhung des Kapitals unter einen Betrag von 100 000 DM bedeutet noch keine wesentliche Veränderung im Sinne des § 2, Abs. 1 (vgl. KG in „Recht" 1927, Nr. 356). Es muß sich um für die Gesellschaft bedeutsame Aenderungen handeln, namentlich hinsichtlich des Gegenstandes des Unternehmens, der Verfassung oder der Art des Geschäftsbetriebes. Falls die Aenderung wesentlich ist und das Grundkapital nicht gleichzeitig auf mindestens 100 000 DM erhöht wird, muß das Registergericht die Eintragung der abgeänderten Satzungsbestimmung ablehnen, so daß sie nicht rechtswirksam wird, denn gemäß § 148, Abs. 3 AktGes. erlangen Satzungsänderungen erst dann Wirkung, wenn sie in das Handelsregister des Sitzes der Gesellschaft eingetragen worden sind.

Durch die Bestimmung des § 61 wird die Bestimmung des § 80, Abs. 2 nicht berührt, wonach Aktiengesellschaften mit einem niedrigeren, neu festgesetzten Grundkapital als 50 000 DM, die eine Erhöhung des Grundkapitals auf den Mindestbetrag (§ 44, Abs. 1) beschlossen haben, mit Ablauf des 31. Dezember 1950 aufgelöst sind, wenn die Durchführung der Erhöhung des Grundkapitals nicht bis zu diesem Zeitpunkt eingetragen ist (§ 156 AktGes.). Die Eintragung der Satzungsänderung als solcher gemäß § 148, Abs. 3 AktGes. hat also in diesem Falle keine rechtserzeugende Wirkung, auch nicht die Eintragung des Kapitalerhöhungsbeschlusses, da hierbei, falls nicht die Anmeldung der Durchführung mit der Anmeldung des Beschlusses verbunden wird (§ 155, Abs. 5 AktGes.), wegen der noch nicht ausgeführten Zeichnungen noch ungewiß ist, ob die Erhöhung des Grundkapitals durch Vornahme der Zeichnungen tatsächlich durchgeführt wird. Der rechtsbegründende Akt bei der Kapitalerhöhung ist daher erst die Eintragung von deren Durchführung gemäß § 156 AktGes.

§ 62

Verschmelzung und Umwandlung

(1) Verschmelzungen können nicht vorgenommen werden, bevor die aufnehmende Gesellschaft ihr Nennkapital nach Abschnitt II neu festgesetzt hat.

(2) Umwandlungen nach dem Aktiengesetz können frühestens gleichzeitig mit der Neufestsetzung der Kapitalverhältnisse nach Abschnitt II beschlossen und in das Handelsregister eingetragen werden.

Die Verschmelzung und Umwandlung

1. Die Kapitalbeschaffung und -herabsetzung

In vielen Fällen wird sich nach der Währungsumstellung für Handelsgesellschaften das Bedürfnis ergeben, neue Kapitalien zu beschaffen oder eine Kapitalherabsetzung vorzunehmen. Die Vorschriften über das nach der Umstellung notwendige Mindestkapital setzen hinsichtlich der Kapitalherabsetzung eine Schranke (§ 44). Daher wird vielfach von der Möglichkeit der Kapitalherabsetzung unter den Mindestnennbetrag bei gleichzeitiger Kapitalerhöhung auf diesen Gebrauch gemacht werden müssen (§ 181 AktGes.). Diese Beschlüsse über die Herabsetzung und Erhöhung des Kapitals können unabhängig von der Neufestsetzung des Grundkapitals auf Grund des D-Markbilanzgesetzes in das Handelsregister eingetragen werden. Der Beschluß betreffend die Neufestsetzung des Grundkapitals auf Grund des D-Markbilanzgesetzes kann mit einer Kapitalerhöhung oder -herabsetzung verbunden werden (vgl. § 44, Abs. 1).

2. Die Verschmelzung

Die Verschmelzung kann mit der Neufestsetzung oder vor dieser von der übertragenden Gesellschaft beschlossen werden, jedoch kann sie erst dann durchgeführt werden, wenn die übernehmende Gesellschaft die Neufestsetzung bereits durchgeführt hat. Voraussetzung für eine Verschmelzung ist also, daß die übernehmende Gesellschaft ihr Nennkapital in Deutscher Mark entsprechend den Bestimmungen der §§ 35 ff. neu festgesetzt hat (vgl. §§ 233 ff. AktGes.).

3. Die Umwandlung

In § 62 Abs. 2 wird die Umwandlung nach dem Aktiengesetz (§§ 257 ff. AktGes.) behandelt, im Unterschied zu der Umwandlung nach dem Gesetz über die Umwandlung von Kapitalgesellschaften vom 5. Juli 1934 (RGBl I, S. 569), die in § 45 behandelt wird. Von besonderer Bedeutung wird die Umwandlung einer Aktiengesellschaft in eine GmbH sein, insbesondere dann, wenn die Aktiengesellschaft das Mindestnennkapital des § 44, Abs. 1 nicht erreicht. Eine solche Umwandlung ist durch Beschluß der Hauptversammlung zulässig. Er bedarf einer Mehrheit, die mindestens drei Viertel des bei der Beschlußfassung vertretenen Grundkapitals umfaßt (§ 263, Abs. 2 AktGes.). Eine solche Umwandlung kann gleichzeitig mit der Umstellung gemäß den §§ 35 ff. beschlossen und in das Handelsregister eingetragen werden (§ 62, Abs. 2).

§ 63

Außerkraftsetzung von Satzungsbestimmungen

(1) Bestimmungen der Satzung über die Zusammensetzung des Aufsichtsrats, die dem § 86 Abs. 1 Satz 3 des Aktiengesetzes in der Fassung des § 60 Abs. 4 dieses Gesetzes widersprechen, treten mit Beendigung der Hauptversammlung außer Kraft, die über die Neufestsetzung oder die vorläufige Neufestsetzung nach §§ 35 bis 38 beschließt. Enthält die Satzung in diesem Falle auch Bestimmungen über die Entsendung von Mitgliedern in den Aufsichtsrat, so treten auch diese außer Kraft. Die Hauptversammlung kann neue Bestimmungen mit einfacher Stimmenmehrheit beschließen; eines Sonderbeschlusses der einzelnen Aktiengattungen bedarf es auch dann nicht, wenn die Satzung etwas anderes bestimmt.

(2) Sind mehr Aufsichtsratsmitglieder vorhanden, als nach den neuen Satzungsbestimmungen oder, falls solche von der Hauptversammlung nicht beschlossen werden, nach § 86 Abs. 1 Satz 3 des Aktiengesetzes in der Fassung des § 60 Abs. 4 zulässig sein würden, so erlischt das Amt aller Aufsichtsratsmitglieder mit dem in Abs. 1 bezeichneten Zeitpunkt.

Die Durchführung der Bestimmung betr. den Aufsichtsrat (§ 60, Abs. 4)

1. Befugnisse des Aufsichtsrates

Bei Aktiengesellschaften, deren Aufsichtsrat mehr Mitglieder zählt als nach § 60 Abs. 4 zulässig ist, tritt einstweilen noch keine Aenderung ein. Der Aufsichtsrat hat in seiner bisherigen Zusammensetzung an der Neufestsetzung mitzuwirken, z. B. die Eröffnungsbilanz zu prüfen und darüber der Hauptversammlung zu berichten (§ 96 AktGes.). Die Mitglieder des Aufsichtsrates erhalten auch nach der bisherigen Zusammensetzung die Vergütung (§ 98 AktGes.) und haben die Sorgfaltspflicht sowie die Verantwortlichkeit in dem bisherigen Umfange (§§ 99, 84 AktGes.). Der Bericht des Aufsichtsrates über die Eröffnungsbilanz ist dem Handelsregister miteinzureichen (§ 52, Abs. 1), und zwar ist er von dem Aufsichtsrat in der bisherigen Zusammensetzung abzufassen.

2. Erlöschen des Amtes der Aufsichtsratsmitglieder

Die Satzung, die eine höhere Zahl der Aufsichtsratsmitglieder vorsieht, als sie nach § 60, Abs. 4 zulässig ist, tritt erst mit dem Ende der Hauptversammlung, die über die Neufestsetzung beschließt, außer Kraft, jedoch nur hinsichtlich der Bestimmungen über die Wahl und die Zusammensetzung des Aufsichtsrats, die § 60, Abs. 4 zuwiderlaufen, einschließlich der Bestimmungen über die Entsendung von Mitgliedern in den Aufsichtsrat nach § 88 AktGes. Nach dieser Bestimmung kann die Satzung bestimmten Aktionären oder den jeweiligen Inhabern bestimmter Aktien das Recht einräumen, Mitglieder in den Aufsichtsrat zu entsenden.

Die in § 60 Abs. 4 genannten Zahlen sind die gesetzlichen Höchstzahlen. Die Satzung kann eine niedrigere Höchstzahl — nicht eine höhere — festsetzen. Falls die Zahl der Aufsichtsratsmitglieder über die Höchstzahl des § 60, Abs. 4 oder die niedrigere Höchstzahl der Satzung hinausgeht, erlischt das Amt aller Aufsichtsratsmitglieder mit Beendigung der Hauptversammlung, die über die Umstellung beschließt. Die Neuwahl erfolgt alsdann gemäß § 87 AktGes. Die Hauptversammlung kann mit einfacher Stimmenmehrheit die Satzungsbestimmungen, die mit der Neufassung des § 86 Abs. 1, Satz 3 AktGes. nicht übereinstimmen, durch neue Bestimmungen ersetzen. Falls die bisherige Zahl der Aufsichtsratsmitglieder auch der Neufassung des § 86, Abs. 1, Satz 3 AktGes. entspricht, bleiben die bisherigen Aufsichtsratsmitglieder im Amte.

ABSCHNITT IV

Neufestsetzung der Geschäftsguthaben und Geschäftsanteile von Erwerbs- und Wirtschaftsgenossenschaften

§ 64

Geschäftsguthaben. Geschäftsanteil und Haftsumme

(1) Erwerbs- und Wirtschaftsgenossenschaften haben spätestens bei der Beschlußfassung über die Feststellung der Eröffnungsbilanz die Geschäftsguthaben und die Geschäftsanteile neu festzusetzen.

(2) Die Geschäftsanteile müssen mindestens eine Deutsche Mark betragen und auf volle Deutsche Mark lauten.

(3) Die Geschäftsanteile, die nach der Neufestsetzung auf einen niedrigeren als den im Abs. 2 genannten Betrag oder nicht auf volle Deutsche Mark lauten, sind mindestens auf diese Beträge zu erhöhen und auf volle Deutsche Mark aufzurunden.

(4) Bei Genossenschaften mit beschränkter Haftpflicht ist auf die im Statut festgesetzte Haftsumme § 2 des Währungsgesetzes anzuwenden. Wird zugleich mit der Neufestsetzung eine Herabsetzung der Haftsumme in demselben Verhältnis wie die Neufestsetzung der Geschäftsanteile beschlossen, so gelten §§ 133, 22 Abs. 1 bis 3 des Genossenschaftsgesetzes nicht.

Die Neufestsetzung der Geschäftsguthaben, der Geschäftsanteile und der Haftsumme bei den Erwerbs- und Wirtschaftsgenossenschaften

1. Das Geschäftsguthaben

Das Geschäftsguthaben ist der Betrag des Geschäftsanteilkontos eines Genossen, der sich aus den Einlagen, den zugeschriebenen Dividenden und den für Verluste abgeschriebenen Beträgen ergibt. Die Leistungen der Genossen, die über das gesetzliche Höchstmaß des Guthabens hinausgehen, sind Darlehen der Genossen, wobei es keinen Unterschied macht, ob die Guthaben durch bare Zahlungen oder durch stehengelassene Dividende entstanden sind (§ 7, Ziff. 2 GenGes.). Das Geschäftsguthaben eines Genossen darf, solange er nicht ausgeschieden ist, von der Genossenschaft nicht ausgezahlt oder im geschäftlichen Betriebe zum Pfande genommen werden (§ 22, Abs. 4 GenGes.). Die Geschäftsguthaben sind spätestens bei der Beschlußfassung über die Eröffnungsbilanz umzustellen.

2. Der Geschäftsanteil

Der Geschäftsanteil bezeichnet die Höchstgrenze des Geschäftsguthabens. Er gehört also nicht zum Vermögen der Genossenschaft, sondern ist eine abstrakte Rechnungsgröße (vgl. Parisius-Crüger, Anm. 4 zu § 7 GenGes.). Die Mitgliedschaft bei der eingetragenen Genossenschaft begründet — im Unterschied zu der Aktiengesellschaft — ein Recht, das nur mittelbar mit Vermögensrechten verbunden ist. Die eingetragene Genossenschaft ist eine Personalgesellschaft mit Rechtspersönlichkeit (§ 17 GenGes.). Im Unterschied zur Kapitalgesellschaft sind ihre Träger die Mitglieder. Durch ihre Kapitalbeteiligung wird das Geschäftsguthaben gebildet, während der Geschäftsanteil den Höchstbetrag der zulässigen Mitgliedereinlagen darstellt. Für die Neufestsetzung des Geschäftsanteils gilt das gleiche wie für die Neufestsetzung des Geschäftsguthabens, nämlich daß er spätestens bei der Beschlußfassung über die Feststellung der Eröffnungsbilanz neu festzusetzen ist.

3. Die Haftsumme

Im Unterschied zu den eingetragenen Genossenschaften mit unbeschränkter Haftpflicht, bei denen die persönliche Haftpflicht unbeschränkt ist, ist sie bei der Genossenschaft mit beschränkter Haftpflicht durch die im Statut festgesetzte Haftsumme beschränkt. Sie bringt die subsidiäre Ausfallhaftung der Genossen gegenüber den Gläubigern der Genossenschaft zum Ausdruck, während der Geschäftsanteil den Umfang der Verpflichtungen des Genossen gegenüber der Genossenschaft darstellt. Die Haftung gegenüber den Gläubigern ist unabhängig von dem Betrage der Einzahlungen auf den Geschäftsanteil. Die Haftsumme ist gemäß § 2 des Währungsgesetzes umzustellen, also im Verhältnis 1 : 1, jedoch kann eine Herabsetzung der Haftsumme beschlossen werden. Gemäß § 133 GenGes. findet auf die Herabsetzung der Haftsumme die Bestimmung des § 22 GenGes. über die Herabsetzung des Geschäftsanteils (Bekanntmachung, Sicherheitsleistung auf Verlangen von Gläubigern) Anwendung.

§ 65

Allgemeiner Grundsatz

(1) Geschäftsguthaben sind nach Maßgabe des aus der Eröffnungsbilanz nach Abzug der Schulden sich ergebenden Vermögens neu festzusetzen.

(2) Die Geschäftsanteile sind in demselben Verhältnis wie die Geschäftsguthaben neu festzusetzen.

Der Grundsatz für die Neufestsetzung der Geschäftsguthaben und Geschäftsanteile

Für die Neufestsetzung der Geschäftsguthaben gilt grundsätzlich die gleiche Regelung, wie sie gemäß § 35, Abs. 2 für die Neufestsetzung des Grund- bzw. Stammkapitals (Nennkapital) bei Kapitalgesellschaften gilt; nämlich daß das Geschäftsguthaben in Höhe des Betrages festzusetzen ist, der sich bei Aufstellung der Eröffnungsbilanz nach Abzug der Schulden als Vermögen ergibt. In § 65 ist — im Unterschied zu § 35, Abs. 2 — nicht erwähnt, daß der Betrag, der in Rücklage gestellt wird, bei der Bildung des Geschäftsguthabens außer Betracht zu lassen ist, es muß jedoch angenommen werden, daß hier das Entsprechende gilt wie in § 35, Abs. 2. Für die Umstellung der Geschäftsanteile gilt, daß sie in dem gleichen Verhältnis umzustellen sind wie die Geschäftsguthaben. Hinsichtlich der Bildung eines Reservefonds bestimmt § 7, Ziff. 4 GenGes., daß das Statut die Bildung eines solchen Reservefonds bestimmen muß. Im allgemeinen wird er aus den Gewinnen gebildet. In § 20 GenGes. ist vorgesehen, daß das Statut auch bestimmen kann, daß der Gewinn nicht verteilt, sondern dem Reservefonds zugeschrieben wird. In den Reservefonds können jedoch auch sonstige Ueberweisungen fließen (Parisius-Crüger, Anm. 40 zu § 7 GenGes.). Gem. § 73, Abs. 2, Satz 2 GenGes. haben ausscheidende Genossen an dem Reservefonds keinen Anspruch. Daher ist es gerechtfertigt, daß er bei der Umstellung des Geschäftsguthabens nicht berücksichtigt wird. Der Auseinandersetzungsanspruch des ausscheidenden Mitglieds bezieht sich nur auf das Geschäftsguthaben. Lediglich im Falle der Bildung von Spezialreserven kann den Genossen für den Fall des Ausscheidens ein Anteil hieran eingeräumt werden, da sich das gesetzliche Verbot des § 73, Abs. 2 GenGes. hierauf nicht bezieht (Parisius-Crüger, Anm. 43, zu § 7 GenGes.). Dies führt aber nicht dazu, daß die bei der Neufestsetzung bestehenden Rücklagen in das Geschäftsguthaben einbezogen werden.

§ 66

Neufestsetzung der Geschäftsguthaben

(1) Uebersteigt das Vermögen nicht zehn vom Hundert des in der Reichsmarkschlußbilanz nachgewiesenen Gesamtbetrages der Geschäftsguthaben, so sind die Geschäftsguthaben in Höhe des Vermögens neu festzusetzen.

(2) Uebersteigt das Vermögen zehn vom Hundert des in der Reichsmarkschlußbilanz ausgewiesenen Gesamtbetrages der Geschäftsguthaben, so ist der darüber hinausgehende Teil des Vermögens bis zur Höhe von zehn vom Hundert des in der Reichsmarkschlußbilanz ausgewiesenen Betrages des Reservefonds (§ 7 Nr. 4 des Genossenschaftsgesetzes) in den Reservefonds einzustellen.

(3) Der alsdann noch verbleibende Teil des Vermögens kann zu einer höheren Festsetzung der Geschäftsguthaben, zur Einstellung in den gesetzlichen Reservefonds oder zur Bildung

sonstiger Reserven verwandt werden. Er ist so zu verwenden, daß der gesetzliche Reservefonds zu den sonstigen Reserven und die Reserven insgesamt zu den Geschäftsguthaben nicht in einem ungünstigeren Verhältnis als in der Reichsmarkschlußbilanz stehen.

Besondere Bestimmungen über die Neufestsetzung der Geschäftsguthaben

Durch die Bestimmung des § 66 soll erreicht werden, daß das neu festgesetzte Geschäftsguthaben in einem angemessenen Verhältnis zu dem Vermögen der Genossenschaft und zu den Reserven steht. Maßgebend hierfür ist die Reichsmarkschlußbilanz. Soweit das Vermögen nicht mehr als 10 % der Geschäftsguthaben, wie sie sich nach der Reichsmarkschlußbilanz ergeben, übersteigt, gilt der bereits in § 65 ausgesprochene Grundsatz, daß das Vermögen den Maßstab für die Bildung des Geschäftsguthabens bildet. Dagegen wird in dem Falle, daß das Vermögen höher ist als 10 % der in der Reichsmarkschlußbilanz ausgewiesenen Geschäftsguthaben, ein Teil des Mehrbetrages nicht zur Umstellung der Geschäftsguthaben, sondern zur Bildung von Reserven verwendet. Hierdurch soll die finanzielle Grundlage der Genossenschaft gesichert werden. Der Höchstbetrag, bis zu dem die Einstellung des Vermögens in die Reserve erfolgen soll, beläuft sich auf 10 % des in der Reichsmarkschlußbilanz ausgewiesenen Betrages des Reservefonds. Der Vermögensmehrbetrag — gegenüber 10 % der Geschäftsguthaben der Reichsmarkschlußbilanz — ist also zunächst in vollem Umfange bis zur Erreichung des angegebenen Höchstbetrages dem Reservefonds zuzuweisen. Erst wenn diese Zuweisung den Höchstbetrag erreicht hat und wenn dann noch Vermögen verwendbar ist, wird es entweder zur Erhöhung der Geschäftsguthaben oder zur Einstellung in den gesetzlichen Reservefonds oder zur Bildung sonstiger Reserven verwandt, jedoch darf er zur Erhöhung der Geschäftsguthaben nur insoweit verwandt werden, als sich dadurch das Verhältnis zwischen diesen und den gesamten Reserven gegenüber der Reichsmarkschlußbilanz nicht zum Nachteil der Reserven verschlechtert. Es ist also die Höhe der Geschäftsguthaben und der Reserven bei der Aufteilung des Mehrbetrages des Vermögens sorgfältig aufeinander abzustimmen.

§ 67

Stimmenmehrheit

(1) Für den Beschluß der Generalversammlung, durch den die Geschäftsguthaben und die Geschäftsanteile neu festgesetzt, die Haftsummen nach § 64 Abs. 4 Satz 2 herabgesetzt werden, genügt die einfache Mehrheit der abgegebenen Stimmen, auch wenn das Statut etwas anderes bestimmt.

(2) Dasselbe gilt, wenn gleichzeitig mit der Neufestsetzung eine Erhöhung der neu festgesetzten Geschäftsanteile bis auf einen Betrag beschlossen wird, der den Reichsmarknennbetrag der Geschäftsanteile nicht übersteigt.

Die Beschlußfassung über die Herabsetzung der Haftsumme, die Neufestsetzung der Geschäftsguthaben und Geschäftsanteile und die Erhöhung der Geschäftsanteile

1. Die Herabsetzung der Haftsumme

Die Haftsumme kann nur unter sinngemäßer Anwendung der Vorschriften des § 22, Abs. 1 bis 3 GenGes. betreffend die Herabsetzung des Geschäftsanteils herabgesetzt werden (§ 133 GenGes.). Hiernach ist der wesentliche Inhalt des Beschlusses der Generalversammlung durch das Gericht bei der Bekanntmachung der Eintragung in das Genossenschaftsregister anzugeben. Den Gläubigern der Genossenschaft ist, wenn sie sich innerhalb von sechs Monaten melden und Sicherheit fordern, Sicherheit zu leisten. Hierauf ist in der Bekanntmachung hinzuweisen. Die Beschlußfassung über die Herabsetzung der Haftsumme erfolgt, soweit die Satzung nicht Abweichendes bestimmt, mit einer Mehrheit von mindestens drei Viertel der erschienenen Genossen (§ 16, Abs. 2 GenGes.), jedoch erleichert § 67 für die Maßnahmen auf Grund des D-Markbilanzgesetzes die Herabsetzung der Haftsumme insofern, als einfache Mehrheit der abgegebenen Stimmen genügt. Dagegen gelten die sonstigen Vorschriften über die Herabsetzung der Haftsumme auch für die Beschlußfassung hierüber anläßlich der Neufestsetzung.

2. Die Neufestsetzung der Geschäftsguthaben und Geschäftsanteile

Die Beschlußfassung über die Neufestsetzung der Geschäftsguthaben und Geschäftsanteile bedarf gleichfalls nur einfacher Mehrheit der abgegebenen Stimmen. Auch für sie würde sonst, falls das Statut nichts anderes bestimmt, Dreiviertelmehrheit der erschienenen Genossen erforderlich sein (§ 16, Abs. 2 GenGes.).

3. Die Erhöhung der Geschäftsanteile

Die Erleichterung der Erhöhung dadurch, daß die einfache Mehrheit der abgegebenen Stimmen genügt, gilt nur für die Erhöhung bis zur Erreichung des Reichsmarknennbetrages der Geschäftsanteile. Für eine Erhöhung der Geschäftsanteile darüber hinaus bedarf es der in § 16, Abs. 2, Satz 1 GenGes. vorgesehenen Mehrheit von drei Vierteilen der erschienenen Genossen, soweit das Statut nicht noch weitere Erschwernisse verlangt. Die Erhöhung bis zum Reichsmarknennbetrag der Geschäftsanteile bedarf dann dieser qualifizierten Mehrheit, wenn sie in einer Generalversammlung beschlossen wird, die nicht gleichzeitig auch über die Neufestsetzung der Geschäftsanteile beschließt, sei es, daß sie vor oder nach einer Generalversammlung, die hierüber beschließt, stattfindet.

§ 68

Anwendung von Vorschriften des Abschnitts II

(1) Auf die Neufestsetzung von Geschäftsguthaben und Geschäftsanteilen von Genossenschaften finden §§ 38, 40, 41, 47, 52 Abs. 1 und 3, §§ 57, 58 sinngemäß Anwendung.

(2) Die Eröffnungsbilanz ist, bevor sie der Generalversammlung vorgelegt wird, zu prüfen. Die Prüfung hat sich

auch auf die Vorschläge für die Neufestsetzung der Geschäftsguthaben und Geschäftsanteile zu erstrecken. Auf die Prüfung finden §§ 55 bis 62 des Genossenschaftsgesetzes Anwendung.

Die Anwendung der für Kapitalgesellschaften geltenden Vorschriften

1. Die sinngemäß anzuwendenden Vorschriften

Für Erwerbs- und Wirtschaftsgenossenschaften gilt (mit Ausnahme des § 69) nicht die vorläufige Neufestsetzung durch Bildung eines Kapitalentwertungskontos nach §§ 36 und 37, dagegen kann unter der Voraussetzung, daß eine Ueberschuldung auf Kriegs- oder Kriegsfolgeschäden beruht, ein Kapitalverlustkonto eingestellt werden, falls die Zustimmung der Obersten Wirtschaftsverwaltung des Landes im Einvernehmen mit der Landesjustizverwaltung gemäß § 38, Abs. 4 erteilt wird. Im übrigen gelten die Bestimmungen über die bilanzmäßige Rückwirkung der Neufestsetzung (§ 40), die Nichtbeeinträchtigung der Anteilsrechte und der Rechte Dritter (§ 41), die Berichtigung von Wertansätzen (§ 47), die Anmeldung der Neufestsetzung bei dem Registergericht (§ 52, Abs. 1 und 3), die Anfechtung wegen unbilliger Härte (§ 57) und das Anfechtungsverfahren vor einer Spruchstelle (§ 58).

2. Die Prüfung der Eröffnungsbilanz und der getroffenen Maßnahmen

Durch das Gesetz zur Aenderung des Genossenschaftsgesetzes vom 30. 10. 1934 (RGBl. I, S. 1077) ist der 4. Abschnitt des Genossenschaftsgesetzes mit der Ueberschrift versehen worden: „Prüfung und Prüfungsverbände". Ferner sind Vorschriften über die Prüfung und die Prüfer erlassen, die auch auf die Prüfung der Eröffnungsbilanz und der Umstellungsmaßnahmen Anwendung finden. Hiernach wird die Genossenschaft durch den Verband geprüft, dem sie angehört. Der Verband bedient sich dazu der von ihm angestellten Prüfer (§ 55 GenGes.). Der Vorstand hat eine Bescheinigung des Verbandes über die erfolgte Prüfung zum Genossenschaftsregister einzureichen und den Prüfungsbericht bei der Berufung der nächsten Generalversammlung als Gegenstand der Beschlußfassung anzukündigen (§ 59 GenGes.). Die Tätigkeit des Verbandes hinsichtlich der Prüfung geht so weit, daß er berechtigt ist, an der Generalversammlung beratend teilzunehmen und den Prüfungsbericht ganz oder in bestimmten Teilen zu verlesen (§ 59 GenGes.), ebenso wie er auch berechtigt ist, mit seinem Prüfer an der Sitzung des Vorstandes und Aufsichtsrates der Genossenschaft teilzunehmen, in der über das Ergebnis der Prüfung beraten wird (§ 58 GenGes.). Hierdurch unterscheidet sich die Prüfung der Genossenschaft von der der Kapitalgesellschaft gemäß § 48.

§ 69

Kapitalentwertungskonto für Wohnungsbaugenossenschaften

(1) Wohnungsbaugenossenschaften dürfen in die Eröffnungsbilanz ein Kapitalentwertungskonto nach § 36 einstellen. Es darf jedoch nicht höher sein als zwanzig vom Hundert des Gesamtbetrages der Geschäftsguthaben. Im übrigen gilt § 36 sinngemäß, wobei an Stelle des Nennkapitals der Gesamtbetrag des Geschäftsguthabens tritt.

(2) Wird ein Kapitalentwertungskonto eingestellt, so hat sich die Prüfung auch darauf zu erstrecken, ob die tatsächlichen Angaben, auf die der Vorstand seine Annahme gründet, daß das Kapitalentwertungskonto fristgemäß ausgeglichen werden kann, richtig und vollständig sind. Wegen der Anmeldung und Eintragung der vorläufigen Neufestsetzung der Geschäftsguthaben sowie des Ausgleichs gilt § 53 Abs. 1 und Abs. 2 Satz 1, 2 und 4 sinngemäß.

(3) Wird das Kapitalentwertungskonto nicht innerhalb der in § 36 Abs. 2 Satz 3 bestimmten Frist ausgeglichen, so sind die einzelnen Geschäftsguthaben der Genossen spätestens bei der Beschlußfassung über den Jahresabschluß des dritten Geschäftsjahres um den auf sie im Verhältnis zum Gesamtbetrag der Geschäftsguthaben entfallenden Teil des noch nicht getilgten Betrages des Kapitalentwertungskontos zu kürzen. Mit der Kürzung sind die Geschäftsguthaben endgültig neu festgesetzt. Die Neufestsetzung der Geschäftsanteile auf Grund der vorläufigen Neufestsetzung der Geschäftsguthaben wird durch deren endgültige Neufestsetzung nicht mehr berührt.

Das Kapitalentwertungskonto für Wohnungsbaugenossenschaften

1. Der Begriff der Wohnungsbaugenossenschaften

Gemäß § 1, Abs. 1, Ziff. 7 des Genossenschaftsgesetzes können Genossenschaften als „Vereine zur Herstellung von Wohnungen" errichtet werden. Der Geschäftsbetrieb soll grundsätzlich auf die Errichtung von Wohnungen für die Mitglieder der Genossenschaft gerichtet sein, doch ist gemäß § 8, Abs. 1, Ziff. 5 GenGes. auch die Ausdehnung auf Nichtmitglieder zulässig. Im wesentlichen unterscheidet man zwei Arten von Baugenossenschaften: solche, die Häuser ihren Mitgliedern zur Verfügung stellen — sei es zu Eigentum, sei es mietweise — und solche, die lediglich Mietwohnungen beschaffen.

Zwischen der Baugenossenschaft und den Genossen besteht hinsichtlich der zugewiesenen Wohnung nicht ein reines Mietverhältnis, sondern ein besonderes Nutzungsverhältnis, das zum Teil gesellschaftsrechtlichen Charakter hat. Die Baugenossenschaften gelten gemäß § 17, Abs. 2 GenGes. als Kaufleute. Sie betreiben Handelsgeschäfte. Sie sind vielfach gemeinnützig. Gemäß § 1, Abs. 2 GenGes. können sich die Genossenschaften auch an Gesellschaften beteiligen, die gemeinnützigen Bestrebungen der Genossenschaft zu dienen bestimmt sind.

2. Die Bildung und Tilgung des Kapitalentwertungskontos

Im Hinblick auf den besonderen gemeinnützigen Zweck der Wohnungsbaugenossenschaften ist zur besonderen Erleichterung der Neufestsetzung der Geschäftsguthaben und Geschäftsanteile dieser Genossenschaften vorgesehen, ein Kapitalentwertungskonto in die Eröffnungsbilanz einzustellen. Andernfalls hätte sich bei vielen Baugenossenschaften eine Ueberschuldung mit der Folge der Beschlußfassung über die Auflösung

(§ 121 GenGes.) oder der Konkurseröffnung (§ 141 GenGes.) ergeben. Um die Genossen solcher Baugenossenschaften zu schützen und die Notwendigkeit von Einzahlungen zwecks Abwendung der Ueberschuldung zu vermeiden, ist die Bildung eines Kapitalentwertungskontos vorgesehen, das jedoch — abweichend von § 36 — höchstens nur 20 % des Gesamtbetrages der Geschäftsguthaben betragen darf. Erfolgt ein Ausgleich dieses Kontos nicht innerhalb von drei Geschäftsjahren, so werden die Geschäftsguthaben entsprechend gekürzt, während die Geschäftsanteile in der neu festgesetzten Höhe bestehen bleiben. Es muß dann entweder die sich ergebende Ueberschuldung durch Einzahlungen ausgeglichen oder gemäß § 140 GenGes. Konkurs angemeldet bzw. die Eröffnung des gerichtlichen Vergleichsverfahrens beantragt werden. Die Wohnungsbaugenossenschaften erhalten also eine weitere Frist zur Bereinigung ihrer Bilanzverhältnisse von drei Geschäftsjahren. Wenn ein Rumpfgeschäftsjahr mit dem darauffolgenden Geschäftsjahr verbunden wird (gemäß § 3 der 17. Durchführungsverordnung in der Fassung der 26. Durchführungsverordnung zum Umstellungsgesetz), so gilt dies als ein Geschäftsjahr im Sinne des § 36.

§ 70
Verschmelzung von Genossenschaften

Verschmelzungen von Genossenschaften können nicht vorgenommen werden, bevor die übernehmende Genossenschaft die Geschäftsguthaben und Geschäftsanteile neu festgesetzt hat.

Die Verschmelzung von Genossenschaften

Die Bestimmungen des Genossenschafts-Gesetzes über die Verschmelzung von Genossenschaften sind durch die Dritte Verordnung über Maßnahmen auf dem Gebiete des Genossenschaftsrechts vom 13. 4. 1943 (RGBl. I, S. 251) geändert worden. Die §§ 93 a bis r GenGes. regeln die Verschmelzung. Danach können Genossenschaften gleicher Haftart unter Ausschluß der Liquidation in der Weise vereinigt (verschmolzen) werden, daß das Vermögen der einen Genossenschaft (übertragende Genossenschaft) als Ganzes auf eine andere Genossenschaft (übernehmende Genossenschaft) übertragen wird (§ 93a GenGes.). Eine Verschmelzung ist auch dann zulässig, wenn die übertragende Genossenschaft aufgelöst ist, aber die Verteilung des Vermögens unter die Genossen noch nicht begonnen hat (§ 93, Abs. 2 GenGes.). Im Falle der Neufestsetzung kann die Verschmelzung nicht vorgenommen werden, wenn die Geschäftsguthaben und Geschäftsanteile der übernehmenden Genossenschaft noch nicht neu festgesetzt sind. Dagegen braucht bei der übertragenden Gesellschaft eine Neufestsetzung nicht zu erfolgen. Dadurch kann die übertragende Genossenschaft Kosten für die Prüfung der Eröffnungsbilanz vermeiden. Auch brauchen stille Reserven nicht offengelegt zu werden. Die übertragende Genossenschaft muß eine Schlußbilanz aufstellen, deren Wertansätze für die Jahresbilanzen der übernehmenden Genossenschaft als Anschaffungskosten im Sinne des § 33, Nr. 1 und 2 GenGes. gelten (§ 93g Gen.Ges.).

§ 71
Ueberschuldung

Der Vorstand ist bis zur Beschlußfassung über die Neufestsetzung nicht verpflichtet, wegen einer bei Aufstellung der

Eröffnungsbilanz sich ergebenden Ueberschuldung gemäß § 121 des Genossenschaftsgesetzes die Generalversammlung einzuberufen oder gemäß § 140 des Genossenschaftsgesetzes die Eröffnung des Konkursverfahrens oder des gerichtlichen Vergleichsverfahrens zu beantragen.

Die sich aus der Eröffnungsbilanz ergebende Ueberschuldung

1. Die Einberufung der Generalversammlung bei Ueberschuldung

Die Ueberschuldung führt bei bestehender Genossenschaft mit unbeschränkter Haftpflicht nicht zum Konkurse, sondern erst nach der Auflösung (§ 98 GenGes.). Sie ist jedoch für die Entwicklung der Genossenschaft so bedrohlich, daß der Vorstand verpflichtet ist, sobald sich bei der Geschäftsführung ergibt, daß das Vermögen einschließlich der Reservefonds und der sonstigen Reserven sowie der Geschäftsguthaben zur Dekkung der Schulden nicht ausreicht, die Generalversammlung zur Beschlußfassung darüber einzuberufen, ob die Genossenschaft aufgelöst werden soll (§ 121 GenGes.). Falls die Generalversammlung die Auflösung beschließt, hat sie auch darüber zu beschließen, ob die Mitglieder des Vorstandes und des Aufsichtsrates im Amt zu belassen oder andere zu bestellen sind (§ 121, Abs. 2 und § 104 GenGes.). Diese Folgen treten dann nicht ein, wenn sich die Ueberschuldung aus der Eröffnungsbilanz ergibt, jedoch nur so lange, bis über die Umstellung Beschluß gefaßt ist. Ist die Ueberschuldung dann nicht beseitigt, so muß der Vorstand gemäß § 121 GenGes. die Generalversammlung einberufen.

2. Der Antrag auf Eröffnung des Konkurs- oder gerichtlichen Vergleichsverfahrens

Während bei der eingetragenen Genossenschaft mit unbeschränkter Haftpflicht und der mit unbeschränkter Nachschußpflicht der Konkurs infolge Ueberschuldung nur dann eintritt, wenn die Genossenschaft aufgelöst ist, findet bei der eingetragenen Genossenschaft mit beschränkter Haftpflicht das Konkursverfahren schon bei bestehender Gesellschaft im Falle der Ueberschuldung statt, falls die Ueberschuldung ein Viertel des Betrages der Haftsumme aller Genossen übersteigt (§ 140 GenGes.). Der Vorstand hat, falls sich eine solche Ueberschuldung aus einer Bilanz ergibt, unverzüglich, spätestens aber innerhalb von drei Wochen, Antrag auf Eröffnung des Konkurs- oder des gerichtlichen Vergleichsverfahrens zu stellen. Diese Folge tritt nicht ein, wenn sich aus der Eröffnungsbilanz eine Ueberschuldung der eingetragenen Genossenschaft mit beschränkter Haftpflicht ergibt, jedoch nur bis zur Beschlußfassung über die Neufestsetzung. Ist die Ueberschuldung dann nicht beseitigt, so findet § 140 GenGes. Anwendung.

§ 72

Ausscheiden von Genossen

(1) Die Verbindung eines zwischen dem 1. Januar 1948 und dem 20. Juni 1948 abgelaufenen Geschäftsjahrs mit dem bis zum 20. Juni 1948 abgelaufenen Teil des neuen Geschäftsjahrs

sowie die Verbindung des am 21. Juni 1948 beginnenden Rumpfgeschäftsjahrs mit dem darauffolgenden Geschäftsjahr auf Grund der §§ 2, 3 der Siebzehnten Durchführungsverordnung zum Umstellungsgesetz ändern nicht den Zeitpunkt des Ausscheidens eines Genossen zum Schluß des bisherigen Geschäftsjahrs. Der Auseinandersetzung des Genossen mit der Genossenschaft ist, wenn das bisherige Geschäftsjahr, zu dem sein Ausscheiden erfolgt, in der Zeit vom 1. Januar 1948 bis zum 20. Juni 1948 endete, die Reichsmarkschlußbilanz, wenn es bis zum 30. Juni 1948 endete, die Eröffnungsbilanz in Deutscher Mark, wenn es nach diesem Zeitpunkt endete, die erste Jahresbilanz in Deutscher Mark zugrunde zu legen.

(2) In Abweichung von § 73 Abs. 2 Satz 2 des Genossenschaftsgesetzes kann, wenn der Auseinandersetzung eine der im Abs. 1 aufgeführten Bilanzen zugrunde zu legen ist, ein ausgeschiedener Genosse die Auszahlung seines Geschäftsguthabens erst einen Monat nach Ablauf der Frist zur Feststellung der maßgebenden Bilanz verlangen. Ist damit zu rechnen, daß die der Eröffnungsbilanz zugrunde zu legende Bilanz auf Grund der Vorschriften über den Lastenausgleich berichtigt werden muß (§ 14), so kann ein ausgeschiedener Genosse, dessen Auseinandersetzung mit der Genossenschaft die Eröffnungsbilanz oder eine spätere Jahresbilanz zugrunde zu legen ist, die Auszahlung seines Geschäftsguthabens erst nach Vornahme der Berichtigung verlangen.

(3) Bei Einstellung eines Kapitalentwertungskontos oder eines Kapitalverlustkontos ist ein etwaiges Geschäftsguthaben eines ausscheidenden Genossen um den auf ihn entfallenden Teil des Betrages des Kapitalentwertungskontos oder Kapitalverlustkontos im Verhältnis zum Gesamtbetrag der Geschäftsguthaben zu kürzen. Das Kapitalentwertungskonto oder Kapitalverlustkonto ermäßigt sich um diesen Teilbetrag.

(4) Solange ein Kapitalverlustkonto eingestellt ist, gilt die zeitliche Beschränkung der Beitragspflicht der ausgeschiedenen Genossen nach § 115 b des Genossenschaftsgesetzes auf die innerhalb der letzten achtzehn Monate vor der Eröffnung des Konkursverfahrens ausgeschiedenen Genossen nicht.

Das Ausscheiden von Genossen

1. Ausscheiden zum Schlusse eines Geschäftsjahres

Jeder Genosse kann durch Aufkündigung seinen Austritt aus der Genossenschaft erklären (§ 65 Abs. 1 GenGes.). Die Rücksichtnahme auf einen ungestörten Geschäftsgang der Genossenschaft erfordert es aber, daß die

Aufkündigung nur zum *Schlusse eines Geschäftsjahres* zulässig ist (§ 65, Abs. 2 GenGes.). Durch § 72, Abs. 1, Satz 1 ist klargestellt, daß die Verbindung eines Geschäftsjahres mit einem Rumpfgeschäftsjahr gemäß §§ 2 und 3 der 17. und der 26. Durchführungsverordnung zum Umstellungsgesetz an dem Ausscheiden zu dem Schluß des bisherigen Geschäftsjahres nichts ändert. Der bisherige Termin, zu dem den Genosse ausscheiden konnte, bleibt also bestehen. Für die *Auseinandersetzung* sind die Reichsmarkschlußbilanz oder die Eröffnungsbilanz oder die erste Jahresbilanz in Deutscher Mark maßgebend, je nachdem ob das Ausscheiden bis zum 20. Juni oder 30. Juni 1948 oder danach erfolgt.

2. *Die Auseinandersetzung mit dem ausscheidenden Genossen*

Gemäß § 73, Abs. 2 GenGes. erfolgt die Auseinandersetzung auf Grund der Bilanz. Das Geschäftsguthaben ist hiernach innerhalb von sechs Monaten nach dem Ausscheiden auszuzahlen. Diese Frist kann infolge der *Neufestsetzung* nicht eingehalten werden und wird daher durch eine Frist von einem Monat nach Ablauf der Frist zur Feststellung der maßgebenden Bilanz ersetzt. Die zu erwartende Berichtigung der Bilanz auf Grund der Vorschriften über den Lastenausgleich (vgl. § 14 und § 47) führt dazu, daß der ausscheidende Genosse, soweit für sein Auseinandersetzungsguthaben die Eröffnungsbilanz oder eine spätere Jahresbilanz zugrunde zu legen ist, die Auszahlung seines Geschäftsguthabens erst *nach Vornahme der Berichtigung* verlangen kann. Dies gilt jedoch nicht für andere Berichtigungen als die, die auf Grund des Lastenausgleichs vorgenommen werden.

3. *Die Wirkung des Kapitalverlustkontos auf das Geschäftsguthaben*

Das Bestehen eines Kapitalverlustkontos (§ 38) wirkt auf das Geschäftsguthaben eines ausscheidenden Genossen dahin, daß es sich entsprechend *vermindert*. Die Nachhaftung der ausgeschiedenen Genossen gemäß § 115 b GenGes. beschränkt sich, solange das Kapitalverlustkonto besteht, nicht auf die innerhalb der letzten 18 Monate vor Eröffnung des Konkursverfahrens ausgeschiedenen Genossen, sondern umfaßt auch die vorher ausgeschiedenen. Mit Tilgung des Kapitalverlustkontos setzt die Geltung der Frist des § 115 b wieder ein.

ABSCHNITT V

Steuern. Gebühren

§ 73

Steuern

(1) Die aus der Eröffnungsbilanz und der Neufestsetzung sich ergebenden zahlenmäßigen Veränderungen im Vermögen der im § 1 bezeichneten natürlichen und juristischen Personen und deren Gesellschafter begründen für die Steuern vom Einkommen, Ertrag und Vermögen keine Steuerpflicht. Dies gilt namentlich für Vermögensteile, die

1. einer Rücklage zugewiesen werden oder
2. durch Auflösung bisher bestehender stiller Rücklagen (z. B. bei Unterbewertungen) in Erscheinung treten,

wenn diese Vermögensteile schon vor dem Zeitpunkt der Neufestsetzung Betriebsvermögen gewesen sind. Die Heranziehung zu einem späteren Lastenausgleich bleibt unberührt.

(2) Die aus der Neufestsetzung sich ergebenden zahlenmäßigen Veränderungen im Vermögen der im § 35 bezeichneten Gesellschaften und deren Gesellschafter und im Vermögen der Genossenschaften und deren Genossen unterliegen nicht den Steuern vom Kapitalverkehr.

(3) Wird in den Fällen der §§ 36, 37 ein Kapitalentwertungskonto in die Eröffnungsbilanz eingestellt, so sind die zu seiner Tilgung verwandten Beträge bei der Ermittlung des Einkommens nicht abzugsfähig.

(4) In den Fällen des § 47 Abs. 1 begründen Werterhöhungen für die Steuern vom Einkommen, Ertrag und Vermögen keine Steuerpflicht.

(5) In der den Steuerbehörden vorzulegenden Eröffnungsbilanz sind die nach § 47 berichtigungsfähigen Wertansätze sowie die Wertansätze, die sich auf ein außerhalb des Währungsgebietes betriebenes Gewerbe beziehen, gesondert auszuweisen.

(6) Für Verluste aus Wirtschaftsjahren, die vor dem 21. Juni 1948 geendet haben, ist bei der Veranlagung zur Einkommensteuer und Körperschaftssteuer für Veranlagungszeiträume, die nach dem 20. Juni 1948 beginnen, ein Verlustabzug (§ 10 Abs. 1 Ziffer 4 des Einkommensteuergesetzes in der bis zum Inkrafttreten des Gesetzes Nr. 64 zur vorläufigen Neuordnung von Steuern vom 22. Juni 1948 geltenden Fassung) nicht zulässig.

(7) Macht ein Steuerpflichtiger von der Möglichkeit Gebrauch, gemäß § 3 der Siebzehnten Durchführungsverordnung zum Umstellungsgesetz (Reichsmarkabschluß und Geschäftsjahr) einen Teil des Geschäftsjahres mit dem folgenden Geschäftsjahr zu verbinden, so findet § 3 des Zweiten Gesetzes zur vorläufigen Neuordnung von Steuern entsprechende Anwendung.

Die steuerlichen Auswirkungen

1. Grundsatz der Steuerfreiheit

Durch § 73 Abs. 1 ist klargestellt, daß die „zahlenmäßigen Veränderungen", die sich aus der Eröffnungsbilanz und der Neufestsetzung des Kapitals ergeben, keine Steuerpflicht hinsichtlich Einkommen, Ertrag und Vermögen begründen. Dementsprechend wird auch in § 73, Abs. 2 bestimmt, daß bei den in § 35 bezeichneten Kapitalgesellschaften (Aktiengesellschaft, Kommanditgesellschaft auf Aktien und GmbH.) sowie bei ihren Gesellschaftern und bei den Genossenschaften und deren Genossen keine Kapitalverkehrssteuern zu erheben sind.

2. Maßgeblichkeit der Handelsbilanz für die Steuerbilanz

Die Eröffnungsbilanz ist eine Handelsbilanz. Die Bewertungsvorschriften sollen eine Ueberwertung im Interesse der Gesellschaften und ihrer Gläubiger verhindern, während eine geringere Bewertung den handelsrechtlichen Vorschriften nicht zuwiderläuft. Ein vorsichtiger Kaufmann wird geneigt sein, durch vorsichtige Bewertung von Aktiven, Vornahme von Rückstellungen und dgl. stille Reserven zu schaffen, die eine Sicherung für die Zeiten bilden, in denen Verluste entstehen. Die Interessen des Steuerfiskus stimmen an sich mit denen der Gesellschaft und ihrer Gläubiger überein, denn auch der Steuerfiskus muß Wert darauf legen, daß die Gesellschaft auch für schlechte Zeiten Reserven hat, die dazu verwendet werden können, solche Zeiten zu überwinden. Dagegen hat der Steuerfiskus das Interesse, daß eine unnötige Aufspeicherung von Gewinnen in der Gesellschaft unter Nichtzahlung der Steuern auf den Gewinn unterbleibt, daß also solche Reserven nicht durch willkürliche Unterbewertung von Aktiven geschaffen werden. Wenn sich die Steuerbilanz auf der Handelsbilanz aufbaut, so kann daher nur eine solche Handelsbilanz zu Grunde gelegt werden, die nicht durch willkürliche Unterbewertung von Aktiven oder Ueberbewertung von Passiven verfälscht ist, sondern die in der Bewertung dem Grundsatz der Bilanzwahrheit Rechnung trägt (§ 162 Abgabenordnung, § 5 Eink.-StG.).

Infolge der Maßgeblichkeit der Handelsbilanz für die Steuerbilanz gelten die einzelnen Bilanzansätze der Handelsbilanz auch für die Steuerbilanz. Es kann also beispielsweise nicht das Warenkonto in der Handelsbilanz um einen bestimmten Betrag höher als in der Steuerbilanz und dafür das Debitorenkonto in der Steuerbilanz zum Ausgleich um den gleichen Betrag niedriger als in der Handelsbilanz ausgewiesen werden. Dieser Grundsatz der Maßgeblichkeit der Handelsbilanz für die Steuerbilanz gilt auch für die Eröffnungsbilanz. Daher gelten die Bewertungsvorschriften auch für diese. Der Sinn und Zweck dieser Bewertungsvorschriften ist der, für die Eröffnungsbilanz auch bei den Gesellschaften eine Uebereinstimmung zwischen Handels- und Steuerbilanz herbeizuführen, bei denen bisher die Steuerbilanz von der Handelsbilanz abwich.

3. Die Auflösung stiller Reserven

Die Steuerfreiheit gilt auch für den Fall, daß die Eröffnungsbilanz stille Reserven aufzeigt. Wenn also beispielsweise Inventurgegenstände in der Reichsmarkschlußbilanz auf 1 RM abgeschrieben waren, obwohl sie noch einen Handelswert hatten, so können sie in der Eröffnungsbilanz mit einem höheren Wert eingesetzt werden, ohne daß dies steuerliche Folgen hat. Von dem neuen Wert kann wiederum abgeschrieben werden, so daß auf den gleichen Gegenstand Abschreibungen in Reichsmark und nach der Neufestsetzung in Deutscher Mark zulässig sind. Dies gilt sowohl für die

Handels- wie für die Steuerbilanz und auch für den Fall, daß die Abschreibung früher nicht in gleichbleibenden regelmäßigen Beträgen, sondern in einem größeren Betrag kurz vor der Aufstellung der Eröffnungsbilanz gemacht wurde.

Voraussetzung dieser steuerlichen Vergünstigung ist, daß die Vermögensteile schon vor der Neufestsetzung Betriebsvermögen gewesen sind. Wenn also anläßlich der Aufstellung der Eröffnungsbilanz das Betriebsvermögen durch Hinzunahme von Gegenständen erweitert wird, die bisher nicht dazugehörten, beispielsweise durch Wirtschaftsgüter aus dem Privatvermögen, so gilt die Steuervergünstigung für diese Wirtschaftsgüter nicht, sondern sie sind mit dem Teilwert im Zeitpunkt der Zuführung, höchstens aber den Anschaffungs- oder Herstellungskosten anzusetzen (§ 73, Abs. 1).

4. Steuerfreie Auflösung stiller Rücklagen nur für buchführungspflichtige Kaufleute

Die Steuervergünstigung gilt nur für Kaufleute, die zur Führung von Handelsbüchern verpflichtet sind (§ 1), denn nur sie haben eine Eröffnungsbilanz im Sinne des Gesetzes aufzustellen. Daher genießen nichtbuchführungspflichtige Kaufleute (wie z. B. Minderkaufleute nach § 4 HGB) nicht den Vorteil der steuerfreien Verwirklichung der stillen Rücklagen. Das gleiche gilt für Kannkaufleute des § 3, Abs. 2 HGB sowie für Angehörige der freien Berufe, wie z. B. Aerzte und Rechtsanwälte (vgl. § 1).

5 Geringere Werte in der Eröffnungsbilanz als in der Reichsmarkschlußbilanz

Entsprechend der Nichtberücksichtigung von Gewinnen, die sich aus der Höherbewertung von Wirtschaftsgütern in der Eröffnungsbilanz gegenüber der Reichsmarkschlußbilanz ergibt, werden auch Verluste, die sich aus einer niedrigeren Bewertung ergeben, sicherlich nicht berücksichtigt. Trotz der Bestimmung des § 10, Abs. 1 Ziffer 4 des Einkommensteuergesetzes kann ein Verlust nicht vorgetragen werden (§ 73, Abs. 6).

6. Nichtabzugsfähigkeit von Tilgungsbeträgen für das Kapitalentwertungs- und das Kapitalverlustkonto

Im Falle der Bildung von Kapitalentwertungskonten können die Beträge, die zu ihrer Tilgung verwendet werden, bei der Ermittelung des Einkommens nicht abgezogen werden. Ebensowenig ist ein Verlustabzug zulässig. Diese Regelung rechtfertigt sich dadurch, daß es sich hier um Konten handelt, die keine wirklichen Aktivwerte darstellen, sondern nur zu dem Zweck gebildet worden sind, um das Grund- bzw. Stammkapital in ausreichender Höhe ausweisen zu können, ohne daß sich eine Unterbilanz ergibt. Die Tilgung dieser Konten bedeutet also gleichzeitig eine Wiederauffüllung des Kapitals auf die in der Bilanz ausgewiesene Höhe. Dies kann nicht unter einer steuerlichen Anerkennung eines Abzuges für solche Leistungen geschehen, vielmehr müssen diese Tilgungsbeträge nicht abzugsfähig sein (§ 73, Abs. 3).

7. Steuerliche Behandlung der Berichtigung von Wertansätzen

Die Steuerfreiheit von Wertberichtigungen auf Grund des § 47, Abs. 1 entspricht dem Grundsatz der Steuerfreiheit für die Auflösung von stillen Rücklagen. Es kann steuerlich keinen Unterschied machen, ob ein Wirtschaftsgut vorläufig nur mit einem Erinnerungswert und später mit einem höheren Wert angesetzt wird oder ob es von vornherein in der Eröffnungsbilanz höher bewertet wird als in der Reichsmarkschlußbilanz. Wenn im letzteren Falle Steuerfreiheit zugestanden wird (§ 73, Abs. 1), so muß dies auch für den Fall einer späteren Höherbewertung gelten (§ 73, Abs. 4). Um eine Uebersicht über die in Frage kommenden Werte zu erhalten, sind diese Werte gesondert auszuweisen, insbesondere soweit sie außerhalb des Währungsgebietes betriebenen Gewerben dienen (§ 73, Abs. 5).

8. Die Verbindung des Rumpfgeschäftsjahres mit dem folgenden Geschäftsjahr

a) Die Regelung des § 3 der 17. Durchführungsverordnung (alte Fassung)

Die 17. DVO bestimmt in § 2, daß für die Aufstellung der Reichsmarkschlußbilanz zum 20. Juni 1948 ein zwischen dem 1. Januar und dem 20. Juni 1948 abgelaufenes Geschäftsjahr mit dem Rumpfgeschäftsjahr, das bis zum 20. Juni 1948 läuft, verbunden werden kann, ohne daß es einer Beschlußfassung über die Verlegung oder Verlängerung des Geschäftsjahres bedarf. Als Folge dieser Regelung ist es anzusehen, wenn in § 3 bestimmt wird, daß ein nach dem 20. Juni 1948 und vor dem 30. Juni 1949 ablaufendes Geschäftsjahr in der Weise verlängert werden kann, daß es am 31. Dezember 1948 oder am 30. Juni 1949 endet. Diese Regelung hätte zur Folge gehabt, daß sich für diese beiden Abschlußtage die Bilanzarbeiten häufen und daß infolge eines in vielen Fällen mit dem Geschäftsjahr nicht übereinstimmenden neuen Abschlußtages neue Rumpfgeschäftsjahre gebildet werden müssen, was sowohl steuerlich wie auch im betriebswirtschaftlichen Interesse unerwünscht ist. Wenn beispielsweise ein Geschäftsjahr am 31. Januar 1949 abläuft, so würde es bis zum 30. Juni 1949 verlängert werden können. Dies hätte jedoch zur Folge, daß für die Zeit vom 1. Juli 1949 bis zum 31. Januar 1950 ein neues Rumpfgeschäftsjahr entsteht. Unter Berücksichtigung des § 2 würde also der Zeitraum vom 1. Februar 1947 bis zum 31. Januar 1950 aus drei ungleichen Geschäftsjahren bestehen (1. 2. 47 bis 20. 6. 48, 21. 6. 48 bis 30. 6. 49 und 1. 7. 49 bis 31. 1. 50).

b) Die Regelung nach der 26. Durchführungsverordnung zum Umstellungsgesetz

Mit Rücksicht auf die Nachteile, die sich aus § 3 der 17. Durchführungsverordnung ergeben, ist diese Bestimmung durch die 26. Durchführungsverordnung zum Umstellungsgesetz dahingehend abgeändert worden, daß kein einheitlicher neuer Abschlußtag bestimmt wird, sondern daß die Rumpfgeschäftsjahre, die in der Zeit vom 21. Juni und dem 31. Dezember 1948 enden, mit dem folgenden Geschäftsjahre verbunden werden. Wenn also beispielsweise ein Rumpfgeschäftsjahr am 31. Januar 1949 endet, so kann es mit dem folgenden Geschäftsjahr nicht verbunden werden, auch ist die Bildung eines einmalig am 30. Juni 1949 endenden Geschäftsjahres infolge der Aenderung des § 3 der 17. Durchführungsverordnung nicht zulässig. Endet dagegen das am 21. Juni 1948 begonnene Rumpfgeschäftsjahr am 31. Dezember 1948, so kann es mit dem folgenden Geschäftsjahr zu einem einheitlichen Geschäftsjahr, das vom 21. Juni 1948 bis zum 31. Dezember 1949 läuft, verbunden werden.

Einer Beschlußfassung der Hauptversammlung bzw. bei Gesellschaften mit beschränkter Haftung der Gesellschafterversammlung über eine solche

Verbindung des Rumpfgeschäftsjahres mit dem folgenden Geschäftsjahre bedarf es nicht, wohl aber bei Personengesellschaften, also offenen Handelsgesellschaften und Kommanditgesellschaften. Für die Verbindung der beiden Geschäftsjahre miteinander genügt bei juristischen Personen die Entscheidung der gesetzlichen Vertreter. Bei Vorhandensein mehrerer gesetzlicher Vertreter muß Uebereinstimmung aller gefordert werden. Im Falle der Nichteinigung muß die Entscheidung durch Beschlußfassung der Haupt- bzw. der Gesellschafterversammlung getroffen werden. Das Erfordernis der Uebereinstimmung mehrerer gesetzlicher Vertreter ergibt sich daraus, daß auch bei anderen der Geschäftsführung obliegenden Pflichten, wie z. B. der Pflicht zur Bilanzaufstellung gemäß § 41, Abs. 2 des GmbH-Gesetzes, übereinstimmende Mitwirkung aller Geschäftsführer erforderlich ist. Da die Entscheidung über die Verbindung der Geschäftsjahre dem Registergericht bis zum 30. September 1949 angezeigt sein muß, wird die Entscheidung der gesetzlichen Vertreter bzw. die Beschlußfassung der Gesellschafter-Versammlungen von Personengesellschaften beschleunigt herbeigeführt werden müssen. Die Anzeigepflicht gilt nicht nur für juristische Personen, sondern auch für Personengesellschaften und Einzelkaufleute, deren Firma im Handelsregister eingetragen ist. Bei Nichtverbindung der Geschäftsjahre beginnen die Fristen für die Aufstellung, Vorlegung, Feststellung und Veröffentlichung des ersten Jahresabschlusses in Deutscher Mark am 1. September 1949. Hierdurch ist in der 26. Durchführungsverordnung gleichzeitig für die Aufstellung der Eröffnungsbilanz ein Termin gesetzt, denn der Jahresabschluß setzt die Aufstellung der Eröffnungsbilanz voraus. Da § 82, Abs. 2 die Fristen des § 3, Abs. 2, 3 und 5 verändert, muß auch für den ersten Jahresabschluß eine entsprechende Verschiebung der Frist zulässig sein.

c) Die Wirksamkeit von vorher getroffenen Entscheidungen

In der 26. Durchführungsverordnung, Artikel II, ist bestimmt, daß Entscheidungen, die auf Grund des § 3 der 17. DVO in der bisherigen Fassung bereits getroffen sind, wirksam bleiben. Voraussetzung ist, daß die Entscheidung vor Inkrafttreten der 26. Durchführungsverordnung (20. Juni 1949) getroffen worden ist. Die Anzeige an das Registergericht hierüber kann auch danach erfolgen, denn in der bisherigen Fassung des § 3 ist hierfür keine Frist gesetzt, § 3, Abs. 1, Satz 2 verweist vielmehr auf § 2, Satz 3, der für die Anzeige keine Frist vorsieht.

Bei juristischen Personen genügt also das vorherige Sichschlüssigwerden der gesetzlichen Vertreter über die Verbindung der Geschäftsjahre, während bei Personengesellschaften eine Beschlußfassung der Gesellschafterversammlung erforderlich ist. Bei Einzelfirmen genügt das vorherige Sichschlüssigwerden des Inhabers. Trotz der weitgehenden Aenderung des § 3 der 17. DVO zum Umstellungsgesetz durch die 26. Durchführungsverordnung wird mit Rücksicht auf die Bestimmung des Art. II der 26. Durchführungsverordnung die Bestimmung des § 3 in der bisherigen Fassung in vielen Fällen anwendbar bleiben.

Dies ist besonders für die Unternehmungen von Bedeutung, deren Rumpfgeschäftsjahr bald nach dem 31. Dezember 1948 abläuft, da sie dann die im allgemeinen besseren Ertragsverhältnisse des zweiten Halbjahres 1948 mit den schlechteren des ersten Halbjahres 1949 ausgleichen können, also ein geringerer Gewinn zum 30. Juni 1949 entsteht, während bei Bilanzierung zu einem Zeitpunkt bald nach dem 31. Dezember 1948, z. B. zum 31. Januar 1949, ein hoher Gewinn entstehen würde, der durch spätere Verschlechterung der Ertragslage nicht ausgeglichen werden könnte.

d) Die Veränderung des Geschäftsjahres nach allgemeinen Vorschriften

Durch die 17. und 26. Durchführungsverordnung wird die Veränderung des Geschäftsjahres nach allgemeinen Vorschriften nicht ausgeschlossen, vielmehr regeln die 17. und 26. Durchführungsverordnung nur eine einmalige Aenderung des Rechnungsjahres, indem sie in Abweichung von der Bestimmung des § 39, Abs. 2 unter bestimmten Voraussetzungen zulassen, daß das Geschäftsjahr in diesem einmaligen Falle die Dauer von zwölf Monaten überschreitet. Will ein Kaufmann aus Anlaß der veränderten Verhältnisse oder aus sonstigen Gründen sein Geschäftsjahr verlegen, so kann er dies tun. Eine solche Verlegung hat aber nur dann steuerliche Wirkung, wenn sie beibehalten wird und es sich nicht um eine einmalige Maßnahme handelt, die durch besondere erhoffte Steuervorteile bedingt war und bald wieder rückgängig gemacht werden soll. Auch für die Steuerbilanz gilt die Bestimmung, daß sie sich auf einen Zeitraum von nicht mehr als 12 Monaten erstrecken soll (RFH in JW 1929, S. 1413). Wenn also durch die Verlegung des Geschäftsjahrs ein längerer Zeitraum als 12 Monate entstehen würde, so muß dieser durch die Bildung eines Rumpfgeschäftsjahres unterteilt werden. Will ein Kaufmann auf ein anderes Geschäftsjahr übergehen, so kann er dies in der Weise tun, daß er ein anderes Rumpfgeschäftsjahr bildet, als sich unter Zugrundelegung des bisherigen Geschäftsjahres ergibt. Er kann also beispielsweise, wenn sein Geschäftsjahr bisher vom 1. Februar bis zum 31. Januar lief, schon mit Wirkung zum 31. Dezember 1948 auf das Kalenderjahr übergehen, jedoch läuft das Rumpfgeschäftsjahr stets vom 21. Juni 1948 ab. In einem solchen Falle würde er sein Geschäftsjahr 1949 mit dem Rumpfgeschäftsjahr 1948 gemäß der 26. Durchführungsverordnung verbinden können. Nach der 26. Durchführungsverordnung läuft die Frist für die Aufstellung, Vorlegung, Feststellung und Veröffentlichung des ersten Jahresabschlusses in Deutscher Mark im Falle einer Verbindung des Rumpfgeschäftsjahres mit dem folgenden Geschäftsjahr nicht vom 1. Juli 1949, sondern vom Ablauf des verbundenen Geschäftsjahres ab.

e) Die steuerliche Folge der Verbindung von Geschäftsjahren

Da im allgemeinen das zweite Halbjahr 1948 ungewöhnlich hohe Konjunkturgewinne aufweist, während im ersten Halbjahr 1949 ein Konjunkturrückgang zu verzeichnen ist, der auch im zweiten Halbjahr 1949 anhält, werden durch die Verbindung des am 31. Dezember 1948 ablaufenden Rumpfgeschäftsjahres mit dem Geschäftsjahr 1949 — falls dieses mit dem Kalenderjahr übereinstimmt — Härten vermieden, die sich bei einer getrennten steuerlichen Behandlung dieser beiden Geschäftsjahre ergeben würden. Die Anwendbarkeit der Bestimmung der 26. Durchführungsverordnung auf die Steuerbilanz ergibt sich — nach dem allgemeinen Grundsatz der Ableitung der Steuerbilanz aus der entsprechend den handelsrechtlichen Bestimmungen aufgestellten Handelsbilanz — aus § 73, Abs. 7, der auf die Bestimmung des § 3 des Zweiten Gesetzes zur vorläufigen Neuordnung von Steuern vom 20. April 1949 (Gesetzblatt der Verwaltung des Vereinigten Wirtschaftsgebietes vom 25. Mai 1949, Nr. 15, S. 69 ff.), verweist. Dieser lautet wie folgt:

„In den Fällen des § 2 Absatz 5 des Einkommensteuergesetzes und des § 5 Absatz 2 des Körperschaftssteuergesetzes ist der Gewinn aus Wirtschaftsjahren, die vom Kalenderjahr abweichen, nach dem zeitlichen Anteil auf den Veranlagungszeitraum vom 21. Juni 1948 bis 31. Dezember

1948 und auf das Kalenderjahr 1949 aufzuteilen, wenn das vom Kalenderjahr abweichende Wirtschaftsjahr vor dem 31. Dezember 1948 begonnen hat und im Jahre 1949 endet."

Die Worte „und im Jahre 1949 endet" besagen, daß sich die Bestimmung auch auf Wirtschaftsjahre bezieht, die vom Kalenderjahre abweichen, weil sie — wie das D-Markbilanzgesetz in § 1 bestimmt — am 21. Juni 1948 beginnen und entsprechend der 26. Durchführungsverordnung infolge der Verbindung des Rumpfgeschäftsjahres mit dem folgenden Geschäftsjahr „im Jahre 1949 enden". In solchen Fällen bestimmt die oben zitierte Vorschrift, daß der ganze Gewinn pro rata temporis auf die Zeit vom 21. Juni bis 31. Dezember 1948 aufzuteilen ist. Es wird also ein hoher Gewinn im zweiten Halbjahr 1948 mit einem niedrigen Gewinn oder einem Verlust im Jahre 1949 ausgeglichen, was zu einer günstigen Berechnung der Einkommen- bzw. Körperschaftssteuer führt.

Wenn beispielsweise im zweiten Halbjahr 1948 der Gewinn 30 000 DM betragen hat, der Gewinn für 1949 aber nur 12 000 DM, dann wäre ohne eine Verbindung der beiden Geschäftsjahre eine verhältnismäßig hohe Einkommensteuer für das zweite Halbjahr 1948 zu zahlen, während bei einer Zusammenlegung der beiden Gewinne und entsprechenden Aufteilung des Gesamtbetrages von 42 000 DM auf die beiden Zeiträume ein wesentlich geringerer Betrag auf das zweite Halbjahr 1948 entfällt und die hohen Einkommensteuer-Stufen nicht erreicht werden. Es würden etwa ein Drittel, also 14 000 DM, auf das zweite Halbjahr 1948 und etwa zwei Drittel, also 28 000 DM, auf das Jahr 1949 entfallen. Der Gesamtbetrag der Einkommensteuer ist bei dieser Berechnung wesentlich niedriger als bei einer Berechnung entsprechend dem tatsächlichen Anfall des Einkommens in den beiden Zeiträumen. Für die Körperschaftssteuer besteht die Möglichkeit des Ausgleichs in dem Falle, daß im Jahre 1949 Verluste entstanden sind. Diese werden von dem Gewinn aus dem 2. Halbjahr 1948 in Abzug gebracht, mindern also den aufzuteilenden Gesamtbetrag des Gewinnes und damit die Körperschaftssteuer.

§ 74

Handelsrechtliche Wertansätze als steuerliche Ausgangswerte

(1) Die für die einzelnen Vermögensgegenstände nach den Vorschriften dieses Gesetzes in die Eröffnungsbilanz eingestellten Werte sind auch für die Steuern vom Einkommen und Ertrag zu Grunde zu legen.

(2) Die Berichtigung von Wertansätzen nach § 47 führt zu einer Berichtigung der steuerlichen Eröffnungsbilanz der Kapitalgesellschaften und der Genossenschaften.

(3) Bei den übrigen Steuerpflichtigen, auf die dieses Gesetz Anwendung findet, können die in § 47 aufgeführten Wertansätze gleichfalls mit Wirkung für die steuerliche Eröffnungsbilanz berichtigt werden. § 73 Abs. 5 findet entsprechend Anwendung.

(4) Die Vorschriften der §§ 5 bis 34 dieses Gesetzes finden bei den Steuern vom Einkommen und Ertrag für die auf den

21. Juni 1948 aufzustellende steuerliche Bilanz der Steuerpflichtigen, die nicht unter § 1 dieses Gesetzes fallen, aber ihren Gewinn nach § 4 Abs. 1 des Einkommensteuergesetzes durch Bestandsvergleich ermitteln, sinngemäße Anwendung.

Die Handelsbilanz als steuerlicher Ausgangswert

1. Abschreibungen

Durch § 74 wird bestimmt, daß die Werte, die in die Eröffnungsbilanz eingesetzt sind, einschließlich der Berichtigungen nach § 47, die Grundlage für die künftigen Abschreibungen bilden, und zwar sowohl in handels- wie in steuerrechtlicher Hinsicht. Die Abschreibungssätze richten sich nach der mutmaßlichen Lebensdauer des einzelnen Wirtschaftsgutes. Die neuen Abschreibungen laufen vom Tage der Eröffnungsbilanz an und sind alljährlich gleichmäßig durchzuführen. Die Berichtigung nach § 47 führt bei Kapitalgesellschaften und Genossenschaften zwangsläufig zu einer Berichtigung der steuerlichen Eröffnungsbilanz, während bei den übrigen Steuerpflichtigen nur die Möglichkeit hierfür besteht.

2. Keine steuerliche Rückwirkung der Eröffnungsbilanz

Die Eröffnungsbilanz kann vielfach stille Reserven aufdecken die dadurch entstanden sind, daß in der Vergangenheit höhere Abschreibungen vorgenommen worden sind als der Lebensdauer des Wirtschaftsgutes entsprach. Wenn auch daraus gefolgert werden kann, daß in den früheren Jahren höhere Gewinne entstanden sind als bilanzmäßig ausgewiesen und versteuert, so erhöht eine solche Aufdeckung stiller Reserven den steuerlichen Gewinn nicht nachträglich, denn die Eröffnungsbilanz dient nur als die Ausgangsbilanz für die sich von diesem Bilanzstichtage ab entwickelnden Erträge, stellt aber keine Schlußbilanz für die Erträge vor der Währungsumstellung dar. Diese werden vielmehr durch die Reichsmarkschlußbilanz zum 20. Juni 1948 und durch die vorhergehenden Bilanzen ermittelt.

3. Werte der Eröffnungsbilanz als Höchstwerte

Ueber die Werte der Eröffnungsbilanz darf nicht hinausgegangen werden, auch nicht bei nicht abnutzbaren Wirtschaftsgütern des Anlagevermögens und bei Wirtschaftsgütern des Umlaufvermögens, wenn der Wert nach dem Stichtage der Eröffnungsbilanz über den Wert an diesem Tage steigt. Im Falle der Veräußerung eines Betriebes oder Betriebsteiles oder einzelner betrieblicher Wirtschaftsgüter sind für die Ermittelung des Veräußerungsgewinnes gleichfalls die bis zur Veräußerung fortgeführten Bilanzwerte zugrunde zu legen.

4. Die Gewinnermittlung nach § 4, Abs. 1 EinkStGes. durch Bestandsvergleich

Durch § 74, Abs. 4 wird der Kreis der Personen, der steuerlich un[ter] die Bestimmungen des D-Markbilanzgesetzes fällt, erweitert. Die hande[ls]rechtlichen Wertansätze bilden die steuerlichen Ausgangswerte für d[ie] Steuern von Einkommen und Ertrag für die in § 1 genannten Personen un[d] Gesellschaften. Darüber hinaus gelten die Bewertungsvorschriften (§§ [...] bis 34) aber auch für die Steuerbilanz der Steuerpflichtigen, die ihren Gewinn nach § 4, Abs. 1 EinkStGes. durch Bestandsvergleich ermitteln. Hierzu gehören alle Land- und Forstwirte, Gewerbetreibenden und Angehörigen der freien Berufe, die

a) lediglich steuerrechtlich zur Führung von Büchern oder Aufzeichnungen verpflichtet sind (§§ 160 und 161 Abgabenordnung) oder

b) weder handels- noch steuerrechtlich zur Führung von Büchern verpflichtet sind, solche aber tatsächlich führen, oder

c) Bücher oder Aufzeichnungen nicht führen.

Im Falle der formell und sachlich ordnungsmäßigen Führung von Büchern wird der Gewinn unter Zugrundelegung des Ergebnisses der Buchführung für die Steuerpflichtigen zu a) und b) ermittelt, während im Falle zu c) der Gewinn geschätzt wird, falls nicht Durchschnittssätze aufgestellt sind und der Gewinn nach diesen zu ermitteln ist.

Für die Gewinnermittlung nach § 4, Abs. 1 EinkStGes. durch Vermögensvergleich ist zunächst das Betriebsvermögen am Schluß des Wirtschaftsjahres festzustellen. Von diesem Betrage ist das Betriebsvermögen abzuziehen, das am Schluß des vorangegangenenen Wirtschaftsjahres vorhanden war, wobei der Wert der Entnahmen zuzuzählen und der Wert der Einlagen abzuziehen ist. Der Anfangs- und Schlußbestand des Betriebsvermögens ergibt sich aus den ordnungsgemäß aufgestellten Bilanzen.

Die Anwendbarkeit der Bewertungsvorschriften auf die Steuerpflichtigen, die nicht unter § 1 fallen, aber ihren Gewinn durch Bestandsvergleich ermitteln, wirkt sich vor allem auf die Land- und Forstwirte, die Gewerbetreibenden sowie auf die Angehörigen der freien Berufe dahin aus, daß sie die Steuerbilanz entsprechend den Bewertungsvorschriften des D-Markbilanzgesetzes aufstellen können. Dagegen ist ihnen nicht die Möglichkeit gegeben, von der Vergünstigung des § 73, Abs. 7 (Verbindung des Rumpfgeschäftsjahres mit dem darauffolgenden Geschäftsjahr) Gebrauch zu machen.

§ 75

Ausgangswerte für die Vermögenssteuer

(1) Die für die einzelnen Vermögensgegenstände nach den Vorschriften dieses Gesetzes in die Eröffnungsbilanz eingestellten Werte sind auch für die Steuern vom Vermögen maßgebend, die unter Zugrundelegung des Stichtages vom 21. Juni 1948 veranlagt werden. Für diese Steuern sind jedoch mindestens die nach den Bestimmungen des Reichsbewertungsgesetzes maßgebenden Werte oder, wenn die sich nach diesem Gesetz ergebenden Höchstwerte niedriger sind, diese Werte anzusetzen. § 74 Abs. 2 und 3 findet entsprechende Anwendung.

(2) Die Bestimmungen des Abs. 1 sind für die in § 74 Abs. 4 genannten Steuerpflichtigen sinngemäß anzuwenden.

Die Eröffnungsbilanz als Ausgangswert für die Vermögenssteuer

Die Eröffnungsbilanz ist nicht nur für die Steuern vom Einkommen und Ertrag, sondern auch vom Vermögen maßgebend, soweit sie unter Zugrundelegung des Stichtages vom 21. Juni 1948 veranlagt werden. Diese

Veranlagung erfolgt auf Grund des § 1 des Gesetzes über die Vermögenssteuer-Veranlagung für die Zeit ab 1. Januar 1949 und die Vermögenssteuer für das 2. Kalenderhalbjahr 1948, vom 3. Juni 1949 (GesBl. der Verwaltung d. Ver. Wirtschaftsgebietes, 1949, Nr. 17, S. 83). Die Werte, die sich nach dem Reichsbewertungsgesetz ergeben, gelten jedoch als Mindestwerte.

In § 66 Abs. 2, Satz 1 des Reichsbewertungsgesetzes ist bestimmt, daß für die Bewertung der Betriebgrundstücke die besondere Bewertungsvorschrift des § 57, Abs. 3 des Reichsbewertungsgesetzes gilt Hiernach sind Betriebsgrundstücke wie Grundvermögen zu bewerten, wenn sie losgelöst von ihrer Zugehörigkeit zu dem gewerblichen Betrieb, zum Grundvermögen gehören würden. Dient das Grundstück zu mehr als der Hälfte seines Wertes dem gewerblichen Betrieb, so gilt es als Teil des gewerblichen Betriebes und als Betriebsgrundstück. Dient es nur zur Hälfte seines Wertes oder zu einem geringeren Teil dem gewerblichen Betrieb, so gehört das ganze Grundstück zum Grundvermögen. Abweichend hiervon gehört der Grundbesitz der in § 56, Abs. 1 Reichsbewertungsgesetz genannten Körperschaften und Personenvereinigungen (Kapital- und Personengesellschaften usw.) stets zu den Betriebsgrundstücken (§ 57 Reichsbewertungsgesetz). Betriebsgrundstücke, die losgelöst von ihrer Zugehörigkeit zu einem gewerblichen Betrieb, einen land- und forstwirtschaftlichen Betrieb bilden würden, sind wie land- und forstwirtschaftliches Vermögen zu bewerten (§ 57 Reichsbewertungsgesetz).

Die Höchstwerte des D-Markbilanzgesetzes ergeben sich aus § 5, Abs. 1 (allgemeiner Grundsatz), § 16, Abs. 1 (für Grundstücke innerhalb des Währungsgebietes), § 18 (für bewegliches Anlagevermögen), § 20 (für Vorratsvermögen), § 22 (für Wertpapiere) und § 23 (für eigene Aktien oder Geschäftsanteile). Handelsrechtlich kann in diesen Fällen ein geringerer Betrag als der Höchstwert angesetzt werden, jedoch wirkt dies nicht auf die Vermögenssteuer, diese richtet sich vielmehr nach den Höchstwerten, die jeweils auf Grund der Bewertungsvorschriften des D-Markbilanzgesetzes ermittelt worden sind. Bei Berichtigung von Wertansätzen nach § 47 hat diese Berichtigung nicht nur für die Handelsbilanz Bedeutung, sondern die Wertansätze, wie sie sich auf Grund des § 47 ergeben, werden auch für die Steuern vom Vermögen berücksichtigt, wobei jedoch die Werte des Reichsbewertungsgesetzes nicht unterschritten werden dürfen.

§ 76

Gebühren

(1) Gerichtsgebühren und notarielle Beurkundungsgebühren, die anläßlich der Feststellung der Eröffnungsbilanz und der Neufestsetzung nach diesem Gesetz entstehen, werden auf die Hälfte ermäßigt; übersteigt die Gebühr für die Beurkundung von Versammlungsbeschlüssen (§ 41 Abs. 4 der Kostenordnung) zweitausend Deutsche Mark, so ermäßigt sich außerdem der zweitausend Deutsche Mark übersteigende Betrag der nach Halbsatz 1 berechneten Gebühr auf ein Viertel.

(2) Die Ermäßigung gilt auch für die Gebühren, die bei einer Umwandlung von Gesellschaften entstehen, sofern die

Umwandlung nicht später als die Neufestsetzung beschlossen wird und nach der Eröffnungsbilanz das Nennkapital fünfzigtausend Deutsche Mark nicht erreicht oder das übertragene Reinvermögen der Aktiengesellschaft oder der Kommanditgesellschaft auf Aktien fünfzigtausend Deutsche Mark oder das übertragene Reinvermögen der Gesellschaft mit beschränkter Haftung zehntausend Deutsche Mark nicht erreicht. Die Ermäßigung erstreckt sich nicht auf die Gebühren, die anläßlich des Ausgleichs eines Kapitalentwertungskontos (§ 46) erwachsen.

(3) Wird ein Beschluß, für dessen Beurkundung die Gebühren nach Abs. 1 zu ermäßigen sind, zugleich mit anderen nicht unter Abs. 1 fallenden Beschlüssen beurkundet, angemeldet oder eingetragen und ist dafür eine einheitliche Gebühr zu erheben, so wird nur der Teilbetrag der Gesamtgebühr auf die Hälfte ermäßigt, der die Gebühr, die für das nicht unter Abs. 1 fallende Geschäft bei gesonderter Vornahme zu erheben wäre, übersteigt.

(4) Die Ermäßigung erstreckt sich nicht auf die Zusatzgebühr für Beurkundungen außerhalb der Gerichtsstelle und für fremdsprachliche Erklärungen (§§ 52, 53 der Kostenordnung); die Gebühr für die Beurkundung außerhalb der Gerichtsstelle darf jedoch den Betrag der für das Geschäft selbst zu erhebenden (ermäßigten) Gebühr nicht übersteigen.

(5) Zuschläge, die auf Grund landesrechtlicher Vorschriften zu den Gerichts- und Notargebühren zu erheben sind, werden von der ermäßigten Gebühr berechnet, in den Höchstbetrag aber nicht einbezogen.

(6) Die Bestimmungen über die Mindestgebühr (§ 26 Abs. 3, § 72 der Kostenordnung) bleiben unberührt.

Gebühren

1. Gerichtliche und notarielle Beurkundungsgebühren

Das D-Markbilanzgesetz hat zur Folge, daß bei Kapitalgesellschaften Beschlüsse zu fassen sind, die gerichtlich oder notariell beurkundet werden müssen. Ferner entstehen durch die Anmeldung dieser Beschlüsse zum Handelsregister und durch die Eintragung Gerichtskosten. Durch die Bestimmung, daß die gerichtlichen und notariellen Beurkundungsgebühren auf die Hälfte ermäßigt werden und daß die Gebühr für die Beurkundung von Versammlungsbeschlüssen, soweit sie 2000 DM übersteigt, nur zu einem Viertel berechnet wird, wird die Belastung der Gesellschaften durch Gebühren vermindert. Auch bei der Umwandlung von Gesellschaften (§§ 45 und 76, Abs. 3) entstehen, falls die in § 76, Abs. 2 genannten Höchstbeträge nicht erreicht werden, im allmeinen die gleichen Ermäßigungen. Dagegen tritt eine Ermäßigung dann nicht ein, wenn eine Gesellschaft ihr Kapitalentwertungskonto nicht fristgemäß getilgt hat und die Haupt- bzw. Gesellschafterversammlung Beschluß über die Maßnahmen fassen muß, die zum Ausgleich des Kapitalentwertungskontos erforderlich sind (§ 46).

2. Gebühren für Prüfung durch Abschlußprüfer

Die Neufestsetzung der Kapitalverhältnisse bei Handelsgesellschaften verursacht ferner die Entstehung von Gebühren durch die Prüfung der Eröffnungsbilanz und der Vorschläge für die Neufestsetzung durch Abschlußprüfer, sei es, daß diese Prüfung auf Grund einer durch die §§ 49 oder 50 auferlegten Pflicht erfolgt, sei es, daß sie auf Grund freiwilliger Bestellung eines Abschlußprüfers erfolgt. Die hierbei entstehenden Gebühren werden durch die Bestimmung des § 76 über die Ermäßigung von Gebühren nicht betroffen.

3. Gerichtskosten für Eintragungen

Die Ermäßigung auf Grund des § 76 beschränkt sich auf Beurkundungsgebühren. Es fallen daher nicht die sonstigen Gebühren des Registergerichts unter die Ermäßigung, ebensowenig die Gerichtskosten für Tätigkeit des Gerichts auf Grund des § 52, Abs. 4. Da diese Gebühren wesentlich geringer sind als die Beurkundungsgebühren, wird durch die Ermäßigung der Beurkundungsgebühren eine große Ersparnis an den Gesamtkosten erzielt, die durch die Neufestsetzung sonst entstanden wären.

ABSCHNITT VI

Schlußvorschriften

§ 77

Ausnahmen

(1) Dieses Gesetz findet vorbehaltlich besonderer Vorschriften keine Anwendung auf Geldinstitute, Versicherungsunternehmen und Bausparkassen, gleichviel in welcher Rechtsform diese Unternehmen betrieben werden.

(2) §§ 35 bis 59, §§ 64 bis 72, 80 sind nicht anzuwenden auf aufgelöste Aktiengesellschaften, Kommanditgesellschaften auf Aktien, Gesellschaften mit beschränkter Haftung und Erwerbs- und Wirtschaftsgenossenschaften.

(3) §§ 35 bis 59, 80 sind nicht anzuwenden auf Unternehmen, die unter das Kontrollratsgesetz Nr. 9 und das Gesetz Nr. 75 der Militärregierung fallen.

Die von der Neufestsetzung nicht betroffenen Gesellschaften

1. Geldinstitute, Versicherungsunternehmen und Bausparkassen

Für diese Unternehmen ist eine besondere Regelung zu erwarten; daher findet das D-Markbilanzgesetz auf sie nicht Anwendung.

2. Aufgelöste Gesellschaften

Die aufgelösten Gesellschaften der in § 77, Abs. 2 angegebenen Art und Rechtsform unterliegen nicht den Bestimmungen der §§ 35 bis 59, 64 bis 72 und 80, jedoch sind die §§ 60 und 61 über das Mindest-Grundkapital, den Mindestnennbetrag der Aktien und die Höchstzahl der Aufsichtsratsmitglieder auf sie anwendbar.

Die Auflösung im Sinne des § 203 AktGes. und des § 60 GmbH-Ges. bedeutet nicht die Beendigung des Bestehens der Gesellschaft, sondern lediglich den Beginn der Abwicklung (Liquidation). Die Abwickler haben für den Beginn der Abwicklung eine Eröffnungsbilanz und alsdann Jahresabschlüsse aufzustellen (§ 211 AktGes., § 69 GmbH-Ges.) Auf diese Bilanzen finden die erwähnten Bestimmungen des Abschnitt II deswegen keine Anwendung, weil es sich bei den betreffenden aufgelösten Gesellschaften nicht um solche handelt, die in ihrem Fortbestand durch die Anwendung der Sonderbestimmungen, die für bestehende Kapitalgesellschaften gelten, gefördert werden sollen. Für die Bilanzen der aufgelösten Gesellschaften gelten nur die Allgemeinen Vorschriften und die Bewertungsvorschriften des Abschnitts I.

3. I. G. Farbenindustrie und Kohlen-, Eisen- und Stahlindustrie

Die Sondervorschriften über die Neufestsetzung der Kapitalverhältnisse bei Kapitalgesellschaften finden ferner nicht auf die Unternehmungen der I. G. Farbenindustrie Anwendung, die unter das Ges. Nr. 9 betreffend die Beschlagnahme und Kontrolle der I. G. Farbenindustrie fallen. Das Gesetz Nr. 75 der Militärregierung betrifft die Entflechtung von Konzernen der Kohlen-, Eisen- und Stahlindustrie und die Kontrolle der entflochtenen Gesellschaften durch deutsche Treuhandgesellschaften. Auf die von diesem Gesetz betroffenen Unternehmungen ist das D-Markbilanzgesetz gleichfalls nicht anwendbar.

§ 78

Bereits erfolgte Aenderungen des Nennkapitals

(1) Kapitalgesellschaften, die ihr Reichsmarknennkapital in der Zeit nach dem 20. Juni 1948 auf Grund des § 2 des Währungsgesetzes währungsmäßig der Deutschen Mark angepaßt haben, sind durch diese Anpassung nicht von der Pflicht zur Neufestsetzung nach Abschnitt II befreit. Das gleiche gilt, wenn sie ihr Reichsmarknennkapital in anderer Weise als nach den Vorschriften dieses Gesetzes in Deutscher Mark festgesetzt haben.

(2) Kapitalherabsetzungen in Reichsmark oder in Deutscher Mark, die erst nach dem 21. Juni 1948 wirksam geworden sind

(§ 177 des Aktiengesetzes, §§ 58, 54 Abs. 3 des Gesetzes betreffend die Gesellschaft mit beschränkter Haftung) gelten für die Neufestsetzung als bereits am 21. Juni 1948 eingetreten.

(3) Kapitalerhöhungen in Reichsmark, die erst nach dem 21. Juni 1948 wirksam geworden sind (§ 156 des Aktiengesetzes, §§ 57, 54 Abs. 3 des Gesetzes betreffend die Gesellschaft mit beschränkter Haftung), gelten für die Umstellung als bereits am 21. Juni 1948 eingetreten.

(4) Nach dem 20. Juni 1948 beschlossene Kapitalerhöhungen in Deutscher Mark werden in die Neufestsetzung des Nennkapitals nicht einbezogen. Bei der Anmeldung und Eintragung des neuen Nennkapitals im Handelsregister ist das gemäß § 35 neu festgesetzte Nennkapital um den Betrag der Kapitalerhöhung höher anzugeben, sofern diese inzwischen wirksam geworden ist oder gleichzeitig wirksam wird.

Vor Inkrafttreten des Gesetzes durchgeführte Aenderungen des Nennkapitals

1. Aenderungen des Nennkapitals

In § 2 des Währungsgesetzes ist bestimmt, daß in den Fällen, in denen Gesetze, Verordnungen, Verwaltungsakte oder rechtsgeschäftliche Erklärungen die Rechnungseinheit Reichs-, Gold- oder Rentenmark verwenden, „vorbehaltlich besonderer Vorschriften für bestimmte Fälle" an die Stelle dieser Rechnungseinheiten die Rechnungseinheit „Deutsche Mark" tritt. Danach konnte bis zum Inkrafttreten des D-Markbilanzgesetzes das Reichsmarknennkapital im Verhältnis 1 : 1 auf Deutsche Mark gestellt werden. Auch stand es den Kapitalgesellschaften frei, ihr Kapital abweichend von dem D-Markbilanzgesetz bis zu dessen Inkrafttreten neu festzusetzen und eine andere Eröffnungsbilanz aufzustellen. Solche Maßnahmen können weder in handels- noch in steuerrechtlicher Hinsicht von Einfluß sein, sondern die Gesellschaften, die vor Inkrafttreten des D-Markbilanzgesetzes Abweichendes beschlossen haben, müssen die Neufestsetzung erneut unter Beachtung der Vorschriften des Abschnitts II durchführen. Dies ist im Interesse einer einheitlichen handels- und steuerrechtlichen Behandlung der Kapitalgesellschaften notwendig.

2. Kapitalherabsetzungen

Gemäß § 177 AktGes. ist das Grundkapital erst mit der Eintragung des Beschlusses über die Herabsetzung herabgesetzt. Dementsprechend bestimmt § 54, Abs. 3 GmbH-Ges., daß die Abänderung des Gesellschaftsvertrages keine rechtliche Wirkung hat, bevor sie in das Handelsregister des Sitzes der Gesellschaft eingetragen ist. Dies gilt auch für die Herabsetzung des Stammkapitals gemäß § 58 GmbH-Gesetz. Werden solche Kapitalherabsetzungen vor dem Inkrafttreten des D-Markbilanzgesetzes, aber nach dem 21. Juni 1948 in das Handelsregister eingetragen, so gelten sie hinsichtlich der Umstellung als bereits an diesem Tage eingetreten. Diese Regelung gilt für Kapitalherabsetzungen, die vor der Währungsumstellung beschlossen sind, in gleicher Weise wie für die nach der Währungsumstellung beschlossenen Kapitalherabsetzungen.

3. Kapitalerhöhungen

Bei der Vornahme von Kapitalerhöhungen ist zu unterscheiden zwischen der Kapitalerhöhung in Reichsmark und der in Deutscher Mark. Für erstere gilt die gleiche Regelung wie für Kapitalherabsetzungen, das heißt, sie gelten als bereits am 21. Juni 1948 eingetreten. Wird das Kapital dagegen in Deutscher Mark erhöht, so wird die Erhöhung bei der Durchführung der Neufestsetzung nicht berücksichtigt. Das Kapital ist also so neu festzusetzen, wie es ohne Einbeziehung der Erhöhung den gesetzlichen Vorschriften entspricht. Bei der Anmeldung und Eintragung des neu festgesetzten Nennkapitals im Handelsregister wirkt sich die Erhöhung dagegen in der Weise aus, daß der erhöhte Betrag dem neu festgesetzten Nennkapital zuzuschlagen ist. Dies gilt jedoch nur für solche Kapitalerhöhungen, die vor der Anmeldung der Neufestsetzung wirksam geworden, also bei Aktiengesellschaften gemäß § 156 AktGes. bei GmbH's gemäß §§ 57 und 54 GmbH-Gesetz in das Handelsregister eingetragen worden sind.

§ 79

Bereits erfolgte Aenderungen bei Genossenschaften

(1) Haben Genossenschaften die Geschäftsguthaben oder die Nennbeträge der Geschäftsanteile auf Grund des § 2 des Währungsgesetzes oder in anderer Weise als nach den Vorschriften dieses Gesetzes festgesetzt, so haben sie die Geschäftsguthaben und die Geschäftsanteile nach Abschnitt IV neu festzusetzen.

(2) Nach dem 20. Juni 1948 in das Genossenschaftsregister eingetragene oder nur beschlossene Herabsetzungen der Geschäftsanteile oder der Haftsummen sind unwirksam.

(3) Nach dem 20. Juni 1948 in das Genossenschaftsregister eingetragene oder nur beschlossene Erhöhungen der Geschäftsanteile und der Haftsummen bleiben wirksam.

Vorher durchgeführte Aenderungen der Geschäftsguthaben, Geschätsanteile oder der Haftsumme bei Genossenschaften

1. Andere Neufestsetzung von Geschäftsguthaben und Geschäftsanteilen

Hinsichtlich der Genossenschaften gilt für die Neufestsetzung der Geschäftsguthaben und der Nennbeträge das gleiche wie für die Neufestsetzung des Nennkapitals der Kapitalgesellschaften, die vor Inkrafttreten des D-Markbilanzgesetzes durchgeführt ist, nämlich, daß sie nicht berücksichtigt wird. Genossenschaften müssen also ihre Geschäftsguthaben und Geschäftsanteile auch im Falle bereits vorgenommener Umstellung erneut neu festsetzen, und zwar unter Anwendung der Bestimmungen des Abschnitt IV.

2. Veränderungen des Nennbetrages der Geschäftsanteile oder der Haftsumme

Gegenüber den Kapitalgesellschaften besteht hinsichtlich der Herabsetzung der Geschäftsanteile oder der Haftsumme ein Unterschied: Während bei den Kapitalgesellschaften die Kapitalherabsetzungen, die in Reichsmark oder Deutscher Mark nach dem 21. Juni 1948 wirksam geworden sind, berücksichtigt werden, wird bei der Genossenschaft eine solche Herabsetzung der Geschäftsanteile oder der Haftsumme nicht berücksichtigt. Dagegen bleiben Erhöhungen der Geschäftsanteile und der Haftsummen, die nach dem 20. Juni 1948 in das Genossenschaftsregister eingetragen oder beschlossen sind, wirksam.

§ 80
Auflösung

(1) Aktiengesellschaften, Kommanditgesellschaften auf Aktien und Gesellschaften mit beschränkter Haftung, die ihre Kapitalverhältnisse bis zum 31. Dezember 1950 nicht nach Abschnitt II neu festgesetzt haben, sind mit dem Ablauf dieses Tages aufgelöst. Wird die Frist zur Feststellung der Eröffnungsbilanz vom Registergericht gemäß § 3 Abs. 6 im Einzelfall über den 31. Dezember 1950 hinaus verlängert, so tritt für die Gesellschaft an Stelle des 31. Dezember 1950 der drei Monate nach Ablauf der verlängerten Frist liegende Tag. Ist der Beschluß über die Neufestsetzung vor dem 31. Dezember 1950 angefochten worden, so tritt an die Stelle des 31. Dezember 1950 der sechs Monate nach dem Tage der Rechtskraft der Entscheidung liegende Tag.

(2) Aktiengesellschaften, Kommanditgesellschaften auf Aktien und Gesellschaften mit beschränkter Haftung, deren Nennkapital nach der Neufestsetzung auf weniger als die nach § 44 Abs. 1, 2 zulässigen Mindestnennbeträge lautet und die eine Erhöhung des Nennkapitals beschlossen haben, sind außerdem mit Ablauf des 31. Dezember 1950 aufgelöst, wenn nicht die Erhöhung des Nennkapitals auf den nach § 44 Abs. 1, 2 zulässigen Mindestnennbetrag bis zu diesem Zeitpunkt wirksam geworden ist (§ 156 des Aktiengesetzes; §§ 57, 54 des Gesetzes betreffend die Gesellschaften mit beschränkter Haftung).

(3) Aktiengesellschaften, Kommanditgesellschaften auf Aktien und Gesellschaften mit beschränkter Haftung, die von der Befugnis der §§ 36, 37 Gebrauch gemacht haben, sind außerdem im Falle des § 36 mit Ablauf des 31. Dezember 1953, im Falle des § 37 mit Ablauf des 31. Dezember 1956, aufgelöst, wenn die Durchführung des Ausgleichs nach § 46 nicht bis zu diesem Zeitpunkt in das Handelsregister eingetragen worden ist.

(4) Abs. 1 Satz 1 gilt sinngemäß für Erwerbs- und Wirtschaftsgenossenschaften, wenn die nach §§ 64 ff. notwendigen Aenderungen des Statuts nicht bis zum 31. Dezember 1950 in das Genossenschaftsregister eingetragen worden sind. Abs. 3 gilt sinngemäß für Wohnungsbaugenossenschaften, die von der Befugnis des § 36 Gebrauch gemacht haben.

Die Auflösung von Kapitalgesellschaften

1. Die Fristen

Die Neufestsetzung muß bei Kapitalgesellschaften innerhalb der Frist vom 31. Dezember 1950 durchgeführt sein, andernfalls ist die betreffende Gesellschaft mit Ablauf dieses Tages aufgelöst. Dies gilt auch dann, wenn das Registergericht gemäß § 3, Abs. 6 die Frist für die Feststellung der Eröffnungsbilanz verlängert. Die Verlängerung soll nicht länger als sechs Monate betragen. Wird aber in Einzelfällen die Frist dennoch über den 31. Dezember 1950 hinaus verlängert, so ist das Kapital bis zum Ablauf des dritten Monats nach Ablauf der verlängerten Frist neu festzusetzen. Die Gesellschaft ist mit diesem Tage aufgelöst, wenn die Neufestsetzung nicht fristgemäß erfolgt ist.

Die Auflösung ist nicht mit der Beendigung der Gesellschaft gleichzusetzen. Sie bedeutet nicht das Ende der Gesellschaft, sondern lediglich der Gegenstand der Gesellschaft wird geändert. Auch die Organisation der Gesellschaft bleibt bestehen. Bei der Aktiengesellschaft wird die Abwicklung durch die Vorstandsmitglieder besorgt, falls die Satzung oder ein Beschluß der Hauptversammlung nicht andere Personen bestellt (§ 206 AktGes.). Bei der GmbH. gilt entsprechendes für die Geschäftsführer (§ 66 GmbH-Ges.). Die aufgelöste Gesellschaft besteht fort, solange Gesellschaftsvermögen vorhanden ist.

2. Die Nichterreichung des Mindest-Nennkapitals

Ein weiterer Auflösungsgrund ist der, daß eine Gesellschaft bei der Neufestsetzung den Mindest-Nennbetrag des Nennkapitals (§ 44, Abs. 1 u. 2) nicht erreicht und entweder eine Erhöhung auf den Mindestbetrag nicht beschlossen oder zwar beschlossen hat, aber die Erhöhung nicht bis zum 31. Dezember 1950 in das Handelsregister eingetragen worden ist und bei der Aktiengesellschaft außerdem die Durchführung der Erhöhung (§ 156 AktGes.). Gemäß § 57 GmbH-Ges. wird bei der GmbH. die Erhöhung angemeldet, wenn sämtliche Stammeinlagen übernommen sind; es wird also nur eine Anmeldung vorgenommen, während nach dem AktGes. (§ 156) sowohl der Erhöhungsbeschluß wie die Durchführung der Erhöhung anmeldepflichtig sind.

3. Die Nichttilgung des Kapitalentwertungskontos

Ferner wird eine Gesellschaft dann aufgelöst, wenn der Ausgleich eines nach § 36 eingerichteten allgemeinen oder nach § 37 eingerichteten außerordentlichen Kapitalentwertungskontos nicht bis zum 31. Dezember 1953 bzw. 1956 durchgeführt ist. Die Gesellschaft ist mit dem Ablauf dieses Tages aufgelöst.

4. Die Auflösung von Genossenschaften

Für Erwerbs- und Wirtschaftgenossenschaften ist bestimmt, daß die Aenderungen des Statuts betr. die Neufestsetzung der Geschäftsguthaben und der Geschäftsanteile sowie der Haftsumme (§§ 64 ff.) bis zum 31. Dezember 1950 im Genossenschaftsregister eingetragen sein muß. Andernfalls ist die Genossenschaft mit Ablauf dieses Tages aufgelöst. Die Auflösung wird in das Genossenschaftsregister eingetragen. Die Liquidation erfolgt durch den Vorstand, wenn nicht auf Grund des Statuts oder eines Beschlusses der Generalversammlung andere Personen zu Liquidatoren bestellt werden (§ 83 GenGes.).

§ 81

Wiedereinführung der Pflichtprüfung

(1) Folgende Vorschriften werden, soweit sie nicht in einzelnen Ländern bereits außer Kraft getreten sind, aufgehoben:

a) §§ 1 bis 4 der Fünften Verordnung über weitere Maßnahmen auf dem Gebiet des Handelsrechts während des Krieges vom 24. Februar 1943 (Reichsgesetzbl. I S. 117),
b) § 17 der Verordnung über Maßnahmen auf dem Gebiete des Rechts der Handelsgesellschaften und der Erwerbs- und Wirtschaftsgenossenschaften vom 4. Sept. 1939 (Reichsgesetzbl. I S. 1694),
c) Artikel I der Zweiten Verordnung über Maßnahmen auf dem Gebiet des Genossenschaftsrechts vom 19. Dezember 1942 (Reichsgesetzbl. I S. 729),
d) die Neunte Verordnung zur Durchführung der Vorschriften über die Prüfungspflicht der Wirtschaftsbetriebe der öffentlichen Hand vom 4. August 1943 (Reichsgesetzbl. I S. 454).

(2) Soweit nach Aufhebung der in Abs. 1 aufgeführten Vorschriften eine jährliche Prüfungspflicht besteht, ist jeder Jahresabschluß von Geschäftsjahren, auch solcher von Rumpfgeschäftsjahren, die nach dem 20. Juni 1948 enden, zu prüfen.

(3) Die erste Wiederprüfung von Genossenschaften nach § 53 Abs. 1 des Genossenschaftsgesetzes hat spätestens im Jahre 1950 zu erfolgen.

Die Wiedereinführung der Pflichtprüfung

1. Die Kapitalgesellschaften

Durch die Aufhebung von Verordnungen, die während des Krieges erlassen sind und im Hinblick auf die Kriegsverhältnisse das Prüfungswesen vereinfachen sollten, wird der frühere Rechtszustand auf dem Gebiete der Pflichtprüfung von Handelsgesellschaften und Genossenschaften wiederhergestellt. Die Fünfte Verordnung über weitere Maßnahmen auf dem Gebiete des Handelsrechts während des Krieges vom 24. Februar 1943 (RGBl. I, S. 117) sah vor, daß der Jahresabschluß von Aktiengesellschaften und Kommanditgesellschaften auf Aktien für das am 31. Dezember 1942 endende oder laufende Geschäftsjahr der Prüfung nach den §§ 135 bis 141 AktGes. nicht unterliegt und daß von den Jahresabschlüssen für spätere Geschäftsjahre bis auf weiteres von zwei aufeinanderfolgenden Jahresabschlüssen nur jeweils einer geprüft zu werden braucht (§ 1). Durch die Aufhebung dieser Verordnung wird die alljährliche Pflichtprüfung (§ 135 AktGes.) wieder eingeführt.

2. Die Genossenschaften

Für Genossenschaften bestimmt § 17 der Verordnung über Maßnahmen auf dem Gebiete des Rechts der Handelsgesellschaften und der Erwerbs- und Wirtschaftsgenossenschaften vom 4. September 1939 (RGBl. I, S. 1694), daß § 53, Abs. 1 GenGes. vorerst nicht mehr anzuwenden sei. Diese Bestimmung sieht die Prüfung der Einrichtungen, der Vermögenslage und der Geschäftsführung der Genossenschaft zwecks Feststellung der wirtschaftlichen Verhältnisse und der Ordnungsmäßigkeit der Geschäftsführung mindestens in jedem zweiten Jahre vor. Durch die Aufhebung des § 17 der Verordnung vom 4. September 1939 ist die Anwendbarkeit des § 53, Abs. 1 GenGes. wiederhergestellt worden. Für die Kreditinstitute in der Rechtsform der eingetragenen Genossenschaft sah § 5 der Verordnung über die Prüfung der Jahresabschlüsse von Kreditinstituten vom 7. Juli 1937 (RGBl. I, S. 763) vor, daß eine alljährliche Prüfung des Jahresabschlusses erfolgt, bevor er der Generalversammlung zur Beschlußfassung vorgelegt wird. Diese Prüfung war durch Art. I der Zweiten Verordnung über Maßnahmen auf dem Gebiet des Genossenschaftsrechts vom 19. Dezember 1942 (RGBl. I, S. 729) dahingehend abgeändert worden, daß die Prüfung nur noch alle zwei Jahre durchgeführt wird. Nunmehr ist durch die Aufhebung des Art. I der Verordnung vom 19. Dezember 1942 die alljährliche Pflichtprüfung für Kreditinstitute in der Rechtsform der eingetragenen Genossenschaft wiedereingeführt worden.

3. Die Wirtschaftsbetriebe der öffentlichen Hand

Für Wirtschaftsbetriebe der öffentlichen Hand bestimmte die Neunte Verordnung zur Durchführung der Vorschriften über die Prüfungspflicht der Wirtschaftsbetriebe der öffentlichen Hand vom 4. August 1943 (RGBl. I, S. 454), daß von zwei aufeinanderfolgenden Jahresabschlüssen jeweils nur einer geprüft zu werden braucht. Durch die Aufhebung dieser Verordnung ist auch für diese Wirtschaftsbetriebe die alljährliche Pflichtprüfung wieder eingeführt worden (vgl. „Dritte Verordnung des Reichspräsidenten zur Sicherung von Wirtschaft und Finanzen und zur Bekämpfung politischer Ausschreitungen" vom 6. Oktober 1931, Kapitel VIII „Prüfungspflicht der Wirtschaftsbetriebe der öffentlichen Hand", RGBl. I, S. 537 u. 562).

§ 82
Inkrafttreten

(1) Dieses Gesetz tritt am Tage nach seiner Verkündung in Kraft.

(2) Tritt dieses Gesetz erst nach dem 15. Juli 1949 in Kraft, so verlängern sich die im § 3 Abs. 2, 3 und 5 bestimmten

Fristen (Termine) um den Zeitraum, der zwischen dem 1. Juli 1949 und dem letzten Tage des Kalendermonats, in dem dieses Gesetz verkündet wird, liegt.

Das Inkrafttreten des Gesetzes

Das D-Markbilanzgesetz ist in der 38. Vollversammlung des Wirtschaftsrates des Vereinigten Wirtschafstgebietes am 24. Juni 1949 in dritter Lesung verabschiedet worden. Nach den Bestimmungen über den Erlaß von Gesetzen für das Vereinigte Wirtschaftsgebiet bedarf es, bevor es in Kraft tritt, der Zustimmung des Länderrates und der Genehmigung der Militärregierung. Da bei Beschlußfassung über das Gesetz im Wirtschaftsrat nicht zu übersehen war, wann das Gesetz in Kraft treten würde, anderseits aber die in § 3, Abs. 2, 3 und 5 genannten Fristen bzw. Termine kurz sind, mußten diese dann verschoben werden, wenn das Gesetz erst nach dem 15. Juli 1949 in Kraft tritt. Daher sieht § 82, Abs. 2 eine entsprechende Fristverlängerung vor. Das Gesetz ist am 30. August 1949 verkündet worden und somit gemäß § 82, Abs. 1 am 31. August 1949 in Kraft getreten. Mit Rücksicht hierauf gelten an Stelle der in § 3, Abs. 2, 3 und 5 genannten Fristen bzw. Termine die folgenden:

1. **§ 3, Abs. 2:** Die Eröffnungsbilanz ist, soweit in den folgenden Absätzen des § 3 nichts anderes bestimmt ist, spätestens bis zum 30. November 1949 festzustellen.
2. **§ 3, Abs. 3:** Für die dort genannten Gesellschaften beginnen die für die Aufstellung, Verlegung, Feststellung und Veröffentlichung des Jahresabschlusses geltenden gesetzlichen und satzungsmäßigen Fristen am 1. September 1949.
3. **§ 3, Abs. 5:** Die Eröffnungsbilanzen von Gesellschaften mit beschränkter Haftung und Genossenschaften sind spätestens bis zum 31. März 1950 festzustellen. Die Fristen der §§ 41, Abs. 4 GmbH-Ges. und § 33, Abs. 3 GenGes. zur Veröffentlichung des Jahresabschlusses werden für die Eröffnungsbilanz auf neun Monate verlängert, laufen also bis zum 31. Mai 1950.

Die Frist für die Hauptversammlung zur Feststellung des Jahresabschlusses (in den ersten sieben Monaten des Geschäftsjahres) ist durch § 82, Abs. 2 nicht verlängert worden und bestimmt sich nach § 3, Abs. 4 in Verbindung mit § 125, Abs. 5 AktGes.

Zweiter Teil

Die Umstellung von Schuldverhältnissen

Arbeitsentgelt

Gemäß § 18 UG sind Löhne und Gehälter, die nach dem 20. Juni 1948 fällig geworden sind oder fällig werden, im Verhältnis 1 : 1 umzustellen. Die Frage, welche Umstellung gilt, wenn ein Arbeitnehmer vor dem 20. Juni 1948 seinen Urlaub angetreten und sein Gehalt für die Zeit nach dem 20. Juni 1948 schon bei Antritt des Urlaubs erhalten hatte, wird von der Rechtsprechung nicht einheitlich beantwortet. Das Landes-Arbeitsgericht Bremen hat mit Recht in einem Urteil vom 4. August 1948 (Sa 14/48), darauf hingewiesen, daß durch diese Vorauszahlung der vertragliche Fälligkeitstermin vom 30. Juni 1948 auch dann nicht berührt wird, wenn der Arbeitnehmer auf Grund eines Urlaubsgesetzes oder einer Tarifordnung, auf die Auszahlung seines Gehaltes für die Zeit bis zur Beendigung des Urlaubs Anspruch hatte. Es führt aus, daß gemäß § 5 des Währungsgesetzes und § 18 UG der Arbeitnehmer, der sich zur Zeit der Währungsreform in Urlaub befindet, hinsichtlich seines Gehaltes nicht schlechter gestellt werden darf als der Arbeitnehmer, der während der Währungsreform gearbeitet hat. Die Tatsache der erhaltenen Gehaltsvorauszahlung ändere daher nichts daran, daß der Gehaltsanspruch für die Zeit nach dem 20 Juni 1948 im Verhältnis 1 : 1 umzustellen sei (vgl. Deutsche Rechtsprechung 1949, S. 492). Das Landesarbeitsgericht Düsseldorf hat dagegen durch Entscheidung vom 4. August 1948 (I Ca 592/48) eine Klage auf Umstellung des Gehaltes für die Urlaubszeit ab 21. Juni 1948 im Verhältnis 1:1 abgewiesen. Diese Entscheidung erscheint nicht zutreffend, denn der Fälligkeitstermin im Sinne des § 18 UG wird durch die Auszahlung des Gehaltes bei Urlaubsbeginn nicht vorverlegt. Diese Auffassung hat auch das Landesarbeitsgericht Frankfurt in seinem Urteil vom 14. September 1948 (II La 108/48) vertreten, und zwar hinsichtlich der Leistung von Abschlagszahlungen, indem es darauf hinweist, daß der Arbeitnehmer die Leistung erst am Monatsende fordern konnte und sie daher erst zu diesem Zeitpunkt fällig war. Das Landesarbeitsgericht Stuttgart hat in einem Urteil vom 13. November 1948 (I Sa 124/48) die Auffassung vertreten, daß bei Auszahlung des Urlaubsgeldes vor Antritt des Urlaubs der Anspruch schon vorher bestanden habe und der Betrag an diesem Tage fällig sei, doch komme eine Nachzahlung gemäß § 5 UG. in Betracht (vgl. „Der Betrieb", 1949, S. 96).

Aerztlicher Behandlungsvertrag

Das Umstellungsgesetz regelt in § 18 nur einen Teil der im Wirtschaftsleben üblichen Verträge, während eine große Zahl von Rechtsverhältnissen sich nicht oder nur schwer in die Vertragsverhältnisse des § 18 UG eingruppieren läßt. Insbesondere hat der Gesetzgeber augenscheinlich bei den Dienstverhältnissen nur an solche gedacht, bei denen die Vergütung nach Zeitabschnitten bemessen ist, denn in § 18, Abt. 1, Ziff. 1 UG ist es auf den Zeitpunkt der Fälligkeit des Gehaltes abgestellt. Dagegen behandelt § 18 UG nicht solche Dienstverträge, bei denen eine einmalige, nicht nach Zeitabschnitten bemessene Leistung die Grundlage für das zu zahlende Entgelt ist, wie z. B. bei dem ärztlichen Behandlungsvertrag oder dem Rechtsanwalts-Beratungsvertrag.

Sowohl im Schrifttum wie in der Praxis ist diese Lücke allgemein dahin ausgefüllt worden, daß man bei solchen Behandlungs- und Beratungsverträgen den Grundsatz des § 18, Abs. 1, Ziff. 2 UG analog anwendet, das heißt die Umstellung richtet sich danach, wann die Leistung bewirkt worden ist. Die Vergütung für die vor dem 21. 6. 1948 erbrachte Leistung ist im Verhältnis 10 : 1 umzustellen, und die Vergütung für die nach dem 20. Juni 1948 erbrachte Leistung ist im Verhältnis 1 : 1 umzustellen. Wenn ärztliche Behandlungsfälle in die Zeit nach dem 20. Juni 1948 hineinreichen, so sind sie grundsätzlich, falls nicht eine Teilung der Behandlungsgebühr leicht möglich ist, einheitlich in voller D-Mark zu vergüten, ebenso wie auch ein Rechtsanwalt, der in einem Rechtsstreit vor und nach dem Währungsstichtag tätig gewesen ist, wegen des Hineinragens des Rechtsstreits in die neue Währungszeit die Prozeßgebühr in D-Mark voll liquidieren darf, weil die Prozeßgebühr durch jede Prozeßtätigkeit immer wieder neu fällig wird, also nach dem 20. Juni 1948 voll in D-Mark (Beschluß des Obersten Gerichtshofes für die britische Zone vom 29. September 1948, I Z S 42/48, in NJZ, 1948, S. 653)

Aufrechnung

Die Aufrechnung ist eine besondere Art des Erlöschens von Schuldverhältnissen. Sie wird durch die Erklärung des Aufrechnenden, daß er aufrechne, vollzogen und hat die Wirkung, daß beide Forderungen, also die des Aufrechnenden und die des Aufrechnungsgegners, als in dem Zeitpunkt erloschen gelten, in dem sie „zur Aufrechnung geeignet einander gegenübergetreten sind" (§ 389 BGB). Dies bedeutet, daß Forderungen, die sich vor dem Währungsstichtag als aufrechenbar gegenüberstanden, auch wenn die Aufrechnung erst danach erklärt worden ist, als vor dem Stichtag erloschen gelten. Demnach bestand gemäß § 389 BGB am Währungsstichtag kein Schuldverhältnis. In § 13, Abs. 3 UG ist ausdrücklich bestimmt, daß das Umstellungsgesetz auf Reichsmarkverbindlichkeiten, die bei Beginn des 21. Juni 1948 bereits erloschen waren keine Anwendung findet.

Das Erlöschen der Forderungen tritt in solchem Falle vor dem 21. Juni 1948 ein, unabhängig davon, ob es sich um Forderungen der in § 18 UG bezeichneten Art handelt, oder nicht, also auch in dem Falle, daß z. B. eine Forderung im Verhältnis 1 : 1 und die andere im Verhältnis 10 : 1 umzustellen ist. Man kann auch bei solcher verschiedenen Umstellung die Aufrechenbarkeit nicht auf die D-Mark-Beträge beschränken, wie Walter-Seeliger meint (§ 13, Anm. 10). Gegenüber den Umstellungsbestimmungen greifen die allgemeinen Bestimmungen über die Aufrechnung durch, insbesondere die Bestimmung über die rückwirkende Kraft der Aufrechnung (so auch Ebbecke „Die Abwicklung schwebender Schuldverhältnisse nach der Währungsumstellung", S. 35 sowie Bergmann, a. a. O., S. 407 und v. Caemmerer, a. a. O., Sp. 515, ferner Urteil des Landgerichts Essen vom 23. Februar 1949, 1. S. 12/49, in „Der Betriebs-Berater", 1949, S. 279).

Auseinandersetzungsforderungen

Das Umstellungsgesetz sieht in § 18 vor, daß Forderungen aus der Auseinandersetzung zwischen Gesellschaftern, Miterben,

Ehegatten, Eltern und Kindern, Miterben und Eigentümern sowie Uebernehmern eines Gutes oder sonstigen Vermögens im Verhältnis 1 : 1 umzustellen sind. Hierdurch ist für eine große Gruppe von Forderungen erreicht worden, daß der Gläubiger aus der Umstellung keinen Verlust erlitten hat, sondern ebenso steht, wie der Besitzer der Sachwerte. Das Umstellungsgesetz kennt nur die Eingruppierung in die Gruppen des § 16, die eine Umstellung auf 10 % des Reichsmarkbetrages erfahren haben, und die Eingruppierung in die Gruppen des § 18, die eine 100 %ige Umstellung von Reichsmark auf Deutsche Mark erfahren haben. Eine Zwischenlösung oder eine Erweiterung der Gruppen, die 1 : 1 umgestellt werden, ist nicht vorgesehen.

Der Grund für die Schaffung der Gruppen des § 18, insbesondere der günstigeren Umstellung der Auseinandersetzungsforderungen, ist der, daß bei engen persönlichen Beziehungen nicht auf der einen Seite der Sachwertbesitzer stehen soll, der von dem Umstellungsgesetz nicht betroffen wird, und auf der anderen ein Versorgungsberechtigter, der früher vielleicht einen Teil an dem Sachwert besaß und nun nur 10 % der Geldforderung erhält. Man wollte in solchen Fällen nach Möglichkeit Ungleichheiten vermeiden und die Versorgung nicht beeinträchtigen. Eine Auseinandersetzung im Sinne des § 18 Abs. 1 Ziff. 3 liegt dann nicht vor, wenn ein gemeinschaftliches Vermögen verkauft und am 20. Juni 1948 aus diesem Verkauf für Rechnung der Gemeinschaft ein Bankguthaben entstanden ist. In diesem Falle liegt kein gegenseitiger Anspruch der Gesellschafter aus einer Auseinandersetzung vor, sondern das Guthaben ist erst nach dem Währungstichtag aufzuteilen. Es ist wie ein Altgeldguthaben gemäß § 2, Abs. 1 UG im Verhältnis 10 : 1 umzustellen.

Die Bestimmung des § 18, Abs. 1, Ziff. 3 UG ist dahin aufzufassen, daß sie zwei Arten von Auseinandersetzungen regeln will: a) Den Fall des Ausscheidens eines Teilhabers aus einer Gemeinschaft, also bei der Gesellschaft des BGB den Fall des § 738, und b) den Fall der Uebernahme des Vermögens durch einen Teilhaber oder Dritten. In beiden Fällen ist der Abfindungsanspruch des Ausscheidenden bzw. der Anspruch des Veräußerers des Vermögens im Verhältnis 1 : 1 umzustellen.

Wenn die Auseinandersetzungsforderung im Zuge der Auseinandersetzung vor dem Währungsstichtag umgewandelt worden ist, beispielsweise in Zusammenhang mit der Auseinandersetzung in eine Darlehnsforderung, so hat dies auf die Umstellung nach herrschender Ansicht im allgemeinen keinen Einfluß. Bei der Umstellung nach § 18. Abs. 1, Ziff. 3 UG ist der ursprüngliche Entstehungsgrund der Forderung zu ermitteln, und die spätere rechtliche Gestaltung des Auseinandersetzungsanspruches kann auf seinen Charakter als solchen keinen Einfluß haben (vgl. H. Däubler, „Die Umstellung der Auseinandersetzungsforderungen nach § 18, Abs. 1, Ziff. 3 des Umstellungsgesetzes" in Deutsche Rechts-Zeitschrift, 1949, S. 3). Das Reichsgericht hat eine Umwandlung des wirklichen Rechtscharakters einer Forderung nur im Falle der sogenannten Novation angenommen, nämlich dann, wenn das Schuldverhältnis als solches von Grund auf neu gestaltet worden ist (RG 113, 201). Dies kann dadurch geschehen, daß z. B. nach erfolgter Auseinandersetzung eine selbständige Darlehnsgewährung mit besonderen Bedingungen vereinbart wird oder eine Abtretung, bei der durch Neuvereinbarung von Bedingungen die Verbindung mit der ursprünglichen Auseinandersetzungsforderung gelöst ist. In solchen Fällen wird die Forderung im Verhältnis 10 : 1 umgestellt, da sie den Charakter einer Auseinandersetzungsforderung verloren hat. Jedoch genügt die bloße Abtretung ohne Umwandlung des Schuldverhältnisses nicht (RG 113, 30). In einem solchen Falle wird die abgetretene Auseinandersetzungsforderung im Verhältnis 1 : 1 umgestellt.

Das zur Sicherung einer Auseinandersetzungsforderung bestellte dingliche Recht unterliegt der gleichen Umstellung wie die Auseinandersetzungsforderung. Dies folgt aus dem engen Verhältnis, das zwischen Forderung und dinglichem Recht besteht. Es gilt auch für die Grundschuld, denn auch diese dient der Sicherung der Auseinandersetzung. Wollte man eine solche Grundschuld nur im Verhältnis 10 : 1 umstellen, während die Auseinandersetzungsforderung 1 : 1 umgestellt wird, so würde diese Forderung in Höhe von 90 % ihre Sicherheit verlieren. Dies kann nicht Sinn der Bestimmungen des Umstellungsgesetzes sein, das den Gläubiger einer Auseinandersetzungsforderung vor einer Benachteiligung durch die Umstellung schützen wollte. Man wird es also bei der Umstellung von Hypotheken und Grundschulden darauf abstellen müssen, wie die gesicherten Forderungen umgestellt worden sind.

Die Auseinandersetzung kann aber auch zu der Feststellung eines Verlustes führen. In diesem Falle entsteht nicht ein Auseinandersetzungsguthaben, sondern ein Verlustanteil. Dieser Verlustanteil stellt eine Verbindlichkeit aus Auseinandersetzung im Sinne des § 18, Abs. 1, Ziff. 3 UG dar und ist im Verhältnis 1 : 1 umzustellen. Dagegen hat die spätere Entwicklung der Gesellschaft nach Ausscheiden des Gesellschafters auf die Umstellung seiner Auseinandersetzungsforderung keinen Einfluß. Auch wenn der Wert seines Anteils bei Verbleiben in der Gesellschaft gesunken wäre, steht ihm nach der Umstellung 1 : 1 der volle Umstellungsbetrag zu. Eine solche Mittellösung und Begrenzung der Auseinandersetzungsforderung würde mit der Bestimmung des § 18 Abs. 1, Ziff. 3 UG, die nur eine Umstellung 1 : 1, aber keine Beschränkung auf einen geringeren Betrag vorsieht, nicht in Einklang stehen.

Es ist jedoch in solchen oder ähnlich liegenden Fällen eine Abweichung von der starren Bestimmung der §§ 16 und 18 UG dadurch möglich, daß der Schuldner richterliche Vertragshilfe gemäß § 21 UG in Anspruch nimmt. Hierbei ist die Lage der Gesellschaft oder der Gemeinschaft, aus deren Vermögen die Auseinandersetzungsforderung zu befriedigen ist, zu berücksichtigen. Das Vermögen wird häufig durch die Währungsreform und durch die allgemeinen wirtschaftlichen Auswirkungen, die die Geldumstellung mit sich gebracht hat, so stark beeinträchtigt sein, daß es eine Unbilligkeit wäre, wollte man den Gläubiger aus einer vor der Währungsreform erfolgten Auseinandersetzung so stellen, daß er keine Einbuße erleidet, während die Gesellschaft erheblich in Mitleidenschaft gezogen ist. Gerade bei Auseinandersetzungsforderungen wird daher häufig, wenn keine Einigung zu erzielen ist, der Weg der richterlichen Vertragshilfe beschritten werden müssen.

Es ist auch zu beachten, daß der Gedanke der Gemeinschaft trotz der Auseinandersetzung nach der Währungsumstellung fortwirkt. Die Auseinandersetzungsforderung soll häufig keinen reinen schuldrechtlichen Geldanspruch begründen, sondern trotz der Form der Auseinandersetzung einen gesellschaftsrechtlichen Anteil an dem Gesellschafts- oder Gemeinschaftsvermögen gewähren. Wenn infolge der Umstellung dieses Vermögen in seinem Werte vermindert worden ist, so muß sich dies auf die Auseinandersetzungsforderung entsprechend auswirken. In einem solchen Falle erfolgt die Umstellung nicht nach den Vorschriften des Umstellungsgesetzes, sondern im Wege freier Vereinbarung, und, sofern diese nicht erzielt werden kann, durch

Beschreiten des Rechtsweges ohne Inanspruchnahme richterlicher Vertragshilfe. Hier handelt es sich dann nicht um eigentliche Umstellungsansprüche, sondern um gesellschaftsrechtliche Forderungen, für die der Prozeßweg auch, wenn Umstellungsfragen berührt werden, offenbleibt.

Auseinandersetzung zwischen Gesellschaftern

Das Umstellungsgesetz spricht in § 18, Abs. 1, Ziff. 3 von Gesellschaftern schlechthin. Dieser Begriff ist weit zu fassen, da nicht das formalrechtliche Verhältnis allein, sondern auch das wirtschaftliche Verhältnis zu berücksichtigen ist. Daher fallen unter diese Bestimmung nicht nur Ansprüche aus der Auseinandersetzung bürgerlichrechtlicher Gesellschaften und Personengesellschaften des Handelsrechts, sondern auch die Auseinandersetzung einer stillen Gesellschaft, wenn auch diese keine Handelsgesellschaft darstellt. Es liegt auch bei der stillen Gesellschaft ein Teilhaberverhältnis vor, das eine engere Verbindung knüpft, als es bei einem partiarischen Darlehn geschieht. Eine Forderung, die aus der Auseinandersetzung einer stillen Gesellschaft entsteht, ist also nicht wie eine Darlehnsforderung gemäß § 16 Abs. 1 UG im Verhältnis 10 : 1, sondern wie jede Forderung aus Gesellschaftsauseinandersetzung im Verhältnis 1 : 1 umzustellen (so auch Däubler, a. a. O. und Bergmann, NJW 1947/48, S. 409).

Hinsichtlich der Kapitalgesellschaften des Handelsrechts ist § 18, Abs. 1, Ziff. 3 nur ausnahmsweise anwendbar, da Kapitalgesellschaften eigene Rechtspersönlichkeit haben und nicht eine Auseinandersetzung zwischen den Gesellschaften vorliegt. Wenn daher der Gesellschafter einer GmbH oder der Aktionär einer AG seinen Anteil bzw. seine Aktie an einen anderen Gesellschafter oder Aktionär veräußert, so liegt keine Auseinandersetzung vor, sondern ein Verkauf, und der Kaufpreis ist gemäß § 16 Abs. 1 UG im Verhältnis 10 : 1 umzustellen. Eine Auseinandersetzung kann jedoch auch bei Kapitalgesellschaften ausnahmsweise vorliegen, nämlich dann, wenn ein Gesellschafter bzw. Aktionär das Vermögen der GmbG oder Aktiengesellschaft im Wege der Liquidation übernimmt und den anderen auszahlt Dann ist die Forderung auf diese Vergütung eine Auseinandersetzungsforderung, die im Verhältnis 1 : 1 umzustellen ist. Diese entsprechende Anwendung des § 18, Abs. 1, Ziff. 3 UG entspricht auch den wirtschaftlichen Bedürfnissen, da der Uebernehmer des Vermögens den Sachwert erhält und es dem Gemeinschaftsgedanken widersprechen würde, wenn der bisherige Gesellschafter bzw. Aktionär sich mit einer 10 %igen Umstellung seiner Forderung begnügen müßte. Ebenso muß das Vorliegen einer Auseinandersetzung zwischen Gesellschaftern im Sinne des Umstellungsgesetzes bei dem Ausscheiden eines Genossen aus einer Genossenschaft angenommen werden, da das Genossenschaftsgesetz in § 73 das Ausscheiden eines Genossen im Wege der Auseinandersetzung in ähnlicher Weise regelt, wie es bei einer bürgerlichen Gesellschaft oder einer Personalgesellschaft des Handelsrechts erfolgt.

Auseinandersetzung zwischen Miterben

Bei Miterben liegt eine Auseinandersetzung im Sinne des Umstellungsgesetzes nur dann vor, wenn einer der Miterben Nachlaßgegenstände übernommen und ein anderer auf Grund einer solchen Uebernahme einen Anspruch gegenüber dem Uebernehmer der Nachlaßgegenstände hat. Ist jedoch der gesamte Nachlaß von den Miterben an einen Dritten verkauft und soll der Erlös unter den Miterben geteilt werden, dann stellt dies nicht eine „Auseinandersetzung zwischen Miterben" dar, sondern es wird nur der Sachwert des Nachlasses in einen Geldanspruch umgewandelt, der den Erben gemeinschaftlich zusteht und an dessen Schicksal bei der Umstellung sie gemeinschaftlich teilnehmen. Es stehen sich dann also nicht Sachwert bei einem der Miterben auf der einen Seite und Geldforderung bei dem anderen Miterben auf der anderen Seite gegenüber, so daß eine Umstellung 1 : 1 nicht gerechtfertigt ist. Das Umstellungsgesetz will bei einem solchen Gegenüberstehen von Sachwert und Geldforderung denjenigen, der die Geldforderung besitzt, schützen und stellt daher die Forderungen von Pflichtteilsberechtigten und Vermächtnisnehmern der Auseinandersetzung zwischen Miterben gleich.

Zweifelsfragen ergeben sich bei der Behandlung von Ansprüchen gegenüber V o r e r b e n wegen mangelnder Sorgfaltspflicht bei der Verwaltung des Nachlasses (§ 2131 BGB), gegenüber dem N a c h e r b e n wegen der von dem Vorerben auf die Erbschaft gemachten Verwendungen (§ 2125 BGB), gegenüber M i t e r b e n auf Anrechnung des Wertes von Zuwendungen die zur Ausgleichung zu bringen sind (§ 2053 BGB) und bei der Anrechnung von früheren Zuwendungen auf den Pflichtteil (§ 2315 BGB). In diesen Fällen handelt es sich weder um Ansprüche aus einer Auseinandersetzung zwischen Miterben noch um gewöhnliche Reichsmarkforderungen, sondern um Wertersatz bzw. Schadensersatzansprüche, die nicht der Umstellung auf Grund des § 16 UG unterliegen. Schon bei der Aufwertung wurden solche Ansprüche wegen ihrer besonderen Rechtsnatur besonders behandelt (RG 108, 340). Es ist daher der von Däubler a. a. O. vertretenen Auffassung zuzustimmen, daß solche Ansprüche nicht ohne weiteres im Verhältnis 10 : 1 umzustellen sind, sondern unter Berücksichtigung der besonderen Verhältnisse im Einzelfall auf anderer Grundlage. Bei der Veräußerung des Erbteils eines Miterben an einen anderen Miterben ist auch dann, wenn sie nicht in Form der Auseinandersetzung, sondern in Form des Erbschaftskaufes erfolgt (§ 2371 ff. BGB) eine Auseinandersetzung unter Miterben im Sinne des Umstellungsgesetzes anzunehmen, so daß die Kaufpreisforderung im Verhältnis 1 : 1 umzustellen ist, nicht aber der Verkauf des Erbteils an einen Dritten, der nicht Miterbe ist. In diesem Falle wird die Kaufpreisforderung wie jede Kaufpreisforderung gemäß § 16 UG im Verhältnis 10 : 1 umgestellt.

Auseinandersetzung zwischen Ehegatten

Voraussetzung für die Umstellung im Verhältnis 1 : 1 nach § 18, Abs. 1, Ziff. 3 UG ist, daß die Ansprüche zwischen Ehegatten auf einer Auseinandersetzung beruhen. Ein Anspruch auf Unterhalt fällt nicht hierunter, sondern, sofern er die Zahlung von Unterhaltsrenten vorsieht, unter die Bestimmung des § 18, Abs. 1, Ziff. 1 UG gemäß der gleichfalls eine Umstellung im Verhältnis 1 : 1 erfolgt. Wird aber ein solcher Unterhalt nicht in Renten, sondern in Form einer einmaligen Abfindung vereinbart oder steht dem einen Ehegatten gegenüber dem anderen aus sonstigem Grunde ein Abfindungsanspruch zu, so erfolgt die Umstellung gemäß § 16 UG im Verhältnis 10 : 1.

Dagegen wird häufig eine Auseinandersetzung in der Weise praktisch werden, daß bei dem g e s e t z l i c h e n G ü t e r s t a n d e die Verwaltung und Nutznießung des Mannes endet oder daß bei S c h e i d u n g oder Uebergang zum Güterstand der G ü t e r t r e n n u n g eine A u s e i n a n d e r s e t z u n g erfolgt. Auch kommen bei dem Güterstand der allgemeinen Gütergemeinschaft gemäß §§ 1466, 1474 und 1497 BGB Ausgleichs- und Auseinandersetzungansprüche zwischen den Ehegatten in Frage, ebenso bei der Errungenschaftsgemeinschaft (§ 1546 BGB). Bei dem gesetzlichen Güterstande hat der Mann gemäß § 1390 BGB Anspruch auf Ersatz der Aufwendungen, die er zum Zwecke der Verwaltung des eingebrachten Gutes macht, und gemäß § 1417 BGB einen Ausgleichsanspruch für Aufwendungen, die dem Vorbehaltsgut zur Last fallen. Wenn in solchen Fällen zur Regelung dieser Ansprüche zwischen Ehegatten, auch nach erfolgter Scheidung, eine Auseinandersetzung vor dem Währungsstichtag vorgenommen worden ist und die Geldschuld an diesem Tage noch nicht erfüllt war, so wird die Geldforderung im Verhältnis 1 : 1 umgestellt. Wird aber die Auseinandersetzung erst nach dem Währungsstichtag vorgenommen, so regelt sich der Ausgleichsanspruch oder die Auseinandersetzung nach den allgemeinen Grundsätzen, d. h. die Umstellung erfolgt unter Berücksichtigung der Wertverhältnisse, wie sie zu der Zeit der Aufwendung herrschten und wie sie sich auf Grund der Währungsreform entwickelt haben.

Auseinandersetzung zwischen Eltern und Kindern

Die Bestimmung, daß Verbindlichkeiten aus der Auseinandersetzung zwischen Eltern und Kindern im Verhältnis 1 : 1 umzustellen sind, bedeutet, daß nicht nur der Fall gemeint ist, in dem eine rechtliche Gemeinschaft zwischen Eltern und Kindern bestand, wie z. B. bei der fortgesetzten Gütergemeinschaft (§§ 1483 und 1497 BGB), sondern daß jeder Vorgang, bei dem ein Elternteil mit dem Kind eine Regelung über die Gestaltung des Rechtsverhältnisses hinsichtlich des Vermögens des Elternteiles trifft als Auseinandersetzung im Sinne des § 18 Abs. 1, Ziff. 3 UG anzusehen ist. Bei einer solchen weiten Auslegung fallen alle Gutsüberlassungsverträge zwischen Eltern und Kindern, aber auch Verträge über die Ueberlassung von Geschäftsbetrieben unter diese Bestimmung. Auch wenn im Wege der antizipierten Erbfolge Regelungen über sonstiges Vermögen eines Elternteiles getroffen werden, stellt dies eine Auseinandersetzung zwischen Eltern und Kindern im Sinne des Umstellungsgesetzes dar. Man wird zwar bei einer weiten Auslegung sehr viele familienrechtliche Ansprüche unter die erwähnte Bestimmung rechnen können, aber einzelne Ansprüche sind doch nur im Verhältnis 10 : 1 umzustellen, da sie keine Ansprüche aus Auseinandersetzung zwischen Eltern und Kindern darstellen, so sind z. B. Ausstattungsansprüche auf Grund von Ausstattungsversprechen nur im Verhältnis 10 : 1 umzustellen, wie Däubler, a. a. O. zutreffend ausführt, wenn auch abweichend von Lucas, Betriebsberater, 1948, S. 498. Ein einseitiges Versprechen stellt keine Auseinandersetzung dar und kann nicht so behandelt werden wie die Fälle, in denen Kinder Vermögenswerte erhalten und verpflichtet sind an ihre Eltern gewisse Geldbeträge zu zahlen. Hier haben die Eltern Sachwerte den Kindern überlassen und müssen auf Grund der Familiengemeinschaft vor einer Schädigung geschützt werden. Dieser Gesichtspunkt findet auf Ausstattungsversprechen keine Anwendung Dagegen ist der Anspruch auf Umstellung im Verhältnis 1 : 1 bei einer Gutsübernahme nicht nur dem Dritten, für den eine Abfindung vorgesehen ist, zuzuerkennen, sondern auch dem Gutsübergeber selbst, denn wenn auch § 18, Abs. 1, Ziff. 3 UG nur von der Verbindlichkeit gegenüber einem Dritten spricht, so ergibt sich die Umstellung im Verhältnis 1 : 1 daraus, daß die Auseinandersetzungsansprüche für Eltern schlechthin, also auch für den Gutsübergeber selbst, nicht nur für seine Ehefrau, aufgeführt sind. Es wäre auch unbillig, wollte man den Guts- oder Geschäftsübergeber schlechter stellen als seine Ehefrau.

Bausparkassen

Die Bausparkassen unterliegen seit jeher der Aufsicht durch die Versicherungsaufsichtsbehörden und sind dementsprechend auch bei der Währungsreform in Zusammenhang mit der Versicherung behandelt worden (§ 25 UG), wenngleich sie ihrer Tätigkeit und ihren Zwecken nach nicht einen Teil des Versicherungsgewerbes bilden. Die Umstellung bei Bausparkassen berührt sowohl ihre Forderungen gegenüber Geldinstituten auf Grund der von den Bausparkassen angelegten Mittel wie auch ihre Verpflichtungen gegenüber den Bausparern auf Grund des Bausparvertrages.

Durch das Währungsgesetz (§ 9, Abs. 2) ist klargestellt, daß — im Unterschied zu den Sparkassen einschließlich den Postsparkassen — die Bausparkassen nicht zu den Geldinstituten im Sinne des Währungsgesetzes gehören und damit auch nicht im Sinne des Umstellungsgesetzes (§ 1, Abs. 2, Ziffer 2). Daher sind die Guthaben der Bausparkassen bei Geldinstituten nicht Altgeldguthaben der Gruppe II, sondern der Gruppe I im Sinne des § 1, Abs. 1 UG. Sie sind daher nicht — wie die Altgeldguthaben der Geldinstitute (§ 2, Abs. 2 UG) — erloschen, sondern sind gemäß § 2, Abs. 1 UG im Verhältnis 10 : 1 umgestellt. Wie bei allen Umstellungen auf Grund des § 2, Abs. 1 erfolgt die Umstellung je zur Hälfte auf einem Freikonto und auf einem Festkonto. In Höhe weiterer 2% des Festkontos, also 1% des Umstellungsbetrages ist die Uebertragung auf das Freikonto und in Höhe von 1% des Festkontenbetrages, also 5% des Umstellungsbetrages, das Verbleiben auf dem Festkonto für Zwecke der Anlage in Wertpapieren erfolgt, während die restlichen 7% des Festkontos, also 3,5% des Umstellungsbetrages gestrichen sind (Festkonto-Gesetz, § 1). Den Bausparkassen stehen also 6% ihrer Altgeldguthaben als D-Mark-Guthaben zur Verfügung.

Die Bausparer sind zur Anmeldung ihrer Guthaben gemäß § 10 des Währungsgesetzes nicht verpflichtet, da nur die Altgeldguthaben bei Geldinstituten anzumelden sind. Die Guthaben bei Bausparkassen sind nicht Altgeldguthaben im Sinne des Währungs- und Umstellungsgesetzes, sondern Reichsmark-Forderungen im Sinne des § 13, Abs. 3 UG.

Hieraus folgt, daß die Guthaben der Bausparer nicht nach § 2 UG umgewandelt werden, sondern nach § 16 UG. Dies hat praktisch die Bedeutung, daß auf die Guthaben der Bausparer eine Anrechnung der ihm und seinen Angehörigen ausgezahlten Kopfbeträge nicht erfolgt. Dadurch ist der Bausparer günstiger gestellt, als er stehen würde, wenn die Bausparkassen als Geldinstitute und damit die Guthaben der Bausparer als Altgeldguthaben im Sinne des Abs. 1, Ziffer 1 b UG angesehen worden wären.

Wenn hiernach die Guthaben der Bausparkassen bei Geldinstituten als Altgeldguthaben währungsrechtlich anders behandelt werden als die Guthaben der Bausparer, so hat dies in der Praxis keine nachteiligen Folgen. Das Umstellungsgesetz bestimmt in § 25 ausdrücklich, daß das Bausparverhältnis unter Zahlung der bisherigen Beiträge in D-Mark fortgesetzt und die Umstellung der alten Guthaben im Verhältnis 10 : 1 gemäß § 16 UG vorgenommen wird (vgl. Loeniker, „Die Rechtslage des Bausparwesens nach der Geldneuordnung", in NJW, 1949, S. 16). Die Vertragsbedingungen sehen für gekündigte Sparguthaben die Auszahlung in Rentenform vor. Sollte in Einzelfällen infolge der Währungsreform eine Auszahlung nicht möglich sein, so wird man der Bausparkasse insoweit ein vorübergehendes Leistungsverweigerungsrecht zubilligen müssen, da bei einer

Vertragsauslegung nach Treu und Glauben (§ 157 BGB) der Bausparkasse nicht zuzumuten ist, daß sie mehr leistet, als sie selber auf Grund der Umstellung ihrer Guthaben erhalten hat. Allerdings kann sich dies nicht auf ihre materielle Verpflichtung zur Auszahlung des im Verhältnis 10 : 1 umgestellten Reichsmark-Guthaben, sondern nur auf die Frage, wann, also in welchen Raten die Auszahlung zu leisten ist, beziehen.

Bauverträge

Vor der Währungsreform sind häufig Verträge geschlossen worden, bei denen der eine Teil für seine Leistung eine Vergütung erhalten wollte, die von der Währungsreform nicht beeinträchtigt wird. Dies gilt besonders für Verträge zwischen Mieter und Vermieter, durch die sich der Mieter zum Ausbau der Wohn- oder Geschäftsräume oder auch eines Teiles des Hauses verpflichtet, der nicht zu den vermieteten Räumen gehört. In solchen Fällen wollte der Mieter sicher gehen, daß er für seine Sachaufwendungen auch nach der Währungsreform einen Gegenwert erhält, der dem Sachwert seiner Aufwendung entspricht. Daher wurde häufig vereinbart, daß der Vermieter die Aufwendungen nach einem Schlüssel, wie z. B. unter Zugrundelegung des Wertes, gemessen an dem Bau-Index zur Zeit der Zahlung der Vergütung, oder des Preises zur Zeit des Mietpreisstops (Oktober 1936), erstatten sollte. Vielfach wurde auch eine Anrechnung der Baukosten auf den Mietzins in der Weise vereinbart, daß der Mieter eine Reihe von Jahren mietefrei wohnen konnte.

In solchen Fällen entstehen leicht Zweifel darüber, ob der Mieter Ersatz seiner Aufwendungen im Umstellungsverhältnis 1 : 1 oder nur 10 : 1 verlangen kann. Die tatsächlichen Verhältnisse liegen sehr verschieden. Vielfach wird der Vertrag so stark mietrechtlichen Charakter haben, daß er ein Teil eines einheitlichen Rechtsverhältnisses, nämlich des Mietverhältnisses, ist. In diesem Fall ist die Bauverpflichtung des Mieters nichts anderes als eine Art der Mietzinszahlung. Der Mietzins wird nicht in Geld, sondern in einer Sachleistung, nämlich der Bauarbeit, gewährt. Solche Verträge sind aus der währungsrechtlichen Geldumstellung herausgehoben. Auch kommt bei ihnen ein Geldanspruch des Mieters aus dem Gesichtspunkt des Ersatzes der notwendigen gemachten Verwendungen (§ 547 BGB) nicht in Betracht.

Häufig wird der Bauvertrag aber durch seinen Umfang und durch seine Gestaltung so besonders geartet sein, daß man ihn nicht mehr als einen unselbständigen Teil des Mietvertrages ansprechen kann. Er kann dann den Rechtscharakter eines Werkvertrages haben, insbesondere dann, wenn der Mieter sich verpflichtet, aus den von ihm zu beschaffenden Materialien nicht nur die von ihm gemieteten Räume auszubauen, sondern auch den Ausbau anderer Teile des Hauses durchzuführen. Wenn Vermieter und Mieter durch gemeinschaftliches Beschaffen von Materialien, Zurverfügungstellen von Arbeitskräften und dergleichen bei dem Ausbau des Hauses gemeinschaftlich zusammenwirken, ist es möglich, daß weder ein Miet- oder Werkvertrag, sondern ein Gesellschaftsvertrag vorliegt.

In den Fällen, in denen vereinbart ist, daß der Mieter seine Aufwendungen für den Ausbau unter voller Anrechnung auf den künftig zu zahlenden Mietzins „abwohnen" könne, ist in der Regel anzunehmen, daß der Vermieter nicht berechtigt ist, dem Mieter die Aufwendungen in bar zu erstatten, sondern daß der Mieter einen Anspruch auf Naturalleistung hat, also auf Anrechnung seiner Reichsmark-Aufwendungen.

umgestellt im Verhältnis 1 : 1 auf den D-Mark-Mietzins. Nur in solchen Fällen, in denen der Vermieter berechtigt ist, nach seiner Wahl entweder die Aufwendungen in Reichsmark zu erstatten oder sie auf den Mietzins anzurechnen, wird man das Vorliegen eines Geld-Schuldverhältnisses annehmen müssen. Ein solches Geldschuldverhältnis ist ein Reichsmarkschuldverhältnis im Sinne der §§ 16 ff. UG. Dies bedeutet, daß der Mieter, wenn der Vermieter für einen vor dem Stichtag durchgeführten Ausbau anstatt Anrechnung auf den Mietzins Zahlung in bar fordert, den Umstellungsbetrag in bar zu zahlen hat. Die Umstellung erfolgt dann, da die Leistung bereits vor dem Stichtag bewirkt war, nicht entsprechend § 18, Abs. 2 UG im Verhältnis 1 : 1, sondern gemäß § 16 UG im Verhältnis 10 : 1. War der Ausbau am 20. Juni 1948 noch nicht vollendet, so hängt es von der Teilbarkeit der Leistung des Mieters, die Tatfrage im Einzelfalle ist, ab, ob und inwieweit der Mieter für die vor dem 21. Juni 1948 bewirkten Ausbauarbeiten nur den sich aus der Umstellung 10 : 1 ergebenden D-Mark-Betrag schuldet, was bedeutet, daß er den Mietzins in Höhe des Mehrbetrages in D-Mark zu zahlen hat bzw. daß seine Sachleistungen nur zu einem mietzinsfreien Wohnen für ein Zehntel der Zeit führen. Das Wahlrecht des Vermieters und die daraus folgende Behandlung der Vergütung als Geldschuld führt also zu einer Schlechterstellung des Mieters.

Man kann eine Vereinbarung über die Anrechnung der Bau-Aufwendungen auf den Mietzins hinsichtlich der Umstellung dieser Bau-Aufwendungen nicht dem Fall gleichsetzen, daß der Mieter dem Vermieter ein Instandsetzungsdarlehn gegeben hat, das auf den Mietzins angerechnet wird. In einem solchen Falle wird in der Tat ein Darlehn geschuldet, das selbständigen Charakter trägt und nur hinsichtlich der Rückzahlung insofern mit dem Mietvertrag verbunden ist, als die allmähliche Tilgung durch Verrechnung mit den Mietzinsraten erfolgen soll. Hier wird lediglich eine Reichsmarkzahlung geschuldet, die gemäß § 16 UG im Verhältnis 10 : 1 umzustellen ist. Wenn dagegen eine solche Vereinbarung über die Gewährung eines Instandsetzungsdarlehns durch den Mieter nicht getroffen worden ist, sondern der Mieter sich unmittelbar zur Vornahme von Bauarbeiten und der Aufwendung der Kosten hierfür unter Verrechnung mit dem Mietzins verpflichtet hat, so hat er nicht einen Darlehnsanspruch, sondern einen Anspruch auf Mietfreiheit oder Mietermäßigung für eine gewisse Zeit. Dieser wird von der Umstellung nicht berührt. Daher ist mit Barz die im „Betriebs-Berater" 1948, S. 274 vertretene Auffassung, daß auch solche Regelungen zu einer Umstellung des auf den Mietzins anzurechnenden Betrages im Verhältnis 10 : 1 führen, abzulehnen (vgl. C. H. Barz, „Aufbauverträge und Umstellungsgesetz" in NJW 1948, S. 539). Auch wenn die Bauarbeiten vor dem Währungsstichtag geleistet worden sind, müssen die Kosten im Verhältnis 1 : 1 umgestellt und auf den Mietzins angerechnet werden.

Ein Vertrag, durch den der Mieter sich zu einer Durchführung von Bauarbeiten verpflichtet, hat — im Unterschied zu dem Vertrag über die Gewährung eines Instandsetzungsdarlehns an den Vermieter — mehr den Charakter eines Werkvertrages als den eines Darlehnsvertrages, Daher findet auf einen solchen Vertrag § 18, Abs. 2 UG Anwendung, soweit er neben dem Mietvertrag als selbständiger Vertrag anzusehen ist. Handelt es sich um einen Teil des Mietvertrages, in dem die Bauarbeiten rechtlich an Stelle eines geldlichen Mietzinses geschuldet werden, so wird gleichfalls die Anrechnung der Kosten auf den Mietzins durch die Währungsreform nicht berührt. Nur in dem Falle der Gewährung eines Instandsetzungsdarlehns durch den Mieter wird auf Grund des Sachverhaltes in dem Einzelfall zu prüfen sein, ob der Darlehnsvertrag so selbständigen Charakter hat, daß trotz der Vereinbarung der Verrechnung mit dem Mietzins eine Umstellung im Verhältnis 10 : 1 erfolgt, weil eine Reichsmarkforderung des Mieters besteht, die § 16 UG unterliegt und keine „Wertforderung" darstellt.

Fraglich ist, ob in den Fällen, in denen der Mieter die Bauarbeiten noch nicht beendet hat und ein Werkvertrag anzunehmen ist, der Vermieter gemäß § 20 UG von dem Bauvertrag zurücktreten kann. Soweit der Bauvertrag ein Teil des Mietvertrages ist, in dem die Bauarbeiten als Mietzins geschuldet werden, ist ein Rücktritt auf Grund des § 20 UG nicht zulässig, da kein selbständiger Werkvertrag im Sinne des § 18, Abs. 2 UG vorliegt. Es kann zwar dann ein Nachteil für ihn darin bestehen, daß die Baukosten vor der Währungsreform möglicherweise zu überhöhten Reichsmarkpreisen vereinbart worden sind, jedoch schließt die enge Verbindung mit dem Mietvertrag ein Rücktrittsrecht aus. Der Mieter kann jedoch, soweit die Leistung gemäß § 18, Abs. 2 UG noch nicht bewirkt ist, von seinem Vertrag mit dem Bauunternehmer zurücktreten, wird jedoch dadurch von seiner Bauverpflichtung gegenüber dem Vermieter nicht frei. In den Fällen, in denen ein selbständiger Bauvertrag geschlossen ist, der lediglich durch die Vereinbarung der Anrechnung der Baukosten auf den Mietzins mit dem Mietvertrag verbunden ist, wird man dem Vermieter ein Rücktrittsrecht dagegen zugestehen müssen. Im Falle der Ausübung dieses Rücktrittsrechtes kann der Mieter seinerseits auf Grund der 4. Durchführungsverordnung zum Umstellungsgesetz von seinem Vertrage mit dem Bauunternehmer zurücktreten. Bei teilweiser Durchführung der Bauarbeiten ist ein Rücktrittsrecht dann gegeben, wenn der Vertrag betreffend die Bauarbeiten selbständigen Charakter hatte und die Leistungen geteilt werden können, was im Einzelfalle zu prüfen ist. In diesem Falle gilt das Rücktrittsrecht nur für die am 21. Juni 1948 noch nicht bewirkte Teilleistung.

Bereicherungsansprüche

Der Oberste Gerichtshof für die britische Zone hat in seinem Urteil vom 30. September 1948 (II ZS 9/48, MDR 1949, S. 32) die Umstellung von Bereicherungsansprüchen im Verhältnis 1 : 1 abgelehnt und darauf hingewiesen, daß bei solchen Ansprüchen nicht zu ermitteln sei, welchen Wert der Schuldner infolge des ihn bereichernden Umstandes nach der Währungsreform hinter sich habe, sondern daß Bereicherungsansprüche nach dem Willen des Gesetzes nicht stärker sondern schwächer als feste Geldbetragsansprüche sind. Der Unterschied gegenüber Schadensersatzansprüchen besteht darin, daß diese nicht von vornherein nach oben begrenzt, also insoweit stärker als Geldbetragsansprüche sind, während bei Bereicherungsansprüchen die Höchstgrenze sich aus § 818, Abs. 2 BGB ergibt. Hiernach kann der Bereicherungsanspruch in einen Wertanspruch übergehen, jedoch ist streitig, ob der Zeitpunkt des Eintritts der Bereicherung (§ 818, Abs. 1 BGB) oder der Zeitpunkt der Umwandlung in einen Wertanspruch nach § 818, Abs. 2 BGB maßgeblich ist. Der Oberste Gerichtshof weist darauf hin, daß der Bereicherungsanspruch lediglich nach unten veränderlich ist, im Hinblick auf § 818, Abs. 3 BGB, und daß er mit Rücksicht auf diese Schwäche gegenüber dem Geldbetragsanspruch unter, nicht über ihn zu stellen ist. Der Bereicherungsanspruch wird mit Eintritt der Rechtshängigkeit im Hinblick auf § 818, Abs. 4 BGB ein Geldbetragsanspruch, der gemäß § 16 UG umzustellen ist. Dies ist seine obere Begrenzung, während er sich von den anderen Ansprüchen dadurch unterscheidet, daß unter Umständen der Einwand des Wegfalls der Bereicherung zu einer geringeren Bemessung führen kann (§ 818, Abs. 3 BGB). Auch kann — im Unterschied zu der Aufwertungsrechtsprechung — § 242 BGB nicht berücksichtigt werden, da das Umstellungsgesetz bewußt die zeitliche Veränderung des Wertes der Mark in der Vergangenheit nicht berücksichtigt, sondern aus Gründen der Einfachheit und Klarheit mit festen Umstellungssätzen arbeitet. Der Oberste Gerichtshof führt in dem Urteil vom 30. Sept. 1948 aus, daß es dem Gedanken des Umstellungsgesetzes widersprechen würde, wenn derjenige, der ein gültiges Reichsmarkdarlehn zurückfordert, weniger in D-Mark erhalten würde, als der, der den Betrag eines ungültigen Darlehns zurückverlangt. Die Umstellung im Verhältnis 10 : 1 müsse daher für beide Fälle gelten (§ 16 UG), wobei jedoch bei dem Bereicherungsanspruch der Betrag sich im Falle des § 818, Abs. 3 BGB. entsprechend vermindert. Diese Auffassung ist einleuchtend und ihre Begründung wird dazu beitragen, daß sich eine einheitliche Rechtsprechung zu dem Thema der ungerechtfertigten Bereicherung bildet.

Bewirken der Gegenleistung

In § 18, Abs. 1, Ziffer 2 UG ist es für die Frage, ob Verbindlichkeiten aus Kauf- und Werkverträgen im Verhältnis 1 : 1 oder 10 : 1 umzustellen sind, darauf abgestellt, ob die Gegenleistung vor dem 21. Juni 1948 bewirkt war oder nicht. Hiernach soll der Verkäufer oder Unternehmer von seinem Verkäufer oder Besteller den Kaufpreis bzw. Werklohn voll in D-Mark erhalten, wenn er nach der Währungsumstellung liefert, während er im Falle vorheriger Lieferung nur einen Betrag, umgestellt im Verhältnis 10 : 1, erhält. Im allgemeinen wird unter „Bewirken der Gegenleistung" die Erfüllung der Verpflichtungen des Verkäufers oder Unternehmers im Sinne des § 362 BGB verstanden, d. h. er muß alles getan haben, was er zu tun verpflichtet ist. Hierzu gehört beim Kauf die Uebergabe und Uebertragung des Eigentums, während beim Werkvertrag die Herstellung des Werkes und unter Umständen die Abnahme zu erfolgen haben.

Gegenüber dieser von Harmening, Bergmann, Kohler u. anderen vertretenen Erfüllungstheorie (Harmening, NJW 1947/48, S. 401 ff., Bergmann, ebenda, S. 405 ff., Kohler, „Wirtschafts-Zeitung" v. 30. Juli 1948) wird verschiedentlich auch die „Aufwendungstheorie" vertreten, gemäß der ein „Bewirken der Gegenleistung" dann vorliegt, wenn der Schuldner gewisse Aufwendungen gemacht hat, ohne daß es auf die Erfüllung seiner Verpflichtungen im Sinne des § 362 BGB ankommt. Die Erfüllungstheorie hat den großen Vorteil der rechtlichen Klarheit. Wenn der Schuldner am 21. Juni 1948 noch nicht erfüllt hat, hat er Anspruch auf Zahlung des Kaufpreises oder Werklohnes umgerechnet im Verhältnis 1 : 1, hat er aber an diesem Tage schon erfüllt, so kann er nur Umstellung im Verhältnis 10 : 1 beanspruchen. Diese scharfe Unterscheidung mag zwar in manchen Fällen zu Härten führen. Sie liegen aber nicht so sehr darin begründet, daß der Begriff der „Erfüllung" als Kriterium für § 18, Abs. 1, Ziffer 2 UG zugrunde gelegt wird, als darin, daß das Umstellungsgesetz es auf einen bestimmten Tag abstellt und nur die Alternative kennt: entweder Umstellung 1 : 1 oder 10 : 1, aber keinen Mittelweg (vgl. auch Lietzmann in DRZ, 1949, S. 322).

Es ist zuzugeben, daß es in dem Fall, der dem Urteil des Amtsgerichts München vom 18. August 1948 zugrunde liegt (NJW 1948, S. 560), für den

Besteller eine Härte bedeutet, wenn er ein am 20. Januar 1948 fertiggestelltes Werk am 23. Juni 1948 erhält und mit Rücksicht hierauf den vollen Werklohn in D-Mark bezahlen soll, während er im Falle der Ablieferung einige Tage früher den Werklohn nur umgestellt im Verhältnis 10 : 1 hätte zu bezahlen brauchen. Jedoch sind solche festen Zeitpunkte, von denen das Schicksal einer Forderung abhängt, nichts Außergewöhnliches und in Situationen wie sie durch die Währungsreform entstanden sind, ebenso gerechtfertigt wie beispielsweise im Konkursfalle. Auch beim Konkurs des Käufers oder Bestellers kann der Konkursverwalter gemäß § 17 KO Erfüllung verlangen, wenn der Vertrag zur Zeit der Konkurseröffnung noch nicht erfüllt war. Es wird hier also gleichfalls auf einen bestimmten Zeitpunkt abgestellt, und der Anspruch des Verkäufers oder Unternehmers richtet sich danach, ob er bei der Konkurseröffnung bereits erfüllt hatte oder nicht (§ 59 Ziffer 2 KO). Im Falle der absichtlichen Verzögerung der Lieferung steht dem Käufer bzw. Besteller die Einrede der Arglist zu (vgl. unter „Verzögern der Lieferung").

Daher kann der Auffassung des Amtsgerichts München und von L. Delp, die den Begriff des „Bewirkens" dem Begriff der „Erfüllung" nicht gleichsetzen wollen, nicht beigepflichtet werden (NJW 1948, S. 560/561). Hiernach ist ein „schrittweises" Bewirken der Gegenleistung möglich. Als Bewirken will Delp schon das „Bereitmachen der Leistung zur späteren Erfüllung" ansehen, was dazu führen würde, daß bei einem größeren Werkvertrage, der eine längere Arbeit erfordert, der Teil der Arbeit, der vor dem Währungsstichtag geleistet ist, im Verhältnis 10 : 1 zu vergüten ist und nur der restliche Teil im Verhältnis 1 : 1. Dies würde zu einer Zerreißung einheitlicher Verträge und zu einer oft unbilligen Aufteilung der Vergütung auf die beiden Teile der Herstellungsarbeiten führen, wodurch gleichfalls Härten entstehen würden. Demgegenüber dürfte der Erfüllungstheorie, die keinen Unterschied zwischen „Bewirken" und „Erfüllen" macht, zumal auch § 362 BGB es auf das „Bewirken" abstellt, der Vorzug zu geben sein.

Dementsprechend hat auch das Oberlandesgericht Frankfurt durch Urteil vom 19. August 1948 (NJW 1948, S. 588) dahingehend entschieden, daß bei einem Reparaturvertrag betreffend Generatoren es unerheblich ist, daß die Generatoren im Zeitpunkt der Währungsreform bei einem Spediteur eingelagert waren. Das OLG Frankfurt stellt es allein darauf ab, ob die Ablieferung der Generatoren bereits erfolgt war. Auch wenn der Besteller die Nichtablieferung verursacht hatte, weil er mit der Zahlung der Vergütung für die Reparatur im Verzug war, und die Möglichkeit hatte, durch Zahlung der Vergütung die Lieferung jederzeit zu veranlassen, ist die Leistung der Reparaturfirma noch nicht „bewirkt" im Sinne des § 18, Abs. 1, Ziff. 2 UG, so daß der Besteller seine Vergütung im Verhältnis 1 : 1 umzustellen hat. Das OLG Frankfurt führt aus, daß auch die Hinterlegung der Vergütung hieran nichts ändert. Diese Entscheidung läßt klar erkennen, daß man bei Reparaturverträgen die Leistung des Unternehmers nicht aufteilen kann, denn die Reparatur ist ein einheitliches Werk und erst mit der Wiederherstellung der zu reparierenden Sache ist die Leistung bewirkt. Gürtler, NJW 1948, S. 589 weist daher mit Recht darauf hin, daß Teillieferungen, auf die § 18, Abs. 1, Ziff. 2 UG anzuwenden ist, in den Hauptsache bei Sukzessivverträgen in Frage kommen, bei denen die Vergütung für den vor dem Stichtag gelieferten Teil im Verhältnis 10 : 1 und die für die danach gelieferten Teile im Verhältnis 1 : 1 umzustellen ist. Angesichts der eindeutigen Bestimmung ist es auch unerheblich, daß die Aufwendungen in Reichsmark gemacht worden sind. Das Gesetz will nicht, daß eine Untersuchung über den Umfang der Aufwendungen in Reichsmark und in D-Mark durchgeführt wird, sondern stellt es lediglich auf den Zeitpunkt des Bewirkens der Gegenleistung ab. Daher steht jeder Versuch, die Aufwendungen zu erfassen oder den Begriff „Bewirken" anders auszulegen als den Begriff „Erfüllen", mit dem klaren Wortlaut und Inhalt der Bestimmung des § 18, Abs. 1, Ziff. 2 UG in Widerspruch.

Eigentumsvorbehalt

Der Eigentumsvorbehalt wird zum Zwecke der Sicherung des Verkäufers gegen Nachteile, die ihm aus einer Nichtzahlung des Kaufpreises entstehen, gemacht. Er bedeutet rechtlich, daß die Uebereignung nur unter einer aufschiebenden Bedingung im Sinne des § 158 BGB vorgenommen wird. Bei der Ausbedingung eines Eigentumsvorbehaltes wollen die Parteien im Falle der Zahlung des Kaufpreises so gestellt sein, wie sie stehen würden, wenn der Kaufpreis von vornherein gezahlt worden und ein Eigentumsvorbehalt nicht vereinbart worden wäre. Daher findet auf den Eigentumsvorbehalt auch die Bestimmung des § 159 BGB Anwendung, wonach die Parteien verpflichtet sind, einander zu gewähren, was sie haben würden, wenn die Folgen der Bedingung in dem früheren Zeitpunkt eingetreten wären.

Der Eigentumsvorbehalt stellt also wirtschaftlich nichts anderes als ein Pfandrecht des Verkäufers für seine Kaufpreisforderung dar. Ebenso wie die Sicherungsübereignung einem Pfandrecht gleichkommt und der darüber hinausgehende Inhalt fiduziarischer Natur ist, stellt auch der Eigentumsvorbehalt einen treuhänderischen Akt dar. Der Verkäufer ist in der gleichen Weise verpflichtet, dem Käufer das Eigentum zu verschaffen, wie er bei der Sicherungsübereignung zur Rückübertragung des Eigentums nach Erreichung des Sicherungszweckes verpflichtet ist.

Aus dieser Rechtsnatur des Eigentumsvorbehaltes folgt, daß trotz der noch nicht erfolgten Uebereignung der Sache auf den Käufer die Leistung im Sinne des § 18, Abs. 1, Ziff. 2 UG als „bewirkt" anzusehen ist. Man kann den Verkauf unter Eigentumsvorbehalt hinsichtlich der Umstellung des Kaufpreises nicht ebenso behandeln wie den Versendungskauf. Bei dem Versendungskauf ist die Ware noch nicht dem Käufer übergeben worden. Die Uebergabe an das Transportunternehmen ersetzt nicht die Uebergabe an den Käufer, wie es im Allgemeinen Landrecht der Fall war (ALR I, Titel 11, §§ 128 ff., Förster-Eccius II, 5. Aufl. S. 70). Im Allgemeinen Landrecht erfolgte die Uebereignung beim Versendungskauf bereits mit der Uebergabe an die Transportperson, während gemäß § 447 BGB mit diesem Zeitpunkt nur die Gefahr übergeht. Bei dem Verkauf unter Eigentumsvorbehalt ist der Käufer bereits Besitzer und hat eine Anwartschaft auf die Uebereignung, die durch die Bestimmungen der §§ 160—162 BGB besonders geschützt ist. Der Käufer steht so, als wenn die ihm übergebene Ware ihm bereits übereignet worden wäre, er aber dem Verkäufer als Sicherung für die Kaufpreisforderung die gleiche Ware treuhänderisch übereignet hätte.

Angesichts dieses fiduziarischen Sicherungscharakters des Eigentumsvorbehaltes muß man zu dem Ergebnis kommen, daß auch bei Eigentumsvorbehalt die Leistung im Sinne des § 18, Abs. 1, Ziff. 2 UG bewirkt ist. Der Ansicht von Ed. Boetticher, („Versendungskauf und

Bewirkung der Gegenleistung im Sinne des § 18, Abs. 1, Ziff. 2 UG", MDR, 1949, S. 2), der den Vorbehaltskauf hinsichtlich der Umstellung anders als den Versendungskauf behandeln will, ist daher beizupflichten. Auch Reinicke vertritt diese Auffassung („Die Einwirkung der Währungsreform auf Schuldverhältnisse gemäß dem dritten Gesetz zur Neuordnung des Geldwesens", MDR, 1948, S. 194). Dagegen erscheint die Ansicht von v. Caemmerer („Währungsgesetzgebung und Schuldverhältnisse", SJZ, 1948, Sp. 501), der bei dem Verkauf unter Eigentumsvorbehalt Nichterfüllung trotz Gefahrüberganges annimmt und die Anwendbarkeit des § 18, Abs. 1, Ziff. 2 UG bejaht, nicht zutreffend. Man muß bei dem Verkauf unter Vorbehalt des Eigentums bis zur Zahlung des Kaufpreises eine Erfüllung des Kaufvertrages seitens des Verkäufers im Sinne des § 433 BGB in Verbindung mit § 362 BGB annehmen, denn der Verkäufer wird nur durch die Nichtzahlung des Kaufpreises seitens des Käufers zu der Ausbedingung des Eigentumsvorbehaltes veranlaßt, und diese Regelung stellt gegenüber der Leistung des Verkäufers eine Sondervereinbarung treuhänderischer Art dar, die — wie auch eine Pfandbestellung — auf die Erfüllung der Verpflichtung des Verkäufers aus dem Kaufvertrag keinen Einfluß hat.

Das Büro für Währungsfragen vertritt die gleiche Auffassung (NJW, 1948, Heft 13, S. 518) und weist darauf hin, daß es beim Verkauf unter Eigentumsvorbehalt nur von dem Willen des Käufers abhängt, ob er den Eigentumsübergang herbeiführen will oder nicht. Der Verkäufer hat seinerseits alles getan, was er zu tun hat. Der Vorbehalt, daß die Uebereignung erst nach Zahlung des Kaufpreises erfolgt, ist darauf zurückzuführen, daß der Käufer den Kaufpreis nicht Zug um Zug gegen Uebergabe der Ware zahlt, also auf ein Verhalten des Käufers. Wenn die Sachlieferung vor dem Stichtag erfolgt ist, so ist dieser Fall sowohl rechtlich wie wirtschaftlich dem Fall gleichzusetzen, daß die Sache vorbehaltslos übereignet worden ist. Auch in diesem Falle könnte der Verkäufer nur eine Umstellung im Verhältnis 10 : 1 beanspruchen.

Zu dem gleichen Ergebnis kommt auch Bertermann (H. Bertermann, „Die Umstellung von Reichsmarkverbindlichkeiten aus Verkäufen unter Eigentumsvorbehalt", in „Juristische Rundschau", 1948, Heft 9, S. 249), jedoch nimmt er an, daß „Bewirken" im Sinne des § 18, Abs. 1, Ziff. 2 UG nicht mit „Erfüllen" im Sinne des § 362 BGB gleichzusetzen sei, sondern daß die Sachübergabe entscheidend ist und es nicht auf die Uebereignung ankommt. Bertermann meint, daß, wenn man den Begriff der „Erfüllung" als maßgeblich ansieht, man diesen Begriff nicht erweitern dürfe, indem man auch beim Eigentumsvorbehalt die Leistung als erfüllt ansehe. Dies ist zwar grundsätzlich richtig, jedoch ist die Einbeziehung des Kaufes unter Eigentumsvorbehalt keine unerläßliche Ausdehnung des Erfüllungsbegriffes, da der Eigentumsvorbehalt nur an die Stelle der Sicherungsübereignung wegen der Kaufpreisforderung des Verkäufers tritt, also pfandrechtlichen Charakter hat.

Eigentümergrundschulden*)

In einem Beschluß vom 6. Jan. 1949 (T 50/48, DRZ, 1949, S. 114) hat das Landgericht Offenburg zu der Frage der Umstellung von Eigentümergrundschulden dahingehend Stellung genommen, daß es die Auffassung über die Umstellung im Verhältnis 1 : 1 zurückgewiesen hat und die Umstellung im Verhältnis 10 : 1 aus §§ 13, 16 und 22 UG sowie aus § 1 des Gesetzes zur Sicherung von Forderungen für den Lastenausgleich herleitet. Im

*) Vgl. hierzu die 40. DVO. z. UmstGes.

Unterschied zur Aufwertungsgesetzgebung behandelt das Umstellungsgesetz die Regelung der Grundpfandrechte nicht. Daher kann man — bis zu einer gesetzlichen Regelung — nur aus verschiedenen Bestimmungen und dem Sinn und Zweck des Gesetzes sowie den wirtschaftlichen Gesichtspunkten unter Berücksichtigung der Rechtsnatur der Grundpfandrechte eine Auslegung versuchen. Diese ist bei den Hypotheken verhältnismäßig leicht, weil sie von dem Bestehen der Hauptforderung abhängig sind. Bei Grundschulden ist sie infolge ihrer abstrakten Natur schwieriger.

Man muß annehmen, daß Hypotheken, die zur Sicherung von Auseinandersetzungs- oder Restkaufgeldansprüchen bestellt sind, wie diese Ansprüche im Verhältnis 1 : 1 umzustellen sind (§ 18, Abs. 1, Ziff. 3 bzw. 2 UG). Entsprechendes muß auch für Grundschulden gelten, die solche Forderungen sichern, denn es wäre weder mit den Zwecken des Umstellungsgesetzes noch mit dem Willen der Vertragsparteien vereinbar, wenn man dem Gläubiger einer durch eine Grundschuld gesicherten Forderung zwar für die persönliche Forderung eine Umstellung im Verhältnis 1 : 1, aber für die Grundschuld nur eine Umstellung im Verhältnis 10 : 1 zubilligen wollte. Es ist zu berücksichtigen, daß im allgemeinen Grundschulden zur Sicherung von Forderungen bestellt werden, weil sich der Gläubiger wegen der abstrakten Rechtsnatur der Grundschuld eine bessere Sicherheit für seine Forderung durch eine Grundschuld als durch eine Hypothek verspricht. Wenn man Grundschulden bei der Umstellung anders behandeln würde als Hypotheken und als die persönliche Forderung, dann würde gerade der Gläubiger, der eine Hypothek für seine Forderung erhalten hat, besser stehen als derjenige, der sich zum Zwecke der besseren Sicherung eine Grundschuld hat eintragen lassen.

Weder aus den §§ 13 und 16 noch aus § 22 UG kann entnommen werden, daß Grundpfandrechte anders umzustellen sind als die persönliche Forderung, insbesondere daß sie auch dann im Verhältnis 10 : 1 umzustellen sind, wenn die Forderung im Verhältnis 1 : 1 umgestellt wird. Diese Auffassung vertritt auch Duden (Duden, „Die Umstellung der Grundpfandrechte und die Umstellungsgrundschulden" in DRZ 1949, S. 295 ff. und S. 358 ff.). Im Falle der Eigentümergrundschuld kann kann man von einer persönlichen Forderung nicht ausgehen, weil ein Schuldverhältnis infolge der Identität des Berechtigten hinsichtlich der Grundschuld mit dem Verpflichteten als Grundstückseigentümer nicht besteht. Ein Schuldverhältnis setzt voraus, daß ein Gläubiger vorhanden ist, der berechtigt ist, von dem Schuldner eine Leistung zu fordern (§ 241 BGB). Das Umstellungsgesetz hat an dieser Doppelseitigkeit des Schuldverhältnisses als eines „Verhältnisses" zwischen zwei Personen nichts ändern wollen, wenn es in § 13, Abs. 1 UG bestimmte, daß alle „auf Zahlung einer Geldsumme gerichteten Forderungen" als Schuldverhältnisse im Sinne des Umstellungsgesetzes anzusehen sind, denn auch die Forderung setzt begriffsnotwendig das Vorhandensein eines anderen als Schuldner, also eine Zweiseitigkeit, voraus.

Bei einer Eigentümergrundschuld besteht infolge des Zusammenfallens von Berechtigtem und Verpflichtetem eine solche Zweiseitigkeit nicht. Infolgedessen kann der Teil II des Umstellungsgesetzes „Schuldverhältnisse" auf Eigentümergrundschulden keine Anwendung finden. Die Eigentümergrundschuld unterfällt daher dem Umstellungsgesetz nicht, denn auch Teil I enthält keine Bestimmungen, die auf die Eigentümergrundschuld anwendbar sind. Man kann auch nicht, wie es das Landgericht Offenburg tut, aus § 22 UG die Umstellung von Eigentümergrundschulden im Verhältnis 10 : 1 herleiten, denn diese Bestimmung, die die einzige im 3. Abschnitt des Teiles II des Umstellungsgesetzes „Pfandbriefe und verwandte Schuldverschreibungen" ist, regelt lediglich die Forderungen aus solchen Schuldverschreibungen, die ohnehin schon gemäß § 16 UG im Verhältnis 10 : 1 umgestellt werden, enthält aber nichts, was darauf hindeutet, daß auch Eigentümergrundschulden in gleicher Weise umzustellen sind.

Wenn hiernach das Umstellungsgesetz auf Eigentümergrundschulden nicht anwendbar ist, so fragt sich, wie die Eigentümergrundschuld auf die neue Währung umzustellen ist. Die Antwort hierauf läßt sich — solange keine andere gesetzliche Regelung erfolgt — aus § 2 des Währungsgesetzes herleiten. Gemäß dieser Bestimmung tritt „in rechtsgeschäftlichen Erklärungen .... vorbehaltlich besonderer Vorschriften" an die Stelle der Rechnungseinheit Reichsmark die Deutsche Mark. Die Eigentümergrundschuld ist eine rechtsgeschäftliche Erklärung im Sinne dieser Bestimmung, denn ihrer Entstehung liegt eine Willenserklärung im Sinne der §§ 116 BGB ff. zugrunde. Die Umstellung auf Grund des § 2 WG soll nur dann erfolgen, wenn „besondere Vorschriften für bestimmte Fälle" nichts anderes bestimmen, wenn also insbesondere im Umstellungsgesetz keine andere Regelung getroffen ist. Wie dargelegt, gilt das Umstellungsgesetz für Eigentümergrundschulden jedoch nicht, so daß auf sie § 2 WG anzuwenden sein dürfte, also die Umstellung im Verhältnis 1 : 1 erfolgt, solange nicht eine andere Regelung auf Grund einer Durchführungsbestimmung zum Umstellungsgesetz Platz greift.

Dieser Regelung steht das Gesetz zur Sicherung von Forderungen für den Lastenausgleich vom 2. September 1948 nicht entgegen und ebensowenig die dazu ergangenen Durchführungs-Verordnungen, sondern im Gegenteil, man kann sowohl aus dem Gesetz wie aus den Durchführungs-Verordnungen entnehmen, daß eine Umstellung der Eigentümergrundschulden im Verhältnis 1 : 1 anerkannt wird:

Das Gesetz zur Sicherung von Forderungen für den Lastenausgleich bestimmt nicht, daß hinter Hypotheken, Grund- und Rentenschulden schlechthin die Grundschuld für die Verwaltung des Vereinigten Wirtschaftsgebietes eingetragen wird, sondern nur hinter solchen Hypotheken, Grund- und Rentenschulden, „die auf Grund des § 16 des Dritten Gesetzes zur Neuordnung des Geldwesens (Umstellungsgesetz) umgestellt worden sind". Wenn der Gesetzgeber der Auffassung gewesen wäre, daß alle Hypotheken Grund- und Rentenschulden der Umstellung auf Grund des § 16 UG unterliegen, dann hätte es einer solchen Einschränkung nicht bedurft. Die Einschränkung findet ihren Grund darin, daß der Gesetzgeber nur hinter einem Teil der Hypotheken, Grund- und Rentenschulden die öffentliche Grundschuld entstehen lassen wollte, nämlich hinter solchen, bei denen die zugrunde liegende persönliche Forderung auf Grund von § 16 UG im Verhältnis 10 : 1 und dementsprechend — ohne daß das Umstellungsgesetz es ausdrücklich ausspricht — auch das dingliche Recht im gleichen Verhältnis umgestellt wird.

Auch aus der Durchführungs-Verordnung zum Gesetz zur Sicherung von Forderungen für den Lastenausgleich (vom 7. September 1948) ergibt sich, daß der Gesetzgeber keineswegs die Umstellung für sämtliche Hypotheken, Grund- und Rentenschulden im Verhältnis 10 : 1 und damit das Entstehen der öffentlichen Grundschuld hinter allen Grundpfandrechten unterstellte. Das Landgericht Offenburg beruft sich zur Begründung seiner Entscheidung zu Unrecht auf die Bestimmung des § 7 der Durchführungs-Verordnung. Es wird in § 7 Satz 1 lediglich bestimmt, daß die umgestellte Eigentümergrundschuld auf den Namen des Eigentümers eingetragen wird. Damit wird nichts darüber gesagt, in welcher Weise die Eigentümergrundschuld umzustellen ist, insbesondere nicht, daß eine einheitliche Umstellung im Verhältnis 10 : 1 erfolgt. Im Gegenteil, aus § 7 Satz 2 geht hervor, daß eine umgestellte Grundschuld die Forderung, zu deren Sicherung sie bestimmt ist, übersteigen kann und daß sie insoweit gleichfalls auf den Eigentümer als Gläubiger umgeschrieben werden kann. Diese Bestimmungen lassen es — ebenso wie § 1 des Gesetzes zur Sicherung von Forderungen für den Lastenausgleich — durchaus zu, daß die Grundschuld auf den Eigentümer im Verhältnis 1 : 1 umgestellt wird, stehen also der Anwendung des § 2 WG nicht entgegen.

Die Eigentümergrundschuld hat, wie das Landgericht zutreffend ausführt, die Aufgabe, den Rang zu sichern. Sie soll dem Eigentümer die Möglichkeit geben, auch im Falle des Entstehens weiterer Belastungen — sei es auf Grund freiwilliger Einräumung von Grundstückspfandrechten, sei es auf Grund der Bestellung von Zwangshypotheken — ein Recht am Grundstück mit dem Range der Eigentümergrundschuld zum Zwecke der Kreditaufnahme oder dgl. vergeben zu können. Die Eigentümergrundschuld ist also keine eigentliche Forderung, sondern ein Mittel zur Rangwahrung, das erst später, nach Abschluß eines Kreditvertrages, in ein dingliches Recht für den Kreditgeber umgewandelt wird. Wenn also zum Währungsstichtag eine Eigentümergrundschuld bestand, so ist sie nur ein Bestandteil des Grundstückswertes und hat nicht den Charakter einer Geldforderung, sondern ist der typische Fall eines Sachwertes. Wenn man bei einer Eigentümergrundschuld überhaupt von einer „Schuld" sprechen kann, so ist sie eine Wertschuld, nicht eine Geldbetragsschuld, denn sie soll gerade für die spätere Zeit einer Kreditaufnahme dem Eigentümer die Erhaltung eines Ranges auf seinem Grundstück sichern, hat also wertsichernde Aufgaben.

Duden meint zutreffend (DRZ, 1949, S. 115), daß das Umstellungsgesetz noch nicht genügend klar die Rechtslage hinsichtlich der Eigentümergrundschuld regelt und daß es einer Ergänzung des Umstellungsgesetzes durch die Alliierte Bankenkommission gemäß § 34 Abs. 4 UG bedarf. Für den Fall, daß eine Umstellung im Verhältnis 1 : 1 erfolgt, ist für die Eintragung einer öffentlichen Grundschuld zu Gunsten der Verwaltung des Vereinigten Wirtschaftsgebietes kein Raum. In den Fällen, in denen das dingliche Recht im Verhältnis 1 : 1 umgestellt wird, ist auch eine Heranziehung des Grundstückseigentümers zum Lastenausgleich nicht gerechtfertigt, denn sowohl gemäß § 3 des Gesetzes zur Sicherung von Forderungen für den Lastenausgleich wie nach § 16 Abs. 3 UG soll nur bei „Schuldnergewinnen" die Heranziehung zum Lastenausgleich erfolgen. Diese können zwar auch aus der dinglichen Schuld entstehen, jedoch auch da nur dann, wenn sie nicht im Verhältnis 1 : 1 umgestellt worden ist.

Ueber die vorstehend erörterten Fragen hat am 23. August 1948 zwischen dem Büro für Währungsfragen und Vertretern der Justizbehörden ein Meinungsaustausch stattgefunden, der zu folgenden Rechtsansichten geführt hat (vgl. „Der Betriebs-Berater" vom 20. Sept. 1948, Heft 20, S. 394):

1. Die Vorschriften der Währungsgesetze über die Umstellung von Schuldverhältnissen gelten auch für die dinglichen Rechte. Daraus folgt:

a) Geht die Forderung auf Grund des Umstellungsgesetzes unter (z. B. § 18, Abs. 3 UG), so erlischt auch das für die Forderung bestellte Grundpfandrecht (ohne Entstehung eines Eigentümerpfandrechtes).

b) Grundpfandrechte für Forderungen, die zum Nennbetrag umgewandelt werden (§ 18 Abs. 1 UG) sind zu DM-Rechten in Höhe des RM-Betrages geworden.

c) Grundpfandrechte für Forderungen, die gemäß § 16 UG abgewertet sind, haben sich in Höhe von 10 % des RM-Betrages verwandelt.

d) Aus Anlaß der Umstellung von Forderungen, zu deren Schutz Hypotheken, Grund- oder Rentenschulden bestellt worden sind, entstehen keine Eigentümergrundschulden.

2. Ein am 20. Juni 1948 bestehendes Eigentümerpfandrecht unterliegt der Umstellung. Mangels einer zugrunde liegenden Forderung kann eine höhere Umstellung nach § 18 Abs. 1 UG nicht in Betracht kommen. Eigentümergrundpfandrechte werden deshalb durchweg mit dem Normalsatz 10 : 1 umgestellt.

3. Wegen der Behandlung von Anträgen auf Eintragung noch auf RM lautender Grundpfandrechte ist festzustellen, daß es für die Frage der Ordnungsmäßigkeit einer Eintragung auf den Zeitpunkt der Eintragung und nicht auf den des Antrages ankommt. Es ist nicht Aufgabe des Grundbuchamtes, von sich aus die Umstellung in die geltende Währung vorzunehmen. Da hiernach der Antrag auf Eintragung nicht vollzogen werden kann, so liegt es im Ermessen des Grundbuchamtes, den Antrag zurückzuweisen oder zur Behebung des Hindernisses eine Frist zu setzen (§ 18 GBO). Zu bemerken ist, daß die Eintragung einer „Vormerkung zur Sicherung der Eintragung des aus dem Betrag von RM nach dem Umstellungsgesetz umgestellten Betrages in gesetzlicher DM-Währung" bedenkenfrei erscheint.

4. Zu der Streitfrage, ob bei Löschungen von auf 10 % umgestellten Rechten auf die eventuelle Nachquote (Schattenquote) nach § 16 Abs. 2 UG Rücksicht zu nehmen ist, insbesondere die Nachquote einer Löschung entgegensteht, ist in § 13 Abs. 3 der zu erwartenden DVO zum Gesetz zur Sicherung des Lastenausgleichs im verneinenden Sinne Stellung genommen. Der Eigentümer kann also vom Gläubiger gegen Zahlung des umgestellten Betrages eine vorbehaltlose Löschungsbewilligung verlangen. Es ist Sache des Gesetzgebers, für den Fall der Gewährung der Nachquote über die Frage ihrer dinglichen Sicherung und die Art derselben zu befinden (Zentral-Justiz-Blatt 1948, S. 201 f.).

Filialhaftung

Das Reichsgericht hat in seiner Entscheidung Bd. 108, S. 210 dargelegt, daß die Bankfilialen im Vergleich zu den Filialen anderer Unternehmungen eine besonders große Selbständigkeit genießen. Trotzedem haftet für ihre Verbindlichkeiten grundsätzlich das ganze Unternehmen, denn durch die Tätigkeit einer Zweigniederlassung wird nicht diese verpflichtet, ebensowenig wie sie auch Träger von Rechten wird, sondern das Unternehmen als solches. Nur dieses stellt eine Juristische Person im Sinne der §§ 21 ff. BGB dar, nicht aber die einzelne Zweigniederlassung.

Wenn eine Bankfiliale eine Ueberweisung erhält, so vollzieht sich dies buchmäßig dadurch, daß sie von der überweisenden Stelle eine Gutschrift erhält und diese Stelle dementsprechend belastet. In diesem Falle steht nicht der Filiale, sondern dem Bankunternehmen als solchem der Anspruch auf Grund der erfolgten Ueberweisung zu. Befand sich nun die Filiale im Osten, der Hauptsitz aber im Westen, oder wurde er nach dem Westen verlagert, so ändert dies grundsätzlich an der Haftung der Westbank nichts.

Diese Auffassung von der rechtlichen Einheit von Unternehmungen mit Filialbetrieben wird jedoch in der Praxis den durch Kriegsausgang veränderten tatsächlichen Verhältnissen nicht gerecht. Man hat daher die Theorie der Bankdeckung aufgegeben und aus der Entscheidung RGZ, Bd. 108, S. 210 die Theorie der Filialdeckung hergeleitet. Hiernach ist unter Anwendung des Grundsatzes der Vertragsauslegung nach Treu und Glauben entsprechend § 242 BGB der veränderten Sachlage Rechnung getragen, indem auch bei einheitlichen Unternehmungen hinsichtlich der Haftung der Westfilialen oder des im Westen befindlichen Hauptunternehmens für Verbindlichkeiten der Ostfilialen eine unterschiedliche Behandlung Platz greift. Man geht davon aus, daß das im Osten befindliche und dort verlorengegangene Vermögen die Grundlage für die Ansprüche der Ostgläubiger darstellte und daß eine Haftung der Westbank oder der Westfilialen für diese Ansprüche nach Fortfall der Deckung unzumutbar sei, denn das im Osten vorhanden gewesene Vermögen habe die Haftungsgrundlage gebildet.

Diese Rechtsauffassung ist besonders in den Urteilen der Oberlandesgerichte Hamburg (v. 7. 11. 46, SJZ 47, Sp. 270; v. 12. 11. 46, HEZ 1, S. 22; v. 6. 1. 48, MDR 48, S. 244), Braunschweig (v. 27. 4. 48, BB 48, S. 181) und Frankfurt (v. 18. 12. 47, SJZ 48, Sp. 259) vertreten. Sie zerlegt praktisch die Rechtsperson in zwei Teile, entsprechend der unterschiedlichen Behandlung der Bankkonten in der Ostzone und in den Westzonen. Die Haftung der Westfiliale tritt also nur dann ein, wenn die Ostfiliale der Westfiliale eine Gutschrift erteilt hat, denn in diesem Falle hat die Westfiliale etwas erlangt. Andernfalls kann sich der Ostgläubiger nur an die Ostfiliale halten. Diese Rechtsprechung entspricht nicht nur der Billigkeit, sondern auch dem praktischen Bedürfnis, denn andernfalls wäre die Westbank dem Zugriff der im Osten von der Kontensperre betroffenen Gläubiger schutzlos preisgegeben und könnte einen solchen Umfang von Ansprüchen infolge der im Osten verlorengegangenen Deckung nicht gerecht werden. Es kann aber nicht mit Treu und Glauben vereinbar sein, daß das aus der Kontensperre entstandene Risiko von der Bank allein getragen wird. Der Gedanke einer besonderen Regelung für Niederlassungen kommt auch hinsichtlich des Gerichtsstandes zum Ausdruck, indem gemäß § 21 ZPO für Klagen, die sich auf den Geschäftsbetrieb der Niederlassung beziehen, der Ort der Niederlassung als Gerichtsstand zulässig ist. Der Oberste Zonen-Gerichtshof hat in seinem Urteil vom 28. Jan. 1949 (I 2 S. 87/48) abgedruckt im BB, 1949, S. 90, den Grundsatz der Filialdeckung an Stelle der Bankdeckung bejaht. Damit hat er den Grundsatz der Bankdeckung abgelehnt, den das OLG Hamburg in seinem Urteil vom 3. 12. 48 (BB 49, S. 72) vertreten hatte (vgl. auch Spengler, „Die steckengebliebene Banküberweisung" in „Betrieb" 1949, S. 105).

In seinem Urteil vom 23. Juni 1949 hat der Oberste Gerichtshof in Köln den Grundsatz der Bankdeckung vertreten (vgl. NJW, Heft 16). Die Entscheidung des Reichsgerichts in Band 108, S. 210, wird in diesem Urteil für das Verhältnis zwischen den Filialen der gleichen Bank aufgegeben, und es wird anerkannt, daß die Großbanken auch nach den Maßnahmen der Bankendezentralisation als Rechtssubjekte fortbestehen, daß eine haftungsmäßige Trennung zwischen Ost- und Westvermögen nicht anzuerkennen ist und daß der Kunde einer Großbank auf Grund seines Guthabens und des Ueberweisungsauftrages einen Anspruch auf Durchführung der Ueberweisung hat. Ob. Ger.Hof in Köln vertritt die Auffassung, daß die Empfangsfiliale zur Mitwirkung verpflichtet ist und die Gutschrift nicht deshalb verweigern darf, weil sie keine wertmäßige Deckung erhalten hat.

Freiwillige Aufwertung

Gemäß § 16 des Umstellungsgesetzes werden Reichsmarkforderungen grundsätzlich im Verhältnis 10 : 1 umgestellt. Das Umstellungsgesetz sieht selbst eine Reihe von Fällen vor, in denen eine andere Umstellung als 10 : 1 erfolgt, so z. B. in § 18, der für eine Reihe von Schuldverhältnissen eine Umstellung im Verhältnis 1 : 1 bestimmt. Ferner sieht das Umstellungsgesetz in § 21 vor, daß vor dem 21. Juni 1948 begründete Verbindlichkeiten aus allgemeinen Schuldverhältnissen auf Antrag des Schuldners im Wege richterlicher Vertragshilfe gestundet oder unter den Umstellungsbetrag herabgesetzt werden können, wenn die gesetzlich vorgesehene Umstellung „dem Schuldner bei gerechter Abwägung der Interessen und der Lage beider Teile nicht zugemutet werden kann".

Dagegen sieht das Umstellungsgesetz eine Umstellung über den Umstellungsbetrag nicht vor, wenn dies etwa im Interesse des Gläubigers bei Berücksichtigung der Interessen des Schuldners gerechtfertigt sein sollte. Es ist lediglich in § 16, Abs. 2 ein allgemeiner Vorbehalt dahingehend enthalten, daß die Militärregierung sich vorbehält, den Gläubigern von Reichsmarkforderungen nach Anhörung der deutschen gesetzgebenden Körperschaften einen weiteren Anspruch bis zur Höhe von 10 % des Reichsmarkbetrages zuzuerkennen. Dieser Vorbehalt gewährt jedoch den Gläubigern kein Recht, sondern allenfalls eine Anwartschaft, deren Verwirklichung völlig unsicher ist.

Mit Rücksicht auf diese Regelung, die lediglich für den Schuldner eine Möglichkeit der Berücksichtigung besonderer Umstände auf gesetzlicher Grundlage gibt, nicht aber für den Gläubiger, ist vielfach in der Praxis das Bedürfnis entstanden, im Wege der gegenseitigen Vereinbarung zwischen Gläubiger und Schuldner die Umstellung anders als in § 16, Abs. 1 vorgesehen vorzunehmen. Dies gilt z. B. dann, wenn Darlehnsbeträge zum Zwecke der Investierung in wertbeständigen Sachwerten oder auch nach der Währungsreform rentabel arbeitenden Betrieben gewährt worden sind, oder wenn Verwandten ein Existenzaufbau durch Reichsmarkdarlehn ermöglicht worden ist und der Darlehnsnehmer sich nach der Währungsreform vielleicht in guter, der Darlehnsgeber aber in schlechter Finanzlage befindet, oder wenn die Hingabe erfolgt ist unter der ausdrücklichen oder stillschweigenden Abrede, daß der Darlehnsbetrag — wie eine wertbeständige Sache — von einer Währungsreform nicht berührt werden solle. Aber auch in vielen anderen Fällen außer den in § 18 aufgeführten, kann eine andere Umstellung entweder nach dem übereinstimmenden Willen der Vertragsteile oder nach der einseitigen Auffassung des Gläubigers gerechtfertigt sein. Es kann auch Fälle geben, in denen der Schuldner, nicht aber der Gläubiger eine höhere Umstellung wünscht, so z. B. bei Handelsgesellschaften, die von ihren Gesellschaftern Darlehen erhalten haben und die aus steuerlichen Gründen diese Darlehen mit einer die Körperschaftssteuer mindernden Wirkung zu einem höheren Umstellungssatze zurückzahlen möchten, während die Gesellschafter Gläubiger oder einzelne von ihnen dies vielleicht nicht möchten.

Soweit eine Uebereinstimmung zwischen Schuldner und Gläubiger über eine höhere Umstellung nicht erzielt werden kann, muß es bei der gesetzlichen Regelung des § 16, Abs. 1 verbleiben, auch wenn der Billigkeitsgesichtspunkt eine höhere Umstellung gerechtfertigt erscheinen läßt. Jedoch wird man in den Fällen, in denen Klauseln über Wertbeständigkeit der Darlehnssumme enthalten sind, auf Grund des Sachverhaltes im einzelnen prüfen müssen, ob und inwieweit eine solche Klausel eine andere Umstellung zuläßt, insbesondere ob die Klausel den Vertrag nach der früheren Rechtsprechung wegen eines darin zum Ausdruck gebrachten Mißtrauens in die Währung nichtig macht oder nicht, und ob nur eine Reichsmarkforderung bestand oder auch eine Forderung auf einen Sachwert, die mit dem Marktpreise am Tage der Leistung des Schuldners zu bewerten ist. Die frühere Rechtsprechung zu der Zulässigkeit von Valutaklauseln hat vielfach zu Vertragsformen geführt, die eine Wertbeständigkeit der Forderung trotz des Verbotes von Valutaklauseln erstrebten. Inwieweit solche Verträge der Umstellung auf Grund von § 16, Abs. 1 unterliegen, wird auf Grund des Einzelfalles zu prüfen sein, wobei vielfach eine Einigung zwischen Schuldner und Gläubiger wird herbeigeführt werden können.

Eine solche Einigung ist auch in den Fällen zulässig, wo der Vertrag etwa infolge der Aufnahme einer Valutaklausel nichtig sein sollte. Das Umstellungsgesetz regelt in § 16, Abs. 1 die Höhe der Umstellung nur „grundsätzlich". Dies bedeutet, daß eine Abweichung nicht nur in den vom Gesetz selbst anders geregelten Fällen zulässig ist, also insbesondere in den Fällen des § 18 und § 21, sondern daß auch die Vertragsteile selbst eine abweichende Umstellung vereinbaren können. Eine Vereinbarung über eine abweichende Umstellung ist auch dann zulässig, wenn das Vertragsverhältnis eine Reichsmarkforderung begründet, ohne daß aus dem Vertrage, auf Grund von Nebenabreden, aus wirtschaftlichen oder aus allgemeinen Billigkeitsgesichtspunkten eine höhere Umstellung als die in § 16, Abs. 1 vorgesehene herzuleiten ist. Denn auch für das Währungsrecht, gilt, soweit es sich um das Verhältnis zwischen Schuldner und Gläubiger handelt und nicht die Währungsreform als solche, also die monetären Vorschriften berührt werden (wie z. B. §§ 10, 11, 22, 24, Abs. 2 UG) der Grundsatz der Vertragsfreiheit. Dieser Grundsatz wird nur dadurch eingeschränkt, daß Verträge, die gegen ein gesetzliches Verbot verstoßen, nichtig sind (§ 138 BGB). Ein solches Verbot der von § 16, Abs. 1 abweichenden Umstellung enthält das Umstellungsgesetz jedoch nicht. Grundsätzlich ist sie daher zulässig. Es ist aber zu beachten, daß der Tatbestand der unerlaubten Handlung dann erfüllt sein kann, mit der Folge der Nichtigkeit auf Grund von § 117 oder § 138 BGB, wenn eine abweichende Umstellung nur zu dem Zwecke erfolgt, um steuerliche Vorteile zu erlangen, ohne daß wirtschaftliche oder sonstige Gründe sie rechtfertigen.

Der abweichenden Umstellungsvereinbarung steht auch die Bestimmung nicht entgegen, daß die sich aus der Umstellung gemäß dem Umstellungsgesetz ergebenden Schuldnergewinne auf Grund der deutschen Gesetzgebung dem Lastenausgleich unterworfen sein sollen (§ 16, Abs. 3 und § 29). Ob und inwieweit der Lastenausgleich abweichende Umstellungsvereinbarungen berücksichtigt, bleibt der betreffenden Gesetzgebung vorbehalten. Jedenfalls kann die Tatsache, daß die gesetzlich vorgesehenen Schuldnergewinne dem Lastenausgleich unterliegen sollen, nicht zur Folge haben, daß die Vereinbarung einer vom Gesetz abweichenden Umstellung der Forderung ausgeschlossen ist.

Ebensowenig kann die Unzulässigkeit einer abweichenden Umstellungsvereinbarung aus der Strafvorschrift des § 33 hergeleitet werden. Diese Bestimmung droht nur für ganz bestimmte Tatbestände Strafen an, nämlich:

1. hinsichtlich der Umwandlung oder Freigabe von Altgeldguthaben (§ 33, Abs. 1, Ziff. 1a und 2),
2. hinsichtlich der Gutschrift von Beträgen für Geldinstitute bei einer Landeszentralbank und hinsichtlich der Zuteilung von Ausgleichsforderungen gegen die öffentliche Hand für ein Geldinstitut, einen Versicherer oder eine Bausparkasse (§ 33, Abs. 1, Ziff. 1b).

Ferner werden in § 33 Abs. 3 „sonstige Zuwiderhandlungen gegen die Vorschriften dieses Gesetzes oder der Durchführungsverordnungen zu diesem Gesetz" unter Strafe gestellt. Da § 16, Abs. 1 nur eine „grundsätzliche" Regelung trifft, kann eine durch Vereinbarung der Vertragsteile herbeigeführte abweichende Umstellung nicht als eine Zuwiderhandlung im Sinne des § 33 angesehen werden. Insoweit ist den Ausführungen, die in der Beilage „Neue Betriebswirtschaft", Nr. 6, zum „Betriebs-Berater" vom 20. September 1948, Heft 20 veröffentlicht werden (S. 94), nicht beizupflichten.

Es ist auch zu beachten, daß häufig über die Frage, ob auf eine umzustellende Reichsmarkforderung die Bestimmung des § 16 oder des § 18 UG anzuwenden ist und ob eine Wertbeständigkeitsabrede — sei sie ausdrücklich oder konkludent getroffen —, gültig ist, zwischen den Vertragsteilen Streit sein wird, oder daß die Vertragsteile über die Rechtslage im Ungewissen sein werden. Das Bürgerliche Gesetzbuch sieht die Beseitigung eines solchen Streites oder einer solchen Ungewißheit der Parteien über ein Rechtsverhältnis im Wege gegenseitigen Nachgebens, also durch Vergleich, ausdrücklich vor (§ 779 BGB). Wenn die zu erwartende große Zahl der Meinungsverschiedenheiten über die Anwendbarkeit des Umstellungsgesetzes auf vor der Währungsreform geschlossene Verträge nicht durch eine von §§ 16 und 18 abweichende Regelung beseitigt werden könnten, weil die Beteiligten befürchten müssen, dadurch den Straftatbestand des § 33 Abs. 3 zu verwirklichen, so würde diese Auffassung dazu führen, daß über solche Meinungsverschiedenheiten nur durch Gerichtsurteil entschieden werden kann und jeder Vertrag entweder unter die Bestimmung des § 16 mit der Umstellung 10 : 1 oder unter die Bestimmung des § 18 mit der Umstellung 1 : 1 unterzuordnen ist. Ein solcher Zwang zur Prozeßführung und eine solche Beschränkung der Vertragsfreiheit kann aus §§ 16 und 33 nicht hergeleitet werden.

Geldstrafen

Das Währungsrecht läßt die Höhe der in dem Strafgesetzbuch und in den strafrechtlichen Nebengesetzen festgesetzten Geldstrafen insofern unberührt, als gemäß § 2 des Währungsgesetzes an die Stelle der Reichsmarkbeträge der gleiche Betrag in DM tritt. Dies gilt auch für die angedrohten Mindest- und Höchststrafen (§§ 27 und 27a StrGB). Die Folge ist, daß vielfach die Mindeststrafen sehr hoch sind, so beträgt sie z. B. für Vergehen gegen das Branntweinmonopolgesetz (§§ 119, 120, 122, KRG 27, Art. V) mindestens 1000 DM, ohne daß die Möglichkeit einer geringeren Straffestsetzung, bei unerlaubter Herstellung geringer Mengen Branntwein besteht (Brandstetter, „Währungsumstellung und Geldstrafe", in NJW, 1948, S 675). Der Gesetzgeber wollte vielleicht durch die Höhe der Geldstrafe in Reichsmark die Gewinnspanne im Schwarzhandel berücksichtigen. In dem Rahmen den das Gesetz zuläßt, ist bei der Strafzumessung die veränderte Wirtschaftslage zu berücksichtigen. Während in der Zeit des Geldüberhanges die Geldstrafen höher festgesetzt werden konnten als in Zeiten normalen Geldumlaufs, ist in Zeiten einer Geldknappheit die Geldstrafe niedriger festzusetzen, denn schon durch einen niedrigen Betrag kann der geiche Strafzweck erreicht werden, der früher durch den höheren Betrag erreicht wurde. Diese Berücksichtigung der Geldverhältnisse ergibt sich aus § 27c StrGB, der bei der Bemessung der Geldstrafe die Berücksichtigung der wirtschaftlichen Verhältnisse des Täters vorschreibt.

Die Umstellung verhängter Geldstrafen erfolgt gemäß § 16, Abs. 1 UG im Verhältnis 10 : 1, wenn das Schuldverhältnis vor dem Währungsstichtag rechtskräftig begründet war (§ 13, Abs. 3 UG). Dagegen ist mit Brandstetter anzunehmen, daß die am 19. und 20 Juni 1948 begründeten Verpflichtungen zur Zahlung von Geldstrafen, z. B. durch freiwillige Unterwerfung, nicht nach § 18, Abs. 1, Ziff. 4 UG im Verhältnis 1 : 1 umzustellen sind, denn diese Bestimmung betrifft nur die Verbindlichkeiten, die auf Rechtsgeschäften des bürgerlichen Rechts beruhen.

Bei Urteilen, die am Währungsstichtag noch nicht rechtskräftig waren, entsteht mit der Rechtskraft eine Reichsmarkforderung, die im Sinne des § 13, Abs. 3 UG vor dem Währungsstichtag begründet war. In diesem Falle erfolgt gleichfalls gemäß § 16, Abs. 1 UG eine Umstellung im Verhältnis 10 : 1. Die Reichsmarkverpflichtung war durch das Urteil, wenn aucn zunächst durch die mangelnde Rechtskraft aufschiebend bedingt, entstanden. Im Falle der Berufung kann auch eine Umstellung im Verhältnis 1 : 1 erfolgen, ohne daß darin eine reformatio in peius zu erblicken ist (vgl. Brandstetter, a. a. O.). Im Falle der Aufhebung des Urteils zwecks anderweiter Entscheidung oder Zurückverweisung an den Vorderrichter, wird die Geldstrafe in dem nach der Währungsreform ergehenden neuen Urteil in DM festgesetzt.

Die Tatsache, daß eine Tat vor dem Währungsstichtag begangen und zu dieser Zeit die Strafe nur in Reichsmark angedroht war, steht der Festsetzung der Strafe in D-Mark nach dem Währungsstichtag nicht entgegen, denn es handelt sich hier nicht um ein milderes Gesetz, das gegenüber dem schärferen nach § 2, Abs. 2 StrGB den Vorrang hat, sondern nur um eine Aenderung in der Bezeichnung und Kaufkraft des Geldes. Es liegt also auch nicht ein anderes Recht im Sinne des § 2a StrGB vor. Daher ist gemäß § 2 des Währungsgesetzes bei einem Urteil, das nach dem Währungsstichtag ergeht, die Geldstrafe in D-Mark festzusetzen. Wenn auch hierbei gemäß § 27c StrGB die wirtschaftlichen Verhältnisse des Täters zu berücksichtigen sind, so kann ein auf D-Mark lautendes Urteil, auch wenn der Betrag geringer ist als er vor der Währungsumstellung gewesen wäre, eine Härte bedeuten. Dies ist jedoch nicht zu vermeiden. Die sich aus der Währungsreform ergebenden Folgen treten auf den verschiedensten Gebieten ein und stellen eine besondere Belastung des Betroffenen dar. Sie können auf dem Gebiet der Strafrechtspflege nicht ausgeschlossen werden Eine gewisse Hilfe kann bei besonders großen Härten durch Gnadenakt gewährt werden. Dagegen steht dem Verurteilten die Inanspruchnahme richterlicher Vertragshilfe nicht zu, da § 21, Abs. 3 UG nur für „allgemeine Schuldverhältnisse" gilt.

Bei der Geldstrafe, die von dem Verurteilten nicht beigetrieben werden kann, unterbleibt gemäß § 29, Abs. 6 StrGB die Vollstreckung der Ersatzstrafe nur dann, wenn den Verurteilten kein Verschulden an der Nichtbeitreibbarkeit trifft. Wenn die Nichtbeitreibbarkeit der Geldstrafe auf die Folgen der Währungsreform zurückzuführen ist, so ist dies im allgemeinen als ein Nichtverschulden im Sinne des § 29, Abs. 6 StrGB anzusehen, denn es handelt sich hier um eine so weitgreifende Aenderung des Währungswesens, daß eine Vermögensverschlechterung des einzelnen, die darauf zurückzuführen ist, von ihm nicht vertreten werden kann.

Besondere Schwierigkeiten dürften sich in den Fällen ergeben, in denen auf Grund von § 4 der Preisstrafrechts-Verordnung in der Fassung vom 26. Oktober 1941 (RGBl. I, S. 264) bei Preisverstößen der Mehrerlös einzuziehen ist. In solchen Fällen ist auch bei Entscheidungen, die nach dem Währungsstichtag ergehen, der Mehrerlös in RM zu beziffern, wenn er vor dem Währungsstichtag erzielt worden ist, denn nur durch die Bezifferung in Reichsmark läßt er sich errechnen. Er wird grundsätzlich im Verhältnis 10 : 0,65 umzustellen sein, wenn er sich am Währungsstichtag bei einem Geldinstitut befand, denn es soll nur das eingezogen werden, was noch vorhanden ist. Es handelt sich hier um einen anderen Fall als den der Geldstrafe, die als Reichsmarkforderung gemäß § 16, Abs. 1 UG im Verhältnis 10 : 1 umzustellen ist. Wenn der Mehrerlös nicht mehr vorhanden ist, weil er durch die Währungsreform untergegangen ist, so ist dieser Fall nicht dem Fall gleichzusetzen, daß der Verurteilte ihn durch andere Geschäfte verloren hat. Es ist zu berücksichtigen, daß es sich bei der Währungsreform um einen staatlichen Akt, nicht um ein Rechtsgeschäft des Verurteilten handelte. Wenn infolge dieses staatlichen Aktes der Mehrerlös bereits im Zuge der Währungsreform untergegangen ist, so ist die Wirkung der Einziehung bereits eingetreten, und eine Einziehung auf Grund einer Entscheidung im Einzelfall kann nicht mehr erfolgen. In diesem Falle ist daher von der Einziehung des Mehrerlöses, der nicht mehr vorhanden ist, abzusehen. Anders liegt es allerdings, wenn der Verurteilte die Banknoten selbst vernichtet, da er hier von sich aus tätig wird. Hier haftet er für den Mehrerlös, umgestellt 10 : 1, ebenso wie er auch vor der Währungsreform sich von seiner Verpflichtung nicht durch Beiseiteschaffen des Mehrerlöses befreien konnte. Brandstetter a. a. O. will die Einziehung des Mehrerlöses umgestellt im Verhältnis 10 : 1 zulassen, während sich aus Vorstehendem eine Einziehung nur des Betrages, der im Verhältnis 10 : 0,65 umgestellt ist, ergeben würde, sofern der Mehrerlös sich am Währungsstichtag bei einem Geldinstitut befand.

Gesperrte Geldguthaben (Ges. 52)

In § 26 UG ist bestimmt, daß die Umwandlung von Altgeldguthaben in Neugeldguthaben nicht als Verfügung oder Geschäft im Sinne der Gesetze Nr. 52 und 53 der Militärregierung gilt. Daher hat der Kontoinhaber gesperrter Vermögen Anspruch auf Ausstellung der Unbedenklichkeitsbescheinigungen im Sinne der §§ 5 und 6 UG. Die Beschlagnahme der Konten bleibt bestehen und erstreckt sich auf den umgestellten Betrag. Die Beträge, über die der Kontoinhaber frei verfügen kann, unterliegen nicht der Umstellung des § 16 UG, sondern werden nach § 2 WG im Verhältnis 1 : 1 umgestellt. Der Kontoinhaber, der bisher 200 RM abheben konnte, kann nach der Währungsreform 200 DM abheben. Die Kontenumstellung erfolgt jedoch im Verhältnis 10 : 0,65, so daß die

Belastung der Konten durch die freigegebenen Beträge eine wesentlich größere als vor der Währungsreform ist.

Aus § 26, Abs. 1 UG geht hervor, daß die Verfügungsbeschränkungen der Gesetze Nr. 52 und 53 der Militärregierung auf alle Altgeldguthaben und auf alle Forderungen und Verbindlichkeiten in Deutscher Mark Anwendung finden, denen Gläubiger oder Schuldner ihren Wohnsitz, Sitz oder Ort der Niederlassung in einem deutschen Gebiet außerhalb des Währungsgebietes haben. Hierzu gehören z. B. auch Obligationen, über die also von den Gläubigern oder Schuldnern nur mit Genehmigung der Militärregierung verfügt werden darf Diese Regelung ist dadurch gerechtfertigt, daß in Deutschland verschiedene Währungen bestehen, wodurch die Gläubiger und Schuldner außerhalb des Währungsgebietes praktisch in die Rechtsstellung eines Devisenausländers gebracht worden sind.

Derjenige, der seinen Wohnsitz in Deutschland, aber außerhalb des Währungsgebietes hat, ist — im Gegensatz zu anderen nach § 52 gesperrten Personen — nicht gehindert, sein Stimmrecht für Aktien oder GmbH-Anteile, die in den Westzonen gemäß § 26, Abs. 2 UG blockiert sind, durch von ihm selbst bestellte Bevollmächtigte auszuüben, da die Sperre nach Gesetz Nr. 53 und Gesetz Nr. 52, Ziff. I, 1 f, der Stimmrechtsausübung in dieser Weise nicht entgegensteht.

Gewerblicher Rechtsschutz

Auf dem Gebiete des gewerblichen Rechtsschutzes kommt die Umstellung von Forderungen auf Grund des Umstellungsgesetzes besonders häufig dann in Frage, wenn es sich um Zahlungen auf Grund einer Gemeinschaft von Miteigentümern an einem Schutzrecht oder auf Grund eines Lizenzvertrages über die Benutzung von Schutzrechten handelt.

Sind mehrere Personen an der Auswertung eines Schutzrechtes als Miteigentümer beteiligt, so entstehen im allgemeinen Ansprüche auf Gewinnbeteiligung. Solche Ansprüche sind, sofern sie am Währungsstichtag nicht auf einen bestimmten Geldbetrag lauteten, Wertansprüche, daß heißt sie gehören nicht zu den Reichsmarkforderungen, für die gemäß § 13, Abs. 3 in Verbindung mit § 16 UG das Umstellungsgesetz gilt. Wenn der Abrechnungszeitraum für solche Gewinnbeteiligungen erst nach dem Währungsstichtag endete, so entsteht also eine volle D-Mark-Forderung auf den Gewinnanteil für den ganzen Abrechnungszeitraum. Dies folgt aus der Natur solcher Gewinnbeteiligungen als Wertansprüche. Ist dagegen der Gewinnbeteiligungsanspruch am Währungsstichtag bereits in einen festen Geldanspruch umgewandelt, so unterliegt er der Umstellung gemäß § 16 im Verhältnis 10 : 1. Falls die Miteigentümer Anspruch auf feste Geldzahlungen haben, so sind dies regelmäßige wiederkehrende Leistungen im Sinne des § 18, Abs. 1, Ziff. 1 UG. Sie werden im Verhältnis 1 : 1 umgestellt, soweit sie nach dem Währungsstichtag fällig werden und nicht einen vor dem 1. Juni 1948 liegenden Zeitraum betreffen (§ 18, Abs. 2 UG). Bei Jahreszahlungen muß also eine entsprechende Aufteilung vorgenommen werden, indem der Teil des festen Betrages, der sich auf die Zeit vor dem 1. Juni 1948 bezieht, im Verhältnis 10 : 1 und der Teil, der sich auf die Zeit vom 1. Juni 1948 ab bezieht, im Verhältnis 1 : 1 umgestellt wird.

Ueber die Frage, wie der Anspruch solcher Miteigentümer im Falle der Auflösung der Gemeinschaft umzustellen ist, sind die Ansichten geteilt. Der Auseinandersetzungsanspruch von Miteigentümern bei einer Bruchteilsgemeinschaft ist in § 18, Abs. 1, Ziff. 3 UG nicht aufgeführt. Hieraus folgert Harmsen (NJZ, 1948, S. 444), daß er nicht zu den im Verhältnis 1 : 1 umzustellenden Ansprüchen gehört. Paterna („Gewerblicher Rechtsschutz und Währungsumstellung" in MDR, 1948, S. 403) will dagegen auf einen solchen Auseinandersetzungsanspruch § 18, Abs. 1, Ziff. 3 UG entsprechend anwenden, indem er annimmt, daß die Nennung der „Gesellschafter" nur als Beispiel für ähnliche Gemeinschaften erfolgt sei. Paterna weist darauf hin, daß Sinn und Zweck der Bestimmung der sei, zu vermeiden, daß bei solchen Gemeinschaften als Folge der Auseinandersetzung eine Lage eintrete, bei der ein Teil der Gemeinschafter die Sachwerte behalte und ein anderer Teil mit einer im Verhältnis 10 : 1 umgestellten Geldzahlung abgefunden werde.

Man wird diese Auffassung von Paterna billigen können, denn die betreffende Bestimmung enthält eine Anzahl von Gemeinschaften, bei denen eine Auseinandersetzung in Frage kommt. Man wird die einzelnen Gruppen nicht eng auffassen können, sondern auch ähnliche Gemeinschaftsverhältnisse einbeziehen müssen, bei denen eine Auseinandersetzung in Frage kommt. Hierzu gehören auch Gemeinschaften nach Bruchteilen im Sinne des § 741 BGB. Dies bedeutet, daß die einzelnen Miteigentümer, falls die Gemeinschaft vor dem 21. Juni 1948 umgestellt worden ist, einen Anspruch auf Umstellung ihrer Auseinandersetzungsansprüche im Verhältnis 1 : 1 haben, ebenso wie z. B. im Falle der Auflösung einer Erbengemeinschaft.

Wichtig für das Gebiet des gewerblichen Rechtsschutzes ist die Behandlung von Lizenzansprüchen. Einmalige Lizenzzahlungen nach dem 21. Juni 1948 sind, soweit sie die Zeit vor dem 1. Juni 1948 betreffen, gemäß § 18, Abs. 2 in Verbindung mit § 16 UG im Verhältnis 10 : 1 umzustellen, während sie für die Zeit ab 1. Juni 1948 im Verhältnis 1 : 1 umzustellen sind, denn es handelt sich bei der Lizenz um eine Vergütung für die Benutzung des Schutzrechtes, also um eine pachtzinsähnliche Vergütung für eine Dauerleistung im Sinne des § 18, Abs. 1, Ziff. 1 UG. Soweit die Lizenz laufend zu zahlen ist, stellt sie eine wiederkehrende Leistung im Sinne dieser Vorschrift dar. Die Umstellung richtet sich dann nach der Fälligkeit und den Zeitraum, für den sie gezahlt wird, d. h. für die Zeit vor dem 1. Juni 1948 erfolgt die Umstellung 10 : 1, für die Zeit danach 1 : 1. Bei Gewinnbeteiligungen als Lizenz wird die Anwendbarkeit des Umstellungsgesetzes insoweit ausgeschlossen, als der Gewinnbeteiligungsanspruch sich am Währungsstichtag noch nicht in einen bestimmten Geldanspruch umgewandelt hatte, denn solche Gewinnbeteiligungen sind Wertansprüche, auf die das Umstellungsgesetz nicht anwendbar ist. Dies hat zur Folge, daß Gewinnbeteiligungen, die für einen in die Zeit nach dem Währungsstichtag hineinreichenden Zeitraum gezahlt werden, für den ganzen Abrechnungszeitraum voll in D-Mark zu zahlen sind. Soweit der Gewinn für einen früheren Zeitraum ermittelt wurde, aber am Währungsstichtag die Lizenz auf diesen Gewinn noch nicht bezahlt war, wird die Lizenz gemäß § 16 UG im Verhältnis 10 : 1 umgestellt. Lizenzen für Angestelltenerfindungen werden im allgemeinen nicht als Löhne oder Gehälter im Sinne des § 18, Abs. 1, Ziff. 1 UG angesehen werden können, sondern sind so umzustellen, wie Lizenzen allgemein umgestellt werden.

Giroüberweisung und Kontensperre

Bei einer vorbehaltlosen Gutschrift auf Grund eines Ueberweisungsauftrages, der der Ostfiliale einer Bank zugunsten einer anderen Filiale im Westen erteilt worden ist, haftet die Westfiliale für den überwiesenen Betrag, auch wenn sie keine Deckung hat erlangen können. (OLG für Hessen, Senat Kassel, Urteil vom 12. 4. 1948 in NJW, 1949, S. 112.) Man muß davon ausgehen, daß der mit einer Bank geschlossene Girovertrag ein Dienstvertrag ist, der eine Geschäftsbesorgung zum Gegenstand hat. Die Ueberweisung soll die Barzahlung ersetzen, indem die Forderung aus der Gutschrift an Erfüllungs Statt angenommen wird. Nach dem Willen der Beteiligten gilt im Giroverkehr mit der Gutschrift, jedenfalls aber spätestens mit der Anzeige der erfolgten Gutschrift, die Zahlung als bewirkt. Seitdem der Giroverkehr zwischen den Filialen der gleichen Bank durch den Zusammenbruch und die Nachkriegsverhältnisse zerrissen ist, werden vielfach in Literatur und Rechtsprechung die im Osten und in den Westzonen befindlichen Filialen ein und der gleichen Bank hinsichtlich des durch den Zusammenbruch betroffenen Ueberweisungsverkehrs wie zwei selbständige Bankunternehmen behandelt, d. h. Gutschriften, die der Ostfiliale erteilt worden sind, gelten nicht als Deckung für die Westfiliale, es sei denn, daß die Gutschrift der Westfiliale vor der erfolgten Kontensperre mitgeteilt worden ist.

Wenn die Westfiliale auf Grund einer solchen Gutschrift dem Kunden eine vorbehaltlos erteilte Gutschriftsanzeige übersendet, so stellt dies ein Schuldversprechen im Sinne des § 780 BGB dar. Gleichzeitig ist zwischen der Westfiliale und dem Kunden durch die Uebersendung der Gutschriftanzeige ein Girovertrag zustande gekommen, falls er nicht bereits vorher bestand. Gegenüber dem Anspruch aus einem solchen Vertrage greift der Einwand nicht durch, daß die Westbankfiliale keine effektive Deckung erhalten habe. Insbesondere kann sich die Westbankfiliale nicht darauf berufen, daß sie das Schuldversprechen ohne rechtlichen Grund abgegeben habe und gemäß § 812 BGB trotz der Abgabe des Schuldversprechens zur Zahlung nicht verpflichtet sei. Dies ergibt sich daraus, daß auf die vorbehaltlose Gutschrift die Bestimmung des § 784 BGB über die Anweisung entsprechend angewendet werden kann. Hiernach können nur die im § 784, Abs. 1 BGB genannten Einwendungen, nicht aber Einwendungen aus dem Deckungsverhältnis entgegengehalten werden. Dies ergibt sich auch aus der abstrakten Natur des Schuldversprechens. Dadurch, daß die Westfiliale das „direkte Avis" erhalten hatte, waren die Voraussetzungen für die Gutschrifterteilung an den Empfänger der Ueberweisung erfüllt. Wenn die Westfiliale infolge der später erfolgenden Kontensperre die Valuta nicht erhalten kann, so hat dies auf die Rechte des Empfängers aus der Gutschrift keinen Einfluß.

Die Westfiliale konnte sich von der Haftung nur dadurch befreien, daß sie die Gutschrift mit einem entsprechenden Vorbehalt versieht, wie dies bei der Gutschrift für Scheckbeträge üblich ist und wie es in den außergewöhnlichen Zeiten des Frühjahres 1945 vielfach geschehen ist. Durch einen solchen „Vorbehalt des Einganges" konnte eine Westfiliale ihre Haftung aus einer Giroüberweisung, die sie aus dem Osten erhielt, auf den Fall beschränken, daß sie eine entsprechende effektive Deckung, also den Betrag in bar oder in einer jederzeit realisierbaren Forderung gegenüber einem ihr genehmen Bankinstitut, vor allem einem solchen im Westen, erhielt. Wenn eine Westfiliale einen solchen Vorbehalt bei einer Gutschriftanzeige im Frühjahr 1945 unterläßt, so verzichtet sie damit auf die Einwendung der fehlenden effektiven Deckung.

Die Westfiliale kann sich von ihrer Haftung auf Grund der erfolgten Gutschriftanzeige auch nicht aus dem Gesichtspunkt des Verstoßes von Treu und Glauben und der Causula rebus sic stantibus oder des Fortfalls der Geschäftsgrundlage befreien. Es hat stets bei der Durchführung des Giroverkehrs zwischen Banken die Gefahr bestanden, daß eine Bank hieraus Schaden erleidet. Dieses sich aus dem Giroverkehr ergebende Risiko kann die Westfiliale nicht auf ihre Kunden abwälzen, und zwar auch dann nicht, wenn die Aenderung der Verhältnisse auf kriegerische Ereignisse zurückzuführen ist. Die Sicherheit im Geschäftsleben und das Vertrauen, das man den von Banken ausgestellten Gutschrift-Mitteilungen entgegenbringen muß, erfordern es, daß eine ohne Vorbehalt ausgestellte Gutschrift als endgültig und unwiderruflich erteilt angesehen werden muß. Wenn eine Bank — vielleicht aus besonderem Entgegenkommen gegenüber dem betreffenden Kunden — in den unsicheren Zeiten des Frühjahrs oder Sommers 1945 eine Gutschrift auf Grund einer Ueberweisung aus dem Osten ohne Vorbehalt erteilt, während andere Banken vielfach einen Vorbehalt aufnehmen, so muß sie hierfür einstehen und kann nicht ein besonderes Schutzbedürfnis für sich in Anspruch nehmen. Der Oberste Gerichtshof in Köln hat in seinem Urteil vom 23. Juni 1949 den Grundsatz der Bankdeckung anerkannt und die haftungsmäßige Trennung zwischen Ost- und Westvermögen der Banken abgelehnt (vgl. die Ausführungen unter „Filialhaftung" hierzu).

Grundschulden*)

Das Umstellungsgesetz macht bei der Umstellung keinen Unterschied zwischen persönlichen und dinglichen Rechten, sondern spricht in § 16 nur von Reichsmarkforderungen schlechthin. Mit Rücksicht hierauf wird vielfach angenommen, daß das dingliche Recht grundsätzlich in dem gleichen Verhältnis wie die ihm zugrunde liegende Forderung, also im Verhältnis 10 : 1 bzw. im Falle des § 18 UG im Verhältnis 1 : 1 umgestellt wird. Dies gilt auch für die Grundschuld, die infolge ihrer abstrakten Natur eine dingliche Forderung gegen das Grundstück verbrieft. Eine unbefriedigende Lösung ergibt sich dann, wenn Grundschulden zur Sicherung von Forderungen bestehen, die im Verhältnis 1 : 1 umgestellt worden sind. Dieser Fall kann z. B. praktisch werden, wenn Miterben gegeneinander Ausandersetzungsansprüche haben, die 1 : 1 umzustellen sind (§ 18, Abs. 1, Ziff. 3 UG), und zur Sicherung solcher Ansprüche eine Grundschuld bestellen. Es kann nicht angenommen werden, daß es dem Umstellungsgesetz entspricht, wenn eine solche Grundschuld im Verhältnis 10 : 1 umgestellt wird und der Gläubiger auf diese Weise seine dingliche Sicherheit zu 90 % verliert. Vielmehr muß man hier die Auffassung vertreten, daß dem Gläubiger hinsichtlich der perönlichen Forderung wie auch hinsichtlich der Forderung aus der Grundschuld ein Wertanspruch zustand, der dazu führt, daß die Grundschuld so wie eine Hypothek umgestellt wird, d. h. daß ihre Umstellung sich nach der Umstellung der zu sichernden Forderung richtet. Die von Petersen („Zivilistische Fragen der Währungsreform", MDR, 1949, S. 21) geäußerte Ansicht, daß die Grundschuld infolge ihres abstrakten Charakters stets 10 : 1 umzustellen sei und eine Aenderung nur de lege ferenda möglich sei, berücksichtigt nicht § 2 des Währungsgesetzes. In dem Aufsatz „Die Umstellung der Grundpfandrechte und die Umstellungsgrundschulden" (DRZ, 1949, S. 295 ff. und S. 358 ff.) hat sich Duden (S. 359) der Auffassung Boehmers, daß die Grundschuld wie die gesicherte Forderung umzustellen sei, angeschlossen.

Die Grundschulden, die zur Sicherung von Forderungen bestehen, müssen hinsichtlich der Umstellung bereits de lege lata das

*) Vgl. die 40. DVO z. UmstGes.

Schicksal der Forderung teilen, ebenso wie auch Rentenschulden und Reallasten so umzustellen sind, wie es für die persönliche Forderung gilt. Dies folgt daraus, daß das Umstellungsgesetz weder in § 16 noch in § 18 eine Unterscheidung zwischen persönlichen und dinglichen Forderungen macht. Wenn man aus der Tatsache, daß diese Unterscheidung in § 16 nicht gemacht worden ist, schließt, daß Hypotheken grundsätzlich — wie alle persönlichen Forderungen — nach § 16 UG umzustellen sind, so muß man mit dem gleichen Recht aus § 18 UG herleiten, daß auch diese Bestimmung nicht nur auf die persönlichen, sondern auch auf die dinglichen Forderungen anzuwenden ist. Das Umstellungsgesetz will Reichsmarkforderungen aller Art, gleichgültig ob sie sich persönlich gegen einen bestimmten Schuldner oder dinglich gegen ein Grundstück richten, entsprechend den Vorschriften der §§ 16 und 18 umstellen. Daher kann bei einer Auseinandersetzung im Sinne des § 18, Abs. 1, Ziff. 3 UG der Gläubiger sowohl seine persönliche wie auch seine dingliche Forderung voll in D-Mark geltend machen, gleichgültig ob sie durch eine Hypothek oder eine Grund- oder Rentenschuld oder durch eine Reallast gesichert ist. Wollte man die Grundschuld nur im Verhältnis 10 : 1 umstellen, so daß der Gläubiger anläßlich der Umstellung 90 % seiner Sicherheit einbüßt, so hätte eine solche unterschiedliche Behandlung im Gesetz zum Ausdruck gebracht werden müssen. Aus der Tatsache, daß § 18 ebensowenig wie § 16 UG etwas Besonderes über Hypotheken, Grund- und Rentenschulden sowie Reallasten zum Ausdruck bringt, muß man daher schließen, daß für deren Umstellung maßgebend ist, ob das ihnen zugrunde liegende Vertragsverhältnis unter § 16 oder § 18 UG einzuordnen ist

Dieser Auffassung steht auch nicht das Gesetz zur Sicherung von Forderungen für den Lastenausgleich vom 2. September 1948 entgegen, das die Entstehung einer Grundschuld zu Gunsten der Verwaltung des Vereinigten Wirtschaftsgebietes als Treuhänderin für die aus dem Lastenausgleich Berechtigten vorsieht. In § 1 dieses Gesetzes ist nämlich bestimmt, daß die Grundschuld im Range unmittelbar nur nach den Hypotheken, Grund- und Rentenschulden entstehen soll, die auf Grund des § 16 des Umstellungsgesetzes umgestellt worden sind. Hieraus muß man folgern, daß nach Hypotheken, Grund- und Rentenschulden, die nicht nach § 16, sondern z. B. nach § 18 UG umgestellt worden sind, eine solche Grundschuld zur Sicherung der Forderungen für den Lastenausgleich nicht entsteht. Daher sieht also der Gesetzgeber selbst den Fall einer anderen Umstellung von Grund- und Rentenschulden als 10 : 1 trotz ihres abstrakten Charakters vor. Insoweit als Hypotheken, Grund- und Rentenschulden gemäß § 18 UG umgestellt werden — sei es gesetzlich, sei es auf Grund freiwilliger Vereinbarung —, entsteht also nicht eine Belastung des Grundstücks in Höhe von 190 % der Reichsmarkbelastung in D-Mark, sondern nur in Höhe von 100 %. Die Belastung der Grundstücke, auf denen Hypotheken, Grund- und Rentenschulden ruhen, mit der Grundschuld zu Gunsten der Verwaltung des Vereinigten Wirtschaftsgebietes gilt nur insoweit als bei einer Umstellung von 10 : 1 gemäß § 16 UG der Rang in Höhe von 90 % des Reichsmarkbetrages für die Grundschuld der Verwaltung des Vereinigten Wirtschaftsgebietes frei wird. Daß Grundschulden hinsichtlich der Umstellung wie Hypotheken behandelt, also entsprechend der durch sie gesicherten Forderung umgestellt werden sollen, geht auch aus § 7, Satz 2 der Durchführungs-Verordnung zum Gesetz zur Sicherung von Forderungen für den Lastenausgleich (vom 7. September 1948) hervor, der bestimmt, daß eine Grundschuld, die eine Forderung sichern soll, insoweit auf den

Eigentümer übertragen werden kann, als sie die zu sichernde umgestellte Forderung übersteigt. Auch hier wird also die Grundschuld hinsichtlich der Umstellung mit der Forderung verbunden und ebenso wie eine Hypothek behandelt, so daß eine entsprechende Umstellung solcher Grundschulden wie die ihnen zugrunde liegende persönliche Forderung zulässig erscheint.

Grundstückskäufe

Für den Grundstücks-Kaufvertrag kann es zweifelhaft sein, ob der Verkäufer Anspruch auf die Umstellung des Kaufpreises im Verhältnis 1 : 1 hat, wenn er die formgültige unwiderrufliche Eintragungsbewilligung vor dem 21. Juni 1948 ausgestellt hat, jedoch die Eintragung des neuen Eigentümers vor diesem Tage nicht mehr erfolgt ist. Gemäß § 433 BGB hat der Verkäufer seine Verpflichtungen erst dann erfüllt, also seine Leistung im Sinne der §§ 362 BGB und 18, Abs. 1, Ziff. 3 UG „bewirkt", wenn er dem Käufer die Sache übergeben und das Eigentum daran verschafft hat. Zum Uebergang des Eigentums bei Grundstücken ist gemäß § 873 BGB nicht nur die Einigung der Vertragsparteien über den Eigentumsübergang in der Form des § 925 BGB, sondern auch die Eintragung des Eigentumswechsels im Grundbuch erforderlich. Solange der neue Eigentümer noch nicht eingetragen ist, ist der Kaufvertrag also seitens des Verkäufers noch nicht erfüllt.

Es liegt hier ein ähnlicher Fall vor, wie der des Verkaufs unter Eigentumsvorbehalt. In beiden Fällen hat der Verkäufer von sich aus alles getan, um die ihm obliegende Leistung zu bewirken. Im Falle des Eigentumsvorbehalts bis zur völligen Bezahlung des Kaufpreises hängt der Eigentumsübergang von der Zahlung des Kaufpreises also von der Leistung des Käufers ab, im Falle der noch nicht erfolgten Eintragung bei am 21. Juni 1948 vorliegender Eintragungsbewilligung von der Tätigkeit des Grundbuchamtes. In beiden Fällen hat also der Verkäufer alles getan, was er zu tun hatte. Daher muß man die Leistung bei Erteilung der formgültigen unwiderruflichen Eintragungsbewilligung und erfolgter Uebergabe des Grundstückes vor dem 21. Juni 1948 als bewirkt im Sinne des § 18, Abs. 1, Ziff. 3 UG ansehen. Die Kaufpreisschuld ist also im Verhältnis 10 : 1 umzustellen, dagegen im Verhältnis 1 : 1, wenn die Uebergabe des Grundstückes erst nach dem 20. Juni 1948 erfolgt ist. Dieser Fall unterscheidet sich von dem Versendungskauf dadurch, daß bei dem Versendungskauf die Transportperson als Erfüllungsgehilfe des Verkäufers tätig ist, während es sich bei dem Verkauf unter Eigentumsvorbehalt und bei dem Grundstückskauf nicht um Erfüllungsgehilfen des Verkäufers handelt. Daher ist es gerechtfertigt, daß die Uebergabe der Sache an das Transportunternehmen trotz des Gefahrübergangs noch nicht als „Bewirken der Gegenleistung" im Sinne des § 18, Abs. 1, Ziff. 3 UG angesehen wird, wohl aber die Uebergabe und Erteilung der Eintragungsbewilligung beim Grundstückskauf.

Gutsüberlassungsverträge

Die Frage ob sogenannte „Gutsabstandsgelder", d. h. Geldleistungen, die sich der Uebergeber eines landwirtschaftlichen Betriebes aus Anlaß der Uebergabe an seine Nachkommen ausbedungen hat, im Verhältnis 1 : 1 oder 10 : 1 umzustellen sind, ist verschieden beantwortet worden (vgl. NJW, 1947/48, S. 509 ff. und NJW, 1949, S. 17). Das Umstellungsgesetz erwähnt in § 18, Abs. 1, Ziff. 3 ausdrücklich nur den Fall, daß der Uebernehmer eines Gutes dem anderen Vertragsteil gegenüber eine Verbindlichkeit „zur Abfindung eines Dritten" eingegangen ist. Es ist also damit festgelegt, daß beispielsweise der den Hof übernehmende Sohn der Ehefrau des bisherigen Hofbesitzers, der ein Geldanspruch in dem Uebergabevertrag eingeräumt worden ist, den in Reichsmark vereinbarten Betrag voll in D-Mark zu zahlen hat, da § 18, Abs. 1, Ziff. 3 die Umstellung im Verhältnis 1 : 1 vorsieht. Wenn nun der bisherige Hofbesitzer sich selbst eine solche Geldleistung ausbedingt, so erfolgt die Umstellung gleichfalls im Verhältnis 1 : 1 und nicht etwa 10 : 1, denn, wenn auch ausdrücklich nur der Fall der Abfindung an einen Dritten erwähnt ist, so ergibt sich die Umstellung 1 : 1 aus der Bestimmung, daß Auseinandersetzungen zwischen Eltern und Kindern stets im Verhältnis 1 : 1 umzustellen sind, ebenso auch Altenteile (§ 18, Abs. 1, Ziff. 1 und 3). Der Begriff der „Auseinandersetzung" ist nicht so eng aufzufassen, daß er solche familienrechtlichen Verträge ausschließt. Vielmehr sollte überall dort, wo besondere persönliche oder familienrechtliche Bindungen vorliegen, die Umstellung im Verhältnis 1 : 1 erfolgen. Dies gilt auch für die Auseinandersetzung zwischen Hofbesitzer und Uebernehmer anläßlich einer Hofübergabe an einen Familienangehörigen mit Ausbedingung eines Abstandgeldes.

Hinterlegung

Hinsichtlich der Hinterlegung von Geldbeträgen enthalten die 8. Durchführungsverordnung zum Umstellungsgesetz und die 2. Durchführungsverordnung zum Festkontogesetz besondere Vorschriften. Danach erlöschen die Altgeldguthaben der Gruppe III (§ 1, Abs. 1, Ziff. 1e UG), soweit sie Hinterlegungsgelder enthalten, nicht und können nachträglich mit Vordruck B gemäß § 11 Abs. 3, Ziff. 2 des Währungsgesetzes angemeldet werden, wenn der Rechnungshof bestätigt, daß es sich um Hinterlegungsgelder im Sinne des § 2, Abs. 1 der Verordnung über Hinterlegungsgelder handelt. Diese Guthaben werden gemäß § 1 der 2. Durchführungsverordnung zum Festkontogesetz nicht im Verhältnis 10 : 1, sondern 10 : 0,65 umgestellt.

Die Bestimmungen der 8. Durchführungsverordnung zum Umstellungsgesetz gelten nicht für andere Inhaber von Altgeldguthaben als die der Gruppe III. Nur für Altgeldguthaben der Gruppe III kann also die Anmeldung auf Formular B nachträglich vorgenommen werden, nicht aber für sonstige Personen, die für fremde Rechnung Bargeld verwalten oder Guthaben bei Geldinstituten unterhalten. Für diese gilt die Bestimmung der §§ 10 und 11, Abs. 3, Ziff. 2 WG, wonach die Anmeldung der fremden Gelder bis zum 26. Juni 1948 vorgenommen sein mußte. Soweit eine ordnungsgemäße Anmeldung dieser Gelder mit Vordruck B erfolgt ist, gilt auch für die nicht zur Gruppe III gehörigen Altgeldguthaben die Umstellung im Verhältnis 10 : 0,65. Ferner bestimmt die 2. Durchführungsverordnung zum Festkontogesetz (§ 2), daß das Umstellungsverhältnis 10 : 0,65 auch für Reichsmarkverbindlichkeiten aus Vorauszahlungen auf noch nicht entstandene oder noch nicht fällige Verbindlichkeiten gilt. Durch diese Bestimmungen wird für fremde Gelder und für die genannten Vorauszahlungen dem Gedanken Rechnung getragen, daß der Schuldner aus solchen Verbindlichkeiten durch die Veränderung der Umstellung von Altgeldguthaben auf Grund des Festkontogesetzes keinen Nachteil erleidet. Er braucht also keine zusätzlichen Zahlungen aus eigenen Mitteln zu leisten, wenn er fremde Gelder zurückzahlen will, und der Empfänger der Vorauszahlungen braucht sie auch nur in dem tatsächlichen Umstellungsverhältnis auf seine Forderung anrechnen zu lassen.

Höhere Umstellung durch Vereinbarung

1. Zulässigkeit einer höheren Umstellung durch Vereinbarung

Das Umstellungsgesetz sieht in § 16 vor, daß Reichsmarkforderungen grundsätzlich im Verhältnis 10 : 1 umzustellen sind. Von diesem Grundsatz weicht das Umstellungsgesetz selbst ab, indem in § 18 für bestimmte Schuldverhältnisse eine Umstellung im Verhältnis 1 : 1 vorgesehen ist. Ferner sieht das Umstellungsgesetz in § 21 eine Abweichung in den Fällen vor, in denen „dem Schuldner bei gerechter Abwägung der Interessen und der Lage beider Teile nicht zugemutet werden kann", die Reichsmarkschuld durch Zahlung des Reichsmarkbetrages in Deutscher Mark zu erfüllen.

Aus der Tatsache, daß das Umstellungsgesetz ein festes Umstellungsverhältnis als Grundsatz aufstellt, und nur in den in § 18 erwähnten Fällen eine höhere Umstellung anordnet, wird verschiedentlich gefolgert, daß eine freiwillige höhere Umstellung durch Vereinbarung der Vertragsteile nicht zulässig sei. Zur Begründung wird ausgeführt, daß die Militärregierung sich gemäß § 16, Abs. 2 das Recht vorbehalten habe, den Gläubigern von Reichsmarkforderungen, die im Verhältnis 10 : 1 umgestellt worden sind, nach Anhörung der deutschen gesetzgebenden Körperschaften einen weiteren Anspruch, nämlich bis zur Höhe von weiteren 10 % der ursprünglichen Reichsmarkforderung zuzuerkennen. Mit Rücksicht auf diesen Vorbehalt könne eine von der gesetzlichen Umstellung abweichende Parteivereinbarung nicht getroffen werden.

Ferner wird darauf hingewiesen, daß der Gesetzgeber den Fall einer abweichenden Umstellung im § 21 UG ausschließlich geregelt habe, und zwar dahingehend, daß im Wege richterlicher Vertragshilfe die Verbindlichkeit gestundet oder herabgesetzt, nicht aber erhöht werden kann. Es wird gefolgert, daß, wenn das Umstellungsgesetz eine Erhöhung für zulässig halten würde, hierfür eine Regelung getroffen worden wäre, wie es für den Fall der Herabsetzung in der Bestimmung des § 21 über Vertragshilfe geschehen ist.

Schließlich wird darauf hingewiesen, daß das Umstellungsgesetz in § 33 für jeden Strafe androht, der sich „Zuwiderhandlungen gegen die Vorschriften dieses Gesetzes oder der Durchführungsverordnung" schuldig macht. Laut einer Veröffentlichung in der Beilage Nr. 6, S. 94/95 „Neue Betriebswirtschaft" zum „Betriebs-Berater" vom 20. 9. 1948 (Heft 20) hat der Finanzminister des Landes Rheinland-Pfalz die Frage der Zulässigkeit einer freiwilligen Aufwertung unter dem 27. 6. 1948 verneint (I Bawa 9008/48). Zur Begründung ist darauf hingewiesen, daß gemäß § 16, Abs. 3 des Umstellungsgesetzes die Schuldnergewinne zum Lastenausgleich herangezogen werden sollen und diese Heranziehung nicht durch eine freiwillige Aufwertung beeinträchtigt werden dürfe. Auch dürfe der Gesetzgeber eine freiwillige Aufwertung nicht zulassen, weil durch § 33 überall dort, wo nicht etwas anderes bestimmt ist, dem Gesetz zwingende Rechtskraft verliehen und damit jede Nebenabrede unmöglich gemacht worden sei.

Dieser Auslegung des Umstellungsgesetzes kann nicht beigepflichtet werden. Es ist zu berücksichtigen, daß vielfach Unbilligkeiten entstehen würden, wenn dem Schuldner verwehrt würde, mit dem Gläubiger eine andere Umstellung als die gesetzlich vorgesehene zu vereinbaren. Es sind häufig Darlehnsbeträge zum Zwecke der Investition in wertbeständigen Sachwerten gegeben worden, wobei beide Vertragsteile der Auffassung waren, daß das Darlehen von einer Währungsänderung nicht berührt werden solle, wenn beispielsweise der Darlehnsbetrag in einen wertbeständigen Sachwert angelegt oder zum Ausbau eines auch nach der Währungsreform rentabel arbeitenden Betriebes gewährt worden ist. Bei beiden Vertragsteilen wird häufig das Bedürfnis nach einer anderen Umstellung der Darlehnsforderung als der gesetzlich vorgesehenen bestehen. Das gleiche gilt in den Fällen, in denen Darlehnsbeträge an Verwandte zum Existenzaufbau gegeben worden sind oder in denen sich der Darlehnsnehmer aus sonstigen Gründen nach der Währungsreform in guter, der Darlehnsgeber aber in schlechter Finanzlage befindet. Auch wird man an die Fälle denken müssen, bei denen Darlehnsvereinbarungen mit einer Wert- oder währungsmäßigen Valutaklausel getroffen worden sind und in denen entweder beide Vertragsteile eine höhere Umstellung als die gesetzliche durchführen wollen, oder der Gläubiger es allein beansprucht.

Andererseits wird es viele Fälle geben, in denen die Vertragsteile eine höhere Umstellung nicht so sehr aus allgemeinen Billigkeitsgründen wünschen, sondern deswegen, weil sie sich hierdurch bestimmte wirtschaftliche Vorteile versprechen. Beispielsweise können Handelsgesellschaften, die von ihren Gesellschaftern Darlehnsbeträge erhalten haben, aus steuerlichen Gründen eine höhere Umstellung wünschen, wobei möglicherweise die betreffenden Gläubiger oder einzelne von ihnen hieran nicht interessiert sein können. In diesem Zusammenhang spielt auch die Frage der verdeckten Gewinnausschüttung durch eine freiwillige höhere Umstellung eine Rolle.

Das Umstellungsgesetz regelt in § 16 Abs. 1 die Höhe der Umstellung nur „grundsätzlich". Es wird in dieser Bestimmung nicht erklärt, daß die Umstellung im Verhältnis 10 : 1 überall dort zu erfolgen habe, wo das Gesetz selbst nicht etwas anderes vorschreibt, sondern die Umstellung 10 : 1 wird nur als Grundsatz aufgestellt. Dies bedeutet nach der allgemein üblichen Formulierung von Gesetzen, daß etwas anderes nicht nur in dem Gesetz selbst, sondern auch durch vertragliche Vereinbarung bestimmt werden kann. Im bürgerlichen Recht gilt der Grundsatz der Vertragsfreiheit, d. h. Verträge können insoweit geschlossen werden, wie dies nicht durch Gesetz oder die guten Sitten ausgeschlossen ist (§ 138 BGB). Der Gesetzeszweck als solcher darf allerdings durch Parteivereinbarung nicht beeinträchtigt werden. Hinsichtlich des Umstellungsgesetzes lag dieser Gesetzeszweck in den eigentlichen monetären Vorschriften, insbesondere der §§ 10, 11, 22 und 24, Abs. 2. Vereinbarungen, die solchen gesetzlichen Anordnungen zuwiderlaufen, sind nichtig. Nichtig wäre auch beispielsweise eine Vereinbarung, die die Durchführung des in § 16, Abs. 3 vorgesehenen Lastenausgleichs beeinträchtigt. Die freiwillige höhere Umstellung beeinträchtigt jedoch die Durchführung des Lastenausgleichs nicht, da das Lastenausgleichgesetz abweichende Vereinbarungen über die Umstellung unberücksichtigt lassen kann.

Wenn man eine Vereinbarung über eine andere Umstellung, als die §§ 16 u. 18 UG sie vorsehen, nicht zulassen würde, würden die Vertragsteile gezwungen sein, jede Meinungsverschiedenheit oder auch nur Rechtsunsicherheit darüber, ob ein Vertragsverhältnis der Bestimmung des § 16 oder der des § 18 UG unterzuordnen ist, im Prozeßwege auszutragen, falls sie sich nicht über die Anwendbarkeit der einen oder der anderen Bestimmung einigen können. Ein Mittelweg, durch den solche Meinungsverschiedenheiten im Wege gegenseitigen Nachgebens beseitigt werden können, wäre nicht gangbar, da ein zwischen der zehnprozentigen und hundertprozentigen Umstellung liegendes Umstellungsverhältnis dann nicht vereinbart werden könnte. Es würde also bei der Ausschließung einer freiwilligen Umstellung der Abschluß eines Vergleichs im Sinne des § 779 BGB nicht möglich sein. Die Folge wäre, daß angesichts der vielen Zweifelsfälle eine große Zahl von Rechtsstreitigkeiten entstehen würden, die nur durch Urteil, das § 16 oder § 18 UG als auf den streitigen Tatbestand für anwendbar erklärt, beendet werden könnte.

Es kann nicht der Wille des Gesetzgebers sein, bei einer Vielgestaltigkeit von Vertragsformen und wirtschaftlichen Verhältnissen ein starres, durch Vereinbarung nicht abänderliches Umstellungsverhältnis anzuordnen, wenn durch abweichende Vereinbarungen weder öffentliche Interessen noch die Interessen Dritter, sondern lediglich die der beiden Vertragsteile berührt werden. Auch kann nicht angenommen werden, daß durch die Bestimmung des § 33, Abs. 3 eine von den Grundsätzen des § 16 abweichende Vereinbarung ausgeschlossen werden sollte, denn der Begriff der Zuwiderhandlung setzt voraus, daß eine im öffentlichen Interesse liegende Handlung von dem Gesetz gefordert wird, daß also öffentliche Interessen, vor allem diejenigen, die mit dem Umstellungsgesetz auf währungspolitischem Gebiet verfolgt wurden, beeinträchtigt werden. Dies geschieht durch die Abweichung von der gesetzlich vorgesehenen Umstellung bei allgemeinen Schuldverhältnissen nicht. Infolgedessen ist eine solche abweichende Umstellung grundsätzlich zulässig.

2. Folgen einer höheren Umstellung auf dem Gebiete der Schenkungssteuer.

Gemäß § 1, Abs. 1, Ziff. 2 des Erbschaftssteuergesetzes unterliegen Schenkungen unter Lebenden der Erbschaftssteuer. Als eine Schenkung im Sinne des Erbschaftssteuergesetzes gilt jede Schenkung im Sinne des bürgerlichen Rechts und jede andere „freigebige Zuwendung unter Lebenden", soweit der Bedachte durch sie auf Kosten des Zuwendenden bereichert wird (§ 3, Abs. 1 Ziff. 1—2 ErbschStG). Im Sinne des bürgerlichen Rechts liegt eine Schenkung dann vor, wenn jemand eine Zuwendung macht, durch die er einen anderen aus seinem Vermögen bereichert und wenn beide Teile darüber einig sind, daß die Zuwendung unentgeltlich erfolgt (§ 516 BGB). Die Schenkungsabsicht (anismus donandi) ist nicht erforderlich (RG 70, 17 und 72, 191), sondern es genügt, wenn die Parteien über den hiernach entgeltliche Leistungen nicht aufweisenden Sachverhalt einig sind. Während das bürgerliche Recht bei der Schenkung Einigkeit beider Teile über die Unentgeltlichkeit verlangt, setzt das Steuerrecht den Willen des Gebers zur Unentgeltlichkeit voraus, weil zum Begriff der Schenkung im steuerlichen Sinne eine „freigebige Zuwendung" gehört (Kipp, Kommentar zum Erbschaftssteuergesetz, Anmerkung 8 zum § 3).

Ob die Vereinbarung einer höheren Umstellung eine Schenkung in steuerlichem Sinn darstellt, richtet sich nach dem einzelnen Fall. Es wird häufig der Tatbestand einer Schenkung in steuerlichem Sinne nicht erfüllt sein, da vielfach die höhere Umstellung als Erfüllung einer Verbindlichkeit angesehen werden muß. Dies gilt insbesondere dann, wenn die Vertragsteile vor der Währungsreform Vereinbarungen getroffen haben, auf Grund deren der Gläubiger glaubt, eine höhere Umstellung als die in § 16 UG vorgesehene beanspruchen zu können. Vielfach werden auch Darlehen zwischen Verwandten, die bei einer Rückzahlung in Deutscher Mark abweichend von § 16 UG behandelt werden, insoweit, als sie 10 % des Reichsmarkbetrages übersteigen, nicht als Schenkung angesehen werden können, weil gerade bei Darlehen unter Verwandten der Gesichtspunkt der Billigkeit eine besonders große Rolle spielt und sowohl der Schuldner wie der Gläubiger die höhere Umstellung nicht als eine Schenkung, sondern als die Erfüllung einer Verbindlichkeit nach Treu und Glauben auffassen. Auch in den Fällen, in denen zwischen Gläubiger und Schuldner Streit über die Höhe der Umstellung entstanden und dieser durch einen Vergleich beseitigt worden ist, wird man eine Schenkung in steuerlichem Sinne nicht annehmen können. In solchen Fällen ist die höhere Umstellung gleichfalls als eine entgeltliche Leistung erfolgt, da sie in Abwicklung des Schuldverhältnisses und zur Erfüllung von Ansprüchen, auch wenn der Schuldner sie in der geltend gemachten Höhe zunächst nicht anerkannte, vorgenommen worden ist.

In den Fällen, in denen Verträge mit einer Klausel über Wertbeständigkeit geschlossen worden sind, erfolgt eine höhere Umstellung im allgemeinen im Hinblick auf diese Wertbeständigkeitsklausel. Auch wenn der Vertrag infolge der Unzulässigkeit solcher Wertbeständigkeitsklauseln nicht rechtswirksam sein sollte, ist es möglich, daß die Leistung unter Zugrundelegung einer höheren Umstellung keine Schenkung im steuerlichen Sinne darstellt, denn auch hier wollen häufig die Vertragsteile nicht eine unentgeltliche, freigebige Zuwendung, sondern eine entgeltliche Leistung bewirken, ohne Rücksicht darauf, ob und inwieweit der Vertrag rechtswirksam ist.

Auch kann für die Frage, ob eine Schenkung vorliegt, nicht entscheidend sein, wann sich die Parteien über die Höhe der Umstellung einigen. Erfolgt eine solche Einigung nach der Währungsumstellung, so kann gleichwohl eine entgeltliche Leistung erfolgen. Man muß dies insbesondere dann annehmen, wenn die Parteien die gesetzlich vorgeschriebene Umstellung als nicht ausreichend ansehen und durch eine abweichende Vereinbarung eine durch das Umstellungsgesetz entsprechende Unbilligkeit oder Härte vermeiden wollten. Ebenso wird man eine höhere Umstellung als entgeltlich ansehen müssen, die im Hinblick auf mündliche oder schriftliche oder auch nur durch konkludentes Verhalten getroffenen Abreden über eine „Währungssicherheit" der vor der Währungsreform begründeten Forderung vorgenommen worden ist.

Es liegt jedoch die Vermutung nahe, daß Vereinbarungen über eine höhere Umstellung nicht aus dem Gesichtspunkte der Angemessenheit der zu bewirkenden Leistung getroffen werden, sondern daß Vertragsschließende mit einer solchen Vereinbarung die Erreichung bestimmter steuerlicher Vorteile bezwecken. Wenn beispielsweise durch solche Vereinbarungen erreicht werden soll, daß das Vermögen einer Handelsgesellschaft durch die Aufnahme möglichst hoher Verbindlichkeiten in die Eröffnungsbilanz verringert wird, um die Verpflichtungen auf Grund des zu erwartenden Lastenausgleichs möglichst niedrig zu halten, so wird man eine solche Vereinbarung, falls sie überhaupt rechtswirksam ist und nicht einen Scheinvertrag im Sinne des § 117 BGB darstellt, als eine Schenkung in steuerlichem Sinne ansehen müssen. Auch können Vereinbarungen über eine höhere Umstellung von Darlehensforderungen, die Gesellschaftern gegenüber der betreffenden Handelsgesellschaft zustehen, den Tatbestand der steuerlichen Schenkung oder der verdeckten Gewinnausschüttung erfüllen. Entscheidend ist gemäß § 1 der Abgabenordnung, welcher wirtschaftliche Tatbestand vorliegt. Es kommt also nicht auf die Erklärung der Beteiligten an, warum eine Leistung auf Grund einer von § 16 UG abweichenden Vereinbarung bewirkt wird, sondern darauf, ob dies wirklich der Fall ist oder nicht und ob nicht etwa die Vereinbarung getroffen worden ist, um durch sie einen anderen steuerlichen Tatbestand, insbesondere den der Schenkung zu verdecken.

Kompensationsgeschäfte

Bei den Kompensationsgeschäften handelt es sich um Tauschverträge, also um Sachleistungsgeschäfte, die der Währungsumstellung nicht unterliegen. Wenn zum Ausgleich des Mehrwertes der einen Leistung gegenüber dem Wert der anderen Ausgleichszahlungen zu leisten sind, so sind diese in D-Mark zu leisten. Der Kompensationscharakter bleibt auch dann erhalten, wenn vor Vollziehung des Tausches die Währungsreform durchgeführt worden ist. In solchem Falle bleibt es also bei dem Tausche und der Zahlung des D-Mark-Betrages, der nötig ist, um den Mehrwert der einen Leistung gegenüber dem Wert der anderen auszugleichen.

Wenn der Schuldner der kleineren Sachleistung entgegen der Abrede den vollen Rechnungsbetrag der von der Gegenseite erbrachten größeren Sachleistung vor dem 20. Juni 1948 in Reichsmark überwiesen hat, so kann er nach der Währungsreform nicht die Rückzahlung in voller Höhe in D-Mark fordern, sondern nur den im Verhältnis 10 : 1 umgestellten Betrag. Die Industrie- und Handelskammer in Düsseldorf hat mit Recht in einem Schiedsspruch vom 29. Januar 1949 eine Zerreißung eines einheitlichen Kompensationsgeschäftes in zwei selbständige Kaufverträge abgelehnt („Der Betrieb", 1949, Nr. 10, S. 117). In dem Schiedsspruch wird darauf hingewiesen, daß weder § 18, Abs. 1, Ziff. 2 noch § 20 UG auf ein solches Kompensationsgeschäft anwendbar sei, denn man könne nicht aus der Tatsache, daß die Abwicklung des Kompensationsgeschäftes in die Zeit der neuen Währung hineinrage, annehmen, daß die Parteien zwei selbständige Kaufverträge anstatt eines einheitlichen Kompensationsgeschäftes durchführen wollten, nämlich einen Kaufvertrag, der vor der Währungsreform, und einen, der danach durchgeführt worden ist. Die Inanspruchnahme eines Rücktrittsrechts gemäß § 20 UG würde dazu führen, daß der den Rücktritt erklärende Teil auch die erhaltene Sachleistung dem anderen Teil zurückerstatten müßte.

Kriegsgesellschaften

In § 14 UG ist bestimmt, daß Verbindlichkeiten des Reiches und anderer dort genannter öffentlicher Rechtsträger, so auch von Reichsgesellschaften, die der Kriegsfinanzierung oder Kriegsführung dienten, durch die Bestimmungen in dem 2.—4. Abschnitt des Teiles II des Umstellungsgesetzes nicht berührt werden. Dies bedeutet, daß solche Verbindlichkeiten des Reiches und der in § 14 UG genannten anderen Rechtsträger nicht umgestellt werden. Solche Verbindlichkeiten können also einstweilen, so lange keine Regelung erfolgt, nicht erfüllt werden. Dagegen sind die Forderungen dieser Stellen von der Umstellung nicht ausgenommen worden. Sie sind in gleicher Weise wie alle Forderungen umgestellt. Eine Aufrechnung gegenüber solchen Forderungen mit Gegenforderungen, sei es privatrechtlicher oder öffentlich-rechtlicher Natur, ist nicht möglich, schon deswegen nicht, weil die Gegenforderungen nicht umgestellt worden sind, also sich nicht gleichartige Leistungen im Sinne des § 387 BGB gegenüberstehen. Der Schuldner einer Kriegsgesellschaft oder einer anderen der in § 14 UG genannten Stellen muß also seine Schuld ebenso erfüllen, wie ein Steuerschuldner seine Schulden aus dem Kriegsjahren auch nachträglich erfüllen muß, und kann sich nicht auf Gegenforderungen, z. B. wegen Kriegsschäden oder dgl., berufen.

Die Nichterfüllung von Verpflichtungen des Reiches und der anderen in § 14 UG genannten Stellen ist als Ausnahme lediglich in § 21, Abs. 4 UG berücksichtigt, insofern als ein Lieferant, der für seine Lieferungen keine Bezahlung hat erlangen können, wegen seiner Verpflichtungen gegenüber seinem Vorlieferanten ein Leistungsverweigerungsrecht hat, und dieser wieder gegen seinen Vorlieferanten und so fort. Hier handelt es sich jedoch um einen Ausnahmetatbestand, der besonders geregelt ist. Aus dieser Regelung kann nicht gefolgert werden, daß ein Leistungsverweigerungsrecht oder eine Aufrechnung allgemein bei Nichterfüllung der öffentlichen Verpflichtungen im Falle der Geltendmachung öffentlicher Ansprüche aus der Kriegszeit gegeben ist.

Kündigung

Die Bestimmung über die vorzeitige Kündigung von Arbeitsverträgen bezieht sich nur auf solche Arbeitsverträge, die vor dem 21. Juni 1948 abgeschlossen worden sind. Verträge zwischen Gesellschaftern von Personengesellschaften über die Mitarbeit dieser Gesellschafter fallen nicht unter die Bestimmung des § 27 UG, da es sich hier nicht um Arbeitsverträge, sondern um gesellschaftsrechtliche Verträge handelt. Es genügt die Tatsache des Vertragsabschlusses, die Zustimmung des Arbeitsamtes oder des Betriebsrates braucht vorher nicht erteilt zu zu sein, denn auch der vorbehaltlich einer solchen Zustimmung abgeschlossene Arbeitsvertrag gewährt eine Anwartschaft und ist dem rechtswirksam abgeschlossenen Arbeitsvertrag hinsichtlich der vorzeitigen Kündigung gleichzustellen. Der Arbeitgeber muß sich von den daraus entstehenden Verpflichtungen in gleicher Weise befreien können wie im Falle des Vorliegens eines rechtswirksamen Arbeitsvertrages. Ferner gilt das vorzeitige Kündigungsrecht nur für solche Arbeitsverträge, die nach den bestehenden vertraglichen Bestimmungen oder nach den Bestimungen des Tarifvertrages erst nach dem 30. September 1948 kündbar wären, und zwar gilt dies ohne Rücksicht darauf, ob das Gehalt über 800 DM liegt oder nicht. Die Bestimmung in Satz 2 des § 27 UG regelt lediglich die Frist für die vorzeitige Kündigung abweichend von der in Satz 1 angegebenen Frist.

Der Umfang dieses außergewöhnlichen Kündigungsrechtes ist nicht so weitgehend, daß er auch solche Anstellungsverträge erfaßt, die auf Lebensdauer abgeschlossen sind oder bei denen die Kündigung nur aus wichtigem Grunde zulässig sein soll. Wenn das Gesetz in § 27, Abs. 1 nur von „kündbaren" Arbeitsverhältnissen spricht, so kann hierunter nur die ordentliche Kündigung, aber nicht die außerordentliche auf Grund des § 626 BGB verstanden werden. Insofern sind die Dauerangestellten gesetzlich besser gestellt als die Beamten, für die gemäß § 27, Abs. 2 UG im Interesse der Sicherung der Währung und der öffentlichen Finanzen besondere Maßnahmen getroffen werden können. Es ist der Auffassung von Gramm zuzustimmen, daß eine Bestimmung über ein außerordentliches Kündigungsrecht grundsätzlich eng auszulegen ist und daher, wenn es eine solche außerordentliche Kündigung von „kündbaren" Arbeitsverträgen vorsieht, dies nur für ordentlich kündbare Verträge gelten kann, denn, wenn die außerordentliche Kündigung für alle Anstellungsverhältnisse einschließlich der Dauerverträge hätte gelten sollen, dann wäre nicht die Einschränkung gemacht worden, daß sich das Kündigungsrecht nur auf bestimmte „kündbare" Verträge erstrecken soll (vgl. H. Gramm. „Die vorzeitige Kündigung von Angestellten gemäß § 27, Abs. 1 UG" in MDR, 1948, S. 465).

Dagegen kann man die Anwendbarkeit des § 27, Abs. 1 UG auf solche Verträge nicht ausschließen, die für eine bestimmte Zeit fest abgeschlossen sind, ohne daß sie eine Klausel betreffend die automatische Verlängerung im Falle der Nichtkündigung enthalten. Es kann nicht mit dem Sinn und Zweck des § 27, Abs. 1 UG übereinstimmen, wenn man den Arbeitnehmer, der in seinem Vertrag keine Bestimmung über die automatische Fortsetzung des Arbeitsverhältnisses hat, besser stellt als den, für den eine solche Klausel gilt (vgl. Weitzel, „Der Betriebsberater", 1948, Heft 16, S. 328). Abweichend von Gramm a. a. O. muß angenommen werden, daß auch Verträge, die auf längere Dauer, z. B. auf 12 Jahre, wie dies im Kommunaldienst häufig ist, fest abgeschlossen sind und keine Klausel über automatische Verlängerung im Falle der Nichtkündigung enthalten, der Kündigung des § 27, Abs. 1 UG unterliegen. Man kann solche Verträge nicht als Dauerverträge, für die das außerordentliche Kündigungsrecht nicht gilt, ansehen; denn, wenn man schon eine bestimmte Art von Verträgen als nicht kündbare Verträge im Sinne des § 27, Abs. 1 UG ausnimmt, so muß diese Ausnahme nur auf die wirklich nicht kündbaren Verträge beschränkt werden. Eine ausdehnende Auslegung erscheint daher nicht zulässig.

Das außerordentliche Kündigungsrecht kann mit Wirkung auf den Zeitpunkt ausgeübt werden, „der in der Mitte zwischen dem zulässigen frühesten Kündigungstermin und dem 30. September 1948 liegt, auf jeden Fall jedoch zum 31. März 1949". Dies bedeutet, daß der normale vertragliche oder tarifliche Kündigungstermin, der nach dem Erlaß des Gesetzes liegt (27. Juni 1948), als Ausgangszeitpunkt anzunehmen ist, nicht etwa der Kündigungstermin, der im Zeitpunkte des Aussprechens der Kündigung als frühester vertraglicher oder tariflicher gilt. Wenn also beispielsweise ein Vertrag bis zum 31. Dezember 1948 läuft und eine dreimonatige Kündigungsfrist vorsieht, so kann er an sich zum 31. Dezember 1948 gekündigt werden, jedoch liegt die Mitte zwischen diesem Termin und dem 30. September 1948 am 15. November 1948. Daher ist die außerordentliche Kündigung zu diesem Termin zulässig, unter Wahrung einer Frist von 6 Wochen.

Für das Aussprechen der Kündigung sind keine Termine bestimmt. Der Arbeitgeber kann daher zunächst die Auswirkung der Währungsreform auf seinen Betrieb abwarten und wird nicht zu einer unverzüglichen vorsorglichen Kündigung genötigt. Die Worte „auf jeden Fall jedoch zum 31. März 1949" sind also dahingehend zu verstehen, daß die Kündigung unter Wahrung der Frist von 6 Wochen spätestens zum 31. März 1949 ausgesprochen werden muß. Abweichend von Gramm a. a. O. ist jedoch nicht anzunehmen, daß der Arbeitgeber ohne Einwilligung des Arbeitnehmers auch zu einem späteren Zeitpunkt als dem 31. März 1949 auf Grund des § 27, Abs. 1 UG kündigen kann; denn auch diese Bestimmung betr. das außerordentliche Kündigungsrecht ist einschränkend auszulegen. Es kann den Interessen des Arbeitnehmers durchaus zuwiderlaufen, wenn er auf Grund des außerordentlichen Kündigungsrechtes zu einem späteren Zeitpunkt als dem 31. März 1949 gekündigt wird. Wenn das Gesetz für den Arbeitgeber einen Endtermin festsetzt, so kann dieser nur im Einvernehmen mit dem Arbeitnehmer überschritten werden.

Die außerordentliche Kündigung wird durch die allgemeinen Bestimmungen und Rechtsgrundsätze über den Kündigungsschutz beschränkt. Auch ist die Zustimmung des Arbeitsamtes in gleicher Weise für die außerordentliche wie für die vertragsgemäße Kündigung erforderlich, denn durch § 27, Abs. 1 UG werden lediglich die privatrechtlichen Kündigungsvorschriften abgeändert, während die öffentlich-rechtlichen Vorschriften auf dem Gebiete des Arbeitsrechts unberührt bleiben (ebenso Büro für

Währungsfragen, in den „Mitteilungen der Bank deutscher Länder", 1948, Heft 11, S. 2, Nr. 57). Bei der Prüfung, ob die Zustimmung erteilt werden kann, wird das Arbeitsamt nicht nur die Verhältnisse auf seiten des Arbeitnehmers zu berücksichtigen haben, wie z. B. die Frage, ob es sich um einen Schwerbeschädigten oder ein Betriebsratsmitglied handelt, sondern auch die Verhältnisse des Betriebes. Das außerordentliche Kündigungsrecht ist nur mit Rücksicht auf die sich durch die Währungsreform ergebenden wirtschaftlichen Veränderungen gewährt worden. Dies bedeutet, daß der Betrieb von der Währungsreform in solcher Weise betroffen sein muß, daß sich die außerordentliche Kündigung als notwendig erweist. Hierauf deutet auch die Ueberschrift zu § 27 UG hin, in der von „Anpassungsmaßnahmen" gesprochen wird. Eine Anpassung setzt veränderte Verhältnisse voraus, und zwar müssen sie nicht nur generell vorliegen, sondern, wenn es sich um die Frage der Notwendigkeit einer Kündigung in einem bestimmten Betrieb handelt, muß sich gerade für diesen Betrieb infolge der bei ihm vorliegenden Auswirkungen der Währungsreform die Notwendigkeit einer Anpassung dieses Betriebes an die veränderten Wirtschaftsverhältnisse durch die Kündigung ergeben

Das außerordentliche Kündigungsrecht gilt nur für bestehende Arbeitsverträge, aber nicht für Pensionsverträge. Jedoch kann unter Umständen die außerordentliche Kündigung auch auf die Gewährung der Pension Einfluß haben, denn diese ist im allgemeinen in der Erwartung eines normalen Ablaufes des Vertragsverhältnisses vereinbart worden. Eine Ermäßigung oder Streichung der Pension kommt daher dann in Frage, wenn eine so grundlegende Veränderung der Verhältnisse in dem Einzelfall stattgefunden hat, daß ein Widerruf der Pensionszusage nach den Rechtsgrundsätzen gerechtfertigt ist, die die arbeitsrechtliche Rechtsprechung entwickelt hat (vgl. hierzu RAG, in ARS, Bd. 26, S. 102 und LAG Frankfurt, in „Arbeitsrechtliche Entscheidungen", herausgegeben vom ZfA in der britischen Zone, 1948, Heft 1, S. 4 sowie „Der Betriebs-Berater", 1948, Heft 16, S. 328).

Leistungsverweigerungsrecht

Eine besondere praktische Bedeutung hat das in § 21, Abs. 4 UG begründete Leistungsverweigerungsrecht für diejenigen, die auf Grund von Lieferungen und Leistungen Forderungen gegen das Reich hatten, die gemäß § 14 UG nicht umgestellt worden sind Wegen solcher Ausfälle, die durch die Nichtumstellung von Forderungen gegen das Reich entstanden sind, kann derjenige, der den Ausfall erlitten hat, auch seinerseits gegenüber seinem Vorlieferanten die Leistungsverweigerung und dieser wiederum kann das gleiche gegenüber seinem Vorlieferanten tun. Der Ausfall von Forderungen gegen das Reich hat also eine Kette von entsprechenden Ausfällen bei den Vorlieferanten zur Folge, so daß jeder seinen Verlust auf seinen Vorlieferanten abwälzen kann. Letzten Endes wird der Hersteller den Verlust tragen oder derjenige, der seine Leistung nicht mehr abwälzen kann, weil er sie schon erfüllt hat. Es wird also der schnelle Zahler schlechter stehen als der säumige. Ueber die Abwälzung dieser Ausfälle entscheidet jedoch nicht der Vertragshilfe-Richter, sondern der ordentliche Richter. Die Vertragshilfe gilt nur für die Fälle, in denen eine vom Gesetz abweichende Umstellung festgelegt werden soll, während es sich bei der Leistungsverweigerung um die Auslegung, nicht um die abweichende Anwendung von Bestimmungen des Umstellungsgesetzes handelt.

Das Leistungsverweigerungsrecht gilt nur dann, wenn die Lieferung an das Reich auch tatsächlich erfolgt ist, nicht, wenn sie infolge der Entwicklung der Verhältnisse unterblieb und demjenigen, der das Leistungsverweigerungsrecht geltend machen will, keine Ansprüche aus erfolgter Lieferung, sondern nur Schadensersatzansprüche wegen Nichterfüllung des Vertrages durch das Reich infolge der unterbliebenen Lieferung zustehen (Urteil des OLG Stuttgart, Nebensitz Karlsruhe, vom 11. 8. 48, NJW, 1949, S. 28).

Lohn- und Gehaltszahlung

Im § 18, Abs. 1, Ziff. 1 UG ist bestimmt, daß Löhne und Gehälter, die nach dem 20. Juni 1948 fällig geworden sind oder fällig werden, im Verhältnis 1 : 1 umzustellen sind. Wenn gemäß § 18, Abs. 2 UG die Bestimmung des Abs. 1 auf wiederkehrende Leistungen, die für einen vor dem 1. Juni 1948 liegenden Zeitraum geschuldet werden, keine Anwendung findet, so bedeutet dies, daß für Löhne und Gehälter, die beispielsweise vierteljährlich postnumerando gezahlt werden, nur der Teil, der für die Zeit vom 1. bis 30. Juni gezahlt wird, im Verhältnis 1 : 1 umzustellen ist, während für die Monate April und Mai eine Umstellung im Verhältnis 10 : 1 stattfindet. Ebenso gilt dies für Gehaltsrückstände aus der Zeit vor dem 1. Juni 1948.

Diese Regelung ist klar und eindeutig. Dagegen sind viele Zweifel darüber entstanden, wie eine andere Bestimmung, die sich mit Löhnen und Gehältern befaßt, auszulegen ist, nämlich § 5 des Währungsgesetzes. Hiernach ist bei Fälligkeit des Lohnes oder Gehaltes nach dem 29. Juni 1948 eine „Nachzahlung" in Höhe von 70% des Netto-Lohnes oder -Gehaltes in Deutscher Mark zu leisten.

Man hat aus dem Worte „Nachzahlung" entnommen, daß es sich um eine Aufwertung einer Zahlung in Reichsmark handeln müsse und daß in den Fällen, in denen eine Reichsmark-Zahlung nicht geleistet worden ist, auch keine „Nachzahlung" in Deutscher Mark zu leisten sei. Nach dieser „Aufwertungstheorie" soll die Zahlung also nur einen Ausgleich für eine durch die Währungsreform erlittene Einbuße darstellen. Insbesondere soll die „Nachzahlung" dort in Frage kommen, wo der Junilohn oder das Junigehalt vor der Währungsreform in Reichsmark gezahlt worden ist, nicht aber in den Fällen, in denen der volle Junilohn oder das volle Junigehalt in Deutscher Mark gezahlt worden ist, denn das würde zu einer Unbilligkeit gegenüber dem Arbeitgeber führen, der dann für den Juni nicht mit 100%, sondern mit 170% des Lohn- oder Gehaltsetats in Deutscher Mark belastet wird.

Gegenüber dieser „Aufwertungstheorie" ist nach der „Ueberbrückungstheorie" die 70%ige „Nachzahlung" unabhängig von einer etwa in Reichsmark erfolgten Zahlung stets dann zu zahlen, wenn der erste Zahlungstermin von Löhnen und Gehältern nach dem 29. Juni 1948 liegt. Es kommt nach dieser Theorie auch nicht darauf an, ob der Lohn oder das Gehalt prae- oder postnumerando zu zahlen ist. Der Zweck und Sinn dieser Bestimmung ist nach Ansicht der Vertreter der „Ueberbrückungstheorie" der, den Lohn- und Gehaltsempfängern am 3. Juli 1948 einen weiteren Betrag in Deutscher Mark zur Verfügung zu stellen, weil der Kopfbetrag nur bis etwa zum 29. Juni 1948 zur Bestreitung des Lebensunterhaltes ausgereicht habe. Das Wort „Nachzahlung" bedeute nicht, daß es sich um eine zusätzliche Zahlung zu bereits erfolgten Auszahlungen handeln müsse, sondern es habe die Bedeutung einer „Uebergangszahlung", die „zur Ueberbrückung der Zeit vom 29. Juni 1948 bis zum nächsten Gehaltszahlungstag dienen sollte" (vgl. „Der Betrieb", 1949, Nr. 9, S. 107 und die dort aufgeführte Rechtsprechung).

Die Landesarbeitsgerichte haben sich teils der Aufwertungstheorie, teils der Ueberbrückungstheorie angeschlossen. Es muß jedoch ersterer der Vorzug gegeben werden, denn die Ueberbrückungstheorie berücksichtigt nicht, daß im allgemeinen nicht nur die Kopfquote zur Verfügung stand, sondern eine am 30. Juni (bei postnumerando-Zahlung) oder am 1. Juli (bei praenumerando-Zahlung) fällig gewesener Lohn- oder Gehaltsbetrag, der dazu dienen sollte und konnte, den Lebensunterhalt im Juli bis zur nächsten Lohn- oder Gehaltszahlung zu bestreiten. Die „Ueberbrückungszeit" hätte also nur einen oder zwei Tage gedauert, und es ist nicht einzusehen, warum für eine solche kurzfristige Ueberbrückung ein zusätzlicher Betrag in Höhe von 70% des Nettolohnes oder Nettogehaltes gezahlt werden sollte, abgesehen davon, daß eine solche zusätzliche, durch Arbeitsleistung nicht begründete Zahlung nicht gerechtfertigt wäre. Sowohl der Wortlaut wie auch der wirtschaftliche Sinn spricht also dafür, daß nur wirkliche „Nachzahlungen" für im Juni gezahlte Reichsmarkbeträge in Frage kommen, also daß kein Grund für eine „Ueberbrückung", sondern nur für eine „Aufwertung" besteht (so auch LAG Hamm, Urteil vom 18. 12. 1948, Sa 292/48).

Mutterschutzgesetz

Die Bestimmung des § 27 UG setzt die Fristen für die Kündigung bei langfristigen Arbeitsverhältnissen herab. Dies bedeutet aber nur, daß der Arbeitgeber aus Anlaß der Währungsumstellung trotz der vereinbarten längeren Kündigungsfrist oder des Bestehens eines über den 30. September 1948 hinaus laufenden Vertrages ein vorzeitiges Kündigungsrecht hat, es bedeutet aber nicht, daß die sonstigen Vorschriften, die der Sicherung des Arbeitnehmers gegenüber Kündigungsabsichten des Arbeitgebers dienen, außer Kraft gesetzt werden. So steht auch das Gesetz zum Schutze der erwerbstätigen Mutter vom 17. Mai 1942 (RGBl. I, S. 321) der Kündigung auf Grund des § 27 UG entgegen, denn es enthält in § 6 das Kündigungsverbot. Der Arbeitsvertrag, für den die Voraussetzungen des Mutterschutzgesetzes vorliegen, ist also, solange dies der Fall ist, nicht „kündbar" im Sinne des § 27 UG, wie auch in einem Erlaß des Arbeitsministers für Nordrhein-Westfalen vom 29. November 1948 zum Ausdruck gebracht ist (vgl. „Der Betriebs-Berater", 1949, S. 121).

Entsprechendes gilt auch für andere Bestimmungen, die der Aufrechterhaltung der Arbeitsverhältnisse dienen, wie für Schwerbeschädigte, Lehrverhältnisse, politisch Verfolgte usw. Soweit diese Arbeitsverhältnisse kündbar sind, findet § 27 UG, falls die Kündigung erst nach dem 30. September 1948 zulässig ist, Anwendung, jedoch nur dann, wenn die erforderlichen behördlichen Genehmigungen erteilt sind, denn § 27 UG will nur die Kündigungsfrist abkürzen, nicht aber die sonstigen Schranken, die für Kündigungen gelten, beseitigen. Er will also vermeiden, daß in solchen Fällen der Nachweis des Vorliegens eines wichtigen Grundes zu fristloser Kündigung infolge der Auswirkung der Währungsreform auf den Betrieb zu führen ist.

Provisionen

Provisionen sind nicht als Löhne und Gehälter im Sinne des § 18, Abs. 1 Ziff. 1 UG anzusehen, denn es handelt sich hier um eine Vergütung, die nicht auf Grund eines Dienst- oder sonstigen Arbeitsverhältnisses zu zahlen ist, sondern um eine dem Arbeitsrecht nicht unterliegende Vergütung für eine selbständige Tätigkeit, die auf eine Geschäftsbesorgung, gerichtet ist. Auch wenn Provisionen in regelmäßigen Abständen, z. B. als Akonto-Zahlungen ausgezahlt werden, ändert dies nichts an ihrer Rechtsnatur, insbesondere führt dies nicht dazu, daß man die Provisionen als „wiederkehrende Leistungen" im Sinne des § 18, Abs. 1, Ziff. 1 UG ansehen kann. Ihre Höhe und ihre Entstehung ist jeweils davon abhängig, ob und in welchem Umfange der Urheber Abschlüsse erzielt hat. Die Provision wird also durch jeden Abschluß neu verdient und stellt somit eine selbständige Zahlung dar, nicht einen Teil einer laufenden Rente. Daher sind Provisionen grundsätzlich nicht im Verhältnis 1 : 1 umzustellen, sondern ihre Umstellung richtet sich nach dem Schicksal der Hauptforderung. Ist diese im Verhältnis 10 : 1 abgewertet, so muß auch die Provision in gleichem Verhältnis abgewertet werden. Dies folgt aus dem Charakter des Makler-Vertrages als eines mit dem Hauptvertrag eng verbundenen Vertrages, der das Geschäftsinteresse des Maklers eng mit dem Geschäftsinteresse desjenigen verknüpfen und gleichstellen soll, für den der Makler tätig ist. Man wird also bei Abschlußprovisionen, soweit die Abschlüsse vor dem 21. Juni 1948 getätigt sind, eine Umstellung im Verhältnis 10 : 1 vorzunehmen haben, wenn der Abschluß auch auf dieser Grundlage umgestellt wird. Soweit dem Vertreter Mindestprovisionen garantiert worden sind, sind diese als „Löhne und Gehälter" im Sinne des § 18 UG anzusehen und im Verhältnis 1 : 1 umzustellen, denn in diesem Falle handelt es sich nicht um eine Zahlung, die von dem Abschluß eines Geschäftes abhängig ist, sondern um ein hiervon unabhängiges Arbeitsentgelt.

Für Versicherungsagenten und Versicherungsmakler sieht die Versicherungsverordnung in § 2, Abs. II vor, daß Provisionen, die sich auf in Reichsmark eingegangene Prämien beziehen, „nach den Bestimmungen über bestehende Forderungen" zu zahlen, also gemäß § 16 UG im Verhältnis 10 : 1 umzustellen sind. Es wird ausdrücklich bestimmt, daß Vereinbarungen, darüber, daß solche Provisionen erst nach der Währungsumstellung zahlbar sind und im vollen Nennwert umgestellt werden, nichtig sind. Es kann jedoch Prölss nicht darin beigepflichtet werden, daß Abreden, die nach der Währungsreform freiwillig eine Erhöhung des Umstellungsverhältnisses für solche Provisionen vorsehen, eine Zuwiderhandlung gegen das Umstellungsgesetz im Sinne des § 33, Abs. 3 UG darstellen und strafbar sind (G. R. Prölss, „Währungsreform und Versicherung" in „Deutsche Rechts-Zeitschrift", Sondernummer September 1948, S. 360). Nur Zuwiderhandlungen gegen die eigentlichen währungspolitischen Anordnungen, nicht aber nachträgliche abweichende, nur die Vertragsparteien berührende Vereinbarungen stellen „Zuwiderhandlungen" im Sinne des § 33 UG dar.

Für Versicherungsagenten und Versicherungsmakler gilt weiterhin die Regelung, daß sie für die Wiedererhöhung der Versicherungssumme keinen Anspruch auf eine Abschlußvergütung haben (Anordnung betreffend Lebensversicherung). Dementsprechend ist mit Prölss anzunehmen, daß auch bei der Schadensversicherung für die in D-Mark nacherhobenen Prämien eine Abschlußvergütung nicht zu gewähren ist, denn hier handelt es sich sogar um eine Nachzahlungspflicht, während die Erhöhung bei der Lebensversicherung freiwillig erfolgt. Daher muß die Provisionsfreiheit erst recht für die Schadensversicherung gelten.

Restkaufgelder

Das Aufwertungsgesetz sah für Restkaufgelder eine höhere Aufwertung vor, weil es den Hypothekengläubiger, der sein Grundstück veräußert und den Kaufpreis noch nicht voll erhalten hatte, schützen wollte. Der Gedanke war der, daß dem Sachwertbesitzer, der den erworbenen Sachwert über die Inflationszeit hinaus erhalten hatte, nicht ein Veräußerer des gleichen Sachwertes gegenüberstehen soll, der trotz der auf dem Grundstück eingetragenen Restkaufgeldhypothek die gleiche Einbuße erleidet wie ein Darlehnsgeber, der keinen Sachwert besessen, sondern dem Grundstückseigentümer nur einen Geldbetrag als Darlehn gegeben hat. Das Aufwertungsrecht hat daher die Gläubiger von Restkaufgeldhypotheken aus der Masse der Hypothekengläubiger herausgehoben und ihnen eine günstigere Stellung hinsichtlich ihres Aufwertungsanspruches eingeräumt.

Das Umstellungsgesetz kennt eine solche besondere Behandlung der Restkaufgeldhypotheken nicht. Es kennt nur die Eingliederung von Forderungen in die Bestimmungen, die eine 10%ige Umstellung vorsehen und in solche, die die Forderungen im Verhältnis 1 : 1, also 100 %ig umstellen. Es erwähnt die Hypotheken nicht besonders, sondern stellt nur die Forderung um (§§ 16 u. 18 UG), jedoch ist anzunehmen, daß auch die Hypothek infolge ihres akzessorischen Charakters das Schicksal der Forderung bei der Umstellung teilt (§ 1137 BGB). Zweifelhaft erscheint jedoch die Frage, ob und inwieweit Grund- und Rentenschulden umgestellt werden, denn bei diesen wird das Bestehen einer Forderung nicht vorausgesetzt (§§ 1191, 1192 BGB). Man muß jedoch die Bestimmung des § 16 UG dahingehend auffassen, daß der Begriff der „Reichsmarkforderungen" im Sinne dieser Bestimmung nicht nur die obligatorischen, sondern auch die dinglichen Rechte, und zwar auch die von der Forderung losgelösten, wie die Grund- und Rentenschuld, umfaßt. Dementsprechend sieht auch das Gesetz zur Sicherung von Forderungen für den Lastenausgleich vom 2. September 1948 das Entstehen einer Staats-Grundschuld hinter den durch das Umstellungsgesetz umgestellten Hypotheken, Grund- und Rentenschulden vor, geht also davon aus, daß diese wie die Forderungen umgestellt werden.

Wenn hiernach die Hypotheken, Grund- und Rentenschulden entsprechend den Bestimmungen der §§ 16 und 18 UG umzustellen sind, so wird man gerade bei Restkaufgeldhypotheken eine befriedigende Regelung vermissen, besonders wenn man einen Vergleich der Bestimmungen des Umstellungsgesetzes mit denen der für Berlin geltenden Umstellungs-Verordnung durchführt. Das Umstellungsgesetz regelt die Umstellung von Restkaufgeldern in beschränktem Umfange in § 18, Abs. 1, Ziff. 3, indem dort bestimmt ist, daß „Verbindlichkeiten, die der Uebernehmer eines Guts oder eines Vermögens dem anderen Vertragsteil gegenüber zur Abfindung eines Dritten eingegangen ist", im Verhältnis 1 : 1 umzustellen sind. Voraussetzung für die Umstellung der Forderung und damit der Hypothek oder Grund- oder Rentenschuld ist also, daß die Verbindlichkeit dem anderen Vertragsteil gegenüber „zur Abfindung eines Dritten" eingegangen ist.

Hiernach ist die Anwendbarkeit dieser Bestimmung sehr beschränkt. Wie Jacobsohn mit Recht ausführt („Restkaufgelder und Währungsreform", MDR, 1948, S. 448), fällt unter diese Bestimmung im wesentlichen der Tatbestand der Erfüllungsübernahme im Sinne des § 415 BGB. Wenn der Uebergeber des Gutes oder Vermögens einem Dritten gegenüber eine Abfindung zu leisten hat und der Uebernehmer des Gutes oder Vermögens sich dem Uebergeber zur Abfindung des Dritten verpflichtet, so ist diese Verpflichtung im Verhältnis 1 : 1 umzustellen. Es liegt, soweit der Dritte die Schuldübernahme nicht genehmigt, eine Erfüllungsübernahme im Sinne des § 415, Abs. 3 BGB vor. In dieser Bestimmung des § 18 UG wird also ein besonderer Fall geregelt, der bei dem Uebergang von Gütern und Vermögen nicht so häufig vorkommt wie der Fall, daß der Uebergeber des Gutes oder Vermögens für sich selbst eine Abfindung — sei es durch einmalige Zahlung oder durch eine Rente oder durch ein Restkaufgeld — ausbedingt.

Der im Umstellungsgesetz geregelte Fall wird insbesondere dann praktisch werden, wenn ein bäuerlicher Hof auf den Sohn bei Lebzeiten der Eltern übergehen soll und der Hofbesitzer für seine Ehefrau oder die anderen Kinder eine von dem Uebernehmer zu zahlende Abfindung vereinbart. Diese ist dann im Verhältnis 1 : 1 umzustellen. Wenn der Gesetzgeber nur an einen solchen Sonderfall gedacht hat, dann hätte es einer solchen Bestimmung nicht bedurft, denn dieser Fall wird bereits durch die Bestimmung in dem gleichen Satz geregelt, wonach die Verbindlichkeiten aus der Auseinandersetzung zwischen Eltern und Kindern schlechthin im Verhältnis 1 : 1 umzustellen sind, also nicht nur die an einen Dritten zu zahlende Abfindung, sondern auch die Abfindung, z. B das Altenteil, das der Hofbesitzer für sich selbst ausbedingt.

Ferner gilt die erwähnte Bestimmung des Umstellungsgesetzes nur für „die Uebernahme eines Guts oder eines Vermögens". Diese Formulierung läßt die Anwendung nicht auf Grundstücke im allgemeinen, sondern nur auf Landgüter (§ 98 BGB) und Vermögen zu, wobei der Begriff des Vermögens nicht so eng aufzufassen ist, wie er für § 419 BGB gilt, denn diese Bestimmung regelt nur den Fall, daß „das Vermögen eines anderen" übernommen wird, während § 18, Abs. 1, Ziff. 3 UG von „einem Vermögen" spricht, also den Vermögenswert als solchen meint. Da jedoch hinsichtlich der Grundstücke nur das „Gut" erwähnt ist, wird man sie nicht unter den Begriff des „Vermögens" einordnen können.

Es muß also festgestellt werden, daß die erwähnte Bestimmung sowohl hinsichtlich des Vertragsverhältnisses, auf das sie anwendbar ist, wie auch hinsichtlich der Objekte, für deren Uebergang sie gilt, sehr beschränkt ist und daß der wichtigste Fall, nämlich der der Bestellung einer Restkaufgeldhypothek für den Veräußerer eines nichtländlichen Grundstückes, nicht erfaßt wird. Diese Regelung bedeutet, daß die Gläubiger von Restkaufgeldhypotheken nur eine Umstellung im Verhältnis 10 : 1 erhalten, obwohl sie den Sachwert besessen haben. Dies erscheint besonders in den Fällen unbefriedigend, in denen der Schuldner noch Eigentümer des Grundstücks ist, denn der Schuldner hat dann durch die Aufwendung eines Reichsmarkbetrages, der nicht einmal zur Zeit des Erwerbs dem Wert des Grundstücks entsprach, einen Sachwert erhalten und über die Währungsreform hinaus sich erhalten und kann trotzdem den früheren Eigentümer mit 10 % des Restkaufgeldes in D-Mark abfinden. Wenn auch der Lastenausgleich ein gewisses Gegengewicht bilden wird, so würde es doch billig erscheinen, wenn der frühere Eigentümer besser gestellt wird als der Darlehnsgläubiger, der nicht Eigentümer des Grundstückes gewesen ist, sondern dem Eigentümer nur ein Reichsmark-Darlehn gewährt hat.

Die durch das Umstellungsgesetz getroffene Regelung stimmt mit der Regelung, die die Umstellungs-Verordnung für die Westsektoren Berlins getroffen hat, nicht überein. Nach dieser Verordnung (Artikel 16) werden nämlich im Verhältnis 1 : 1 umgestellt: „Verbindlichkeiten, die der Uebernehmer einer unbeweglichen Sache oder eines Vermögens dem anderen Vertragsteil gegenüber oder zur Abfindung eines Dritten eingegangen ist." Diese Bestimmung unterscheidet sich von der Bestimmung des § 18, Abs. 1, Ziff. 3 des Umstellungsgesetzes dadurch,

1. daß sie sich nicht auf ein „Gut" beschränkt, sondern für jede „unbewegliche Sache" gilt,
2. daß sie nicht nur die Verbindlichkeiten umfaßt, die „zur Abfindung eines Dritten" eingegangen sind, sondern die, die „dem anderen Vertragsteil gegenüber oder zur Abfindung eines Dritten" eingegangen sind.

Die für die Westsektoren Berlins geltende Umstellungs-Verordnung regelt also den Fall der Restkaufgeldhypotheken infolge der beiden geringfügigen Aenderungen („unbewegliche Sache" statt „Gut" und Einfügung des Wortes „oder") dahingehend, daß sie nicht im Verhältnis 10 : 1 umzustellen sind, sondern in den Kreis der im Verhältnis 1 : 1 umzustellenden Forderungen einbezogen werden. Es erscheint angebracht, daß für das Währungsgebiet im Westen eine gleiche Behandlung der Restkaufgelder, zum mindestens der dinglich gesicherten erfolgt, wie für die Westsektoren Berlins. Im Wege einer Gesetzesauslegung läßt sich diese Einbeziehung der Restkaufgeldhypotheken nicht durchführen, denn die Fassung der Bestimmung des § 18, Abs. 1, Ziff. 3 UG schließt die Anwendung auf Restkaufgeldhypotheken, soweit es sich nicht um ein Gut und die Abfindung eines Dritten handelt, eindeutig aus. Daher kann die generelle Einbeziehung der Restkaufgeldhypotheken nur im Wege einer Gesetzesänderung erfolgen oder im Wege der Ergänzung des Gesetzes durch eine gemäß § 34, Abs. 4 UG von der Alliierten Bankkommission zu erlassende Durchführungs-Verordnung.

Jacobsohn (a. a. O.) weist mit Recht darauf hin, daß bei Hypothekenforderungen der Substanz-Wert an sich erhalten geblieben ist, weil die Währungsreform nur das Geld, nicht aber die Grundstücke betroffen hat. Dies geht daraus hervor, daß das Gesetz zur Sicherung von Forderungen für den Lastenausgleich an die Stelle des umgestellten dinglichen Rechtes in voller Höhe des Unterschiedsbetrages eine auf D-Mark lautende Staatsgrundschuld entstehen läßt. Es liegt also bei Hypotheken nicht nur ein Ausgleich für die Entlastung des Grundstückseigentümers, sondern gleichzeitig eine teilweise Enteignung des Gläubigers vor. Soweit der Gläubiger den Sachwert besessen und bei seiner Veräußerung den Kaufpreis nicht voll erhalten hat und sich deswegen ein dingliches Recht auf seinem früheren Grundstück hat bestellen lassen, erscheint es besonders hart, wenn er hinsichtlich dieses Rechtes nur eine Umstellung im Verhältnis 10 : 1 erhält, zumal wenn für die in den Westsektoren Berlins befindlichen Grundstücke bei dem gleichen Sachverhalt eine Umstellung im Verhältnis 1 : 1 erfolgt.

Die Frage der Umstellung der Restkaufgelder in der Westberliner Währungsreform ist von Haaß dahingehend beantwortet worden, daß auch Restkaufgelder im Verhältnis 10 : 1 umzustellen seien und nur in dem Falle, daß am Währungsstichtag die Auflassung noch nicht erfolgt war, wie bei allen Kaufverträgen, das Restkaufgeld im Verhältnis 1 : 1 umzustellen sei (Haaß, „Restkaufgelder in der Westberliner Währungsreform", in „Juristische Rundschau", Heft 11/12, S. 295). Haaß meint, daß die Einfügung des Wortes „oder" in der Berliner Fassung, wenn es sich nicht um einen Druckfehler handele, nur bedeutet, daß auch dem bisherigen Inhaber des Gutes oder Vermögens die privilegierte Umstellung im Verhältnis 1 : 1 gewährt werden solle, daß aber aus der Einfügung des Wortes „oder" eine Besserstellung der Restkaufgeldforderungen bei Grundstücksverkäufen nicht abzuleiten sei. Dies folgert Haaß auch daraus, daß in der fraglichen Bestimmung vom „Uebernehmer" einer „unbeweglichen Sache", nicht vom „Erwerber" spricht, indem er darauf hinweist, daß bei Kaufverträgen allgemein vom „Erwerber", dagegen bei dem Uebergang von Verbindlichkeiten vom „Uebernehmer" gesprochen wird (z. B. bei § 416 BGB).

Diese Folgerung erscheint nicht zwingend, denn gerade der Unterschied zum Umstellungsgesetz, das in den Westzonen gilt und vorher erlassen worden ist, deutet daraufhin, daß man für Westberlin etwaige Druckfehler beseitigen oder zu einengende Bestimmungen ändern wollte. Die hiernach für Westberlin geltende Regelung kann jedoch nicht auf die Westzonen angewendet werden, solange der Gesetzestext nicht abgeändert wird. Es ist ein besonderes Merkmal der Währungsgesetzgebung, im Unterschied zu der Aufwertungsgesetzgebung, daß sie keine Differenzierung, mit Ausnahme der in § 18 UG genannten Fälle macht und auf besonders gelagerte Fälle, in denen aus sozialen oder wirtschaftlichen Gesichtspunkten eine für den Gläubiger günstigere Umstellung als die des Verhältnisses 10 : 1 gerechtfertigt wäre, keine Rücksicht nimmt. Daher kann man Restkaufgeldforderungen nur in den Fällen im Verhältnis 1 : 1 umstellen, in denen die Voraussetzungen des § 18, Abs 1, Ziff. 2 UG vorliegen, also die Leistung des Verkäufers am Stichtage noch nicht bewirkt war.

Rücktrittsrecht

Das in § 20 UG vorgesehene Rücktrittsrecht desjenigen, der auf Grund eines Kaufvertrages, der nach dem 20. Juni 1948 erfüllt wird, den Kaufpreis bzw. bei einem solchen Werkvertrag den Werklohn zu zahlen hat, ist neben der Vertragshilfe des § 21 UG ein wichtiges Hilfsmittel, um Härten zu vermeiden, die sich aus dem starren Prinzip der alternativen 100- oder 10prozentigen Umstellung ergeben. Bis zum Ablauf der Frist vom 10. Juli 1948 konnte also ein Schuldner, der den Rücktritt vom Vertrage einer Zahlung des vollen D-Mark-Betrages vorzog, den Rücktritt erklären, und zwar auch dann, wenn die Gegenleistung bereits bewirkt war, wenn er also beispielsweise die gekaufte Maschine zwischen dem 21. Juni und 10. Juli bereits erhalten oder wenn bei einem Werkvertrage der Schneider den Anzug ihm nach dem 20. Juni 1948 abgeliefert hatte.

Das Rücktrittsrecht hat besondere Bedeutung bei Sukzessivlieferungsverträgen, weil es als ein Mittel benutzt werden kann, um für die künftigen Teillieferungen den neuen Währungsverhältnissen besser angepaßte Preise zu vereinbaren. Es erstreckt sich allerdings nicht auf den ganzen Vertrag, sondern nur auf die noch ausstehenden Lieferungen, und zwar gilt dies allgemein bei der Ausübung des Rücktrittsrechtes bei Sukzessivlieferungsverträgen (Düringer-Hachenburg, Bd. IV, S. 391). Nur ausnahmsweise, nämlich dann, wenn die bereits erbrachte Leistung wegen Nichtdurchführung des Vertrages für den Empfänger der Leistung ohne Interesse ist, kann das Rücktrittsrecht auch auf die bereits erbrachten Leistungen ausgedehnt werden. In einem solchen Fall, wenn also beispielsweise eine Teillieferung aus einem laufenden Warenbezug zurückzugewähren ist, muß man in entsprechender Anwendung des § 18, Abs. 1. Ziff. 2 UG annehmen, daß der Verkäufer dann dem Käufer den Kaufpreis nicht umgestellt im Verhältnis 10 : 1, sondern 1 : 1 zu erstatten hat. Denn es handelt sich hier um einen Austausch Ware gegen Geld, der sich nach dem 20. Juni 1948 vollzieht, und eine Umstellung 10 : 1 würde den Käufer benachteiligen und ihm die Geltendmachung des in § 20 UG vorgesehenen Rücktrittsrechts erschweren (ebenso Bergmann, „Die Umstellung der Reichsmarkverbindlichkeiten aus allgemeinen Schuldverhältnissen", in NJZ, 1948, S. 409).

Das Rücktrittsrecht ist gemäß § 20, Abs. 3 UG bei W e r k v e r t r ä g e n nur mit der Maßgabe auszuüben, daß — ähnlich wie bei einer Kündigung gemäß § 649 BGB — dem Hersteller eine bestimmte Vergütung zu zahlen ist, und zwar hat der Hersteller Anspruch auf Erstattung seiner vor dem 21. Juni 1948 entstandenen Aufwendungen, umgestellt im Verhältnis 10 : 1. Soweit es sich bei einem solchen Vertrage um einen W e r k l i e f e r u n g s v e r t r a g über eine unvertretbare Sache handelt, muß sich der Hersteller den gemeinen Wert des Werkes auf seine Forderung anrechnen lassen. Praktisch bedeutet dies also zum Beispiel, daß ein Schneider, der einen Anzug so gefertigt hat, im Falle des Rücktrittes des Bestellers für die vor dem Währungsstichtag entstandenen Aufwendungen in Höhe von 10 %, also z. B. für 100 Reichsmark 10 DM, und die nach dem Währungsstichtag entstandenen Aufwendungen, z. B. 150 DM, voll, insgesamt also 160 DM beanspruchen kann. Hierauf ist der gemeine Wert des Anzuges im Zeitpunkte des Rücktrittes anzurechnen. Sollte dieser 100 DM betragen, so hat der Besteller, der das Rücktrittsrecht ausübt, an den Schneider 60 DM zu zahlen. Eine etwaige Anzahlung kann er, umgestellt 10 : 1 zurückverlangen bzw. mit diesem Anspruch aufrechnen. Sollte der gemeine Wert höher sein als die von dem Besteller zu erstattenden Aufwendungen, so steht dem Besteller ein Anspruch aus ungerechtfertigter Bereicherung nicht zu, da der Schneider nicht auf Kosten des Bestellers bereichert ist.

In dem Umstellungsgesetz ist zu § 20, Abs. 3 nicht bestimmt, was zu dem Begriff der vom Besteller zu ersetzenden „A u f w e n d u n g e n" d e s H e r s t e l l e r s gehört. Es ist jedoch anzunehmen, daß die gesamten Unkosten, die dem Hersteller für seine Leistung entstanden sind „Aufwendungen" im Sinne des § 20, Abs. 3 sind, also nicht nur die entstandenen Löhne und Gehälter sowie die Materialkosten, sondern auch die anteiligen Gemeinkosten. Sinn der Bestimmung ist der, daß der Hersteller im Falle des Rücktrittes des Bestellers keinen wirtschaftlichen Nachteil durch die unnötig geleisteten Aufwendungen haben soll. Wollte man die anteiligen Gemeinkosten nicht erstatten, so würde der Hersteller einen Nachteil erleiden, denn diese Kosten würden dann auf die übrigen Kostenträger umzulegen sein. Die Anerkennung der Gemeinkosten als ein Bestandteil der Betriebskostenrechnung hat sich so weitgehend durchgesetzt, daß solche Kosten einen Bestandteil der Herstellungskosten bilden und daher auch bei der Erstattung von Aufwendungen zu berücksichtigen sind. In dieser Hinsicht ist mit Ebbecke (a. a. O., S. 64) anzunehmen, daß die von Walb geäußerten Zweifel (a. a. O., S. 95) nicht berechtigt sind.

Hinsichtlich der Art der Umstellung der Aufwendungsansprüche ist die Auffassung berechtigt, daß L ö h n e und G e h ä l t e r, die in D-Mark bezahlt worden sind, auch in D-Mark voll zu erstatten sind. Im übrigen sind jedoch gemäß ausdrücklicher Bestimmung in § 20, Abs. 3 UG die Ansprüche auf Ersatz der Aufwendungen entsprechend § 16 UG im Verhältnis 10 : 1 umzustellen.

Die eigentlichen Vertriebskosten fallen nicht unter die zu erstattenden Aufwendungen, denn der Werkvertrag hat nur die Herstellung und Ablieferung eines Werkes zum Gegenstand, nicht aber den Vertrieb. Jedoch sind die Aufwendungen, die vor dem Beginn der Herstellung entstanden sind, zu erstatten, also die Provisionen und sonstigen Kosten für die Hereinholung des Auftrages, die Kosten für Entwürfe, Werbung (anteilig), für die Beschaffung von Materialien durch Unterlieferanten und dergleichen. Es wird auch hinsichtlich des Umfanges der zu erstattenden Aufwendungen von Bedeutung sein, ob der Auftrag auf eine serienmäßig hergestellte Ware ging oder ob es sich um eine größere Spezialanfertigung handelte. Bei solchen Spezialanfertigungen entstehen erfahrungsgemäß besondere Kosten, die außerhalb der eigentlichen Herstellungskosten liegen, aber doch berücksichtigt werden müssen, da sie zur Herstellung der Ware erforderlich sind.

Vielfach sind in Verträgen, die vor der Währungsreform geschlossen sind, Bestimmungen enthalten, die einen Rücktritt des Schuldners der Geldleistung im Falle der Währungsreform ausschließen. Solche Klauseln, die häufig mit Wertklauseln oder der Zusage der „Währungssicherheit" der Schuld verbunden sind, beruhen auf der Wirtschaftslage vor der Währungsreform, als der Verkäufer oder bei Werkverträgen der Hersteller gegenüber dem Käufer oder Besteller, der nur mit Geld, nicht mit Sachwerten die von ihm benötigte Ware abgelten konnte, ein gewisses Uebergewicht hatte. Wenn in jener Zeit der Käufer oder Besteller für die Zeit nach der Währungsreform gewisse Zusagen hinsichtlich seiner Geldschuld machte, so befand er sich in einer Zwangslage. Es ist Walter-Seeliger („Die Regelung der Schuldverhältnisse nach der Währungsreform", 1948, Anm. 6 zu § 20) zuzustimmen, wenn die Auffassung vertreten wird, daß das Umstellungsgesetz den Zweck verfolgte, für die Vertragsverhältnisse, insbesondere aber für Kauf- und Werkverträge völlig neue, gesündere Grundlagen zu schaffen. Daher müssen solche vor der Währungsreform getroffenen Abreden, die der Erreichung dieses Zweckes zuwiderlaufen, unbeachtet bleiben. Gerade für die Abwicklung der schwebenden Verträge sieht das Gesetz ins einzelne gehende Regelungen vor. Diese Regelungen müssen grundsätzlich gegenüber den vor der Währungsreform getroffenen Parteivereinbarungen im Falle einer Kollision den Vorrang haben.

Dies schließt nicht aus, daß die gleichen Vereinbarungen durch Bestätigung der Parteien nach der Währungsreform in Kraft bleiben. Wird aber ein solcher übereinstimmender Wille der Vertragsteile nach der Währungsreform nicht herbeigeführt, so kann dem Schuldner das in § 20 UG vorgesehene Rücktrittsrecht und die Inanspruchnahme der in § 21 UG vorgesehenen Vertragshilfe nicht deswegen verwehrt werden, weil die Parteien vor der Währungsreform in Unkenntnis deren Ausmaßes eine Regelung für den Fall und die Zeit der Währungsreform getroffen haben. Wenn daher die Vertragsparteien vor der Währungsreform den Rücktritt für den Fall des Eintritts der Währungsreform ausgeschlossen haben, so wirkt dies grundsätzlich nicht gegenüber dem durch § 20 UG den Schuldner eingeräumten gesetzlichen Rücktrittsrecht, ebensowenig wie auch eine vor der Währungsreform getroffene Parteivereinbarung über die Umstellung gegenüber der gesetzlich vorgesehenen Umstellung Wirkung hat. Solche

Vereinbarungen mögen im Falle der Anrufung der richterlichen Vertragshilfe gemäß § 21 UG bei der „Abwägung der Interessen und der Lage beider Teile" Berücksichtigung finden, jedoch können sie nicht zu einem Ausschluß des für den Schuldner gesetzlich vorgesehenen Rechtsbehelfes des Rücktrittes und der Vertragshilfe führen.

Da die Frist für die Rücktrittserklärung verhältnismäßig kurz war (das Umstellungsgesetz ist am 27. Juni 1948 in Kraft getreten, und das Rücktrittsrecht gemäß § 20 UG mußte bis zum 10. Juli 1948 ausgeübt werden), sind in der Praxis viele Rücktrittserklärungen nicht rechtzeitig abgegeben worden. Erklärungen allgemeiner Art über eine „Sistierung" des Auftrages stellen im allgemeinen keine Rücktrittserklärungen gemäß § 20 UG dar, ebensowenig Rücktrittserklärungen mit dem Ersuchen, weiterzuarbeiten, da dieses Ersuchen den Widerruf der gleichzeitig ausgesprochenen Rücktrittserklärung bedeutet. Dagegen sind vorsorgliche Rücktrittserklärungen, in denen dem Hersteller anheimgestellt oder ihm, falls möglich, nahegelegt wird, bis zum Abschluß einer neuen Vereinbarung auf D-Mark-Grundlage die begonnenen Arbeiten trotz des Rücktrittes fortzusetzen, wirksam. In einem solchen Falle will der den Rücktritt erklärende Schuldner im beiderseitigen Interesse die Arbeiten nicht unterbrochen wissen, stellt es jedoch in das Ermessen des Herstellers, ob er, im Vertrauen darauf, daß man sich über die neuen Bedingungen einigen werde, die Arbeiten, für die der neue Vertrag dann gelten würde, fortsetzen will oder nicht. Kommt es zu einer solchen Einigung nicht, so trägt der Hersteller das Risiko für die Fortsetzung der Arbeiten.

Der Rücktritt wird trotz der für Werkverträge in § 20, Abs. 3 UG vorgesehenen Erstattung der Aufwendungen des Herstellers für diesen oft eine große Härte bedeuten, aber auch für den Verkäufer, der die Ware im Hinblick auf den Kaufvertrag von einem anderen Kaufmann erworben hat. Um solche Härten nach Möglichkeit zu mildern, bestimmt die Vierte Durchführungs-Verordnung zum Umstellungsgesetz, daß der Verkäufer bzw. Hersteller gegenüber seinem Vorlieferer ein Rücktrittsrecht hat, das auch noch nach dem 10. Juli 1948 ausgeübt werden kann. Voraussetzung ist allerdings, daß die Voraussetzung des § 20, Abs. 1 UG vorliegt, daß also der Vorlieferer seine Leistung bis zum 20. Juni 1948 bewirkt hatte, d. h. bei einem Kaufvertrage die Ware bis zu diesem Tage dem Hauptlieferer übergeben und sie ihm übereignet hat.

Der Rücktritt hat zur Folge, daß die geleistete Anzahlung zurückzuzahlen ist, und zwar wird sie gemäß § 16, soweit die Anzahlung vor dem 21. Juni 1948 erfolgt ist, im Verhältnis 10 : 1 umgestellt. Beim Kaufvertrag hat der Rücktritt die Folge, daß lediglich die Anzahlung zurückzugewähren ist, nicht aber, daß der Verkäufer Ersatz seiner Aufwendungen verlangen kann, wie es beim Werkvertrag der Fall ist. Fraglich ist, ob beim Kauf der Rücktritt — wie bei einer Wandelung — dann ausgeschlossen ist, wenn der Käufer den Untergang der Ware oder eine wesentliche Verschlechterung oder die anderweite Unmöglichkeit der Herausgabe verschuldet hat. Für die Wandelung gilt dies gemäß § 351 BGB in Verbindung mit § 462 BGB. Sie unterscheidet sich jedoch von dem Rücktrittsrecht des § 20 UG insofern, also bei der Wandelung ein Verschulden des Verkäufers vorliegen muß, nämlich ein Sachmangel, den er zu vertreten hat. Die Währungsreform ist von dem Verkäufer nicht zu vertreten, so daß der Grund für das Rücktrittsrecht des Käufers gemäß § 20 UG ein anderer ist als der für die Wandelung geltende Grund. Trotzdem wird man auf das gesetzliche Rücktrittsrecht des Käufers die Bestimmungen der §§ 346 ff. BGB über das vertragsmäßige Rücktrittsrecht entsprechend anwenden müssen, denn die Bestimmungen des BGB über den Rücktritt finden auf verschiedene gesetzliche Tatbestände entsprechende Anwendung (z. B. §§ 286, 327, 636 BGB); daher können sie auch auf den Fall des § 20 UG entsprechend angewendet werden.

Im Falle des vom Käufer verschuldeten Unterganges der Sache oder deren Verschlechterung, oder wenn der Käufer die anderweite Unmöglichkeit der Herausgabe der Sache verschuldet hat, steht ihm gemäß § 351 BGB demnach das Rücktrittsrecht gemäß § 20 UG nicht zu, ebenso wie der Käufer gemäß § 353 BGB nicht mehr zurücktreten kann, wenn er die Ware veräußert oder belastet hat (ebenso Ebbecke, a. a. O., S. 60, und Coing, a. a. O., S. 442).

Beim Werkvertrag hat der Rücktritt des Bestellers zur Folge, daß der Hersteller über die Aufwendungen, deren Ersatz er gemäß § 20. Abs. 3 UG verlangt, genau Abrechnung erteilen muß. Er ist für die Entstehung der Aufwendungen beweispflichtig. Wenn auch in großen Betrieben die Betriebs-Buchführung die Feststellung der entstandenen Aufwendungen erleichtert, so ist es doch zweckmäßig, in den Fällen, in denen es sich um große Objekte handelt und eine Austragung von Meinungsverschiedenheiten im Rechtsstreite sich lange hinziehen kann, im Wege der Beweissicherung nach § 485 ZPO die Tatsachen feststellen zu lassen, die für die Berechnung der Aufwendungen erheblich sind.

Wenn man nicht den Weg der Beweissicherung beschreiten will, die nur in Ausnahmefällen in Frage kommen dürfte, wird man die Abrechnungsunterlagen so vollständig und übersichtlich zusammenstellen müssen, daß ein Dritter sie ohne weiteres auf ihre Richtigkeit hin nachprüfen kann. Man muß nach Treu und Glauben mit Rücksicht auf die Verkehrssitte verlangen, daß der Hersteller dem Besteller die Aufwendungen spezifiziert mitteilt (§ 157 BGB), denn es kann dem Besteller nicht zugemutet werden, daß er die Aufwendungen ohne Vorlage einer Spezifikation anerkennt. Insoweit hat der Hersteller eine ähnliche Pflicht zur Rechnungslegung, wie sie beispielsweise der Beauftragte gegenüber dem Auftraggeber hat (§ 666 BGB). Diese Pflicht geht aber nicht so weit, daß der Besteller Anspruch darauf hat, von Einzelheiten des Betriebes, insbesondere von seinen Kalkulationsgrundlagen, Kenntnis zu erhalten. Bei einer Prüfung der Aufwendungen wird der Hersteller Gefahr laufen, Dritten zu offenbaren, mit welchem Gewinn der Betrieb gearbeitet hat. Wenn beispielsweise die Aufwendungen für eine nahezu fertiggestellte Ware ermittelt werden, so wird der Besteller aus einem Vergleich der Aufwendungen mit dem Preise leicht Rückschlüsse über den erzielten Gewinn ziehen können. Dies läßt sich nicht vermeiden. Der Hersteller, der sich scheut, dem Besteller Kenntnis von diesen Einzelheiten zu geben, weil er vielleicht fürchtet, daß der Besteller den Gewinn als zu hoch ansieht und dies bei der Erteilung späterer Aufträge berücksichtigt, wird in der Zwangslage sein, entweder auf Ersatz seiner Aufwendungen zu verzichten oder mit dem Besteller einen Vergleich über die zu erstattenden Aufwendungen zu schließen, ohne daß der Besteller von den Einzelheiten der Selbstkostenrechnung Kenntnis erhält.

Bei der Abrechnung ist, sofern es sich um eine nicht vertretbare Sache handelt und der Hersteller den Stoff beschafft hat, der „gemeine Wert" der Sache im Zeitpunkte des Rücktritts abzusetzen. Nicht vertretbar sind solche Sachen, die nicht nach Zahl, Maß oder Gewicht bestimmt zu werden pflegen (§ 91 BGB). Daher ist bei Aufträgen auf Herstellung von Spezialmaschinen, auf Spezialmöbel, Anzüge u. dgl., soweit das Material von dem Hersteller geliefert wird, der gemeine Wert abzusetzen. Die

Bestimmung des gemeinen Wertes erfolgt durch Schätzung, im Streitfalle durch Gutachten eines Sachverständigen. Ergibt sich, daß der gemeine Wert höher ist als der gemäß § 16 UG im Verhältnis 10 : 1 umgestellte Betrag der Aufwendungen, so steht dem Hersteller kein Anspruch auf Ersatz von Aufwendungen zu. Dagegen kann er in jedem Falle, also auch wenn der gemeine Wert geringer ist als der umgestellte Aufwendungsbetrag und der Besteller eine Zahlung in D-Mark leistet, den Gegenstand des Vertrages behalten. Die Tatsache, daß der Rücktritt gemäß § 20 UG den Vertrag ex tunc, also nicht wie bei der Kündigung gemäß § 649 BGB ex nunc beendet, hat auf den Verbleib der hergestellten Sache keinen Einfluß. Ist die Sache zur Zeit der Erklärung des Rücktrittes an den Hersteller bereits abgeliefert worden, so kann der Hersteller Rückgabe der Sache und Erstattung der Aufwendungen verlangen. Der Besteller hatte also in diesem Falle vor Abgabe der Rücktrittserklärung zu überlegen, ob er eine solche Folge aus dem Rücktritt der Erfüllung des Vertrages durch Zahlung des Werklohnes, und zwar bei Bewirken der Leistung des Herstellers nach dem 20. Juni 1948 in voller D-Mark, vorzieht oder nicht.

Schadensersatzansprüche

Das Umstellungsgesetz sieht keine Sonderregelung für Schadensersatzansprüche vor. Infolgedessen ist verschiedentlich die Auffassung vertreten worden, Schadensersatzansprüche seien wie allgemeine Schuldverhältnisse umzustellen, also gemäß § 16 UG im Verhältnis 10 : 1 (Bergmann, NJW, 47/48, S. 406). Diese Auffassung wird jedoch der besonderen Art des Schadensersatzanspruches nicht gerecht; sie berücksichtigt nicht, daß der Schadensersatzanspruch sehr verschiedenartig sein kann, je nachdem, aus welchem Rechtsgrunde er entsteht. So ist zu beachten, daß ein Schadensersatzanspruch nur sekundär auf Geld gehen kann, weil er primär auf Wiederherstellung des früheren Zustandes geht (§ 249 BGB), während ein Schadensersatzanspruch für einen immateriellen Schaden, z. B. Schmerzensgeld, nur auf Geld gerichtet ist (§ 253 BGB). Mit Rücksicht hierauf kann auch der Ansicht von Hubernagel (NJW, 47/48, S. 410) und von v. Caemmerer (SJZ, 48, S. 504), wonach Schadensersatzansprüche als Wertansprüche grundsätzlich im Verhältnis 1 : 1 umzustellen seien, nicht beigepflichtet werden. Ebenso erscheint aber auch die Auffassung unzutreffend, daß Schadensersatzansprüche keine „auf Zahlung einer Geldsumme gerichtete Forderung" seien und deswegen nicht unter § 13 UG fallen und auch im § 18, Ziff. 3 mit Recht nicht erwähnt seien (Boesebeck in NJW, 47/48, S. 510), ebenso wie auch das Aufwertungsgesetz seinerzeit die Aufwertung von Schadensersatzansprüchen nicht geregelt habe.

Es ist zu beachten, daß Schadensersatzansprüche trotz ihres Charakters als Anspruch auf Naturalrestitution im Falle des § 249, Abs. 1 BGB dann Reichsmarkforderungen im Sinne des Umstellungsgesetzes darstellen, wenn sie gemäß § 249, Abs. 2 BGB an dem Währungsstichtag bereits in einen Geldanspruch übergegangen sind. In diesem Falle greift also die Umstellung auf Grund des Umstellungsgesetzes Platz.

Angesichts der Vielgestaltigkeit des dem Schadensersatzanspruch zugrunde liegenden Sachverhaltes wird man auch ihre Umstellung auf Grund des Umstellungsgesetzes je nach dem Sachverhalt verschieden vornehmen müssen (vgl. Wedesweiler, „Schadensersatzansprüche und Währungsumstellung" in NJW, 1949, S. 44, und Krause, mit gleichem Titel, in BB, 1948, S. 424). Hierbei hat man davon auszugehen, daß Zweck des Schadensersatzanspruches der ist, einen vor der Währungsreform entstandenen Schaden zu beseitigen.

Entsprechend der Aufteilung, die Krause vornimmt, ist bei den sekundären Geldansprüchen zu unterscheiden zwischen solchen, bei denen der Gläubiger seinerseits eine Aufwendung gemacht hat und deren Erstattung fordert, und solchen, bei denen der Sachschaden noch nicht behoben ist, sondern erst nach der Währungsreform behoben werden soll. Ist beispielsweise bei einem Autoschaden das beschädigte Auto bereits vor dem Stichtag repariert und die Rechnung von dem Gläubiger vorher bezahlt worden, so kann dieser nur eine Umstellung seiner Reichsmarkforderung im Verhältnis 10 : 1 fordern. Ist dagegen die Reparatur an dem Währungsstichtag noch nicht durchgeführt, so hat der Gläubiger Anspruch auf Umstellung im Verhältnis 1 : 1. Im Falle einer Preissteigerung kann der Geschädigte sogar einen höheren Betrag fordern, denn der Schuldner hat den Betrag zu zahlen, der zur Beseitigung des Schadens im Zeitpunkte seiner Beseitigung erforderlich ist. Dementsprechend hat auch bei einem sogenannten primären Schaden der Geschädigte nur Anspruch auf Umstellung 10 : 1, wenn ihm an dem Stichtag ein Geldanspruch zustand.

Man kann hiernach mit Krause folgende drei Gruppen von Schadensersatzansprüchen unterscheiden:

1. Ansprüche auf Naturalherstellung am Stichtag, die der Umstellung nicht unterliegen, da sie keine Reichsmarkforderungen im Sinne des § 13 UG sind. Allerdings ist zu beachten, daß § 13, Abs. 3 UG auch solche Forderungen als Reichsmarkforderungen bezeichnet, die „nach den vor dem Inkrafttreten des Währungsgesetzes in Geltung gewesenen Vorschriften in Reichsmark zu erfüllen gewesen wären". In solchen Fällen kann der Gläubiger, der von der Naturalrestitution auf den Geldanspruch übergeht, den vollen gemäß § 249 BGB erforderlichen Betrag in D-Mark fordern, also eventuell einen höheren Betrag als den sich bei Umstellung 1 : 1 ergebenden.

2. Ansprüche auf Zahlung von Renten als Schadensersatz, die gemäß § 18, Ziff. 1 UG im Verhältnis 1 : 1 umgestellt werden, ferner am Stichtag vorhandene Aufwendungsschäden, wie z. B. der Anspruch auf Zahlung des für die Reparatur eines Autos erforderlichen Betrages, der am Stichtage auf Grund des Kostenanschlages in Reichsmark bekannt war. Dieser Anspruch auf Reichsmark wird zunächst 10 : 1 umgestellt, jedoch kann auch hier eine Erhöhung auf den erforderlichen D-Mark-Betrag beansprucht werden, also bei Preissteigerung sogar auf einen höheren Betrag als den sich bei Umstellung 1 : 1 ergebenden.

3. Zu der dritten Gruppe gehören solche Schadensersatzansprüche, die schon vor dem Stichtag in Geldansprüche umgewandelt worden sind, also sogenannte sekundäre Geldansprüche, bei denen der Gläubiger zunächst einen Naturalanspruch hatte, diesen jedoch dadurch, daß er den Schaden selbst beseitigen ließ und Erstattung der Aufwendung verlangte, in einen Geldanspruch vor dem Stichtag umwandelte. Dieser Geldanspruch war eine am 21. Juni 1948 vorhandene Reichsmarkforderung, die gemäß § 16 UG im Verhältnis 10 : 1 umzustellen ist. Ferner gehören in diese Gruppe die vor dem Stichtag entstandenen primären

Geldansprüche, wie z. B. an diesem Tage bestehende Ansprüche auf Schmerzensgeld (§ 251, Abs. 1 BGB) und Ansprüche auf Ersatz des gemeinen Wertes (§ 430 HGB), sowie Ansprüche auf Rückstände von Renten, die für Schadensersatz gezahlt werden.

Hinsichtlich des Schmerzensgeldes vertritt Wedesweiler a. a. O. die Auffassung, daß die Umstellung dieses Anspruches verschieden erfolgt, je nachdem, ob das Schmerzensgeld für die Zeit vor oder nach dem 21. Juni 1948 gezahlt wird. Wenn beispielsweise das Schmerzensgeld für einen in seinen Folgen an diesem Tage bereits abgeklungenen Unfall beansprucht wird, so erfolgt eine Umstellung 10 : 1, weil dann am Stichtage ein Herstellungsanspruch nicht vorlag, sondern nur eine primäre Reichsmarkforderung. War dagegen der Unfall in seinen Folgen am 21. Juni 1948 noch nicht abgeklungen, so ist insoweit der Anspruch als künftiger Schadensausgleich 1 : 1 in D-Mark festzusetzen. Es ist davon auszugehen, daß dem Geschädigten gemäß § 251, Abs. 1 BGB in Verbindung mit § 847 und § 1300 BGB eine billige Entschädigung in Geld zusteht. Die Billigkeit fordert aber, daß er nach der Währungsreform, soweit er noch unter den Folgen des Schadens leidet, eine angemessene, also eine entsprechende Zahlung in D-Mark nach einer Umstellung 1 : 1 erhält.

Die OLG Hamm und Düsseldorf haben bereits hinsichtlich des Schadensersatzes bei Schmerzensgeld dahin entschieden, daß das Schmerzensgeld in Höhe des geltend gemachten Reichsmarkbetrages in D-Mark zu zahlen sei (MDR, 48, S. 281 und NJW, 47/48, S. o57), indem sie auf die besondere Natur des Schmerzensgeldanspruches als einer Unterart des Schadensersatzanspruches hinweisen, der eine andere Behandlung bei der Umstellung als ein allgemeiner Reichsmarkanspruch erfordert.

Wenn hiernach zwar eine Umstellung 10 : 1 erfolgt, aber der D-Mark-Anspruch alsdann auf Grund des § 249 BGB erhöht wird, so steht dies mit dem Zweck des Umstellungsgesetzes in Einklang. Krause und Duden (DRZ, 48/269) weisen darauf hin, daß der Schuldner, der durch die Schuldenabwertung Gewinn erzielt, wegen solcher Gewinne zum Lastenausgleich herangezogen werden soll. Eine solche Heranziehung sei aber nicht gerechtfertigt, wenn eine Verpflichtung zum Schadensersatz vorliegt, weil es sich hier um ein unfreiwilliges Schuldverhältnis handele und es richtiger sei, den Anspruch ohne Entstehung eines „Schuldnergewinnes" dem Schadensersatzgläubiger als „Gläubiger wider Willen" zukommen zu lassen, anstatt ihm nur einen verkürzten Anspruch anzuerkennen und als Ausgleich den Schuldner mit einer Ausgleichslast wegen des durch die Währungsreform erzielten Schuldnergewinnes zu belasten.

Scheckgutschrift: „Eingang vorbehalten"

Die Frage, ob die Westbank-Filiale, die von ihrem Bankkunden einen Scheck zum Inkasso erhalten hat, eine vorbehaltslose Gutschrift zu erteilen hat, auch wenn sie für den Scheck infolge des Zusammenbruches keine Deckung erhalten konnte, hängt mit dem Fragenkomplex der „steckengebliebenen" Banküberweisung zusammen. Das OLG Frankfurt/Main hat durch Urteil vom 18. 12. 47 dahin entschieden, daß eine solche Gutschrift nicht zu erteilen ist, daß also das „steckengebliebene" Bankinkasso und die „steckengebliebene" Banküberweisung gleich zu behandeln sind (NJW, 1949, S. 109). Die Klausel „Eingang vorbehalten" besagt, daß die Bank, die den Scheckbetrag dem Kunden schon vor dessen Eingang gutschreibt, dies nur unter dem ausdrücklichen Vorbehalt des tatsächlichen Einganges des Gegenwertes tut (Ziffer 41 der Allgemeinen Geschäftsbedingungen der Banken). Der Kunde erwirbt also mit der Uebergabe des Schecks zunächst eine bedingte Forderung gegen die Bank, die erst mit dem tatsächlichen Eingang der Valuta zu einer unbedingten wird. Die Gutschrift unter Vorbehalt des Einganges stellt also wirtschaftlich die Gewährung eines Kredites im Hinblick auf die erwartete Deckung dar. Gemäß Ziff. 42, Abs. 2 der Allgemeinen Geschäftsbedingungen der Banken kann die Bank zurückbelasten, wenn sich herausstellt, daß der Scheck nicht eingelöst wird oder die Verfügung der Bank über den Gegenwert durch Gesetz oder behördliche Maßnahmen beschränkt ist. Entsprechend dem Charakter des Scheckinkassovertrages als eines Geschäftsbesorgungsvertrages gemäß § 675 BGB soll die Bank also nur dann zur Zahlung verpflichtet sein, wenn sie selbst volle Deckung erhalten hat.

In normalen Zeiten ist die Deckung schon dann als vorhanden anzusehen, wenn sie bei der Hauptverwaltung der Bank eingegangen ist, ohne daß es darauf ankommt, daß auch die Filiale die Deckung erhalten hat. Dies folgt aus dem in normalen Zeiten geltenden Grundsatz von der einheitlichen Rechtspersönlichkeit von Unternehmungen. Wenn jedoch diese Einheit durch die Verhältnisse nach dem Zusammenbruch sowohl tatsächlich wie auch rechtlich — vor allem durch die unterschiedliche Behandlung der Bankkonten in der Ostzone und in den Westzonen — zerrissen wird, dann muß sich dies dahin auswirken, daß die Filiale im Westen, die sich zum Inkasso des Schecks der Hauptverwaltung der Bank im Osten bedient, so gestellt wird, als wenn sie den Auftrag zum Inkasso einem fremden Bankinstitut im Osten gegeben hätte. Hierzu hat das Reichsgericht in Band 108, S. 210 ausgeführt: „Die bei der Niederlassung eingegangene Deckung muß der Bank zugänglich sein, um sich ihrerseits decken zu können". Solange also die Filiale im Westen eine Gutschrift nicht erhalten hat, ist sie zu einer vorbehaltslosen Gutschrift nicht verpflichtet.

Man kann eine in Berlin erfolgte Gutschrift, von der die Westbank keine Kenntnis erhalten hat, grundsätzlich auch nicht als ausreichende Deckung ansehen. In den Fällen, in denen die Westbank von der Einlösung des Schecks Kenntnis erlangt hat und von der Möglichkeit der eigenen Verfügung über den Gegenwert nicht Gebrauch macht, wird man eine Deckung als erfolgt ansehen müssen. Es ist der Vertrag zwischen der Bank und dem Kunden, der den Scheck zum Inkasso übergibt, dahin auszulegen (nach § 157 BGB), daß die Bank als Beauftragte des Kunden kein größeres Risiko tragen sollte, als der Kunde es gehabt hätte, wenn er den Scheck in Berlin selbst kassiert hätte. Die Westbank, die einen solchen Scheck zum Inkasso annahm, wollte nur insoweit haften, als sie aus der Geschäftsbesorgung etwas erlangt hatte. Zur Uebernahme eines größeren Risikos als das der Gutschrift unter Vorbehalt des Einganges hätte die Bank besondere Risikoprämien vereinbart, denn die Vergütung, die für Inkasso-Aufträge gezahlt wird, soll nur das sich aus einer normalen Abwicklung des Scheck-Inkassos ergebende Risiko decken. Dies geht aus der Ziffer 42, Abs. 2 der „Allgemeinen Geschäftsordnung für Banken" hervor, gemäß der die Bank bei nicht ordnungsmäßigem Eingang des Gegenwertes für den Scheck den Betrag zurückbelasten darf.

Auch ist zu beachten, daß nach der in Literatur und Rechtsprechung verschiedentlich vertretenen Auffassung die Bank für eigenes Geld nur insoweit haftet, als die Westfiliale von der Ostfiliale eine Deckung erhalten hat, sei es in Form der Verminderung des Debetsaldos der Westbank bei der Ostbank, sei es durch tatsächliche Gutschrift im Westen, die noch vor der Kontensperre erfolgt ist. Wenn die Westbank also für eigene Kundengelder nur beschränkt haftet, so ist daraus zu folgern, daß eine solche Beschränkung in der Haftung erst recht bei Scheckinkasso-Aufträgen erfolgt, bei denen es sich im allgemeinen um fremde Gelder handelt. Die Auffassung von der beschränkten Haftung der Bank ist allerdings in dem Urteil des Obersten Gerichtshofes in Köln vom 23. Juni 1949 abgelehnt worden (NJW, Heft 16).

Schmerzensgeld

Die Währungsreform führt gerade bei der Umstellung von Ansprüchen auf Schmerzensgeld dadurch leicht zu Unbilligkeiten, daß sie grundsätzlich nur die Umstellung 10 : 1 oder 1 : 1 kennt. Dieses starre Prinzip wird vielfach den Bedürfnissen der Praxis auf Zubilligung eines angemessenen Schmerzensgeldes auch für den sich nach der Währungsreform auswirkenden Schaden nicht gerecht. Wenn beispielsweise ein Anspruch auf Schmerzensgeld wegen einer vor der Währungsreform eingetretenen Erblindung besteht, so besteht das Bedürfnis, dem Geschädigten für die Zeit nach der Währungsreform nicht einen im Verhältnis 10 : 1 umgestellten Anspruch auf Schmerzensgeld zuzubilligen. Es ist zu beachten, daß der Erblindete nach der Währungsreform erhebliche Nachteile seelischer und körperlicher Art erleidet, so durch die Verunstaltung und die Unbequemlichkeiten, die eine Erblindung mit sich bringt, durch die Einbuße an Lebensfreude, erzwungenen Verzicht auf Sport, Spiel, Kino, Naturgenuß und sonstige Vergnügungen (vgl. Staudinger, Anm. 2 zu § 847 BGB, Kommentar der Reichsgerichtsräte, Anm. 1, 4 zu § 847 BGB; RG in JW, 1933, S. 831, Palandt, Anm. 3 zu § 847 BGB).

Das OLG für Hessen, Kasseler Zivilsenat, hat in einem Beschluß vom 25. Sept. 1948 (2. U. 36/48) die Auffassung vertreten, daß der Geschädigte bei einer Geltendmachung des Schmerzensgeldes vor der Währungsreform und in Voraussicht dieser, Anspruch auf ein erhöhtes Schmerzensgeld hatte:

> „Das zuzubilligende Schmerzensgeld soll dem Kläger also überwiegend für die Zeit hinterher (Währungsreform) die Möglichkeit zu ausgleichenden Entspannungen geben. Es muß daher schon für den 7. 1. 48 im Hinblick auf die damals erwartete Abwertung der RM so bemessen werden, daß es auch nachher seinen Zweck erfüllen kann. Außerdem wurde schon damals auf allen nicht dem Preisstop unterliegenden Gebieten die RM im Verkehr als stark entwertet behandelt; das beweisen die starken Preissteigerungen auf diesen Gebieten. Schon damals mußte ein Geschädigter, der sich eine entsprechende Entspannung verschaffen wollte, sehr viel höhere Beträge aufwenden als in Zeiten eines geregelten Geldumlaufs. Unter Berücksichtigung dieser Umstände hätte schon im Januar 1948 das Schmerzensgeld bei völliger Erblindung auf das Mehrfache der RM-Beträge festgesetzt werden müssen, die in Zeiten geregelten Geldumlaufs üblich waren" (Deutsche Rechtsprechung, 1948, S. 487/488).

Das Oberlandesgericht hält also im Hinblick auf die Geldentwertung und die weitgehende Abwertung aller Reichsmarkforderungen durch die Währungsreform einen größeren Betrag in Reichsmark als Schmerzensgeld für angemessen. Dadurch wird erreicht, daß der Betrag, der nach der Umstellung 10 : 1 in D-Mark zu zahlen ist, gleichfalls höher ist, als er bei Zubilligung eines normalen Schmerzensgeldes gewesen wäre. Man kann also sagen, daß hier die vor der Währungsreform bei Kaufabschlüssen üblichen Preisüberhöhungen, insbesondere bei Schwarz-Markt-Geschäften, auf das Schmerzensgeld angewendet werden. Der Geschädigte erhält zwar im Ergebnis das, was ihm billigerweise zusteht, nämlich einen D-Mark-Anspruch auf Schmerzensgeld, der höher ist, als er sein würde, wenn ihm nur 10% des normalen Reichsmark-Schmerzensgeldes zugebilligt worden wären. Man wird nicht verkennen, daß das Oberlandesgericht Kassel hier eine Lösung sucht, um die Unbilligkeit, die sich aus einer Umstellung des Schmerzensgeldes im Verhältnis 10 : 1 ergeben würde, zu vermeiden, doch ist der Weg, einen höheren Reichsmarkbetrag zuzubilligen und hierdurch auf einen höheren D-Mark-Betrag zu kommen bedenklich, denn er bedeutet eine Legalisierung des Schwarz-Markt-Preises.

Man wird zu dem gleichen Ergebnis auch ohne die Ueberhöhung des Reichsmark-Schmerzensgeldes kommen können, indem man nämlich von der Rechtsnatur des Schmerzensgeldes als einem Teil des Schadensersatzes ausgeht. Hinsichtlich des Schadens und seiner Höhe hat das Gericht insofern eine besondere Freiheit, als es gemäß § 287 ZPO „alle Umstände" berücksichtigen kann, die in der letzten mündlichen Verhandlung der Tatsacheninstanz vorliegen. Die bevorstehende Währungsreform sollte aber nicht zu einer Ueberhöhung des Reichsmark-Schmerzensgeldes führen, sondern es sollte durch eine Umstellung 1 : 1 in den Fällen, in denen die Folgen des Schadens nach dem Währungsstichtage vorhanden sind, den neuen Währungsverhältnissen Rechnung getragen werden Wenn vor der Währungsreform ein überhöhter Reichsmarkbetrag zugesprochen wird und dieser gemäß § 18, Abs. 1, Nr. 1 UG im Verhältnis 1 : 1 umgestellt wird, so würde der Geschädigte ein überhöhtes D-Mark-Schmerzensgeld erhalten, was eine Unbilligkeit gegenüber allen Verpflichteten bedeuten würde. Bei einer Anwendung der vom Oberlandesgericht Kassel vertretenen Auffassung würde man infolge einer Verschiebung des Preisgefüges hinsichtlich des Schmerzensgeldes vor der Währungsreform den Boden unter den Füßen verlieren, denn die Umstellung kann nur dann D-Mark-Zahlungen in einheitlicher und gerechter Höhe zur Folge haben, wenn sie von einheitlichen und richtigen Reichsmarkbeträgen ausgeht.

Man muß daher zu dem Ergebnis kommen, daß der Reichsmarkbetrag für Schmerzensgeld nicht überhöht festgesetzt werden darf und daß seine Umstellung im Verhältnis 1 : 1 insoweit erfolgt, als das Schmerzensgeld für Folgen des Schadens nach dem Währungsstichtag gezahlt wird. Soweit dies nicht geschieht, sondern das Schmerzensgeld für Schadensfolgen vor dem Währungsstichtag gezahlt wird, erfolgt die Umstellung im Verhältnis 10 : 1. Bei einem Anspruch der für die Zeit vor und die Zeit nach dem Währungsstichtag einen einheitlichen Betrag vorsieht, ist dieser pro rata temporis teils mit 10 : 1, teils mit 1 : 1 umzustellen

Schuldnerschutz

In der durch die Währungsreform neu geschaffenen Wirtschaftslage wird die Frage des Schutzes der Schuldner, die unverschuldet in eine wirtschaftliche Notlage geraten sind, besonders akut. Die Konkursordnung sieht ein Verfahren vor, das nicht nur schwerfällig ist, sondern für den Schuldner, der unschuldig in eine Notlage geraten ist, unangenehme Folgen hat, indem es sein Ansehen schädigt und ihm die Möglichkeit eines Wiederaufbaues über Gebühr erschwert. Auch das Vergleichsverfahren hat manchen Nachteil, insbesondere hinsichtlich der Festsetzung der Mindestquote von 30% und hinsichtlich der Vorschriften über die zur Annahme des Vergleichsvorschlages erforderlichen Mehrheiten.

In Zeiten von allgemeinen Wirtschaftskrisen wird man daher mit den normalen Verfahren zur Ueberwindung der sich für die einzelnen Unternehmungen daraus ergebenden wirtschaftlichen Schwierigkeiten nicht auskommen. In solchen Zeiten werden die Gerichte — wie in der Inflation und in der Wirtschaftskrise 1931 — gestaltend einwirken müssen, um die Härten nach Möglichkeit abzumildern. So wie in den früheren Wirtschaftskrisen die Gerichte Regelungen über die Hypothekenfälligkeit, Zinsherabsetzung, landwirtschaftliche Schulden, Bereinigung alter Schulden und dergleichen getroffen haben, so werden sie auch jetzt im Rahmen der Vertragshilfe die auf D-Mark umgestellten Schuldverhältnisse regeln müssen, um den Schuldner im Rahmen des Möglichen vor allzu großen Härten zu bewahren. Um die gestaltende Tätigkeit der Gerichte in dieser Hinsicht voll zur Geltung kommen zu lassen, müßte allerdings die Vertragshilfe wesentlich erweitert werden, damit sie an Stelle des Konkurs- und Vergleichsverfahrens in gelockerter und auf die wirtschaftlichen Verhältnisse des Einzelfalles abgestellten Weise einen gerechten Ausgleich zwischen den Interessen des Schuldners und des Gläubigers schaffen kann. Die neue Notlage rechtfertigt ein solches einfaches und elastisches Verfahren, bei dem die Kompetenzen zwischen Prozeß und Vertragshilfe klar abgegrenzt sind.

Steuer-Ueberzahlungen

Sowohl in der Kriegszeit wie auch in den darauffolgenden Jahren bis zur Währungsreform sind vielfach Reichsmark-Zahlungen an die Finanzämter geleistet worden, die über die Steuerschuld hinausgingen. Hierdurch entstand für den Steuerpflichtigen ein Anspruch gegenüber dem Steuerfiskus auf Rückzahlung oder Anrechnung auf künftige Steueransprüche. Durch die Währungsreform sind hierbei besondere Verhältnisse eingetreten, die durch die „Verordnung über die Behandlung von steuerrechtlichen Verbindlichkeiten nach dem Umstellungsgesetz" vom 9. Juli 1948 und durch die „Verordnung über die Anrechnung und Erstattung von Reichsmark-Steuerzahlungen" vom 8. März 1949 geregelt worden sind (WiGesBl. v. 5. April 1949, Nr. 9, S. 27).

Die erstgenannte Verordnung bestimmt, daß Steuerschulden, die bis zum 20. Juni 1948 entstanden sind, grundsätzlich in Reichsmark festgesetzt werden. Die Umrechnung von Steuerschulden aus der Zeit vor dem 21. Juni 1948 erfolgt im Verhältnis 10 : 1. In der Verordnung ist jedoch ein Vorbehalt dahingehend gemacht, daß ein weiterer Betrag nachgefordert werden kann, wenn die Militärregierung entsprechend § 16, Abs. 2 UG einen weiteren Anspruch auf Umstellung bis zum Höchstbetrage von einer weiteren Deutschen Mark für je 10 Reichsmark den Inhabern von Altgeldguthaben zubilligen sollte. Weiterhin ist in der Verordnung bestimmt (§ 3), daß die Reichsmark-Steuerüberzahlungen bis zum Erlaß besonderer Vorschriften weder aufgerechnet, noch angerechnet noch erstattet werden können. Diese besonderen Vorschriften sind alsdann in der Verordnung über die Anrechnung und Erstattung von Reichsmark-Steuerzahlungen vom 8. März 1949 erlassen worden.

Die Verordnung über die Anrechnung und Erstattung von Reichsmark-Steuerzahlungen bestimmt, daß Reichsmarkzahlungen, die als Steuerzahlungen an die Finanzämter geleistet und auf Reichsmarksteuerschulden noch nicht angerechnet worden sind oder nicht angerechnet werden können, auf D-Mark-Steuerschulden im Verhältnis 10 : 1 angerechnet werden oder, falls eine Erstattung nach den geltenden Bestimmungen in Betracht kommt, erstattet werden. Ferner ist bestimmt, daß eine solche Anrechnung oder Erstattung auch für Reichsmark-Zahlungen auf Steuerschulden gilt, die am 20. Juni 1948 noch nicht entstanden oder noch nicht fällig waren, jedoch nur dann, wenn die Reichsmark-Zahlungen vor dem 21. April 1948 geleistet worden sind. Diese Einschränkung läßt eine Zahlung, die auf erwartete Steuerschulden nach dem 20. April 1948 geleistet worden ist, unberücksichtigt. Auf diese Weise soll verhindert werden, daß Steuerpflichtige, die zwischen dem 20. April und 21. Juni 1948 im voraus auf noch nicht entstandene Steuerschulden Reichsmarkbeträge an Finanzämter gezahlt haben, einen Vorteil durch die Anrechnung oder Erstattung in D-Mark erlangen.

Ferner bestimmt die Verordnung über die Anrechnung und Erstattung von Reichsmark-Steuerzahlungen, daß Reichsmarkzahlungen auf Steuerschulden, die am 20. Juni 1948 noch nicht entstanden oder noch nicht fällig waren und nach dem 20. April 1948 geleistet worden sind, auf D-Mark-Steuerschulden nur im Umstellungsverhältnis 10 : 0,65 angerechnet oder, soweit nach den bestehenden Bestimmungen eine Erstattung in Betracht kommt, im Umstellungsverhältnis 10 : 0,65 erstattet werden.

Diese Verordnung macht keinen ausdrücklichen Unterschied zwischen Reichsmarkzahlungen vor dem Kriegsende und danach. Die Verordnung macht einen Unterschied in dem Umrechnungsverhältnis zwischen Steuerüberzahlungen vor und nach dem 20. April 1948. Dieser Unterschied ist deswegen gerechtfertigt, weil die späteren Ueberzahlungen an dem durch die Währungsreform entstandenen Risiko in stärkerem Maße teilnehmen müssen als die früheren Ueberzahlungen. Es wäre unbillig, wenn ein Steuerpflichtiger hinsichtlich der in den letzten Monaten vor der Währungsreform durch Steuerüberzahlung entstandenen Ansprüche gegenüber dem Steuerfiskus besser gestellt wäre, als er bei Belassen der Beträge auf seinem Bankkonto gestanden hätte.

Steuervergehen

Die Umstellung der Währung dient neben den eigentlichen währungspolitischen Zwecken gleichzeitig der Bereinigung der in den letzten Jahren besonders viel vorgekommenen Steuervergehen. Daher bestimmt § 7, Abs. 1 UG, daß das Finanzamt auf Grund der Vordrucke A und B zu prüfen hat, ob der Steuerpflichtige seine Steuerpflicht erfüllt hat. In § 7, Abs. 2 UG ist für bestimmte Vergehen eine besondere Regelung getroffen, nämlich für solche, bei denen es sich um Steuerhinterziehungen zum eigenen Vorteil des Täters handelt und der hinterzogene Betrag 2000 RM übersteigt. Die zu verhängende Geldstrafe ist so zu bemessen, daß die Steuerschuld, auf die sich die Hinterziehung bezieht, und die Strafe zusammen den Betrag erreichen, den der Beschuldigte durch gesetzeswidrige Geschäfte erworben hat. Hierdurch sollen insbesondere die Schwarzhändler getroffen werden sowie diejenigen, die gegen die Bewirtschaftungs-Bestimmungen oder gegen die Preisvorschriften verstoßen haben. Dies bedeutet, daß die Finanzämter Aufgaben zu erfüllen haben, deren Erfüllung eigentlich den Justizbehörden oder den Preisbehörden obliegt. Da sie hierzu im allgemeinen nicht in der Lage sind, werden die Ermittelungen in solchen Sachen meist von den Justizbehörden, Wirtschaftsämtern und Preisbehörden durchgeführt und auch von den Gerichten abgeurteilt.

Das Umstellungsgesetz regelt in § 7, Abs. 3 auch die Beitreibung der Steuerschuld und der Geldstrafe abweichend von der sonst üblichen Art der Beitreibung. Es werden nämlich in erster Reihe die Ansprüche des Täters auf Umwandlung seines Altgeldguthabens in Neugeldguthaben für verfallen erklärt. Falls dies nicht ausreicht, wird der Restbetrag im Verhältnis 10 : 1 umgestellt. Ferner ist das Festkonto für verfallen zu erklären. Nur insoweit, als die Ansprüche auf Zahlung der Steuerschuld und Geldstrafe nicht gedeckt sind, wird in das übrige Vermögen des Täters vollstreckt.

Das Beitreibungsverfahren weicht auch im finanziellen Ergebnis von dem sonst üblichen Beitreibungsverfahren nach den §§ 325 ff. der Abgabenordnung ab. Die für verfallen erklärten Beträge fließen nämlich nicht dem Steuerfiskus zu, sondern gehen unter. Es handelt sich also um eine besondere Art der Geldabschöpfung, die über die durch die Umstellung der Altgeldguthaben erfolgte Abschöpfung hinausgeht. Ferner ist in § 7, Abs. 4 UG bestimmt, daß die in Deutscher Mark beigetriebenen Beträge für Rechnung des Landes an die Landeszentralbanken abzuführen und zur Tilgung von Ausgleichsforderungen zu verwenden sind. Das Umstellungsgesetz sieht auch insoweit die Verwendung der anläßlich der Währungsreform ermittelten Steuerschulden und Geldstrafen für währungspolitische Zwecke vor.

Die Fälle, die unter diese Sonderregelung nicht fallen, also insbesondere die Hinterziehung, die zum Vorteil eines anderen begangen wurde, und die Hinterziehung von weniger als 2000 RM werden nach den Vorschriften der Abgabenordnung behandelt, und zwar sowohl hinsichtlich des Beitreibungsverfahrens wie auch hinsichtlich der Verwendung der Steuerstrafen. Diese fließen also dem Fiskus zu (§ 460 RAO). Vielfach sind vor der Währungsreform Beträge auf verschiedene Konten anderer Personen verteilt worden, um die nicht versteuerten Beträge nicht auf einem Konto erscheinen zu lassen. Diese verschiedenen Konten sind bei der Ermittelung zu einem Konto zusammenzufassen. Ergibt sich hierbei, daß der in § 7, Abs. 2 UG genannte Betrag von 2000 RM erreicht wird, so gilt für die Beitreibung das Verfahren des § 7, Abs. 3 UG, und für die Verwendung der beigetriebenen Beträge § 7, Abs. 4 UG. Falls sich ergibt, daß außer den angemeldeten Beträgen auch weitere hinterzogen sind, indem z. B. Vermögensteile verschwiegen sind oder Geld verbraucht wurde, so erstreckt sich das Strafverfahren auch auf diese Werte. Es kann dann eine einheitliche Hinterziehung vorliegen. Mit Rücksicht auf die verschiedene Behandlung auf Grund des § 7 UG (soweit die angemeldeten Konten in Betracht kommen) und auf Grund der Abgabenordnung (soweit die übrigen Vermögenswerte in Betracht kommen) wird eine Aufteilung des Verfahrens erfolgen müssen, wie Klein ausführt (E. Klein, „Die Steuervergehen nach dem Umstellungsgesetz" in SJZ, 1948, Nr. 9, Sp. 557).

Steckengebliebene Banküberweisungen

Der Vertrag, der dem bankmäßigen Ueberweisungsverkehr zugrunde liegt, ist ein Dienstvertrag, der eine Geschäftsbesorgung zum Gegenstand hat (§§ 671, 675 BGB). Das Reichsgericht hat zwar verschiedentlich angenommen, es handele sich um einen Vertrag zu Gunsten Dritter (RG, 84, 354; 91, 119; 105, 399; 134, 76; 141, 289), jedoch hat es —

wie auch die übrige Rechtsprechung — in der in Band 102, S. 67 veröffentlichten Entscheidung das Vorliegen eines auf eine Geschäftsbesorgung gerichteten Dienstvertrages bejaht. Der Inhalt des Bankvertrages geht dahin, daß die Bank gegenüber dem einen Ueberweisungsauftrag erteilenden Kunden verpflichtet ist, die Ueberweisung durchzuführen. Dementsprechend besteht auch zwischen der die Ueberweisung erhaltenden Bank und dem Empfänger der Ueberweisung ein Dienstverhältnis dahingehend, daß die Bank zur Gutschrift des für den Empfänger eingehenden Betrages verpflichtet ist. Diese Gutschrift stellt ein abstraktes Schuldversprechen im Sinne des § 780 BGB dar, auf Grund dessen die Bank zur Auszahlung des Guthabens auf Aufforderung des Berechtigten verpflichtet ist, ohne daß die Bank Einwendungen erheben darf, die außerhalb des Dienstverhältnisses zwischen der Bank und dem Empfänger liegen.

Aus dieser Rechtsnatur des Bankvertrages ergibt sich, daß sich die Bank, die sich mit einer Filiale oder dem Hauptsitz in einer der Westzonen befindet und dem Kunden eine Gutschrift für eine aus dem Osten vorgenommene Ueberweisung erteilt hat, grundsätzlich nicht darauf berufen kann, daß sie infolge der Bankensperre im Osten oder infolge der Störungen im Postverkehr im Frühjahr 1945 keine Deckung erhalten habe bzw. daß die Deckung verlorengegangen sei. Auch kommt es nicht darauf an, ob die erfolgte Gutschrift dem Kunden mitgeteilt worden ist oder nicht (RG 114, 143; 141, 289). Es ist gerade der Sinn des bargeldlosen Ueberweisungsverkehrs und damit der Inhalt des hierauf gerichteten Dienstvertrages, daß durch die Banküberweisung das Versenden des Bargeldes ersetzt werden soll. Es muß allgemein im Geschäftsleben das Einverständnis mit dieser Art der Zahlung angenommen werden, da es sich um eine Handelsgepflogenheit handelt, die nur dann nicht gilt, wenn sie besonders ausgeschlossen wird. Daher erfüllt ein Kaufmann, also auch ein Geldinstitut, seine Zahlungspflicht dadurch, daß dem Forderungsberechtigten eine Gutschrift auf seinem Konto bei seinem Geldinstitut verschafft wird. Diese Gutschrift tritt an die Stelle der Barzahlung. Sie gilt also als Leistung an Erfüllungs Statt im Sinne des § 364, Abs. 2 BGB. Durch die Gutschrift erhält der Empfänger — wirtschaftlich gesehen — Geld, wenn auch rechtlich nur als eine Forderung gegen sein Geldinstitut (RG 105, 401). Es handelt sich um Buchgeld, das in Anbetracht der Stellung der Banken im Wirtschaftsleben und des ihnen entgegengebrachten Vertrauens den gleichen Wert wie Bargeld hat.

Nach dem Kriege wurde diese Gleichstellung des Buchgeldes mit dem Bargeld allerdings in Zweifel gezogen, indem darauf hingewiesen wurde, daß die buchmäßige Gutschrift dann keine wertmäßige Deckung darstelle, wenn eine Westbank auf Grund der Ueberweisung aus dem Osten nur ein dort gesperrtes Guthaben erlangt habe. So vertritt Ulmer die Auffassung, daß die Bank im Westen nur eine „buchmäßige", nicht aber eine „wertmäßige" Deckung erhalten habe, wenn im Osten das Guthaben infolge der allgemeinen Kontensperre nicht realisiert werden könne (Ulmer in SJZ, 1948, Sp. 238). Demgegenüber hat aber das OLG Hamm darauf hingewiesen, daß die Westbank zunächst ein freies Guthaben im Osten erhalten habe und daß eine Sperre erst nach dem Zusammenbruch erfolgt sei. Eine nachfolgende Sperre des Guthabens müsse aber zu Lasten der Westbank, nicht zu Lasten des Empfängers gehen, da die Gefahr der Entwertung der Deckung nach dem Bankvertrage von der Bank zu tragen sei (BB, 1947, S. 22). Ebenso wie sie bei Erlangung der Deckung in Banknoten dem Empfänger sein Guthaben auszahlen müßte, auch wenn die Banknoten ihr abhanden kommen, so müsse sie das Guthaben auch bei Fortfall der Deckung infolge der Kontensperre im Osten auszahlen, da sie das Risiko zu tragen habe. Die Auszahlungspflicht ergibt sich im übrigen aus § 667 BGB, wonach der Beauftragte zur Herausgabe des aus der Geschäftsbesorgung Erlangten verpflichtet ist. und das Risiko eines späteren Unterganges zu tragen hat (vgl. auch OLG Bamberg v. 20. 2. 1947 in HEZ 1, S. 26).

Man kann die Frage der Behandlung steckengebliebener Banküberweisungen auch unter dem Gesichtspunkt der im Osten durch die Kontensperre vorweggenommenen beschränkten Währungsreform und von Treu und Glauben nach § 242 BGB beurteilen (vgl. Ulrich Meyer, „Die Deckung bei der steckengebliebenen Banküberweisung", in „Deutsche Rechts-Zeitschrift", 1949, S. 74 ff., sowie die dort zitierte Literatur und Rechtsprechung). Hierbei gelangt man gleichfalls zu dem Ergebnis, daß das Risiko der Entwertung der Währung derjenige zu tragen hat, der die Währung gerade besitzt. Also auch aus diesem Gesichtspunkt kann man die Haftung der Westbank für die erfolgte Banküberweisung nicht ablehnen. Doch wird man häufig bei Anwendung des Grundsatzes von Treu und Glauben zu dem Ergebnis kommen müssen, daß eine Haftung der Bank dann nicht gegeben ist, wenn kurz vor dem Zusammenbruch Schecks zum Einzuge im Osten gegeben wurden und die Bank wie auch der Kunde sich klar darüber sein mußten, daß der Einzug des Schecks infolge der außergewöhnlichen Zustände nicht mehr möglich oder zum mindesten unwahrscheinlich war. In diesem Falle wollte der Kunde der Bank das Risiko des Einzuges nicht auferlegen, ebenso wie die Bank dieses Risiko nicht übernehmen wollte. Wenn die Realisierung der Deckung in einem solchen Falle nicht mehr gelang, so wird sich die Bank von einer Haftung nach Treu und Glauben befreien können. Allerdings wird sie, da sie sich auf einen Ausnahmetatbestand beruft, den Nachweis zu erbringen haben, daß der Fall so außergewöhnlich lag, daß ihr nach Treu und Glauben eine Haftung nicht zugemutet werden kann. Grundsätzlich wird man an der Haftung infolge der durch die Gutschrift erhaltenen Deckung festhalten müssen, so insbesondere, wenn die Westbank im Kontokorrentverhältnis mit der Ostbank im Debet gestanden hatte und durch die Gutschrift sich ihre Schuld verringert, sie also dadurch einen Wert erhalten hat.

Der Oberste Zonen-Gerichtshof in Köln hat in seinem Urteil vom 28. Januar 1949 (IZ S. 87/48), abgedruckt im BB, 1949, S. 90, die Auffassung vertreten, daß wegen der verschiedenen Behandlung der Konten in der Ostzone und in den Westzonen nach dem Zusammenbruch eine Zäsur zwischen den Verbindlichkeiten der Westfilialen und der Ostfilialen gezogen werden müsse, indem eine Westforderung so lange nicht gegeben ist, als der Ueberweisungsvorgang oder die Scheckeinrichtung nur bis zu einer Gutschrift zugunsten der Westfiliale bei einer Schwesterfiliale oder der Zentrale in der Ostzone gediehen war, sondern erst dann, wenn die Westfiliale eine eigene Deckung erlangt hat. In Uebereinstimmung mit der Entscheidung des Reichsgerichts in Bd. 108, S. 210 und dem Urteil des OLG Frankfurt (SJZ, 1948, Sp. 259) hat der Oberste Zonen-Gerichtshof damit den Grundsatz der Filialdeckung anerkannt und sich auf den Standpunkt der wertmäßigen Deckung, nicht der buchmäßigen gestellt. Dies bedeutet, daß die Westfiliale zu haften hat, wenn sie die Gutschriftanzeige der Ostfiliale oder der Zentrale im Osten so rechtzeitig erhielt, daß sie über das Guthaben noch rechtzeitig vor der Bankensperre verfügen konnte oder wenn sie bei der Ostbank im Debet stand, so daß durch die Gutschrift ihr Debetsaldo verringert wurde. War dagegen die Gutschrift erst im letzten Augenblick vor der Bankensperre erfolgt, so daß das Guthaben von der Westfiliale nicht mehr realisiert werden konnte (mit Ausnahme des Falles des Debetsaldos), dann lag keine „wertmäßige Deckung" vor, und die Westfiliale haftet gemäß § 667 BGB nur auf die Herausgabe des „Erlangten" (vgl. A. Spengler, „Die steckengebliebene Banküberweisung", in „Der Betrieb", 1949, Nr. 9, S. 105).

Dementsprechend ist die Rechtslage auch bei einer nicht durchgeführten Ueberweisung vom Westen nach dem Osten zu beurteilen: Hat die Ostbank die Gutschrift der Westfiliale nicht erhalten, so ist die Ueberweisung wieder rückgängig zu machen, jedoch mit der Einschränkung, daß sie als durchgeführt anzusehen ist, wenn die Ostbank bei der Westfiliale im Debet stand oder wenn sie über das für sie entstandene Guthaben verfügt hat. Der den Ueberweisungsauftrag erteilende Bankkunde im Westen hat also in diesem Falle einen Anspruch auf Stornierung der Lastschrift bei der Westfiliale.

In dem Urteil des Obersten Gerichtshofes ist zutreffend dargelegt, daß nicht, wie Möhring meint (Möhring, NJW, 1948, S. 505), durch die Währungsreform eine „wertmäßige Deckung" für die Banken im Währungsgebiet geschaffen sei, indem sie gemäß § 11 des Umstellungsgesetzes Ausgleichsforderungen gegen die öffentliche Hand erhalten haben. Diese Ausgleichsforderungen können nicht eine Haftung der Westbank begründen, sondern entstehen nur als Folge der Haftung der Westbank, indem sie insoweit entstehen, als die Vermögenswerte der Bank zur Deckung der aus der Währungsumstellung hervorgehenden Verbindlichkeiten nicht ausreichen.

Der Oberste Gerichtshof hat ferner die Auffassung vertreten, daß zur Wirksamkeit der Gutschrift im Giroverkehr die Benachrichtigung des Empfängers nicht erforderlich ist. Wenn eine Gutschrift einmal erteilt ist, so kann sie nicht nachträglich storniert werden, weil die Bank keine „wertmäßige Deckung" erhalten hat, denn, wie Spengler (a. a. O. S. 105) und Ulmer (SJZ, 1948, Sp. 238) in Uebereinstimmung mit dem OLG Hamm (MDR, 1948, S. 23) mit Recht annehmen, hat die Bank durch die Gutschrift ein abstraktes Schuldversprechen abgegeben und das Risiko aus der Bankensperre und sonstigen die Deckung beeinträchtigenden Umständen übernommen. Der Oberste Gerichtshof hat in seinem Urteil vom 23. Juni 1949 den Grundsatz der Filialdeckung abgelehnt und die Haftung der Bank als eines einheitlichen Unternehmens bejaht (NJW, Heft 16). Damit hat er auch die vom Reichsgericht in Bd. 108, S. 210, vertretene Auffassung abgelehnt.

Stiftungen

Das Umstellungsgesetz hat bei den Geldanlagen, die als „mündelsicher" galten, keine andere Art der Umstellung vorgesehen als bei anderen Geldforderungen. Die Umstellung im Verhältnis 1 : 1 bezieht sich im wesentlichen auf wiederkehrende Ansprüche aus Arbeitsverhältnissen und anderen Gemeinschaftsverhältnissen. Die Vermögen, die in „mündelsicheren" Werten angelegt worden sind, sind entweder, wenn es sich um Verbindlichkeiten des Reiches und der anderen in § 14 UG genannten Rechtsträger handelt, von der Umstellung ausgenommen, oder sie sind gemäß § 16 UG im Verhältnis 10 : 1 umgestellt worden.

Dies führt dazu, daß gerade bei Stiftungen das Vermögen in einem solchen Ausmaße zusammengeschrumpft ist, daß die Erträge zur

Deckung der Verwaltungskosten nicht ausreichen und vielfach auch das Kapital für die laufenden Verwaltungsausgaben herangezogen werden muß. Wie Gutzschebauch ausführt (G. Gutzschebauch, „Umwandlung und Aufhebung von Stiftungen infolge der Geldumstellung", in „Der Betriebs-Berater", 1949, S. 119), kann in einem solchen Falle die Zweckerfüllung der Stiftung infolge der Auswirkungen der Währungsumstellung unmöglich geworden sein, so daß die Umwandlung oder Aufhebung durchgeführt werden kann (§§ 87, 89 BGB und §§ 66 der Deutschen Gemeindeordnung), wenn nicht im Wege der Vertragshilfe (§ 21 UG) diese weitgehende Folge abgewendet werden kann. Bei der Umwandlung ist der ursprüngliche Stiftungszweck zu berücksichtigen. Die Aufhebung gilt für den Erwerber des Vermögens als Schenkung im Sinne des § 3, Ziffer 9 des Erbschaftssteuergesetzes. Wenn eine Stiftung unter Aufhebung ihrer Rechtspersönlichkeit mit einer anderen Stiftung zusammengelegt wird, so begründet dies eine Steuerpflicht nach der höchsten Steuerklasse, nämlich Klasse V. Lediglich für Familienstiftungen gilt die Sonderregelung des § 9, Abs. 2 ErbschStGes.

Sukzessivlieferungsverträge

Ein besonderes Anwendungsgebiet für die Bestimmung des § 18, Abs. 1, Ziff. 2 UG ist der Sukzessivlieferungsvertrag, also ein Kaufvertrag oder auch ein Werk- oder Werklieferungsvertrag, bei dem der Lieferant über einen längeren Zeitraum verteilte Lieferungen durchzuführen hat. Der Vertrag als solcher ist an sich ein einheitlicher Vertrag, der erst dann erfüllt ist, wenn die letzte der vereinbarten Teillieferungen geleistet worden ist. Für diese Verträge hat die erwähnte Bestimmung dadurch eine besondere Bedeutung, daß sie klarstellt, daß die Umstellung 1 : 1 nur „soweit" vorzunehmen ist, als die einzelnen Teillieferungen vor dem 21. Juni 1948 noch nicht erfolgt sind. Für die vorher erfolgten Teillieferungen gilt die Umstellung gemäß § 16 UG im Verhältnis 10 : 1. Hat also beispielsweise eine Maschinenfabrik einen Vertrag auf laufende Lieferung von Einzelheiten mit einer Zuliefer-Firma geschlossen, so ist auch dann, wenn der Kaufpreis erst nach Durchführung der letzten Teillieferung zu zahlen ist, eine verschiedene Umstellung vorzunehmen: der Kaufpreisteil für die bis zum 20. 6. 1948 durchgeführten Teillieferungen ist 10 : 1 und für die danach durchgeführten Teillieferungen 1 : 1 umzustellen.

Wenn also auch die Leistung insgesamt noch nicht bewirkt war, so liegt die Voraussetzung des § 18, Abs. 1, Ziff. 2 UG für den zweiten Tatbestand bei einem Sukzessivlieferungsvertrag vor, nämlich die, daß eine teilweise Erfüllung erfolgt ist. Eine ausdehnende Anwendung auf Verträge, die nicht eine von vornherein wirtschaftlich zerlegbare Leistung zum Gegenstand haben, ist jedoch nicht zulässig, denn bei einem Werk- oder Werklieferungsvertrag, bei dem sich die Leistung nicht ohne Wertminderung in gleichartige Teile zerlegen läßt, kann nur einheitlich erfüllt werden, nicht aber teilweise, so daß hier von einem Erfüllen „insoweit" nicht gesprochen werden kann. Ging also ein Vertrag auf Herstellung mehrerer Häuser zu verschiedenen Zeitpunkten, so war er bei Herstellung der Hälfte der Häuser am 21. Juni 1948 „insoweit" erfüllt. Ging er aber auf einen einheitlichen Miethaus-Wohnblock, so war er noch nicht zur Hälfte erfüllt, wenn der Wohnblock am 21. 6. zur Hälfte fertig war. Im ersteren Falle ist die Vergütung in Höhe von 50% im Verhältnis 10 : 1 umzustellen, während sie im letzteren Falle in voller Höhe in D-Mark zu zahlen ist.

Bei Sukzessivlieferungsverträgen ist im allgemeinen die Vergütung für die einzelnen Lieferungen jeweils nach erfolgter Lieferung zu zahlen. Hierbei entsteht die Frage, ob solche Verträge unter die Bestimmung des § 18, Abs. 1, Ziff. 1 oder Ziff. 2 UG fallen; denn in Ziffer 1 wird die Umstellung im Verhältnis 1 : 1 für „andere regelmäßig wiederkehrende Leistungen" schlechthin bestimmt. Solche Leistungen können beispielsweise bei einem Kaufvertrag, der die Gewährung einer Leibrente als Entgelt vorsieht, die einzelnen Rentenleistungen sein; denn sie sind nicht Kaufpreisraten, sondern Ausfluß des Rentenstammrechts (RG 106, 96). Diese Rentenzahlungen unterliegen daher der Bestimmung der Ziffer 1, nicht der Ziffer 2. Dies hat insofern praktische Bedeutung, als das Rücktrittsrecht des § 20, Abs. 1 UG sich nur auf Geldschulden, die unter § 18, Abs. 1, Ziff. 2 UG fallen, bezieht, also nicht auf Kaufverträge, die eine Leibrente als Entgelt vorsehen.

Anders liegt es jedoch, wenn ein Sukzessivlieferungsvertrag vorliegt, bei dem laufend für die einzelnen Lieferungen eine Vergütung zu zahlen ist. Wie Jacobsohn darlegt („Wiederkehrende Leistungen aus Kauf- und Werkverträgen" in „Betriebs-Berater", 1948, S. 398), spielt diese Frage bei Elektrizitätslieferungsverträgen mit Industrieabnehmern insofern eine große Rolle, als die Abnehmer die im Verhältnis 1 : 1 umgestellte Grundgebühr zahlen müssen, wenn ein Rücktritt, den sie gemäß § 20, Abs. 1 UG erklärt haben, unzulässig wäre, weil solche Verträge nicht unter die Bestimmung des § 18, Abs. 1, Ziffer 2, sondern der Ziffer 1 fallen, für die das Rücktrittsrecht des § 20, Abs. 1 UG nicht gilt. Daß solche Verträge als Einheitsverträge Sukzessivlieferungsverträge, nicht Wiederkehrschuldverträge sind, hat das Reichsgericht entschieden (RG 148, 331).

Jacobsohn weist mit Recht darauf hin, daß ein Rücktrittsrecht trotz der allgemeinen Fassung der Ziffer 1, die von „anderen regelmäßig wiederkehrenden Leistungen" spricht, zulässig sein müsse, denn es könne nicht der Wille des Gesetzgebers gewesen sein, gerade für langfristige Verträge, wie es die Sukzessivlieferungsverträge meist sind, das Rücktrittsrecht des § 20, Abs. 1 UG nicht zuzulassen. Trotz der allgemeinen Fassung des Begriffs der „wiederkehrenden Leistungen" in Ziffer 1 nimmt daher Jacobsohn mit Recht an, daß diese Bestimmung auf wiederkehrende Leistungen aus Kauf- und Werkverträgen nicht anwendbar ist, weil solche Verträge in Ziffer 2 abschließend behandelt worden sind und daher Ziffer 2 gegenüber Ziffer 1 die lex specialis darstellt.

Zu dem gleichen Ergebnis kommt man auch, wenn man diese Bestimmungen des Umstellungsgesetzes mit den entsprechenden der Umstellungs-Verordnung vom 4. Juli 1948 für die Westsektoren Berlins vergleicht. In dieser Verordnung ist nämlich nicht von „anderen", sondern von „ähnlichen" wiederkehrenden Leistungen gesprochen, und es sind die Vertragsverhältnisse, für die die ähnlichen wierderkehrenden Leistungen in Frage kommen, in drei Gruppen aufgezählt. Diese Beschränkung des Begriffes der „wiederkehrenden Leistungen" in der Umstellungs-Verordnung für die Westsektoren Berlins deutet darauf hin, daß dem Gesetzgeber daran gelegen war, klarzustellen, daß die wiederkehrenden Leistungen aus Sukzessivlieferungs-Verträgen nicht unter die in Ziffer 1 genannten wiederkehrenden Leistungen fallen, also daß die Bestimmung der Ziffer 2 auch für Sukzessivlieferungsverträge gilt und für diese daher gemäß § 20, Abs. 1 UG das Rücktrittsrecht gegeben ist.

Umstellungsverluste

Das Gesetz betr. vorläufige Neuordnung von Steuergesetzen (Ges. Nr. 64) bestimmt in Art. X, § 2, daß bei der Anfangs-Vermögensübersicht, die als „Ueberleitungsbilanz" auf den Währungsstichtag für die Zwecke der Steuervorauszahlungen aufzustellen ist, Wirtschaftsgüter, für die durch die Währungsreform ein gesetzliches Umrechnungsverhältnis bestimmt ist, mit den umgerechneten Werten anzusetzen sind. Es ist also schon für die Ueberleitungsbilanz eine Bewertung von Forderungen und Verbindlichkeiten auf Grund der Umstellung durch das Umstellungsgesetz durchzuführen. Hierbei ist auch zu beachten, daß Wirtschaftsgüter, die nach dem 8. Mai 1948 angeschafft oder hergestellt worden sind, nicht zu überhöhten Preisen angesetzt werden dürfen. Im übrigen sind die Wirtschaftsgüter und Bilanzposten in neuer Währung mit den Bilanzzahlen der Reichsmark-Schlußbilanz per 20. Juni 1948 anzusetzen.

Diese Bestimmungen führen dazu, daß sich bei Aufstellung der Bilanz häufig auf Grund der umgestellten Werte ein Eigenkapital ergibt, das von dem Eigenkapital der Reichsmark-Schlußbilanz erheblich abweicht, indem sich ein Umstellungsgewinn oder ein Umstellungsverlust ergibt, je nachdem ob auf der Aktivseite mehr Forderungsbeträge durch die Umstellung 10 : 1 nach § 16 UG oder durch den Ausfall der Verbindlichkeiten des Reiches und der übrigen in § 14 UG genannten Rechtsträger verlorengegangen sind, oder ob auf der Passivseite eine größere Minderung der Verpflichtungen infolge der Umstellung entstanden ist. Ist ein Umstellungsgewinn entstanden, so ergibt sich bilanzrechtlich im allgemeinen keine Schwierigkeit, wohl aber, wenn ein Umstellungsverlust entstanden ist.

Im Hinblick auf den Lastenausgleich und die Regelung über die Eröffnungsbilanzen werden im allgemeinen nur vorläufige Bilanzen per 21. Juni 1948 aufgestellt, was der Bestimmung des Art. X, §§ 2 und 3 des Gesetzes Nr. 64 entspricht, denn die Ueberleitungsbilanz soll nur der Berechnung der Vorauszahlungen dienen, stellt also keine endgültige Handels- und Steuerbilanz dar. Daher ist entsprechend diesem vorläufigen Charakter der Ueberleitungsbilanz nichts dagegen einzuwenden, wenn Kapitalgesellschaften die Umstellungsverluste nicht durch Heranziehung der freien und gesetzlichen Reserven und durch Herabsetzung des Kapitals decken, sondern zunächst einen Ausgleichssaldo auf der Aktivseite in Höhe des Umstellungsverlustes bilden.

Bei den Personengesellschaften, insbesondere den Offenen Handelsgesellschaften und den Kommanditgesellschaften, sind solche Umstellungsverluste gleichfalls zunächst durch Schaffung entsprechender Ausgleichsposten bilanzmäßig auszuweisen und noch nicht mit den Teilhaberkonten zu verrechnen. Die Teilhaberkonten sind zunächst im Verhältnis 1 : 1 umzustellen, jedoch nur dann, wenn es sich unbedenklich um die eigentlichen Einlagen der Teilhaber, nicht Darlehnsforderungen an die Teilhaber handelt. Auch stellen stehengebliebene Gewinne vielfach nicht Einlagen der Gesellschafter dar, insbesondere dann nicht, wenn der Gesellschaftsvertrag bestimmt, daß solche Gewinne in Abweichung von der gesetzlichen Regelung des § 120, Abs. 2 HGB nicht dem Kapitalanteile des Gesellschafters zugeschrieben werden soll. Solche Gewinne sind daher im Verhältnis 10 : 1 umzustellen, was in der Ueberleitungsbilanz durch entsprechende Bewertung des betreffenden Bilanzpostens zu berücksichtigen ist. Im Unterschied zum Konkursrecht ist also bei der Umstellung solcher Bilanzposten die von der gesetzlichen Regelung abweichende Behandlung von Gewinnen bei Personengesellschaften zu berücksichtigen.

Bei der Kommanditgesellschaft greift die gleiche Regelung Platz, da, soweit nichts anderes bestimmt ist, gemäß § 161, Abs. 2 BGB auf die Kommanditgesellschaft die Bestimmungen für die Offene Handelsgesellschaft entsprechend anzuwenden sind. Rentrop („Umstellungsverlust in der Ueberleitungsbilanz", in „Der Betrieb", 1948, S. 298) folgert zwar aus § 171 HGB, daß hier stets nur die im Handelsregister eingetragene Hafteinlage als Beteiligungskapital anzusehen sei und daher nur diese, nicht aber weitere Beträge, die der Kommanditist oder Komplementär der Gesellschaft zufließen oder bei ihr stehen läßt, im Verhältnis 1 : 1 umzustellen seien. Aus § 167 HGB geht zwar hervor, daß § 120 HGB auf den Kommanditisten Anwendung findet, jedoch erfolgt die Zurechnung der Gewinne nur bis zur Erreichung der vereinbarten Einlage. Es ist bei der Kommanditgesellschaft jedoch zwischen der Haft- und der sogenannten Pflichteinlage zu unterscheiden. Auch diese stellt eine Einlage, also eine Beteiligung, kein Darlehn dar. Daher ist auch die Pflichteinlage im Verhältnis 1 : 1 umzustellen. Es kann demnach Rentrop nicht zugestimmt werden, wenn er darlegt, daß bei der Kommanditgesellschaft stets der die Hafteinlage übersteigende Betrag, der auf dem Teilhaberkonto steht, im Verhältnis 10 : 1 als Darlehn umzustellen sei. Vielmehr wird aus dem Gesellschaftsvertrag und den sonstigen Unterlagen festzustellen sein, inwieweit die auf den Konten der Gesellschafter befindlichen Beträge Komplementär- und Kommanditeinlagen (Haft- und Pflichteinlagen) darstellen. Insoweit sind sie in der Ueberleitungsbilanz im Verhältnis 1 : 1 umzustellen.

Ferner können zwischen der Kommanditgesellschaft und einzelnen Kommanditisten Verträge über Mitarbeit bestehen. Insoweit als hieraus Ansprüche auf Bezüge entstehen, richtet sich ihre Umstellung nach § 18, Abs. 1 und Abs. 2 UG. Tantiemeansprüche sind nicht regelmäßig wiederkehrende Leistungen im Sinne des § 18, Abs. 1 Ziff. 1 UG, wohl aber wiederkehrende Leistungen im Sinne der Ziffer 2 dieser Bestimmung. Daher werden sie nur für die Zeit ab 1. Juni 1948 im Verhältnis 1 : 1 umgestellt.

Die Aufnahme der Gesellschafter-Beteiligung — also bei der Kommanditgesellschaft der Haft- und der Pflichteinlage — in die Ueberleitungsbilanz im Verhältnis 1 : 1 ist nur eine vorläufige, denn soweit das laufende Konto des Kommanditisten zur Deckung eines Umstellungs-Verlustes nicht ausreicht oder auf Grund einer Vereinbarung zwischen den Gesellschaftern zur Verlustdeckung nicht herangezogen werden soll, muß der Verlust durch eine Verteilung des Verlustes auf die Kapitalkonten der Gesellschafter gedeckt werden.

Bei der stillen Gesellschaft wird man eine Beteiligung im Sinne der Umstellungsgesetzgebung annehmen müssen, denn die stille Gesellschaft ist einem partiarischen Darlehn nicht gleichzusetzen. Der stille Gesellschafter ist durch Hingabe des Beteiligungskapitals mit der Entwicklung des Betriebes so eng verbunden, daß man ihn hinsichtlich der Umstellung und der Aufstellung der Ueberleitungsbilanz in gleicher Weise wie den Gesellschafter einer Offenen Handelsgesellschaft oder Kommanditgesellschaft behandeln muß. Seine Einlage ist daher im Verhältnis 1 : 1 umzustellen. Bei einem Umstellungsverlust ist jedoch eine entsprechende Aufteilung dieses Verlustes zwischen ihm und dem Betriebsinhaber vorzunehmen, so daß die Gestaltung des Kapitalkontos in der Ueberleitungsbilanz davon abhängt, ob und in welcher Höhe ein Umstellungsverlust entstanden ist.

Die Aufteilung des Umstellungsverlustes ist bei Personengesellschaften in gleicher Weise vorzunehmen wie die Verteilung eines Gewinnes, denn man kann nicht Gesellschafter, die Jahre hindurch an dem Gewinn in einem bestimmten Verhältnis teilgenommen haben, nun, nachdem durch die Umstellungsgesetzgebung ein außerordentlicher Verlust entstanden ist, an diesem anders teilnehmen lassen. Das Handelsrecht kennt zwar für Offene Handelsgesellschaften in § 120 HGB eine Verteilung des Gewinnes und Verlustes nach Köpfen. Diese Bestimmung ist jedoch dispositiver Natur und findet insoweit keine Anwendung, als in dem Gesellschaftsvertrag eine andere Verteilung des Gewinnes und Verlustes vorgesehen ist. Es kann also der Fall eintreten, daß bei einer Verteilung des Umstellungsverlustes nach Köpfen ein Gesellschafter, dessen Anteil an dem Verlust größer ist als sein Kapitalkonto, in eine Verschuldung gegenüber der Gesellschaft gerät, während andere Gesellschafter noch ausreichend hohe Anteile zur Deckung des Umstellungsverlustes haben. Eine solche unterschiedliche Behandlung wird jedoch die Ausnahme bilden, da in der Regel der Gewinn und Verlust nach Verhältnis der Kapitalanteile zueinander, also in gleichmäßiger Weise verteilt wird.

Ungerechtfertigte Bereicherung

Der Anspruch auf Herausgabe einer ungerechtfertigten Bereicherung ist kein Wertanspruch in dem gleichen Sinne wie der Anspruch auf Schadensersatz. Er richtet sich nicht auf die Herausgabe jeder Bereicherung schlechthin, sondern nur auf die Herausgabe desjenigen, was der Verpflichtete erlangt hat (§ 818, Abs. 1 BGB). Es besteht gegenüber dem Schadensersatzanspruch insofern ein Unterschied, als der Schadensersatzanspruch in erster Reihe auf Wiederherstellung des früheren Zustandes geht und die Geldleistung nur sekundär bewirkt wird und den Schaden an Stelle der Naturalrestitution voll ersetzen soll. Dagegen richtet sich der Anspruch aus ungerechtfertigter Bereicherung auf die Herausgabe des Erlangten, ohne daß der Gesichtspunkt des Verschuldens und der Schadloshaltung eine Rolle spielt. Die Haftung aus ungerechtfertigter Bereicherung geht daher nicht weiter als die Haftung eines Käufers, d. h. sie begründet nicht einen Wertanspruch in dem Sinne, daß eine Verpflichtung zum Ersatz des heutigen Wertes besteht (vgl. v. Caemmerer, „Währungsgesetzgebung und Schuldverhältnisse" in SJZ, 1948, Sp. 510). Auch in dem Falle, daß der ungerechtfertigt Bereicherte mit dem Vermögenswerte wertbeständig weitergearbeitet hat, ändert dies an dem Umfange der Haftung nichts, d. h. im Falle der Erlangung von Geld vor dem Währungsstichtage ist an diesem Tage eine Reichsmarkforderung im Sinne des § 16 UG vorhanden, die im Verhältnis 10 : 1 umgestellt ist. Ist der Anspruch auf einen Sachwert gerichtet und dieser nach dem Währungsstichtag untergegangen oder verbraucht, so richtet sich der Anspruch auf Zahlung des vollen Wertersatzes in D-Mark. Der Oberste Gerichtshof hat in seinem Urteil vom 29. Oktober 1948 (IZ, S 66/48) gleichfalls ausgeführt, daß der Anspruch auf eine ungerechtfertigte Bereicherung, die in einem Geldbetrage bestand, gemäß § 16 UG im Verhältnis 10 : 1 umzustellen ist. Es handelt sich auch bei Ansprüchen auf Aufwendungsersatz um Ansprüche, die nach § 16 UG umzustellen sind. Sie unterliegen also dem Umstellungsgesetz, während in der Rechtsprechung zum Aufwertungsgesetz solche Wertansprüche im allgemeinen automatisch umgewertet wurden und damit der Aufwertung nicht unterlagen (RG 120, 80; 126, 186).

Unterhaltszahlungen

Wer zur Gewährung von Unterhalt verpflichtet ist, hat den Unterhalt durch Entrichtung einer Geldrente zu gewähren, die für drei Monate im voraus zu zahlen ist (§ 1612 in Verbindung mit § 760 BGB). In der Praxis sind Zweifel darüber entstanden, ob Alimentenzahlungen schon vom 1. Juni 1948 ab oder erst die Zahlungen nach dem 20. Juni 1948 im Verhältnis 1 : 1 auf D-Mark umzustellen sind. Hierbei ist zu beachten, daß das Umstellungsgesetz in § 16 den Grundsatz der Umstellung aller Reichsmarkforderungen im Verhältnis 10 : 1 aufstellt und § 18 eine Ausnahme von diesem Grundsatz bildet, indem nämlich unter anderem für die wiederkehrenden Leistungen, also auch Alimentenzahlungen, soweit sie nach dem 20. Juni 1948 fällig geworden sind oder fällig werden, die Umstellung im Verhältnis 1 : 1 bestimmt ist. Wenn nun in § 18, Abs. 2 UG für die wiederkehrenden Leistungen, die für einen von dem 1. Juni 1948 liegenden Zeitraum geschuldet werden, bestimmt ist, daß Absatz 1 des § 18 auf sie keine Anwendung findet, so bedeutet dies, daß insoweit von der Ausnahme des Abs. 1 zu § 1 wieder eine Ausnahme gemacht wird, also der Grundsatz des § 16 UG wieder Anwendung findet. Die Bestimmung des Abs. 2 setzt aber voraus, daß es sich um Ansprüche handelt, die nach dem 20. Juni 1948 fällig geworden sind oder fällig werden und daß sie Zahlungen für die Zeit vor dem 1. Juni 1948 betreffen. Man kann also die Bestimmung des § 18, Abs. 2 UG nicht auf pränumerando, sondern nur auf postnumerando zu leistende Zahlungen anwenden. Dies bedeutet, daß Alimentenzahlungen, die stets im voraus fällig werden, nicht vom 1. Juni oder vom 21. Juni 1948 im Verhältnis 1 : 1 umzustellen sind, sondern erst vom 1. Juli 1948. Soweit Beträge am 21. Juni 1948 rückständig sind, sind sie, auch für den Monat Juni, gemäß § 16 UG im Verhältnis 10 : 1 umzustellen, denn § 18 findet auf sie keine Anwendung, da sie am 20. Juni 1948 bereits fällig waren. Nur Ansprüche, die beispielsweise am 30. Juni 1948 für die vorhergehenden drei Monate fällig waren, sind gemäß § 18, Abs. 2 UG in der Weise umzustellen, daß für die Zeit ab 1. Juni der Anspruch im Verhältnis 1 : 1 umgestellt wird und für die Monate April und Mai 1948 im Verhältnis 10 : 1. Dies gilt aber nicht für im voraus zu zahlende Unterhaltsrenten (vgl. Kaap, „Zur Frage der Umstellung wiederkehrender Leistungen nach § 18, Abs. 1, Ziff. 1 und Abs. 2, UG", in NJW, 1948, S. 546).

Versendungskauf

Nach dem Umstellungsgesetz (§ 18, Abs. 1. Ziff. 2) ist der Kaufpreis insoweit im Verhältnis 1 : 1 umzustellen, als die Gegenleistung, also die Lieferung der Ware, vor dem 21. Juni 1948 noch nicht „bewirkt" war. Ob die Leistung des Verkäufers bewirkt war, richtet sich nach den gesetzlichen und vertraglichen Bestimmungen. Grundsätzlich hat der Verkäufer dem Käufer die Sache zu übergeben und ihm das Eigentum daran zu verschaffen (§ 433 BGB). Von dieser Verpflichtung des Verkäufers ist die Frage des Gefahrüberganges zu unterscheiden. Dieser Gefahrübergang erfolgt bei einem Kauf, bei dem die Uebergabe vom Verkäufer auf den Käufer unmittelbar erfolgt, mit der Uebergabe (§ 416 BGB). Dagegen geht die Gefahr, falls der Verkäufer die Sache auf Verlangen des Käufers an einen anderen Ort versendet, mit der Uebergabe an das Transportunternehmen auf den Käufer über (§ 447 BGB).

In der Literatur ist vielfach erörtert worden, ob bei einem Versendungskauf dieser vorzeitige Gefahrübergang auch zur Folge hat, daß die Leistung als schon mit der Uebergabe an das Transportunternehmen als bewirkt angesehen werden muß (vgl. Lüders, MDR 1948, S. 266). Lüders vertritt die Auffassung, daß die Umstellung des Kaufpreises im Verhältnis 1 : 1 gemäß § 18, Abs. 1, Ziff. 2 UG bei einem Versendungskauf erfolgt sei, wenn die Ware vor dem 21 Juni 1948 an das Transportunternehmen übergeben worden war. Zur Begründung dieser „Absendungstheorie" führt er an, daß die Uebergabe an das Transportunternehmen wirtschaftlich der Uebergabe an den Käufer gleichkomme, und daß daher schon zu diesem Zeitpunkt die Leistung des Verkäufers „bewirkt" sei.

Hierbei wird jedoch verkannt, daß die Frage des Gefahrüberganges nicht mit der der Leistung des Verkäufers gleichzusetzen ist. Angesichts der klaren Angabe der Verpflichtungen des § 433 BGB hat der Verkäufer seine Verpflichtungen im Sinne des § 362, Abs. 1 BGB erst dann erfüllt, wenn er die Ware dem Käufer übergibt und ihm das Eigentum daran verschafft. Die Uebergabe kann zwar hinsichtlich des Eigentumsüberganges dadurch ersetzt werden, daß der Verkäufer an den Käufer den Anspruch auf Herausgabe gegenüber dem Transportunternehmen abtritt. Trotzdem fehlt es aber an der gemäß § 433 BGB erforderlichen Uebergabe der Sache, um die Verpflichtungen des Verkäufers vor der Ankunft der Ware erfüllen zu können.

Gegenüber der „Absendungstheorie" ist daher der „Empfangstheorie" beim Versendungskauf der Vorzug zu geben. Das Umstellungsgesetz stellt in § 18, Abs. 1, Ziff. 2 nicht darauf ab, ob der Verkäufer — wie es § 243, Abs. 2 BGB für die Gattungsschuld vorsieht — durch die Uebergabe der Ware an das Transportunternehmen alles zur Leistung seinerseits Erforderliche getan hat, sondern darauf, ob die Leistung „bewirkt" worden ist oder nicht. Es stellt es also auf den Erfolg und nicht auf den Gefahrübergang ab. Man muß daher der u. a. von v. Caemmerer und von Ed. Boetticher vertretenen Auffassung, daß eine Umstellung im Verhältnis 1 : 1 nur für solche Versendungskäufe erfolgt, bei denen die Ware vor dem Währungsstichtag bei dem Käufer eingegangen ist und er das Eigentum daran vor diesem Tage erhalten hat, zustimmen (vgl. v. Caemmerer, „Währungsgesetzgebung und Schuldverhältnisse" in SJZ, 1948, Sp. 500, und Ed. Boetticher, „Versendungskauf und Bewirkung der Gegenleistung im Sinne des § 18, Abs. 1, Ziff. 2 UG" in MDR, 1949, S. 2 ff.). Eine Auslegung des Umstellungsgesetzes kann nur insoweit erfolgen, als es Unklarheiten in der Formulierung enthält oder Lücken aufweist. Der Ausdruck, daß bei Kaufverträgen die Gegenleistung „bewirkt" sei, stimmt jedoch mit dem gleichen Ausdruck in § 362, Abs. 1 BGB überein, auch mit § 320, Abs. 1 BGB, und bedeutet, daß die Leistung des Verkäufers erfüllt sein muß. Was dies bedeutet, ergibt sich eindeutig aus § 433 BGB, der hinsichtlich der Erfüllung auch für den Versendungskauf gilt, während § 447 BGB nur die Gefahrtragung abweichend von dem Nichtversendungskauf regelt. Es erscheint nicht zulässig, wirtschaftliche Gesichtspunkte soweit zu berücksichtigen, daß dies praktisch einer Aenderung des Umstellungsgesetzes gleichkommt und nicht eine Auslegung bedeutet.

Auch wirtschaftlich erscheint diese Regelung im übrigen befriedigend, denn der Käufer hatte, wenn sich die Ware an dem Währungsstichtag bei dem Transportunternehmen befand, und ihm der im Verhältnis 1 : 1 umzustellende Kaufpreis zu hoch erschien, die Möglichkeit, gemäß § 20 UG von dem Vertrage zurückzutreten. Diese Möglichkeit würde jedoch nicht bestehen, wenn man die Leistung als schon mit der Uebergabe an das Transportunternehmen bewirkt ansehen würde. Es ist zwar zuzugeben, daß der Käufer im Falle eines Verlustes oder einer Beschädigung der Ware auf dem Transport die Versicherungssumme nur im Verhältnis 10 : 1 umgestellt erhält, während er den vollen Kaufpreis in D-Mark zu zahlen hat. Diese mangelnde Uebereinstimmung darf aber nicht dazu führen, daß man bei einer vor dem Währungsstichtag dem Transportunternehmen übergebenen Ware diese so behandelt, als wenn sie dem Käufer unmittelbar unter Uebertragung des Eigentums übergeben wäre, und den Kaufpreis im Verhältnis 10 : 1 umstellt. Auch ist die abweichende Behandlung in steuerlicher Hinsicht unerheblich. Wenn solche am Währungsstichtag bereits auf dem Wege zum Käufer befindlichen Güter hinsichtlich der Bestandsaufnahme nicht als zum Bestande des Verkäufers gehörig angesehen werden, so liegt der Grund darin, daß solche Güter wirtschaftlich und steuerlich als zum Bestand des Empfängers bereits gehörig angesehen werden sollen. Diese rein wirtschaftlichen und steuerlichen Gesichtspunkte können aber hinsichtlich der zivilrechtlichen und währungsrechtlichen Lage keine Auswirkung haben, insbesondere nicht zu einer Umstellung des Kaufpreises im Verhältnis 10 : 1 anstatt 1 : 1 gemäß § 18, Abs. 1, Ziff. 2 führen.

Die Frage, ob bei einem Versendungskauf die Leistung bereits mit der Uebergabe der Ware an das Transportunternehmen bewirkt worden ist, ist im Hinblick auf § 17 KO Gegenstand vieler Erörterungen gewesen. Auch hier stellt es die herrschende Meinung auf den Erfüllungserfolg ab. Bei einem Versendungskauf ist also die Leistung im Sinne des § 17 KO erst dann erfüllt, wenn die Ware dem Käufer übergeben worden ist. Im Falle der Nichtübergabe bei Konkurseröffnung kann also der Verkäufer gemäß § 59 KO einen vorweg zu berichtigenden Masseanspruch geltend machen. Dies bedeutet, daß sowohl im Konkursrecht wie auch im Währungsrecht der Verkäufer für eine noch ausstehende Leistung „gutes Geld", für eine bereits bewirkte Leistung „schlechtes Geld" verlangen kann (vgl. Boetticher, a. a. O., S. 2, und G. Reinicke, „Die Einwirkung der Währungsreform auf Schuldverhältnisse gemäß dem Dritten Gesetz zur Neuordnung des Geldwesens", MDR, 1948, S. 195). Der Grundgedanke ist der, daß jemand, der nach dem entscheidenden Stichtag Vermögenswerte geopfert hat, besser gestellt sein soll als derjenige, der Vermögensübertragungen vor dem Stichtag vorgenommen hat. Der Stichtag bildet also bei Lieferverträgen den entscheidenden Faktor für die Art der Gegenleistung. Hat also ein Verkäufer an einen Gemeinschuldner nach der Konkurseröffnung geliefert, so steht ihm der volle Anspruch als Masseforderung zu, und er kann nicht auf die Konkursquote verwiesen werden. Bei einem Versendungskauf wird nach herrschender Lehre zu § 17 KO nicht der Zeitpunkt der Uebergabe an das Transportunternehmen als entscheidender Zeitpunkt angesehen, sondern der Zeitpunkt der Uebergabe an den Gemeinschuldner. Bei einer Lieferung an das Transportunternehmen vor und der Uebergabe an den Gemeinschuldner nach Konkurseröffnung steht dem Verkäufer also ein vorweg zu erfüllender Masseanspruch zu. Entsprechend dieser Regelung im Konkursrecht muß man auch im Währungsrecht die Umstellung des Kaufpreises im Verhältnis 1 : 1 vornehmen, wenn die Ware vor dem Währungsstichtag an das Transportunternehmen und nach dem Währungsstichtag an den Käufer übergeben worden ist, während der Kaufpreis im Falle der Uebergabe an den Käufer vor dem Währungsstichtag gemäß § 16 UG im Verhältnis 10 : 1 umzustellen ist.

Versicherungsverträge

Das Versicherungswesen ist in dem Umstellungsgesetz und in der dazu ergangenen Dritten Durchführungs-Verordnung, der Versicherungsverordnung, besonders geregelt worden. In § 13, Abs. 2 UG ist bestimmt, daß die Versicherungsansprüche (einschließlich der Ansprüche aus Bausparverträgen, die übrigens keine eigentlichen Versicherungsverträge sind) nicht zu den allgemeinen Schuldverhältnissen im Sinne des Umstellungsgesetzes zu rechnen sind. Demgemäß enthält das Umstellungsgesetz einen besonderen Vierten Abschnitt im Teil II, der die Umstellung der Sozialversicherung, der Vertragsversicherung und der Bausparkassen-Guthaben regelt (§§ 23—25). In der Versicherungsordnung (§ 8, Abs. 4) sind die Versicherungsaufsichtsbehörden ermächtigt worden, Vorschriften für einzelne Versicherungsunternehmen mit dem Sitz oder der Hauptverwaltung im Währungsgebiet oder für einzelne Versicherungsarten zu treffen. Auf Grund dieser Ermächtigung sind bisher die Verordnung über die Lebens- und Rentenversicherung aus Anlaß der Verordnung des Geldwesens und die Verordnung über die Schadens-, Unfall- und Krankenversicherung aus Anlaß der Neuordnung des Geldwesens, beide vom 5. Juli 1948, erlassen worden. Diese Verordnungen gelten auf Grund übereinstimmender Ländergesetzgebung in den drei Westzonen einheitlich. Die einzelnen Versicherungszweige sind in diesen Rechtsvorschriften wie folgt behandelt worden:

1. Lebensversicherung

Die Verträge auf Abschluß von Lebensversicherungen sind in der Weise umgestellt worden, daß die Prämienreserven, die am 21. Juni 1948 vorhanden waren, im Verhältnis 10 : 1 umgestellt worden sind. Der Versicherte entrichtet die Prämien in der vereinbarten Höhe in Deutscher Mark weiter. Er ist berechtigt, die Lebensversicherung durch Zahlung des erforderlichen Betrages in Deutscher Mark bis auf die ursprüngliche Höhe, umgestellt auf Deutsche Mark, wiederherzustellen. Bei Lebensversicherungen, für die keine Prämienreserven zu bilden sind, also sogenannte Risiko-Versicherungen, werden Versicherungsprämie und künftige Prämien im Verhältnis 10 : 1 umgestellt.

Grundsätzlich ist also der Bestand der Lebensversicherungsverträge nicht berührt, lediglich eine neue, umgestellte Versicherungssumme ist zu errechnen, in dem die alte Versicherungssumme auf die vereinbarte Dauer der Prämienzahlung gleichmäßig verteilt wird. Die neue Versicherungssumme wird durch die Zusammenzählung von zwei Posten ermittelt: von dem Betrag, der sich aus den mit 10% anzusetzenden, für die Zeit bis zum 20. Juni 1948 gezahlten Prämien ergibt und von den Prämien, die auf den danach liegenden Zeitraum entfallen, wobei diese im Verhältnis 1 : 1 umzustellen sind. Wenn also beispielsweise sich das angesammelte Sparkapital für die Zeit bis zum 21. Juni 1948 auf 5000 RM belief, so ist dieses im Verhältnis 10 : 1, also auf 500 RM umzustellen. Dieser Betrag wird auf die alte Versicherungssumme, beispielsweise 1500 RM voll angerechnet, wodurch sich eine neue Versicherungssumme von 4500 DM ergibt. Die Prämie ist gemäß § 6, Abs. 1, Ziff. c der Versicherungsverordnung für die Zeit vom 21. Juni 1948 ab in Höhe des vereinbarten Nennbetrages in Deutscher Mark zu entrichten.

Auf diese Weise ist erreicht worden, daß der Bestand der Lebensversicherungen ohne Abschluß von neuen Verträgen mit neuer Prämienberechnung, ärztlicher Untersuchung und infolge des höheren Lebensalters höheren Sätzen in die neue Währungszeit übernommen worden ist. Die Verminderung der Versicherungssumme ist — je nach der Höhe der angesammelten Prämienreserve — verhältnismäßig gering. Bei den älteren Versicherungen wirkt sich die Anrechnung der umgestellten Prämienreserve auf die neue Versicherungssumme mehr aus als bei den neuen Versicherungen, jedoch ist auch der ältere Versicherungsnehmer gegenüber den neueren und gegenüber den Gläubigern sonstiger Reichsmarkforderungen, die gemäß § 16 im Verhältnis 10 : 1 umgestellt werden, nicht schlechter gestellt. Will er die Versicherung voll in Deutscher Mark erhalten, so kann er dies durch entsprechende Mehrzahlung für die Zeit vom 21. Juni 1948 ab erreichen, wobei das Fortbestehen des ursprünglich geschlossenen Vertrages sich für ihn insofern günstig auswirkt, als bei der Erhöhung der Versicherungssumme auf den vollen Betrag, weder eine seit Abschluß der Versicherung eingetretene Verschlechterung des Gesundheitszustandes noch eine Gefahrerhöhung durch inzwischen eingetretenen Berufswechsel berücksichtigt werden.

Die Prämien werden, soweit sie für die Zeit nach dem 21. Juni 1948 vorausgezahlt sind, mit 10% des im voraus gezahlten Betrages auf die in D-Mark geschuldeten Prämien angerechnet (§ 8, Abs. 1 der Versicherungsverordnung), jedoch werden für den am 21. Juni 1948 laufenden Versicherungszeitraum, soweit die Prämien über den 21. Juni 1948 hinaus im voraus bezahlt worden sind, keine Nachforderungen erhoben, sondern die Prämie für diesen Abschnitt gilt durch die Reichsmark-Zahlung als voll bezahlt. Prämienrückstände werden im Verhältnis 10 : 1 umgestellt und sind nachzuzahlen, denn es handelt sich hier um allgemeine Reichsmarkverbindlichkeiten, auf die § 16, Abs. 1 UG anzuwenden ist.

2. Schadensversicherung

Die Schadensversicherung einschließlich der Unfallversicherung ist auf Grund der Bestimmung des § 6, Abs. 5 der Versicherungsverordnung in Kraft geblieben, und zwar sind die Versicherungssummen voll in D-Mark umgestellt worden. Insofern unterscheidet sich die Auswirkung der Umstellung auf die Schadensversicherung von der Lebensversicherung, bei der die Versicherungssummen herabgesetzt worden sind. Auf diese Weise ist eine Unterversicherung der Versicherungsobjekte vermieden worden. Entsprechend dieser Behandlung der Versicherungssummen ist auch die Versicherungsprämie für die Zeit vom 21. Juni 1948 ab in voller Höhe des Reichsmarkbetrages in D-Mark zu entrichten.

Diese Umstellung im Verhältnis 1 : 1 bei den Schadensversicherungen hätte sich insofern nachteilig für viele Versicherungsnehmer ausgewirkt, die infolge der ungewöhnlichen Preisverhältnisse vor der Währungsreform Ueberversicherungen abgeschlossen hatten, wenn nicht die Möglichkeit bestanden hätte, eine solche bei der Währungsreform offenbar werdende Ueberversicherung herabzusetzen. Diese Möglichkeit ergibt sich aus der Bestimmung des § 51 des Versicherungsvertragsgesetzes, wonach bei einem erheblichen Uebersteigen der Versicherungssumme über den Versicherungswert sowohl der Versicherer wie auch der Versicherungsnehmer die Beseitigung einer solchen Ueberversicherung unter verhältnismäßiger Herabsetzung der Prämie verlangen kann. Diese Bestimmung ermöglichte es vor allem den Versicherungsnehmern, ihre Schadensversicherungen an die neue Währung und das neue Preisniveau ohne Verzögerung anzupassen, während in den übrigen Fällen die Versicherungssummen und Prämien automatisch im Verhältnis 1 : 1 umgestellt wurden.

Für die Prämienrückstände und die Prämienvorauszahlungen gilt das gleiche wie bei der Lebensversicherung. In § 6, Abs. 5 der Versicherungsverordnung ist hinsichtlich der Nacherhebung von

Prämien, die für die am 21. Juni 1948 laufende Versicherungsperiode in Reichsmark bezahlt worden sind, bestimmt, daß im Unterschied zur Lebensversicherung solche Prämien nachzuerheben sind. Diese Nacherhebung kann auf zweierlei Weise geschehen: Entweder wird der Zeitraum, für den auf Grund des Vertrages vom 21. Juni 1948 ab Versicherungsschutz zu gewähren wäre, auf ein Zehntel gekürzt, so daß bei Fortsetzung der Versicherung die neue Versicherungsperiode entsprechend früher beginnt, oder der Versicherungsnehmer hat für den Teil des Versicherungsabschnittes, der vom 21. Juni 1948 ab läuft und für den eine Prämie in Reichsmark bereits gezahlt worden ist, eine Nachzahlung in Höhe von 90 % des Reichsmarkbetrages in D-Mark zu leisten (§ 6, Abs. 5 der Versicherungsverordnung). Im Ergebnis sind in beiden Fällen die in D-Mark aufzuwendenden Prämien gleich, jedoch hat der erste Weg den Nachteil, daß für den Versicherer die Verträge kurzfristig auslaufen und neue beginnen, so daß sich die Fälligkeiten auf einen kurzen Zeitraum zusammendrängen (vgl. hierzu H. Thees, „Die Vertragsversicherung in der Währungsreform" in NJW, 1948 S. 415). Der Versicherer hat die Auswahl, welchen Weg er beschreiten will, muß jedoch seine Entscheidung der Aufsichtsbehörde anzeigen.

Hinsichtlich der Schadenszahlung erfolgt bei Schäden, die nach dem Währungsstichtag eingetreten sind, eine Umstellung im Verhältnis 1 : 1, aber auch vorher eingetretene Schäden müssen im allgemeinen im Verhältnis 1 : 1 reguliert werden, da Schadensersatzansprüche „Wertforderungen" sind (vgl. Riedler, „Schadensversicherung in der Währungsreform" in NJW 1948, S. 618). Nach Ansicht von Thees a. a. O. ergeben sich für den Versicherungsnehmer bei einer Haftpflichtversicherung große Nachteile, denn die Unfallrente, die dieser für einen vor dem 21. Juni 1948 von ihm herbeigeführten Unfall zu zahlen hat, werde im Verhältnis 1 : 1 umgestellt (§ 18, Abs. 1, Ziff. 1 UG), während sein Anspruch auf Entschädigung durch die Versicherungsgesellschaft nur im Verhältnis 10 : 1 umgestellt werde. Dadurch würde die Haftpflichtversicherung in der Tat ihren wesentlichen, in § 149 Versicherungsvertragsgesetz zum Ausdruck gebrachten Inhalt verlieren, nämlich daß sie dem Versicherungsnehmer die Leistung ersetzen soll, die dieser auf Grund seiner Verantwortlichkeit an einen Dritten zu bewirken hat. Eine solche Diskrepanz würde mit dem Gedanken der Haftpflichtversicherung nicht in Einklang stehen, denn dies würde bedeuten, daß der Versicherungsnehmer infolge der Umstellung einen Teil des Schadens, soweit er vor dem Stichtag eingetreten ist, selbst tragen müßte. Dies ist jedoch nicht der Fall, da er seinen Anspruch gegenüber dem Versicherer als „Wertanspruch" im Verhältnis 1 : 1 umstellen kann. Die 32. DVO zum Umstellungsgesetz stellt dies hinsichtlich der Haftpflicht- und Unfallversicherung klar.

Vertragshilfe

Die Vertragshilfe war bisher im Währungsgebiet nicht einheitlich geregelt. In der britischen und französischen Zone galt die Vertragshilfe-Verordnung vom 30. November 1939, während in der amerikanischen Zone Bremen unter dem 13. Juli 1945 eine neue Vertragshilfe-Verordnung erlassen hat. In Bayern, Hessen und Württemberg-Baden ist im Jahre 1946 ein Vertragshilfe-Gesetz als Länderratsgesetz erlassen. Dieses Gesetz sollte, erweitert durch die Bestimmung des § 21 UG, nach dem Wunsch der beteiligten Justizverwaltungen die Grundlage für ein einheitliches Vertragshilfe-Gesetz für das gesamte Währungsgebiet werden. Soweit das Verfahren bei der Vertragshilfe auf Grund des § 21 UG in Frage kommt, richtete es sich nach dem für das betreffende Land geltenden Verfahrensrecht. Durch die 28. DVO zum Umstellungsgesetz ist die Vertragshilfe nach § 21 UG einheitlich und ausschließlich geregelt worden.

Die Vertragshilfe des § 21 UG gilt nicht für die in § 14 UG aufgeführten Ansprüche, also insbesondere Verbindlichkeiten des Reiches, auch nicht für Guthaben bei Geldinstituten (§ 13, Abs. 1 UG), für Ansprüche aus Pfandbriefen und verwandten Schuldverschreibungen sowie für Versicherungsansprüche (§ 13, Abs. 2), ebenso auch nicht für Löhne und Gehälter, Sozialversicherungsbeiträge, Geldstrafen, Bußen und dgl. (§ 21, Abs. 3). Im übrigen können aber Reichsmarkverbindlichkeiten unter den sich nach § 16 oder § 18 ergebenden Nennbetrag in D-Mark herabgesetzt werden, wobei jedoch die Herabsetzung im Falle des § 16 eingeschränkt ist, nämlich nur für die Fälle gilt, in denen der Schuldner im Zeitpunkt der Währungsreform Altgeldguthaben oder Reichsmarkforderungen gemäß § 14 UG gegen das Reich und dgl. hatte (§ 21, Abs. 2 UG in der Fassung der 2. DVO zum Festkonto-Gesetz, § 4). Der Hauptfall der Vertragshilfe wird daher für die Schuldverhältnisse gelten, die gemäß § 18 UG im Verhältnis 1 : 1 umgestellt worden sind und in denen der Schuldner einen geringeren D-Markbetrag zahlen möchte; jedoch kommt mit der oben genannten Einschränkung auch die Vertragshilfe zur Herabsetzung von Verbindlichkeiten in Betracht, die gemäß § 16 UG im Verhältnis 10 : 1 umgestellt worden sind (vgl. W. Hoepfner, „Die Vertragshilfe nach § 21 des Umstellungsgesetzes" in NJZ, 1949, S. 13).

Die Vertragshilfe des Umstellungsgesetzes geht bei der Festsetzung von Miet- und Pachtzinsen insofern über die Bestimmungen der Vertragshilfe-Verordnung hinaus, als diese Verordnung nur für gewerbliche Räume und mit ihnen zusammen vermietete Wohnräume gilt, während die Vertragshilfe des Umstellungsgesetzes auch für Wohnräume zulässig ist. Ferner gibt die Vertragshilfe-Verordnung die Möglichkeit der Aufhebung des Vertragsverhältnisses, die Vertragshilfe des Umstellungsgesetzes gibt dieses Recht nicht. Dafür ist sie aber hinsichtlich der Herabsetzung des Miet- oder Pachtzinses unbeschränkt, während die Vertragshilfe-Verordnung eine Herabsetzung nur bis auf die Hälfte zuläßt. Jedoch kann die Währungsumstellung dazu führen, daß in der Praxis häufig eine Aufhebung des Vertrages auf Grund der Vertragshilfe-Verordnung angestrebt wird, wenn die Parteien mit der Umstellung des Miet- oder Pachtzinses nicht einverstanden sind. Die Vertragshilfe, die durch die Währungsreform veranlaßt worden ist, beschränkt sich dann also nicht auf die finanzielle Regelung des Miet- oder Pachtverhältnisses, sondern greift in dieses unmittelbar durch seine Auflösung hinein, wenn die Umstellung eine der beiden Parteien nicht befriedigt.

Fraglich ist, ob bei Bestehen von Hypotheken oder Grundschulden zusammen mit der persönlichen Schuld eine Herabsetzung der dinglichen Belastung erfolgen kann. Bei Darlehnshypotheken wird die Herabsetzung nur ausnahmsweise möglich sein, nämlich dann, wenn gemäß § 21, Abs. 2 UG der Schuldner Kriegsschädenforderungen gegen das Reich gehabt hat, die nach § 14 UG nicht umgestellt sind. Solche Fälle der Inanspruchnahme der Vertragshilfe werden vor allem bei Ruinenhypotheken praktisch werden, da der Schuldner im allgemeinen durch die 10%ige Umstellung bei Ertragslosigkeit des Grundstücks infolge der Kriegsschäden stark belastet ist und auch häufig die Möglichkeit der Geltendmachung von Kriegsschädenforderungen gegen das Reich auf Grund von § 14 verloren hat. In solchen Fällen wird man annehmen können, daß im

Wege der Vertragshilfe die Umstellung auch unter 10% des Reichsmarkbetrages erfolgen kann. Die nach § 1 des Gesetzes zur Sicherung von Forderungen für den Lastenausgleich entstandene Staatsgrundschuld wird durch eine im Wege der Vertragshilfe herabgesetzte Hypothek nicht berührt, da sie bereits nach dem Stande vom 1. Juli 1948 entstanden war. Sie wird möglicherweise im Wege der sogenannten Sammelvertragshilfe herabgesetzt werden können, die nach dem Vertragshilfe-Gesetz des Jahres 1943 für die Länder der amerikanischen Zone und nach der Vertragshilfe-Verordnung von Bremen möglich ist und den Konkurs oder das Vergleichsverfahren ersetzen soll, jedoch ist die Anwendbarkeit dieser Vorschriften auf die Staatsgrundschuld zweifelhaft.

Wichtig ist die Vertragshilfe auch bei Ansprüchen auf Pflichtteil, die gemäß § 18 UG im Verhältnis 1 : 1 umzustellen sind. Wenn ein solcher Pflichtteilsanspruch vor dem Währungsstichtag entstanden ist, aber nicht erfüllt werden kann, weil der Nachlaß durch die Währungsreform eine erhebliche Wertminderung erfahren hat, dann kann eine Herabsetzung des Pflichtteilsanspruches im Wege der Vertragshilfe vorgenommen werden.

Eine Umstellung des Pflichtteilsanspruches und damit eine Anwendung der Vertragshilfe kommt jedoch dann nicht in Betracht, wenn der Erbfall erst nach dem Währungsstichtag eingetreten ist. In einem solchen Falle ist der Nachlaß in D-Mark und ebenso auch der Pflichtteil zu bewerten.

Ebenso kommt eine Vertragshilfe bei der Umstellung von Vermächtnissen nur in Frage, wenn der Erbfall vor dem Währungsstichtag eingetreten ist, und zwar erfolgt die Umstellung grundsätzlich gemäß § 18, Abs. 1, Ziff. 3 UG im Verhältnis 1 : 1. Ist das Testament vor dem Währungsstichtag aufgestellt und enthält es ein auf Reichsmark lautendes Vermächtnis, so ist, wenn der Erblasser nach dem Währungsstichtag stirbt, durch Auslegung des Testaments zu ermitteln, welchen Wert der Erblasser dem Vermächtnisnehmer zukommen lassen wollte. Es ist also das Verhältnis zwischen Vermächtnis und Wert des gesamten Nachlasses zu ermitteln und dem Vermächtnisnehmer ein etwa gleicher Anteil an dem Wert des Nachlasses nach der Währungsreform in D-Mark zu überlassen.

Das Verfahren bei der Vertragshilfe richtet sich nach der 28. DVO zum Umstellungsgesetz. Man wird, auch wenn der Gläubiger außerhalb des Landes wohnt, in dem der Schuldner seinen Wohnsitz hat, das Vertragshilfe-Recht des Landes anwenden müssen, in dem der Schuldner seinen Wohnsitz hat. Bei Forderungen, die dem Schuldner zustehen, ist hinsichtlich der Umstellung gleichfalls das Währungsrecht des Landes, in dem der Schuldner wohnt, maßgeblich, also z. B. die russische Besatzungszone, falls der Schuldner dort wohnt.

Das Hanseatische Oberlandesgericht in Hamburg hat zur Anwendung der in der britischen und französischen Zone geltenden Vertragshilfe-Verordnung (VHV) vom 30. November 1939 einige Grundsätze entwickelt, die von Seeburg veröffentlicht worden sind (MDR, Januar 1939, S. 23). Hiernach kann das Amtsgericht auf Grund von § 17, Abs. 1 VHV die Zwangsvollstreckung aus Titeln, die Löhne und Gehälter betreffen, nicht einstellen, da Löhne und Gehälter gemäß § 21, Abs. 3 UG der Herabsetzung oder Stundung im Wege der Vertragshilfe nicht unterliegen. Trotzdem ergangene Einstellungsbeschlüsse müssen aufgehoben werden (Beschluß vom 27. Sept. 1948, 4 W 102/48). Ferner obliegt es dem Vertragshilfe-Richter nicht, im Falle des Streites der Parteien darüber, ob eine Forderung im Verhältnis 10 : 1 oder 1 : 1 umzustellen ist, eine Entscheidung zu treffen. Dieser Streit gehört vielmehr vor die ordentlichen Gerichte. Der

Vertragshilfe-Richter kann nur die umgestellte Forderung stunden oder herabsetzen. Dies bedeutet, daß er bei Streit, ob im Verhältnis 10 : 1 oder 1 : 1 umzustellen sei, die Herabsetzung oder Stundung hinsichtlich des vom Schuldner anerkannten Anspruches in Höhe eines Zehntels aussprechen kann (Beschluß vom 27. Sept. 1948, 4 W 109/48). Auch kann er nicht über die Berechtigung des Rücktrittes gemäß § 20, Abs. 1 UG entscheiden, ebensowenig über die Höhe der gemäß § 20, Abs. 3 UG zu ersetzenden Aufwendungen (Beschluß vom 6. Oktober 1948, 4 W 114/48).

Das OLG Hamburg hat ferner entschieden, daß grundsätzlich die Urteile, die vor der Währungsreform ergangen und auf Zahlung einer laufenden Rente gerichtet sind, nicht durch ein Abänderungs-Urteil gemäß § 323 ZPO aufgehoben werden können. Voraussetzung für eine Abänderungsklage gemäß § 323 ZPO ist, daß eine wesentliche Verschlechterung der für die Verurteilung maßgebend gewesenen wirtschaftlichen Verhältnisse eintritt. Die Währungsreform und die damit zusammenhängende Geldknappheit soll im Wege der Vertragshilfe gemäß § 21 UG berücksichtigt werden. Hier handelt es sich um eine Sonderbestimmung, die dort anzuwenden ist, wo man die Geldknappheit als von vorübergehender Dauer ansieht. Wird dagegen angenommen, daß in dem zur Entscheidung stehenden Fall die Geldknappheit von längerer Dauer sein wird, so ist die Abänderung des Urteils durch Abänderungsklage vor dem ordentlichen Gericht gemäß § 323 ZPO zulässig.

Hinsichtlich des Verfahrens bei der Vertragshilfe ist weiterhin von Bedeutung, ob und inwieweit Entscheidungen über die Stundung oder Herabsetzung der Schuld angefochten werden können. Die Vertragshilfe-Verordnung vom 30. November 1939 sieht im allgemeinen keine Anfechtbarkeit vor, da es den Zwecken des Vertragshilfe-Verfahrens zuwiderlaufen würde, wenn die Entscheidungen des Richters in Vertragshilfesachen in der zweiten Instanz nachgeprüft und geändert werden könnten. Insbesondere ist gemäß § 2, Abs. 1, Satz 2 VHV die Fälligkeitsregelung des Richters unanfechtbar. Da hiernach der Richter in Vertragshilfesachen grundsätzlich unanfechtbar Stundungen aussprechen kann, muß auch die Stundung der umgestellten Verbindlichkeit gemäß § 21 UG unanfechtbar sein. Eine Nachprüfung der Entscheidung kann nur auf Grund von § 20 VHV erfolgen, wonach der Vertragshilfe-Richter seine Entscheidung bei Aenderung der tatsächlichen Verhältnisse oder bei Ermittelung neuer Tatsachen ändern kann.

Zweifelhaft ist, ob diese Unanfechtbarkeit auch für die Entscheidung über die Herabsetzung der Schuld gilt. Die Vertragshilfe-Verordnung sieht in dem einzigen Fall, in dem sie die Herabsetzung von Verbindlichkeiten regelt, nämlich im Falle der Miete und Pacht von Geschäftsräumen, eine Anfechtung der Entscheidung des Vertragshilfe-Richters durch sofortige Beschwerde vor (§§ 4, 5 und 19 VHV). Dies bedeutet, daß auch bei der Vertragshilfe auf Grund des § 21 UG bei der Miete und Pacht von Geschäftsräumen eine Anfechtung zulässig sein muß (Beschluß des OLG Hamburg vom 6. Oktober 1948, 4 W 104/48). Da jedoch Stundung und Herabsetzung der Schuld in § 21 UG als zusammengehörig einheitlich geregelt sind, wird man mit dem OLG Hamburg annehmen müssen, daß mit der Ausnahme der Mieten und Pachten von Geschäftsräumen Herabsetzungen von umgestellten Schulden ebensowenig wie Stundungen anfechtbar sind (Beschlüsse des OLG Hamburg vom 4. und 27. Oktober 1948, 4 W 111/48 und 4 W 125/48). Nur bei Ermessensmißbrauch oder offensichtlicher Unbilligkeit und Unrichtigkeit dürfte ausnahmsweise eine Anfechtung möglich sein. Gemäß § 14 der am 1. Juli 1949 in Kraft getretenen 28. DVO zum Umstellungsgesetz ist gegen die Entscheidung des Amtsgerichts die sofortige Beschwerde an das Landgericht und gegen die Entscheidung des Landgerichts die sofortige weitere Beschwerde an das Oberlandesgericht zulässig.

Verzögern der Lieferung

Vor der Währungsreform waren manche Lieferanten bestrebt, die Lieferung so lange hinzuhalten, bis die neue Währung eingeführt war, weil sie sich dadurch an Stelle einer Vergütung in Reichsmark den Anspruch auf eine Vergütung in D-Mark verschaffen wollten. Diese Ueberlegung, nämlich durch Verzögern der Lieferung eine D-Mark-Forderung zu erhalten, hat sich als richtig erwiesen, denn in § 18, Abs. 1, Ziff. 2 UG ist bestimmt, daß Verbindlichkeiten aus Kauf- und Werkverträgen insoweit im Verhältnis 1 : 1 umzustellen sind, als die Gegenleistung, also die Lieferung der Ware oder die Herstellung des Werkes, nach dem 20. Juni 1948 erfolgt ist. Es fragt sich jedoch, ob in den Fällen, in denen der Verkäufer oder Unternehmer diesen Zustand entgegen dem Willen des Käufers oder Bestellers herbeigeführt hat, um bei der Umstellung der Währung einen Vorteil zu erlangen, ein Anspruch auf Umstellung im Verhältnis 1 : 1 gegeben ist oder ob der Verkäufer oder Unternehmer nicht so gestellt sein muß, wie er stehen würde, wenn er seine Lieferung nicht verzögert hätte, wobei nämlich gemäß § 16 UG seine Forderung nur im Verhältnis 10 : 1 umgestellt worden wäre. Besonders ist dies unter dem Gesichtspunkt zu beachten, daß der Käufer häufig dem Verkäufer einen Bezugsschein für die bewirtschaftete Ware gegeben hat und im Hinblick hierauf die Ware nicht anderweit kaufen und auch nicht ohne weiteres wegen des Verzuges des Verkäufers von dem Vertrage zurücktreten konnte.

Das Verhalten des Verkäufers stellt in den Fällen, in denen der Käufer gemahnt hatte oder für seine Leistung eine bestimmte Zeit vereinbart war, Verzug dar (§ 284 BGB), der den Verkäufer zum Ersatz des Schadens verpflichtet (§ 286 BGB). Aber auch in den Fällen, in denen der Käufer nicht gemahnt hat, weil ihm die Absicht des Verkäufers, sich einen Vorteil bei der Währungsreform durch die Leistungsverzögerung zu verschaffen, nicht klar geworden war, ist der Verkäufer zum Schadenersatz verpflichtet, und zwar aus dem Gesichtspunkt des § 826 BGB; denn das Verhalten des Verkäufers bedeutet, daß er durch ein nicht zu billigendes Verhalten sich einen Umstellungsanspruch auf Kosten des Käufers verschaffen will, der ihm bei pflichtgemäßer Abwicklung des Kaufvertrages nicht zustehen würde. Besonders dann, wenn es sich um bewirtschaftete Waren handelt und der Verkäufer einen Bezugsschein in Händen hat, ist er zu unverzüglicher Lieferung verpflichtet, wie z. B. § 1, Abs. 1 des Bewirtschaftungsnotgesetzes vom 30. Oktober 1947 bestimmt. Dieses Gesetz, das in § 9, Abs. 1 Strafen für den Fall des Verstoßes gegen die Bewirtschaftungsbestimmungen androht, ist ein Schutzgesetz im Sinne des § 823, Abs. 2 BGB. Demnach ist gegen den die Lieferung absichtlich verzögernden Verkäufer — und entsprechendes gilt auch für den Unternehmer beim Werkvertrag — die Schadensersatzpflicht auch aus dieser Bestimmung herzuleiten.

Der Anspruch des Käufers bzw. Bestellers auf Schadensersatz bedeutet gemäß § 249 BGB, daß der Zustand wiederherzustellen ist, der bestanden haben würde, wenn der Verkäufer bzw. Unternehmer die Leistung nicht verzögert hätte. Dann wäre sie vor dem Währungsstichtag bewirkt, also § 18, Abs. 1, Ziff. 2 UG nicht anwendbar, sondern die Umstellung würde gemäß § 16 UG im Verhältnis 10 : 1 erfolgen. Dem Anspruch des Verkäufers steht also, zu welchem Ergebnis auch Hothorn kommt (Hothorn, „Einwirkung der Währungsreform auf Kaufverträge nach Hingabe eines Bezugsscheines", in NJW, 1948, S. 515), ein Schadensersatzanspruch entgegen, der — wie die Einrede der Arglist — dazu führt, daß die Umstellung so wie bei pünktlicher Lieferung, also im Verhältnis 10 : 1, erfolgt.

Verzug

Das Umstellungsgesetz sieht in § 2 vor, daß die Altgeldguthaben in der Weise in Neugeldguthaben umgewandelt werden, daß für je 10 RM eine Deutsche Mark gutgeschrieben wird. Hiervon war die Hälfte auf einem Freikonto sofort verfügbar, während die andere Hälfte auf einem gesperrten Festkonto gutgeschrieben wurde, über dessen Behandlung innerhalb von 90 Tagen entschieden werden sollte. Das Festkontogesetz hat angeordnet, daß von je 10 DM der Festkonten 2 DM auf das Freikonto übertragen werden, 1 DM für Anlage in mittel- oder langfristigen Wertpapieren verfügbar ist, während die restlichen 7 DM gestrichen werden. Dies bedeutet im Ergebnis, daß die Altgeldguthaben nur im Verhältnis 10 : 0,65 umgestellt worden sind, von denen 0,05 DM nicht frei verfügbar sind, sondern für Anlagezwecke festgelegt sind.

Diese unterschiedliche Behandlung der Inhaber von Altgeldguthaben gegenüber den Gläubigern von Reichsmarkforderungen, die höchstens 10 : 1 abgewertet worden sind (§ 16 UG), hat auf gewisse Schuldverhältnisse insofern einen Einfluß, als jeweils zu entscheiden ist, wer von den Vertragsparteien den Nachteil, der sich aus der stärkeren Abwertung der Altgeldguthaben ergibt, zu tragen hat, wer also das Währungsrisiko trägt, insbesondere ob der Inhaber des Altgeldguthabens es auf einen anderen abwälzen kann oder nicht. Grundsätzlich ist dies zu verneinen, denn das Umstellungsgesetz bestimmt die Umstellung 10 : 1 für alle Reichsmarkschulden (mit Ausnahme der in § 18 genannten), ohne Rücksicht darauf, daß beispielsweise der Darlehnsbetrag, den der Darlehnsnehmer umgestellt im Verhältnis 10 : 1 zurückgewähren muß, auf seinem Bankkonto nur im Verhältnis 10 : 0,65 umgestellt wird. Eine Verweisung des Gläubigers auf das so umgestellte Bankkonto des Schuldners ist nicht zulässig, jedoch gelten bestimmte Ausnahmen, in denen der Gläubiger die Tatsache der ungünstigeren Umstellung der Altgeldguthaben gegen sich gelten lassen muß (vgl. G. u. D. Reinicke, „Die Einwirkung der Festkontenregelung auf Schuldverhältnisse" in MDR, 1949 S. 11).

Ein solcher Fall, in dem das Währungsrisiko und damit auch das Risiko der zusätzlichen Abwertung durch das Festkontogesetz nicht von dem Inhaber des Altgeldguthabens, sondern von seinem Gläubiger getragen werden muß, liegt beim Gläubigerverzug vor. Der Gläubiger hat, wenn er sich im Verzug der Annahme der Geldschuld befindet, gemäß § 300 BGB die Gefahr zu tragen. Dies bedeutet, daß er das gesamte Währungsrisiko einschließlich der zusätzlichen Abwertung des beim Geldschuldner verbliebenen Geldes durch das Festkontogesetz trägt. Selbst wenn es sich also um eine Forderung handelt, die gemäß § 18 UG im Verhältnis 1 : 1 umzustellen ist, geht ihm dieser Vorteil infolge seines Verzuges verloren, und er kann nur das beanspruchen, was der Schuldner auf Grund der Währungsgesetzgebung auf seinem Bankkonto erhalten hat, auf dem sich das Geld infolge des Gläubigerverzuges zur Zeit der Währungsumstellung noch befand. Der Schuldner ist also so gestellt, als wenn er vor dem Währungsstichtag seine Schuld erfüllt hätte. Seine Verpflichtung beschränkt sich auf das, was ihm verblieben ist.

Dementsprechend kann der Käufer einer Sache, mit der sich der Verkäufer vor dem Währungsstichtag im Verzuge befand, hinsichtlich der Kaufpreisschuld gemäß § 273 BGB ein Zurückbehaltungsrecht ausüben. Wenn er den Kaufpreis über den Währungsstichtag hinaus auf seinem Bankkonto beläßt, weil der Verkäufer sich mit der Lieferung der verkauften Sache im Verzuge befindet, dann trägt die Gefahr der Abwertung, also der Umstellung im Verhältnis 10 : 0,65, der Verkäufer, und zwar unter dem Gesichtspunkt der Schadensersatzpflicht wegen Verzuges gemäß § 286 BGB. Der Käufer braucht also bei verspäteter Lieferung der Sache nach dem Währungsstichtag seine Kaufpreisschuld nur umgewertet im Verhältnis 10 : 0,65 zu bezahlen, wobei er den Verkäufer hinsichtlich des Betrages von 0,05% auf das Anlagekonto verweisen darf, denn infolge des Verzuges kann er verlangen, so gestellt zu werden, wie er gestanden hätte, wenn der Verkäufer sich nicht im Verzuge befunden hätte (vgl. Urteil des Landgerichts Düsseldorf vom 2. 2. 1949, 4 O 98/48, und „Der Betrieb", 1949, S. 106).

Die Umstellung im Verhältnis 10 : 1 bei Leistungsverzug des Sachschuldners vor der Währungsreform wird von Flume mit der Begründung abgelehnt, daß beim gegenseitigen Vertrag grundsätzlich jeder Partner für seine Leistung selbst die Gefahr trägt (W. Flume, in „Deutsche Rechts-Zeitschrift", 1949, Heft 7, S. 147). Nach der dort vertretenen Ansicht mußte der Käufer, wenn er das Währungsrisiko nicht tragen wollte, den Verkäufer gemäß § 298 BGB in Annahmeverzug setzen und konnte sich gemäß §§ 373 und 378 BGB durch Hinterlegung des Kaufpreises von seiner Verbindlichkeit befreien. Dadurch ging die Gefahr der Währungsumstellung gemäß § 300, Abs. 2 BGB auf den Verkäufer über.

Es ist zuzugeben, daß der Geldschuldner bei einem gegenseitigen Vertrage grundsätzlich nur dadurch den Gefahrübergang auf den Gläubiger herbeiführen kann, daß er diesen in Annahmeverzug setzt, jedoch wird diese Regelung den praktischen Bedürfnissen nicht gerecht. Der Sachschuldner, der seine Leistung im Hinblick auf die erwartete Währungsreform zurückhielt, um den Kaufpreis in D-Mark voll zu erhalten, wollte durch diese Vertragsverletzung auf Kosten des Käufers einen Vorteil erlangen, auf den er nach dem Vertrage keinen Anspruch hatte. Es handelt sich bei der Frage des Leistungsverzuges des Sachschuldners nicht so sehr um eine Frage der Gefahrtragung, sondern mehr um die Frage der Vertragserfüllung. Der Grundsatz, daß derjenige, der den Vertrag nicht erfüllt, den Verzugsschaden ersetzen muß (§ 286 BGB), hat gegenüber der Frage der Gefahrtragung den Vorrang. Wenn ein Sachschuldner in doloser Absicht seine Leistung zurückhält, so will er seinen Vertragsgegner schädigen. Es würde dem Gedanken, daß Verträge nach Treu und Glauben zu erfüllen sind (§§ 157, 242 BGB), widersprechen, wenn der Sachschuldner durch seinen Verzug in den Genuß der von ihm erstrebten Umstellung im Verhältnis 1 : 1 kommen würde.

Auf der anderen Seite ist auch dem Geldschuldner (Käufer) nicht zuzumuten, daß er, um sich vor einer Umstellung im Verhältnis 1 : 1 zu schützen, die Maßnahmen trifft, die für den Gefahrübergang bei Geldschulden auf den Gläubiger getroffen werden müssen, also die Geldsumme anbietet und bei Ablehnung der Annahme unter Verzicht auf die Rücknahme hinterlegt (§§ 293, 298, 373, 378 BGB). Vielfach wird der Geldschuldner die Absicht, daß der Sachschuldner mit seinem Verzuge eine Besserstellung bei der Währungsumstellung erreichen will, nicht rechtzeitig erkennen, so daß er die Gegenmaßnahmen nicht rechtzeitig treffen wird. Aber auch, wenn der Geldschuldner die dolose Absicht des Sachschuldners erkannt hat, ist ihm nach Treu und Glauben nicht zuzumuten, daß er zur Sicherung vor einer Benachteiligung bei der Währungsumstellung die Schritte unternehmen muß, die normalerweise für den Gefahrübergang bei Gläubigerverzug nötig sind. Vielmehr muß bei Verzug des Sachschuldners das Recht des Geldschuldners auf Umstellung im Verhältnis 10 : 1 unmittelbar aus dem Gesichtspunkt des Schadensersatzes bei Verzug und aus der Erfüllung des Vertrages nach Treu und Glauben hergeleitet werden, ohne daß es auf den Gesichtspunkt der Gefahrtragung ankommt.

Vollstreckung

Die 16. Durchführungsverordnung zum Umstellungsgesetz bestimmt, daß Vollstreckungstitel über RM-Forderungen, aus denen nach den Vorschriften der ZPO zu vollstrecken ist, grundsätzlich im Verhältnis 10 : 1 umzustellen sind. Der Gläubiger, der eine höhere Umstellung beansprucht, kann jedoch die Anbringung eines entsprechenden Vermerkes über den Mehrbetrag auf den Titel beantragen. Ueber den Antrag entscheidet die Stelle, die für die Erteilung der vollstreckbaren Ausfertigung zuständig ist, oder, falls eine solche Ausfertigung nicht erforderlich ist, die Stelle, die den Vollstreckungstitel erlassen hat. Hierbei tritt an die Stelle der Geschäftsstelle das Gericht und bei vollstreckbaren notariellen Urkunden das Amtsgericht. Hierbei soll zunächst der Schuldner gehört werden. Auch kann das Gericht eine mündliche Verhandlung anordnen. Die Entscheidung über den Umstellungsvermerk ergeht durch einen begründeten Beschluß.

Es besteht für den Gläubiger auch dann die Möglichkeit, einen Umstellungsvermerk über eine höhere Umstellung als die gemäß § 16 UG zu erlangen, wenn er bereits aus dem RM-Vollstreckungstitel gegen seinen Schuldner auf der Grundlage der Umstellung im Verhältnis 10 : 1 vollstreckt hat und hierbei dem Schuldner die vollstreckbare Urkunde ausgeliefert worden ist. Er hat in solchem Falle Anspruch auf Erteilung einer weiteren vollstreckbaren Ausfertigung, die auf den Mehrbetrag in D-Mark lautet.

Sicherheitsleistungen, die in einem RM-Vollstreckungstitel oder in einem Titel auf Duldung der Zwangsvollstreckung wegen einer RM-Forderung vorgesehen sind, werden grundsätzlich in dem gleichen Verhältnis wie die Titelforderung auf D-Mark umgestellt, sofern sie nach dem 20. Juni 1948 zu leisten sind. Bei Titeln, die auf eine D-Mark-Forderung lauten, ist der Betrag der Sicherheitsleistung stets im Verhältnis 1 : 1 auf D-Mark umgestellt.

Durch die 16. Durchführungsverordnung sind die Zweifel, die bisher hinsichtlich der Umstellung von vollstreckbaren Schuldtiteln bestanden, behoben worden. Es wurde verschiedentlich die Auffassung vertreten, daß Schuldtitel rechtsgeschäftliche Erklärungen im Sinne des § 2 WG darstellen und daher im Verhältnis 1 : 1 umzustellen sind. So meint Duden, daß ein auf RM lautender Schuldtitel mit einer D-Mark-Vollstreckungsklausel in Höhe des RM-Betrages zu versehen sei und daß es Sache des Schuldners sei, falls er der Auffassung ist, daß die Schuld im Verhältnis 10 : 1 umgestellt sei, die Vollstreckungsgegenklage zu erheben (K. Duden, „Allgemeine privatrechtliche Wirkungen der Geldreform", in „Deutsche Rechts-Zeitschrift", 1948, Sondernummer, S. 331). Demgegenüber hat Münzel dargelegt, daß es zu einer unbilligen Belastung des Schuldners führen würde, wenn er in den Fällen, in denen die Schuld nur im Verhältnis 10 : 1 umgestellt worden ist, und das wird die Mehrzahl aller Fälle sein, eine Vollstreckungsgegenklage erheben müßte (K. Münzel, „Die Einwirkungen der Währungsreform auf das Verfahren und die Zwangsvollstreckung", in „Deutsche Rechts-Zeitschrift" 1948, Sondernummer, S. 348). Münzel will die Vorschriften der Zivilprozeßordnung über die Erteilung einer Vollstreckungsklausel und über die Klage hierauf (§§ 726—731 ZPO) als Rechtsgrundlage für die Ausstellung einer auf D-Mark lautenden vollstreckbaren Ausfertigung heranziehen. Die 16. Durchführungs-Verordnung hat die Auffassung Dudens nicht anerkannt, sondern im Grundsatz die Erteilung der D-Mark-Vollstreckungsklausel entsprechend den Bestimmungen der §§ 726—731 ZPO geregelt, wenn auch im Hinblick auf die materiellen Folgen, die sich aus der Art der Umstellung ergeben, die Vollstreckungsklausel nicht durch den Urkundsbeamten, sondern durch das Gericht erteilt wird, und zwar auf Grund eines begründeten Beschlusses, sofern der Schuldner die vom Gläubiger beantragte Umstellung nicht anerkennt.

Vorauszahlungen

Für die Behandlung von Vorauszahlungen und Anzahlungen ist zu unterscheiden zwischen solchen Vorauszahlungen, die solvendi causa geleistet worden sind, als fällige oder noch nicht fällige Teilzahlungen auf die Gesamtschuld, und solchen Vorauszahlungen, die noch nicht fällig waren und „Vorschüsse" auf künftig fällig werdende Forderungen darstellen. Vorauszahlungen konnten nur insoweit rechtswirksam erfolgen, als sie vereinbart und fällig waren oder der Gläubiger sich mit einer vorzeitigen Zahlung einverstanden erklärt hatte. Beispielsweise ist in den Fällen, in denen Vorauszahlungen auf Miete zum Zwecke der Vornahme von Instandsetzungsarbeiten eine Tilgung der Mietschuld insoweit anzunehmen, als die Vorauszahlung den Mietzins deckt. Auch sind häufig bei größeren Bauten Vorauszahlungen zum Zwecke der Materialbeschaffung oder Lohnzahlung geleistet worden. In solchen Fällen ist gleichfalls eine entsprechende Tilgung der Reichsmarkschuld erfolgt. Das Umstellungsgesetz bestimmt in § 13, Abs. 3, Satz 2, daß es auf Reichsmarkverbindlichkeiten, die bei Beginn des 21. Juni 1948 bereits erloschen waren, keine Anwendung findet. Wenn also durch eine Vorauszahlung eine teilweise Tilgung erfolgt war, so steht dem Gläubiger insoweit ein Anspruch, der umgestellt wird, nicht zu. Eine solche Tilgung erfolgt aber auch bei Zahlungen, die vor Fälligkeit geleistet worden sind, wenn die Zahlung solvendi causa erfolgt, also z. B. durch die Vornahme von Instandsetzungsarbeiten durch den Mieter auf seine Kosten, wenn die Aufwendungen vereinbarungsgemäß auf den Mietzins anzurechnen sind.

Vielfach werden aber Vorschüsse gezahlt, bevor die Höhe der Schuld feststeht. Wenn der Gläubiger einer solchen Vorauszahlung widerspricht oder sie lediglich als ein Guthaben des Zahlenden annimmt, also als Darlehn oder depositum irregulare mit Verrechnungszusage erst für den Zeitpunkt der Fälligkeit, so liegt eine Tilgung der Schuld nicht vor, d. h. die Forderung besteht nach wie vor und ist entsprechend den Bestimmungen des Umstellungsgesetzes umzustellen, während die Vorauszahlung als Darlehnsforderung des Zahlenden gemäß § 16 UG im Verhältnis 10 : 1 auf die Hauptforderung anzurechnen ist. Diese Unterscheidung hat insofern praktische Bedeutung, als eine Forderung, auf die eine Vorauszahlung geleistet worden ist, die tilgende Wirkung hat, in Höhe der Vorauszahlungen voll erlischt. Hat aber die Vorauszahlung keine tilgende Wirkung, so kann die Forderung, falls die Voraussetzungen vorliegen, im Verhältnis 1 : 1 umgestellt werden. Der Schuldner hat also noch 90 % des Betrages in D-Mark nachzuzahlen, da seine Vorauszahlung nur in Höhe von 10 %, nicht in voller Höhe, angerechnet wird. Hätte die Vorauszahlung tilgende Wirkung gehabt, so wäre der Schuldner endgültig befreit worden.

Hinsichtlich der Vorauszahlungen auf Anwaltsgebühren hat der Oberste Gerichtshof dahin entschieden (Beschluß vom 29. September 1948 — IZ, S. 42/48 — NJW, 1948, S. 653), daß solche Vorschüsse insoweit, als ihnen eine Reichsmark-Gebühr gegenübersteht, auf diese voll anzurechnen sind. Insoweit, als jedoch eine Gebühr in D-Mark fällig geworden ist, sind die in Reichsmark gezahlten Vorschüsse hierauf im Verhältnis 10 : 1 anzurechnen. Damit hat der Oberste Gerichtshof die Auffassung vertreten, daß die auf D-Mark-Gebühren in Reichsmark gezahlten Vorschüsse nicht solvendi causa gezahlt worden sind, sondern daß für den Zahlenden durch die Zahlung nur ein Guthaben bei dem Anwalt entstanden ist, das nach der Währungsreform verrechnet wird. Hierbei wird die Forderung des Zahlenden aus dem Guthaben im Verhältnis 10 : 1 gemäß § 16 UG umgestellt, und in dieser Höhe auf den Gebührenanspruch angerechnet. Ist dagegen eine Reichsmark-Gebühr entstanden, so gilt der in Reichsmark gezahlte Vorschuß als eine Tilgung. Damit hat der Oberste Gerichtshof dem Grundsatz der Aufteilung der Gebühren den Grundsatz der Aufteilung des Vorschusses gegenübergestellt. Das Risiko der Abwertung ist auf den Gebührenschuldner und den Anwalt verteilt. Wenn ein Anwalt sowohl Reichsmark- wie D-Mark-Gebühren zu beanspruchen hat, so wird der in Reichsmark gezahlte Vorschuß auf die Reichsmarkgebühr voll angerechnet, und ein etwaiger Ueberschuß auf die D-Mark-Gebühr im Verhältnis 10 : 1. Eine D-Mark-Gebühr ist stets dann zu zahlen, wenn sie nach dem Währungsstichtag entstanden ist, wobei jede Tätigkeit des Anwalts die betreffende Gebühr immer wieder neu entstehen läßt, also ist die Prozeßgebühr durch eine auch nur geringe Tätigkeit des Anwalts nach dem Währungsstichtag in D-Mark neu entstanden.

Währungsschiedsgerichte

Das im § 21 UG vorgesehene richterliche Vertragshilfe-Verfahren hat nur beschränkte Aufgaben und Zuständigkeiten. Es gilt nur für Stundung und Herabsetzung der Verbindlichkeit. Falls die Verbindlichkeit nach § 16 UG umzustellen ist, ist der Antrag zurückzuweisen, wenn und soweit der Schuldner keine Reichsmarkverbindlichkeiten hat, die gemäß § 14 UG auf Deutsche Mark nicht umgestellt werden. Ferner ist die Tätigkeit der richterlichen Vertragshilfe für Löhne, Gehälter, Steuerschulden, Gebühren, Abgaben, Bußen, Sühnebeträge sowie auf öffentlichem Recht beruhende Beiträge ausgeschlossen.

Diese Beschränkungen der richterlichen Vertragshilfe, insbesondere der Tatsache, daß Streitigkeiten über die Frage, ob auf eine Verbindlichkeit § 16 oder § 18 UG anzuwenden ist, nicht von dem Vertragshilferichter, sondern von dem ordentlichen Gericht zu entscheiden sind, haben dazu geführt, daß man für Währungsstreitigkeiten besondere Währungsschiedsgerichte gebildet hat. Sie sind in der britischen Zone von den Industrie- und Handelskammern eingerichtet worden und dienen der Klärung der aus den Währungsgesetzen entstandenen Rechtsfragen und der Schlichtung von Streitigkeiten durch Schiedsspruch.

Angesichts der Ueberlastung der ordentlichen Gerichte haben Wirtschaftskreise den Wunsch, daß Währungssachen nicht von den ordentlichen Gerichten entschieden werden. Die Entscheidungen der Schiedsgerichte sind unanfechtbar. Dies hat zwar den Vorteil der schnelleren Erlangung einer endgültigen Entscheidung, aber den Nachteil, daß tatsächliche oder rechtliche Irrtümer nicht berichtigt werden können. Cossmann (NJW, 1948, S. 516) fordert mit Recht, daß die frühere Sprungrevision, die durch die Novelle vom 1924 eingeführt war, dann aber durch die Verordnung 98 der britischen Militärregierung abgeschafft wurde, da diese nur die Revision gegen Endurteile der Oberlandesgerichte zuließ wieder eingeführt wird. Gerade in Währungsfragen ist es häufig erwünscht, über eine rechtliche Streitfrage baldmöglichst eine höchstrichterliche Entscheidung zu erlangen. Dies würde sehr erleichtert und beschleunigt, wenn die Sprungrevision wieder zugelassen würde. Es würde dann auch manche Streitigkeit statt durch ein Schiedsgericht durch das ordentliche Gericht entschieden, was zu begrüßen wäre, da die Gerichte in erster Reihe zur Entscheidung von Währungsfragen berufen sind.

Werklieferungsverträge

In § 18, Abs. 1, Ziff. 2 UG werden nur die Kauf- und Werkverträge genannt, jedoch findet diese Bestimmung auch auf Werklieferungsverträge Anwendung, da gemäß § 651 BGB auf Werklieferungsverträge die Vorschriften über den Kauf bzw. bei nicht vertretbaren Sachen über den Werkvertrag Anwendung finden. Bei dem Werklieferungsvertrag verpflichtet sich der Unternehmer, das Werk aus einem von ihm zu beschaffenden Stoffe herzustellen. Diese Beschaffung des Materials ist jedoch nicht ein Teil der Vertragspflichten für die Herstellung und Lieferung des Werkes, sondern nur eine Vorbereitungshandlung. Wenn also beispielsweise eine Möbeltischlerei die Beschaffung des Holzes für die zu liefernden Möbel übernommen hat und das Holz vor dem 21. Juni 1948 beschafft, aber die Möbel erst danach angefertigt und abgeliefert hat, so kann man die Tätigkeit der Firma nicht in der Weise aufteilen, daß hinsichtlich der Holzbeschaffung der Vertrag als erfüllt, also die Leistung teilweise bewirkt gilt, so daß der Preis für das Holz nur umgestellt 10 : 1 gemäß § 16 UG zu zahlen ist und nur die Vergütung für die Herstellungsarbeiten gemäß § 18, Abs. 1, Ziff. 2 UG im Verhältnis 1 : 1 umzustellen ist. Die Einheit des Werklieferungsvertrages hinsichtlich Materialbeschaffung als Vorbereitungshandlung und Herstellung sowie Ablieferung des Werkes als Vertragsleistung lassen eine solche Aufteilung nach unterschiedlicher Behandlung nicht zu; vielmehr hat die Möbeltischlerei bei Ablieferung der Möbel nach dem 20. Juni 1948 Anspruch auf den vollen D-Mark-Betrag, auch wenn sie zur Beschaffung des Holzes nur Reichsmarkbeträge aufgewendet hat.

Bei einem Werklieferungsvertrag ist gemäß § 651 BGB die Verpflichtung des Unternehmers erst dann erfüllt, wenn er die hergestellte Sache dem Besteller übergeben und ihm das Eigentum daran verschafft hat. Erst dann ist die Gegenleistung für die umzustellende Vergütung im Sinne des § 18, Abs. 1, Ziff. 2 UG „bewirkt". Dies bedeutet, daß der Unternehmer, der am 21. Juni 1948 mit einem kleinen Teil einer von ihm zu liefernden Maschine im Verzuge war, auch wenn der weitaus größte Teil der Arbeiten vorher geleistet und das gesamte Material zum Reichsmarkpreis eingekauft worden ist, Anspruch auf Zahlung der vereinbarten Vergütung voll in D-Mark hat. Entscheidend ist, ob er seine Verpflichtung, insbesondere die Fertigstellung und Uebergabe der Maschine sowie die Uebertragung des Eigentums auf den Besteller, vor dem 21. Juni 1948 durchgeführt hat oder nicht.

Das Umstellungsgesetz sieht also bei einem einheitlichen Werk- oder Werklieferungsvertrag **nicht** etwa eine **Aufteilung** bei dem Unternehmer vor zwischen Aufwendungen und Arbeiten, die er vor dem 21. Juni 1948 gehabt hat, und solchen an diesem Tage und danach, und bei dem Besteller zwischen dem Teil der Vergütung, der der Abgeltung der ersteren Leistungen und dem Teil, der der Abgeltung der letzteren Leistungen dient. Eine solche Abrechnung, wie sie von verschiedener Seite als Inhalt des § 18, Abs. 1, Ziff. 2 UG angesehen wird, wäre in der Praxis auch vielfach sehr schwierig. Die Bestimmung des § 18, Abs. 1, Ziff. 2 UG kann nur dort Anwendung finden, wo eine Teilerfüllung möglich ist, nämlich bei Verträgen. die wirtschaftlich zerlegbare Leistungen zum Gegenstand haben.

Dieses Ergebnis entspricht auch der **Billigkeit**, denn die Währungsumstellung hat grundsätzlich nicht zur Folge, daß der Verkäufer, Vermieter oder Verpächter die Höhe der nach dem Währungsstichtag ihm zustehenden Vergütung danach zu richten hat, ob er für den betreffenden Sachwert Reichsmark hat bezahlen müssen oder nicht. So kann der **Landwirt** für seine Ernte den vollen D-Mark-Betrag fordern, auch wenn er das Saatgut und die Arbeiten für die Frühjahrsbestellung in Reichsmark bezahlt hat. Der **Verkäufer** der vor der Währungsreform angeschafften oder hergestellten Warenbestände erhält gleichfalls ohne Rücksicht auf die Anschaffungs- oder Herstellungskosten den vollen D-Mark-Betrag, wenn er die Waren nach der Währungsreform verkauft. Der **Vermieter** bzw. **Verpächter** von möblierten Zimmern, Betrieben, Büchern, Autos und dgl. erhält gleichfalls den vollen D-Mark-Betrag auf Grund der laufenden Verträge, ohne Rücksicht auf seine Aufwendungen für die Beschaffung der Sache. Daher ist es nur folgerichtig, wenn der Unternehmer, der ein Werk nach dem Währungsstichtag abliefert auch den vollen D-Mark-Betrag erhält.

Es ist auch zu beachten, daß der **Unternehmer** bzw. **Verkäufer**, soweit die Sache aus seinem Betriebe stammt, sein **Betriebsvermögen**, also seinen Sachwert vermindert und er zum Ausgleich dieser Vermögensverminderung den vollen D-Mark-Betrag benötigt, schon um liquiditätsmäßig die Mittel zur Fortsetzung seines Betriebes zu besitzen. Auf der anderen Seite erhält der Besteller bzw. Käufer nach der Währungsreform einen Sachwert, mit dem er entweder selbst D-Mark-Beträge erarbeiten kann, wie z. B. bei einer Lieferung von Werkzeug-Maschinen für einen Fabrikbetrieb, oder die er durch Verkauf oder Vermietung zu vollem D-Mark-Betrag realisieren kann. Wenn also der Währungsstichtag der Zeitpunkt für die gesamte Umstellung der schwebenden Vertragsverhältnisse ist, dann muß dieser Stichtag auch für die noch nicht abgewickelten Kauf- und Werkverträge in vollem Umfange und nicht etwa in Form einer Abrechnung mit einer Art Abgrenzungs-Rechnung für vor und nach dem Stichtag geleistete Arbeiten und entstandene Aufwendungen gelten.

Die Umstellung im Verhältnis 1 : 1 erfolgt gemäß § 18, Abs. 1, Ziff. 2 UG nicht nur für die Vergütung für solche Werklieferungsverträge, die dem Kaufrecht unterliegen, weil sie vertretbare Sachen zum Gegenstand haben, sondern auch für Werklieferungsverträge über unvertretbare Sachen, die den Bestimmungen über Werkverträge unterstellt sind (§ 651 BGB). Wenn also ein Schneider vor dem 21. Juni 1948 einen Stoff beschafft und den bestellten Anzug vor diesem Tage nur teilweise herstellt, z. B. nur den Rock, aber die danach hergestellte Hose und Weste nach dem Stichtag abliefert, so steht ihm der volle Werklohn in D-Mark zu, da die Ablieferung des Werkes erst nach dem Stichtag erfolgt ist. Ist dagegen eine Teillieferung bei einer wirtschaftlich zerlegbaren Leistung vor dem Stichtag erfolgt, so ist auch die Vergütung in der Weise zu zerlegen, daß der auf die gelieferte Teilleistung entfallende Teil im Verhältnis 10 : 1 und der auf die Restlieferung entfallende Teil im Verhältnis 1 : 1 umzustellen ist (vgl. v. Caemmerer, SJZ, 1948, Sp. 502).

Werkverträge

Bei Werkverträgen besteht in der Art der Leistung des Unternehmers insofern ein Unterschied gegenüber dem Kaufvertrag, als der Werkvertrag eine sich über eine gewisse Zeit erstreckende Tätigkeit des Unternehmers, nämlich die Herstellung des versprochenen Werkes, zum Gegenstand hat (§ 631 BGB), während der Kauf nicht die Herstellung oder Beschaffung, sondern lediglich die Uebergabe und Uebereignung, also im allgemeinen nicht eine sich über einen Zeitraum erstreckende Tätigkeit zum Gegenstand hat (§ 433 BGB). Bei dem Kauf stellen die Arbeiten, die zur Herstellung oder Beschaffung der Sache erforderlich sind, nur außerhalb des Vertrages liegende Vorbereitungshandlungen dar, während sie beim Werkvertrag geschuldet werden. Dieser Unterschied führt dazu, daß die Beurteilung der Frage, wann und inwieweit bei einem Werkvertrag eine Leistung als „bewirkt" im Sinne des § 18 Abs. 1, Ziff. 2 UG anzusehen ist, schwieriger als bei einem Kaufvertrag ist. Diese Schwierigkeit tritt dadurch besonders in die Erscheinung, daß in § 18, Abs. 1, Ziff. 2 UG die Umstellung bei Werkverträgen im Verhältnis 1 : 1 nur vorgesehen ist, „soweit" die Gegenleistung vor dem 21. Juni 1948 noch nicht bewirkt war.

Verschiedentlich hat man aus diesem Worte die Folgerung gezogen, daß bei einem Werkvertrage im Falle der teilweisen Herstellung des Werkes vor dem Währungsstichtag und der endgültigen Fertigstellung erst nach diesem Stichtag stets untersucht werden müsse, inwieweit die Arbeiten vor und nach diesem Zeitpunkt liegen (vgl. Reinicke, „Die Einwirkung der Währungsreform auf Schuldverhältnisse gemäß dem Dritten Gesetz zur Neuordnung des Geldwesens", MDR, 1948, S. 194), und Duden, Betriebs-Berater 1948, S. 242). So folgert Reinicke, daß beispielsweise ein Schneider, der aus dem vom Kunden gelieferten Stoff den Rock vor dem 21. Juni 1948 bereits angefertigt, mit der Anfertigung von Weste und Hose jedoch vor diesem Tage noch nicht begonnen hat, für den Rock nur den Werklohn, umgestellt im Verhältnis 10 : 1 (auf Grund des § 16 UG), und nur für die später gefertigte Weste und Hose den vollen Betrag in D-Mark beanspruchen kann, weil § 18, Abs. 1, Ziff. 2 UG die Umstellung 1 : 1 nur zulasse, „soweit" die Gegenleistung vor dem 21. Juni 1948 noch nicht bewirkt war.

Diese Regelung würde von der für den Konkursfall geltenden Regelung abweichen, denn § 17 KO sieht eine solche Aufteilung der Leistung bei Werkverträgen nicht vor, vielmehr kann der Unternehmer, wenn der Konkursverwalter von seinem Recht, Erfüllung zu verlangen, Gebrauch macht, die volle Vergütung als Masseschuld gemäß

§ 59, Ziff. 2 KO verlangen, ohne Rücksicht darauf, inwieweit die Arbeiten zur Herstellung des Werkes vor und nach der Konkurseröffnung vorgenommen worden sind. Es würde aber auch in der Praxis oft schwierig, wenn nicht undurchführbar sein, wenn man bei Werkverträgen eine Teilung der Herstellungsarbeiten in solche, die vor dem Währungsstichtag liegen und in solche, die danach liegen, fordern würde. Der Werkvertrag ist als solcher ein einheitlicher Vertrag, der bei beweglichen Sachen nicht nur auf die Herstellung, sondern auch auf die Uebergabe des Werkes gerichtet ist. Solange der Unternehmer die hergestellte Sache nicht übergeben hat, ist die Leistung noch nicht „bewirkt" im Sinne des § 18, Abs. 1, Ziff. 2 UG, denn ein „Bewirken der Leistung" im Sinne dieser Bestimmung ist in gleicher Weise aufzufassen wie im Sinne des § 362 BGB, d. h. erst wenn der Unternehmer seine Verpflichtung, also auch die Uebergabe der beweglichen Sache, erfüllt hat, ist die Leistung „bewirkt", und wenn dies nach dem Währungsstichtag geschehen ist, kann er Umstellung des Werklohnes im Verhältnis 1 : 1 beanspruchen.

In dem als Beispiel angeführten Fall würde der Schneider, der den vor dem Währungsstichtag gefertigten Rock nach diesem Stichtage dem Besteller übergibt, von ihm den vollen Preis in D-Mark verlangen können, in gleicher Weise wie für die nach dem Währungsstichtag gefertigte Weste und Hose. Ein praktische Bedeutung hat jedoch das Wort „soweit" in § 18, Abs. 1, Ziff. 2 UG in den Fällen, in denen eine teilweise Erfüllung möglich ist. Dies ist in § 641 BGB in der Weise geregelt, daß bei einer Abnahme des Werkes in Teilen die Vergütung für jeden Teil bei seiner Abnahme zu entrichten ist, wenn sie für die einzelnen Teile bestimmt ist. So ist z. B. bei einem sich auf eine längere Zeit erstreckenden Buchbinder-Vertrag, soweit der Preis für das Binden jedes Buches festgesetzt ist, für die vor dem Währungsstichtag abgelieferten Bücher der Preis gemäß § 16 UG im Verhältnis 10 : 1 umzustellen, und für die danach abgelieferten, auch wenn sie vorher gebunden worden sind, gemäß § 18, Abs. 1, Ziff. 2 UG im Verhältnis 1 : 1. Die Teilung der Werksherstellung mit der Folge einer verschiedenen Umstellung stellt also nur einen Sonderfall dar, da im allgemeinen bei Werkverträgen die Ablieferung maßgebend ist, soweit es sich um bewegliche Sachen handelt (vgl. v. Caemmerer, „Währungsgesetzgebung und Schuldverhältnisse" in SJZ, 1948, Sp. 502). Auch für Reparaturaufträge gilt das gleiche. War beispielsweise ein Auto vor dem Währungsstichtag bereits repariert, aber erst nach diesem Tage dem Auftraggeber übergeben, so hat der Inhaber der Reparaturwerkstatt Anspruch auf den Reparaturpreis, umgestellt im Verhältnis 1 : 1, da die Leistung erst mit der Abnahme des Autos „bewirkt" war. Hat dagegen der Auftraggeber das Auto vor dem Währungsstichtag abgeholt, so erfolgt die Umstellung der Reparatur-Rechnung gemäß § 16 UG im Verhältnis 10 : 1.

Es ist jedoch zu beachten, daß vielfach, besonders bei Montageverträgen, die Vergütung, also der Werklohn im Sinne des § 631 BGB, in der Weise bemessen wird, daß der Unternehmer seine Aufwendungen, insbesondere für Löhne, zugrunde legt und ihm diese mit einem vereinbarten Zuschlag von dem Besteller zu erstatten sind. Es handelt sich hier um einen Werkvertrag, der sich nur hinsichtlich der Vergütung von dem sonst üblichen Werkvertrag unterscheidet. Dieser Unterschied ist aber, da er sich gerade auf die umzustellende Vergütung bezieht, hinsichtlich der praktischen Auswirkung der Bestimmungen des § 16 und § 18, Abs. 1, Ziff. 2 UG wesentlich. Der Wille der Vertragsschließenden geht bei solchen „Selbstkostenerstattungs-Verträgen" dahin, daß der Auftraggeber dem Unternehmer nicht eine von der Leistung abhängige oder sich nach dem Werte der Arbeiten auf Grund späterer Taxe ergebende Vergütung zu zahlen hat (§ 632 BGB), sondern daß der Unternehmer seine Lohnaufwendungen zuzüglich eines Zuschlags erstattet erhalten soll. Dieser Unterschied gegenüber einem Montageauftrag zu einem Festpreis kann nicht unberücksichtigt bleiben, wie Reinicke meint (a. a. O., S. 194). Wenn auch der Unternehmer nicht Lohn- und Gehaltsansprüche gegenüber dem Auftraggeber geltend macht, sondern Ansprüche aus einem Werkvertrag, ist doch der Sinn des Vertrages nach dem übereinstimmenden Willen beider Parteien, daß dem Unternehmer die ihm tatsächlich entstandenen Lohn- und Gehaltskosten erstattet werden sollen. Dieser Wille der Vertragsschließenden ist auch bei der Umstellung zu berücksichtigen. Wenn also der Unternehmer beispielsweise im Juni 1948 solche Aufwendungen in Reichsmark gehabt hat, so sind sie ihm in D-Mark im Verhältnis 10 : 1 zu erstatten, auch wenn das Werk erst nach dem Währungsstichtag fertiggestellt oder abgeliefert wird. Sind dagegen dem Unternehmer im Juni Lohn- und Gehaltsaufwendungen in D-Mark entstanden, so sind diese für die Vergütung in voller Höhe zu berücksichtigen, und zwar auch dann, wenn das Werk bereits vor dem 21. Juni 1948 hergestellt oder abgeliefert worden ist (vgl. Ebbeck, „Die Abwicklung schwebender Schuldverhältnisse nach der Währungsumstellung", S. 20 ff. und die dort abgedruckte Stellungnahme des Büros für Währungsfragen beim Vorsitzer des Verwaltungsrates).

Die Auffassung, daß bei Werkverträgen über bewegliche Sachen eine Teilung mit der Wirkung verschiedener Umstellung im allgemeinen nicht erfolgt, sondern nur in den Fällen, in denen der Vertrag auf Teillieferungen gerichtet ist und solche Teillieferungen vor dem 21. Juni 1948 auch erfolgt sind, führt auch nicht zu einer Unbilligkeit für den Besteller, der auch bei Herstellung des Werkes vor dem 21. Juni 1948 den vereinbarten Werklohn in D-Mark zu zahlen hat, sofern die Ablieferung nach dem 20. Juni 1948 erfolgt; denn für den Fall, daß ihm der 1 : 1 umgestellte Werklohn zu hoch erschien, konnte er von dem Rücktrittsrecht gemäß § 20, Abs. 1 UG Gebrauch machen. Dieses für Kauf- und Werkverträge geltende Rücktrittsrecht gewährt gerade dem Käufer bzw. Besteller einen gewissen Schutz, der einen überhöhten Kaufpreis bzw. Werklohn vereinbart hat und den Rücktritt vom Vertrage gegenüber der Zahlung des vollen Betrages vorzieht. Dieses Rücktrittsrecht hat jedoch billigerweise die Erstattungspflicht des Bestellers für die vom Unternehmer gemachten Aufwendungen zur Folge und wird daher nur dann ausgeübt worden sein, wenn für den Besteller die Umstellung im Verhältnis 1 : 1 wirklich nicht zumutbar war.

Viele Werkverträge sind weder teilbar noch kommt bei ihnen eine Abnahme des Werkes in Betracht, so z. B. Verträge auf ärztliche Behandlung, auf Reparatur im Hause des Bestellers, Transportverträge, Unterrichtsverträge und dgl. In diesen Fällen kommt es gemäß § 646 BGB für das Bewirken der Leistung, also die Erfüllung im Sinne des § 362 BGB nur darauf an, wann die Leistung vollendet worden ist. Eine Teilung der Vergütung in der Weise, daß ein Teil im Verhältnis 10 : 1 und ein anderer im Verhältnis 1 : 1 umzustellen ist, erfolgt also hier nicht, sondern es ist nur darauf abzustellen, wann die betreffende Leistung vollbracht, d. h. vollendet worden ist. Hat beispielsweise ein Zahnarzt die betreffende Zahnbehandlung erst nach dem 20. Juni 1948 beendet, so ist die Vergütung auch für die vorher liegenden Einzelbehandlungen voll in D-Mark zu bezahlen;

ebenso kann ein Transportunternehmer bei einem sich über den 20. Juni 1948 hinaus erstreckenden Transport auch für die bis zu diesem Tage erfolgte Tätigkeit den vollen Betrag in D-Mark fordern. Ist dagegen die Leistung teilbar, d. h. wirtschaftlich zerlegbar, und ging der Vertrag auf mehrere solcher Einzelleistungen, wie z. B. das Legen von Parkettfußboden oder das Anbringen von Jalousien in mehreren Zimmern, so wird die Vergütung bei Fertigstellung der Arbeiten in einzelnen Zimmern vor und in anderen nach der Währungsumstellung entsprechend dem Zeitpunkt der Vollendung der Einzelarbeiten verschieden behandelt, nämlich für die vor dem 21. Juni 1948 vollendeten Arbeiten erfolgt eine Umstellung im Verhältnis 10 : 1, und für die restlichen ist der volle D-Mark-Betrag zu zahlen.

Wertforderungen

Im Aufwertungsrecht ist eine Aufteilung vorgenommen worden zwischen den Forderungen, für die als Bemessungsgrundlage für ihre Höhe lediglich der Geldwert gilt, und denen, deren Höhe sich nach dem Sachwert richtet, wenn auch dieser Sachwert in Geld jeweils umgerechnet wird. In der Zeit der Aufwertung wurden solche „Wertforderungen" als wertbeständig behandelt und unterlagen nicht der Aufwertung in dem für Geldschulden vorgesehenen Umfange, sondern für sie galt die freie Aufwertung in der Weise, daß der Gläubiger den Betrag erhalten mußte, der dem Sachwert der Forderung jeweils entsprach. Die Einstellung der Aufwertungsgesetzgebung zu der Vereinbarung von Wertklauseln war jedoch wesentlich toleranter als die Gesetzgebung während der allmählichen Entwertung der Reichsmark, da man in solchen Wertklauseln den Ausdruck eines Mißtrauens gegenüber der Währung sah, das die Währung noch mehr gefährden konnte, als es ohnehin geschah. Daher sieht die Währungsgesetzgebung die Sonderbehandlung von solchen Ansprüchen, die als „Wertforderungen" angesehen werden müssen und der Währungsreform nicht unterworfen sind, nicht vor, vielmehr sollen alle Reichsmarkforderungen schlechthin der Umstellung gemäß §§ 16 und 18 UG unterworfen sein. Die jetzige Währungsreform hat also eine stärkere Tendenz zur Erfassung aller Gruppen von Forderungen als die frühere Aufwertungsgesetzgebung.

Trotzdem müssen auch bei der jetzigen Währungsreform bestimmte Gruppen von Forderungen aus der großen Zahl der gemäß § 16 UG im Verhältnis 10 : 1 umzustellenden herausgehoben werden, will man nicht den Willen der Vertragsschließenden beiseiteschieben oder den besonderen Sachverhalt unberücksichtigt lassen in Fällen, in denen eine andere als die im Umstellungsgesetz vorgesehene Umstellung unerläßlich erscheint. Daher muß auch bei der Anwendung des Umstellungsgesetzes der Begriff der „Wertforderungen" berücksichtigt werden. Man wird jedoch eine Nichtanwendung der Bestimmungen des Umstellungsgesetzes nur dort zulassen können, wo ein so besonderer Tatbestand vorliegt, daß man es bei Verträgen als übereinstimmenden Parteiwillen oder bei außervertraglichen Ansprüchen als Folge eines besonderen Tatbestandes ansehen muß, daß die Forderung wegen ihres Sachwertcharakters von der Währungsreform nicht erfaßt werden sollte.

Solche besonderen Tatbestände stellen vielfach die Fälle dar, auf denen ein Anspruch auf Leistung von Schadensersatz beruht, wenn der Anspruch in erster Reihe auf Naturalrestition gerichtet war und am Währungsstichtag sich noch nicht in einen Anspruch auf Geld umgewandelt hatte. Wenn also beispielsweise der Verkäufer die verkaufte Ware nicht liefert, so kann der Käufer einen Deckungskauf im Rahmen seines Schadensersatzanspruches vornehmen. Hierbei kann er den jeweils geltenden Preis, den er aufwenden muß, um die Ersatzware zu beschaffen, verlangen. Dies bedeutet also im Falle der Anschaffung der Ersatzware nach der Währungsreform, daß er den vollen Preis in D-Mark fordern kann, denn es handelt sich bei seinem Anspruch auf Schadensersatz um eine von der Währungsreform unabhängige Wertforderung.

In gleicher Weise sind Ansprüche auf Erstattung von Aufwendungen dann als nicht abzuwertende Geldforderungen im Sinne des § 16 UG anzusehen, wenn die Aufwendung in einer Sachleistung, also nicht in der Aufwendung eines Reichsmarkbetrages bestand. Wenn ein Geschäftsführer ohne Auftrag zur Erhaltung der Sache, die er ohne Rechtsgrund besitzt, zum Beispiel eines ihm zugelaufenen Hundes, vor dem Währungsstichtag aus seinem Vermögen Sachaufwendungen macht, so kann er danach deren Erstattung im vollen D-Mark-Betrag fordern (§ 683 BGB), denn auch hier handelt es sich um Wertansprüche, die der Umstellung nach dem Umstellungsgesetz nicht unterliegen. Wendet der Geschäftsführer ohne Auftrag dagegen Geld auf, um Gegenstände, beispielsweise das Futter für den Hund, zu erwerben, so steht ihm gegenüber dem Hundehalter nur eine Geldforderung zu, die gemäß § 16 UG im Verhältnis 10 : 1 umzustellen ist.

Solche Ansprüche entstehen, wenn ein Sachwert-, kein Geldumsatz stattgefunden hat und dem Berechtigten die Aufwendungen zu erstatten sind, also bei dem Beauftragten (§ 670 BGB), dem zu einer Geschäftsbesorgung Verpflichteten (§ 675 BGB), dem Geschäftsführer ohne Auftrag (§ 683 BGB), dem Verwahrer (§ 693 BGB), dem Mäkler (§ 652, Abs. 2 BGB), dem Gesellschafter (§ 713 BGB), dem Vater gegenüber den Kindern (§ 1648 BGB), dem Vormund (§ 1835 BGB), dem Erben bei einer Nachlaßverwaltung (§ 1978, Abs. 3 BGB) und dem Vorerben (§ 2124 BGB). In gleicher Weise stellen bei Vorliegen von Sachumsätzen Ansprüche auf Ersatz von Verwendungen auf eine Sache Wertforderungen dar, die durch das Umstellungsgesetz nicht erfaßt werden und daher voll in D-Mark zu erfüllen sind. Hierzu gehören zum Beispiel der Anspruch des Verkäufers auf Ersatz der Verwendungen bei Uebergang der Gefahr auf den Käufer vor Uebergabe der verkauften Sache (§ 450 BGB), der Anspruch des Mieters auf Ersatz der auf die Mietsache gemachten notwendigen Verwendungen (§ 547 BGB), der Anspruch des Besitzers gegenüber dem Eigentümer (§ 994 BGB), des Nießbrauchers (§ 1049 BGB), des Pfandgläubigers (§ 1216 BGB) und des Erbschaftsbesitzers (§§ 2022 ff. BGB).

Als eine der Währungsgesetzgebung nicht unterliegende Wertforderung ist weiterhin in bestimmten Fällen der Anspruch aus ungerechtfertigter Bereicherung anzusehen, soweit ein Sachumsatz, kein Geldumsatz vorliegt. Bruns („Wertansprüche und Wertklauseln nach dem Umstellungsgesetz" in MDR, 1948, S. 401) weist mit Recht darauf hin, daß gewisse „Tauschveräußerungen" dem Umstellungsgesetz nicht unterliegen, wenn es sich nicht um freiwillige Veräußerungen handelt, sondern der Sachwerteigentümer unfreiwillig sein Eigentum verloren hat und auf einen Anspruch aus ungerechtfertigter Bereicherung angewiesen ist. Solche Fälle sind insbesondere die Verbindung beweglicher Sachen mit Grundstücken (§ 946 BGB) oder mit beweglichen Sachen, von denen eine als Hauptsache anzusehen ist (§ 947, Abs. 2 BGB) und die Vermischung und Verarbeitung (§§ 948 und 950 BGB). Wenn auch die Entschädigung in solchen Fällen gemäß § 951 BGB in Geld zu leisten ist, so kann man einen solchen Anspruch nicht wie einen Anspruch aus freiwilliger Veräußerung ansehen, wie Bruns a. a. O. mit Recht ausführt, sondern es handelt sich um einen voll in D-Mark zu erfüllenden Wertanspruch, auch wenn der Vorgang, der zur Entstehung des Anspruches führte, in der Zeit vor dem Währungsstichtag liegt.

Ebenso sind als Wertforderungen anzusehen diejenigen, die auf besonderen Verrechnungsabreden beruhen, so zum Beispiel Abreden über die Verrechnung von Aufwendungen des Mieters mit dem laufenden Mietzins, oder über die gegenseitige „Kompensation" im Wege des Abschlusses zweier wechselseitiger Kaufverträge, wobei kein eigentlicher Tausch vorliegt, weil beide Verträge auf Reichsmarkbasis als Kaufverträge geschlossen werden. Wenn die Parteien Festsetzung des Kaufpreises, besonders für Grundstücke, nach der Währungsreform vereinbaren, so liegt gleichfalls eine dem Umstellungsgesetz nicht unterworfene Wertforderung vor, jedoch sind gesetzlich verbotene Währungsklauseln nach wie vor unbeachtlich, doch können zulässige Abreden über die Berücksichtigung von Sachwerten als Wertmaßstab auch nach der Währungsreform berücksichtigt werden, denn jeder Vertrag ist auch hinsichtlich solcher Klauseln nach Treu und Glauben unter Berücksichtigung der Verkehrssitte auszulegen und zu erfüllen (§§ 157 und 242 BGB).

Wertpapiere

Der Begriff der Wertpapiere umfaßt sowohl die in § 22 geregelten Urkunden, die zu den Forderungspapieren gehören, wie auch die sachenrechtlichen Papiere und die Anteilspapiere. Die sachenrechtlichen Papiere, wie z. B. Konnossemente, Ladescheine und Lagerscheine, begründen keine Reichsmarkverbindlichkeit, da sie auf Auslieferung einer Ware gerichtet sind. Daher werden sie vom Umstellungsgesetz nicht berührt. Auch die Anteilspapiere unterliegen nicht dem Umstellungsgesetz, insbesondere nicht der Bestimmung des § 16, da sie keine Reichsmarkforderungen verbriefen, sondern nur die Höhe der Beteiligung an dem Vermögen der Gesellschaft zum Ausdruck bringen. So stellt beispielsweise die Aktie eine rechtsgeschäftliche Erklärung im Sinne des § 2 des Währungsgesetzes dar, und der Reichsmarkbetrag ist durch den Betrag in Deutscher Mark zu ersetzen. Dies hat jedoch keinen Einfluß auf den Wert der Aktie und das Kapital der Aktiengesellschaft, sondern es wird nur das Verhältnis des Anteils des Aktionärs an dem Kapital unter Berücksichtigung der übrigen Aktien zum Ausdruck gebracht. Ebensowenig begründet eine Vorzugsaktie einen Anspruch auf Auszahlung des Vorzugsbetrages, umgestellt im Verhältnis 1 : 1, denn auch die Vorzugsaktie ist nur ein Anteilspapier und gewährt einen bestimmten Geldanspruch erst nach erfolgter Auslosung oder nach Eintritt der Liquidation der Aktiengesellschaft. Liegen Auslosung oder Liquidation vor der Umstellung, so ist der Geldanspruch, der auf Grund des in der Vorzugsaktie verbrieften Vorzugsrechts entstanden ist, soweit er am 21. Juni 1948 noch nicht erfüllt war, gemäß § 16 UG im Verhältnis 10 : 1 umzustellen. Auch GmbH-Anteilscheine stellen nur Urkunden über Beteiligungen dar, verbriefen also keine Geldforderung. Der Reichsmarkbetrag ist daher gleichfalls nach § 2 WG durch den D-Mark-Betrag zu ersetzen, ohne daß dadurch die Umstellung des Kapitals der Gesellschaft berührt wird. Auch solche GmbH-Anteilscheine unterliegen nicht der Umstellung auf Grund des Umstellungsgesetzes, ebensowenig die Beteiligung als solche. Ihre Umstellung richtet sich vielmehr nach der Neuregelung der Kapital-Verhältnisse der GmbH.

Aus der Gruppe der Forderungspapiere hebt das Umstellungsgesetz in § 22 die Pfandbriefe, Rentenbriefe, Kommunalschuldverschreibungen und die Schuldverschreibungen, die von Grundkreditanstalten, Kommunalkreditanstalten, Schiffsbeleihungsbanken und anderen Ablösungsanstalten ausgegeben worden sind, besonders heraus. Das Umstellungsverhältnis ist jedoch das gleiche, wie es für alle Reichsmarkforderungen in § 16 UG bestimmt ist, nämlich 10 : 1. Auch wenn diese Forderungspapiere nicht besonders erwähnt worden wären, würde sich das gleiche Umstellungsverhältnis ergeben. Die besondere Erwähnung hat nur insofern Bedeutung, als gemäß § 22, Abs. 2 UG der Zinssatz der Ausgleichsforderung für diese Papiere auf $4^1/_2$% festgesetzt worden ist, im Hinblick darauf, daß diese Papiere besonders hoch verzinslich sind und die Ausgleichsforderung nebst Zinsen die Deckung darstellen soll. Die übrigen Ausgleichsforderungen sind gemäß § 11, Abs. 1 UG und § 11, Abs. 2 der 23. Durchführungs-Verordnung nur mit $3^1/_2$% verzinslich. Durch die besondere Erwähnung der dinglich gesicherten Papiere ist auch klargestellt, daß die Inhaber solcher Papiere gegenüber anderen Gläubigern nicht besser gestellt werden, daß also die dahingehenden Hoffnungen unbegründet sind, ebenso wie auch die Hypotheken- und Grundschuldgläubiger trotz der dinglichen Sicherung ihrer Forderung nicht anders behandelt worden sind.

Für Schuldverschreibungen, die von einer Gesellschaft ausgestellt worden sind (Industrieobligationen u. dgl.), gilt gleichfalls die Umstellung nach § 16 UG im Verhältnis 10 : 1, doch ist zu beachten, daß gemäß § 14 UG Schuldverschreibungen des Reiches und der übrigen dort genannten Rechtsträger nicht umgestellt werden. Sie lauten auf eine nicht mehr gültige Währung und können daher nicht eingelöst werden. Dagegen sind Schuldverschreibungen, die auf eine fremde Währung lauten, durch das Umstellungsgesetz nicht berührt. Eine Einlösung in Deutscher Mark ist nur mit Zustimmung des Gläubigers zulässig (§ 15, Abs. 5 UG). Für Angehörige der Vereinten Nationen, die Inhaber von Schuldverschreibungen sind, gilt die Regelung des § 15 UG und der 13. Durchführungsverordnung. Danach kann der Gläubiger der Umstellung im Verhältnis 10 : 1 und der Zahlung in Deutscher Mark bis zum 20. Oktober 1948 widersprechen und auch danach die Annahme der Zahlung in DM ablehnen, und zwar sowohl hinsichtlich der Hauptschuld wie hinsichtlich der Zinsen. In diesem Falle muß der Gläubiger die allgemeine Regelung der RM-Verbindlichkeiten gegenüber Angehörigen der Vereinten Nationen abwarten. Im Falle eines solchen Widerspruches gilt die Umstellung der Forderung als nicht erfolgt, der Schuldner hat einen Anspruch gegenüber dem Land auf Befreiung von den Mehrleistungen, die sich durch eine andere Regelung des Schuldverhältnisses für ihn ergeben. Dieses Widerspruchsrecht kann besonders dann große praktische Bedeutung haben, wenn Schuldverschreibungen in ausländischem Besitz sind und die Zinsen abgelehnt werden.

Wiederkaufsrecht

Zuweilen sind vor der Währungsumstellung Vereinbarungen getroffen worden, die den Gläubiger vor einer Entwertung der Währung schützen sollten. Da die Wertklauseln unstatthaft waren, sind vielfach Rechtsformen gewählt worden, die an sich ungewöhnlich sind und den eigentlichen wirtschaftlichen Bedürfnissen der Parteien nicht entsprechen und nur durch den Wunsch nach einer wertmäßigen Sicherung zu erklären sind. So sind

z. B. Darlehnsbeträge an Grundstückseigentümer gegeben worden, für die, da auch eine durch Hypothek gesicherte Forderung als gefährdet angesehen wurde, nicht die Rechtsform des Darlehns, sondern die des Kaufvertrages gewählt wurde. Der Geldgeber zahlte den Betrag als Kaufpreis und ließ sich dafür das Grundstück übereignen. Im Falle der Rückgewähr des Antrages stand dem bisherigen Grundstückseigentümer ein Wiederkaufsrecht zu dem bei seiner Ausübung als angemessen anzusehenden Preise zu. Der Geldgeber hatte also das Grundstück wie ein Treuhänder als Sicherung erhalten.

Wenn nun in einem solchen Falle der Empfänger des Geldes in einer Zeit, in der die Reichsmark stark entwertet war, zurückzahlen und sein Wiederkaufsrecht hinsichtlich des Grundstücks ausüben will, so ist dies nach Treu und Glauben (§ 242 BGB) unzulässig. Der Oberste Gerichtshof hat in einem Urteil vom 16. Dezember 1948 (II Z S. 27/48) entschieden, daß der Empfänger des Geldes mit der Ausübung des Wiederkaufrechts warten mußte, bis die Preise sich der Entwertung angepaßt hatten oder die Entwertung behoben wurde („Der Betriebs-Berater", 1949, Heft 6, Seite 109). Dem Grundeigentümer stand der Einwand der unzulässigen Rechtsausübung zu. Danach hätte der Empfänger des Geldes bis zur Währungsumstellung warten müssen. Nach diesem Zeitpunkt wäre der Kaufpreis auf Grund der Ausübung des Wiederkaufsrechts voll in Deutscher Mark zu zahlen. Die von den Parteien gewählte Vertragsform hatte also ihren Zweck, dem Geldgeber einen wertbeständigen Anspruch zu geben, erfüllt, ohne daß gegen das Verbot der Einfügung von Wertklauseln, wie z. B. Gold, Roggen u. dgl., verstoßen wird. Es handelt sich also in einem solchen Falle nicht um einen Darlehnsanspruch, sondern um einen dem Umstellungsgesetz nicht unterliegenden Anspruch aus dem Wiederkaufsrecht.

Wiederkehrende Leistungen (§ 18, Abs. 1, Ziff. 1 UG).

In § 18, Abs.1, Ziff. 1 UG ist bestimmt, daß „andere regelmäßig wiederkehrende Leistungen" als die dort genannten (Löhne, Gehälter, Miet- und Pachtzinsen, Altenteile, Renten und Pensionen) ebenfalls im Verhältnis 1 : 1 umzustellen sind, sofern sie nach dem 20. Juni 1948 fällig geworden sind oder fällig werden. Diese Bestimmung ist insofern eingeschränkt, als sie gemäß § 18, Abs. 2 UG keine Anwendung findet „auf wiederkehrende Leistungen, die für einen vor dem 1. Juni 1948 liegenden Zeitraum geschuldet werden".

Der Begriff der „regelmäßig wiederkehrenden Leistungen" findet sich bereits in § 197 BGB. Er setzt voraus, daß die einzelnen Leistungen auf einem einheitlichen Schuldgrund beruhen. Wenn also bespielsweise die Vergütung für die Tätigkeit von Kassenärzten, die von den Krankenkassen an die Kassenärztlichen Vereinigungen zu zahlen ist, ihren Rechtsgrund nicht in dem Vertrag zwischen den Krankenkassen und den Kassenärztlichen Vereinigungen, sondern in dem Vertragsverhältnis zwischen dem Krankenkassen-Versicherten und dem Kassenarzt findet, so liegt ein solcher einheitlicher Schuldgrund nicht vor, sondern es handelt sich um eine größere Zahl einzelner Schuldgründe. In einem Schiedsspruch eines Schiedsgerichts, das von den Kassenärztlichen Vereinigungen der Länder der französischen Besatzungszone und dem Verband der Ortskrankenkassen, Körperschaft des öffentlichen Rechts — französisches Besatzungsgebiet — vereinbart war, ist dargelegt, daß infolge des Nichtvorliegens eines solchen „einheitlichen Schuldgrundes" die Gesamtvergütungen der Krankenkassen, die die Kassenärztlichen Vereinigungen laufend erhalten, keine „wiederkehrenden Leistungen" im Sinne der Bestimmung des § 18, Abs. 1, Ziff. 1 UG darstellen. (Deutsche Rechts-Zeitschrift, 1948, S. 491).

Abgesehen von dem einheitlichen Schuldgrund ist für das Vorliegen „wiederkehrender Leistungen" im Sinne des § 18, Abs. 1, Ziff. 1 UG erforderlich, daß sich die Leistungen „regelmäßig in festbestimmten Terminen wiederholen" (RG 88, 46). Es kommt nicht auf die Höhe des Betrages in jedem Einzelfalle an, sondern darauf, daß die Leistungen regelmäßig wiederkehren. Allerdings wird man den Begriff dahin abgrenzen müssen, daß eine Regelmäßigkeit bei solchen wiederkehrenden Leistungen nicht vorliegt, die vom Gewinn abhängig sind (vgl. RG 88, 42). Hierzu gehören Tantiemen und Provisionen. Solche vom Gewinn abhängige Leistungen fallen jedoch unter die Bestimmung des § 18, Abs. 2, denn in dieser Bestimmung wird die Anwendbarkeit des § 18, Abs. 1 auf „wiederkehrende Leistungen" schlechthin ausgeschlossen, also nicht nur auf „regelmäßig" wiederkehrende Leistungen. Tantiemen und Provisionen müssen als „wiederkehrende Leistungen" im Sinne dieser Bestimmung angesehen werden. Stellen sie also Lohn, Gehalt, Mietzins usw. im Sinne des § 18, Abs. 1, Ziff. 1 UG dar, so sind sie insoweit, als sie für Leistungen vor dem 1. Juni 1948 geschuldet werden, nicht im Verhältnis 1 : 1, sondern im Verhältnis 10 : 1 umzustellen. Insoweit kommt es also nicht auf den Zeitpunkt der Fälligkeit allein an, sondern auf den Zeitraum, für den sie geschuldet werden. Wenn beispielsweise eine Tantiemenzahlung erst nach dem 20. Juni 1948 fällig wird, aber für eine Arbeitsleistung geschuldet wird, die vor dem 1. Juni 1948 liegt, so ist sie im Verhältnis 10 : 1 umzustellen (§ 18, Abs. 2). Dagegen sind die Lohn- und Gehaltsansprüche, gleichgültig, ob es sich um feste oder vom Gewinn abhängige Ansprüche handelt, für die Zeit vom 1. Juni 1948 ab im Verhältnis 1 : 1 umzustellen.

Abweichend hiervon sind nur solche Ansprüche zu behandeln, die von dem Bestehen einer Hauptforderung abhängig sind, also nicht vom Gewinn, wie Tantiemen. Solche von dem Bestehen einer Hauptforderung abhängigen Provisionen von selbständigen Vertretern, Maklern, Kommissionären usw. teilen grundsätzlich das Schicksal der Hauptforderung in gleicher Weise wie Zinsen, die auf eine Darlehns- oder sonstige Geldschuld zu zahlen sind. Weder solche Provisionen noch Zinsen sind daher, wenn die Hauptforderung im Verhältnis 10 : 1 umgestellt wird, im Verhältnis 1 : 1 umzustellen. Dies ergibt sich daraus, daß es sich hier um Forderungen handelt, die mit der Hauptforderung eng verbunden sind und auch hinsichtlich der Umstellung in gleicher Weise behandelt werden müssen wie die Hauptforderung. Solche Provisionen jedoch, die einem selbständigen Vertreter als Mindestprovision garantiert werden, verlieren ihren Charakter der Akzessorität zur Hauptforderung und sind hinsichtlich der Umstellung den Löhnen und Gehältern gleichzustellen, d. h. sie sind im Verhältnis 1 : 1 umzustellen, soweit sie nach dem 20. Juni 1948 fällig geworden sind oder fällig werden, dagegen im Verhältnis 10 : 1, wenn sie für einen vor dem 1. Juni 1948 liegenden Zeitraum geschuldet werden (§ 18, Abs. 1, Ziff. 1 und Abs. 2 UG). Ebenso sind Abschlußprovisionen, soweit die Abschlüsse vor dem 21. Juni 1948 getätigt worden sind, im Verhältnis 10 : 1 umzustellen, soweit bei ihnen die Fälligkeit vor dem 21. Juni 1948 entstanden ist. Die Abhängigkeit von der Umstellung der Hauptforderung gilt nur für solche Provisionsforderungen selbständiger Vertreter, Makler, Kommissionäre u. dgl., die Provisionsansprüche erst bei Fälligkeit der Hauptforderung oder bei Eingang der Zahlung aus dem provisionspflichtigen Geschäft geltend machen können.

Bei Sukzessivlieferungsverträgen ist — abweichend von v. Caemmerer a. a. O., Sp. 504 — ebensowenig wie bei Werklieferungsverträgen anzunehmen, daß es sich um „wiederkehrende Leistungen" im Sinne des § 18, Abs. 1, Ziff. 1 UG handelt, vielmehr sind diese Verträge den Kauf- bzw. Werkverträgen gleichzustellen. Eine Umstellung 1 : 1 erfolgt also nur insoweit, als die Leistung nach dem 20. Juni 1948 bewirkt worden ist (§ 18, Abs. 1, Ziff. 2 UG). Dies gilt insbesondere für die laufenden Vergütungen aus Zeitungs- und Zeitschriftenabonnement, Anzeigenverträgen und Reklamepacht. Für solche Verträge kann der Lieferer für die vor dem 21. Juni 1948 bewirkten Leistungen die Vergütung nur umgestellt 10 : 1 beanspruchen.

Der Begriff der regelmäßig „wiederkehrenden Leistungen" greift auch dort nicht durch, wo für bestimmte Dauerleistungen eine prozentuale Vergütung zu zahlen ist. Beispielsweise entfällt bei Vergütungen für die Benutzung von Filmkopien zur Vorführung („Filmleihverträge") der Begriff der Regelmäßigkeit. Der Lichtspieltheater-Besitzer hat die Vergütung je nach der Höhe seines Umsatzes zu entrichten. Ebenso liegt der Fall bei der Vereinbarung eines vom Umsatz abhängigen Pachtzinses für eine Gastwirtschaft. Solche Verträge sind zwar Miet- bzw. Pachtverträge. Wenn auch „regelmäßig" wiederkehrende Leistungen im Sinne des § 18, Abs. 1, Ziff. 1 UG nicht vorliegen, so wäre grundsätzlich die gleiche Bestimmung sowie § 18, Abs. 2 UG betreffend „Miet- und Pachtzinsen" anwendbar, mit dem Ergebnis, daß der Theater- oder Gastwirtschaftsbesitzer dem Filmverleiher oder Verpächter einen Miet- oder Pachtzins für den Monat Juni 1948 in voller D-Mark zu zahlen hätte, obwohl er bis zum 20. Juni 1948 nur Reichsmarkbeträge eingenommen hatte. Bei solchen Verträgen muß der Vertragswille der Parteien durchgreifen, die übereinstimmend dem Filmverleiher oder Pächter nur eine Beteiligung an den jeweiligen Einnahmen als Miet- oder Pachtzins zukommen lassen wollten. Auf solche Verträge ist daher wegen der engen Verbindung zwischen der Vergütung und dem Betriebserfolg die Bestimmung des § 18, Abs. 2 UG entsprechend anzuwenden. Dies bedeutet, daß der Mieter oder Pächter, der einen vom Gewinn oder Umsatz abhängigen Miet- oder Pachtzins zu zahlen hat, seinen Miet- oder Pachtzins für die Zeit bis zum 20. Juni 1948 im Verhältnis 10 : 1 umstellen kann und nur für die Zeit danach den vollen D-Mark-Betrag zu zahlen hat. Solche Vertragsverhältnisse ähneln Gesellschaftsverhältnissen, die eine Risikogemeinschaft darstellen, wobei das Währungsrisiko gemeinschaftlich in gleicher Weise zu tragen ist (ebenso im Ergebnis: v. Caemmerer a. a. O., Sp. 505 und v. Hartlieb, „Filmwirtschaft und Währungsgesetz" in „Filmpostarchiv" 1948, S. 1).

Zinsen

Im Unterschied zu den Miet- und Pachtzinsen sind Zinsen, die auf Geldforderungen gezahlt werden, unselbständige Nebenleistungen, die das Schicksal der Hauptforderung teilen. Sie sind daher nur von dem jeweiligen Bestande der Hauptforderung zu errechnen, und zwar unter Zugrundelegung des vereinbarten Satzes. Die nach dem 20. Juni 1948 fällig werdenden Zinsen sind also in gleicher Weise umzustellen wie die Hauptforderung. Wird diese im Verhältnis 10 : 1 umgestellt, so gilt das gleiche für die Zinsen. Wird sie dagegen im Verhältnis 1 : 1 umgestellt z. B. gemäß § 18, Abs. 1. Ziff. 3 UG bei Erbauseinandersetzungen, Gesellschaftsauseinandersetzungen und dgl., so sind die nach dem 20. Juni 1948 fällig werdenden Zinsbeträge in voller Höhe in D-Mark zu bezahlen. Die Bestimmung des § 18, Abs. 1, Ziff. 1 UG wird auf Zinsen nicht angewendet da Zinsen keine regelmäßig wiederkehrenden Leistungen im Sinne dieser Bestimmung sind. Zinsbeträge, die vor dem 21. Juni 1948 fällig waren und nicht bezahlt worden sind, sind selbständige Reichsmarkverpflichtungen, die gemäß § 16 UG umzustellen sind, also auch dann im Verhältnis 10 : 1, wenn die Hauptforderung im Verhältnis 1 : 1 umgestellt wird.

Soweit für umgestellte Hypotheken, Grund- und Rentenschulden gemäß § 1 des Gesetzes zur Sicherung von Forderungen für den Lastenausgleich vom 2. September 1948 eine Grundschuld entstanden ist, gelten gemäß ausdrücklicher Bestimmung für diese Grundschuld hinsichtlich der Zinszahlung die gleichen Bedingungen wie für die umgestellten Rechte. Dies bedeutet, daß die neuentstandene Grundschuld mit dem gleichen Zinssatz wie die bisherige dingliche Last zu verzinsen ist. In § 5, Abs. 3 der Durchführungs-Verordnung vom 7. September 1948 ist jedoch bestimmt, daß insoweit, als vor Inkrafttreten des Gesetzes zwischen dem Gläubiger des umgestellten Rechtes und dem Schuldner abweichende Vereinbarungen über die Zinsleistungen getroffen sind (ausdrücklich oder stillschweigend) oder abweichende Verbindlichkeiten des Schuldners durch richterliche Entscheidung festgesetzt worden sind, der Inhalt dieser Vereinbarungen oder Regelungen auch für die Grundschuld gilt.

Das Gesetz zur Sicherung von Forderungen für den Lastenausgleich ist mit Wirkung vom 1. Juli 1948 in Kraft getreten. Hiernach haben also Vereinbarungen über höhere oder niedrigere Zinssätze für die umgestellte Schuld auf die Verzinsung der Grundschuld nur dann Einfluß, wenn sie vor dem 1. Juli 1948 getroffen worden sind. Im übrigen können aber zwischen Gläubiger und Schuldner Vereinbarungen über andere Zinssätze jederzeit getroffen werden, die jedoch die Verpflichtung zur Verzinsung der Grundschuld nicht berühren. Dingliche Wirkung haben solche Vereinbarungen nur insoweit, als sie durch die grundbuchliche Eintragung bzw. eine abändernde Eintragung gedeckt sind. Auf die umgestellten Hypotheken finden also nicht ohne weiteres die Zinssätze für neu gewährte Bank-Kredite Anwendung. Es bleibt jedoch dem Gläubiger unbenommen, den umgestellten Kredit vereinbarungsgemäß zu kündigen und im Wege freier Vereinbarung einen neuen Zinssatz festzusetzen. Für Kredite aus laufenden Rechnungen gilt jedoch der jeweils gültige Zinssatz. Soweit für solche Kredite eine Höchstbetragshypothek eingetragen ist, haftet diese im Rahmen des umgestellten Höchstbetrages auch für den nach der Währungsumstellung geltenden höheren Zinssatz, da bei Höchstbetragshypotheken ein Zinssatz nicht eingetragen wird.

Dritter Teil

Gesetze, Verordnungen und Richtlinien zur D-Mark-Eröffnungsbilanz, Kapitalneufestsetzung und Währungsumstellung

Währungsgesetz

(Erstes Gesetz zur Neuordnung des Geldwesens)

Amerikanisches Kontrollgebiet, Gesetz Nr. 61.

Die Militärgouverneure und Obersten Befehlshaber der amerikanischen, der britischen und der französischen Zone sind zu dem Zwecke, die Folgen der durch den Nationalsozialismus herbeigeführten Währungszerrüttung zu beseitigen, dahin übereingekommen, für das Gebiet der Länder Bayern, Bremen, Hessen, Württemberg-Baden, Hansestadt Hamburg, Niedersachsen, Nordrhein-Westfalen, Schleswig-Holstein, Baden, Rheinland-Pfalz und Württemberg-Hohenzollern (im folgenden als „Währungsgebiet" bezeichnet) einheitliche Gesetze zur Neuordnung des Geldwesens zu erlassen.

Auf Grund dieses Uebereinkommens erlassen der Militärgouverneur und Oberste Befehlshaber der britischen Zone Gesetz Nr. 61 und der Militärgouverneur und Oberste Befehlshaber der französischen Zone Gesetz Nr. 158.

Britisches Kontrollgebiet, Gesetz Nr. 61.

Die Militärgouverneure und Obersten Befehlshaber der britischen, der amerikanischen und der französischen Zone sind zu dem Zwecke, die Folgen der durch den Nationalsozialismus herbeigeführten Währungszerrüttung zu beseitigen, dahin übereingekommen, für das Gebiet der Länder Niedersachsen, Nordrhein-Westfalen, Schleswig-Holstein, Hansestadt Hamburg, Bayern, Bremen, Hessen, Württemberg-Baden, Baden, Rheinland-Pfalz und Württemberg-Hohenzollern (im folgenden als „Währungsgebiet" bezeichnet) einheitliche Gesetze zur Neuordnung des Geldwesens zu erlassen.

Auf Grund dieses Uebereinkommens erlassen der Militärgouverneur und Oberste Befehlshaber der amerikanischen Zone Gesetz Nr. 61 und der Militärgouverneur und Oberste Befehlshaber der französischen Zone Gesetz Nr. 158.

Französisches Kontrollgebiet, Verordnung Nr. 158.

Die Militärgouverneure und Obersten Befehlshaber der französischen, der amerikanischen und der britischen Zone sind zu dem Zwecke, die Folgen der durch den Nationalsozialismus herbeigeführten Währungszerrüttung zu beseitigen, dahin übereingekommen, für das Gebiet der Länder Baden, Rheinland-Pfalz, Württemberg-Hohenzollern, Bayern, Bremen, Hessen, Württemberg-Baden, Hansestadt Hamburg, Niedersachsen, Nordrhein-Westfalen und Schleswig-Holstein (im folgenden als „Währungsgebiet" bezeichnet) einheitliche Gesetze zur Neuordnung des Geldwesens zu erlassen.

Auf Grund dieses Uebereinkommens erlassen der Militärgouverneur und Oberste Befehlshaber der amerikanischen Zone Gesetz Nr. 61 und der Militärgouverneur und Oberste Befehlshaber der britischen Zone Gesetz Nr. 61.

Das folgende Gesetz und die beiden vorstehend bezeichneten Gesetze ersetzen die Reichsmarkwährung durch eine neue Währung, ordnen die Ablieferung der außer Kraft gesetzten Zahlungsmittel und die Anmeldung der bei Geldinstituten unterhaltenen Reichsmarkguthaben an und sehen eine Erstausstattung der Bevölkerung, der Wirtschaft und der öffentlichen Hand mit neuem Geld vor.

Weitere Gesetze werden Bestimmungen treffen über die Umwandlung der im Währungsgebiet vorhandenen Reichsmarkbestände, auch soweit sie Personen außerhalb dieses Gebietes gehören, über die damit in Zusammenhang stehende Bereinigung der Bilanzen der Geldinstitute, über die öffentlichen und privaten Reichsmarkschulden und über andere Fragen, die sich aus der Neuordnung des Geldwesens ergeben, einschließlich der Steuerreform.

Den deutschen gesetzgebenden Stellen wird die Regelung des Lastenausgleichs als vordringliche, bis zum 31. Dezember 1948 zu lösende Aufgabe übertragen.

Es wird daher das Folgende verordnet:

Amerikanisches und britisches Kontrollgebiet:

Erster Abschnitt
Währungsumstellung

§ 1

(1) Mit Wirkung vom 21. Juni 1948 gilt die Deutsche-Mark-Währung. Ihre Rechnungseinheit bildet die Deutsche Mark, die in hundert Deutsche Pfennig eingeteilt ist.

(2) Alleinige gesetzliche Zahlungsmittel sind vom 21. Juni 1948 an:

1. die auf Deutsche Mark oder Pfennig lautenden Noten und Münzen, die von der Bank deutscher Länder ausgegeben werden,
2. folgende Noten und Münzen zu einem Zehntel ihres bisherigen Nennwertes:
   a) in Deutschland in Umlauf gesetzte Marknoten der Alliierten Militärbehörde zu 1 und ½ Mark,
   b) Rentenbankscheine zu 1 Rentenmark,
   c) Münzen zu 50, 10, 5 und 1 Reichs- oder Rentenpfennig.

(3) Vorbehaltlich früheren Aufrufs verlieren die in Abs. 2 Ziffer 2 bezeichneten Militärmarknoten und Rentenbankscheine mit Ablauf des 31. August 1948 ihre gesetzliche Zahlkraft.

Französisches Kontrollgebiet:

Erster Abschnitt
Währungsumstellung

§ 1

(1) Mit Wirkung vom 21. Juni 1948 gilt die Deutsche-Mark-Währung. Ihre Rechnungseinheit bildet die Deutsche Mark, die in hundert Deutsche Pfennig eingeteilt ist.

(2) Alleinige gesetzliche Zahlungsmittel sind vom 21. Juni 1948 an:

1. die auf Deutsche Mark oder Pfennig lautenden Noten und Münzen, die von der Bank deutscher Länder ausgegeben werden,
2. folgende Noten und Münzen zu einem Zehntel ihres bisherigen Nennwertes:
   a) in Deutschland in Umlauf gesetzte Marknoten der Alliierten Militärbehörde zu 1 und ½ Mark,
   b) Rentenbankscheine zu 1 Rentenmark,
   c) Münzen zu 50, 10, 5 und 1 Reichs- oder Rentenpfennig,
   d) die von den Ländern der französischen Zone ausgegebenen Behelfsgeldscheine zu 50, 10 und 5 Pfennig, mit der Maßgabe, daß sie nur in der französischen Zone gesetzliche Zahlkraft besitzen.

(3) Vorbehaltlich früheren Aufrufs verlieren die in Abs. 2 Ziffer 2 bezeichneten Militärmarknoten und Rentenbankscheine mit Ablauf des 31. August 1948 ihre gesetzliche Zahlkraft.

§ 2

Sind in Gesetzen, Verordnungen, Verwaltungsakten oder rechtsgeschäftlichen Erklärungen die Rechnungseinheiten Reichsmark, Goldmark oder Rentenmark verwendet worden, so tritt, vorbehaltlich besonderer Vorschriften für bestimmte Fälle, an die Stelle dieser Rechnungseinheiten die Rechnungseinheit Deutsche Mark.

§ 3

Goldschulden dürfen nur mit Genehmigung der für die Erteilung von Devisengenehmigungen zuständigen Stelle in einer anderen Währung als in Deutscher Mark eingegangen werden. Das gleiche gilt für Goldschulden, deren Betrag in Deutscher Mark durch den Kurs einer solchen anderen Währung oder durch den Preis oder eine Menge von Feingold oder von anderen Gütern oder Leistungen bestimmt werden soll.

§ 4

Für alle Reichsmarkverpflichtungen wird ein Moratorium gewährt. Das Moratorium endet mit dem Ablauf des 26. Juni 1948.

§ 5

Fällt der erste Zahlungstermin von Löhnen und Gehältern nach dem 20. Juni 1948 auf einen späteren Tag als den 29. Juni 1948, so ist an die Lohn und Gehaltsberechtigten eine Nachzahlung in Deutscher Mark zu leisten. Nachzuzahlen sind siebzig vom Hundert desjenigen Teiles des beim letzten Zahlungstermin nach Abzug der Lohnsteuer, der Kirchensteuer und der Beiträge zur Sozialversicherung empfangenen Reichsmarkbetrages, der dem Anteil des am 30. Juni 1948 beginnenden und am nächsten planmäßigen Zahlungstermin endenden Zeitraums an der gesamten Zahlungsperiode entspricht. Der nachzuzahlende Betrag ist am 3. Juli 1948 fällig und unterliegt nicht der Lohnsteuer, der Kirchensteuer und der Beitragspflicht zur Sozialversicherung.

Zweiter Abschnitt

Kopfbetrag

§ 6

Jeder Einwohner des Währungsgebiets erhält im Umtausch gegen Altgeldnoten (§ 9 Abs. 1 Ziff. 1) desselben Nennbetrages bis zu sechzig Deutsche Mark in bar (Kopfbetrag). Ein Teil des Kopfbetrages in Höhe von nicht mehr als vierzig Deutsche Mark wird sofort ausgezahlt, der Rest innerhalb von zwei Monaten. Für den Fall, daß dem Berechtigten bei dem späteren Umtausch von Altgeld ein Anspruch auf Beträge in Deutscher Mark zusteht, bleibt die Anrechnung des Kopfbetrages hierauf vorbehalten.

§ 7

Die Kopfbeträge werden ausgezahlt von den Stellen, die für die Ausgabe der Lebensmittelkarten der Berechtigten zuständig sind. Der Kopfbetrag kann für andere Personen unter denselben Voraussetzungen erhoben werden, unter denen es zulässig ist, die Lebensmittelkarten für andere Personen in Empfang zu nehmen.

Dritter Abschnitt

Ablieferung und Anmeldung von Altgeld

§ 8

Ueber Altgeld darf vom 21. Juni 1948 an nur noch verfügt werden, soweit dieses Gesetz oder weitere Gesetze oder Durchführungsverordnungen es ausdrücklich zulassen.

§ 9

(1) Altgeld im Sinne dieses Gesetzes sind:

1. folgende Noten, soweit sie beim Inkrafttreten dieses Gesetzes noch nicht außer Kurs gesetzt worden sind (Altgeldnoten):
   a) auf Reichsmark lautende Reichsbanknoten,
   b) auf Rentenmark lautende Rentenbankscheine, mit Ausnahme der Rentenbankscheine zu 1 Rentenmark,
   c) in Deutschland in Umlauf gesetzte Marknoten der Alliierten Militärbehörde, mit Ausnahme der Noten zu 1 Mark und zu ½ Mark,
2. im Währungsgebiet bei Geldinstituten unterhaltene Reichsmarkguthaben, gleichviel, ob die Guthaben bereits fällig sind, oder ob sie erst später fällig werden oder durch Kündigung fällig gemacht werden können (Altgeldguthaben).

(2) Geldinstitute im Sinne dieses Gesetzes sind die Banken, Bankgeschäfte, Sparkassen (mit Ausnahme der Bausparkassen), Kreditgenossenschaften, Girozentralen, Genossenschaftszentralen, ferner die Bank deutscher Länder, die Landeszentralbanken, die Postscheckämter, die Postsparkasse sowie alle sonstigen Kreditanstalten des öffentlichen Rechts.

§ 10

Das am Tage des Inkrafttretens dieses Gesetzes im Währungsgebiet vorhandene Altgeld ist gemäß den folgenden Bestimmungen bis zum 26. Juni 1948 abzuliefern und anzumelden. Die Versäumung dieser Frist zieht grundsätzlich den Verlust aller Ansprüche aus den abzuliefernden Altgeldnoten und den anzumeldenden Altgeldguthaben nach sich.

§ 11

(1) Zur Anmeldung und Ablieferung verpflichtet sind mit Ausnahme der Geldinstitute, für die besondere Vorschriften erlassen werden, alle natürlichen und juristischen Personen, deren Wohnsitz, Sitz oder Ort der Niederlassung sich im Währungsgebiet befindet, oder die dort sonst steuerpflichtig sind (Verpflichtete).

(2) Altgeld natürlicher Personen ist mit einem in dreifacher Ausfertigung auszufüllenden Vordruck nach Anlage A zu diesem Gesetz abzuliefern und anzumelden. Abzulieferndes oder anzumeldendes Altgeld der Ehefrau eines Verpflichteten ist von diesem zusammen mit seinem eigenen Altgeld abzuliefern und anzumelden, sofern die Ehegatten nicht dauernd getrennt leben. Das gleiche gilt für abzulieferndes und anzumeldendes Altgeld solcher Kinder des Verpflichteten, die am 21. Juni 1948 das achtzehnte Lebensjahr nicht vollendet haben. Halten sich der Verpflichtete und solche Familienangehörigen des Verpflichteten, deren Altgeld er hiernach zusammen mit seinem eigenen Altgeld abzuliefern und anzumelden hat, während der Anmelde- und Ablieferungsfrist an verschiedenen Orten auf, so können diese Familienangehörigen ihr Altgeld unter Angabe des Namens und des gewöhnlichen Aufenthaltsortes des in erster Linie Verpflichteten selbständig

abliefern und anmelden. In diesem Falle haben die Ehefrau oder das jeweils älteste Familienmitglied zusammen mit ihrem eigenen Altgeld das Altgeld der bei ihnen befindlichen Familienmitglieder abzuliefern und anzumelden.

(3) Juristische Personen und Personenvereinigungen, mit Ausnahme der im Abs. 4 bezeichneten, jedoch einschließlich der Sozialversicherungsträger und des Stocks für Arbeitseinsatz, haben ihre Altgeldguthaben mit einem in dreifacher Ausfertigung auszufüllenden Vordruck nach Anlage B zu diesem Gesetz anzumelden und ihre Altgeldnoten bei der Anmeldung abzuliefern. Den juristischen Personen stehen gleich:

1. im Handelsregister eingetragene Einzelkaufleute hinsichtlich ihres zum Geschäftsvermögen gehörenden Altgeldes,
2. Personen, die für fremde Rechnung Bargeld verwalten oder Guthaben bei Geldinstituten unterhalten, hinsichtlich dieses fremden Geldes.

(4) Die Kassen der Gebietskörperschaften, der Postämter und der Postscheckämter und die sonstigen Kassen der Postverwaltungen sowie die Kassen der Bahnverwaltungen haben ihre Bestände an Altgeldnoten bis zum 26. Juni 1948 auf ein Reichsmarkkonto bei einer Hauptumtauschstelle (§ 12, Abs. 1, Ziff. 1) einzuzahlen.

(5) Altgeld kann auch durch einen Bevollmächtigten des Verpflichteten oder des gesetzlichen Vertreters des Verpflichteten abgeliefert und angemeldet werden. Die Vertretungsmacht des Bevollmächtigten ist gegenüber der Umtauschstelle (§ 12) durch eine schriftliche Vollmacht nachzuweisen.

§ 12

(1) Das Altgeld ist bei folgenden Stellen (Umtauschstellen) abzuliefern und anzumelden:

1. bei den Geldinstituten — mit Ausnahme der Bank deutscher Länder, der Postscheckämter und der Postsparkasse — (Hauptumtauschstellen),
2. bei Hilfsumtauschstellen, die von den Landeszentralbanken hierzu ermächtigt oder angewiesen werden (Behörden und Betriebe mit einer größeren Zahl von Arbeitnehmern).

Bei Geldinstituten, die kein Neugeschäft betreiben oder keine Einlagen annehmen dürfen, kann Altgeld nicht abgeliefert oder angemeldet werden. Ablieferung und Anmeldung sind grundsätzlich nur einmal vorzunehmen. Weitere Ablieferungen und Anmeldungen sind nur in besonders begründeten Ausnahmefällen und nur bei dem Geldinstitut statthaft, welches das Reichsmark-Abwicklungskonto (§ 13) führt.

(2) Wer bereits ein Altgeldguthaben bei einer oder mehreren Hauptumtauschstellen unterhält, hat das Altgeld, vorbehaltlich der Vorschriften der Abs. 3 und 4, bei einer dieser Hauptumtauschstellen abzuliefern oder anzumelden. Die Hauptumtauschstelle hat den abgelieferten Betrag dem bei ihr unterhaltenen Konto des Verpflichteten gutzuschreiben; führt sie für den Verpflichteten oder für seine Familienangehörigen zwei oder mehrere Konten, so hat sie den abgelieferten Betrag, wenn der Verpflichtete nichts anderes bestimmt, demjenigen der bei ihr unterhaltenen Konten gutzuschreiben, das in Ziff. 2 des Vordrucks A oder in Ziff. 9 des Vordrucks B zuerst aufgeführt ist. Die Einzahlung auf mehrere Konten ein und derselben Person ist unzulässig.

(3) Wer kein Altgeldguthaben bei einer Hauptumtauschstelle unterhält oder infolge einer Reise oder aus anderen Gründen verhindert ist, Altgeld

bei einer Hauptumtauschstelle abzuliefern oder anzumelden, bei der er ein Altgeldguthaben unterhält, darf das Altgeld bei einer beliebigen Hauptumtauschstelle, mit Ausnahme der Landeszentralbanken, abliefern oder anmelden. Die Hauptumtauschstellen sind in diesen Fällen verpflichtet, das abgelieferte Altgeld auf das in Ziff. 2 des Vordrucks A oder in Ziff. 9 des Vordrucks B an erster Stelle aufgeführte Konto bei einer Hauptumtausch stelle zu überweisen oder, wenn der Verpflichtete kein Reichsmarkguthaben bei einer Hauptumtauschstelle besitzt, zu seinen Gunsten ein neues Reichsmarkkonto zu eröffnen. Sie können jedoch von dem neuen Kunden bis zum 20. August 1948 die Auflösung des Kontos binnen einer Frist von einem Monat nach Zugang der Aufforderung verlangen, wenn der Kontoinhaber nicht zu dem Personenkreis gehört, aus dem sich die Kundschaft des Geldinstituts im Hinblick auf seinen besonderen Geschäftsbereich regelmäßig zusammensetzt.

Das Konto kann nur durch Ueberweisung auf ein Reichsmarkkonto bei einer anderen Hauptumtauschstelle aufgelöst werden. Die Hauptumtauschstelle, an die der Kunde den Reichsmarkbetrag zu überweisen wünscht, ist unter den vorstehenden Voraussetzungen zur Annahme des überwiesenen Reichsmarkbetrages zwecks Gutschrift desselben auf einem neu zu eröffnenden Reichsmarkkonto verpflichtet.

(4) Verpflichtete, deren Arbeitgeber von der zuständigen Landeszentralbank angewiesen oder ermächtigt ist, eine Hilfsumtauschstelle einzurichten, können ihr Altgeld und das von ihnen mitabzuliefernde oder mitanzumeldende Altgeld ihrer Familienangehörigen bei dieser Hilfsumtauschstelle abliefern und anmelden. Das abgelieferte Altgeld ist in diesen Fällen auf das bei einer Hauptumtauschstelle unterhaltene Konto des Verpflichteten zu überweisen, das in Ziff. 2 des Vordrucks A an erster Stelle aufgeführt ist. Unterhält der Verpflichtete kein Reichsmarkguthaben bei einer Hauptumtauschstelle, so ist der abgelieferte Altgeldbetrag auf ein neu zu eröffnenden Konto bei der Hauptumtauschstelle zu überweisen, die der Verpflichtete in diesem Fall in Ziff. 8 des Vordrucks A zu benennen hat. Die Vorschriften in Abs. 3 Satz 3 bis 5 finden entsprechende Anwendung.

(5) Bei Abgabe des Vordrucks A ist für jede Person, die in dem Vordruck unter Ziff. 1 aufgeführt ist, die Kennkarte (für Einwohner der britischen Besatzungszone: der blaue Personalausweis) vorzulegen, soweit die Person eine Kennkarte besitzt. Die Umtauschstelle locht das erste Blatt der Kennkarte in der rechten oberen Ecke. Wird bei der Abgabe des Vordrucks die Kennkarte des in erster Linie Verpflichteten (§ 11, Abs. 2, Satz 4) nicht vorgelegt, so können Ansprüche aus dem Altgeld erst geltend gemacht werden, wenn die Kennkarte dem Geldinstitut, welches das Reichsmark-Abwicklungskonto führt, nachträglich zur Lochung vorgelegt wird, oder wenn das für den Verpflichteten zuständige Finanzamt entscheidet, daß auf die Vorlegung der Kennkarte verzichtet werden kann.

Vierter Abschnitt

Reichsmark-Abwicklungskonto

§ 13

Die Abwicklung aller Ansprüche, die dem Verpflichteten und seinen Familienangehörigen (§ 11, Abs. 2) nach diesem Gesetz und späteren Gesetzen aus dem abgelieferten und angemeldeten Altgeld zustehen, wird von einer Hauptumtauschstelle (Abwicklungsbank) mit Hilfe eines „Reichsmark-Abwicklungskontos" überwacht.

§ 14

(1) Wenn der Verpflichtete nichts anderes bestimmt, gilt als Reichsmark-Abwicklungskonto das Konto, auf das der abgelieferte Geldbetrag nach § 12, Abs. 2 bis 4 gutzuschreiben ist. Hat ein Verpflichteter keine Altgeldnoten abgeliefert, so gilt das angemeldete Konto bei der Hauptumtauschstelle als Reichsmark-Abwicklungskonto. Werden von einem Verpflicheten, der kein Altgeld abgeliefert hat, bei einer Hauptumtauschstelle mehrere Reichsmarkkonten angemeldet, so gilt als Reichsmark-Abwicklungskonto dasjenige der bei dieser Hauptumtauschstelle unterhaltenen Konten, das in Ziff. 2 des Vordrucks A oder in Ziff. 9 des Vordrucks B zuerst aufgeführt ist; unterhalten der Verpflichtete und seine Familienangehörigen bei dieser Hauptumtauschstelle keine Altgeldguthaben, so gilt das im Vordruck an erster Stelle aufgeführte Konto bei einer Hauptumtauschstelle als Reichsmark-Abwicklungskonto. Werden von einem Verpflichteten, der keine Altgeldnoten abgeliefert hat, bei einer Hilfsumtauschstelle mehrere Konten angemeldet, so gilt das im Vordruck an erster Stelle aufgeführte Konto bei einer Hauptumtauschstelle als Reichsmark-Abwicklungskonto. Wird von einem Verpflichteten, der keine Altgeldnoten abgeliefert hat, nur ein Postscheckkonto oder ein Konto bei der Postsparkasse angemeldet, so obliegen die im § 13 bezeichneten Aufgaben der Hauptumtauschstelle.

(2) Im Falle der Ablieferung oder Anmeldung von Altgeld durch einen Familienangehörigen (§ 11, Abs. 2, Satz 4) gilt das Reichsmark-Abwicklungskonto des in erster Linie Verpflichteten auch als Reichsmark-Abwicklungskonto seiner Familienangehörigen. Der Familienangehörige hat das Reichsmark-Abwicklungskonto unverzüglich dem Geldinstitut mitzuteilen, welches den abgelieferten Geldbetrag nach § 12 Abs. 2 bis 4 auf dem Konto dieses Familienangehörigen gutzuschreiben hat. Hat der Familienangehörige keine Altgeldnoten abgeliefert, so hat er das Reichsmark-Abwicklungskonto der Hauptumtauschstelle mitzuteilen, die er in Ziff. 2 des Vordrucks A an erster Stelle aufgeführt hatte; ist von ihm nur ein Postscheckkonto oder ein Konto bei der Postsparkasse angemeldet worden, so hat er das Reichsmark-Abwicklungskonto der Hauptumtauschstelle mitzuteilen, bei der er den Anmeldevordruck unmittelbar oder durch Vermittlung einer Hilfsumtauschstelle abgegeben hatte.

(3) Die Vorschriften des Abs. 2 finden sinngemäß Anwendung auf Zweigniederlassungen von Unternehmungen und auf solche Personen, die Altgeld für fremde Rechnung abliefern oder anmelden. Anderkonten gelten jedoch als besondere Reichsmark-Abwicklungskonten.

Fünfter Abschnitt

Erstaustattung der öffentlichen Hand und der Wirtschaft mit neuem Geld

§ 15

Die Landeszentralbanken sind verpflichtet, die Länder und diese zugleich für die zu ihrem Bereich gehörenden anderen Gebietskörperschaften mit Beträgen in Deutscher Mark in Höhe von einem Sechstel der Isteinnahmen der Länder und der anderen vorstehend bezeichneten Körperschaften und Verwaltungen in der Zeit vom 1. Oktober 1947 bis 31. März 1948 auszustatten.

Amerikanisches Kontrollgebiet:

Als Isteinnahmen der Gebietskörperschaften gelten auch die Einnahmen ihrer Eigenbetriebe (Unternehmungen der Gebietskörperschaften, die keine selbständigen juristischen Personen sind). Durch Kreditaufnahme beschaffte Mittel und durch Finanzausgleichszahlungen entstandene Einnahmen sind bei den Isteinnahmen nicht mitzuzählen. Die Länder haben die von den Landeszentralbanken erhaltenen Beträge entsprechend unter Berücksichtigung der Finanzausgleichszahlungen auf die anderen Körperschaften und Verwaltungen zu verteilen.

Britisches Kontrollgebiet:

Der Gesamtbetrag der Erstausstattung der Länder erhöht sich um ein Sechstel der Isteinnahmen der Zone in dem vorstehend bezeichneten Zeitraum. Die Aufteilung dieses zusätzlichen Betrages auf die Länder wird durch eine Durchführungsverordnung geregelt. Als Isteinnahmen der Gebietskörperschaften gelten auch die Einnahmen ihrer Eigenbetriebe (Unternehmungen der Gebietskörperschaften, die keine selbständigen juristischen Personen sind). Durch Kreditaufnahme beschaffte Mittel und durch Finanzausgleichszahlungen entstandene Einnahmen sind bei den Isteinnahmen nicht mitzuzählen. Die Länder haben die von den Landeszentralbanken erhaltenen Beträge entsprechend unter Berücksichtigung der Finanzausgleichszahlungen auf die anderen Körperschaften und Verwaltungen zu verteilen.

Französisches Kontrollgebiet:

Als Isteinnahmen der Gebietskörperschaften gelten auch die Einnahmen ihrer Eigenbetriebe (Unternehmungen der Gebietskörperschaften, die keine selbständigen juristischen Personen sind). Durch Kreditaufnahme beschaffte Mittel und durch Finanzausgleichszahlungen entstandene Einnahmen sind bei den Isteinnahmen nicht mitzuzählen. Die Länder haben die von den Landeszentralbanken erhaltenen Beträge entsprechend unter Berücksichtigung der Finanzausgleichszahlungen auf die anderen Körperschaften und Verwaltungen zu verteilen.

§ 16

Die Bank deutscher Länder ist verpflichtet, die Bahn- und Postverwaltungen des Währungsgebietes unmittelbar oder durch die Landeszentralbanken mit Beträgen in Deutscher Mark in Höhe von einem Zwölftel ihrer Isteinnahmen in der Zeit vom 1. Oktober 1947 bis 31. März 1948 auszustatten.

§ 17

(1) In Anrechnung auf ihre späteren Ansprüche aus dem Umtausch von Altgeld erhalten Personen und Vereinigungen, die ihr Altgeld mit Vordruck B abzuliefern und anzumelden haben, sowie Gewerbetreibende und Angehörige freier Berufe auf Antrag eine in Deutscher Mark zahlbare Uebergangshilfe für geschäftliche Zwecke (Geschäftsbetrag). Der Geschäftsbetrag bemißt sich nach der Zahl der von dem Anspruchsberechtigten beschäftigten Arbeitnehmer und der Höhe der von ihm unterhaltenen Altgeldguthaben. Er beträgt sechzig Deutsche Mark je Arbeitnehmer, höchstens jedoch eine Deutsche Mark für jede Reichsmark Altgeldguthaben.

(2) Die Zubilligung des Geschäftsbetrages ist bis zum 26. Juni 1948 bei der Abwicklungsbank (§ 13) zu beantragen. Hat der Anspruchsberechtigte sein Altgeld noch nicht abgeliefert und angemeldet, so ist der Antrag bei dem Geldinstitut einzureichen, das er als Abwicklungsbank in Aussicht genommen hat. In diesem Falle ist der Antragsteller verpflichtet, sein Altgeld bei diesem Geldinstitut abzuliefern und anzumelden.

(3) Der Geschäftsbetrag kann grundsätzlich nur bei der Abwicklungsbank in Anspruch genommen werden. Reichen jedoch die Altgeldguthaben des Anspruchsberechtigten bei der Abwicklungsbank nicht aus, um den Geschäftsbetrag, der ihm nach der Zahl seiner Arbeitnehmer zusteht, in voller Höhe auszunutzen, so kann der Rest des Geschäftsbetrages mit Zustimmung der Abwicklungsbank bei anderen Geldinstituten erhoben werden, wenn und soweit der Anspruchsberechtigte bei den anderen Geldinstituten ausreichende Altgeldguthaben unterhält.

(4) Die Geldinstitute, mit Ausnahme der Postscheckämter und der Postsparkasse, sind im Rahmen der vorstehenden Vorschriften zur Auszahlung des Geschäftsbetrages verpflichtet. Kredite dürfen von den Kreditinstituten, mit Ausnahme der Bank deutscher Länder, bis zum 26. Juni 1948 nicht gewährt werden.

Sechster Abschnitt

Allgemeine Vorschriften

§ 18

(1) Aufträge auf Ueberweisung von Reichsmarkbeträgen, die ein Geldinstitut oder eine Postanstalt vor dem 21. Juni 1948 erhalten hat, sind auch danach noch in Reichsmark auszuführen; dies gilt auch dann, wenn das Geldinstitut oder die Postanstalt den Auftrag erst nach dem 20. Juni 1948 an das ausführende Geldinstitut weitergeleitet hat. Aufträge auf Ueberweisung von Reichsmarkbeträgen, die ein Geldinstitut oder eine Postanstalt am 21. Juni 1948 oder danach erhält, sind als unausführbar zurückzugeben.

(2) Aufträge auf Barauszahlung von Reichsmarkbeträgen zu Lasten eines Altgeldguthabens dürfen nach dem 20. Juni 1948 nicht mehr ausgeführt werden. Zur Auszahlung bereitgestellte Beträge sind auf das Konto des Auftraggebers zurückzuüberweisen.

(3) Postanweisungen über Reichsmarkbeträge dürfen nach dem 20. Juni 1948 nicht mehr durch Barzahlung ausgeführt werden. Zur Auszahlung bereitgestellte Beträge sind auf ein Reichsmarkkonto des Empfängers bei einem Geldinstitut zu überweisen. Das Konto ist von der ausführenden Postanstalt bei dem Empfänger zu erfragen.

§ 19

Es ist verboten, Reichsbanknoten, Rentenbankscheine, in Deutschland in Umlauf gesetzte Noten der Alliierten Militärbehörde, Reichspfennigmünzen oder Rentenpfennigmünzen in das Währungsgebiet einzuführen oder aus ihm auszuführen.

§ 20

Wer mit der Absicht, den Zweck dieses Gesetzes zu vereiteln, den Vorschriften dieses Gesetzes oder der Durchführungsverordnungen zu diesem Gesetz zuwiderhandelt oder in den Erklärungen gemäß den Anlagen A und B zu diesem Gesetz vorsätzlich falsche oder unvollständige Angaben macht, wird mit Gefängnis bis zu fünf Jahren oder mit Geldstrafe bis zu fünfzigtausend Deutsche Mark oder mit beiden Strafen bestraft. Straffrei bleibt, wer Altgeldnoten vernichtet, statt sie abzuliefern. Die deutschen Gerichte werden, vorbehaltlich der Vorschriften von Artikel VI, Ziff. 10 des Militärregierungsgesetzes Nr. 2, ermächtigt, im Falle von Verstößen gegen dieses Gesetz die Gerichtsbarkeit auszuüben.

§ 21

Vorbehaltlich von Sonderregelungen finden die Vorschriften dieses Gesetzes keine Anwendung auf

1. Personen, die der deutschen Steuergesetzgebung nicht unterliegen oder deren Befugnisse unmittelbar mit der Besetzung verknüpft sind,
2. verschleppte Personen, die in Lagern leben oder für die sonst im Zusammenhang mit der Währungsreform besondere Vorschriften erlassen werden.

§ 22

Für Altgeld der in § 21 Ziff. 1 bezeichneten Personen gelten die folgenden Vorschriften:

a) Soweit solche Personen nach Maßgabe besonderer Durchführungsbestimmungen, die von der Militärregierung erlassen werden, berechtigt sind, ihr Altgeld ganz oder teilweise durch Zahlstellen der Militärregierung umzutauschen, haben sie das Altgeld bei diesen Zahlstellen abzuliefern.

b) Soweit solche Personen Altgeld besitzen, das nicht nach Buchstaben a) zum Umtausch zugelassen ist, ist es bis zum 26. Juni 1948 bei der nächsten Zweiganstalt der Landeszentralbank „für Rechnung der Bank deutscher Länder" zu hinterlegen, die damit nach den Weisungen der Alliierten Bankkommission zu verfahren hat.

§ 23

Dieses Gesetz findet keine Anwendung auf die Altgeldbestände der Besatzungsmächte, deren Umwandlung von der Bank deutscher Länder nach den Weisungen der Militärregierung durchgeführt wird.

§ 24

Die Alliierte Bankkommission wird ermächtigt, Verordnungen zur Durchführung und Ergänzung dieses Gesetzes zu erlassen.

§ 25

Der deutsche Wortlaut dieses Gesetzes ist der amtliche Wortlaut. Die Vorschriften der Militärregierungsverordnung Nr. 3 und des Artikels II Ziff. 5 des Militärregierungsgesetzes Nr. 4 finden auf diesen Wortlaut keine Anwendung.

Amerikanisches Kontrollgebiet:

§ 26

Dieses Gesetz tritt in den Ländern Bayern, Bremen, Hessen und Württemberg-Baden am 20. Juni 1948 in Kraft. Im Auftrage der Militärregierung.

Britisches Kontrollgebiet:

§ 26

Dieses Gesetz tritt in den Ländern Niedersachsen, Nordrhein-Westfalen, Schleswig-Holstein und Hansestadt Hamburg am 20. Juni 1948 in Kraft. Im Auftrage der Militärregierung.

Französisches Kontrollgebiet:

§ 26

Dieses Gesetz tritt in den Ländern Baden, Rheinland-Pfalz und Württemberg-Hohenzollern am 20. Juni 1948 in Kraft. Im Auftrage der Militärregierung.

Umstellungsgesetz

(Drittes Gesetz zur Neuordnung des Geldwesens)

Amerikanisches Kontrollgebiet, Gesetz Nr. 63.
Britisches Kontrollgebiet, Gesetz Nr. 63.
Französisches Kontrollgebiet, Verordnung Nr. 160.

Teil I
Reichsmarkguthaben bei Geldinstituten

Erster Abschnitt
Allgemeine Bestimmungen

§ 1
Begriffsbestimmungen

(1) Für die Anwendung dieses Gesetzes gelten folgende Begriffsbestimmungen:

1. Altgeldguthaben: Alle Reichsmarkguthaben bei Geldinstituten im Währungsgebiet (Ziff. 5), auch die Reichsmarkguthaben, die erst durch die Einzahlung der auf Grund des Währungsgesetzes abzuliefernden Altgeldnoten entstanden sind.

a) Altgeldguthaben, Gruppe I: Alle Altgeldguthaben, die nach § 10 und § 11 Abs. 2, 3 des Währungsgesetzes mit Vordruck A oder B anzumelden waren, mit Ausnahme der in (c) (cc) bis (gg) bezeichneten juristischen Personen und Vereinigungen, zuzüglich der durch Einzahlung von ablieferungspflichtigen Altgeldnoten entstandenen Altgeldguthaben und unter Einschluß der Reichsmarkbeträge, die nach den Vorschriften des Währungsgesetzes nachträglich auf diesen Konten eingehen.

b) Altgeldguthaben, Gruppe II: Die Altgeldguthaben der Geldinstitute.

c) Altgeldguthaben, Gruppe III: Die Altgeldguthaben folgender Personen und Vereinigungen:

aa) der Kassen von Gebietskörperschaften und ihrer Behörden (Kassen der Verwaltung des Vereinigten Wirtschaftsgebietes, Kassen der zonalen Stellen, Kassen der Behörden und Einrichtungen der Länder, Regierungsbezirke, Kreise, Städte, Gemeinden usw. unter Einschluß von Eigenbetrieben der öffentlichen Hand ohne eigene Rechtspersönlichkeit),

bb) der Bahn- und Postverwaltungen,

Amerikanisches und britisches Kontrollgebiet:

cc) der Gemeinsamen Außenhandelskasse und der Staatlichen Erfassungsgesellschaft für öffentliches Gut,

Französisches Kontrollgebiet:

cc) des „Office des Changes" und des „Office du Commerce Exterieur de la Zone Francaise",

dd) der NSDAP, ihrer Gliederungen und angeschlossenen Verbände und aller sonstigen von der Militärregierung aufgelösten Organisationen,

ee) des Reichs und seiner Behörden und Einrichtungen (insbesondere auch Wehrmacht, OT usw.),

ff) der Reichsbank,

gg) der Metallurgischen Forschungsgesellschaft, der Wirtschaftlichen Forschungsgesellschaft und anderer für die Zwecke der Kriegsfinanzierung oder Kriegsführung errichteten Gesellschaften im unmittelbaren oder mittelbaren Besitz eines der zu dd) bis ff) bezeichneten Rechtsträger.

d) Altgeldguthaben, Gruppe IV: Die Altgeldguthaben aller Personen oder Vereinigungen, die ihren Wohnsitz, Sitz oder Ort der Niederlassung nicht im Währungsgebiet haben, es sei denn, daß sie dort steuerpflichtig sind; ferner ohne Rücksicht auf die Person des Kontoinhabers die Altgeldguthaben auf Konten, die der Ansammlung der in den Denazifizierungsverfahren verhängten und zur Unterstützung der Opfer des Faschismus bestimmten Sühnebeträge dienen.

2. Neugeldguthaben: Alle in Deutscher Mark bei einem Geldinstitut begründeten Guthaben.

3. Familie: Der Ehemann, die nicht dauernd von ihm getrennt lebende Ehefrau und die Kinder, die am 21. Juni 1948 das achtzehnte Lebensjahr nicht vollendet haben, gleichviel, ob sie im elterlichen Haushalt leben oder nicht.

4. Unternehmen: Alle Personen und Vereinigungen, die ihr Altgeld nach § 11, Abs. 3 des Währungsgesetzes mit Vordruck B abzuliefern und anzumelden hatten. Nicht als Unternehmen gelten jedoch die unter Ziffer 1 c zu cc bis gg aufgeführten Personen und Vereinigungen.

Amerikanisches Kontrollgebiet:

5. Währungsgebiet:
Land Bayern, Land Bremen, Land Hessen, Land Württemberg-Baden, Land Niedersachsen, Land Nordrhein-Westfalen, Land Schleswig-Holstein, Hansestadt Hamburg, Land Baden, Land Rheinland-Pfalz und Land Württemberg-Hohenzollern.

Britisches Kontrollgebiet:

5. Währungsgebiet:
Land Niedersachsen, Land Nordrhein-Westfalen, Land Schleswig-Holstein, Hansestadt Hamburg, Land Bayern, Land Bremen, Land Hessen, Land Württemberg-Baden, Land Baden, Land Rheinland-Pfalz und Land Württemberg-Hohenzollern.

Französisches Kontrollgebiet:

5. Währungsgebiet:
Land Baden, Land Rheinland-Pfalz, Land Württemberg-Hohenzollern, Land Bayern, Land Bremen, Land Hessen, Land Württemberg-Baden, Land Niedersachsen, Land Nordrhein-Westfalen, Land Schleswig-Holstein und Hansestadt Hamburg.

(2) Für folgende Ausdrücke gelten die Begriffsbestimmungen des Währungsgesetzes (WG):

1. Abwicklungsbank (§ 13 WG),
2. Geldinstitute (§ 9 Abs. 2 WG),
3. Geschäftsbetrag (§ 17 WG),
4. Hauptumtauschstelle (§ 12, Abs. 1, Ziff. 1 WG),
5. Kopfbetrag (§ 6 WG),
6. Reichsmark-Abwicklungskonto (§ 14 WG).

§ 2

Umwandlung und Ablösung der Altgeldguthaben

(1) Die Altgeldguthaben der Gruppe I werden grundsätzlich in der Weise in Neugeldguthaben umgewandelt, daß den Inhabern für je zehn Reichsmark eine Deutsche Mark gutgeschrieben wird. Hiervon ist die Hälfte frei verfügbar (Freikonto); die andere Hälfte wird einem gesperrten Konto (Festkonto)

gutgeschrieben, über dessen Behandlung innerhalb von 90 Tagen entschieden werden wird. Darüber hinaus kann den Inhabern der Altgeldguthaben ein weiterer Anspruch im Höchstbetrag von einer Deutschen Mark für je zehn Reichsmark Altgeldguthaben gewährt werden. Die Militärregierung bestimmt nach Anhörung der deutschen gesetzgebenden Körperschaften Umfang und Art dieses Anspruchs.

(2) Die Altgeldguthaben der Gruppe II erlöschen am 10. Juli 1948.

(3) Auf Altgeldguthaben der Gruppe III findet § 9 Anwendung.

(4) Die Altgeldguthaben der Gruppe IV sind von den Geldinstituten ohne weiteres nach Absatz 1 in Neugeldguthaben umzuwandeln.

Zweiter Abschnitt

Weitere Bestimmungen für Altgeldguthaben Gruppe I

§ 3

Freigabe der Altgeldguthaben zur Umwandlung in Neugeldguthaben

(1) Soweit in diesem Gesetz oder in den Durchführungsverordnungen zu diesem Gesetz nichts anderes vorgeschrieben oder zugelassen wird, dürfen die Geldinstitute Altgeldguthaben der Gruppe I erst nach Freigabe durch die zuständige Abwicklungsbank in Neugeldguthaben umwandeln.

(2) Die Abwicklungsbank darf Altgeldguthaben nur unter den in den §§ 4 bis 7 bestimmten Voraussetzungen zur Umwandlung in Neugeldguthaben freigeben.

§ 4

Anrechnung der Kopfbeträge und der Geschäftsbeträge

Die nach § 6 des Währungsgesetzes in Deutscher Mark ausgezahlten Kopfbeträge und die nach § 17 des Währungsgesetzes in Deutscher Mark erhobenen Geschäftsbeträge werden auf die Beträge in Deutscher Mark, die den Altgeldbesitzern nach § 2, Abs. 1 zustehen, grundsätzlich voll angerechnet. Demgemäß vermindert sich der Anspruch auf Umwandlung von Altgeldguthaben in Neugeldguthaben,

a) zum Ausgleich der Kopfbeträge
um je fünfhundertvierzig Reichsmark für den Inhaber des Reichsmark-Abwicklungskontos und für jede Person, die zu seiner Familie gehört,

b) zum Ausgleich des Geschäftsbetrages
um je zehn Reichsmark für jede Deutsche Mark des Geschäftsbetrages.

§ 5

Sofortfreigabe

(1) Von dem Gesamtbetrag der Altgeldguthaben einer alleinstehenden Person oder einer Familie, die nach Abzug der im § 4 bezeichneten Beträge verbleibt, können sofort fünftausend Reichsmark zur Umwandlung in Neugeldguthaben freigegeben werden. Dieser Betrag erhöht sich für Gewerbetreibende und Angehörige freier Berufe auf zehntausend Reichsmark, wenn der Antragsteller eine Unbedenklichkeitsbescheinigung des Finanzamtes beibringt.

(2) Der Gesamtbetrag der Altgeldguthaben eines Unternehmens, der nach Abzug der in § 4 bezeichneten Beträge verbleibt, ist auf Antrag zur

Umwandlung in Neugeldguthaben freizugeben, wenn der Antragsteller eine Unbedenklichkeitsbescheinigung des Finanzamtes beibringt. Auf die Unbedenklichkeitsbescheinigung kann bei Unternehmen verzichtet werden, wenn das Unternehmen durch Vorlage einer Bescheinigung des Arbeitsamtes oder durch Lohnsteuerlisten nachweist, daß es mindestens zwanzig Arbeitnehmer beschäftigt.

§ 6

Freigabe der restlichen Altgeldguthaben

(1) Ueber ein Guthaben, das dem Verfügungsverbot des § 2, Abs. 1, Satz 2 unterliegt, darf auch nach etwaiger Aufhebung dieses Verbots nur verfügt werden, wenn das Finanzamt nach Durchführung des im § 7 vorgesehenen Verfahrens Verfügungen über das Guthaben genehmigt.

(2) Ebenso darf der Teil der Altgeldguthaben, der nach Abzug der im § 4 bezeichneten Beträge und der nach § 5 freigegebenen Beträge verbleibt, nur mit Genehmigung des Finanzamtes zur Umwandlung in Neugeldguthaben freigegeben werden.

§ 7

Ueberprüfung der Altgeldguthaben durch das Finanzamt

(1) Das Finanzamt hat auf Grund der Vordrucke A und B zu prüfen, ob die Steuerpflichtigen ihre Steuerpflicht erfüllt haben. Soweit dieses Gesetz und die dazu ergehenden Durchführungsverordnungen nicht etwas anderes bestimmen, ist dabei nach den Vorschriften der Reichsabgabenordnung zu verfahren.

(2) Wird auf Grund der im Abs. 1 vorgesehenen Prüfung ein Strafverfahren wegen Steuerhinterziehung zum eigenen Vorteil eingeleitet, so ist eine vom Täter verwirkte Geldstrafe in Reichsmark festzusetzen, wenn der hinterzogene Betrag zweitausend Reichsmark übersteigt. Steht die Steuerhinterziehung in Verbindung mit gesetzwidrigen Geschäften, so ist die Geldstrafe so zu bemessen, daß sie zusammen mit der den Gegenstand des Vergehens bildenden Steuerschuld mindestens den Reichsmarkbetrag erreicht, den der Beschuldigte durch gesetzwidrige Geschäfte erworben hat. Sind die gesetzwidrigen Geschäfte nicht nachhaltig getätigt worden, so kann von der vorstehenden Vorschrift abgewichen werden, soweit dies zur Vermeidung von erheblichen Härten für den Beschuldigten oder seine Familienangehörigen erforderlich ist.

(3) In den Fällen des Abs. 2 ist die Steuerschuld und die Geldstrafe aus dem Vermögen des Täters wie folgt beizutreiben:

1. Zunächst sind die Ansprüche des Täters auf Umwandlung seines Altgeldguthabens in Neugeldguthaben als verfallen zu erklären, soweit die noch nicht umgewandelten Altgeldguthaben den Betrag der Steuerschuld und der Geldstrafe nicht übersteigen. Wegen eines etwaigen Restes der Altgeldguthaben ist die Umwandlung in Neugeldguthaben zu genehmigen.
2. Reichen die noch nicht umgewandelten Altgeldguthaben zum Ausgleich der Steuerschuld und der Geldstrafe nicht aus, so ist der verbleibende Restbetrag auf Deutsche Mark umzustellen; dabei ist für je zehn Reichsmark eine Deutsche Mark in Ansatz zu bringen.
3. Alsdann ist ein Guthaben des Täters auf einem durch Umwandlung von Altgeldguthaben in Neugeldguthaben entstandenen Festkonto (§ 2, Abs. 1) für verfallen zu erklären, soweit dieses Guthaben die Hälfte des sich nach Ziffer 2 ergebenden Deutsche-Mark-Betrages nicht übersteigt.

4. Der danach verbleibende Restbetrag ist aus dem sonstigen Vermögen des Täters beizutreiben.

(4) Soweit Familienangehörige des Täters nach der Reichsabgabenordnung und den Steuergesetzen für die Steuerschuld und die Geldstrafe haften, gelten für die Beitreibung die Vorschriften des Abs. 2 entsprechend. Soweit der Reichsmarkgegenwert der in Deutscher Mark beigetriebenen Teile der Steuerschuld und der Geldstrafe zuzüglich der für verfallen erklärten Altgeldguthaben und Festkonten den Gesamtbetrag der Altgeldguthaben des Täters und gegebenenfalls seiner Familie vor deren Umwandlung nicht übersteigt, sind die in Deutscher Mark beigetriebenen Beträge für Rechnung des Landes an die Landeszentralbank abzuführen und zur Tilgung von Ausgleichsforderungen (§ 11) zu verwenden.

§ 8

Behandlung der nicht gemeldeten Altgeldguthaben der Gruppe I

(1) Aus Altgeldguthaben der Gruppe I, die nicht innerhalb der Frist des § 10 des Währungsgesetzes ordnungsgemäß angemeldet worden sind, können Ansprüche auf Umwandlung in Neugeldguthaben nicht geltend gemacht werden. Für ehemalige Kriegsgefangene wird eine Durchführungsverordnung nähere Bestimmungen treffen.

(2) Das für den Kontoinhaber zuständige Finanzamt kann gegen die Versäumung der im Abs. 1 bezeichneten Frist Wiedereinsetzung in den vorigen Stand gewähren. Einem Antrag auf Wiedereinsetzung in den vorigen Stand ist zu entsprechen, wenn der Antragsteller glaubhaft macht, daß er ohne eigenes Verschulden außerstande war, das Altgeldguthaben rechtzeitig anzumelden. Wird die Wiedereinsetzung in den vorigen Stand versagt, so kann der Antragsteller binnen einer Frist von einem Monat seit dem Zugang des Bescheides des Finanzamts eine gerichtliche Entscheidung beantragen. Für die Entscheidung über solche Anträge sind die Verwaltungsgerichte, und, wo Verwaltungsgerichte noch nicht bestehen, die ordentlichen Gerichte zuständig.

(3) Wird dem Antrag auf Wiedereinsetzung in den vorigen Stand entsprochen, so hat der Antragsteller die meldepflichtigen Altgeldguthaben binnen einer Frist von einer Woche nach dem Zugang des Bescheides über die Wiedereinsetzung in den vorigen Stand nach den Vorschriften des Währungsgesetzes bei einer Hauptumtauschstelle unter Beifügung des Bescheides anzumelden. Die Vorschriften des Währungsgesetzes finden auf diese Meldung und auf die weitere Behandlung solcher Altgeldguthaben sinngemäß Anwendung.

Dritter Abschnitt

Altgeldguthaben, Gruppe III

§ 9

Soweit dieses Gesetz und die dazu ergehenden Durchführungsverordnungen nicht etwas anderes bestimmen, begründen die nichtmeldepflichtigen Altgeldguthaben keinen Anspruch auf Umwandlung in Neugeldguthaben. Diese Altgeldguthaben erlöschen.

Vierter Abschnitt

Deckung der aus der Umstellung des Geldwesens hervorgehenden Verbindlichkeiten der Geldinstitute

§ 10

Deckung durch flüssige Mittel

(1) Den Geldinstituten, mit Ausnahme der Landeszentralbanken und der Bank deutscher Länder, werden für je hundert Deutsche Mark ihrer Verbindlichkeiten aus Einlagen, die durch Umwandlung von Altgeldguthaben entstanden sind, von der Landeszentralbank

a) fünfzehn Deutsche Mark, soweit es sich um Sichtverbindlichkeiten, und

b) sieben und eine halbe Deutsche Mark, soweit es sich um befristete Verbindlichkeiten oder Spareinlagen handelt,

auf Girokonto gutgeschrieben.

(2) Den Landeszentralbanken werden für je hundert Deutsche Mark ihrer aus der Umstellung des Geldwesens hervorgehenden Verbindlichkeiten aus Einlagen dreißig Deutsche Mark von der Bank deutscher Länder gutgeschrieben.

(3) Die zu Beginn des 21. Juni 1948 bei den Geldinstituten vorhandenen Bestände an Kleingeldzeichen, die auf Deutsche Mark umgestellt sind, werden auf die nach den Abs. 1 und 2 vorzunehmenden Gutschriften angerechnet.

§ 11

Deckung durch Ausgleichsforderungen gegen die öffentliche Hand

(1) Den Geldinstituten wird, soweit ihre Vermögenswerte unter Einrechnung der im § 10 bezeichneten flüssigen Mittel zur Deckung der aus der Umstellung des Geldwesens hervorgehenden Verbindlichkeiten nicht ausreichen, nach näherer Vorschrift einer Durchführungsverordnung eine mit drei vom Hundert jährlich verzinsliche Ausgleichsforderung gegen die öffentliche Hand zugeteilt. Die Zuteilung der Ausgleichsforderung kann nach Anhörung der Landeszentralbank von der Erfüllung von Auflagen der Bankaufsichtsbehörde abhängig gemacht werden. Jedes Geldinstitut, das hiernach Ausgleichsforderungen erhält, hat seine Rechte aus Ansprüchen der im § 14 bezeichneten Art auf das Land zu übertragen, in dem es seinen Sitz hat.

(2) Schuldner der im Abs. 1 bezeichneten Ausgleichsforderungen sind gegenüber der Bank deutscher Länder und den Postsparkassen das Vereinigte Wirtschaftsgebiet und die Länder des französischen Besatzungsgebiets, gegenüber den übrigen Geldinstituten der Länder.

(3) Die Landeszentralbank ist berechtigt, Ausgleichsforderungen eines Geldinstituts ihres Bezirks, soweit dies zur Aufrechterhaltung der Zahlungsbereitschaft des Geldinstituts erforderlich ist, zu beleihen oder in besonderen Fällen anzukaufen. Sie kann verlangen, daß das Geldinstitut eine von ihr übernommene Ausgleichsforderung zurückerwirbt, wenn der Grund für den Ankauf nachträglich wegfällt. Ebenso ist die Bank deutscher Länder berechtigt, Ausgleichsforderungen der Landeszentralbanken zu beleihen oder anzukaufen.

(4) Die Ausgleichsforderungen der Geldinstitute dürfen nur von Geldinstituten und nur zum Nennwert veräußert und erworben werden. Sie sind in den Bilanzen der Geldinstitute zum Nennwert einzusetzen.

§ 12

Ausstattung der Geldinstitute mit einem angemessenen Eigenkapital

(1) Die Zuteilung von Ausgleichsforderungen an die Geldinstitute ist grundsätzlich so zu bemessen, daß die Vermögenswerte ausreichen, um neben den aus der Umstellung des Geldwesens hervorgehenden Verbindlichkeiten der Geldinstitute sowie den auf Deutsche Mark umgestellten nichtbankgeschäftlichen Verbindlichkeiten auch ein angemessenes Eigenkapital zu decken. Das Nähere hierfür bestimmt eine Durchführungsverordnung.

(2) War ein Geldinstitut vor der Umstellung ohne Eigenkapital, so kann an die Zuteilung der Ausgleichsforderung der Vorbehalt geknüpft werden, daß sie in Höhe des auf die Ausstattung mit einem vorläufigen Eigenkapital entfallenden Betrages dem Land zur angemessenen Verwendung wieder zur Verfügung zu stellen ist, sobald das Geldinstitut ein angemessenes Eigenkapital anderweitig beschafft hat.

(3) Bei Geldinstituten, die der Zuteilung einer Ausgleichsforderung gegen die öffentliche Hand nicht bedürfen, soll das Eigenkapital nach der Umstellung der Bilanz auf Deutsche Mark den Betrag von hundert Deutsche Mark für je hundert Reichsmark des in der Bilanz zum 31. Dezember 1947 ausgewiesenen Eigenkapitals nicht übersteigen. Ein etwaiger Ueberschuß über diesen Betrag fällt nach näherer Bestimmung einer Durchführungsverordnung der öffentlichen Hand zu.

Teil II

Schuldverhältnisse

Erster Abschnitt

Allgemeine Bestimmungen

§ 13

Begriffsbestimmungen

(1) Schuldverhältnisse im Sinne dieses Gesetzes sind alle auf die Zahlung einer Geldsumme gerichteten Forderungen (einschließlich Gerichtskosten und Strafen) mit Ausnahme der Guthaben bei Geldinstituten.

(2) Allgemeine Schuldverhältnisse im Sinne dieses Gesetzes sind alle Schuldverhältnisse (Abs. 1) mit Ausnahme der Ansprüche aus Pfandbriefen und verwandten Schuldverschreibungen sowie der Versicherungsansprüche (einschließlich der Ansprüche aus Bausparverträgen).

(3) Reichsmarkverbindlichkeiten und Reichsmarkforderungen im Sinne dieses Gesetzes sind alle Verbindlichkeiten und Forderungen aus vor dem 21. Juni 1948 begründeten Schuldverhältnissen (Abs. 1), die auf Reichsmark, Rentenmark oder Goldmark lauten oder nach den vor dem Inkrafttreten des Währungsgesetzes in Geltung gewesenen Vorschriften in Reichsmark zu erfüllen gewesen wären. Auf Reichsmarkverbindlichkeiten, die bei Beginn des 21. Juni 1948 bereits erloschen waren, findet dieses Gesetz keine Anwendung.

(4) Angehörige der Vereinten Nationen im Sinne dieses Gesetzes sind:

1. Personen, die beim Inkrafttreten dieses Gesetzes Staatsangehörige der in der Anlage verzeichneten Länder sind,
2. juristische Personen und Personenvereinigungen, die nach den Gesetzen eines der in Ziff. 1 bezeichneten Länder errichtet worden sind.

Dies gilt nicht für natürliche und juristische Personen und Personenvereinigungen, bei denen die vorstehenden Voraussetzungen am 8. Mai 1945 nicht zutrafen.

§ 14

Verbindlichkeiten des Reichs und gleichgestellte Verbindlichkeiten

Vorbehaltlich einer allgemeinen Regelung für die Ansprüche der im § 13, Abs. 4 bezeichneten Personen und Vereinigungen finden die Vorschriften im Zweiten, Dritten und Vierten Abschnitt von Teil II dieses Gesetzes auf folgende Reichsmarkverbindlichkeiten keine Anwendung:

1. Verbindlichkeiten des Reichs,
2. Verbindlichkeiten der NSDAP, ihrer Gliederungen und angeschlossenen Verbände, sowie aller übrigen Organisationen, die von der Militärregierung aufgelöst worden sind,
3. vor dem 9. Mai 1945 begründete Verbindlichkeiten der Reichsbahn und der Reichspost, soweit sie nicht von den Bahn- und Postverwaltungen im Währungsgebiet übernommen werden,
4. Verbindlichkeiten der Reichsbank, soweit sie nicht von den Landeszentralbanken übernommen werden,
5. vor dem 9. Mai 1945 begründete Verbindlichkeiten der Metallurgischen Forschungsgesellschaft, der Wirtschaftlichen Forschungsgesellschaft und anderer für die Zwecke der Kriegsfinanzierung oder Kriegsführung errichteter Gesellschaften im unmittelbaren oder mittelbaren Besitz eines der vorstehend bezeichneten Rechtsträger.

§ 15

Verbindlichkeiten gegenüber Angehörigen der Vereinten Nationen

(1) Die Vorschriften im Teil II dieses Gesetzes finden auch auf Reichsmarkverbindlichkeiten gegenüber Angehörigen der Vereinten Nationen Anwendung. Dies gilt nicht, wenn der Gläubiger die Annahme einer nach den Vorschriften dieses Gesetzes angebotenen oder bewirkten Leistung verweigert oder bis zum 20. August 1948 durch Erklärung gegenüber dem Schuldner der in diesem Gesetz vorgeschriebenen Umstellung des Schuldverhältnisses auf Deutsche Mark widerspricht.

(2) Im Falle des Abs. 1, Satz 2 ist das Land, in dem sich der Wohnsitz, Sitz oder Ort der Niederlassung des Schuldners befindet, dem Schuldner gegenüber verpflichtet, ihn von allen Verbindlichkeiten zu befreien, die ihm gegebenenfalls auf Grund des Vorbehalts des Gläubigers über die Verpflichtungen hinaus auferlegt werden, die sich für ihn bei einer Umstellung des Schuldverhältnisses nach den Vorschriften des § 16 ergeben würden. Der Schuldner darf die zusätzliche Verbindlichkeit und den Befreiungsanspruch gegenüber dem Land erst dann als Passivum bzw. Aktivum in seine Bilanz einsetzen, wenn die Höhe der Verpflichtung endgültig feststeht.

(3) Ist ein Angehöriger der Vereinten Nationen vertraglich berechtigt, wegen einer ihm gegen einen deutschen Schuldner zustehenden Forderung in deutscher oder ausländischer Währung von einem anderen Deutschen Befriedigung zu verlangen, so ist das Land, in dem sich der Wohnsitz, Sitz oder Ort der Niederlassung des Zweitschuldners befindet, verpflichtet, diesen von allen etwaigen zusätzlichen Verbindlichkeiten im Sinne des Abs. (2) zu befreien.

(4) Im Falle des Abs. 1, Satz 2 können Ansprüche aus dem Schuldverhältnis nicht geltend gemacht werden, solange das Schicksal der Reichsmarkverbindlichkeiten gegenüber Angehörigen der Vereinten Nationen nicht endgültig geregelt worden ist.

(5) Eine in ausländischer Währung eingegangene Verbindlichkeit kann nur mit Zustimmung des Gläubigers in Deutscher Mark erfüllt werden.

Zweiter Abschnitt
Allgemeine Schuldverhältnisse

§ 16
Umstellung der Reichsmarkverbindlichkeiten auf Deutsche Mark

(1) Die Reichsmarkforderungen werden grundsätzlich mit der Wirkung auf Deutsche Mark umgestellt, daß der Schuldner an den Gläubiger für je zehn Reichsmark eine Deutsche Mark zu zahlen hat.

(2) Die Militärregierung behält sich vor, den Gläubigern von Reichsmarkforderungen, die nach Abs. 1 auf Deutsche Mark umgestellt worden sind, nach Anhörung der deutschen gesetzgebenden Körperschaften einen weiteren Anspruch im Höchstbetrag von einer Deutschen Mark für je zehn Reichsmark der Schuldsumme zuzuerkennen. In diesem Falle wird der Anspruch auch den Gläubigern solcher Forderungen zuerkannt werden, die inzwischen untergegangen sind.

(3) Die Heranziehung der Schuldnergewinne zum Lastenausgleich obliegt der deutschen Gesetzgebung.

§ 17
Rechnungserteilung für Reichsmarkverbindlichkeiten

Eine vor dem 21. Juni begründete Verbindlichkeit verliert nicht dadurch die Eigenschaft einer Reichsmarkverbindlichkeit, daß der Gläubiger die Rechnung für die von ihm vor diesem Zeitpunkt bewirkte Gegenleistung erst nach dem 20. Juni 1948 vorlegt.

§ 18
Sonderregelung für bestimmte Reichsmarkverbindlichkeiten

(1) Folgende Reichsmarkverbindlichkeiten werden in Abweichung von § 16 mit der Wirkung auf Deutsche Mark umgestellt, daß der Schuldner für jede Reichsmark eine Deutsche Mark zu zahlen hat:

1. Löhne und Gehälter, Miet- und Pachtzinsen, Altenteile, Renten, Pensionen und andere regelmäßig wiederkehrende Leistungen, die nach dem 20. Juni 1948 fällig geworden sind oder fällig werden,
2. Verbindlichkeiten aus Kaufverträgen und Werkverträgen, wenn und soweit die Gegenleistung vor dem 21. Juni 1948 noch nicht bewirkt war,
3. Verbindlichkeiten aus der Auseinandersetzung zwischen Gesellschaftern, Miterben, Ehegatten, geschiedenen Ehegatten, Eltern und Kindern, Verbindlichkeiten gegenüber Pflichtteilberechtigten und Vermächtnisnehmern sowie Verbindlichkeiten, die der Uebernehmer eines Guts oder eines Vermögens dem anderen Vertragsteil gegenüber zur Abfindung eines Dritten eingegangen ist,
4. alle am 19. und 20. Juni eingegangenen Reichsmarkverbindlichkeiten.

(2) Absatz 1 findet keine Anwendung auf wiederkehrende Leistungen, die für einen vor dem 1. Juni 1948 liegenden Zeitraum geschuldet werden.

(3) Alle Reichsmarkverbindlichkeiten aus Schuldverhältnissen zwischen Geldinstituten im Währungsgebiet erlöschen.

§ 19

Umstellung von Kriegsgefangenen-Zertifikaten

(1) Auf englische Pfunde, nordamerikanische Dollars oder französische Franken lautende, noch nicht eingelöste Kriegsgefangenen-Zertifikate, deren Inhaber nach ihrer Entlassung aus britischer, amerikanischer oder französischer Kriegsgefangenschaft in das Währungsgebiet zurückgekehrt sind oder dort ihren Wohnsitz begründet haben, gelten als Markverbindlichkeiten.

(2) Zertifikate der im Abs. 1 bezeichneten Art, deren Inhaber vor dem 16. Mai 1948 in das Währungsgebiet zurückgekehrt sind oder dort ihren Wohnsitz begründet haben und daher die Möglichkeit gehabt hätten, die Zertifikate in Reichsmark einzulösen, werden im Verhältnis von zehn Reichsmark zu einer Deutschen Mark auf Deutsche Mark umgestellt.

(3) Zertifikate der im Abs. 1 bezeichneten Art, deren Inhaber nach dem 15. Mai 1948 in das Währungsgebiet zurückgekehrt sind oder dort ihren Wohnsitz begründet haben, werden im Verhältnis von einer Reichsmark zu einer Deutschen Mark auf Deutsche Mark umgestellt.

(4) Die Geldmittel, die für die vorstehenden Zahlungen erforderlich sind, werden durch Beiträge der drei Militärregierungen des Währungsgebiets aufgebracht und auf die Länder im Verhältnis zu ihrer Bevölkerungszahl aufgeteilt.

§ 20

Rücktrittsrecht bei Lieferverträgen

(1) Der Schuldner einer unter § 18, Abs. 1, Ziff. 2 fallenden Geldschuld kann bis zum 10. Juli 1948 vom Vertrage zurücktreten.

(2) Macht der Schuldner von dem Rücktrittsrecht Gebrauch, so findet § 16 auf die Verpflichtung zur Rückerstattung einer in Reichsmark geleisteten Anzahlung Anwendung.

(3) War die dem Gläubiger obliegende Gegenleistung Gegenstand eines Werkvertrages, so hat der Gläubiger in Abweichung von § 649 BGB nur Anspruch auf Ersatz der Aufwendungen, die er für die Gegenleistung gemacht hat. Auf die Verpflichtung zum Ersatz von Aufwendungen, die der Gläubiger vor dem 21. Juni 1948 gemacht hat, findet § 16 Anwendung. War Gegenstand des Werkvertrages die Herstellung einer nicht vertretbaren Sache aus einem vom Gläubiger zu beschaffenden Stoff, so wird der gemeine Wert, den das Werk im Zeitpunkt des Rücktritts hat, auf den Anspruch des Gläubigers auf Ersatz seiner Aufwendungen angerechnet.

§ 21

Vertragshilfe

(1) Vor dem 21. Juni 1948 begründete Verbindlichkeiten aus allgemeinen Schuldverhältnissen können auf Antrag des Schuldners im Wege richterlicher Vertragshilfe gestundet oder unter den Nennbetrag in Deutscher Mark, auf den sie nach den Vorschriften dieses Gesetzes umzustellen sind, herabgesetzt werden, wenn und soweit die Zahlung des in Deutscher Mark geschuldeten Betrages oder die fristgemäße Zahlung dieses Betrages dem Schuldner bei gerechter Abwägung der Interessen und der Lage beider Teile nicht zugemutet werden kann.

(2) Wird die richterliche Vertragshilfe zwecks Stundung oder Herabsetzung einer nach § 16 umgestellten Verbindlichkeit angerufen, so ist der Antrag ohne weiteres zurückzuweisen, wenn und soweit den auf Deutsche

Mark umgestellten Reichsmarkverbindlichkeiten des Schuldners nicht Reichsmarkforderungen gegenüberstehen, bei denen nach § 14 eine Umstellung auf Deutsche Mark unterbleibt.

(3) Löhne und Gehälter, Steuerschulden, Gebühren, Abgaben, Bußen, Sühnebeträge und Strafen, sowie auf öffentlichem Recht beruhende Beiträge können nicht im Wege richterlicher Vertragshilfe herabgesetzt oder gestundet werden.

(4) Wer aus einer Lieferung oder einer sonstigen Leistung Forderungen gegen das Reich oder andere Forderungen der in § 14 bezeichneten Art besitzt, kann die ihm gegenüber seinen Vorlieferanten obliegende Leistung verweigern, soweit er selbst nicht befriedigt worden ist. Entsprechendes gilt für das Verhältnis mehrerer Vorlieferanten untereinander.

Dritter Abschnitt

Pfandbriefe und verwandte Schuldverschreibungen

§ 22

(1) Pfandbriefe, Rentenbriefe, Kommunalschuldverschreibungen und andere Schuldverschreibungen, die von Grundkreditanstalten, Kommunalkreditanstalten, Schiffsbeleihungsbanken und Ablösungsanstalten ausgegeben worden sind, werden durch Ersetzung von je zehn Reichsmark oder Goldmark durch eine Deutsche Mark umgestellt. Soweit die Militärregierung von dem Vorbehalt des § 16, Abs. 2 Gebrauch macht, wird das Umstellungsverhältnis entsprechend erhöht. Was für die im Satz 1 bezeichneten Schuldverschreibungen bestimmt ist, gilt auch für Darlehen, die für Grundkredit- oder Kommunalkreditzwecke aufgenommen worden sind.

(2) Die im § 11 vorgesehene Ausgleichsforderung gegen die öffentliche Hand wird, soweit sie Geldinstituten der im Abs. 1 bezeichneten Art als Deckung der von ihnen ausgegebenen Schuldverschreibungen und Schuldurkunden zugeteilt wird, mit viereinhalb vom Hundert jährlich verzinst. Näheres regelt eine Durchführungsverordnung. Diese kann den Zinssatz der Schuldverschreibungen und Schuldurkunden für einen von ihr zu bestimmenden Zeitraum herabsetzen.

Vierter Abschnitt

Versicherung

§ 23

Sozialversicherung

Die Neuordnung der Sozialversicherung obliegt den deutschen gesetzgebenden Körperschaften. Bis zu einer solchen Neuordnung sind die Versicherungsleistungen zu demselben Nennbetrag in Deutscher Mark zu bewirken, wie sie bisher in Reichsmark zu bewirken waren; Beiträge zur Sozialversicherung hat ein Versicherter von dem Tag an, zu dem zum ersten Male für ihn Lohnsteuer in Deutscher Mark einbehalten wird, zu demselben Nennbetrag in Deutscher Mark zu leisten, wie bisher in Reichsmark. Die Landesregierungen können die Versicherungsleistungen und die Beiträge bis zum Erlaß der im Satz 1 vorgesehenen Gesetze anderweitig festsetzen.

§ 24

Versicherung außerhalb der Sozialversicherung

(1) Die aus Lebensversicherungsscheinen sowie aus Versicherungs- oder Rückversicherungsverträgen entstandenen Verbindlichkeiten und Rücklagen werden im Verhältnis von einer Deutschen Mark für je zehn Reichsmark

umgestellt; falls von dem Vorbehalt des § 16, Abs. 2 Gebrauch gemacht wird, verbessert sich das Umstellungsverhältnis entsprechend. Die Versicherungsnehmer sind berechtigt, durch Zahlung des erforderlichen Betrages in Deutscher Mark ihre Lebensversicherungen bis zu dem ursprünglich in Reichsmark ausgedrückten Betrag wiederherzustellen.

(2) Die Länder des Währungsgebiets sind nach Maßgabe des geschätzten Prämienaufkommens eines jeden Unternehmens in jedem Land dafür verantwortlich, daß alle Versicherungs- und Rückversicherungsunternehmen bei Abschluß der Neuordnung des Geldwesens Aktiven in Höhe von mindestens einhundertundfünf vom Hundert ihrer Verbindlichkeiten (mit Ausnahme des Eigenkapitals) erhalten. Zu diesem Zweck sind den Versicherungs- und Rückversicherungsunternehmen Ausgleichsforderungen zuzuteilen. Falls nach Abschluß der Neuordnung des Geldwesens die Aktiven eines Versicherungs- oder Rückversicherungsunternehmens mehr als einhundertundfünf vom Hundert seiner Verbindlichkeiten (mit Ausnahme des Eigenkapitals) betragen, werden für die Behandlung eines solchen Ueberschusses Bestimmungen entsprechend der für Geldinstitute getroffenen Regelung erlassen.

(3) Die Verbindlichkeiten der Versicherungsunternehmen aus Versicherungsscheinen, die bei der Deutschen Kriegsversicherungsgemeinschaft rückgedeckt waren, gehen hiermit auf die Deutsche Kriegsversicherungsgemeinschaft über. Die der Deutschen Kriegsversicherungsgemeinschaft vom Reich gegebene Garantie gilt als Forderung gegen das Reich.

(4) Die Landeszentralbank ist berechtigt, Ausgleichsforderungen eines Versicherungsunternehmens, soweit dies zur Aufrechterhaltung der Zahlungsbereitschaft des Versicherungsunternehmens erforderlich ist, zu beleihen oder in besonderen Fällen anzukaufen. Die Versicherungsaufsichtsbehörde kann verlangen, daß das Versicherungsunternehmen eine an die Landeszentralbank verkaufte Ausgleichsforderung zurückerwirbt, wenn der Grund für den Ankauf nachträglich wegfällt.

(5) Wenn ein Versicherungsunternehmen im Namen oder für Rechnung des Reichs gehandelt oder unter einer vom Reich gegebenen Garantie besondere Geschäfte betrieben hat, so werden *diese* nicht in die Eröffnungsbilanz in Deutscher Mark aufgenommen. Alle sich daraus ergebenden Ansprüche gelten als Forderungen gegen das Reich.

(6) Alle Verbindlichkeiten eines Versicherungs- oder Rückversicherungsunternehmens mit Sitz im Währungsgebiet, die auf Grund eines außerhalb dieses Gebietes ergangenen Gesetzes einem anderen Unternehmen übertragen worden sind, erlöschen hiermit. Sie sind nicht in die Eröffnungsbilanz in Deutscher Mark für das Unternehmen aufzunehmen. In gleicher Weise übertragene Aktiven werden lediglich mit dem Wert von einer Deutschen Mark eingesetzt.

(7) Forderungen gegen das Reich werden nicht in die Eröffnungsbilanz in Deutscher Mark aufgenommen.

(8) Versicherungsunternehmen, die von einem Land Ausgleichsforderungen erhalten, haben alle ihre Rechte aus Ansprüchen der in § 14 bezeichneten Art auf dieses Land zu übertragen.

(9) Eine Verordnung zu diesem Gesetz wird Bestimmungen über das Erlöschen von solchen Lebensversicherungsverträgen treffen, für die seit mehr als zwölf Monaten fällige Prämien nicht gezahlt wurden.

§ 25

Bausparkassen

Für die Umstellung der Guthaben der Bausparer gilt grundsätzlich die Vorschrift des § 16. Ein Bausparverhältnis wird fortgesetzt; die Beiträge werden zu demselben Nennbetrag in Deutscher Mark weitergezahlt wie bisher in Reichsmark. Die Bausparsumme ist hiernach neu festzusetzen. Gesetzliche oder vertragliche Rechte der Bausparer, eine Aenderung des Bausparverhältnisses zu verlangen, bleiben unberührt. Näheres regelt eine Durchführungsverordnung. Diese bestimmt für den Fall, daß die Militärregierung von dem Vorbehalt des § 2, Abs. 1, Satz 3 oder dem Vorbehalt des § 16, Abs. 2 Gebrauch macht, wie sich die Zuerkennung weiterer Ansprüche auf das Bausparverhältnis auswirkt.

Teil III

Vorschriften verschiedenen Inhalts

§ 26

Verfügungsbeschränkungen

(1) Die Umwandlung eines Altgeldguthabens in ein Neugeldguthaben gilt nicht als Verfügung oder Geschäft im Sinne der Gesetze Nr. 52 und 53 der Militärregierung.

(2) Die Verfügungsbeschränkungen der Gesetze Nr. 52 und 53 der Militärregierung finden auf alle Altgeldguthaben und auf alle Forderungen und Verbindlichkeiten in Deutscher Mark Anwendung, deren Gläubiger oder Schuldner ihren Wohnsitz, Sitz oder Ort der Niederlassung in einem deutschen Gebiet außerhalb des Währungsgebietes haben.

Amerikanisches und britisches Kontrollgebiet:

(2) Es werden ermächtigt:

a) der Verwaltungsrat des Vereinigten Wirtschaftsgebietes für die ihm unterstellten Verwaltungen unter Einschluß der Bahn- und Postverwaltungen,

b) die Bank deutscher Länder für sich und die Landeszentralbanken,

c) die Landesregierungen für alle sonstigen Körperschaften, Anstalten und Stiftungen des öffentlichen Rechts innerhalb ihres Landes auf dem Gebiete des Beamtenrechts, insbesondere des Besoldungs- und Versorgungsrechts, die Maßnahmen zu treffen, die ihnen zur Sicherung der Währung und der öffentlichen Finanzen geboten erscheinen. Diese Ermächtigung tritt am 31. März außer Kraft.

Französisches Kontrollgebiet:

(2) Es werden ermächtigt:

a) die Landesregierungen für alle Körperschaften, Anstalten und Stiftungen des öffentlichen Rechts mit Ausnahme der zu b und c bezeichneten,

b) die Bahnverwaltungen für ihre Dienststellen,

c) die Bank deutscher Länder für sich und die Landeszentralbanken.

§ 27

Anpassungsmaßnahmen auf dem Gebiet des Arbeitsrechts und des Beamtenrechts

(1) Vor dem 21. Juni 1948 abgeschlossene Arbeitsverträge, die nach den bestehenden Vorschriften oder Vereinbarungen erst zu einem späteren Zeit-

punkt als dem 30. September 1948 kündbar sind, können bereits zu dem Zeitpunkt, der in der Mitte zwischen dem zulässigen frühesten Kündigungstermin und dem 30. September 1948 liegt, auf jeden Fall jedoch zum 31. März 1949, mit einer Frist von sechs Wochen gekündigt werden. Beträgt das vereinbarte Entgelt mehr als achthundert Reichsmark monatlich, so kann der Arbeitsvertrag mit einer Frist von vier Wochen zum 30. September gekündigt werden.

§ 28

Verbot von Haushaltsdefiziten

Die Ausgaben der öffentlichen Hand müssen durch laufende Einnahmen gedeckt sein. Die Beschaffung von Mitteln im Kreditwege ist nur im Vorgriff auf künftige Einnahmen zulässig. Die Militärregierung behält sich vor, in Haushaltsangelegenheiten einzugreifen, wenn die Aufrechterhaltung dieser Grundsätze gefährdet ist.

§ 29

Lastenausgleich

Die zur Durchführung des Lastenausgleichs erforderlichen Mittel sind durch besondere Vermögensabgaben aufzubringen, deren Erträge zu diesem Zweck einem außeretatmäßigen Ausgleichsfonds zuzuführen sind. Das Nähere regeln die nach der Präambel zum Währungsgesetz bis zum 31. Dezember 1948 zu erlassenden deutschen Gesetze über den Lastenausgleich. Diese bestimmen auch, inwieweit für die durch die Geldreform entstehenden Verluste oder andere Verluste eine Entschädigung zu gewähren ist. Hierbei sind insbesondere Verluste auf Grund des Kontrollratsgesetzes Nr. 5 und infolge von Reparationsmaßnahmen zu berücksichtigen.

§ 30

Anmeldung von Wertpapieren

(1) Wertpapiere, die Rechte gegen das Reich oder einen der in § 14, Ziff. 2 bis 5 bezeichneten Rechtsträger verbriefen, sind von den im Währungsgebiet ansässigen Inhabern bis zum 26. Juli 1948 bei einem Geldinstitut anzumelden. Das Miteigentum an Wertpapieren im Girosammeldepot unterliegt nicht der Meldepflicht. Kann der Anmeldepflichtige als unmittelbarer oder mittelbarer Besitzer über die anzumeldenden Wertpapiere tatsächlich verfügen, so hat er sie gleichzeitig mit der Meldung auf einem Sperrdepot bei dem Geldinstitut zu hinterlegen, bei dem sie angemeldet werden. Die Geldinstitute, mit Ausnahme der Bank deutscher Länder, der Postscheckämter und der Postsparkasse, sind zur Entgegennahme der Meldung und zur Annahme der Wertpapiere im Rahmen der bestehenden gesetzlichen Vorschriften verpflichtet.

§ 31

Vorübergehende Rediskontierung von eigenen Wechseln

(1) Bis zum 8. August 1948 dürfen die Landeszentralbanken in Abweichung von den entgegenstehenden gesetzlichen Vorschriften über die Errichtung der Landeszentralbanken eigene Wechsel ankaufen, die mit dem Indossament eines Geldinstituts versehen sind. Der Diskontsatz beträgt in diesen Fällen eins vom Hundert über dem allgemeinen Diskontsatz.

(2) Die Laufzeit der von den Landeszentralbanken angekauften eigenen Wechsel darf nicht mehr als 45 Tage betragen.

(3) Die Landeszentralbanken dürfen eigene Wechsel nur bis zum Höchstbetrag von zehn vom Hundert der gesamten Verbindlichkeiten des rediskontierenden Geldinstituts ankaufen.

§ 32

Kreditbeschränkungen

Soweit die Bank deutscher Länder nichts anderes bestimmt, dürfen die Geldinstitute bis zum 8. August 1948 außer Wechselkrediten gegen Handelswechsel oder gegen eigene Wechsel der im § 31 bezeichneten Art und außer Krediten an die öffentliche Hand keine Kredite gewähren.

§ 33

Strafvorschriften

(1) Mit Gefängnis bis zu fünf Jahren oder mit Geldstrafe bis zu fünfzigtausend Deutsche Mark oder mit beiden Strafen wird bestraft,

1. wer durch unrichtige oder unvollständige Angaben vorsätzlich bewirkt,
   a) daß Altgeldguthaben entgegen den Vorschriften dieses Gesetzes oder der Durchführungsverordnungen zu diesem Gesetz in Neugeldguthaben umgewandelt oder zur Umwandlung in Neugeldguthaben freigegeben werden,
   b) daß einem Geldinstitut ein größerer Betrag auf Girokonto bei einer Landeszentralbank gutgeschrieben oder einem Geldinstitut, einem Versicherer oder einer Bausparkasse eine höhere Ausgleichsforderung gegen die öffentliche Hand zugeteilt wird, als ihnen nach diesem Gesetz oder den Durchführungsverordnungen zu diesem Gesetz zusteht;
2. wer vorsätzlich entgegen den Vorschriften dieses Gesetzes oder entgegen den Durchführungsverordnungen zu diesem Gesetz Altgeldguthaben in Neugeldguthaben umwandelt oder Altgeldguthaben zur Umwandlung in Neugeldguthaben freigibt.

(2) Der Versuch ist strafbar.

(3) Sonstige Zuwiderhandlungen gegen die Vorschriften dieses Gesetzes oder der Durchführungsverordnungen zu diesem Gesetz, auch fahrlässige Zuwiderhandlungen, können mit Geldstrafe bis zu zehntausend Deutsche Mark bestraft werden.

(4) Die deutschen Gerichte werden vorbehaltlich der Vorschriften von Artikel VI, Ziffer 10 des Militärregierungsgesetzes Nr. 2 ermächtigt, im Falle von Verstößen gegen dieses Gesetz die Gerichtbarkeit auszuüben.

§ 34

Schlußbestimmungen

(1) Der deutsche Wortlaut dieses Gesetzes ist der maßgebende Wortlaut. Die Vorschriften der Militärregierungsverordnung Nr. 3 und des Artikels II, Ziff. 5 des Militärregierungsgesetzes Nr. 4 finden auf diesen Wortlaut keine Anwendung.

(2) Die Behandlung der Altgeldguthaben der im § 21 des Währungsgesetzes bezeichneten Art wird durch besondere Vorschriften geregelt.

(3) Altgeldguthaben der Besatzungsmächte (§ 23 des Währungsgesetzes) erlöschen hiermit.

(4) Die Alliierte Bankkommission wird ermächtigt, Verordnungen zur Durchführung und Ergänzung dieses Gesetzes zu erlassen.

Amerikanisches Kontrollgebiet:

§ 35

Inkrafttreten

Dieses Gesetz tritt in den Ländern Bayern, Bremen, Hessen und Württemberg-Hohenzollern am 27. Juni 1948 in Kraft.

Im Auftrag der Militärregierung

Britisches Kontrollgebiet:

§ 35

Inkrafttreten

Dieses Gesetz tritt in den Ländern Niedersachsen, Nordrhein-Westfalen, Schleswig-Holstein, Hansestadt Hamburg am 27. Juni 1948 in Kraft.

Im Auftrag der Militärregierung

Französisches Kontrollgebiet:

§ 35

Inkrafttreten

Dieses Gesetz tritt in den Ländern Baden, Rheinland-Pfalz und Württemberg-Hohenzollern am 27. Juni 1948 in Kraft.

Im Auftrag der Militärregierung

ANHANG

zum Dritten Gesetz zur Neuordnung des Geldwesens (Umstellungsgesetz)

Australien, Belgien, Bolivien, Brasilien, Kanada, Chile, China, Columbien, Costa-Rica, Cuba, Tschechoslowakei, Dänemark, Dominikanische Republik, Ecuador, Aegypten, Aethiopien, Frankreich, Großbritannien und Nordirland (einschließlich Burma und Ceylon), Griechenland, Guatemala, Haiti, Honduras, Island, Indien (einschließlich Pakistan), Iran (Persien), Irak, Liberia, Luxemburg, Mexiko, Niederlande, Neuseeland, Nicaragua, Norwegen, Panama, Paraguay, Peru, Philippinen, Polen, Salvador, Saudi-Arabien, Türkei, Südafrikanische Union, Union der Sowjetischen Sozialistischen Republiken (einschließlich der Weißrussischen und Ukrainischen Sowjetischen Sozialistischen Republiken), Vereinigte Staaten von Amerika, Uruguay, Venezuela, Jugoslawien.

Erste Durchführungsverordnung zum Umstellungsgesetz

(Betr. Altgeldguthaben bei verlagerten Geldinstituten, Anrechnung der Kopfbeträge und Geschäftsbeträge, Aufgaben des Finanzamtes, Wiedereinsetzung in den vorigen Stand für Kriegsgefangene, Altgeldguthaben von Personen außerhalb des Währungsgebietes)

Amerikanisches Kontrollgebiet, 1. Durchf.-VO zu Gesetz Nr. 63.
Britisches Kontrollgebiet, 1. Durchf.-VO zu Gesetz Nr. 63.
Französisches Kontrollgebiet, 1. Durchf.-VO zu Verordnung Nr. 160.

Zur Durchführung und Ergänzung des Dritten Gesetzes zur Neuordnung des Geldwesens wird hiermit angeordnet:

Artikel I

Altgeldguthaben bei verlagerten Geldinstituten (zu § 1 UG)

§ 1

(1) Die Vorschriften des Umstellungsgesetzes über das Altgeldguthaben finden auch auf Reichsmarkguthaben Anwendung, die von Einwohnern des

Währungsgebietes bei solchen Niederlassungen von Geldinstituten unterhalten werden, deren Geschäftsbetrieb vor dem 21. Juni 1948 aus einem anderen Gebiet Deutschlands in das Währungsgebiet verlegt worden ist. Das gleiche gilt für Verbindlichkeiten aus Einlagen, die nach dem 8. Mai 1945 bei den vorstehend bezeichneten Niederlassungen gemacht worden sind, sowie für diejenigen der am 8. Mai 1945 in ihren Büchern geführten Verbindlichkeiten, deren Gläubiger außerhalb Deutschlands leben oder nach dem 8. Mai 1945 Einwohner des Währungsgebietes gewesen sind.

(2) Auf den Sitz oder den Ort der Niederlassung im Rechtssinne kommt es bei dem im Absatz 1 bezeichneten Niederlassungen nicht an. Im Zweifelsfall entscheidet der Zentralbankrat der Bank deutscher Länder, ob für ein Geldinstitut die Voraussetzung des Absatz 1 gegeben ist.

(3) Die Vorschriften des § 2, Abs. 2 des Umstellungsgesetzes finden auf die Altgeldguthaben Anwendung, die von den im Abs. 1 bezeichneten Niederlassungen unterhalten werden.

Artikel II

Anrechnung der Kopfbeträge und der Geschäftsbeträge, Sofortfreigabe

(zu §§ 3 bis 6 UG)

§ 2

Bei der Ermittlung der Beträge, die zum Ausgleich der Kopfbeträge auf die Ansprüche auf Umwandlung der Altgeldguthaben anzurechnen sind (§ 4, Buchst. a des Umstellungsgesetzes), und bei der Verteilung dieser Beträge, der Geschäftsbeträge (§ 4, Buchst. b des Umstellungsgesetzes) sowie der nach §§ 5 und 6 des Umstellungsgesetzes zur Umwandlung freizugebenden Beträge auf die durch ein gemeinsames Reichsmark-Abwicklungskonto zu einer Kontengemeinschaft verbundenen Altgeldguthaben ist, solange der Abwicklungsbank nichts Gegenteiliges bekannt ist, von den Personalangaben und den Angaben über den Stand der Konten in den Vordrucken A und B auszugehen; hierbei ist die durch die Ablieferung und Gutschrift von Altgeld verursachte Veränderung des Guthabens auf dem Konto zu berücksichtigen, dem der abgelieferte Geldbetrag nach § 12 des Währungsgesetzes gutzuschreiben ist.

§ 3

(1) Weist der Inhaber des Reichsmark-Abwicklungskontos nach, daß er oder einer seiner Familienangehörigen den Kopfbetrag nicht erhalten hat, so ist die nach § 2 ermittelte Summe der anzurechnenden Kopfbeträge entsprechend zu berichtigen; ein zu Unrecht angerechneter Betrag ist gegebenenfalls nachträglich zur Umwandlung in Neugeldguthaben freizugeben. Entsprechendes gilt, wenn der Inhaber des Reichsmark-Abwicklungskontos nachweist, daß er oder einer seiner Familienangehörigen nur einen Teil des ihm zustehenden Kopfbetrages in Anspruch genommen hat; statt der im Regelfall anzurechnenden fünfhundertvierzig Reichsmark ist in diesem Fall der neunfache Betrag der gegen Auszahlung des Teil-Kopfbetrages abgelieferten Altgeldnoten auf den Umwandlungsanspruch anzurechnen.

(2) Hat der Inhaber des Reichsmark-Abwicklungskontos oder einer seiner Familienangehörigen den Kopfbetrag nicht erhalten und belaufen sich die Guthaben der Kontengemeinschaft nach Abzug der Beträge, die für ausgezahlte Kopfbeträge und einen etwaigen Geschäftsbetrag anzurechnen sind, auf weniger als sechshundert Reichsmark aber mindestens auf sechzig Reichsmark, so sind diese Reichsmarkguthaben in sechzig Deutsche

Mark umzuwandeln; belaufen sich die Guthaben der Kontengemeinschaft auf weniger als sechzig Reichsmark, so ist jede Reichsmark in eine Deutsche Mark umzuwandeln.

(3) Der im Abs. 1 vorgesehene Nachweis kann nur durch eine Bescheinigung der Kartenstelle erbracht werden, die für den Anspruchsberechtigten zuständig ist. Die Bescheinigung ist auf Grund der karteimäßigen Unterlagen der Kartenstelle über die Auszahlung der Kopfbeträge an die Empfangsberechtigten zu erteilen. War der Anspruchsberechtigte am 20. Juni 1948 bei der Kartenstelle als vorübergehend abgemeldet geführt, so darf die Kartenstelle die Bescheinigung nur erteilen, wenn die dem Anspruchsberechtigten erteilte Abmelde-Bestätigung (Reiseabmeldung oder G-Schein), die gegebenenfalls von ihm vorzulegen ist, nicht gelocht ist oder wenn sich aus dem Vermerk der Auszahlungsstelle über die Höhe des ausgezahlten Betrages (§ 4 der 1. Durchf.-VO zum Währungsgesetz) ergibt, daß der Anspruchsberechtigte nur einen Teil des Kopfbetrages in Anspruch genommen hat; bei Verdacht der Fälschung des Inhalts des Vermerks ist eine Auskunft der Auszahlungsstelle einzuholen. Entsprechendes gilt, wenn der Inhaber einer Wanderpersonalkarte oder eines Schifferstammausweises beantragt, ihm eine Bescheinigung darüber auszustellen, daß er den Kopfbetrag nicht oder nur zum Teil erhalten hat.

§ 4

Nach Feststellung des Gesamtbetrages, der nach § 4, Buchst. a des Umstellungsgesetzes auf die Umwandlungsansprüche des Inhabers des Reichsmark-Abwicklungskontos und seiner Familienangehörigen anzurechnen ist, hat die Abwicklungsbank diesen Betrag in der nachstehenden Reihenfolge auf die verschiedenen Altgeldguthaben des Inhabers des Reichsmark-Abwicklungskontos und seiner Familienangehörigen zu verteilen:

1. Werden bei der Abwicklungsbank oder anderen Geldinstituten Altgeldguthaben unterhalten, die hinter dem insgesamt anzurechnenden Betrag zurückbleiben, so sind zunächst diese Guthaben für die Anrechnung der Kopfbeträge heranzuziehen, und zwar beginnend mit dem kleinsten Guthaben.
2. Soweit nicht nach Ziff. 1 verfahren werden kann, sind die Konten bei anderen Geldinstituten vor den Konten bei der Abwicklungsbank heranzuziehen.
3. Im Rahmen der durch Ziff. 1 und 2 gegebenen Reihenfolge sind zunächst die Konten des Inhabers des Reichsmark-Abwicklungskontos, sodann diejenigen der Ehefrau und schließlich diejenigen der Kinder, beginnend mit dem ältesten Kind, für den Ausgleich der Kopfbeträge heranzuziehen.

§ 5

Die nach § 4, Buchst. b des Umstellungsgesetzes auf den Umwandlungsanspruch anzurechnenden Geschäftsbeträge sind in nachstehender Reihenfolge auf die verschiedenen Altgeldguthaben des Empfängers und gegebenenfalls seiner Familienangehörigen zu verteilen:

1. Zunächst sind die Altgeldguthaben des Empfängers bei dem Geldinstitut, bei dem der Geschäftsbetrag in Anspruch genommen worden ist, heranzuziehen; ist der Geschäftsbetrag bei mehreren Geldinstituten in Anspruch genommen worden, so sind zunächst die Altgeldguthaben des Empfängers bei jedem dieser Geldinstitute zum Ausgleich des dort in Anspruch genommenen Teils des Geschäftsbetrages heranzuziehen. Soweit danach noch auf andere Altgeldguthaben zu-

rückgegriffen werden muß, sind gegebenenfalls zunächst diejenigen Altgeldguthaben des Empfängers heranzuziehen, die hinter dem noch anzurechnenden Restbetrag zurückbleiben.

2. Reichen die Altgeldguthaben des Empfängers zum Ausgleich des Geschäftsbetrages nicht aus, so ist auf die zu demselben Reichsmark-Abwicklungskonto gehörenden Altgeldguthaben des Ehegatten und der Kinder des Empfängers zurückzugreifen; hierbei ist nach § 4, Ziff. 1 bis 3 zu verfahren.

§ 6

(1) Ein nach § 5, Abs. 1, Satz 1 des Umstellungsgesetzes zur Umwandlung in Neugeldguthaben freizugebender Betrag ist in nachstehender Reihenfolge auf die Altgeldguthaben des Inhabers des Reichsmark-Abwicklungskontos und seiner Familienangehörigen zu verteilen:

1. Zunächst sind die bei der Abwicklungsbank unterhaltenen Altgeldguthaben zur Umwandlung freizugeben und erst danach die Altgeldguthaben bei anderen Geldinstituten.
2. Im Rahmen der nach Ziff. 1 gegebenen Reihenfolge sind zunächst die Altgeldguthaben des Inhabers des Reichsmark-Abwicklungskontos, sodann diejenigen der Ehefrau und schließlich diejenigen der Kinder, beginnend mit dem ältesten Kind, zur Umwandlung freizugeben.

(2) Ein nach § 5, Abs. 1, Satz 2 des Umstellungsgesetzes freizugebender Betrag ist in nachstehender Reihenfolge zu verteilen:

1. Zunächst sind die bei der Abwicklungsbank und sodann die bei anderen Geldinstituten unterhaltenen Altgeldguthaben des Gewerbetreibenden und Angehörigen eines freien Berufes, der die Freigabe beantragt hat, zur Umwandlung freizugeben.
2. Erst in zweiter Linie sind die Altgeldguthaben der Familienangehörigen (Ehegattin und Kinder) des Antragstellers zur Umwandlung freizugeben, und zwar in der im Abs. 1 vorgeschriebenen Reihenfolge.

(3) In den Fällen des § 5, Abs. 2 des Umstellungsgesetzes sind zunächst die Altgeldguthaben bei der Abwicklungsbank, sodann diejenigen bei anderen Geldinstituten und in diesem Rahmen zunächst die Altgeldguthaben der Hauptniederlassungen und sodann diejenigen von Zweigniederlassungen zur Umwandlung in Neugeldguthaben freizugeben.

§ 7

(1) Wird ein Altgeldguthaben bei einem anderen Geldinstitut als der Abwicklungsbank unterhalten (beteiligtes Geldinstitut), so hat die Abwicklungsbank dem beteiligten Geldinstitut unter gleichzeitiger Unterrichtung des Inhabers des Abwicklungskontos unverzüglich mitzuteilen, daß das dort geführte Konto mit Vordruck A oder B angemeldet worden ist; ferner ist das beteiligte Geldinstitut davon zu unterrichten, in welcher Höhe der Anspruch auf Umwandlung des bei ihm unterhaltenen Altgeldguthabens für den Ausgleich von Kopfbeträgen und Geschäftsbeträgen verbraucht ist, und in welcher Höhe das Altgeldguthaben sofort zur Umwandlung in Neugeldguthaben freigegeben wird (Freigabebescheid).

(2) Im einzelnen muß der Freigabebescheid enthalten:

1. Name und Anschrift des Kontoinhabers,
2. Bezeichnung des Kontos,
3. den im Vordruck angegebenen Kontostand (gegebenenfalls unter Berücksichtigung des auf das Konto überwiesenen Gegenwerts der abgelieferten Altgeldnoten),

4. Reichsmarkbetrag, in dessen Höhe der Anspruch auf Umwandlung des Altgeldguthabens in Neugeldguthaben nach § 4 des Umstellungsgesetzes verbraucht ist,
5. Reichsmarkbetrag, in dessen Höhe das Guthaben auf dem Konto nach § 5 des Umstellungsgesetzes zur Umwandlung in Neugeldguthaben freigegeben wird.

Gegebenenfalls ist in dem Freigabebescheid darauf hinzuweisen, daß der Gesamtbetrag der zu der Kontengemeinschaft (§ 2) gehörenden Altgeldguthaben nach den Angaben auf Vordruck A oder B nicht zum Ausgleich der Kopfbeträge und der Geschäftsbeträge ausreicht.

§ 8

Die Geldinstitute haben auf Grund des Freigabebescheides zu veranlassen:

1. Auf dem Kontoblatt jedes zu der Kontengemeinschaft gehörenden Kontos ist zu vermerken, daß das Konto angemeldet worden ist.
2. Gegebenenfalls ist ferner zu vermerken, in welcher Höhe der Anspruch auf Umwandlung des Guthabens auf dem betreffenden Konto nach § 4 des Umstellungsgesetzes verbraucht ist.
3. Ein von der Abwicklungsbank freigegebener Betrag ist nach § 2 des Umstellungsgesetzes in Neugeldguthaben umzuwandeln, soweit das bei Ablauf des 20. Juni 1948 vorhandene Altgeldguthaben zuzüglich der nach den Vorschriften des Währungsgesetzes nachträglich eingegangenen Beträge und abzüglich des nach Ziff. 2 verbrauchten Betrages hierzu ausreicht; die Umwandlung ist unter Angabe des Grundes (§ 5, Abs 1, Satz 1, § 5, Abs. 1, Satz 2 oder § 5, Abs. 2 des Umstellungsgesetzes) auf dem Kontoblatt des Reichsmarkkontos zu vermerken.
4. War das bei Ablauf des 20. Juni 1948 vorhandene Altgeldguthaben zuzüglich der nach den Vorschriften des Währungsgesetzes nachträglich eingegangenen Beträge geringer als die in Ziff. 4 und 5 des Freigabebescheides bezeichneten Beträge, so hat das Geldinstitut der Abwicklungsbank den Unterschiedsbetrag unverzüglich mitzuteilen.
5. War das bei Ablauf des 20. Juni 1948 vorhandene Altgeldguthaben zuzüglich der nach den Vorschriften des Währungsgesetzes nachträglich eingegangenen Beträge höher als der in Ziff. 3 des Freigabebescheides bezeichnete Kontostand, so hat das Geldinstitut der Abwicklungsbank den Unterschiedsbetrag unverzüglich mitzuteilen, wenn die Abwicklungsbank in dem Freigabebescheid darauf hingewiesen hat, daß der Gesamtbetrag der zu der Kontengemeinschaft gehörenden Altgeldguthaben nach den Angaben in den Vordrucken A oder B nicht zum Ausgleich der Kopfbeträge oder Geschäftsbeträge ausreiche. Enthielt der Freigabebescheid keinen solchen Hinweis, so ist eine Mitteilung an die Abwicklungsbank nur erforderlich, wenn das bei Ablauf des 20. Juni 1948 vorhandene Altgeldguthaben zuzüglich der nach den Vorschriften des Währungsgesetzes nachträglich eingegangenen Beträge um mehr als ein Fünftel, mindestens aber um zweitausend Reichsmark höher war als der von der Abwicklungsbank angegebene Kontostand.

§ 9

Auf Grund einer Mitteilung nach § 8, Ziff. 4 hat die Abwicklungsbank den Unterschiedsbetrag, soweit möglich, nach den Vorschriften der §§ 4 bis 6 auf andere Konten zu verteilen und die beteiligten Geldinstitute sowie den Inhaber des Reichsmark-Abwicklungskontos entsprechend zu unterrichten. Auf Grund einer Mitteilung nach § 8, Ziff. 5, Satz 1 hat die Abwicklungsbank das Altgeldguthaben bei dem Geldinstitut, von dem es diese Mitteilung erhalten hat, nachträglich in dem notwendigen und möglichen Umfang zum Ausgleich noch offenstehender Teile der Kopfbeträge oder Geschäftsbeträge heranzuziehen und hiervon das Geldinstitut und den Inhaber des Reichsmark-Abwicklungskontos zu unterrichten. Entsprechendes ist gegebenenfalls auf Grund einer Mitteilung nach § 8, Ziff. 5, Satz 2 zu veranlassen, außerdem hat die Abwicklungsbank in diesem Falle den Unterschiedsbetrag dem Finanzamt des Kontoinhabers mitzuteilen.

Artikel III

Aufgaben des Finanzamtes

(Zu §§ 5 bis 8 UG)

§ 10

Das Finanzamt hat die im Umstellungsgesetz übertragenen Aufgaben in folgender Reihenfolge zu erledigen:

1. Anträge auf Wiedereinsetzung in den vorigen Stand nach § 8, Abs. 2 des Umstellungsgesetzes,
2. Anträge auf Erteilung von Unbedenklichkeitsbescheinigungen für Sofortfreigabe nach § 5, Abs. 2 des Umstellungsgesetzes,
3. Anträge auf Erteilung von Unbedenklichkeitsbescheinigungen für Sofortfreigaben nach § 5, Abs 1, Satz 2 des Umstellungsgesetzes,
4. Prüfung, ob gegen die Steuerpflichtigen, die ihr Altgeld mit Vordruck B abgeliefert und angemeldet haben, ein Strafverfahren nach § 7, Abs. 2 des Umstellungsgesetzes einzuleiten ist und Genehmigung zur Freigabe der Altgeldguthaben und der Guthaben auf Festkonto, wenn kein Strafverfahren eingeleitet wird,
5. entsprechende Prüfung auf Grund der Vordrucke A von Gewerbetreibenden und Angehörigen freier Berufe,
6. entsprechende Prüfung auf Grund aller übrigen Vordrucke A,
7. Durchführung der Strafverfahren in den Fällen der Ziff. 4 bis 6.

§ 11

(1) Ueber Anträge auf Erteilung von Unbedenklichkeitsbescheinigungen ist

a) in den Fällen des § 10, Ziff. 2 spätestens am 10. Juli 1948,

b) in den Fällen des § 10, Ziff. 3 spätestens am 20. Juli 1948

zu entscheiden, wenn der Antrag mindestens fünf Tage vor dem Ablauf der Frist gestellt wird. Stehen die zweiten Ausfertigungen der Vordrucke A oder B dem Finanzamt bei Eingang eines Antrags auf Erteilung einer Unbedenklichkeitsbescheinigung noch nicht zur Verfügung, so sind die dritten Ausfertigungen, die der Antragsteller, seine Familienangehörigen oder Zweigniederlassungen von der Umtauschstelle (§ 12 des Währungsgesetzes) zurückerhalten haben, als Unterlage für die Entscheidung heranzuziehen. In diesem Falle hat das Finanzamt den auf dem Vordruck angegebenen Gesamtbetrag des abgelieferten und angemeldeten Altgeldes mit dem entsprechenden Gesamtbetrag auf der zweiten Ausfertigung des Vordrucks, die es später von der Hauptumtauschstelle erhält, zu vergleichen. Besteht zwischen beiden Beträgen ein nicht ausreichend begründeter Unterschied, so ist Strafanzeige wegen Urkundenfälschung zu erstatten.

(2) Die Erteilung einer Unbedenklichkeitsbescheinigung darf nur versagt werden,

a) wenn die Altgeldguthaben des Antragstellers nicht fristgemäß (§ 10 des Währungsgesetzes, § 8, Abs. 3 des Umstellungsgesetzes) angemeldet worden sind,

b) wenn der Antragsteller kein Unternehmer (§ 1, Abs. 1, Ziff. 4 des Umstellungsgesetzes), Gewerbetreibender oder Angehöriger eines freien Berufes ist,

c) wenn der Verdacht besteht, daß der Antragsteller sich nach Erteilung der Unbedenklichkeitsbescheinigung seinen steuerlichen Verpflichtungen entziehen könnte.

(3) Die Unbedenklichkeitsbescheinigung hat dahin zu lauten, daß gegen Sofortfreigabe der im § 5 des Umstellungsgesetzes vorgesehenen Teilbeträge der Altgeldguthaben des Antragstellers zur Umwandlung in Neugeldguthaben keine Bedenken bestehen, dabei ist der Gesamtbetrag des mit Vordruck A oder B abgelieferten und angemeldeten Altgeldes anzugeben.

(4) Die Abwicklungsbank darf die im § 5 des Umstellungsgesetzes bezeichneten Teilbeträge von Altgeldguthaben nur dann auf Grund von Unbedenklichkeitsbescheinigungen zur Umwandlung in Neugeldguthaben freigeben, wenn ihr die ersten Ausfertigungen der Vordrucke A oder B für die Altgeldguthaben des Antragstellers vorliegen. Ist dies nicht der Fall, so ist gegebenenfalls Strafanzeige zu erstatten.

§ 12

(1) Das Finanzamt hat die Freigabe der Altgeldguthaben zur Umwandlung in Neugeldguthaben (§ 6 des Umstellungsgesetzes) und die Freigabe der Guthaben auf Festkonto zu genehmigen,

a) wenn nach dem Ergebnis der von dem Finanzamt anzustellenden Prüfung auf Grund der Vordrucke A oder B kein Strafverfahren einzuleiten ist (§ 10, Ziff. 4 bis 6),

b) wenn ein auf Grund dieser Prüfung eingeleitetes Strafverfahren eingestellt oder wenn der Beschuldigte freigesprochen wird.

(2) Die Abwicklungsbank hat bei den beteiligten Geldinstituten das nach Abs. 1 Erforderliche zu veranlassen. Die Geldinstitute haben die Umwandlung der endgültigen freigegebenen Altgeldguthaben auf den Kontoblättern unter Bezugnahme auf § 6 des Umstellungsgesetzes zu vermerken.

§ 13

Das Finanzamt hat Unbedenklichkeitsbescheinigungen nach § 11 und Genehmigungsbescheide nach § 12 der Abwicklungsbank und dem Inhaber des Reichsmark-Abwicklungskontos zu übersenden.

§ 14

(1) Die Verfallserklärungen nach § 7 Abs. 3 des Umstellungsgesetzes obliegen dem Finanzamt, auch soweit sie wegen einer gerichtlich festgesetzten Geldstrafe auszusprechen sind. Die Verfallserklärung ist dem Betroffenen und der Abwicklungsbank zuzustellen. Wird von der Verfallserklärung nur ein Teil der Altgeldguthaben oder der Festkonten betroffen, die zu einer Kontengemeinschaft (§ 2) gehören, so ist ferner anzugeben, in welcher Höhe die Ansprüche auf Umwandlung der betroffenen Altgeldguthaben und die Guthaben auf den Festkonten im einzelnen verfallen sind

und inwieweit somit die Freigabe der zu der Kontengemeinschaft gehörenden Altgeldguthaben und der Guthaben auf den Festkonten nach § 7, Abs. 3, Ziff. 1 und 3 des Umstellungsgesetzes genehmigt wird.

(2) Die Abwicklungsbank hat die beteiligten Geldinstitute (§ 7, Abs. 1) von dem Verfall der Umwandlungsansprüche aus den bei ihnen unterhaltenen Altgeldguthaben, gegebenenfalls unter Freigabe des nicht betroffenen Teils der Altgeldguthaben, zu unterrichten. Daraufhin haben die Abwicklungsbank und die beteiligten Geldinstitute den freigegebenen Teil der Altgeldguthaben nach § 2 des Umstellungsgesetzes in Neugeldguthaben umzuwandeln und auf dem Kontoblatt jedes Altgeldguthabens, das zu der Kontengemeinschaft gehört, unter Bezugnahme auf § 7 Abs. 3 des Umstellungsgesetzes zu vermerken, welcher Teil des Altgeldguthabens in Neugeldguthaben umgewandelt wird und in welcher Höhe der Anspruch auf Umwandlung des Altgeldguthabens in Neugeldguthaben verfallen ist.

(3) Die Vorschriften des Abs. 2 finden auf Festkonten entsprechende Anwendung.

Artikel IV

Wiedereinsetzung in den vorigen Stand für Kriegsgefangene

(zu § 8 UG)

§ 15

(1) Die Vorschrift des § 8 Abs. 1 des Umstellungsgesetzes findet auf Kriegsgefangene, die nach dem 20. Juni 1948 entlassen werden, keine Anwendung, wenn sie ihre Altgeldguthaben binnen einer Frist von 7 Tagen nach dem Tag ihrer Entlassung unter Vorlage des Entlassungsscheines nach den Vorschriften des Währungsgesetzes bei einer Hauptumtauschstelle (§ 12, Abs. 1, Ziff. 1) des Währungsgesetzes) anmelden. Bei Versäumung der Frist finden die Vorschriften des § 8, Abs. 2 und 3 des Umstellungsgesetzes entsprechende Anwendung.

(2) Deutsche Zahlungsmittel, die einem Kriegsgefangenen bei der Gefangennahme abgenommen worden sind, können nach noch zu erlassenen näheren Vorschriften auch nach Ablauf der Frist des § 10 des Währungsgesetzes und nach Ablauf der Umtauschfrist für auf Deutsche Mark umgestellte und danach außer Kurs gesetzte Kleingeldzeichen unter Zugrundelegung eines Umrechnungsverhältnisses von zehn Reichsmark oder Rentenmark für eine Deutsche Mark zugunsten des Kriegsgefangenen in gesetzliche Zahlungsmittel umgetauscht werden. Soweit von dem Vorbehalt des § 2, Abs. 1, Satz 2 des Umstellungsgesetzes Gebrauch gemacht wird, erhöht sich das Umrechnungsverhältnis entsprechend.

Artikel V

Altgeldguthaben von Personen außerhalb des Währungsgebietes

§ 16

Bei Prüfung der Frage, ob ein Altgeldguthaben nach § 2, Abs. 4 des Umstellungsgesetzes in Neugeldguthaben umzuwandeln ist, dürfen die Geldinstitute, solange ihnen nichts Gegenteiliges bekannt ist, davon ausgehen, daß solche Inhaber von Altgeldguthaben, deren Wohnsitz, Sitz oder Ort der Niederlassung nach den Unterlagen des Geldinstituts außerhalb des Währungsgebiets liegt, in der Zeit vom 21. bis zum 26. Juni 1948 keinen Wohnsitz, Sitz oder Ort der Niederlassung im Währungsgebiet hatten und dort auch nicht steuerpflichtig waren. Die Umwandlung ist auf dem Kontoblatt unter Bezugnahme auf § 2 Abs. 4 des Umstellungsgesetzes zu vermerken.

Artikel VI

Steuerliche Vorschriften

§ 17

Steuerschulden, für die in einem Strafverfahren nach § 7, Abs. 2 des Umstellungsgesetzes eine Geldstrafe festgesetzt worden ist, sind bei den Steuern vom Einkommen nicht abzugsfähig. Das gleiche gilt bei den Steuern vom Vermögen, die auf einen vor dem 21. Juni 1948 liegenden Zeitpunkt festgestellt werden.

§ 18

Bei den Steuern vom Einkommen bleiben die Vermögensänderungen, die durch die Vorschriften des Währungsgesetzes, des Umstellungsgesetzes und der zu diesen Gesetzen ergehenden Durchführungsverordnungen entstehen, außer Betracht.

Artikel VII

Amtlicher Wortlaut

§ 19

Der deutsche Wortlaut dieser Verordnung ist der amtliche Wortlaut.

Artikel VIII

Inkrafttreten

§ 20

Diese Verordnung tritt am 27. Juni 1948 in Kraft.

Im Auftrag der Militärregierung

Bankenverordnung

(Zweite Durchführungsverordnung zum Umstellungsgesetz)

Amerikanisches Kontrollgebiet, 2. Durchf.-VO. zu Gesetz Nr. 63.

Britisches Kontrollgebiet, 2. Durchf.-VO. zu Gesetz Nr. 63.

Französisches Kontrollgebiet, 2. Durchf.-VO. zu Verordnung Nr. 160.

Zur Durchführung und Ergänzung des Dritten Gesetzes zur Neuordnung des Geldwesens wird verordnet:

§ 1

(1) Auf die nach § 10, Abs. 1 des Umstellungsgesetzes einem Geldinstitut gutzuschreibenden Beträge sind die Beträge anzurechnen, die nach § 8 der Ersten Durchführungsverordnung zum Währungsgesetz dem Geldinstitut vorläufig gutgeschrieben worden sind. Sind die hiernach und nach § 10, Abs. 3 des Umstellungsgesetzes anzurechnenden Beträge höher als die nach § 10, Abs. 1 des Umstellungsgesetzes gutzuschreibenden Beträge, so ist der Unterschiedsbetrag zu erstatten.

(2) Ländliche Kreditgenossenschaften, die einer Zentralkasse angeschlossen sind und kein Girokonto bei der Landeszentralbank unterhalten, können verlangen, daß die ihnen nach § 10, Abs. 1 des Umstellungsgesetzes und nach § 8 der Ersten Durchführungsverordnung zum Währungsgesetz gutzuschreibenden Beträge zu ihren Gunsten dem Girokonto ihrer Zentralkasse gutgeschrieben werden.

§ 2

(1) Zu den Verbindlichkeiten der Geldinstitute aus Einlagen, die durch Umwandlung von Altgeldguthaben entstanden sind (§ 10, Abs. 1 des Umstellungsgesetzes), gehören nicht die von ihnen den Einlegern gutgeschriebenen oder ausbezahlten Geschäftsbeträge. Die Landeszentralbanken schreiben den Geldinstituten den Gegenwert der Geschäftsbeträge für Rechnung der Bank deutscher Länder auf Girokonto gut. Die Geldinstitute haben über die von ihnen ausgezahlten oder gutgeschriebenen Geschäftsbeträge der Bank deutscher Länder durch Vermittlung der Landeszentralbanken Rechnung zu legen.

(2) Zu den Verbindlichkeiten der Landeszentralbanken, die aus der Umstellung des Geldwesens hervorgehen (§ 10, Abs. 2 des Umstellungsgesetzes), gehören

a) die Beträge. die sie den Geldinstituten nach § 10, Abs. 1 des Umstellungsgesetzes gutgeschrieben haben,

b) die Beträge, die sie den Ländern nach § 15 des Währungsgesetzes als „Erstausstattung der öffentlichen Hand mit neuem Geld" gutgeschrieben haben,

c) ihre auf Deutsche Mark umgestellten Giroverbindlichkeiten gegenüber Gläubigern, die keine Geldinstitute sind.

Zu den Verbindlichkeiten der Landeszentralbanken gehören nicht die Beträge, die sie den Geldinstituten nach Abs. 1, Satz 2 für Rechnung der Bank deutscher Länder gutgeschrieben haben.

§ 3

(1) Die in Reichsmark geführten Bücher der Geldinstitute sind zum 20. Juni 1948 durch eine Reichsmarkschlußbilanz nebst Gewinn- und Verlustrechnung abzuschließen. Vom 21. Juni 1948 an dürfen in der Reichsmarkrechnung der Geldinstitute lediglich noch diejenigen Buchungen vorgenommen werden, die durch die Gesetze zur Neuordnung des Geldwesens und die dazu ergangenen Durchführungsverordnungen ausdrücklich zugelassen oder zur Bewirkung zugelassener Buchungsvorgänge technisch erforderlich sind, und diejenigen, die der förmlichen Erstellung der Schlußbilanz dienen. Alle derartigen Buchungen sind auf den 20. Juni 1948 zu valutieren. Für den Reichsmarkabschluß gelten die allgemeinen Vorschriften über den Jahresabschluß und insbesondere die bisher von den Bankaufsichtsbehörden erlassenen Bilanzierungsrichtlinien.

(2) Der Reichsmarkschlußbilanz ist ein erläuternder Bericht beizufügen, aus dem für jeden einzelnen Bilanzposten hervorgeht, ob und in welcher Weise die in ihm enthaltenen Beträge bis zum Zeitpunkt der Erstattung des Berichts in die Deutsche-Mark-Rechnung übergeführt worden sind. Dabei ist jeweils zu unterscheiden zwischen Beträgen, die auf Deutsche Mark umgestellt worden sind, solchen, für welche die Umstellung auf Deutsche Mark noch in der Schwebe ist, und solchen, für die eine Umstellung auf Deutsche Mark nicht vorgesehen ist. Ferner sind unter den Einlagen die Beträge besonders kenntlich zu machen, für die der Umwandlungsanspruch nach § 4 des Umstellungsgesetzes durch die Inanspruchnahme des Kopfbetrages oder des Geschäftsbetrages verbraucht ist.

(3) Vom 21. Juni 1948 an haben die Geldinstitute ihre Bücher in Deutscher Mark zu führen und alle neuen Geschäftsvorfälle mit Ausnahme der in Abs. 1 bezeichneten in Deutscher Mark zu verbuchen.

(4) Zur Errechnung der ihnen nach den §§ 11 und 12 des Umstellungsgesetzes zustehenden Ausgleichsforderungen gegen die öffentliche Hand haben die Geldinstitute eine besondere Umstellungsrechnung zu erstellen, aus der sämtliche aus der Neuordnung des Geldwesens unmittelbar hervorgehenden auf Deutsche Mark lautenden Aktiven und Passiven ersichtlich sind. Sämtliche Buchungen der Umstellungsrechnung sind, gleichviel wann die Umstellung des einzelnen Bilanzpostens tatsächlich vorgenommen wird, auf den 21. Juni 1948 zu valutieren. Die Umstellungsrechnung gilt als Eröffnungsbilanz auf den 21. Juni 1948.

(5) Die Umstellungsrechnung ist am 31. Dezember 1948 vorläufig abzuschließen. Sie unterliegt der für den Jahresabschluß vorgeschriebenen Prüfung. Die Prüfung bedarf der Bestätigung durch die Bankaufsichtsbehörde bei der Bank deutscher Länder durch den Zentralbankrat. Die Geldinstitute haben die Umstellungsrechnung, den Reichsmarkabschluß sowie den Prüfungsbericht spätestens am 31. März 1949 der Bankaufsichtsbehörde einzureichen.

(6) Soweit nach dem 31. Dezember 1948 Posten, die bis dahin in der Schwebe waren, in eine Umstellungsrechnung eingestellt werden, ist die Ausgleichsforderung entsprechend zu berichtigen. Das gleiche gilt, soweit sich nach dem 31. Dezember 1948 herausstellt, daß ein Posten in die Umstellungsrechnung zu Unrecht eingestellt worden ist. Abs. 5 gilt entsprechend.

(7) Ueber den Stand der Umstellungsrechnung haben die Geldinstitute mit Ausnahme der Landeszentralbanken und der Bank deutscher Länder monatlich den Landeszentralbanken zu berichten.

(8) Näheres über die Erstellung der Reichsmarkschlußbilanz und der Umstellungsrechnung bestimmt die Bank deutscher Länder.

§ 4

(1) Die Geldinstitute, mit Ausnahme der Landeszentralbanken und der Bank deutscher Länder, haben in die Umstellungsrechnung einzustellen:

A. auf der Passivseite:

a) ihre auf Deutsche Mark umgestellten bankgeschäftlichen Verbindlichkeiten, getrennt nach Sichtverbindlichkeiten, befristeten Verbindlichkeiten und Spareinlagen,

b) alle anderen aus der Reichsmarkbilanz in die Deutsche-Mark-Bilanz übergeführten Verbindlichkeiten, auch wenn sie auf fremde Währung lauten, zu den Werten, zu denen sie in einer auf Beginn des 21. Juni 1948 aufzustellenden steuerlichen Eröffnungsbilanz anzusetzen sind,

c) Rückstellungen, bewertet nach den Grundsätzen, die für die Bewertung von Rückstellungen bei der Vermögensfeststellung auf den ersten Hauptveranlagungszeitpunkt nach dem 20. Juni 1948 maßgebend sind, Pensionsrückstellungen jedoch höchstens zu einem Satz von zehn Deutschen Mark für je hundert Reichsmark der nach § 3 dieser Verordnung aufzustellenden Reichsmarkschlußbilanz,

d) als vorläufiges Eigenkapital fünf Deutsche Mark für je hundert Deutsche Mark der unter a) bezeichneten Verbindlichkeiten, soweit nicht im § 5 etwas anderes bestimmt ist.

B. auf der Aktivseite:

a) die Beträge, die ihnen nach § 10, Abs. 1 des Umstellungsgesetzes gutgeschrieben worden sind, unter Beachtung der in § 1 vorgeschriebenen Anrechnungen,

b) den Bestand an den auf Deutsche Mark umgestellten Kleingeldzeichen der alten Währung am Beginn des 21. Juni 1948,

c) ihre auf Deutsche Mark umgestellten Forderungen mit zehn Deutschen Mark für je hundert Reichsmark ihres Reichsmarknennwertes oder mit dem geringeren gemeinen Wert, vorbehaltlich der Aktivierung eines weitergehenden Anspruchs in dem Fall, daß von der Ermächtigung des § 16, Abs. 2 des Umstellungsgesetzes Gebrauch gemacht wird,

d) alle anderen aus der Reichsmarkbilanz in die Deutsche-Mark-Bilanz übergeführten Vermögenswerte (Grundstücke, Gebäude, Betriebseinrichtungen, Beteiligungen, Wertpapiere und dergleichen), bewertet nach den Grundsätzen, die für eine Vermögensfeststellung auf den ersten Hauptveranlagungszeitpunkt nach dem 20. Juni 1948 maßgebend sind.

(2) Die in § 22, Abs. 1 des Umstellungsgesetzes bezeichneten Geldinstitute stellen auf der Passivseite ihrer Umstellungsrechnung unter ihren bankgeschäftlichen Verbindlichkeiten ihre Verpflichtungen aus den von ihnen ausgegebenen Pfandbriefen und verwandten Schuldverschreibungen ein.

(3) Die im § 1 der Ersten Durchführungsverordnung zum Umstellungsgesetz bezeichneten Geldinstitute stellen auf der Passivseite ihrer Umstellungsrechnung nur die dort aufgeführten Verbindlichkeiten ein; auf der Aktivseite ihrer Umstellungsrechnung stellen sie nur Vermögenswerte ein, über die sie in den Westzonen tatsächlich und rechtlich verfügen können.

(4) Macht ein Geldinstitut für eine Forderung, die vom Reiche verbürgt ist oder deren Einbringlichkeit infolge von Kriegsschäden oder Kriegsfolgeschäden sonst zweifelhaft geworden ist, geltend, daß der gemeine Wert niedriger sei als der Regelwert, der sich nach Abs. 1 B Buchst. c) ergibt, so kann das Land, in dem das Geldinstitut seinen Sitz hat, verlangen, daß ihm die Forderung ohne Entschädigung abgetreten wird. Dies gilt namentlich auch für Hypotheken, die auf zerstörten oder beschädigten Grundstücken ruhen, und für welche die Zinsen nicht oder nicht in der geschuldeten Höhe einzubringen sind.

§ 5

(1) Statt der in § 4, Abs. 1, unter A d) vorgesehenen Bemessung des vorläufigen Eigenkapitals kann ein Geldinstitut, wenn sich dabei ein höherer Betrag ergibt, zehn Deutsche Mark für je hundert Reichsmark des Eigenkapitals (§ 11 des Gesetzes über das Kreditwesen) einstellen, das es in der für den 31. Dezember 1947 aufgestellten Reichsmarkbilanz ausgewiesen hat.

Diese Befugnis haben jedoch nicht Kreditinstitute,

a) die Nachfolgeinstitute der Deutschen Bank, der Dresdner Bank oder der Commerzbank sind,

b) die am 8. Mai 1945 ihre Hauptniederlassung außerhalb des Währungsgebiets gehabt haben, oder

c) in deren letzter vor dem 8. Mai 1945 aufgestellten handelsrechtlichen Bilanz ein Besitz an Schuldverschreibungen des Reichs ausgewiesen wurde, der größer war als das in derselben Bilanz ausgewiesene Eigenkapital.

(2) Geldinstitute des öffentlichen Rechts, für die öffentlich-rechtliche Gewährträger haften, stellen abweichend von § 4, Abs. 1, unter A d) drei Deutsche Mark für je hundert D e u t s c h e M a r k der dort bezeichneten Verbindlichkeiten als vorläufiges Eigenkapital ein.

§ 6

(1) Die Landeszentralbanken haben in ihre Umstellungsrechnung einzustellen:

A. auf der Passivseite:

a) die Beträge, die sie nach § 10, Abs. 1 des Umstellungsgesetzes den Geldinstituten auf Girokonto gutgeschrieben haben,

b) die Beträge, die sie den Ländern nach § 15 des Währungsgesetzes als „Erstausstattung der öffentlichen Hand mit neuem Geld" gutgeschrieben haben,

c) ihre auf Deutsche Mark umgestellten Giroverbindlichkeiten,

d) alle anderen aus der Reichsmarkbilanz in die Deutsche-Mark-Bilanz übergeführten Verbindlichkeiten und Rückstellungen unter sinngemäßer Anwendung der in § 4, Abs. 1 unter A b) und c) aufgestellten Grundsätze,

e) als Eigenkapital hundert Deutsche Mark für je hundert Reichsmark des gesetzlichen Grundkapitals.

B. auf der Aktivseite:

a) die Beträge, die ihnen nach § 10, Abs. 2 des Umstellungsgesetzes von der Bank deutscher Länder gutgeschrieben worden sind,

b) den Bestand an den auf Deutsche Mark umgestellten Kleingeldzeichen der alten Währung zu Beginn des 21. Juni 1948,

c) alle anderen aus der Reichsmarkbilanz in die Deutsche-Mark-Bilanz übergeführten Vermögenswerte, bewertet unter sinngemäßer Anwendung der in § 4, Abs. 1 unter B c) und d) aufgestellten Grundsätze,

d) die Beteiligung an der Bank deutscher Länder mit hundert Deutschen Mark für je hundert Reichsmark des bisherigen Nennwertes.

Die Vorschriften des § 4, Abs. 3 gelten entsprechend.

§ 7

(1) Die Bank deutscher Länder hat in ihre Umstellungsrechnung einzustellen:

A. auf der Passivseite:

a) die als Kopfbeträge nach dem zweiten Abschnitt des Währungsgesetzes in Umlauf gesetzten Noten,

b) die Beträge, die den Geldinstituten für die Geschäftsbeträge gutgeschrieben worden sind (§ 11 des Währungsgesetzes in Verbindung mit § 2 dieser Verordnung),

c) die den Landeszentralbanken nach § 10, Abs. 2 des Umstellungsgesetzes gutgeschriebenen Beträge,

d) die den Eisenbahn- und Postverwaltungen nach § 16 des Währungsgesetzes zur Verfügung gestellten Beträge,

e) alle anderen von der Reichsmarkbilanz in die Deutsche-Mark-Bilanz übergeführten Verbindlichkeiten und Rückstellungen unter sinngemäßer Anwendung der im § 4, Abs. 1, unter A. b) und c) aufgestellten Grundsätze,

f) als Eigenkapital hundert Deutsche Mark für je hundert Reichsmark des gesetzlichen Grundkapitals;

B. auf der Aktivseite:

a) Devisenbestände zu ihrem vorgeschriebenen Umrechnungssatz in Deutscher Mark,

b) den Bestand an den auf Deutsche Mark umgestellten Kleingeldzeichen der alten Währung am Beginn des 21. Juni 1948,

c) alle anderen aus der Reichsmarkbilanz in die Deutsche-Mark-Bilanz übergeführten Vermögenswerte, bewertet unter sinngemäßer Anwendung der in § 4, Abs. 1 unter B. c) und d) aufgestellten Grundsätze.

§ 8

Uebersteigen nach dem Ergebnis der Umstellungsrechnung die Passiven eines Geldinstituts seine Aktiven, so wird ihm in Höhe des Unterschiedsbetrages eine mit drei vom Hundert jährlich verzinsliche Ausgleichsforderung gegen die öffentliche Hand zugeteilt. Uebersteigen die Aktiven die Passiven, so wird der Unterschiedsbetrag dem Eigenkapital zugeschlagen. Würde hierbei jedoch das Eigenkapital einen höheren Betrag erreichen als hundert Deutsche Mark für je hundert Reichsmark des Eigenkapitals, das in der für den 31. Dezember 1947 aufgestellten handelsrechtlichen Bilanz ausgewiesen wird, so fällt der Ueberschuß dem Lande zu, in dem das Geldinstitut seinen Sitz hat. Die Bankaufsichtsbehörde bestimmt, in welcher Weise der Ueberschußbetrag an das Land abzuführen ist.

§ 9

Wird einem anderen Geldinstitut als einer Landeszentralbank oder der Bank deutscher Länder eine Ausgleichsforderung zugeteilt, so kann die Zuteilung nach Anhörung der Landeszentralbank von der Erfüllung von Auflagen der Bankaufsichtsbehörde abhängig gemacht werden (§ 11, Abs. 1 des Umstellungsgesetzes). Einem Geldinstitut kann namentlich auferlegt werden, durch Ausgabe neuer Aktien, Schaffung neuer Stammeinlagen oder Aufnahme neuer Gesellschafter ein angemessenes Eigenkapital zu beschaffen oder sich mit einem anderen Geldinstitut zusammenzuschließen. Die Bankaufsichtsbehörde kann nach Anhörung der Landeszentralbank auch die Liquidation eines Geldinstitutes und die Uebertragung seiner Bestände auf ein anderes Geldinstitut verlangen. Für die Erfüllung der Auflagen sind angemessene Fristen zu setzen. Im Falle einer Liquidation kann die Höhe der Ausgleichsforderung dahin beschränkt werden, daß nur die Verbindlichkeiten in der Umstellungsrechnung gedeckt sind; die Bankaufsichtsbehörde kann in einem solchen Falle alle Maßnahmen treffen, die sie zum Schutz der Einleger für nötig hält.

§ 10

(1) Schuldner einer Ausgleichsforderung (§ 11, Abs. 2 des Umstellungsgesetzes) ist grundsätzlich das Land, in dem das Geldinstitut seinen Sitz oder Ort der Niederlassung hat. Dies gilt auch für die Postscheckämter.

(2) Schuldner der den Postscheckämtern zugeteilten Ausgleichsforderungen sind, soweit die Aemter ihren Sitz im Vereinigten Wirtschaftsgebiet haben, das Vereinigte Wirtschaftsgebiet und, soweit sie ihren Sitz im französischen Besatzungsgebiet haben, die Länder dieses Besatzungsgebietes.

(3) Schuldner der der Bank deutscher Länder zugeteilten Ausgleichsforderungen gegen die öffentliche Hand sind das Vereinigte Wirtschaftsgebiet und die Länder des französischen Besatzungsgebietes; die Aufteilung auf diese Schuldner bemißt sich danach, in welchem Verhältnis die auf die einzelnen Gebiete entfallenden Verbindlichkeiten der Bank deutscher Länder zueinander stehen.

(4) Die gesetzgebenden Körperschaften des Vereinigten Wirtschaftsgebietes und der Länder des französischen Besatzungsgebietes können die Eisenbahn- und Postverwaltungen zur Uebernahme eines angemessenen Teils der Ausgleichslast verpflichten.

(5) Soweit ein Geldinstitut Niederlassungen in mehreren Ländern unterhält, bestimmen die Finanzminister dieser Länder gemeinsam, wie die Aus-

gleichslast auf die beteiligten Länder aufzuteilen ist. Kommt eine Einigung nicht zustande, so bestimmt die Bank deutscher Länder die Aufteilung.

§ 11

(1) Die Ausgleichsforderungen sind Buchforderungen. Sie sind vom Schuldner auf Grund der nach § 3, Abs. 5 bestätigten Umstellungsrechnung in ein Schuldbuch einzutragen; in den Fällen des § 3, Abs. 6 ist die Eintragung zu berichtigen. Die Ausgleichsforderungen ländlicher Kreditgenossenschaften können für ihre Rechnung auf den Namen ihrer Zentralkasse eingetragen werden.

(2) Die Ausgleichsforderung gilt in ihrem gesamten Betrag als am 21. Juni 1948 entstanden; sie ist von diesem Tage an zu verzinsen. Die Zinsen sind den Gläubigern halbjährlich, erstmalig zum 31. Dezember 1948 zu vergüten.

(3) Das in § 11, Abs. 3 des Umstellungsgesetzes vorgesehene Recht der Landeszentralbanken und der Bank deutscher Länder Ausgleichsforderungen zu beleihen und anzukaufen, kann schon vor der Eintragung einer Ausgleichsforderung im Schuldbuch ausgeübt werden. Das gleiche gilt für den Rückerwerb einer Ausgleichsforderung durch ein Geldinstitut. Im übrigen ist die Veräußerung einer Ausgleichsforderung vor ihrer Eintragung ins Schuldbuch unzulässig.

§ 12

Der deutsche Wortlaut dieser Verordnung ist der maßgebende Wortlaut.

§ 13

Diese Verordnung tritt am 27. Juni 1948 in Kraft.

Im Auftrag der Militärregierung

Versicherungsverordnung

(Dritte Durchführungsverordnung zum Umstellungsgesetz)

Amerikanisches Kontrollgebiet, 3. Durchf.-VO zu Gesetz Nr. 63.

Britisches Kontrollgebiet, 3. Durchf.-VO zu Gesetz Nr. 63.

Französisches Kontrollgebiet, 3. Durchf.-VO zu Verordnung Nr. 160.

Zur Durchführung und Ergänzung des Dritten Gesetzes zur Neuordnung des Geldwesens wird verordnet:

§ 1

Begriffsbestimmungen

1. Die in dieser Verordnung verwendeten Bezeichnungen „Versicherungsunternehmen" oder „Rückversicherungsunternehmen" umfassen alle Versicherungsunternehmen, die im Währungsgebiet ihren Sitz haben oder eingetragen sind oder denen nach deutschem Recht die Erlaubnis zum Betrieb des Versicherungs- oder Rückversicherungsgeschäftes erteilt worden ist. Sie umfassen auch alles in diesem Gebiet befindliche Vermögen von Versicherungsunternehmen, die ihren Sitz außerhalb des Gebietes haben.

2. Die in dieser Verordnung verwendete Bezeichnung „nicht abgelaufener Teil des Risikos" ist die Zeitspanne vom 21. Juni 1948 und dem Zeitpunkt, an dem die nächste Prämienzahlung für eine Versicherung fällig wird.

§ 2

Allgemeine Bestimmungen

1. Das Moratorium gemäß § 4 des Währungsgesetzes kann bei Versicherungs- und Rückversicherungsunternehmen von der zuständigen Aufsichts-

behörde so lange ausgedehnt werden, wie es zur Durchführung dieser Verordnung für ein Unternehmen notwendig ist. Die Ausdehnung des Moratoriums ist auf die für Versicherungs- und Rückversicherungsunternehmen aus ihren Versicherungs- oder Rückversicherungsverträgen entstandenen Verbindlichkeiten zu beschränken.

2. Von Versicherungs- oder Rückversicherungsunternehmen an Agenten und Makler noch nicht gezahlte fällige Vermittlergebühren, die sich auf in Reichsmark eingegangene Prämien beziehen, sind nach den Bestimmungen über bestehende Forderungen zahlbar. Jede mündliche oder schriftliche Abrede, daß die Zahlung solcher Vermittlergebühren bis nach der Geldreform aufgeschoben und dann zum vollen Nennwert in neuer Währung bewirkt werden soll, wird für nichtig erklärt.

§ 3

Auflösung von Lebensversicherungsverträgen bei Nichtzahlung von Folgeprämien

1. Falls am 20. Juni 1948 der Versicherungsnehmer in der Lebensversicherung eine seit zwölf Monaten oder länger fällige Folgeprämie nicht bezahlt hat, gilt das Versicherungsverhältnis von diesem Tage als gekündigt. Die Versicherung wird, falls möglich, in eine prämienfreie Versicherung umgewandelt.

2. Im Falle des Absatzes 1 sind die Bestimmungen des Gesetzes über den Versicherungsvertrag vom 30. Mai 1908 (Reichsges.-Bl. S. 263) in der jetzt geltenden Fassung über die Kündigung des Versicherungsverhältnisses und die Vertragshilfeverordnungen nicht anzuwenden.

3. Das Versicherungsunternehmen kann im Falle des Absatzes 1 die Zahlung ausstehender Prämien nur dann fordern, wenn der Versicherungsfall vor dem 21. Juni 1948 eingetreten ist. Die Ansprüche aus solchen Versicherungen unterliegen den Bestimmungen über bestehende Forderungen. Das Recht des Versicherungsunternehmens, die Leistung ganz oder teilweise zu verweigern, bleibt unberührt.

4. Falls auf Grund des Absatz 1 eine Lebensversicherung in eine prämienfreie Versicherung umzuwandeln oder der Rückkaufswert auszuzahlen ist, so ist die Berechnung auf das Ende der Versicherungsperiode abzustellen, für welche die Prämie ganz oder teilweise bezahlt worden ist, fühestens jedoch auf den Schluß der Versicherungsperiode, in welche der 8. Mai 1945 fällt.

5. Ist ein Versicherungsnehmer, dessen letzter inländischer Wohnsitz im Währungsgebiet war, zur Zeit noch kriegsgefangen, vermißt oder auf Grund seiner deutschen Staatsangehörigkeit im Ausland interniert, so kann er im Falle des Absatz 1 verlangen, daß der Vertrag innerhalb von sechs Monaten nach seiner Rückkehr wieder in Kraft gesetzt wird. Ergeben sich aus der Anwendung des Absatz 1 für die Versicherungsnehmer unbillige Härten, so kann die Aufsichtsbehörde abweichende Verordnungen erlassen.

6. Absatz 1 findet keine Anwendung, wenn das Versicherungsverhältnis gemäß § 39 des Gesetzes über den Versicherungsvertrag von dem Versicherungsunternehmen vor dem 21. Juni 1948 gekündigt worden ist.

7. Versicherungen, die nach Absatz 1 und 6 in prämienfreie Versicherungen umgewandelt werden oder bereits vor Erlaß dieser Verordnung in prämienfreie Versicherungen umgewandelt waren, werden gemäß § 6, Abs. 2 umgestellt.

§ 4

Unternehmen mit Sitz außerhalb des Währungsgebietes

Außer im Falle des § 8, Abs. 2 haben Versicherungs- oder Rückversicherungsunternehmen mit Sitz außerhalb des Währungsgebietes. die in irgendeinem Teil Deutschlands außerhalb des Währungsgebietes befindlichen Aktiven und Passiven in die Deutsche-Mark-Bilanz nicht einzubeziehen.

§ 5

Ausgleichsforderungen

1. Die Landesregierung, in deren Gebiet sich der Sitz eines Versicherungs- oder Rückversicherungsunternehmens befindet, ist für die Ausgabe von Ausgleichsforderungen verantwortlich. Sie kann jedoch von anderen Landesregierungen des Währungsgebietes verlangen, daß sie zu den Ausgleichsforderungen nach Maßgabe des geschätzten Prämienaufkommens des betreffenden Unternehmens in diesen Ländern beitragen. Bei Versicherungs- oder Rückversicherungsunternehmen mit Sitz außerhalb des Währungsgebietes ist ihre Hauptverwaltung im Währungsgebiet für die Durchführung dieser Bestimmung als Sitz des Unternehmens anzusehen.

2. Tritt zugunsten des Versicherungsunternehmens bei Aktiven, die nach den Bestimmungen des § 24, Abs. 6 des Umstellungsgesetzes abgeschrieben worden sind, eine Wiederherstellung des Wertes ein, so hat das Land einen Anspruch auf Rückgabe von Ausgleichsforderungen im Verhältnis der gewährten Beträge, jedoch nicht höher als ihr Gesamtbetrag.

§ 6

Abwertung von Verbindlichkeiten aus Lebens- und Rentenversicherungen

A. Lebensversicherung

1. Alle Lebensversicherungen, für die eine Prämienreserve zu bilden ist, unterliegen folgenden Bestimmungen:

a) Die Prämienreserve am 21. Juni 1948 einschließlich angewachsener Gewinnanteile wird durch Ersetzung von je zehn Reichsmark durch eine Deutsche Mark umgestellt;

b) Die Prämienreserve vom 21. Juni 1948 erhöht sich in Auswirkung von Maßnahmen nach § 16, Abs. 2 des Umstellungsgesetzes entsprechend;

c) Die Prämien sind in Höhe des vereinbarten Nennbetrages in Deutscher Mark zu entrichten.

2. Bei Lebensversicherungen, für die keine Prämienreserve zu bilden ist, werden Versicherungssumme und zukünftige Prämienrate durch Ersetzung von je einer Reichsmark durch eine Deutsche Mark umgestellt.

B. Sonstige Versicherung

3. Rentenversicherungen, für die der volle Kaufpreis gezahlt ist, unterliegen folgenden Bestimmungen:

a) Die Rentenansprüche werden durch Ersetzung von je zehn Reichsmark durch eine Deutsche Mark umgestellt;

b) Die Rentenleistungen werden in Auswirkung von Maßnahmen gemäß § 16, Abs. 2 des Umstellungsgesetzes entsprechend und rückwirkend erhöht.

4. Rentenversicherungen, für die der volle Kaufpreis noch nicht gezahlt ist, unterliegen folgenden Bestimmungen:

a) Der Rentenanspruch wird in einen bereits bezahlten und einen noch unbezahlten Teil zerlegt; die Bestimmungen des Abs. 3 werden nur auf den bereits bezahlten Teil des Rentenanspruches angewendet;

b) Weitere Zahlungen an das Versicherungsunternehmen für den Kauf der Rentenversicherung erfolgen in Höhe des vereinbarten Nennbetrages in Deutscher Mark.

5. Laufende Versicherungen bleiben an Stelle von Reichsmark mit dem gleichen Nennbetrag in Deutscher Mark in Kraft. Der vom 21. Juni 1948 ab bis zum nächsten Prämienfälligkeitstermin laufende Zeitraum der Deckung wird in dem Verhältnis gekürzt, das für Verpflichtungen in Reichsmark gilt. Wenn nach Art der Versicherung die Anwendung dieses Grundsatzes nicht zweckmäßig erscheint, hat der Versicherungsnehmer in Deutscher Mark 90 vom Hundert des Reichsmarknennbetrages nachzuzahlen, der als Versicherungsprämie für die Zeitspanne vom 21. Juni 1948 bis zum Ende des ursprünglich gedeckten Zeitraumes zu zahlen gewesen wäre.

6. Fällt das Ende der Deckung nach Absatz 5 in einen Zeitraum von 15 Tagen nach dem 21. Juni 1948, so kann der Versicherungsnehmer während dieses Zeitraumes kündigen. Die Prämie ist alsdann für den zusätzlich gedeckten Zeitraum zu zahlen.

7. Ansprüche aus Haftpflicht-, Unfall- oder ähnlichen Versicherungen, die vor dem 21. Juni 1948 entstanden sind, werden nach den Bestimmungen über bestehende Forderungen behandelt.

C. Allgemeine Bestimmungen

8. Eine Wiedererhöhung der Lebens- und Rentenversicherung bis zur ursprünglichen Versicherungssumme oder bis zum ursprünglichen Rentenwert durch Ersetzung von je einer Reichsmark durch eine Deutsche Mark ist dem Versicherungsnehmer von der Versicherungsunternehmung ohne Rücksicht auf eingetretene Beeinträchtigung seiner Gesundheit oder vorgenommenen Berufswechsel einzuräumen. In Verfolg von Maßnahmen nach § 16, Abs. 2 des Umstellungsgesetzes werden besondere Vorschriften für Versicherungen außerhalb der Lebensversicherung ergehen.

9. Wenn eine Kapital- oder Rentenversicherung aus einer Verbindung von zwei oder mehreren der in den vorangegangenen Bestimmungen dieser Verordnung aufgeführten Versicherungsarten besteht, wird eine solche Versicherung aufgeteilt und jeder Teil wird gemäß den auf ihn anzuwendenden Vorschriften behandelt.

§ 7

Nicht erstattete Ansprüche

1. Auf Ansprüche aus Versicherungsfällen und Schadensereignissen, die vor dem 21. Juni 1948 eingetreten sind und für die Zahlungen geleistet werden müssen, sind die Bestimmungen über bestehende Forderungen anzuwenden.

2. Sind aus Versicherungsfällen, die vor dem 21. Juni 1948 eingetreten sind, mit Ausnahme der im Absatz 3 und 4 behandelten, Ansprüche entstanden, für die nur Naturalersatz zu leisten ist, so ist die Verbindlichkeit auf der Grundlage der geschätzten Kosten des Naturalersatzes am 20. Juni 1948 in Reichsmark zu bewerten und gemäß den Bestimmungen über bestehende Forderungen zu behandeln.

3. Bei Ansprüchen aus Versicherungen, die bei der Deutschen Kriegsversicherungsgemeinschaft rückgedeckt worden sind, geht die Verbindlich-

keit des Versicherungsunternehmens gegenüber dem Versicherten auf die Deutsche Kriegsversicherungsgemeinschaft über und wird nicht in die Deutschmarkeröffnungsbilanz einbezogen. Das Vermögen der Deutschen Kriegsversicherungsgemeinschaft wird umgestellt und bleibt gesperrt, bis von der Militärregierung eine Auszahlung genehmigt wird.

4. Wenn ein Versicherungsunternehmen im Namen oder für Rechnung des Reiches gehandelt oder unter einer vom Reich gegebenen Garantie besondere Geschäfte betrieben hat, werden diese und alle dem Unternehmen vom Reich zugewiesenen besonderen Mittel von dem übrigen Geschäft des Unternehmens getrennt, umgestellt und bleiben gesperrt, bis von der Militärregierung eine Auszahlung genehmigt wird.

§ 8

Verschiedenes

1. Hat ein Versicherungsunternehmen auf einen Versicherungsschein Vorauszahlungen geleistet, so sollen diese für die Anwendung dieser Verordnung als Darlehen des Versicherungsunternehmens auf den Versicherungsschein angesehen und nach den Bestimmungen über bestehende Forderungen behandelt werden. Prämien, die an Versicherungs- und Rückversicherungsunternehmen bereits in Reichsmark gezahlt worden sind, aber erst nach dem 20. Juni 1948 fällig werden, sind wie bestehende Forderungen zu behandeln.

2. Wenn ein Versicherungsunternehmen seinen Sitz im Währungsgebiet hat, werden alle in Groß-Berlin bestehenden Aktiven und Passiven in der Deutschmarkeröffnungsbilanz getrennt ausgewiesen.

3. Rückversicherungsverbindlichkeiten gegenüber Versicherungsunternehmen werden dem Grundsatz nach wie die Verbindlichkeiten des Erstversicherers behandelt.

4. Wenn die Aufsichtsbehörden es zur Wahrung der Interessen der Versicherungsnehmer für erforderlich halten, können sie weitere Vorschriften für einzelne Versicherungsunternehmen mit dem Sitz oder der Hauptverwaltung im Währungsgebiet oder für einzelne Versicherungsarten für ihre Aufsichtsbereiche treffen.

5. Der deutsche Text dieser Verordnung ist der amtliche Text.

§ 9

Inkrafttreten

Diese Verordnung tritt mit Wirkung vom 27. Juni 1948 in Kraft.

Im Auftrag der Militärregierung

Vierte Durchführungsverordnung zum Umstellungsgesetz

(Betr. den Rücktritt von Lieferverträgen)

In Ausübung der Vollmachten, die ihr durch § 34, Abs. 4 des Dritten Gesetzes zur Neuordnung des Geldwesens (Umstellungsgesetz) übertragen wurden, verordnet die Alliierte Bankkommission hiermit wie folgt:

§ 1

(1) Ist der Schuldner von unter § 18, Abs. 1, Ziff. 2 des Umstellungsgesetzes fallenden Reichsmarkverbindlichkeiten aus einem Kaufvertrag oder Werkvertrag nach § 20 des Umstellungsgesetzes vom Vertrag zurückgetreten, so kann das Recht des Gläubigers zum Rücktritt von Verträgen

die er zur Erstellung der ihm obliegenden Gegenleistung mit Dritten (Vorlieferern) abgeschlossen hat, auch noch nach dem 10. Juli 1948 ausgeübt werden, wenn die Voraussetzungen des § 20, Abs. 1 des Umstellungsgesetzes vorliegen. Das Recht, vom Vertrage gegenüber Vorlieferern auch noch nach dem 10. Juli 1948 zurückzutreten, steht auch demjenigen zu, dessen Schuldner auf Grund der Vorschriften des Satzes 1 nach dem 10. Juli 1948 vom Vertrag mit ihm zurückgetreten ist.

(2) Das Rücktrittsrecht muß in den Fällen des Abs. (1), Satz 1 unverzüglich nach dem Inkrafttreten dieser Verordnung, und in den Fällen des Abs. 1, Satz 2 unverzüglich nach Eingang der Rücktrittserklärung des Schuldners des Berechtigten ausgeübt werden.

§ 2

Der deutsche Wortlaut dieses Gesetzes ist der maßgebende Wortlaut.

§ 3

Diese Verordnung tritt am 20. Juli 1948 in Kraft.

Im Auftrag der Alliierten Bankkommission

Fünfte Durchführungsverordnung zum Umstellungsgesetz

(Betr. die Umwandlung von Pfennigbeträgen)

Auf Grund des § 34 des Dritten Gesetzes zur Neuordnung des Geldwesens (Umstellungsgesetz) wird hiermit verordnet:

§ 1

Bei der Umwandlung von Altgeldguthaben in Neugeldguthaben werden nur volle Reichsmarkbeträge berücksichtigt. Dies gilt auch für die von der Abwicklungsbank vorzunehmende Zusammenrechnung der Guthaben auf verschiedenen Konten und für die Mitteilungen der beteiligten Geldinstitute und der Abwicklungsbank über die Höhe des Kontostandes. Soweit Pfennigbeträge bereits berücksichtigt worden sind, finden die vorstehenden Vorschriften keine Anwendung.

§ 2

(1) Der deutsche Wortlaut dieser Verordnung ist der maßgebende Wortlaut.

(2) Diese Verordnung tritt am 8. Juli 1948 in Kraft.

Im Auftrag der Alliierten Bankkommission

Sechste Durchführungsverordnung zum Umstellungsgesetz

(Betr. die Bemessung des vorläufigen Eigenkapitals bei Geldinstituten, die nach dem 31. Dezember 1947 errichtet worden sind)

Auf Grund von § 34 des Dritten Gesetzes zur Neuordnung des Geldwesens (Umstellungsgesetz) wird hiermit verordnet:

§ 1

(1) Die Vorschriften des § 5, Abs. 1 der Zweiten Durchführungsverordnung zum Umstellungsgesetz (Bankenverordnung) finden auf Geldinstitute, die nach dem 31. Dezember 1947 errichtet worden sind, mit der Maßgabe Anwendung, daß an die Stelle des zum 31. Dezember 1947 ausgewiesenen Eigenkapitals das Eigenkapital tritt, das in der Reichsmarkschlußbilanz (§ 3 Abs. 1 der Bankenverordnung) ausgewiesen ist.

§ 2

(1) Der deutsche Wortlaut dieser Verordnung ist maßgebend.
(2) Diese Verordnung tritt am 1. August 1948 in Kraft.

Im Auftrag der Alliierten Bankkommission

Siebente Durchführungsverordnung zum Umstellungsgesetz

(Betr. die Verbindlichkeiten gegenüber Angehörigen der Vereinten Nationen im Sinne des Dritten Gesetzes zur Neuordnung des Geldwesens

Auf Grund der ihr in § 34, Abs. 4 des Dritten Gesetzes zur Neuordnung des Geldwesens (Umstellungsgesetz) erteilten Vollmachten ordne die Alliierte Bankkommission hiermit an:

Während § 15 des Dritten Gesetzes zur Neuordnung des Geldwesens (Umstellungsgesetz) vorschreibt:

„Die Vorschriften im Teil II dieses Gesetzes finden auch au Reichsmarkverbindlichkeiten gegenüber Angehörigen der Vereinten Nationen Anwendung. Dies gilt nicht, wenn der Gläubiger die Annahme einer nach den Vorschriften dieses Gesetzes angebotenen oder bewirkten Leistung verweigert oder bis zum 20. August 1948 durch Erklärung gegenüber dem Schuldner der in diesem Gesetz vorgeschriebenen Umstellung des Schuldverhältnisses auf Deutsche Mark widerspricht",

ist der vorstehende Absatz (Abs. 1 des § 15) abgeändert worden und lautet nunmehr wie folgt:

„Die Vorschriften im Teil II dieses Gesetzes finden auch auf Reichsmarkverbindlichkeiten gegenüber Angehörigen der Vereinten Nationen Anwendung. Dies gilt nicht, wenn der Gläubiger die Annahme einer nach den Vorschriften dieses Gesetzes angebotenen oder bewirkten Leistung verweigert oder bis zum 20. Oktober 1948 durch Erklärung gegenüber dem Schuldner der in diesem Gesetz vorgeschriebenen Umstellung des Schuldverhältnisses auf Deutsche Mark widerspricht."

Im Auftrag der Alliierten Bankkommission

Achte Durchführungsverordnung zum Umstellungsgesetz

(Betr. Hinterlegungsgelder)

Auf Grund von § 34, Abs. 4 des Dritten Gesetzes zur Neuordnung des Geldwesens (Umstellungsgesetz) wird hiermit verordnet:

§ 1

(1) Soweit in den Altgeldguthaben der Besatzungsmächte Gelder enthalten sind, die von dritter Seite bei dem Kontoinhaber hinterlegt oder eingezahlt wurden und von dem Kontoinhaber für fremde Rechnung verwaltet werden (Hinterlegungsgelder), findet § 34, Abs. 3 des Umstellungsgesetzes keine Anwendung.

(2) Die unter Abs. 1 fallenden Teile von Altgeldguthaben der Besatzungsmächte können mit Zustimmung der Alliierten Bankkommission nachträglich nach den Vorschriften des § 11, Abs. 3, Ziff. 2 des Währungsgesetzes mit Vordruck B bei dem kontoführenden Geldinstitut angemeldet werden.

§ 2

(1) Soweit in den Altgeldguthaben der Gruppe III (§ 1, Abs. 1, Ziff. 1c des Umstellungsgesetzes) Gelder enthalten sind, die von dritter Seite bei

Kontoinhabern hinterlegt oder eingezahlt worden sind und von dem Kontoinhaber für fremde Rechnung verwaltet werden (Hinterlegungsgelder), findet § 9 des Umstellungsgesetzes keine Anwendung.

(2) Die unter Abs. 1 fallenden Teile von Altgeldguthaben können nachträglich nach den Vorschriften des § 11, Abs. 3, Ziff. 2 des Währungsgesetzes mit Vordruck B bei dem kontoführenden Geldinstitut angemeldet werden, wenn der zuständige Rechnungshof bestätigt, daß die Voraussetzung des Abs. 1 vorliegt. Für Kontoinhaber, die sonst nicht der Prüfung durch den Rechnungshof unterworfen sind, ist der Rechnungshof des Landes zuständig, in dem der Wohnsitz, Sitz oder Ort der Niederlassung des gesetzlichen Vertreters oder Vermögensverwalters (Treuhänders) des Kontoinhabers liegt.

(3) Die Bestätigung des Rechnungshofes ist innerhalb von vier Wochen nach dem Inkrafttreten dieser Verordnung zu beantragen. Der Rechnungshof hat vor der Entscheidung zu prüfen, ob in den zur Anmeldung vorgesehenen Guthaben oder Teilguthaben Gelder enthalten sind, die der Antragsteller bei der Berechnung der ihm zustehenden Erstausstattung mit neuem Geld (§§ 15, 16 des Währungsgesetzes) zu seinen Isteinnahmen gezählt hat. Ist dies der Fall, so darf die Bestätigung nur erteilt werden, wenn der Antragsteller nachweist, daß er einen entsprechenden Teil der Erstausstattung an die Landeszentralbank oder die Bank deutscher Länder zurückgegeben hat.

§ 3

Die nach den §§ 1 und 2 als Fremdgeld angemeldeten Altgeldguthaben werden unter denselben Voraussetzungen in Neugeldguthaben umgewandelt wie die eigenen Altgeldguthaben der Personen, für deren Rechnung sie gehalten werden (wirtschaftlich Begünstigte); sie erlöschen, wenn der wirtschaftlich Begünstigte seinerseits zu den Personengruppen gehört, deren Altgeldguthaben nach dem Umstellungsgesetz erlöschen.

§ 4

Der deutsche Wortlaut dieser Verordnung ist der maßgebende Wortlaut.

§ 5

Diese Verordnung tritt am 15. September 1948 in Kraft.

Im Auftrag der Alliierten Bankkommission

Neunte Durchführungsverordnung zum Umstellungsgesetz

(Betr. Aenderung von § 26, Abs. 2 des Umstellungsgesetzes, betr. Zahlungen nach Berlin)

Auf Grund von § 34, Abs. 4 des Dritten Gesetzes zur Neuordnung des Geldwesens (Umstellungsgesetz) wird hiermit verordnet:

§ 1

Personen im Währungsgebiet dürfen Zahlungen in Deutscher Mark an Personen, die ihren Wohnsitz, Sitz oder Ort der Niederlassung in dem amerikanischen, britischen oder französischen Sektor von Groß-Berlin haben, in folgender Weise leisten:

a) durch Einzahlung oder Ueberweisung auf ein von dem Empfänger bei einem Geldinstitut oder Postscheckamt im Währungsgebiet unterhaltenes Konto, das nach § 26, Abs. 2 des Umstellungsgesetzes gesperrt ist, oder

b) durch Einzahlung oder Ueberweisung zugunsten des Empfängers auf das Konto der Währungskommission Berlin bei der Bank deutscher Länder.

§ 2

Verbindlichkeiten einer Person im Währungsgebiet gegenüber einer Person, die ihren Wohnsitz, Sitz oder Ort der Niederlassung in dem amerikanischen, britischen oder französischen Sektor von Groß-Berlin hat, dürfen in folgender Weise beglichen werden:

a) durch Einzahlung oder Ueberweisung des geschuldeten Betrages auf ein von dem Gläubiger bei einem Geldinstitut oder Postscheckamt im Währungsgebiet unterhaltenes Konto, das nach § 26, Abs. 3 des Umstellungsgesetzes gesperrt ist, oder

b) durch Einzahlung oder Ueberweisung des geschuldeten Betrages zugunsten des Gläubigers auf das Konto der Währungskommission Berlin bei der Bank deutscher Länder.

§ 3

Personen, die ihren Wohnsitz, Sitz oder Ort der Niederlassung im amerikanischen, britischen oder französischen Sektor von Groß-Berlin haben, dürfen über ihre Guthaben auf Freikonten (§ 2, Abs. 1, Satz 2 des Umstellungsgesetzes und Festkontogesetz) in unbegrenzter Höhe in der Weise verfügen, daß sie das kontoführende Geldinstitut oder Postscheckamt anweisen, diese Guthaben:

a) auf das Konto der Währungskommission Berlin bei der Bank deutscher Länder zu ihren Gunsten zu überweisen, oder

b) auf ein gemäß § 26, Abs. 2 des Umstellungsgesetzes gesperrtes Bankkonto von Personen zu überweisen, die ihren Wohnsitz, Sitz oder Ort der Niederlassung im amerikanischen, britischen oder französischen Sektor von Groß-Berlin haben. Voraussetzung hierfür ist, daß die gegebenenfalls nach § 6 des Umstellungsgesetzes erforderliche Genehmigung des für die steuerliche Ueberprüfung zuständigen Finanzamtes vorliegt und daß das Guthaben nur den Verfügungsbeschränkungen des § 26, Abs. 2 des Umstellungsgesetzes unterliegt.

§ 4

Der deutsche Wortlaut dieser Durchführungsverordnung ist der amtliche Wortlaut.

§ 5

Diese Durchführungsverordnung tritt am 20. November 1948 in Kraft.

Im Auftrag der Alliierten Bankkommission

Zehnte Durchführungsverordnung zum Umstellungsgesetz

(Betr. Aenderung der Durchführungsverordnung über Hinterlegungsgelder)

Auf Grund von § 34, Abs. 4 des Dritten Gesetzes zur Neuordnung des Geldwesens (Umstellungsgesetz) wird hiermit verordnet:

§ 1

Die in § 2, Absatz 3, Satz 1 der Achten Durchführungsverordnung zum Umstellungsgesetz vorgesehene Frist für die Einreichung des Antrages beim Rechnungshof wird bis zum 31. Dezember 1948 verlängert.

§ 2

Dem § 2, Absatz 3 der Achten Durchführungsverordnung zum Umstellungsgesetz wird folgender vierter Absatz eingefügt:

(4) Die Entscheidung des Rechnungshofes über die Bestätigung ist nicht anfechtbar.

§ 3

Der deutsche Wortlaut dieser Verordnung ist maßgebend.

§ 4

Die Verordnung tritt am 13. Oktober 1948 in Kraft.

Im Auftrag der Alliierten Bankkommission

Elfte Durchführungsverordnung zum Umstellungsgesetz

(Betr. Einsetzung von Kleingeldzeichen in die Umstellungsrechnung)

Auf Grund von § 34, Abs. 4 des Dritten Gesetzes zur Neuordnung des Geldwesens (Umstellungsgesetz) wird hiermit verordnet:

§ 1

Die Bank deutscher Länder hat in die nach § 3, Abs. 4 der Bankenverordnung zu erstellende Umstellungsrechnung über die in § 7 Buchst. A der Bankenverordnung bezeichneten Passiven hinaus auf der Passivseite den Gegenwert der von ihr gemäß § 4 des Emissionsgesetzes aufgerufenen und eingelösten umgestellten Kleingeldzeichen einzusetzen.

§ 2

Der deutsche Wortlaut dieser Verordnung ist der maßgebende Wortlaut.

§ 3

Diese Verordnung tritt am 15. November 1948 in Kraft.

Im Auftrag der Alliierten Bankkommission

Zwölfte Durchführungsverordnung zum Umstellungsgesetz

(Heimkehrerverordnung)

Auf Grund des § 34, Abs. 4 des Dritten Gesetzes zur Neuordnung des Geldwesens (Umstellungsgesetz) wird hiermit folgendes verordnet:

Artikel I

Nachträglicher Umtausch von deutschen Zahlungsmitteln für ehemalige Kriegsgefangene (Heimkehrer).

§ 1

(1) Der in § 15, Abs. 2 der Ersten Durchführungsverordnung zum Umstellungsgesetz vorgesehene nachträgliche Umtausch von deutschen Zahlungsmitteln, die einem Heimkehrer bei der Gefangennahme abgenommen worden sind, obliegt den Landeszentralbanken. Zuständig ist die Landeszentralbank, in deren Geschäftsgebiet der Heimkehrer seinen Wohnsitz hat.

(2) Der Umtausch darf von der Landeszentralbank nur gegen Abgabe einer ordnungsgemäß unterzeichneten und mit einem Dienstsiegel versehenen Bescheinigung der Entlassungsstelle der Gewahrsamsmacht vorgenommen werden. Aus der Bescheinigung muß der Betrag an deutschen Zahlungsmitteln ersichtlich sein, der dem Heimkehrer bei der Gefangennahme abgenommen worden ist. Die Abgabe der Bescheinigung gilt als Ablieferung des umgetauschten Reichsmarkbetrages.

(3) Für Heimkehrer aus amerikanischer, englischer oder französischer Kriegsgefangenschaft tritt an die Stelle der in Abs. 2 genannten Bescheinigung der Entlassungsstelle der Gewahrsamsmacht eine Bescheinigung der hierfür bestimmten Zentralstelle der Gewahrsamsmacht (für die amerikanische Gewahrsamsmacht: das POW Information Bureau, Niederroden b. Darmstadt; für die britische Gewahrsamsmacht: der Oberfinanzpräsident in Hamburg, Hamburg 11, Rödingsmarkt 83; für die französische Gewahrsamsmacht: das Bureau de liaison pour les questions de prisonniers de guerre, Baden-Baden, Europäischer Hof).

§ 2

(1) Die Landeszentralbank hat dem Heimkehrer für je zehn Reichsmark des in der Bescheinigung angegebenen Betrages eine Deutsche Mark zu vergüten. Beläuft sich der umzutauschende Reichsmarkbetrag auf weniger als sechshundert Reichsmark, so sind sechzig Deutsche Mark, jedoch höchstens eine Deutsche Mark für jede Reichsmark zu vergüten.

(2) Die Landeszentralbank kann von dem Heimkehrer den Nachweis verlangen, daß er den ihm bei der Gefangennahme abgenommenen Betrag an deutschen Zahlungsmitteln rechtmäßig erworben hatte.

(3) Die Vergütung der Beträge in Deutscher Mark nach Abs. 1 ist für Rechnung der Bank deutscher Länder vorzunehmen. Die Bank deutscher Länder schreibt der Landeszentralbank den ausgezahlten Betrag in Deutscher Mark auf Girokonto gut und stellt ihn in ihre Umstellungsrechnung ein. Die Gutschrift erfolgt auf Grund von monatlichen Zusammenstellungen der Landeszentralbanken, denen die Bescheinigungen (§ 1, Abs. 2 und 3) beizufügen sind.

(4) Die Landeszentralbank hat dem Heimkehrer auf dem Entlassungsschein den auf Grund dieser Verordnung vergüteten Betrag in Deutscher Mark zu bescheinigen.

(5) Die Vorschriften der §§ 1 und 2 finden auf ehemalige Kriegsgefangene aus dem Währungsgebiet, die nach ihrer Entlassung aus der Kriegsgefangenschaft im Ausland als Zivilarbeiter beschäftigt werden, entsprechende Anwendung, sobald sie ihren Wohnsitz im Währungsgebiet begründen.

Artikel II

Wertbeutel ehemaliger Wehrmachtangehöriger bei Verwahrungsstellen

§ 3

(1) Die von Verwahrungsstellen im Währungsgebiet in Wertbeuteln verwahrten deutschen Zahlungsmittel von Heimkehrern sowie von vermißten, gefallenen oder verstorbenen ehemaligen Wehrmachtangehörigen sind von den Verwahrungsstellen unverzüglich auf ein Sammel-Anderkonto bei der für die Verwahrungsstelle zuständigen Landeszentralbank einzuzahlen.

(2) Der Leiter der Verwahrungsstelle hat bei der Einzahlung schriftlich zu versichern, daß die eingezahlten Zahlungsmittel ausschließlich aus Wertbeuteln ehemaliger Wehrmachtangehöriger stammen.

§ 4

(1) Die durch Einzahlung von deutschen Zahlungsmitteln nach § 3, Abs. 1 entstandenen Anderkonten sind auf Deutsche Mark umzustellen; für je zehn Reichsmark ist eine Deutsche Mark auf Freikonto gutzuschreiben.

(2) Die Vorschrift des Abs. 1 ist auch auf Anderkonten anzuwenden, die von Verwahrungsstellen durch Einzahlung der in § 4, Abs. 1 bezeichneten deutschen Zahlungsmittel vor dem 27. Juni 1948 eingerichtet worden sind, gleichviel, ob das Anderkonto bei einer Landeszentralbank oder einem anderen Geldinstitut eröffnet wurde.

§ 5

(1) Die Verwahrungsstelle hat für die aus einem Wertbeutel entnommenen deutschen Zahlungsmittel dem Empfangsberechtigten eine Bescheinigung auszustellen und auf dieser das Geldinstitut und die Nummer des Anderkontos zu vermerken. Eine Durchschrift der Bescheinigung ist dem kontoführenden Geldinstitut zuzusenden.

(2) An Heimkehrer darf eine Bescheinigung nach Abs. 1 nur ausgegeben werden, wenn diese durch Vorlage ihrer Entlassungspapiere nachweisen, daß ihnen nicht bereits nach dem 20 Juni 1948 von einer Landeszentralbank die bei der Gefangennahme abgenommenen deutschen Zahlungsmittel nach § 2 umgetauscht worden sind.

(3) Das kontoführende Geldinstitut hat den Empfangsberechtigten gegen Vorlage einer nach Abs. 1 ausgestellten Bescheinigung zu Lasten des Anderkontos für je zehn Reichsmark des in der Bescheinigung genannten Betrages eine Deutsche Mark zu vergüten.

(4) Die Verwahrungsstelle darf über die Beträge auf dem Anderkonto nur nach den Vorschriften der Abs. 1 bis 3 verfügen. Verbleiben auf dem Anderkonto Beträge, für die ein Empfangsberechtigter nicht ermittelt werden kann, so bleibt die Entscheidung über diese Beträge der deutschen Gesetzgebung vorbehalten.

Artikel III

Schlußbestimmungen

§ 6

Auf die nach den Vorschriften dieser Verordnung abgelieferten Altgeldnoten findet § 1 der Siebenten Durchführungsverordnung zum Währungsgesetz Anwendung.

§ 7

Der deutsche Wortlaut der Verordnung ist der maßgebende Wortlaut.

§ 8

Die Verordnung tritt am 1. Dezember 1948 in Kraft.

Im Auftrag der Alliierten Bankkommission

Dreizehnte Durchführungsverordnung zum Umstellungsgesetz

(Betr. Reichsmarkverbindlichkeiten gegenüber Angehörigen der Vereinten Nationen)

Auf Grund von § 34, Abs. 4 des Dritten Gesetzes zur Neuordnung des Geldwesens (Umstellungsgesetz) wird hiermit verordnet:

§ 1

§ 15, Abs. 1 ist wie folgt auszulegen:

(1) Jeder Gläubiger, der Angehöriger der Vereinten Nationen im Sinne des § 13, Abs. 4 des Umstellungsgesetzes ist, kann der Umstellung seiner Forderung in Deutsche Mark gemäß den Vorschriften dieses Gesetzes durch Erklärung gegenüber seinem Schuldner bis spätestens 20. Oktober 1948 widersprechen.

(2) Jeder Gläubiger, der Angehöriger der Vereinten Nationen im Sinne des § 13, Abs. 4 des Umstellungsgesetzes ist, kann nach dem 20. Oktober 1948 in gleicher Weise die Annahme einer ihm von dem deutschen Schuldner nach den Vorschriften des vorerwähnten Gesetzes angebotenen oder bewirkten Leistung verweigern.

(3) Die Rechte des Gläubigers bleiben, wenn er nach Abs. (1) oder (2) verfahren hat, von den Vorschriften des Umstellungsgesetzes unberührt.

§ 2

Der deutsche Wortlaut dieser Durchführungsverordnung ist maßgebend.

§ 3

Diese Durchführungsverordnung tritt mit Wirkung vom 20. Oktober 1948 in Kraft.

Im Auftrag der Alliierten Bankkommission

Vierzehnte Durchführungsverordnung zum Umstellungsgesetz

(Betr. Anrechnung von Kopfbeträgen, Behandlung von Unterschiedsbeträgen, zuviel gewährte Geschäftsbeträge, Altgeldguthaben außerhalb des Währungsgebietes)

Auf Grund von § 34, Abs. 4 des Dritten Gesetzes zur Neuordnung des Geldwesens (Umstellungsgesetz) wird hiermit verordnet:

Artikel I

Anrechnung der Kopfbeträge

(Zu § 4 UG)

§ 1

(1) In den Fällen des § 3, Abs. 1, Satz 1 der Ersten Durchführungsverordnung zum Umstellungsgesetz hat die Abwicklungsbank auf Antrag des Inhabers des Reichsmark-Abwicklungskontos die Umwandlung der bereits umgestellten Altgeldguthaben der Kontengemeinschaft in der Weise neu vorzunehmen, daß vor Anwendung des § 1, Abs. 2 der Ersten Durchführungsverordnung zum Festkontogesetz vorweg für jedes Familienmitglied, das berechtigt war den Kopfbetrag gemäß § 6 des Währungsgesetzes zu erhalten, ihn aber nicht erhalten hat, sechshundert Reichsmark in sechzig Deutsche Mark umgewandelt und auf Freikonto gutgeschrieben werden. Entsprechendes gilt in den Fällen des § 3, Abs. 1, Satz 2 der Ersten Durchführungsverordnung zum Umstellungsgesetz mit der Maßgabe, daß der vorweg umzuwandelnde Reichsmark-Betrag um den zehnfachen Betrag der gegen Auszahlung des Teilkopfbetrages abgelieferten Altgeldnoten vermindert wird. Im übrigen bleiben die Vorschriften des § 3, Abs. 1 der Ersten Durchführungsverordnung zum Umstellungsgesetz unberührt.

(2) Bereits ergangene Freigabebescheide sind entsprechend zu berichtigen.

§ 2

(1) § 3, Abs. 2 der Ersten Durchführungsverordnung zum Dritten Gesetz zur Neuordnung des Geldwesens (Umstellungsgesetz) erhält folgende Fassung:

„(2) Beläuft sich die Summe der Altgeldguthaben des Inhabers des Reichsmark-Abwicklungskontos und seiner Familienangehörigen nach

Abzug der Beträge, die für bereits ausgezahlte Kopfbeträge und einen etwa gewährten Geschäftsbetrag anzurechnen sind, auf weniger als durchschnittlich sechshundert Reichsmark für jedes Familienmitglied, das berechtigt war, den Kopfbetrag gemäß § 6 des Währungsgesetzes zu erhalten, ihn aber nicht erhalten hat, so hat die Abwicklungsbank dem Inhaber des Reichsmark-Abwicklungskontos sechzig Deutsche Mark für jedes dieser Familienmitglieder auf Freikonto gutzuschreiben, höchstens jedoch eine Deutsche Mark für jede Reichsmark des Betrages, der verbleibt, wenn die Summe der vor der Anrechnung vorhandenen Altgeldguthaben der Kontengemeinschaft um eine Reichsmark für jede deutsche Mark eines etwa gewährten Geschäftsbetrages vermindert wird. Die Ansprüche auf Umwandlung der nach der Anrechnung verbleibenden Altgeldguthaben der Familie sind durch diese Gutschrift verbraucht."

(2) Soweit Altgeldguthaben nach § 3, Abs. 2 der Ersten Durchführungsverordnung zum Umstellungsgesetz in Deutsche Mark bereits umgewandelt worden sind, ist auf Antrag des Inhabers des Reichsmark-Abwicklungskontos die Umwandlung nach Maßgabe des Abs. 1 zu berichtigen.

Artikel II

Behandlung von Unterschiedsbeträgen

(Zu §§ 8 und 9 der 1. DVO/UG)

§ 3

Eine Mitteilung nach § 8, Ziff. 4 der Ersten Durchführungsverordnung zum Umstellungsgesetz ist nicht erforderlich, wenn der Unterschiedsbetrag fünfzig Reichsmark nicht übersteigt.

§ 4

In den Fällen des § 8, Ziff. 5 der Ersten Durchführungsverordnung zum Umstellungsgesetz kann das Geldinstitut unbeschadet der ihm obliegenden Meldung an die Abwicklungsbank den Unterschiedsbetrag sofort in Deutsche Mark umwandeln, wenn der Freigabebescheid der Abwicklungsbank nicht den Hinweis enthält, daß der Gesamtbetrag der zu der Kontengemeinschaft gehörenden Altgeldguthaben nicht zum Ausgleich der Kopfbeträge und der Geschäftsbeträge ausreicht. Auf Altgeldguthaben, die nicht einem Unternehmen (§ 1, Abs. 1, Ziff. 4 des Umstellungsgesetzes) gehören, findet die vorstehende Vorschrift nur Anwendung, wenn der Unterschiedsbetrag hundert Reichsmark nicht übersteigt.

§ 5

(1) Die Abwicklungsbank hat in den Fällen des § 9 der Ersten Durchführungsverordnung zum Umstellungsgesetz nachträglich anzurechnende Unterschiedsbeträge, falls eine Anrechnung auf andere Altgeldguthaben nicht mehr möglich ist, in der Weise anzurechnen, daß sie die beteiligten Geldinstitute anweist, die Guthaben auf dem Anlagekonto des Kontoinhabers um 0,65 Deutsche Mark für je 10 Reichsmark des Unterschiedsbetrags zu kürzen. Beträge, die auf einem Festkonto nach Durchführung der mit § 1 (a) des Festkontogesetzes vorgeschriebenen Buchungen bis zur Genehmigung des Finanzamts zur Uebertragung auf das Freikonto und Anlagekonto verbleiben, können in gleicher Weise für die Kürzung herangezogen werden.

(2) Die Beträge, um die die Guthaben auf dem Anlagekonto oder Festkonto nach Abs. 1 vermindert werden, sind in der Umstellungsrechnung der Geldinstitute von den aus der Umwandlung von Altgeldguthaben entstandenen Verbindlichkeiten abzusetzen.

Artikel III

Zuviel gewährte Geschäftsbeträge

(Zu § 17 WG, § 9 1. DVO/WG und § 4 UG)

§ 6

Ergibt sich aus der Bescheinigung, die der Empfänger eines Geschäftsbetrages nach § 9, Abs. 1 der Ersten Durchführungsverordnung zum Währungsgesetz der Abwicklungsbank vorzulegen hat, daß der Geschäftsbetrag zu hoch bemessen war, so hat die Abwicklungsbank den zuviel gewährten Teil des Geschäftsbetrages vom Empfänger für Rechnung der Bank deutscher Länder einzuziehen, soweit das Altgeldguthaben nicht zum Ausgleich des gewährten Geschäftsbetrages nach dem Satz von zehn Reichsmark für eine Deutsche Mark ausreichte.

Artikel IV

Altgeldguthaben von Personen außerhalb des Währungsgebietes

(Zu § 2, Abs. 4 UG und § 16 1. DVO/UG)

§ 7

(1) Die Geldinstitute haben alle Altgeldguthaben im Betrag von mehr als fünftausend Reichsmark, die sie nach ihren Unterlagen als Altgeldguthaben der Gruppe IV behandeln dürfen (§ 16, der 1. DVO/UG), dem für sie zuständigen Finanzamt zu melden. Diese Altgeldguthaben dürfen, falls sie nicht bereits umgewandelt sind, nur mit Genehmigung des Finanzamts in Neugeldguthaben umgewandelt werden; waren sie bereits umgewandelt, so darf über die daraus entstandenen Neugeldguthaben unbeschadet der Vorschrift des § 26, Abs. 2 des Umstellungsgesetzes nur mit Genehmigung des Finanzamts verfügt werden.

(2) Die nach Abs. 1 erforderliche Genehmigung darf vom Finanzamt nur erteilt werden, wenn nach den Ermittlungen des Finanzamts der Kontoinhaber

a) im Währungsgebiet nicht steuerpflichtig ist

oder

b) seine steuerlichen Verpflichtungen erfüllt hat

oder

c) wenn die Erfüllung der steuerlichen Verpflichtungen des Kontoinhabers gewährleistet erscheint.

Artikel V

§ 8

Der deutsche Wortlaut dieser Verordnung ist maßgebend.

§ 9

Diese Verordnung tritt am 1. Januar 1949 in Kraft.

Im Auftrag der Alliierten Bankkommission

Fünfzehnte Durchführungsverordnung zum Umstellungsgesetz

(Betr.: Abschlagszahlungen auf die Zinsen für die Ausgleichsforderung der Geldinstitute)

Auf Grund des § 34, Abs. 4 des Dritten Gesetzes zur Neuordnung des Geldwesens (Umstellungsgesetz) wird hiermit verordnet:

§ 1

(1) Auf die Zinsen für die Ausgleichsforderung eines Geldinstituts, die nach § 11, Abs. 2 der Bankenverordnung zu einem vor der Bestätigung der Umstellungsrechnung liegenden Zeitpunkt zu vergüten sind, hat der Schuldner Abschlagszahlungen zu leisten.

(2) Die Abschlagszahlungen sind zu entrichten:

a) auf die zum 31. Dezember 1948 zu vergütenden Zinsen spätestens am 31. März 1949,

b) auf die zu einem späteren Zeitpunkt zu vergütenden Zinsen jeweils an diesem Tage.

§ 2

(1) Die Höhe der Abschlagszahlungen bemißt sich nach dem voraussichtlichen Betrag der Ausgleichsforderung. Jedes Geldinstitut mit Ausnahme der Bank deutscher Länder und der Landeszentralbanken hat am letzten Tage des zweiten Monats vor Fälligkeit der Abschlagszahlung der Landeszentralbank eine nach bestem Wissen und Gewissen geschätzte Umstellungsrechnung einzureichen, aus der der voraussichtliche Betrag der Ausgleichsforderung ersichtlich ist.

(2) Die Landeszentralbanken und die Bank deutscher Länder teilen diesen Betrag zur Berechnung der für ihre Ausgleichsforderung zu entrichtenden Abschlagszahlungen dem Schuldner spätestens einen Monat vor dem Zahlungstermin für eine Abschlagszahlung mit. Für andere Geldinstitute sind die zur Berechnung der Abschlagszahlungen erforderlichen Angaben dem Schuldner durch die Landeszentralbank spätestens zu demselben Termin auf Grund der von den Geldinstituten eingereichten Umstellungsrechnungen (Abs. 1) mitzuteilen.

§ 3

(1) Grundkreditanstalten, Kommunalkreditanstalten, Schiffsbeleihungsbanken und Ablösungsanstalten, denen eine Ausgleichsforderung ganz oder teilweise als Deckung der von ihnen ausgegebenen Schuldverschreibungen und Schuldurkunden zuzuteilen ist (§ 22, Abs. 2, Satz 1 des Umstellungsgesetzes), haben in der nach § 2, Abs. 1 einzureichenden Umstellungsrechnung zu erklären, welcher Teilbetrag der danach umgestellten Verbindlichkeiten auf solche Verpflichtungen aus diesen Schuldverschreibungen und Schuldurkunden entfällt, die am 21. Juni 1948 noch nicht fällig waren, und welcher Teilbetrag der danach umgestellten Aktiven zum Deckungsbestand für diese Schuldverschreibungen und Schuldurkunden gehört. Falls für die Wahrung der Rechte der Schuldverschreibungsinhaber oder der Gläubiger aus den Schuldurkunden ein Treuhänder bestellt ist, bedarf die Erklärung der Bestätigung des Treuhänders.

(2) Sind nach dieser Erklärung die umgestellten Deckungswerte geringer als die umgestellten, am 21. Juni 1948 noch nicht fällig gewesenen Verbindlichkeiten aus den Schuldverschreibungen und Schuldurkunden, so gilt für die Berechnung der Abschlagszahlungen die Ausgleichsforderung in Höhe des Unterschiedsbetrages als mit jährlich viereinhalb vom Hundert zu verzinsen.

§ 4

(1) Uebersteigt der nach § 2, Abs. 1 für die Berechnung einer Abschlagszahlung maßgebende Betrag den für die Berechnung der vorangegangenen Abschlagszahlung zugrunde gelegten Betrag, so ist für den Mehrbetrag die

Abschlagszahlung vom 21. Juni 1948 an zu berechnen. Dies gilt auch, wenn erstmalig eine Abschlagszahlung zu einem nach dem 31. März 1949 liegenden Zeitpunkt zu entrichten ist.

(2) Ist der nach § 2, Abs. 1 für die Berechnung einer Abschlagszahlung maßgebende Betrag geringer als der für die Berechnung der vorangegangenen Abschlagszahlung zugrunde gelegte Betrag, so ist die vorangegangene Abschlagszahlung, soweit sie auf den Minderbetrag entfällt, in der Weise zu erstatten, daß sie von der späteren Abschlagszahlung abgesetzt wird.

(3) Uebersteigt der zu erstattende Betrag die spätere Abschlagszahlung, so ist die frühere Abschlagszahlung insoweit unverzüglich zurückzuzahlen. Dasselbe gilt für den ganzen Betrag einer bewirkten Abschlagszahlung, sobald sich nach dem Stand der Umstellungsrechnung des Geldinstituts eine Ausgleichsforderung gegen die öffentliche Hand nicht mehr ergibt.

§ 5

(1) Zinsen für die Ausgleichsforderung eines Geldinstituts, die nach § 11, Abs. 2 der Bankenverordnung zu einem vor der Bestätigung der Umstellungsrechnung liegenden Zeitpunkt zu vergüten sind, hat der Schuldner unverzüglich nach der Bestätigung der Umstellungsrechnung zu zahlen, soweit sie die nach dieser Verordnung geleisteten Abschlagszahlungen übersteigen.

(2) Uebersteigen nach der bestätigten Umstellungsrechnung die auf Grund dieser Verordnung vom Schuldner geleisteten Abschlagszahlungen die von ihm nach § 11, Abs. 2 der Bankenverordnung zu einem vor der Bestätigung der Umstellungsrechnung liegenden Zeitpunkt zu vergütenden Zinsen, so ist der Mehrbetrag von dem Geldinstitut unverzüglich zu erstatten.

§ 6

(1) Zinsbeträge für eine Ausgleichsforderung, die der Schuldner erst nach dem Zeitpunkt an das Geldinstitut leistet, zu dem sie nach § 11, Abs. 2 der Bankenverordnung zu vergüten sind, hat der Schuldner von diesem Zeitpunkt an bis zur Zahlung mit jährlich fünf vom Hundert zu verzinsen.

(2) Abschlagszahlungen auf Zinsen für die Ausgleichsforderung, die dem Schuldner zu erstatten sind, hat das Geldinstitut vom Zeitpunkt des Eingangs bis zur Erstattung mit jährlich fünf vom Hundert zu verzinsen.

§ 7

Zahlungen des Schuldners einer Ausgleichsforderung auf Grund dieser Verordnung sind für Rechnung des Berechtigten an die Landeszentralbank zu leisten. Zahlungen, die auf Grund dieser Verordnung für die der Bank deutscher Länder zuzuteilende Ausgleichsforderung zu bewirken sind, sind jedoch an die Bank deutscher Länder zu leisten.

§ 8

Der deutsche Wortlaut dieser Verordnung ist der maßgebende Wortlaut

§ 9

Diese Verordnung tritt am 31. Dezember 1948 in Kraft.

Im Auftrag der Alliierten Bankkommission

Sechzehnte Durchführungsverordnung zum Umstellungsgesetz

(Betr.: Umstellung von Vollstreckungstiteln)

Auf Grund des § 34, Abs. 4 des Dritten Gesetzes zur Neuordnung des Geldwesens (Umstellungsgesetz) wird hiermit verordnet:

§ 1

Vollstreckungstitel über Reichsmarkforderungen (§ 13, Abs. 3 des Umstellungsgesetzes), die nach den Vorschriften der Zivilprozeßordnung zu vollstrecken sind, werden in Deutscher Mark zu 10 v. H. ihres Reichsmarkbetrages vollstreckt. Nimmt der Gläubiger eine höhere Umstellung in Anspruch, so bedarf es zur Vollstreckung wegen des Mehrbetrages eines Umstellungsvermerks auf dem Vollstreckungstitel.

§ 2

(1) Ist in einem Vollstreckungstitel über eine Reichsmarkforderung oder in einem Titel auf Duldung der Zwangsvollstreckung wegen einer Reichsmarkforderung eine Sicherheitsleistung angeordnet oder zugelassen, so ist der Betrag der Sicherheit, wenn sie nach dem 20. Juni 1948 zu leisten ist, in demselben Verhältnis wie die Forderung auf Deutsche Mark umgestellt.

(2) Ist in einem anderen Titel eine Sicherheitsleistung in Reichsmark angeordnet oder zugelassen, so ist der Betrag der Sicherheit im Verhältnis 1 : 1 auf Deutsche Mark umgestellt.

§ 3

(1) Ueber die Erteilung des Umstellungsvermerks entscheidet die Stelle, die für die Erteilung der vollstreckbaren Ausfertigung zuständig ist; sofern eine solche nicht erforderlich ist, entscheidet die Stelle, die den Vollstreckungstitel erlassen hat; jedoch tritt an die Stelle des Vorsitzenden oder des Urkundsbeamten der Geschäftsstelle das Gericht.

(2) Bei notariellen Urkunden tritt an die Stelle des Notars das für dessen Sitz zuständige Amtsgericht.

(3) Bei Vollstreckungstiteln über RM-Forderungen, die von einer Stelle erteilt worden sind, die sich nicht im Währungsgebiet befindet, entscheidet, vorbehaltlich einer späteren anderweiten Regelung, das Amtsgericht, an dem der Schuldner seinen allgemeinen Gerichtsstand hat.

§ 4

(1) Das Gericht soll den Schuldner hören. Es kann mündliche Verhandlung anordnen.

(2) Die Entscheidung ergeht durch begründeten Beschluß. Von einer Begründung kann abgesehen werden, wenn der Schuldner die vom Gläubiger beantragte Umstellung anerkennt.

(3) Auf das Verfahren finden die Vorschriften der Zivilprozeßordnung Anwendung.

§ 5

(1) Gegen die Entscheidung des Amts- oder Landgerichts ist die sofortige Beschwerde zulässig.

(2) Eine weitere Beschwerde ist unzulässig.

§ 6

Auf Grund des rechtskräftigen Beschlusses versieht der Urkundsbeamte der Geschäftsstelle die Urschrift des Titels und die Ausfertigungen mit dem Umstellungsvermerk. Kann der Vermerk auf der Urschrift nicht angebracht werden, genügt der Vermerk auf den Ausfertigungen.

§ 7

Hat der Gläubiger nach § 1, Satz 1 vollstreckt und ist die vollstreckbare Ausfertigung dem Schuldner ausgeliefert worden, so ist dem Gläubiger im Falle einer höheren Umstellung der Forderung nach Durchführung des in § 3 vorgesehenen Verfahrens eine vollstreckbare Ausfertigung wegen des Restbetrages in Deutscher Mark zu erteilen.

§ 8

Der Vorbehalt des § 16, Abs. 2 des Umstellungsgesetzes steht der Auslieferung der vollstreckbaren Ausfertigung an den Schuldner nicht entgegen.

§ 9

(1) Für das gerichtliche Verfahren wird ein Viertel der vollen Gebühr (§ 8 des Gerichtskostengesetzes) erhoben. Die Gebühr wird nicht erhoben, wenn der das Verfahren einleitende Antrag vor einer gerichtlichen Entscheidung zurückgenommen wird.

(2) Die Rechtsanwaltsgebühren betragen zwei Zehntel der in den §§ 13 bis 17 der Gebührenordnung für Rechtsanwälte bestimmten vollen Gebühren.

§ 10

Der deutsche Wortlaut dieser Verordnung ist maßgebend.

§ 11

Diese Verordnung tritt am 31. Januar 1949 in Kraft.

Im Auftrag der Alliierten Bankkommission

Siebzehnte Durchführungsverordnung zum Umstellungsgesetz

(Betr.: Reichsmarkabschluß und Geschäftsjahr)

Auf Grund des § 34 des Dritten Gesetzes zur Neuordnung des Geldwesens (Umstellungsgesetz) wird verordnet:

§ 1

(1) Kaufleute, die zur Führung von Handelsbüchern verpflichtet sind, haben zum 20. Juni 1948 ihre in Reichsmark geführten Bücher durch eine Reichsmarkschlußbilanz nebst Gewinn- und Verlustrechnung abzuschließen.

(2) Vom 21. Juni 1948 ab dürfen in der Reichsmarkrechnung lediglich noch diejenigen Buchungen vorgenommen werden, die durch die Gesetze zur Neuordnung des Geldwesens und die dazu ergangenen Durchführungsverordnungen ausdrücklich zugelassen oder zur Bewirkung zugelassener Buchungsvorgänge technisch erforderlich sind, und diejenigen, die der förmlichen Erstellung des Reichsmarkabschlusses dienen. Alle derartigen Buchungen sind mit Wertstellung vom 20. Juni 1948 vorzunehmen.

(3) Die gesetzlichen und satzungsmäßigen Fristen für die Aufstellung, Vorlegung und Feststellung des Reichsmarkabschlusses sowie für die Beschlußfassung über diesen Abschluß beginnen am 1. März 1949. Die Fünfte Verordnung über weitere Maßnahmen auf dem Gebiet des Handelsrechts während des Krieges vom 24. Februar 1943 (RGBl. I, S. 117) ist nicht anzuwenden. Der letzte vor dem Inkrafttreten dieser Verordnung bestellte Abschlußprüfer gilt auch für die Prüfung des Reichsmarkabschlusses als bestellt, falls nicht ein anderer Abschlußprüfer bestimmt wird. Das Recht

der Aufsichtsbehörde, der Bestellung des Abschlußprüfers gemäß § 2 der Verordnung vom 7. Juli 1937 (RGBl. I, S. 763) oder nach den Vorschriften der §§ 58, 112 des Versicherungs-Aufsichtsgesetzes zu widersprechen, bleibt unberührt.

(4) Kaufleute, deren Jahresabschluß nicht der Prüfung unterliegt, haben den Reichsmarkabschluß spätestens am 31. März 1949 aufzustellen.

(5) Im übrigen gelten für die Rechnungslegung und den Reichsmarkabschluß die allgemeinen Vorschriften.

§ 2

Der Jahresabschluß für ein zwischen dem 1. Januar und dem 20. Juni 1948 abgelaufenes Geschäftsjahr kann mit dem gemäß § 1 vorgeschriebenen Reichsmarkabschluß in der Weise verbunden werden, daß der bis zum 20. Juni 1948 abgelaufene Teil des neuen Geschäftsjahres dem vorhergehenden Geschäftsjahr hinzugerechnet wird, ohne daß es einer Beschlußfassung über die Verlegung oder Verlängerung des Geschäftsjahres bedarf. Bei juristischen Personen entscheiden hierüber die gesetzlichen Vertreter. Die Entscheidung ist dem Registergericht anzuzeigen. Einer Eintragung in das Handelsregister (Genossenschaftsregister) und einer Veröffentlichung bedarf es nicht.

§ 3

(1) Ein nach dem 20. Juni 1948 und vor dem 30. Juni 1949 ablaufendes Geschäftsjahr kann in der Weise verlängert werden, daß es am 31. Dezember 1948 oder am 30. Juni 1949 endet. Die Vorschriften des § 2, Abs. 1, Satz 2 bis 4 finden Anwendung.

(2) Die gesetzlichen und satzungsmäßigen Fristen für die Aufstellung, Vorlegung und Feststellung des ersten Jahresabschlusses in Deutscher Mark sowie für die Beschlußfassung über diesen Abschluß beginnen am 1. Juli 1949.

§ 4

Die Vorschriften dieses Gesetzes gelten auch für Geldinstitute, Versicherungsunternehmen und Bausparkassen. Die in § 3, Abs. 5 der Bankenverordnung vorgesehenen Fristen werden um 5 Monate verlängert; die Aufsichtsbehörde kann die Fristen weiter hinausschieben, wenn sie aus Gründen, die das Unternehmen nicht zu vertreten hat, nicht eingehalten werden können. Soweit die Satzung von Geldinstituten, Versicherungsunternehmen und Bausparkassen andere Fristen für die Aufstellung, Vorlegung und Feststellung von Jahresabschlüssen vorsieht, haben diese in Ansehung des Reichsmarkabschlusses zum 20. Juni 1948 keine Gültigkeit.

§ 5

Der deutsche Wortlaut dieser Verordnung ist maßgebend.

§ 6

Diese Verordnung tritt mit dem 1. März 1949 in Kraft.

Im Auftrag der Alliierten Bankkommission

Achtzehnte Durchführungsverordnung zum Umstellungsgesetz

(Betr.: Aenderung des § 3 der 9. DVO, zu § 26, Abs. 2 des Umstellungsgesetzes. Westsektoren Groß-Berlins)

Auf Grund von § 34, Abs. 4 des Dritten Gesetzes zur Neuordnung des Geldwesens (Umstellungsgesetz) wird hiermit verordnet:

§ 1

§ 3 der 9. Durchführungsverordnung zum Umstellungsgesetz erhält folgende Fassung:

Personen, die ihren Wohnsitz, Sitz oder Ort der Niederlassung in dem amerikanischen, britischen oder französischen Sektor von Groß-Berlin haben, dürfen über ihre Guthaben auf Freikonto (§ 2, Abs. 1, Satz 2 des Umstellungsgesetzes und Festkontogesetz) in unbegrenzter Höhe in der Weise verfügen, daß sie das kontoführende Geldinstitut oder Postscheckamt anweisen, Beträge aus diesem Guthaben zu ihren Gunsten oder zu Gunsten anderer Personen mit Wohnsitz, Sitz oder Ort der Niederlassung in dem amerikanischen, britischen oder französischen Sektor von Groß-Berlin

a) auf das Konto der Währungskommission Berlin bei der Bank deutscher Länder, oder

b) auf ein gemäß § 26, Abs. 2 des Umstellungsgesetzes gesperrtes Konto bei einem Geldinstitut im Währungsgebiet

zu überweisen. Voraussetzung hierfür ist, daß die gegebenenfalls nach § 6 des Umstellungsgesetzes und § 7 der Vierzehnten Durchführungsverordnung zum Umstellungsgesetz erforderliche Genehmigung des für die steuerliche Ueberprüfung zuständigen Finanzamtes vorliegt und daß die Verfügung über das Guthaben nur deshalb beschränkt ist, weil der Kontoinhaber seinen Wohnsitz, Sitz oder Ort der Niederlassung im amerikanischen, britischen oder französischen Sektor von Groß-Berlin hat.

§ 2

Der deutsche Wortlaut dieser Verordnung ist maßgebend.

§ 3

Diese Verordnung tritt am 20. November 1948 in Kraft.

Im Auftrag der Alliierten Bankkommission

Neunzehnte Durchführungsverordnung zum Umstellungsgesetz

(Betr.: Verbindlichkeiten gegenüber Personen in Ostzone oder Ostsektor Berlins, zu § 26, Abs. 2 des Umstellungsgesetzes)

Auf Grund von § 34, Abs. 4 des Dritten Gesetzes zur Neuordnung des Geldwesens (Umstellungsgesetz) wird hiermit verordnet:

§ 1

Verbindlichkeiten in Deutscher Mark, die eine Person im Währungsgebiet gegenüber einer Person mit Wohnsitz, Sitz oder Ort der Niederlassung in der sowjetisch besetzten Zone Deutschlands oder im sowjetischen Sektor von Groß-Berlin hat, dürfen in der Weise beglichen werden, daß der geschuldete Betrag auf ein nach § 26, Abs. 2 des Umstellungsgesetzes gesperrtes Konto des Gläubigers bei einem Geldinstitut oder Postscheckamt im Währungsgebiet gezahlt oder überwiesen wird.

§ 2

Der deutsche Wortlaut dieser Verordnung ist maßgebend.

§ 3

Diese Verordnung tritt am 1. März 1949 in Kraft.

Im Auftrag der Alliierten Bankkommission

Zwanzigste Durchführungsverordnung zum Umstellungsgesetz

(Betr.: Verfügung über umgestellte blockierte [Ges. 52] Konten, zu § 26, Abs. 2 des Umstellungsgesetzes)

Auf Grund von § 34, Abs. 4 des Dritten Gesetzes zur Neuordnung des Geldwesens (Umstellungsgesetz) wird hiermit verordnet:

§ 1

Allgemeine Genehmigungen oder Ermächtigungen und besondere Anweisungen oder Entscheidungen auf Grund der Militärregierungsgesetze Nr. 52 und Nr. 53, durch die Handlungen oder die Erteilung von Genehmigungen für Handlungen erlaubt worden sind oder erlaubt worden, die sonst auf Grund dieser Gesetze verboten sind, gelten für die in § 26, Abs. 2 des Umstellungsgesetzes bezeichneten Guthaben, Forderungen und Verbindlichkeiten nur dann, wenn dies ausdrücklich bestimmt wird.

§ 2

Der deutsche Wortlaut dieser Verordnung ist maßgebend.

§ 3

Diese Verordnung tritt am 1. März 1949 in Kraft.

Im Auftrag der Alliierten Bankkommission

Einundzwanzigste Durchführungsverordnung zum Umstellungsgesetz

(Betr.: Zurverfügungstellung von Geldern der Bank deutscher Länder für Berlin)

Auf Grund von § 34, Abs. 4 des Dritten Gesetzes zur Neuordnung des Geldwesens (Umstellungsgesetz) wird hiermit verordnet:

§ 1

Die Bank deutscher Länder hat der Gebietskörperschaft Groß-Berlin für Rechnung des Vereinigten Wirtschaftsgebietes und der Länder des französischen Besatzungsgebietes die Beträge in Deutscher Mark zur Verfügung zu stellen, welche die Gebietskörperschaft Groß-Berlin der Berliner Zentralbank gemäß Ziff. 52 der von den Kommandanten des französischen, des britischen und des amerikanischen Sektors von Groß-Berlin erlassenen Verordnung über die Errichtung der Berliner Zentralbank vom 20. März 1949 schuldet.

§ 2

(1) Zur Deckung der von der Bank deutscher Länder nach § 1 zur Verfügung gestellten Beträge haben das Vereinigte Wirtschaftsgebiet und die Länder des französischen Besatzungsgebietes an die Bank deutscher Länder unverzinsliche Schuldverschreibungen zu begeben. Der Anteil jeder dieser Gebietskörperschaften am Gesamtbetrag der hiernach auszugebenden Schuldverschreibungen richtet sich nach § 10, Abs. 3 der Zweiten Verordnung (Bankenverordnung) zur Durchführung des Umstellungsgesetzes.

(2) Die im Abs. (1) bezeichneten Schuldverschreibungen sind in den Büchern der Bank deutscher Länder zum Nennbetrag einzusetzen.

(3) Die Schuldner der in Abs. (1) bezeichneten Schuldverschreibungen werden als Gegenwert nach Ziff. 53 der Verordnung über die Errichtung der

Berliner Zentralbank Schuldverschreibungen der Gebietskörperschaft Groß-Berlin erhalten.

§ 3

Der deutsche Wortlaut dieser Verordnung ist der maßgebende Wortlaut.

§ 4

Diese Verordnung tritt am 20. März 1949 in Kraft.

Im Auftrag der Alliierten Bankkommission

Zweiundzwanzigste Durchführungsverordnung zum Umstellungsgesetz

(Zinsfälligkeitsverordnung für festverzinsliche Wertpapiere)

Auf Grund von § 34, Abs. 4 des Dritten Gesetzes zur Neuordnung des Geldwesens (Umstellungsgesetz) wird verordnet:

§ 1

(1) Für festverzinsliche Wertpapiere, in denen Verbindlichkeiten verbrieft sind, die nach den Vorschriften des Umstellungsgesetzes auf Deutsche Mark umgestellt worden sind, darf der Schuldner die Zeitabschnitte für die nach dem 20. Juni 1948 fällig werdenden Zinszahlungen verlängern, wenn der Nennbetrag der Wertpapiere fünfzig Deutsche Mark nicht übersteigt.

(2) Die Verlängerung ist zulässig bis zu jeweils fünf Jahren, bei Wertpapieren im Nennbetrage von fünfzig Deutsche Mark jedoch nur bis zu jeweils einem Jahr. In jedem Falle sind die Zinsen spätestens bei Fälligkeit der Kapitalverbindlichkeit aus dem Wertpapier zu entrichten.

(3) Verlängert der Schuldner die Zeitabschnitte für die Zinszahlungen auf mehr als ein Jahr, so hat er für die Zinsbeträge, die nach den Ausgabebedingungen zu einem früheren Zeitpunkt fällig geworden wären, von diesem Zeitpunkte an bis zum Ablauf des Zeitabschnitts für die Zinszahlung Zinseszinsen von jährlich vier vom Hundert zu vergüten.

(4) Macht der Schuldner von dem ihm nach Abs. 1 zustehenden Recht Gebrauch, so hat er dies im Oeffentlichen Anzeiger für das Vereinigte Wirtschaftsgebiet und in den sonstigen für seine Veröffentlichungen vorgeschriebenen Blättern bekanntzumachen; dabei ist auch der Zeitpunkt anzugeben, von dem ab die Verlängerung der Zeitabschnitte für die Zinszahlungen wirksam werden soll. Bei Wertpapieren, für die der Schuldner von dem ihm nach Abs. 1 zustehenden Recht bis zum 31. Dezember 1949 keinen Gebrauch gemacht hat, verbleibt es bei den nach den Ausgabebedingungen geltenden Zinsterminen.

§ 2

Erstrecken sich die für ein Wertpapier bisher ausgegebenen Zinsscheine nicht auf die ganze Laufzeit des Wertpapiers, so kann der Schuldner im Falle einer Verlängerung der Zeitabschnitte für die Zinszahlungen nach § 1 diejenigen Urkunden bestimmen, gegen deren Vorlage er die Zinsen zahlen wird. Diese Bestimmung ist in die Bekanntmachung über die Verlängerung der Zeitabschnitte für die Zinszahlungen (§ 1, Abs. 4) mit aufzunehmen.

§ 3

(1) Besitzt ein Wertpapierinhaber mehrere Wertpapiere derselben Gattung, für die der Schuldner von dem ihm nach § 1 zustehenden Recht Gebrauch gemacht hat, so kann er, wenn die Wertpapiere zusammen einen Be-

trag ergeben, für den ein kürzerer Zeitabschnitt für die Zinszahlungen gilt. von dem Schuldner den Umtausch dieser Wertpapiere in Wertpapiere derselben Gattung mit dem kürzeren Zeitabschnitt für die Zinszahlungen verlangen. Im Sinne dieser Vorschrift gelten zum Umtausch eingereichte Wertpapiere, die sich nur durch die Laufzeit oder die Art der Kündigung unterscheiden, nicht als Wertpapiere verschiedener Gattung; jedoch kann der Wertpapierinhaber nicht die Aushändigung eines Wertpapiers verlangen, dessen Laufzeit kürzer ist als die Laufzeit desjenigen der von ihm eingereichten Wertpapiere, das die längste Laufzeit besitzt. Im übrigen sind die dem Wertpapierinhaber zum Umtausch angebotenen Wertpapiere Träger aller Rechte aus den von ihm zum Umtausch eingereichten Wertpapieren.

(2) Wertpapiersteuer ist für den Umtausch von Wertpapieren nach Abs. 1 nicht zu entrichten.

§ 4

(1) Die Verordnung über die Zahlung der Zinsen auf festverzinsliche Wertpapiere vom 17. Dezember 1943 (Reichsgesetzbl. I, S. 680) tritt außer Kraft.

(2) Für die nach dem 20. Juni 1948 fällig werdenden Zinsen treten mit Wirkung vom Inkrafttreten dieser Verordnung an ferner alle sonstigen Bestimmungen außer Kraft, durch die für festverzinsliche Wertpapiere die Zinszahlung abweichend von den Ausgabebedingungen und den Vorschriften dieser Verordnung geregelt worden ist.

§ 5

(1) Als festverzinsliche Wertpapiere im Sinne dieser Verordnung gelten Schuldverschreibungen auf den Inhaber, auch soweit sie auf den Namen eines bestimmten Berechtigten umgeschrieben worden sind, und an Order ausgestellte Anleiheschuldverschreibungen, für die regelmäßig wiederkehrend Zinsen in bestimmter Höhe zu entrichten sind.

(2) den festverzinslichen Wertpapieren stehen Verbindlichkeiten gleich, die in ein Schuldbuch eingetragen sind.

§ 6

Soweit der Schuldner von dem ihm nach § 1 zustehenden Recht Gebrauch gemacht hat, ist für den Beginn der Vorlegungsfristen und der Verjährungsfristen jeweils der Zeitpunkt maßgebend, zu dem der Schuldner danach zur Entrichtung der Zinsen verpflichtet ist. Im übrigen bleiben dadurch die gesetzlichen Bestimmungen und die Ausgabebedingungen unberührt.

§ 7

(1) Der deutsche Wortlaut dieser Verordnung ist maßgebend.

(2) Diese Verordnung tritt am 20. April 1949 in Kraft.

Im Auftrag der Alliierten Bankkommission

Dreiundzwanzigste Durchführungsverordnung zum Umstellungsgesetz

(Betr.: Umstellungsrechnung der Versicherungsunternehmen)

Auf Grund von § 34, Abs. 4 des Dritten Gesetzes zur Neuordnung des Geldwesens (Umstellungsgesetz) wird hiermit verordnet:

Erster Abschnitt

Allgemeine Bestimmungen

§ 1

Die Vorschriften dieser Verordnung finden Anwendung auf alle Versicherungsunternehmen und Rückversicherungsunternehmen, deren Sitz oder Hauptverwaltung sich im Währungsgebiet befindet, auf ausländische Unternehmungen auch dann, wenn sie im Währungsgebiet einen Hauptbevollmächtigten haben.

§ 2

Aufsichtsbehörde im Sinne des § 24 des Umstellungsgesetzes und der dazu erlassenen Durchführungsvorschriften ist die Versicherungsaufsichtsbehörde, in deren Geschäftsbereich das Versicherungsunternehmen seinen Sitz, den Ort seiner Hauptverwaltung für das Währungsgebiet oder den Sitz seines Hauptbevollmächtigten hat.

Zweiter Abschnitt

Reichsmark-Abschluß

§ 3

(1) Die in Reichsmark geführten Bücher der Versicherungsunternehmen sind zum 20. Juni 1948 durch eine Reichsmark-Schlußbilanz nebst Gewinn- und Verlustrechnung abzuschließen.

(2) Vom 21. Juni 1948 an dürfen in der Reichsmarkrechnung der Versicherungsunternehmen lediglich noch diejenigen Buchungen vorgenommen werden, die durch die Gesetze zur Neuordnung des Geldwesens und die dazu ergangenen Durchführungsverordnungen ausdrücklich zugelassen oder zur Bewirkung zugelassener Buchungsvorgänge technisch erforderlich sind, und diejenigen, die der förmlichen Erstellung der Schlußbilanz dienen. Alle derartigen Buchungen sind mit Wertstellung vom 20. Juni 1948 vorzunehmen.

§ 4

(1) Für den Reichsmarkabschluß gelten die allgemeinen Vorschriften über den Jahresabschluß und insbesondere die bisher von den Versicherungsbehörden erlassenen Rechnungslegungsvorschriften. Für einzelne Versicherungsarten oder Posten des Rechnungsabschlusses kann die Aufsichtsbehörde vereinfachende Bestimmungen treffen.

(2) Dem der Aufsichtsbehörde einzureichenden Reichsmarkabschluß ist ein erläuternder Bericht beizufügen, aus dem für jeden einzelnen Bilanzposten hervorgeht, ob und in welcher Weise die in ihm enthaltenen Beträge in die Deutsche-Mark-Rechnung übernommen worden sind. Dabei ist jeweils zu unterscheiden zwischen Bilanzposten, die in die Deutsche-Mark-Rechnung übernommen worden sind, solchen, für welche die Uebernahme noch in der Schwebe ist und solchen, für die eine Uebernahme nicht vorgesehen ist.

Dritter Abschnitt

Umstellungsrechnung

§ 5

(1) Vom 21. Juni 1948 an haben die Versicherungsunternehmen ihre Bücher in Deutscher Mark zu führen und alle neuen Geschäftsvorfälle, mit Ausnahme der in § 3, Abs. 2 bezeichneten, in Deutscher Mark zu verbuchen.

(2) Die Versicherungsunternehmen haben zur Errechnung der ihnen nach § 24, Abs. 2 des Umstellungsgesetzes gegen die öffentliche Hand zustehen-

den Ausgleichsforderungen auf den 21. Juni 1948 eine besondere Umstellungsrechnung zu erstellen. Sämtliche Buchungen der Umstellungsrechnung sind, gleichviel, wann die Umstellung des einzelnen Bilanzpostens tatsächlich vorgenommen wird, mit Wertstellung vom 21. Juni 1948 vorzunehmen.

(3) In der Umstellungsrechnung sind nur Verbindlichkeiten aus solchen Ansprüchen in- und ausländischer Gläubiger zu berücksichtigen, die im Währungsgebiet nach den für Versicherungsverhältnisse bestehenden Vorschriften geltend gemacht werden können. Versicherungsunternehmen, die ihren Sitz im Rechtssinne am 21. Juni 1948 außerhalb des Währungsgebiets hatten, können im Währungsgebiet wegen Auslandsverbindlichkeiten nur in dem Verhältnis im Anspruch genommen werden, in dem die nach der letzten vor dem 8. Mai 1945 aufgestellten Jahresbilanz ausgewiesenen, im Währungsgebiet vorhandenen Vermögenswerte zu dem Gesamtvermögen des Versicherungsunternehmens standen, es sei denn, daß die Auslandsverbindlichkeiten im Währungsgebiet eingegangen oder anerkannt worden sind. Bei der Berechnung des Anteils bleiben Forderungen gegen die im § 14 des Umstellungsgesetzes bezeichneten Rechtsträger, gegen Gebietskörperschaften, deren Gebiet sich über das Währungsgebiet hinaus erstreckt, sowie im Ausland belegenes Vermögen außer Betracht.

(4) Soweit Verbindlichkeiten aus Ansprüchen ausländischer Gläubiger nach Abs. 3 nicht geltend gemacht werden können, sind sie in der Umstellungsrechnung bis zur endgültigen Regelung solcher Verbindlichkeiten unter dem Strich zu vermerken.

§ 6

(1) Die Versicherungsunternehmen haben entsprechend den Bestimmungen des § 24 des Umstellungsgesetzes, der Versicherungsverordnung und den hierzu von den Aufsichtsbehörden erlassenen Vorschriften in die Umstellungsrechnung einzustellen.

A. Auf der Passivseite:

a) ihre auf Deutsche Mark umgestellten versicherungsgeschäftlichen Verbindlichkeiten und versicherungstechnischen Rückstellungen. Hierher gehören insbesondere:

I. in der Lebensversicherung

1. die Prämienreserve der auf Deutsche Mark umgestellten Lebens- und Rentenversicherungen, wobei der Berechnung ein Rechnungszinsfuß von dreieinhalb vom Hundert zugrunde zu legen ist, die Aufsichtsbehörde kann in Ausnahmefällen einen anderen Rechnungszinsfuß zulassen;
2. die Brutto-Prämienüberträge für die auf Deutsche Mark umgestellten Versicherungen;
3. die Rückstellungen für Verwaltungskosten für beitragsfreie Versicherungen und Versicherungen mit abgekürzter Prämienzahlungsdauer, soweit sie nicht durch die nach dem 20. Juni 1948 fälligen Prämien gedeckt sind;
4. die Rückstellungen für ganz oder teilweise unerledigte Versicherungsfälle und Rückkäufe;
5. die Vermißtenrückstellung in Höhe von neun Deutschen Mark für je hundert Reichsmark der gesamten bis zum 20. Juni 1948 durch Kriegssterbefälle fällig gewordenen Versicherungssummen;
6. Verbindlichkeiten aus festgelegten oder gutgeschriebenen Gewinnanteilen der Versicherungsnehmer mit 10,— DM für je 100,— RM des in dem Reichsmark-Abschluß ausgewiesenen Betrages.

II. in der Schadensversicherung (einschließlich Unfallversicherung)

1. die Prämienreserve (Deckungsrücklagen) wie unter I, Ziff. 1 und die Prämienüberträge (einschl. der Ueberträge für Spätschäden);
2. die Rückstellung für unerledigte Versicherungsfälle einschließlich der darauf entfallenden Schadensbearbeitungskosten;
3. Rückstellungen für den schwankenden Jahresbedarf sowie für Kumulierungs- und Katastrophengefahr nach den von der Aufsichtsbehörde zu bestimmenden Grundsätzen;
4. Verbindlichkeiten aus festgelegten oder gutgeschriebenen Gewinnanteilen der Versicherungsnehmer mit 10,— DM für je 100,— RM des in dem Reichsmark-Abschluß ausgewiesenen Betrages.

III. in der Krankenversicherung außer den für die Schadensversicherung angegebenen Posten:

die Rückstellung für das mit dem Alter wachsende Krankheitswagnis und die Rückstellung für Krankentagegelder für die auf Deutsche Mark umgestellten Krankheitskosten- und Krankentagegeldversicherungen, wobei der Rechnungszinsfuß von dreieinhalb vom Hundert zugrunde zu legen ist; die Rückstellungen sind nach den von der Aufsichtsbehörde zu bestimmenden Grundsätzen zu bilden;

b) alle anderen aus der Reichsmark-Schlußbilanz übernommenen Verbindlichkeiten, auch wenn sie auf fremde Währung lauten, in der Gliederung des Jahresabschlusses zu den Werten, zu denen sie in einer auf den 21. Juni 1948 aufzustellenden steuerlichen Eröffnungsbilanz einzusetzen sind;

c) die Rückstellungen für Pensionsverpflichtungen mit zehn Deutsche Mark für je hundert Reichsmark des in dem Reichsmarkabschluß ausgewiesenen Betrages;

d) alle anderen Rückstellungen (einschließlich einer Rückstellung für die Wiederherstellungskosten verlorener Unterlagen), bewertet nach den Grundsätzen, die für die Bewertung von Rückstellungen bei der Vermögensfeststellung auf den ersten Hauptveranlagungszeitpunkt nach dem 20. Juni 1948 maßgebend sind;

e) als vorläufiges Eigenkapital in der Lebensversicherung fünf deutsche Mark, in allen anderen Versicherungszweigen zehn Deutsche Mark für je hundert Deutsche Mark des sich aus Buchst. a bis d ergebenden Gesamtbetrages.

B. Auf der Aktivseite:

a) den Bestand an den auf Deutsche Mark umgestellten Kleingeldzeichen der alten Währung am Beginn des 21. Juni 1948,

b) die aus der Umstellung der Altgeldguthaben entstandenen Neugeldguthaben einschließlich der Geschäftsbeträge,

c) ihre auf Deutsche Mark umgestellten Forderungen mit dem Nennbetrag in Deutscher Mark oder mit dem geringeren gemeinen Wert,

d) alle sonstigen in dem Reichsmarkabschluß ausgewiesenen Vermögenswerte (Grundstücke, Gebäude, Betriebseinrichtungen, Beteiligungen, Wertpapiere und dergleichen), bewertet nach den Grundsätzen, die für eine Vermögensfeststellung auf den ersten Hauptveranlagungszeitpunkt nach dem 20. Juni 1948 maßgebend sind; für

Grundstücke, die zum Deckungsstock eines Lebensversicherungsunternehmens gehören, können die in § 15 genannten Stellen abweichende Bewertungsvorschriften erlassen,

e) alle anderen bei Beginn des 21. Juni 1948 vorhandenen Vermögenswerte, insbesondere die technisch gestundeten Prämien der Lebensversicherung und die nachzuerhebenden Prämienanteile.

(2) Macht ein Versicherungsunternehmen für eine Forderung, die vom Reiche verbürgt ist oder deren Einbringlichkeit infolge von Kriegsschäden oder Kriegsfolgeschäden zweifelhaft geworden ist, geltend, daß der gemeine Wert niedriger ist als der Regelwert, der sich nach § 6, B, Buchst. e ergibt, so kann das Land, dem die Zuteilung der Ausgleichsforderung obliegt, verlangen, daß ihm die Forderung ohne Entschädigung abgetreten wird. Dies gilt namentlich auch für Hypotheken, die auf zerstörtem oder beschädigtem Grundbesitz ruhen und für welche die Zinsen nicht oder nicht in der geschuldeten Höhe einzubringen sind.

(3) Die in Berlin befindlichen Aktiven und die in Berlin zu erfüllenden Verbindlichkeiten sind vorläufig in der Umstellungsrechnung insgesamt mit je einer Deutschen Mark einzustellen.

§ 7

(1) Die Umstellungsrechnung ist am 31. Mai 1949 vorläufig abzuschließen und der Aufsichtsbehörde bis zum 31. August 1949 einzureichen.

(2) Soweit in der Umstellungsrechnung die Aktiven eines Lebensversicherungsunternehmens weniger als hundertfünf vom Hundert — die Aktiven eines anderen Versicherungsunternehmens weniger als hundertzehn vom Hundert — seiner Verbindlichkeiten (mit Ausnahme des Eigenkapitals) betragen, ist der Unterschiedsbetrag als Ausgleichsforderung in die Umstellungsrechnung einzustellen.

(3) Soweit nach dem 31. Mai 1949 Posten umgestellt werden, die bis dahin in der Schwebe waren, ist die Umstellungsrechnung zu berichtigen. Das gleiche gilt, soweit sich nach dem 31. Mai 1949 herausstellt, daß ein Posten zu Unrecht in die Umstellungsrechnung eingestellt oder nicht eingestellt ist oder daß sich infolge einer Aenderung von Rechtsvorschriften eine andere Bewertung ergibt.

Vierter Abschnitt
Prüfung der Umstellungsrechnung

§ 8

(1) Die Umstellungsrechnung unterliegt nach ihrem vorläufigen und endgültigen Abschluß der für den Jahresabschluß vorgeschriebenen Prüfung.

(2) Im Prüfungsbericht ist im einzelnen darzulegen, ob die Bilanzwerte nach den Vorschriften gebildet sind, die für die Umstellungsrechnung maßgebend sind.

§ 9

Die Umstellungsrechnung und ihre etwaige Berichtigung (§ 7, Abs. 3) bedürfen der Bestätigung durch die Aufsichtsbehörde.

Fünfter Abschnitt
Ausgleichsforderung und Eigenkapital

§ 10

Schuldner der Ausgleichsforderung ist das Land, in dem das Versicherungsunternehmen seinen Sitz hat. Es ist zu schätzen, wie sich in dem letzten vollen Geschäftsjahr vor dem 21. Juni 1948 das Prämienaufkommen des Versicherungsunternehmens — bei Rückversicherungen die Prämieneinnahme der Erstversicherer — auf die Länder des Währungsgebietes verteilt. Nach Maßgabe dieser Schätzung haben die übrigen Länder des Währungsgebietes dem Schuldner der Ausgleichsforderung die Aufwendungen für den Schuldendienst anteilig zu erstatten. Das nähere Verfahren regeln die Länder.

§ 11

(1) Die Ausgleichsforderungen sind Buchforderungen. Sie sind vom Schuldner auf Grund der nach § 9 bestätigten Umstellungsrechnung in ein Schuldbuch einzutragen. In den Fällen des § 7, Abs. 3 ist die Eintragung zu berichtigen.

(2) Die Ausgleichsforderung gilt in ihrem gesamten Betrag als am 21. Juni 1948 entstanden. Sie ist von diesem Tage an mit dreieinhalb vom Hundert jährlich zu verzinsen. Die Zinsen sind den Gläubigern halbjährlich, erstmals zum 31. Dezember 1948 zu vergüten.

(3) Die Ausgleichsforderungen der Versicherungsunternehmen dürfen nur von Versicherungsunternehmen und Geldinstituten und nur zum Nennwert erworben und veräußert werden. Sie sind in die Bilanzen zum Nennwert einzusetzen.

(4) Das in § 24, Abs. 4 des Umstellungsgesetzes vorgesehene Recht der Landeszentralbanken, Ausgleichsforderungen zu beleihen und anzukaufen, kann schon vor der Eintragung einer Ausgleichsforderung in das Schuldbuch ausgeübt werden. Das gleiche gilt für den Rückerwerb einer Ausgleichsforderung durch ein Versicherungsunternehmen. Im übrigen ist die Veräußerung einer Ausgleichsforderung vor ihrer Eintragung in das Schuldbuch unzulässig.

§ 12

(1) Die Zuteilung einer Ausgleichsforderung kann von der Erfüllung von Auflagen der Aufsichtsbehörde (§ 2) abhängig gemacht werden. Vor der Erteilung solcher Auflagen hat sich die Aufsichtsbehörde mit den anderen Aufsichtsbehörden ins Einvernehmen zu setzen, in deren Bereich das Unternehmen seinen Geschäftsbetrieb ausübt.

(2) Einem Versicherungsunternehmen kann namentlich auferlegt werden, durch Ausgabe neuer Aktien oder Bildung eines neuen Gründungsstocks ein angemessenes Eigenkapital zu beschaffen oder sich mit einem anderen Versicherungsunternehmen zusammenzuschließen. Die Aufsichtsbehörde kann auch die Auflösung eines Versicherungsunternehmens und die Uebertragung seiner Bestände auf ein anderes Versicherungsunternehmen verlangen. Für die Erfüllung der Auflagen sind angemessene Fristen zu setzen. Im Falle einer Auflösung kann die Höhe der Ausgleichsforderung dahin beschränkt werden, daß nur die Verbindlichkeiten in der Umstellungsrechnung gedeckt sind; die Aufsichtsbehörde kann in einem solchen Falle alle Maßnahmen treffen, die sie zum Schutz der Versicherten für nötig hält.

(3) Werden Auflagen gemacht, so ist die Entscheidung zu begründen. Gegen diese Entscheidung ist Berufung zulässig. Das Rechtsmittelverfahren richtet sich nach den §§ 94, 95 des Gesetzes über die Beaufsichtigung der privaten Versicherungsunternehmen und Bausparkassen vom 6. Juni 1931 (Reichsgesetzblatt I, Seite 315).

§ 13

(1) Bei einem Versicherungsunternehmen, das eine Ausgleichsforderung erhält, bleibt die Aufteilung des vorläufigen Eigenkapitals (§ 6, Abs. 1 Ae)

auf Stammkapital (Gründungsstock), gesetzliche Rücklagen, freie Rücklagen und auf zugunsten der Versicherten oder Dritter zu bildende Rücklagen besonderen Vorschriften vorbehalten.

(2) Uebersteigen die Aktiven eines Versicherungsunternehmens die Passiven, so wird der Unterschiedsbetrag dem vorläufigen Eigenkapital (§ 6, Abs. 1 Ae) zugeschlagen.

(3) Würde hierbei jedoch das Eigenkapital einen höheren Betrag erreichen als hundert Deutsche Mark für je hundert Reichsmark des Eigenkapitals, das in der letzten vor dem 1. Januar 1948 aufgestellten handelsrechtlichen Bilanz ausgewiesen worden ist, so fällt der Ueberschuß dem Lande zu, in dem das Unternehmen seinen Sitz hat. Die Aufsichtsbehörde bestimmt, in welcher Weise der Ueberschußbetrag an das Land abzuführen ist.

(4) Als Eigenkapital im Sinne des Abs. 3 sind anzusehen das eingezahlte Aktienkapital, der eingezahlte Gründungsstock oder die von einem ausländischen Unternehmen in Deutschland gestellten Sicherheiten (Kaution), die gesetzliche Rücklage und alle anderen Rücklagen, die zur Deckung von Verlusten herangezogen werden können; ein etwaiger Verlustvortrag ist abzusetzen.

Sechster Abschnitt

Besondere Bestimmungen

§ 14

Die Altgeldguthaben der folgenden Versicherungsunternehmen

a) Deutscher Ring, Transport- und Fahrzeug-Versicherungs-Aktiengesellschaft i. L., Hamburg;

b) Deutscher Ring, Lebensversicherungs-Aktiengesellschaft der Deutschen Arbeitsfront i. L., Hamburg;

c) Deutscher Ring, Krankenversicherung, Verein auf Gegenseitigkeit i. L., Hamburg;

d) Deutsche Sachversicherungs-Aktiengesellschaft, Hamburg;

e) Volksfürsorge, Lebensversicherungs-Aktiengesellschaft, Hamburg;

f) Gisela, Deutsche Lebens- und Aussteuer-Versicherungs-Aktiengesellschaft in München i. L., Hamburg;

g) Ceres, Hagelversicherungsgesellschaft auf Gegenseitigkeit i. L., Berlin;

sind Altgeldguthaben der Gruppe I im Sinne des § 1, Abs.1, Ziff. 1, Buchst. a des Umstellungsgesetzes. Für die Verbindlichkeiten dieser Versicherungsunternehmen gelten die Vorschriften im zweiten und vierten Abschnitt von Teil II des Umstellungsgesetzes.

Schlußbestimmungen

§ 15

Das Nähere über die Erstellung des Reichsmarkabschlusses und der Umstellungsrechnung bestimmt die Aufsichtsbehörde im Einvernehmen mit der Bank deutscher Länder und mit den anderen Aufsichtsbehörden; dies gilt auch in den Fällen des § 6, Abs. 1; § 6, Abs. 1, A a, I, Ziff. 1; § 6, Abs. 1, A a, II, Ziff. 3; § 6, Abs. 1, A a, III, und § 6, Abs. 1, B d.

§ 16

Der § 4 der Dritten Durchführungsverordnung zum Umstellungsgesetz (Versicherungsverordnung) wird aufgehoben.

§ 17

Der deutsche Wortlaut dieser Verordnung ist maßgebend.

§ 18

Diese Verordnung tritt am 1. Mai 1949 in Kraft.

Im Auftrag der Alliierten Bankkommission

Vierundzwanzigste Durchführungsverordnung zum Umstellungsgesetz

(Betr.: Abschlagszahlungen auf die Zinsen für die Ausgleichsforderungen der Versicherungsunternehmen)

Auf Grund von § 34, Abs. 4 des Dritten Gesetzes zur Neuordnung des Geldwesens (Umstellungsgesetz) wird hiermit verordnet:

§ 1

(1) Auf die Zinsen für die Ausgleichsforderung eines Versicherungsunternehmens, die zu einem vor der Bestätigung der Umstellungsrechnung liegenden Zeitpunkt zu vergüten sind, hat der Schuldner Abschlagzahlungen zu leisten.

(2) Die Abschlagzahlungen sind zu entrichten:

a) auf die zum 31. Dezember 1948 zu vergütenden Zinsen spätestens am 31. März 1949,

b) auf die zu einem späteren Zeitpunkt zu vergütenden Zinsen jeweils an diesem Tage.

§ 2

(1) Die Höhe der Abschlagzahlungen bemißt sich nach dem voraussichtlichen Betrag der Ausgleichsforderung, wobei ein Jahreszinssatz von dreieinhalb vom Hundert zugrunde zu legen ist. Jedes Versicherungsunternehmen hat am letzten Tag des zweiten Monats vor Fälligkeit der Abschlagzahlung der Landeszentralbank eine nach bestem Wissen und Gewissen geschätzte Umstellungsrechnung einzureichen, aus der der voraussichtliche Betrag der Ausgleichsforderung ersichtlich ist. Die Schätzung muß den Bestätigungsvermerk der zuständigen Versicherungs-Aufsichtsbehörde enthalten, daß gegen die Schätzung keine Bedenken zu erheben sind.

(2) Die Landeszentralbank hat die zur Berechnung der Abschlagzahlungen erforderlichen Angaben auf Grund der von dem Versicherungsunternehmen eingereichten Umstellungsrechnung dem Schuldner einen Monat vor dem Zahlungstermin für eine Abschlagzahlung mitzuteilen.

§ 3

(1) Uebersteigt der nach § 2 für die Berechnung einer Abschlagzahlung maßgebende Betrag den für die Berechnung der vorangegangenen Abschlagzahlung zugrunde gelegten Betrag, so ist für den Mehrbetrag die Abschlagzahlung vom 21. Juni 1948 an zu berechnen. Dies gilt auch dann, wenn erstmalig eine Abschlagzahlung zu einem nach dem 31. März 1949 liegenden Zeitpunkt zu entrichten ist.

(2) Ist der nach § 2, Abs. 1 für die Berechnung einer Abschlagzahlung maßgebende Betrag geringer als der für die Berechnung der vorangegangenen Abschlagzahlung zugrunde gelegte Betrag, so ist die vorangegangene Abschlagzahlung, soweit sie auf den Minderbetrag entfällt, in der Weise zu erstatten, daß sie von der späteren Abschlagzahlung abgesetzt wird.

(3) Uebersteigt der zu erstattende Betrag die spätere Abschlagzahlung, so ist die frühere Abschlagzahlung insoweit unverzüglich zurückzuzahlen. Dasselbe gilt für den ganzen Betrag einer bewirkten Abschlagzahlung, sobald sich nach dem Stand der Umstellungsrechnung des Versicherungsunternehmens eine Ausgleichsforderung gegen die öffentliche Hand nicht mehr ergibt.

§ 4

(1) Zinsen für die Ausgleichsforderung eines Versicherungsunternehmens, die nach den für die Versicherungsunternehmen maßgebenden Vorschriften zu einem vor der Bestätigung der Umstellungsrechnung liegenden Zeitpunkt zu vergüten sind, hat der Schuldner unverzüglich nach der Bestätigung der Umstellungsrechnung zu zahlen, soweit sie die nach dieser Verordnung geleisteten Abschlagzahlungen übersteigen.

(2) Uebersteigen nach der bestätigten Umstellungsrechnung die auf Grund dieser Verordnung vom Schuldner geleisteten Abschlagzahlungen die von ihm vorher vergüteten Zinsen, so ist der Mehrbetrag von dem Versicherungsunternehmen unverzüglich zu erstatten.

§ 5

(1) Zinsbeträge für eine Ausgleichsforderung, die der Schuldner an das Versicherungsunternehmen erst nach dem Zeitpunkt leistet, zu dem sie nach den für Versicherungsunternehmen maßgebenden Bestimmungen zu vergüten sind, hat der Schuldner von diesem Zeitpunkt an bis zur Zahlung mit jährlich fünf vom Hundert zu verzinsen.

(2) Abschlagzahlungen auf Zinsen für die Ausgleichsforderung, die dem Schuldner zu erstatten sind, hat das Versicherungsunternehmen vom Zeitpunkt des Eingangs bis zur Erstattung mit jährlich fünf vom Hundert zu verzinsen.

§ 6

(2) Zahlungen des Schuldners einer Ausgleichsforderung auf Grund dieser Verordnung sind für Rechnung des Berechtigten an die Landeszentralbank zu leisten.

§ 7

Der deutsche Wortlaut dieser Verordnung ist maßgebend.

§ 8

Die Verordnung tritt am 1. Mai 1949 in Kraft.

Im Auftrag der Alliierten Bankkommission

Fünfundzwanzigste Durchführungsverordnung zum Umstellungsgesetz

(Betr.: Freigabe von Altgeldguthaben bis zu 10 000 RM ohne Finanzamts-Genehmigung)

Auf Grund von § 34, Abs. 4 des Dritten Gesetzes zur Neuordnung des Geldwesens (Umstellungsgesetz) wird hiermit verordnet:

§ 1

(1) Beläuft sich der Gesamtbetrag der zu einem Reichsmarkabwicklungskonto gehörenden, mit Vordruck A angemeldeten Altgeldguthaben auf nicht mehr als zehntausend Reichsmark, so bedarf es nicht der nach § 6 des Um-

stellungsgesetzes erforderlichen Genehmigung des Finanzamtes zur Umwandlung der Altgeldguthaben und zur Verfügung über die daraus entstandenen Guthaben auf Festkonten.

(2) In den Fällen des Abs. 1 kann die im § 7 des Umstellungsgesetzes vorgesehene steuerliche Prüfung unterbleiben, es sei denn, daß der Inhaber des Reichsmarkabwicklungskontos oder einer seiner Familienangehörigen (§ 1, Abs. 1, Ziff. 3 des Umstellungsgesetzes) auch mit Vordruck B Altgeld abgeliefert oder angemeldet hat.

§ 2

Der deutsche Wortlaut dieser Verordnung ist maßgebend.

§ 3

Diese Verordnung tritt am 5. Mai 1949 in Kraft.

Im Auftrag der Alliierten Bankkommission

Sechsundzwanzigste Durchführungsverordnung zum Umstellungsgesetz

(Betr.: Geschäftsjahr)

Auf Grund von § 34, Abs. 4 des Dritten Gesetzes zur Neuordnung des Geldwesens (Umstellungsgesetz) wird verordnet:

Artikel I

§ 3 der Siebzehnten Durchführungsverordnung zum Umstellungsgesetz wird geändert und erhält folgende Fassung:

„(1) Endet das am 21. Juni 1948 laufende Geschäftsjahr vor dem 1. Januar 1949, so kann der am 21. Juni 1948 beginnende Teil des Geschäftsjahres mit dem folgenden Geschäftsjahr verbunden werden. Bei juristischen Personen entscheiden hierüber die gesetzlichen Vertreter. Bei Unternehmen, die der Eintragung in ein öffentliches Register bedürfen, ist die Entscheidung nur wirksam, wenn sie spätestens bis zum 30. September 1949 dem Registergericht angezeigt wird; einer Eintragung in das Register und einer Veröffentlichung bedarf es nicht.

(2) Liegen die Voraussetzungen des Abs. 1 nicht vor, oder wird von der Befugnis nach Abs. 1 kein Gebrauch gemacht, so beginnen die gesetzlichen und satzungsmäßigen Fristen für die Aufstellung, Vorlegung, Feststellung und Veröffentlichung des ersten Jahresabschlusses in Deutscher Mark am 1. Juli 1949."

Artikel II

Entscheidungen, die auf Grund des § 3 der Siebzehnten Durchführungsverordnung zum Umstellungsgesetz in der bisherigen Fassung bereits getroffen worden sind, bleiben wirksam; sie stehen jedoch einer anderen Entscheidung auf Grund der nach Art. I geltenden Fassung dieser Vorschrift nicht entgegen, es sei denn, daß gleichzeitig nach Maßgabe der allgemeinen Vorschriften eine Veränderung des Geschäftsjahres beschlossen worden ist. Verbleibt es bei einer auf Grund des § 3 der Siebzehnten Durchführungsverordnung zum Umstellungsgesetz in der bisherigen Fassung getroffenen Entscheidung, so beginnen die gesetzlichen und satzungsmäßigen Fristen für die Aufstellung, Vorlegung, Feststellung und Veröffentlichung des ersten Jahresabschlusses in Deutscher Mark am 1. Juli 1949.

Artikel III

(1) Der deutsche Wortlaut dieser Verordnung ist maßgebend.

(2) Diese Verordnung tritt am 20. Juni 1949 in Kraft.

Im Auftrag der Alliierten Militärregierung

Siebenundzwanzigste Durchführungsverordnung zum Umstellungsgesetz

(Verordnung über Haben-Zinsen und Kupon-Zinsen)

Auf Grund von § 34, Abs. 4 des Dritten Gesetzes zur Neuordnung des Geldwesens (Umstellungsgesetz) wird verordnet:

§ 1

Zinsverbindlichkeiten von Geldinstituten für die Zeit vor dem 21. Juni 1948 aus Einlagen erlöschen, mit Ausnahme von Haben-Zinsen, die dem Konto-Inhaber vor dem 21. Juni 1948 gutgeschrieben worden sind.

§ 2

(1) Verbindlichkeiten aus Zinsscheinen für Reichsmark-Schuldverschreibungen von Geldinstituten, die nach den Ausgabebedingungen vor dem 21. Juni 1948 fällig waren und vorgelegt, aber nicht oder nur teilweise eingelöst worden sind, werden erst mit den Kapitalverbindlichkeiten aus den Schuldverschreibungen fällig, zu denen die Zinsscheine ausgegeben worden sind, spätestens jedoch am 31. Dezember 1960. Das gleiche gilt für Verbindlichkeiten aus Zinsscheinen dieser Art, die vor dem 21. Juni 1948 nicht vorgelegt worden sind, für den Betrag, zu dem die Zinsscheine auch bei Vorlage nicht eingelöst worden wären; im übrigen verbleibt es für solche Zinsscheine bei der bisherigen Fälligkeit.

(2) Die Verbindlichkeiten aus den unter Abs. 1 fallenden Zinsscheinen sind mit einer Deutschen Mark für je zehn Reichsmark in die Umstellungsrechnung einzustellen. Eine dem Geldinstitut zuzuteilende Ausgleichsforderung ist bis zur Höhe dieser Verbindlichkeiten unverzinslich.

§ 3

Der deutsche Wortlaut dieser Verordnung ist maßgebend.

§ 4

Diese Verordnung tritt am 15. Juli 1949 in Kraft.

Im Auftrag der Alliierten Bankkommission

Achtundzwanzigste Durchführungsverordnung zum Umstellungsgesetz

(Verfahrensvorschriften über die Vertragshilfe nach § 21)

Auf Grund von § 34, Abs. 4 des Dritten Gesetzes zur Neuordnung des Geldwesens (Umstellungsgesetz) wird hiermit verordnet:

§ 1

Für die richterliche Vertragshilfe nach § 21 des Umstellungsgesetzes gelten ausschließlich die Vorschriften dieser Verordnung.

§ 2

Bei der Anwendung des § 21, Abs. 2 des Umstellungsgesetzes kann der Schuldner sich auf die Vermögensverluste, die er durch Beschädigung, Zerstörung oder Verlust ihm gehöriger beweglicher oder unbeweglicher Sachen auf Grund von Kriegsereignissen oder Kriegsfolgen erlitten hat, in gleicher Weise berufen wie auf den Ausfall von Entschädigungsansprüchen gegen das Reich.

§ 3

Ist der Schuldner durch Umstände, die er nicht zu vertreten hatte, daran gehindert worden, eine Verbindlichkeit, für welche die Vertragshilfe zulässig ist, zu erfüllen, so kann das Gericht auf Antrag des Schuldners anordnen, daß Rechtsfolgen, die für den Fall der Nichterfüllung oder nicht rechtzeitiger Erfüllung vorgesehen und dem Schuldner nachteilig sind, ganz oder teilweise als nicht eingetreten gelten.

§ 4

(1) Zur Gewährung der richterlichen Vertragshilfe ist das Amtsgericht zuständig, bei dem der Schuldner seinen allgemeinen Gerichtsstand hat.

(2) Das Amtsgericht kann die Sache aus wichtigem Grunde an ein anderes Amtsgericht abgeben, wenn sich dieses zur Uebernahme bereit erklärt. Einigen sich die Gerichte nicht, so entscheidet das gemeinsame obere Gericht und, wenn die Amtsgerichte nicht im gleichen Oberlandesgerichtsbezirk gelegen sind, das Oberlandesgericht, zu dessen Bezirk das Gericht gehört, an das die Sache abgegeben werden soll. Die Entscheidung ist unanfechtbar.

(3) Betrifft der Antrag lediglich Ansprüche, die an einem Grundstück im Währungsgebiet durch eine Hypothek, Grundschuld oder Rentenschuld gesichert sind, so ist das Amtsgericht zuständig, in dessen Bezirk das Grundstück gelegen ist.

(4) Mehrere Verfahren sollen bei dem zuständigen Gericht miteinander verbunden werden. Sind mehrere Anträge bei verschiedenen Gerichten gestellt, so ist das Gericht zuständig, bei dem zuerst ein Antrag eingegangen ist. Abs. 2 gilt entsprechend.

§ 5

Auf das Verfahren der richterlichen Vertragshilfe findet das Reichsgesetz über die Angelegenheiten der freiwilligen Gerichtsbarkeit Anwendung, soweit in dieser Verordnung nichts anderes bestimmt ist.

§ 6

(1) Der Schuldner soll in seinem Antrage seine Vermögens- und Erwerbsverhältnisse offenlegen und angeben, daß er versucht hat, sich mit dem Gläubiger außergerichtlich zu einigen.

(2) Dem Antrag sind beizufügen:

a) eine geordnete Vermögensübersicht, die eine Gegenüberstellung der Aktiven und Passiven enthält;

b) ein Verzeichnis der Gläubiger und Schuldner mit Angabe der Anschrift, des Schuldgrundes und der Nebenrechte.

(3) Das Gericht kann Befreiung von diesen Erfordernissen bewilligen, wenn dies nach Lage des Falles geboten erscheint, insbesondere wenn nur eine einzelne Verbindlichkeit Gegenstand des Verfahrens ist.

(4) Der Schuldner hat seine Angaben auf Verlangen des Gerichts glaubhaft zu machen.

§ 7

(1) Auf Antrag eines Schuldners, der verpflichtet ist, wegen Ueberschuldung oder Zahlungsunfähigkeit die Eröffnung des Konkurs- oder Vergleichsverfahrens zu beantragen, kann das Gericht anordnen, daß diese Verpflichtung bis zur Beendigung des Vertragshilfeverfahrens ruht. Es soll diese Anordnung nur treffen, wenn begründete Aussicht besteht, daß durch den Ausgang des Vertragshilfeverfahrens der Grund für die Eröffnung des Konkurs- oder Vergleichsverfahrens wegfällt. Das Gericht kann diese Anordnung jederzeit aufheben.

(2) Lehnt das Gericht den Antrag des Schuldners ab, so gilt der Antrag auf Eröffnung des Konkurs- oder Vergleichsverfahrens als rechtzeitig gestellt, wenn er unverzüglich nach Rechtskraft der ablehnenden Entscheidung gestellt wird.

§ 8

(1) Die Vertragshilfe wird nur für Verbindlichkeiten gewährt, die der Schuldner nicht bestreitet. Bestreitet er einen Anspruch nur teilweise, so kann das Gericht für den nicht bestrittenen Teil die Vertragshilfe gewähren.

(2) Besteht Streit über den Grund oder den Betrag der Verbindlichkeit, so kann das Gericht das Verfahren bis zur rechtskräftigen Entscheidung des Streites durch das Prozeßgericht aussetzen.

(3) Wird über einen Anspruch, bei dem der Schuldner berechtigt ist, die richterliche Vertragshilfe zu beantragen, ein Rechtsstreit anhängig, so kann mit Zustimmung des Gläubigers auch das Prozeßgericht in Ansehung dieser Verbindlichkeit die Vertragshilfe gewähren. Die Entscheidung ergeht durch Urteil und kann nur mit dem Urteil angefochten werden.

§ 9

(1) Das Gericht kann vor der Entscheidung einstweilige Anordnungen zur Sicherung der Gläubiger und zum Schutze des Schuldners erlassen.

(2) Insbesondere kann es dem Schuldner Verfügungsbeschränkungen gemäß den §§ 58 bis 65 der Vergleichsverordnung vom 26. Februar 1935 (RGBl. I, S. 321) auferlegen mit der Maßgabe, daß an Stelle des Vergleichsverwalters eine Vertrauensperson bestellt werden kann. Der Vertrauensperson kann die Beaufsichtigung des Gewerbebetriebes des Schuldners übertragen werden. Auf ihre Rechte und Pflichten sind die §§ 38 bis 43 der Vergleichsordnung sinngemäß anzuwenden.

(3) Das Gericht kann während des Verfahrens anordnen, daß der Schuldner Sicherheiten zu stellen hat.

(4) Sind mehrere Forderungen Gegenstand des Verfahrens, so darf der Schuldner keine dieser Forderungen ohne gerichtliche Ermächtigung befriedigen oder sichern.

(5) Auf die Vollstreckung der in den Abs. 2 und 3 vorgesehenen Anordnungen sind die Vorschriften der Zivilprozeßordnung über die Zwangsvollstreckung entsprechend anzuwenden.

§ 10

(1) Das Gericht kann für die Dauer des Verfahrens durch besonderen Beschluß anordnen, daß die Zwangsvollstreckung wegen der Verbindlichkeit, für welche die Vertragshilfe beantragt ist, bis zur Entscheidung über den Antrag mit oder ohne Sicherheitsleistung einstweilen eingestellt wird. Aus besonderen Gründen kann es auch anordnen, daß eine Zwangsvollstreckungsmaßnahme aufzuheben ist.

(2) Die auf Grund des Abs. 1 getroffenen Anordnungen sind unanfechtbar; das gleiche gilt für Entscheidungen, die eine solche Anordnung ablehnen.

§ 11

Das Gericht soll mit den Beteiligten mündlich verhandeln und darauf hinwirken, daß sie sich gütlich einigen. Kommt eine Einigung zustande, so gelten für die Niederschrift und die Vollstreckbarkeit des Vergleichs die Vorschriften der Zivilprozeßordnung über den Vergleich im bürgerlichen Rechtsstreit sinngemäß.

§ 12

(1) Kommt eine gütliche Einigung nach § 11 nicht zustande, so trifft das Gericht durch einen mit Gründen versehenen Beschluß eine rechtsgestaltende Entscheidung.

(2) Das Gericht kann eine Verbindlichkeit mehrmals stunden, aber nur einmal herabsetzen; Stundung und Herabsetzung können nebeneinander und nacheinander gewährt werden. Das Gericht kann dem Schuldner in der Endentscheidung aufgeben, Sicherheiten zu stellen.

(3) Das Gericht kann Teilentscheidungen darüber erlassen, in welcher Mindesthöhe der Schuldner Zahlungen zu leisten oder Sicherheiten zu stellen hat. Eine solche Entscheidung kann mehrmals ergehen.

(4) Das Gericht kann über die Stundung oder Herabsetzung mehrerer Verbindlichkeiten verschieden entscheiden.

§ 13

(1) Die rechtskräftige Entscheidung des Gerichts ersetzt die entsprechenden Vereinbarungen der Parteien. Sie wirkt nur hinsichtlich der Verbindlichkeiten, die in der Formel des Beschlusses selbst oder in einer Anlage aufgeführt sind.

(2) Aus der rechtskräftigen Entscheidung des Gerichts findet die Zwangsvollstreckung wie aus einem rechtskräftigen Urteil statt.

§ 14

(1) Im ersten Rechtszuge entscheidet das Amtsgericht.

(2) Gegen die Entscheidung des Amtsgerichts ist die sofortige Beschwerde an das Landgericht zulässig. Dasselbe gilt für eine Entscheidung gemäß § 7, Abs. 1 dieser Verordnung. Einstweilige Anordnungen, Auflagen und andere Zwischenentscheidungen des Amtsgerichts können nur mit der Endentscheidung angefochten werden.

(3) Gegen die Entscheidung des Landgerichts ist die sofortige weitere Beschwerde an das Oberlandesgericht zulässig. § 27 des Reichsgesetzes über die Angelegenheiten der freiwilligen Gerichtsbarkeit ist anzuwenden.

§ 15

Die Regelung der Kosten des Verfahrens und der außergerichtlichen Kosten bleibt der Gesetzgebung der Länder vorbehalten.

§ 16

Vertragshilfeverfahren, die vor dem Inkrafttreten dieser Verordnung auf Grund des § 21 des Umstellungsgesetzes eingeleitet worden sind, sind nach den Vorschriften dieser Verordnung weiterzuführen.

§ 17

Der deutsche Wortlaut dieser Verordnung ist maßgebend.

§ 18

Diese Verordnung tritt am 1. Juli 1949 in Kraft.

Im Auftrag der Alliierten Bankkommission

Neunundzwanzigste Durchführungsverordnung zum Umstellungsgesetz

(Umstellungskosten)

Auf Grund des § 34 des Dritten Gesetzes zur Neuordnung des Geldwesens (Umstellungsgesetz) wird verordnet:

§ 1

(1) Die Aufwendungen der Geldinstitute für die durch die Umstellung des Geldwesens bedingten zusätzlichen Arbeiten gelten als aus der Umstellung des Geldwesens hervorgehende Verbindlichkeiten im Sinne von § 11 des Umstellungsgesetzes.

(2) Die Geldinstitute sind berechtigt, für die im Abs. 1 bezeichneten Aufwendungen in ihre Umstellungsrechnung nach näherer Vorschrift des § 2 eine Rückstellung einzustellen (Rückstellung für Umstellungskosten).

(3) Die Vorschriften der Abs. 1 und 2 gelten sinngemäß für die Versicherungsunternehmen und Bausparkassen. Sie gelten nicht für die Bank deutscher Länder und die Landeszentralbanken sowie für die Postscheckämter und Postsparkassen.

§ 2

Als Rückstellung für Umstellungskosten sind ohne Rücksicht auf die tatsächliche Höhe dieser Unkosten einzustellen:

1. Von den Geldinstituten
   a) je Reichsmark-Abwicklungskonto (RAK):
      für die ersten fünfhundert RAK .... 5,— DM
      für die darauffolgenden fünfhundert RAK .... 4,— DM
      für alle weiteren RAK .... 3,— DM
   b) für jedes Kundenkonto, das zu einem Reichsmark-Abwicklungskonto bei einem anderen Geldinstitut gehört, und für jedes Kundenkonto der Gruppe IV (§ 1, Abs. 1, Ziff. 1, Buchst. d des Umstellungsgesetzes 0,50 DM
   c) für jedes nach den Vorschriften des Umstellungsgesetzes umzustellende Aktivkonto, dem als Gegenposten Schuldverschreibungen oder Darlehen der im § 22 des Umstellungsgesetzes bezeichneten Art gegenüberstehen .... 3,50 DM
2. Von den Versicherungsunternehmen:
   a) auf Lebensversicherungen, für die eine Prämienreserve zu bilden ist, eine Deutsche Mark für je tausend Reichsmark bisherige Versicherungssumme, zuzüglich 0,25 Deutsche Mark je Versicherten und Versicherungsverhältnis,
   b) auf Lebensrückversicherungen mit Einzelaufgabe der rückversicherten Wagnisse 0,25 Deutsche Mark für je tausend Reichsmark bisherige Versicherungssumme.

3. Von den Bausparkassen für jeden Bausparvertrag, der nach den Vorschriften des Umstellungsgesetzes und den dazu erlassenen Durchführungsverordnungen umzustellen ist .... 3,— DM

§ 3

(1) Die Bank deutscher Länder ist verpflichtet, jeweils denjenigen Teil ihrer jährlichen Zinseinnahmen aus den ihr zugeteilten 3%igen Ausgleichsforderungen gegen die öffentliche Hand, der 2,5 v. H. übersteigt, solange an die Länder abzuführen, bis der Betrag der Ausgleichforderungen, die durch Rückstellungen gemäß § 2 entstanden sind, zuzüglich der Zinsen, die darauf unter Berücksichtigung der im Abs. 3 vorgesehenen Tilgung entfallen, erreicht ist.

(2) Der Anteil jedes Landes an dem nach Abs. 1 abzuführenden Betrage bemißt sich nach dem Verhältnis, in dem die in diesem Land durch Rückstellungen gemäß § 2 entstandenen Ausgleichsforderungen zuzüglich der Jahreszinsen, die darauf unter Berücksichtigung der im Abs. 3 vorgesehenen Tilgung entfallen, zu dem Gesamtbetrag der in den Ländern des Währungsgebietes durch solche Rückstellungen entstandenen Ausgleichsforderungen zuzüglich entsprechend berechneter Zinsen steht.

(3) Die Länder sind verpflichtet, die von der Bank deutscher Länder an sie abgeführten Beträge abzüglich der nach Abs. 2 berechneten Jahreszinsen für die durch Rückstellungen gemäß § 2 entstandenen Ausgleichsforderungen unverzüglich zur Tilgung der Ausgleichsforderungen der Geldinstitute, Versicherungsunternehmen und Bausparkassen zu verwenden. Der Anteil jedes dieser Unternehmen an dem insgesamt zur Tilgung zur Verfügung stehenden Betrage bemißt sich nach dem Verhältnis, in dem die durch Rückstellung gemäß § 2 entstandene Ausgleichsforderung dieses Unternehmens zu dem Gesamtbetrage der Ausgleichsforderungen steht, die in dem betreffenden Land durch solche Rückstellungen entstanden sind. Soweit die einem Unternehmen zugeteilte Ausgleichsforderung auf die Landeszentralbank übergegangen ist, ist der auf das Unternehmen entfallende Tilgungsbetrag zuerst zur Tilgung dieses Teils der Ausgleichsforderung zu verwenden.

§ 4

Der deutsche Wortlaut dieser Verordnung ist maßgebend.

§ 5

Diese Verordnung tritt am 18. Juli 1949 in Kraft.

Im Auftrag der Alliierten Bankkommission

Dreißigste Durchführungsverordnung zum Umstellungsgesetz

(Verordnung über die Ausgleichsforderung der Grundkreditanstalten, Kommunalkreditanstalten, Schiffsbeleihungsbanken und Ablösungsanstalten)

Auf Grund des § 34, Abs. 4 in Verbindung mit § 22, Abs. 2, Satz 2 des Dritten Gesetzes zur Neuordnung des Geldwesens (Umstellungsgesetz) wird verordnet:

§ 1

(1) Die Ausgleichsforderung, die einer Grundkreditanstalt, Kommunalkreditanstalt, Schiffsbeleihungsbank oder Ablösungsanstalt zugeteilt wird, ist in Höhe des Betrages mit jährlich viereinhalb vom Hundert zu verzinsen, um den nach der Umstellungsrechnung die noch nicht fälligen Kapitalver-

bindlichkeiten des Geldinstituts aus den von ihm ausgegebenen Schuldverschreibungen und Schuldurkunden die deckungsfähigen Forderungen des Geldinstituts übersteigen.

(2) Die Höhe der Beträge, die nach Abs. 1 für die Feststellung des mit jährlich viereinhalb vom Hundert zu verzinsenden Teilbetrages der Ausgleichsforderung maßgebend sind, ist in der Umstellungsrechnung anzugeben.

(3) Bei der Eintragung der Ausgleichsforderung (§ 11, Abs. 1, Satz 2 der Bankenverordnung) ist der mit jährlich viereinhalb vom Hundert zu verzinsende Teilbetrag der Ausgleichsforderung in dem Schuldbuch zu bezeichnen.

§ 2

(1) Soweit für Schuldverschreibungen oder Verpflichtungen aus Schuldurkunden gesetzlich oder vertraglich eine Deckung unterhalten werden muß, darf die mit jährlich viereinhalb vom Hundert zu verzinsende Ausgleichsforderung eines Geldinstituts der in § 1 bezeichneten Art zum Nennwert als Deckung benutzt werden.

(2) Im übrigen können die Ausgleichsforderungen der Geldinstitute als vorläufige Deckung im Sinne des § 6, Abs. 4 des Hypothekenbankgesetzes vom 13. Juli 1899 (RGBl. Seite 375) und entsprechender Vorschriften in anderen Gesetzen oder Verträgen verwandt werden.

§ 3

Der deutsche Wortlaut dieser Verordnung ist maßgebend.

§ 4

Diese Verordnung tritt am 18. Juli 1949 in Kraft.

Im Auftrag der Alliierten Bankkommission

Einunddreißigste Durchführungsverordnung zum Umstellungsgesetz

(Reichsmarkverbindlichkeiten der Geldinstitute gegenüber Rechtsträgern der in § 14 des Umstellungsgesetzes bezeichneten Art und Reichsmarkverbindlichkeiten der Reichsbank.)

Auf Grund des § 34 des Dritten Gesetzes zur Neuordnung des Geldwesens (Umstellungsgesetz) wird hiermit verordnet:

§ 1

(1) Die Reichsmarkverbindlichkeiten von Geldinstituten im Währungsgebiet gegenüber den in § 14 des Umstellungsgesetzes bezeichneten Rechtsträgern erlöschen. Sie können jedoch in die Umstellungsrechnung eingesetzt werden, soweit sie nach dem 20. Juni 1948 in Deutscher Mark erfüllt worden sind.

(2) Verpflichtungen zur Abführung von Zins- und Tilgungsbeträgen auf Kredite, die ein Geldinstitut treuhänderisch für Rechnung eines der in § 14 des Umstellungsgesetzes bezeichneten Rechtsträger gegeben hat, sind nicht Reichsmarkverbindlichkeiten im Sinne des Abs. 1.

§ 2

(1) Die Vorschriften des § 14, Ziff. 1, 2, 3 und 5 des Umstellungsgesetzes gelten nicht für Reichsmarkverbindlichkeiten bei denen die Voraussetzungen des § 1 der Zweiten Durchführungsverordnung zum Festkontogesetz vorliegen.

(2) Die nach § 2, Abs. 2 der Achten Durchführungsverordnung zum Umstellungsgesetz erforderliche Bestätigung durch den Rechnungshof kann für Altgeldguthaben von Rechtsträgern der im § 14, Ziff. 1, 2, 3 und 5 des Umstellungsgesetzes bezeichneten Art noch bis zum Ablauf von drei Monaten nach Inkrafttreten dieser Verordnung beantragt werden.

§ 3

Uebernimmt eine Landeszentralbank Reichsmarkverbindlichkeiten der Reichsbank, so gehen diese mit Wirkung vom 20. Juni 1948 auf die Landeszentralbank über.

§ 4

Der deutsche Wortlaut dieser Verordnung ist maßgebend.

§ 5

Diese Verordnung tritt am 20. Juli 1949 in Kraft.

Im Auftrag der Alliierten Bankkommission

Zweiunddreißigste Durchführungsverordnung zum Umstellungsgesetz

Auf Grund des § 34 des Dritten Gesetzes zur Neuordnung des Geldwesens (Umstellungsgesetz) wird hiermit verordnet:

§ 1

Haftpflichtversicherung

(1) Eine Zahlung, die ein Versicherer auf Grund eines Haftpflichtversicherungs-Vertrages wegen eines vor dem 21. Juni 1948 eingetretenen Personenschadens zu leisten hat, ist nach Maßgabe des Vertrages mit dem Betrag zu bewirken, den der Versicherte nach dem 20. Juni 1948 aufzuwenden hat. Hierbei lautet die Versicherungssumme in Deutscher Mark auf den gleichen Betrag wie bisher in Reichsmark.

(2) Die Vorschrift des Abs. 1 tritt für die Regelung von Personenschäden in der Haftpflichtversicherung an die Stelle des § 6, Abs. 7 und § 7, Abs. 1 und 2 der Dritten Durchführungsverordnung zum Umstellungsgesetz (Versicherungsverordnung).

§ 2

Unfallversicherung

(1) Ansprüche auf Zahlung von Renten, Tagegeld, Verdienstausfall oder anderen wiederkehrenden Leistungen, die für die Zeit nach dem 20. Juni 1948 zu erfüllen sind, werden auch insoweit, als diese Ansprüche auf vor dem 21. Juni 1948 eingetretenen Versicherungsfällen beruhen, in der Weise umgestellt, daß an die Stelle von einer Reichsmark eine Deutsche Mark tritt. Hierbei lautet die Versicherungssumme in Deutscher Mark auf den gleichen Betrag wie bisher in Reichsmark.

(2) Die in Abs. 1 getroffene Regelung findet auch Anwendung für Ansprüche auf Zahlung von Todesfall- oder Invaliditätsversicherungssummen mit der Maßgabe, daß die Zahlung nur in Form einer Rente unter Zugrundelegung eines Rechnungszinsfußes von dreieinhalb vom Hundert beansprucht werden kann.

(3) Bei Mitversicherung von Heilkosten gilt als Zeitpunkt des Eintritts des Versicherungsfalls der Zeitpunkt der Gewährung der Leistung durch

den Arzt, Zahnarzt, Heilbehandler oder die Heilbehandlungsstätte, bei Heil- oder Hilfsmitteln jeder Art der Zeitpunkt der Inanspruchnahme oder des Kaufs.

§ 3

Der deutsche Wortlaut dieser Verordnung ist maßgebend.

§ 4

Diese Verordnung tritt am 15. August 1949 in Kraft.

Im Auftrag der Alliierten Bankkommission

Dreiunddreißigste Durchführungsverordnung zum Umstellungsgesetz

(Bausparkassenverordnung)

Auf Grund von § 34, Abs. 4 des Dritten Gesetzes zur Neuordnung des Geldwesens (Umstellungsgesetz) wird hiermit verordnet:

§ 1

Festsetzung der Bausparsummen

Die Bausparkassen können die Bausparsummen gemäß § 25 des Umstellungsgesetzes in Höhe des ursprünglich in Reichsmark ausgedrückten Betrages in Deutscher Mark neu festsetzen. Die Festsetzung ist den Bausparern mitzuteilen. Der Bausparer kann der Festsetzung innerhalb einer Frist von einem Monat nach Aufgabe der Mitteilung zur Post widersprechen.

§ 2

Umstellung der Darlehnsforderungen

Die Darlehnsforderungen der Bausparkassen gegen Schuldner im Währungsgebiet werden nach den Vorschriften des § 16 des Umstellungsgesetzes umgestellt.

§ 3

Ausgleichsforderungen an die Länder

(1) Den Bausparkassen wird, soweit ihre Vermögenswerte zur Deckung der aus der Umstellung des Geldwesens hervorgehenden Verbindlichkeiten einschließlich eines angemessenen Eigenkapitals nicht ausreichen, nach Maßgabe nachstehender Vorschriften eine mit 3½ vom Hundert jährlich verzinsliche Ausgleichsforderung gegen die öffentliche Hand zugeteilt.

(2) Schuldner der Ausgleichsforderung ist das Land, in dem die Bausparkasse ihren Sitz hat. Die übrigen Länder des Währungsgebietes haben dem Schuldner der Ausgleichsforderung die Aufwendungen für den Schuldendienst anteilig nach Maßgabe der umgestellten Guthaben der in den einzelnen Ländern wohnhaften Bausparer zu erstatten. Das nähere Verfahren regeln die Länder.

(3) Die Bausparkassen haben eine Reichsmark-Schlußbilanz nebst Gewinn- und Verlustrechnung und zur Errechnung der Ausgleichsforderungen eine besondere Umstellungsrechnung in Deutscher Mark zu erstellen. Die Vorschriften des § 3, Abs. 1 bis 6 der Zweiten Durchführungsverordnung (Bankenverordnung) zum Umstellungsgesetz finden entsprechende Anwendung, wobei an Stelle der Bankaufsichtsbehörde die Aufsichtsbehörde für die Bausparkassen tritt.

(4) Auf die Ausgleichsforderungen und ihre Verwertung finden § 11, Abs. 3 und 4 des Umstellungsgesetzes und § 11 der Bankenverordnung entsprechende Anwendung mit der Maßgabe, daß die Ausgleichsforderungen

durch Geldinstitute, Versicherungsunternehmen und Bausparkassen unter den gleichen Voraussetzungen angekauft oder beliehen werden können. Der Ankauf und die Beleihung vor der Eintragung ins Schuldbuch ist nur den Landeszentralbanken und der Bank deutscher Länder gestattet.

(5) Erhält eine Bausparkasse eine Ausgleichsforderung von einem Land, so hat sie ihre Rechte aus Ansprüchen der in § 14 des Umstellungsgesetzes bezeichneten Art auf dieses Land zu übertragen. Macht eine Bausparkasse für eine Forderung deren Einbringlichkeit infolge von Kriegsschäden oder Kriegsfolgeschäden zweifelhaft geworden ist, geltend, daß der gemeine Wert niedriger sei als der Regelwert, der sich nach § 4, Abs. 1 B c) der Bankenverordnung ergibt, so kann das Land, in dem die Bausparkasse ihren Sitz hat, verlangen, daß ihm die Forderung ohne Entschädigung abgetreten wird. Dies gilt namentlich auch für die Hypotheken, die auf zerstörten oder beschädigten Grundstücken ruhen und für welche die Zinsen nicht oder nicht in der geschuldeten Höhe einzubringen sind.

§ 4

In die Umstellungsrechnung haben die Bausparkassen einzustellen:

A. Auf der Passivseite:

a) ihre auf Deutsche Mark umgestellten Reichsmarkverbindlichkeiten,
b) alle anderen aus der Reichsmark-Bilanz in die Umstellungsrechnung übertragenen Verbindlichkeiten, zu den Werten, zu denen sie in einer auf den 21. Juni 1948 aufzustellenden steuerlichen Eröffnungsbilanz anzusetzen sind,
c) Rückstellungen, bewertet nach den Grundsätzen, die für die Bewertung von Rückstellungen bei der Vermögensfestsetzung auf den ersten Hauptveranlagungszeitpunkt nach dem 20. Juni 1948 maßgebend sind, Pensionsrückstellungen jedoch höchstens zu einem Satz von zehn Deutschen Mark für je hundert Reichsmark des in dem Reichsmark-Abschluß ausgewiesenen Betrages,
d) als vorläufiges Eigenkapital fünf Deutsche Mark für je hundert Deutsche Mark der unter a) bis c) fallenden Verbindlichkeiten.

B. Auf der Aktivseite:

a) den Bestand an den auf Deutsche Mark umgestellten Kleingeldzeichen der alten Währung am Beginn des 21. Juni 1948,
b) die aus der Umstellung der Altgeldguthaben entstandenen Neugeldguthaben einschließlich der Geschäftsbeträge,
c) ihre auf Deutsche Mark umgestellten Forderungen mit zehn Deutschen Mark für je hundert Reichsmark ihres Reichsmarknennwertes oder mit dem geringeren gemeinen Wert,
d) alle anderen aus der Reichsmarkbilanz in die Umstellungsrechnung übertragenen Vermögenswerte (Grundstücke, Gebäude, Betriebseinrichtungen, Beteiligungen, Wertpapiere und dergleichen), bewertet nach den Grundsätzen, die für eine Vermögensfeststellung auf den ersten Hauptveranlagungszeitpunkt nach dem 20. Juni 1948 maßgebend sind.

§ 5

(1) Uebersteigen die Aktiven einer Bausparkasse die Passiven, so wird der Unterschiedsbetrag dem vorläufigen Eigenkapital (§ 4 A Buchst. d) zugeschlagen.

(2) Würde hierbei das Eigenkapital einen höheren Betrag erreichen als 100 DM für je 100 RM des Eigenkapitals , das in der letzten vor dem

1. 1. 1948 aufgestellten handelsrechtlichen Bilanz ausgewiesen worden ist, so fällt der Ueberschuß dem Lande zu, in dem das Unternehmen seinen Sitz hat. Die Aufsichtsbehörde bestimmt, in welcher Weise der Ueberschußbetrag an das Land abzuführen ist.

(3) Als Eigenkapital im Sinne des Abs. 2 sind anzusehen, das eingezahlte Gesellschaftskapital, die gesetzliche Rücklage und alle anderen Rücklagen, denen keine Verpflichtungen gegenüberstehen (freie Rücklagen); ein etwaiger Verlustvortrag ist abzusetzen.

§ 6

Auflagen der Aufsichtsbehörde

Wird einer Bausparkasse eine Ausgleichsforderung zugeteilt, so kann die Zuteilung von der Erfüllung von Auflagen der Aufsichtsbehörde abhängig gemacht werden. Einer Bausparkasse kann namentlich auferlegt werden, sich mit einer anderen Bausparkasse zusammenzuschließen. Die Aufsichtsbehörde kann auch die Auflösung der Bausparkasse und die Uebertragung ihrer Bestände auf eine Bausparkasse verlangen. Für die Erfüllung der Auflagen [illegible]d angemessene Fristen zu setzen. Im Falle einer Auflösung kann [illegible]he der Ausgleichsforderung dahin beschränkt werden, daß nur die [illegible]dlichkeiten in der Umstellungsrechnung gedeckt sind, die Aufsic[illegible]örde kann in einem solchen Falle alle Maßnahmen treffen, die sie zum Schutz der Sparer für notwendig hält.

§ 7

Bausparkassen mit Sitz außerhalb des Währungsgebietes.

Die Aufsichtsbehörde bestimmt im Einvernehmen mit der Bank deutscher Länder, inwieweit die Vorschriften dieser Verordnung auf Bausparkassen mit Sitz außerhalb des Währungsgebietes anzuwenden sind; sie hat dabei die für Geldinstitute mit Sitz außerhalb des Währungsgebietes geltenden Vorschriften sinngemäß zu berücksichtigen.

§ 8

Heimkehrer

War ein Bausparer kriegsgefangen, vermißt oder auf Grund seiner deutschen Staatsangehörigkeit im Ausland interniert, so kann er innerhalb von 6 Monaten nach seiner Rückkehr von der Bausparkasse verlangen, daß sein Vertrag rückwirkend als ruhend behandelt und nunmehr wieder in Kraft gesetzt wird.

§ 9

Schlußbestimmungen

(1) Das Nähere über die Erstellung des Reichsmarkabschlusses und der Umstellungsrechnung bestimmt die Aufsichtsbehörde. Sie kann, wenn sie es zur Wahrung der Interessen der Bausparer für erforderlich hält, weitere Vorschriften für die Bausparkassen mit Sitz oder Hauptverwaltung in ihrem Geschäftsbereich treffen. Werden Vorschriften oder Anordnungen von der Aufsichtsbehörde auf Grund dieser Verordnung erlassen, so ist das Einvernehmen mit der Bank deutscher Länder und den anderen Aufsichtsbehörden herzustellen. Dies gilt auch im Falle des § 7 der Verordnung.

(2) Diese Verordnung gilt sinngemäß auch für Sparverträge, nach denen die Vertragssummen von der Bausparkasse Dritten zur Beschaffung von Mietwohnungen für die Sparer zur Verfügung zu stellen sind (Wohnsparverträge).

(3) Der deutsche Wortlaut dieser Verordnung ist maßgebend.

(4) Diese Verordnung tritt am 15. August 1949 in Kraft.

Im Auftrag der Alliierten Bankkommission

Vierunddreißigste Durchführungsverordnung zum Umstellungsgesetz

(Abschlagzahlungen auf die Zinsen für die Ausgleichsforderung der Bausparkassen)

Auf Grund des § 34, Abs. 4 des Dritten Gesetzes zur Neuordnung des Geldwesens (Umstellungsgesetz) wird hiermit verordnet:

§ 1

(1) Auf die Zinsen für die Ausgleichsforderung einer Bausparkasse, die zu einem vor der Bestätigung der Umstellungsrechnung liegenden Zeitpunkt zu vergüten sind, hat der Schuldner Abschlagzahlungen zu leisten.

(2) Die Abschlagzahlungen sind zu entrichten:

a) auf die zum 31. Dezember 1948 zu vergütenden Zinsen spätestens am 30. Juni 1949,

b) auf die zu einem späteren Zeitpunkt zu vergütenden Zinsen jeweils an diesem Tage.

§ 2

(1) Die Höhe der Abschlagzahlungen bemißt sich nach dem voraussichtlichen Betrag der Ausgleichsforderung, wobei ein Jahreszinssatz von dreieinhalb vom Hundert zugrunde zu legen ist. Jede Bausparkasse hat am letzten Tag des zweiten Monats vor Fälligkeit der Abschlagzahlung der Landeszentralbank eine nach bestem Wissen und Gewissen geschätzte Umstellungsrechnung einzureichen, aus der der voraussichtliche Betrag der Ausgleichsforderung ersichtlich ist. Die Schätzung muß den Bestätigungsvermerk der zuständigen Aufsichtsbehörde enthalten, daß gegen die Schätzung keine Bedenken zu erheben sind.

(2) Die Landeszentralbank hat die zur Berechnung der Abschlagzahlungen erforderlichen Angaben auf Grund der von der Bausparkasse eingereichten Umstellungsrechnung dem Schuldner einen Monat vor dem Zahlungstermin für eine Abschlagzahlung mitzuteilen.

§ 3

(1) Uebersteigt der nach § 2 für die Berechnung einer Abschlagzahlung maßgebende Betrag den für die Berechnung der vorangegangenen Abschlagzahlung zugrunde gelegten Betrag, so ist für den Mehrbetrag die Abschlagzahlung vom 21. Juni 1948 an zu berechnen. Dies gilt auch dann, wenn erstmalig eine Abschlagzahlung zu einem nach dem 30. Juni 1949 festgelegten Zeitpunkt zu entrichten ist.

(2) Ist der nach § 2, Abs. 1 für die Berechnung einer Abschlagzahlung maßgebende Betrag geringer als der für die Berechnung der vorangegangenen Abschlagzahlung zugrunde gelegte Betrag, so ist die vorangegangene Abschlagzahlung, soweit sie auf den Minderbetrag entfällt, in der Weise zu erstatten, daß sie von der späteren Abschlagzahlung abgesetzt wird.

(3) Uebersteigt der zu erstattende Betrag die spätere Abschlagzahlung, so ist die frühere Abschlagzahlung insoweit unverzüglich zurückzuzahlen. Dasselbe gilt für den ganzen Betrag einer bewirkten Abschlagzahlung, sobald sich nach dem Stand der Umstellungsrechnung der Bausparkasse eine Ausgleichsforderung gegen die öffentliche Hand nicht mehr ergibt.

§ 4

(1) Zinsen für die Ausgleichsforderung einer Bausparkasse, die nach den für die Bausparkassen maßgebenden Vorschriften zu einem vor der Bestätigung der Umstellungsrechnung liegenden Zeitpunkt zu vergüten sind, hat

der Schuldner unverzüglich nach der Bestätigung der Umstellungsrechnung zu zahlen, soweit sie die nach dieser Verordnung geleisteten Abschlagzahlungen übersteigen.

(2) Uebersteigen nach der bestätigten Umstellungsrechnung die auf Grund dieser Verordnung vom Schuldner geleisteten Abschlagzahlungen die von ihm vorher vergüteten Zinsen, so ist der Mehrbetrag von der Bausparkasse unverzüglich zu erstatten.

§ 5

(1) Zinsbeträge für eine Ausgleichsforderung, die der Schuldner an die Bausparkasse erst nach dem Zeitpunkt leistet, zu dem sie nach den für Bausparkassen maßgebenden Bestimmungen zu vergüten sind, hat der Schuldner von diesem Zeitpunkt bis zur Zahlung mit jährlich fünf vom Hundert zu verzinsen.

(2) Abschlagzahlungen auf Zinsen für die Ausgleichsforderung, die dem Schuldner zu erstatten sind, hat die Bausparkasse vom Zeitpunkt des Eingangs bis zur Erstattung mit jährlich fünf vom Hundert zu verzinsen.

§ 6

Zahlungen des Schuldners einer Ausgleichsforderung auf Grund dieser Verordnung sind für Rechnung des Berechtigten an die Landeszentralbank zu leisten.

§ 7

Der deutsche Wortlaut dieser Verordnung ist maßgebend.

§ 8

Die Verordnung tritt am 15. August 1949 in Kraft.

Im Auftrag der Alliierten Bankkommission

Fünfunddreißigste Durchführungsverordnung zum Umstellungsgesetz

(Verordnung über Geldinstitute mit Sitz oder Niederlassungen außerhalb des Währungsgebietes)

Auf Grund des § 34, Abs. 4 des Dritten Gesetzes zur Neuordnung des Geldwesens (Umstellungsgesetz) und des § 24 des Ersten Gesetzes zur Neuordnung des Geldwesens (Währungsgesetz) wird vorbehaltlich einer gesamtdeutschen Regelung verordnet:

§ 1

Ein Geldinstitut, das am 21. Juni 1948 seinen Sitz außerhalb des Währungsgebiets hatte, gilt als Geldinstitut im Währungsgebiet, soweit es eine Niederlassung hat, die

a) schon vor dem 21. Juni 1948 nach den Vorschriften des Handelsgesetzbuches oder eines anderen Gesetzes im Währungsgebiet eingetragen oder errichtet wurde, oder

b) nach § 3 als verlagert anerkannt worden ist.

§ 2

(1) Bei Geldinstituten der in § 1 bezeichneten Art gilt als Sitz für ihre Geschäftstätigkeit im Währungsgebiet:

a) wenn das Geldinstitut nur e i n e Niederlassung im Sinne von § 1, Buchst. a) im Währungsgebiet hat, der Ort, an dem sich diese Niederlassung befindet,

b) wenn das Geldinstitut mehrere Niederlassungen im Sinne von § 1, Buchst. a) oder eine Niederlassung im Sinne von § 1, Buchst. b) im Währungsgebiet hat, der Ort, den sich die Geschäftsleitung unter Beachtung der Vorschriften der Militärregierung für die Ausübung ihrer Tätigkeit im Währungsgebiet wählt.

(2) Eine Verlegung des Sitzes für die Geschäftstätigkeit im Währungsgebiet bedarf der Genehmigung der beteiligten Bankaufsichtsbehörden.

(3) Der Sitz für die Geschäftstätigkeit im Währungsgebiet ist, wenn es sich um ein Geldinstitut handelt, dessen Eintragung in ein öffentliches Register gesetzlich vorgeschrieben ist, von Amts wegen in das Register einzutragen.

§ 3

(1) Eine nicht unter § 1, Buchst. a) fallende Niederlassung eines Geldinstituts, die am 21. Juni 1948 im Währungsgebiet einen Geschäftsbetrieb hatte, ist als verlagert anzuerkennen, wenn

a) die Niederlassung oder eine für sie im Währungsgebiet tätige Verwaltungsstelle von der Militärregierung oder einer dazu befugten deutschen Behörde zur bankgeschäftlichen Tätigkeit oder zur Verwaltung von Vermögenswerten im Währungsgebiet zugelassen ist,

b) ein gesamtwirtschaftliches Bedürfnis für die Fortführung oder Wiederaufnahme der bankgeschäftlichen Tätigkeit der Niederlassung im Währungsgebiet oder ein öffentliches Interesse an der ordnungsmäßigen Abwicklung der in § 6, Abs. 1, Ziff. 2 bezeichneten Verbindlichkeiten des Geldinstituts besteht und

c) die Vermögenswerte des Geldinstituts im Währungsgebiet ausreichen, um einen wesentlichen Teil der in § 6, Abs. 1, Ziff. 2 und 3 bezeichneten Verbindlichkeiten zu decken.

(2) In Fällen von besonderer wirtschaftlicher Bedeutung kann ausnahmsweise eine Niederlassung auch dann als verlagert anerkannt werden, wenn die Voraussetzung des Abs. 1, Buchst. c) nicht vorliegt.

(3) Die Anerkennung wird auf Vorschlag der Bank deutscher Länder von der für den Ort der Niederlassung zuständigen Bankaufsichtsbehörde ausgesprochen. Die Bank deutscher Länder hat die zuständige Landeszentralbank, die Bankaufsichtsbehörde hat die Bankaufsichtsbehörden der anderen Länder zu hören. Die Anerkennung kann mit Auflagen verbunden werden. In der Anerkennung ist der Zeitpunkt festzustellen, von dem ab die Niederlassung als in das Währungsgebiet verlagert gilt.

(4) Die Anerkennung ist von der Bankaufsichtsbehörde, die sie ausgesprochen hat, unverzüglich der Bank deutscher Länder mitzuteilen und von dieser im Oeffentlichen Anzeiger für das Vereinigte Wirtschaftsgebiet bekanntzumachen; dabei ist der Sitz für die Geschäftstätigkeit des Geldinstituts im Währungsgebiet anzugeben.

§ 4

Altgeldguthaben der Gruppe I (§ 1, Abs. 1, Ziff. 1, Buchst. a) des Umstellungsgesetzes), die bei einer nach § 3 als verlagert anerkannten Niederlassung unterhalten werden, sind innerhalb von zwei Monaten nach der in § 3, Abs. 4 vorgeschriebenen Bekanntmachung gemäß den Bestimmungen des Währungsgesetzes bei der Abwicklungsbank des Kontoinhabers anzumelden. Hat der Kontoinhaber bisher keinen Vordruck A oder B abgegeben, so ist die Anmeldung bei der als verlagert anerkannten Niederlassung oder, wenn anzumeldende Altgeldguthaben bei mehreren als verlagert anerkannten Niederlassungen unterhalten werden, bei einer dieser Niederlassungen vorzunehmen; die Niederlassung hat insoweit die Aufgaben einer Abwicklungsbank. Bei Versäumung der Anmeldefrist gelten die Vorschriften des § 8 des Umstellungsgesetzes sinngemäß.

§ 5

Schuldverschreibungen eines Geldinstituts, das seinen Sitz am 21. Juni 1948 in einem nicht zum Währungsgebiet gehörenden Gebiet Deutschlands nach dem Stand vom 31. Dezember 1937 hatte, sind, soweit das Geldinstitut wegen der Verbindlichkeiten aus diesen Schuldverschreibungen unter den Voraussetzungen des § 6, Abs. 1, Ziff. 2 und 3 im Währungsgebiet in Anspruch genommen werden kann, innerhalb von zwei Monaten nach dem Inkrafttreten dieser Verordnung bei einer im Währungsgebiet für das Geldinstitut tätigen Stelle oder einem anderen Geldinstitut anzumelden. Das gleiche gilt für Miteigentumsrechte an solchen Schuldverschreibungen. Befindet sich eine Schuldverschreibung in Verwahrung eines Geldinstituts im Währungsgebiet, so hat dieses, anderenfalls hat der Inhaber die Anmeldung vorzunehmen. Die Anmeldung soll den Namen und die Anschrift des Inhabers und des etwaigen Verwahrers, die Bezeichnung der Schuldverschreibung und ihren Aufbewahrungsort angeben. Schuldverschreibungen, deren Erfüllungsort im Auslande liegen, bedürfen keiner Anmeldung. Die Bank deutscher Länder kann weitere Ausnahmen von der Anmeldepflicht bestimmen.

§ 6

(1) Geldinstitute im Währungsgebiet können im Währungsgebiet wegen ihrer Verbindlichkeiten nur in Anspruch genommen werden,

1. soweit die Verbindlichkeiten im Geschäftsbetrieb einer Haupt- oder Zweigniederlassung begründet worden sind, die schon vor dem 21. Juni 1948 nach den Vorschriften des Handelsgesetzbuches oder eines anderen Gesetzes im Währungsgebiet eingetragen oder errichtet wurde,
2. soweit die Verbindlichkeiten im Geschäftsbetrieb einer nach § 3 als verlagert anerkannten Niederlassung begründet worden sind und es sich dabei handelt um
   a) Verbindlichkeiten, die am 21. Juni 1948 gegenüber Personen bestanden, deren Wohnsitz, dauernder Aufenthaltsort, Sitz, Ort der Niederlassung oder Geschäftsleitung sich am 21. Juni 1948 im Währungsgebiet befunden hat,
   b) Verbindlichkeiten aus Schuldverschreibungen, die sich am 21. Juni 1948 im Währungsgebiet befunden haben, oder
   c) Verbindlichkeiten, die nach dem 8. Mai 1945 begründet worden sind, sofern die Niederlassung bereits bei Eingehung der Verbindlichkeit in das Währungsgebiet verlagert war,
3. soweit es sich handelt um
   a) Verbindlichkeiten gegenüber Personen, deren Wohnsitz, dauernder Aufenthalt, Sitz, Ort der Niederlassung oder Geschäftsleitung sich am 21. Juni 1948 im Ausland befunden hat,
   b) Verbindlichkeiten aus Schuldverschreibungen, für die der Erfüllungsort im Ausland liegt.

(2) Ein Geldinstitut kann wegen einer Verbindlichkeit der im Abs. 1, Ziff. 3 bezeichneten Art, die nicht im Geschäftsbetrieb einer Haupt- oder Zweigniederlassung im Sinne von Abs. 1, Ziff. 1 begründet worden ist, im

Währungsgebiet nur in Anspruch genommen werden, soweit die dem Geldinstitut als Gegenwert zugeflossenen Mittel am 20. Juni 1948 im Währungsgebiet angelegt waren. Soweit nicht feststellbar ist, wo die dem Geldinstitut als Gegenwert zugeflossenen Mittel angelegt worden sind, und soweit dem Geldinstitut keine Mittel als Gegenwert zugeflossen sind, kann das Geldinstitut wegen der Verbindlichkeit im Währungsgebiet in Höhe des Teilbetrages in Anspruch genommen werden, der dem Verhältnis entspricht, in dem nach dem letzten Jahresabschluß vor dem 9. Mai 1945 die Vermögenswerte im Währungsgebiet zum Gesamtvermögen des Geldinstituts standen; hierbei bleiben Forderungen gegen die in § 14 des Umstellungsgesetzes bezeichneten Rechtsträger mit Ausnahme der Reichsbank, gegen Gebietskörperschaften, deren Gebiet sich über das Währungsgebiet hinaus erstreckt, sowie Vermögenswerte im Ausland außer Betracht. Die Berechnung des Vermögensvergleichs nach dem letzten Jahresabschluß vor dem 9. Mai 1945 bedarf der Bestätigung der Bankaufsichtsbehörde.

(3) Soweit ein Geldinstitut nach Abs. 1 und 2 im Währungsgebiet nicht in Anspruch genommen werden kann, ist eine Vollstreckung in die im Währungsgebiet vorhandenen Vermögenswerte des Geldinstituts auch aus solchen Urteilen oder anderen Vollstreckungstiteln unzulässig, die nach dem Inkrafttreten dieser Verordnung außerhalb des Währungsgebietes erwirkt werden.

§ 7

(1) Geldinstitute im Währungsgebiet haben in die Umstellungsrechnung einzustellen:

1. ihre unter § 4, Abs. 1, Buchst. a) und b) der Bankenverordnung fallenden Verbindlichkeiten insoweit, als sie wegen dieser Verbindlichkeiten nach § 6 im Währungsgebiet in Anspruch genommen werden können,
2. ihre unter § 4, Abs. 1, B, Buchst. b) bis d) fallenden Aktiven, soweit es sich handelt
   a) um Vermögenswerte, die bei Beginn des 21. Juni 1948 im Währungsgebiet oder, wenn das Geldinstitut seinen Sitz in Deutschland hat, im Ausland vorhanden waren,
   b) um sonstige Vermögenswerte, die im Geschäftsbetrieb einer Haupt- oder Zweigniederlassung im Sinne von § 6, Abs. 1, Ziff. 1 erworben worden sind.

(2) Soweit das frühere Eigenkapital für die Berechnung des Betrages, der nach den Vorschriften der Bankenverordnung als vorläufiges Eigenkapital in die Umstellungsrechnung eingestellt werden kann, oder in anderer Beziehung als Vergleichsgrundlage von Bedeutung ist, ist bei Geldinstituten, die nach § 1 als Geldinstitute im Währungsgebiet gelten, sowie bei Geldinstituten, die ihren Sitz im Währungsgebiet und eine Zweigniederlassung außerhalb des Währungsgebiets haben, nur der auf das Währungsgebiet entfallende Teilbetrag des früheren Eigenkapitals zu berücksichtigen. Dieser wird durch die Bank deutscher Länder festgestellt. Er soll, wenn nicht besondere Umstände eine andere Berechnung rechtfertigen, so berechnet werden, daß er zu dem Betrage der Verbindlichkeiten, für die das Geldinstitut nach der Reichsmarkschlußbilanz auf den 20. Juni 1948 gemäß § 6 im Währungsgebiet in Anspruch genommen werden kann, in demselben Verhältnis steht, in dem nach dem letzten Jahresabschluß vor dem 9. Mai 1945 das Eigenkapital des Geldinstituts zu dem Gesamtbetrag seiner Verbindlichkeiten stand.

(3) Die nach § 3, Abs. 5 der Bankenverordnung erforderliche Bestätigung der Umstellungsrechnung obliegt bei Geldinstituten der in § 1 bezeichneten Art der Bankaufsichtsbehörde des Landes, in dem sich der Sitz für die Geschäftstätigkeit des Geldinstituts im Währungsgebiet befindet (§ 2). Für Geldinstitute, die eine nach § 3 als verlagert anerkannte Niederlassung im Währungsgebiet haben, sind die Fristen für die Erstellung und Einreichung der Umstellungsrechnung von der Bankaufsichtsbehörde in Abweichung von § 3, Abs. 5 der Bankenverordnung besonders festzusetzen.

§ 8

Die einem Geldinstitut der in § 1 bezeichneten Art zustehende Ausgleichsforderung wird, wenn das Geldinstitut keine unter § 1, Buchst. a) fallende Niederlassung hat, in Höhe von neun Zehnteln auf die Länder des Währungsgebietes nach ihrem Aufkommen aus der Einkommen- und Körperschaftssteuer für das Rechnungsjahr 1947 aufgeteilt; die Rechnungshöfe der Länder haben dieses Steueraufkommen der Bank deutscher Länder mitzuteilen, die auf Grund dieser Mitteilungen den Aufteilungsschlüssel feststellt und ihn veröffentlicht. Schuldner des restlichen Teils der Ausgleichsforderung ist das Land, in dem sich der Sitz für die Geschäftstätigkeit des Geldinstituts im Währungsgebiet befindet (§ 2).

§ 9

(1) Für die Verwaltung der im Währungsgebiet vorhandenen Vermögenswerte von Geldinstituten, die ihren Sitz am 21. Juni 1948 in einem nicht zum Währungsgebiet gehörenden Gebiet Deutschlands nach dem Stand vom 31. Dezember 1937 hatten und im Währungsgebiet keine Niederlassung im Sinne von § 1, Buchst. a) oder b) haben, bestellt die Bank deutscher Länder Treuhänder. Die Treuhänder haben die Verwaltung nach Weisung und unter Aufsicht der Bank deutscher Länder durchzuführen. Die Bestellung und Beaufsichtigung der Treuhänder kann von den zuständigen deutschen Stellen abweichend geregelt werden.

(2) Im Währungsgebiet vertritt nur der Treuhänder bei den der Durchführung seiner Aufgaben dienenden Rechtshandlungen das Geldinstitut gerichtlich und außergerichtlich.

(3) Bis zum Erlaß weiterer Vorschriften darf über Vermögenswerte, die der Verwaltung des Treuhänders unterliegen, nicht zum Zwecke der Erfüllung von Verbindlichkeiten des Geldinstituts verfügt werden, die vor der Bestellung des Treuhänders oder außerhalb des Währungsgebietes nach der Bestellung des Treuhänders begründet worden sind, Verfügungen im Wege der Zwangsvollstreckung stehen rechtsgeschäftlichen Verfügungen gleich.

(4) Die Bank deutscher Länder kann den Treuhänder von den vorstehenden Verfügungsbeschränkungen befreien, soweit es für die Durchführung der Verwaltung oder zur Abwendung von Nachteilen für die Gesamtheit der Gläubiger notwendig ist.

(5) Soweit der Treuhänder zur Erfüllung von Reichsmarkverbindlichkeiten des Geldinstituts berechtigt ist, hat er sie mit dem Betrage in Deutscher Mark, der sich bei Anwendung des Umstellungsgesetzes und der dazu ergangenen Durchführungsvorschriften auf das Schuldverhältnis ergibt, und nur dann zu befriedigen, wenn der Gläubiger insoweit seine Reichsmarkforderung als getilgt anerkennt.

(6) Im Sinne von § 26, Abs. 2 des Umstellungsgesetzes gilt das Geldinstitut bei der Verfügung über eine Forderung durch den Treuhänder nicht

als Gläubiger außerhalb des Währungsgebiets und bei der Erfüllung einer Verbindlichkeit durch den Treuhänder nicht als Schuldner außerhalb des Währungsgebiets.

(7) Mit der Bestellung des Treuhänders enden sonstige Treuhänderschaften und ähnliche Verwaltungen für die im Währungsgebiet vorhandenen Vermögenswerte des Geldinstituts. Die Bestellung des Treuhänders ist im Oeffentlichen Anzeiger für das Vereinigte Wirtschaftsgebiet bekanntzumachen.

§ 10

Soweit ein Geldinstitut nach § 6 im Währungsgebiet nicht in Anspruch genommen werden kann und soweit in den Fällen des § 9 die Erfüllung von Verbindlichkeiten dem Treuhänder nicht gestattet ist, können auch der Inhaber und persönlich haftende Gesellschafter wegen einer im Betrieb des Geldinstituts begründeten Verbindlichkeit im Währungsgebiet nicht in Anspruch genommen werden; § 6, Abs. 3 gilt entsprechend.

§ 11

(1) § 1 der Ersten Durchführungsverordnung zum Umstellungsgesetz und § 4, Abs. 3 der Bankenverordnung treten außer Kraft.

(2) Hat in Anwendung des § 1 der Ersten Durchführungsverordnung zum Umstellungsgesetz

a) eine Landeszentralbank nach § 8 der Ersten Durchführungsverordnung zum Währungsgesetz oder nach § 10 des Umstellungsgesetzes einem Geldinstitut Beträge für eine Niederlassung zur Verfügung gestellt, die nicht nach § 3 als verlagert anerkannt wird,
oder

b) ein Geldinstitut zwischen dem 20. Juni 1948 und dem Inkrafttreten dieser Verordnung Verbindlichkeiten erfüllt, für die es nach § 6 nicht in Anspruch genommen werden kann,

so können diese Beträge in die Umstellungsrechnung eingestellt werden. Diese Beträge können vom Empfänger nicht zurückgefordert werden.

§ 12

Diese Verordnung findet keine Anwendung auf die Deutsche Reichsbank und die Postsparkasse der Deutschen Reichspost. Sie findet ferner mit Ausnahme der §§ 1, 6 und 7, Abs. 2 keine Anwendung auf die Deutsche Bank, die Dresdner Bank und die Commerzbank; bei der Anwendung des § 7, Abs. 2 auf diese tritt an die Stelle des Währungsgebietes jeweils der Geschäftsbereich, für den nach dem Gesetz No. 57 der amerikanischen Militärregierung, der Verordnung No. 133 der britischen Militärregierung oder der Verordnung No. 208 der französischen Militärregierung ein Verwalter bestellt worden ist.

§ 13

Die Bank deutscher Länder ist ermächtigt, Richtlinien für die Handhabung dieser Verordnung zu erlassen. Sie kann insbesondere bestimmen, in welcher Weise bei den nach § 5 anzumeldenden Schuldverschreibungen der Nachweis zu erbringen ist, daß sie zu den in § 6, Abs. 1, Ziff. 2 bezeichneten Verbindlichkeiten gehören und rechtmäßig erworben worden sind.

§ 14

(1) Der deutsche Wortlaut dieser Verordnung ist maßgebend.

(2) Diese Verordnung tritt am 1. Oktober 1949 in Kraft.

Im Auftrag der Alliierten Bankkommission

Sechsunddreißigste Durchführungsverordnung zum Umstellungsgesetz

(Eigenkapital der Geldinstitute)

Auf Grund von § 34, Abs. 4 des Dritten Gesetzes zur Neuordnung des Geldwesens (Umstellungsgesetz) wird hiermit verordnet:

Artikel I

Die Zweite Durchführungsverordnung zum Umstellungsgesetz (Bankenverordnung) wird wie folgt geändert:

1. § 4, Abs. 1, Buchst. A d erhält folgende Fassung:
„d) das vorläufige Eigenkapital (§ 5)."

2. Dem § 4 wird folgender Absatz 5 hinzugefügt:
„(5) Die Vorschrift des Abs. 1, Buchst. A d gilt nicht für die Postscheckämter und Postsparkassen; diese stellen in die Umstellungsrechnung kein vorläufiges Eigenkapital ein."

3. § 5 erhält folgende Fassung:

„§ 5

(1) Das nach § 4, Abs. 1, Buchst. A d in die Umstellungsrechnung einzustellende vorläufige Eigenkapital der Geldinstitute beträgt:

a) Zwanzig Deutsche Mark für je hundert Reichsmark des früheren Eigenkapitals (Abs. 3), soweit dieses 300 000 Reichsmark nicht übersteigt,

b) zehn Deutsche Mark für je hundert Reichsmark des 300 000 Reichsmark übersteigenden Teils des früheren Eigenkapitals.

(2) Wenn die gemäß § 4, Abs. 1, Buchst. B unter c) und d) ausgewiesenen Aktiven zuzüglich 150% dieser Summe einen Ueberschuß über die Passiven ergeben, kann das Geldinstitut statt des nach Abs. 1 bemessenen Betrages diesen Ueberschuß als vorläufiges Eigenkapital in die Umstellungsrechnung einstellen, jedoch in keinem Falle mehr als 20% des früheren Eigenkapitals.

(3) Statt des nach Abs. 1 oder Abs. 2 bemessenen Betrages kann ein Geldinstitut, wenn sich dabei ein höherer Betrag ergibt, siebeneinhalb Deutsche Mark für je hundert Deutsche Mark der im § 4, Abs. 1, Buchst. A unter a) und b) bezeichneten Verbindlichkeiten als vorläufiges Eigenkapital in die Umstellungsrechnung einstellen. Geldinstitute des öffentlichen Rechts, für die öffentlich-rechtliche Gewährträger haften, können von der vorstehenden Befugnis nur mit der Einschränkung Gebrauch machen, daß an die Stelle des Satzes von siebeneinhalb Deutsche Mark ein Satz von viereinhalb Deutsche Mark für je hundert Deutsche Mark der vorstehend erwähnten Verbindlichkeiten tritt.

(4) Früheres Eigenkapital im Sinne der Abs. 1 und 2 ist die Summe der Beträge, die das Geldinstitut in seiner Reichsmarkschlußbilanz als eingezahltes Kapital sowie als gesetzliche und andere Rücklagen ausgewiesen hat. Eigene Aktien oder Geschäftsanteile und ein Verlustvortrag oder Ausgleichsposten auf der Aktivseite, soweit er die seit dem 1. Januar 1945 nicht mehr eingegangenen Zinsen für Wertpapiere und sonstige Verbindlichkeiten des Reiches übersteigt, sind von dieser Summe abzusetzen, ein Gewinnvortrag oder Ausgleichsposten auf der Passivseite, soweit er die seit dem 1. Januar 1945 nicht vergüteten Haben-Zinsen übersteigt, ist dieser Summe hinzuzurechnen; ein bilanzmäßiger Ausgleich nicht eingegangener Zinsen für Wertpapiere und sonstige Verbindlichkeiten des Reiches mit nicht vergüteten Haben-Zinsen ist hierbei zu berücksichtigen."

Artikel II

Es bleibt vorbehalten, Geldinstituten, die auf Grund von § 5, Abs. 2 oder 3 der Bankenverordnung in der Fassung dieser Verordnung ein vorläufiges Eigenkapital von mehr als fünfzehn Deutsche Mark für je hundert Reichsmark des früheren Eigenkapitals (§ 5, Abs. 4 der Bankenverordnung in der Fassung dieser Verordnung) in die Umstellungsrechnung eingestellt haben, unter bestimmten Voraussetzungen die Verpflichtung zur Rückerstattung des Mehrbetrages aufzuerlegen.

Artikel III

Die Sechste Durchführungsverordnung zum Umstellungsgesetz wird aufgehoben.

Artikel IV

Der deutsche Wortlaut dieser Verordnung ist maßgebend.

Artikel V

Diese Verordnung tritt mit Wirkung vom 21. Juni 1948 in Kraft.

Im Auftrag der Alliierten Bankkommission

Siebenunddreißigste Durchführungsverordnung zum Umstellungsgesetz

(zu § 26, Abs. 2 des Umstellungsgesetzes)

Auf Grund von § 34, Abs. 4 des Dritten Gesetzes zur Neuordnung des Geldwesens (Umstellungsgesetz) wird hiermit verordnet:

§ 1

(1) Ueber Guthaben und Forderungen in Deutscher Mark aus Schuldverhältnissen zwischen Personen mit Wohnsitz oder Sitz im Währungsgebiet und Personen mit Wohnsitz oder Sitz in einem deutschen Gebiet außerhalb des Währungsgebietes darf verfügt werden, wenn die nach Abs. 2 zuständige Landeszentralbank die Verfügung auf Grund einer allgemeinen oder besonderen Ermächtigung der Bank deutscher Länder genehmigt.

(2) Zuständig ist

1. die Landeszentralbank, in deren Bezirk sich der Wohnsitz oder Sitz des Schuldners befindet, wenn die Genehmigung zur Verfügung über ein Guthaben oder eine Forderung einer Person mit Wohnsitz oder Sitz in einem deutschen Gebiet außerhalb des Währungsgebietes beantragt wird,
2. die Landeszentralbank, in deren Bezirk sich der Wohnsitz oder Sitz des Gläubigers befindet, wenn die Genehmigung zur Verfügung über ein Guthaben oder eine Forderung gegen eine Person mit Wohnsitz oder Sitz in einem deutschen Gebiet außerhalb des Währungsgebietes beantragt wird.

(3) Die Vorschriften der Neunzehnten Durchführungsverordnung zum Umstellungsgesetz und die besonderen Vorschriften, die für Verfügungen über Guthaben und Forderungen in Deutscher Mark aus Schuldverhältnissen zwischen Personen im Währungsgebiet und Personen im amerikanischen, im britischen und im französischen Sektor von Groß-Berlin gelten, bleiben unberührt.

§ 2

Der nach § 26, Abs. 2 des Umstellungsgesetzes erforderlichen Genehmigung zur Verfügung über eine Forderung durch Annahme des geschuldeten

Betrages bedarf es in den Fällen des § 1, Abs. 2, Ziff. 2 nicht, wenn der Schuldner diesen Betrag auf ein Konto des Gläubigers bei einem Geldinstitut im Währungsgebiet oder im amerikanischen, im britischen oder im französischen Sektor von Groß-Berlin überweist.

§ 3

Die Bezeichnung „Deutschland" im Sinne dieser Durchführungsverordnung bedeutet das Gebiet des Deutschen Reiches, wie es am 31. Dezember 1937 bestanden hat.

§ 4

Der deutsche Wortlaut dieser Verordnung ist maßgebend.

§ 5

Diese Verordnung tritt am 15. September 1949 in Kraft.

Im Auftrage der Alliierten Bankkommission

Achtunddreißigste Durchführungsverordnung zum Umstellungsgesetz

(Pensionsrückstellungen der Geldinstitute, Versicherungsunternehmen und Bausparkassen)

Auf Grund des § 34 des Dritten Gesetzes zur Neuordnung des Geldwesens (Umstellungsgesetz) wird hiermit verordnet:

§ 1

(1) Rückstellungen für vertragliche und sonstige Pensionsverpflichtungen (einschließlich der Anwartschaften) können von Geldinstituten, Versicherungsunternehmen und Bausparkassen in ihre Umstellungsrechnung eingesetzt werden, soweit sie den versicherungsmathematisch errechneten Gegenwartswert der Pensionsverpflichtungen bis zu den nach Absatz 2 zu berücksichtigenden Höchstbeträgen nicht übersteigen. Der Berechnung ist ein Rechnungszinsfuß zugrunde zu legen, der in seiner Höhe der dem Unternehmen für nicht bankgeschäftliche Verbindlichkeiten zugebilligten Verzinsung der Ausgleichsforderungen entspricht.

(2) Bei der Berechnung nach Absatz 1 sind die Pensionsverpflichtungen (einschließlich der Anwartschaften) nur bis zu der folgenden Höhe zu berücksichtigen:

bei Beträgen von monatlich

bis zu 50 Reichsmark:

1 Deutsche Mark für je 1 Reichsmark

zwischen 50 und 150 Reichsmark

50 Deutsche Mark zuzüglich 0,75 Deutsche Mark für je 1 Reichsmark des 50 Reichsmark übersteigenden Betrages

zwischen 150 und 300 Reichsmark:

125 Deutsche Mark zuzüglich 0,50 Deutsche Mark für je 1 Reichsmark des 150 Reichsmark übersteigenden Betrages

zwischen 300 und 600 Reichsmark:

200 Deutsche Mark zuzüglich 0,25 Deutsche Mark für je 1 Reichsmark des 300 Reichsmark übersteigenden Betrages

über 600 Reichsmark:

275 Deutsche Mark zuzüglich 0,10 Deutsche Mark für je 1 Reichsmark des 600 Reichsmark übersteigenden Betrages.

§ 2

Die Vorschrift des § 1 tritt an die Stelle der Regelungen, die in § 4, Abs. 1, Buchst. A c der Zweiten Durchführungsverordnung (Bankenverordnung) zum Umstellungsgesetz und in § 6, Abs. 1, Buchst. A c der Dreiundzwanzigsten Durchführungsverordnung zum Umstellungsgesetz über die Umstellungsrechnung der Versicherungsunternehmen für die Pensionsrückstellungen der Geldinstitute und Versicherungsunternehmen getroffen worden sind.

§ 3

Der deutsche Wortlaut dieser Verordnung ist maßgebend.

§ 4

Die Verordnung tritt am 7. Oktober 1949 in Kraft.

Im Auftrag der Alliierten Bankkommission

Neununddreißigste Durchführungsverordnung zum Umstellungsgesetz

(Betr.: Deutsche Kriegsversicherungs-Gemeinschaft)

Auf Grund von § 34, Abs. 4 des Dritten Gesetzes zur Neuordnung des Geldwesens (Umstellungsgesetz) wird hiermit verordnet:

§ 1

(1) Der in § 24, Abs. 3 des Umstellungsgesetzes bestimmte Uebergang von Verbindlichkeiten auf die Deutsche Kriegsversicherungs-Gemeinschaft bezieht sich nur auf solche Verbindlichkeiten, die andernfalls im Währungsgebiet gegen die dem Umstellungsgesetz unterliegenden Versicherungsunternehmen geltend gemacht werden könnten.

(2) Mit dem Uebergang dieser Verbindlichkeiten erlischt gleichzeitig die Haftung der Versicherungsunternehmen als Gesellschafter der Deutschen Kriegsversicherungs-Gemeinschaft.

(3) Das im Währungsgebiet vorhandene Vermögen der Deutschen Kriegsversicherungs-Gemeinschaft kann nur wegen dieser Verbindlichkeiten in Anspruch genommen werden.

§ 2

(1) Die Versicherungsaufsichtsbehörde in Hamburg bestellt im Einvernehmen mit den anderen Aufsichtsbehörden des Währungsgebiets für die Deutsche Kriegsversicherungs-Gemeinschaft einen ihrer Aufsicht unterstehenden Verwalter.

(2) Die Bestellung ist im Oeffentlichen Anzeiger des Vereinigten Wirtschaftsgebietes und in den amtlichen Bekanntmachungsblättern der Länder des französischen Besatzungsgebietes bekanntzumachen.

(3) Mit der Bestellung des Verwalters enden andere Treuhänderschaften und sonstige Verwaltungen für das Vermögen der Deutschen Kriegsversicherungs-Gemeinschaft im Währungsgebiet.

§ 3

Der Verwalter vertritt im Währungsgebiet die Deutsche Kriegsversicherungs-Gemeinschaft gerichtlich und außergerichtlich.

§ 4

Der Verwalter hat das Vermögen der Deutschen Kriegsversicherungs-Gemeinschaft zu verwalten und ihre Verbindlichkeiten in sinngemäßer Anwendung der Konkursordnung abzuwickeln.

§ 5

Die Verpflichtung der Versicherungsnehmer zur Zahlung der Versicherungsbeiträge für die bei der Deutschen Kriegsversicherungs-Gemeinschaft rückgedeckten Versicherungsverhältnisse an die einzelnen Versicherungsunternehmen und die Verpflichtung dieser Versicherungsunternehmen zur Abführung von Beiträgen an die Deutsche Kriegsversicherungs-Gemeinschaft nach Maßgabe des Rückversicherungsvertrages bleiben unberührt.

§ 6

§ 24, Abs. 2 des Umstellungsgesetzes findet auf die Deutsche Kriegsversicherungs-Gemeinschaft keine Anwendung.

§ 7

Der deutsche Wortlaut dieser Verordnung ist maßgebend.

§ 8

Die Verordnung tritt am 7. Oktober 1949 in Kraft.

Im Auftrag der Alliierten Bankkommission

Vierzigste Durchführungsverordnung zum Umstellungsgesetz
(Umstellung von Hypotheken, Grundschulden, Rentenschulden und Reallasten)

Auf Grund des § 34 des Dritten Gesetzes zur Neuordnung des Geldwesens (Umstellungsgesetz) wird hiermit verordnet:

Artikel I

§ 1

(1) Für die Umstellung von Hypotheken, Grundschulden und Rentenschulden gelten unbeschadet der Bestimmungen des § 2 die Vorschriften über die Umstellung der durch das dingliche Recht gesicherten Forderung.

(2) Auf die Umstellung von Fremdgrundschulden, die nicht zu Sicherungszwecken bestimmt sind, findet § 16 des Umstellungsgesetzes Anwendung, soweit nicht im § 2 etwas anderes bestimmt ist.

§ 2

Mit der Wirkung, daß an die Stelle einer Reichsmark eine Deutsche Mark tritt, werden umgestellt:

1. Hypotheken, Grundschulden und Rentenschulden, wenn die durch das dingliche Recht gesicherte Forderung nicht den Vorschriften des Umstellungsgesetzes unterliegt oder wenn die Forderung nach den

Vorschriften des Umstellungsgesetzes erlischt oder nicht auf Deutsche Mark umgestellt wird;

2. Höchstbetragshypotheken und solche Grundschulden, deren Betrag nach den zwischen Gläubiger und Eigentümer bestehenden Vereinbarungen den Höchstbetrag darstellt, bis zu dem das Grundstück für Forderungen haften soll, deren Feststellung im übrigen vorbehalten ist;
3. Hypotheken, Grundschulden und Rentenschulden, soweit sie bei Ablauf des 20. Juni 1948 dem Eigentümer zustanden, sowie Hypotheken, Grundschulden und Rentenschulden, soweit dem Eigentümer bei Ablauf des 20. Juni 1948 gegen ihre Geltendmachung eine Einrede zustand, die sich nicht nur auf den Zeitpunkt der Geltendmachung bezog;
4. Hypotheken, Grundschulden und Rentenschulden, die bei Ablauf des 20. Juni 1948 Angehörigen der Vereinten Nationen (§ 13, Abs. 4 des Umstellungsgesetzes) zustanden oder an Angehörige der Vereinten Nationen verpfändet oder sicherungshalber abgetreten waren;
5. Hypotheken, die lediglich zu dem Zweck bestellt worden sind, um dem Gläubiger der durch sie gesicherten Reichsmarkforderung für eine auf ausländische Währung lautende Forderung Sicherheit zu bieten;
6. Fremdgrundschulden, die nicht zu Sicherungszwecken bestimmt sind,
   a) wenn sie auf einem Rechtsverhältnis der im § 18, Abs. 1 des Umstellungsgesetzes bezeichneten Art beruhen, oder
   b) wenn bei ihnen die Voraussetzungen vorliegen, unter denen eine Reichsmarkverbindlichkeit nach den Vorschriften des Umstellungsgesetzes erlischt oder nicht auf Deutsche Mark umgestellt wird.

§ 3

(1) Wird eine durch Hypothek, Grundschuld oder Rentenschuld gesicherte Forderung, die am 20. Juni 1948 einem Angehörigen der Vereinten Nationen zustand oder an einen Angehörigen der Vereinten Nationen verpfändet oder sicherungshalber abgetreten war, nach den Vorschriften des Umstellungsgesetzes auf einen niedrigeren Betrag umgestellt als nach § 2, Ziffer 4 das dingliche Recht, so hat dies für das dingliche Recht bis zur endgültigen gesetzlichen Regelung des Umstellungsverhältnisses der Reichsmarkverbindlichkeiten gegenüber Angehörigen der Vereinten Nationen nicht die Rechtswirkungen des Erlöschens der Forderung in Höhe des Unterschiedsbetrages.

(2) In den Fällen des § 2, Ziff. 5 geht die Hypothek ohne Rücksicht auf den Umstellungsbetrag der Reichsmarkforderung, für die sie bestellt worden ist, erst in dem Augenblick auf den Eigentümer über, in dem die auf ausländische Währung lautende Forderung erlischt, deren Sicherung der Zweck der Hypothek ist. Soweit dem Eigentümer gegen die Geltendmachung der Hypothek eine Einrede zusteht, weil der Umstellungsbetrag der Hypothek höher ist als der Umstellungsbetrag der Reichsmarkforderung, findet § 1169 des Bürgerlichen Gesetzbuches keine Anwendung.

(3) Durch die Umstellung einer Hypothek, Grundschuld oder Rentenschuld nach den Vorschriften dieser Verordnung werden etwa bestehende Vereinbarungen über die Stellung von Sicherheiten nicht berührt.

(4) Eine nach § 2, Ziff. 6, Buchst. b umgestellte Grundschuld geht auf den Eigentümer über, wenn Gläubiger und Eigentümer Geldinstitute im Währungsgebiet sind.

§ 4

Auf Reallasten, die auf Zahlung von Reichsmark, Rentenmark, Goldmark oder Feingold lauten, sind die Vorschriften des ersten und zweiten Abschnitts des Teil III des Umstellungsgesetzes anzuwenden.

Artikel II

§ 5

(1) Zur Eintragung des Umstellungsbetrages in das Grundbuch bedarf es der Bewilligung des Gläubigers und des Eigentümers. Zur Eintragung eines Umstellungsbetrages, der sich auf mehr als eine Deutsche Mark für je zehn Reichsmark beläuft, bedarf es ferner der Zustimmung der Stelle, die mit der Ausübung der Rechte aus der Grundschuld gemäß den Vorschriften zur Sicherung von Forderungen für den Lastenausgleich betraut wäre, wenn eine solche Grundschuld bestünde.

(2) Wird ein Umstellungsbetrag eingetragen, der sich auf mehr als eine Deutsche Mark für je zehn Reichsmark beläuft, und behauptet der Eigentümer, daß die durch das dingliche Recht gesicherte Reichsmarkforderung nach den Vorschriften des Umstellungsgesetzes auf einen niedrigeren Betrag oder überhaupt nicht auf Deutsche Mark umgestellt sei, so ist auf seinen Antrag ein Widerspruch in das Grundbuch einzutragen.

(3) Für die Eintragung des Umstellungsbetrages oder eines Widerspruchs gemäß Abs. 2 in das Grundbuch und für die Beurkundung oder Beglaubigung der hierzu erforderlichen Erklärungen wird die Hälfte der sonst hierfür zu entrichtenden Gebühren erhoben. Geschäftswert ist der Umstellungsbetrag.

§ 6

(1) Besteht Streit oder Ungewißheit über die Umstellung einer Hypothek, Grundschuld oder Rentenschuld oder einer Forderung, nach deren Umstellung sich die Umstellung einer Hypothek, Grundschuld oder Rentenschuld richtet, so entscheidet auf Antrag eines Beteiligten ausschließlich das Amtsgericht im Verfahren der freiwilligen Gerichtsbarkeit. Oertlich zuständig ist ausschließlich das Amtsgericht, in dessen Bezirk das Grundstück gelegen ist; § 36, Ziff. 4 der Zivilprozeßordnung ist entsprechend anzuwenden. Soweit der Streit oder die Ungewißheit die nach den Vorschriften zur Sicherung von Forderungen für den Lastenausgleich entstandene Grundschuld berührt, ist Beteiligter auch die Stelle, die mit der Ausübung der Rechte aus dieser Grundschuld betraut ist.

(2) Richtet sich die Umstellung einer Hypothek, Grundschuld oder Rentenschuld nach der Umstellung einer Forderung, so ist über die Umstellung des dinglichen Rechts und über die Umstellung der Forderung zu entscheiden, auch wenn nur das eine oder andere beantragt ist.

(3) Gegen die Entscheidung des Amtsgerichts findet die sofortige Beschwerde statt. Ueber die sofortige Beschwerde entscheidet das Landgericht. Gegen die Entscheidung des Beschwerdegerichts ist die sofortige weitere Beschwerde an das Oberlandesgericht zulässig, wenn die Entscheidung auf einer Verletzung des Gesetzes beruht. § 199 des Reichsgesetzes über die Angelegenheiten der freiwilligen Gerichtsbarkeit ist entsprechend anzuwenden. Die Entscheidung wird mit der Rechtskraft wirksam und ist für die Gerichte und Verwaltungsbehörden bindend.

(4) Das Gericht entscheidet nach freiem Ermessen, wer die Kosten des Verfahrens zu tragen hat. Für die Entscheidung des Gerichts wird in jedem Rechtszuge eine volle Gebühr (§ 26 der Kostenordnung) erhoben. Der Geschäftswert bestimmt sich nach § 24 der Kostenordnung.

(5) Hängt die Entscheidung in einem nach anderen Vorschriften anhängig gemachten Verfahren von einer Entscheidung gemäß Abs. 1 ab, so ist das Verfahren bis zu dieser Entscheidung auszusetzen.

(6) Erledigt sich ein nach anderen Vorschriften anhängig gemachtes Verfahren durch die im Abs. 1 getroffene Regelung, so sind die Gerichtskosten niederzuschlagen; die außergerichtlichen Kosten der Parteien oder Beteiligten sind als gegeneinander aufgehoben anzusehen.

(7) Wird das Grundbuch nicht vom Amtsgericht geführt, so kann das Land die Entscheidung dem Grundbuchamt übertragen. Gegen die Entscheidung des Grundbuchamtes findet nach den landesgesetzlichen Vorschriften die Anrufung des Amtsgerichtes oder die sofortige Beschwerde an das Landgericht statt. Für die weiteren Rechtsmittel gilt Absatz 3.

Artikel III

§ 7

Die Vorschriften dieser Verordnung sind auf Hypotheken an Schiffen und Schiffsbauwerken und auf Pfandrechte an Bahneinheiten entsprechend anzuwenden.

Artikel IV

§ 8

Der deutsche Wortlaut dieser Verordnung ist maßgebend.

Die Artikel I und III dieser Verordnung treten mit Wirkung vom 21. Juni 1948 in Kraft; Artikel II tritt am 1. November 1949 in Kraft.

Im Auftrag der Alliierten Bankkommission

Gesetz zur Sicherung von Forderungen für den Lastenausgleich

Vom 2. September 1948

Der Wirtschaftsrat hat das folgende Gesetz beschlossen:

§ 1

(1) Im Range unmittelbar nach Hypotheken, Grundschulden und Rentenschulden, die auf Grund des § 16 des Dritten Gesetzes zur Neuordnung des Geldwesens (Umstellungsgesetz) umgestellt worden sind, entstehen Grundschulden in Höhe des Betrages, um die der Nennbetrag in Reichsmark den Umstellungsbetrag in Deutscher Mark übersteigt. Die Grundschulden bedürfen zu ihrer Entstehung sowie zu ihrer Wirksamkeit Dritten gegenüber nicht der Eintragung im Grundbuch. Für diese Grundschulden, insbesondere hinsichtlich der Zinsen und Tilgungsbeträge, gelten die gleichen Bedingungen wie für die umgestellten Rechte, sie können jedoch dem Schuldner gegenüber nicht gekündigt werden.

(2) Die Bestimmungen des Abs. 1 sind auf die nach § 16 des Umstellungsgesetzes umgestellten Pfandrechte an den im Schiffsregister eingetragenen Schiffen und an Bahneinheiten entsprechend anzuwenden.

§ 2

(1) Die durch § 1 begründeten Rechte stehen treuhänderisch der Verwaltung des Vereinigten Wirtschaftsgebietes zu. Der Direktor der Verwaltung für Finanzen bestimmt die Stellen, welche die Rechte ausüben.

(2) Bis zur gesetzlichen Regelung sind eingehende Gelder als Treuhandvermögen gesondert zu verwalten.

§ 3

Die durch dieses Gesetz begründeten Rechte dienen ausschließlich dazu, etwaige Ansprüche aus Schuldnergewinnen unter Berücksichtigung des Lastenausgleiches sicherzustellen. Soweit gegen den Schuldner ein Ausgleichsanspruch nach § 16, Abs. 3 des Umstellungsgesetzes nicht entsteht, ist das Recht auf ihn zu übertragen. Zinsen und Tilgungsbeträge sind insoweit zu erstatten.

§ 4

(1) Der Verwaltungsrat erläßt mit Zustimmung des Wirtschaftsrates und des Länderrates Rechtsverordnungen zur Durchführung dieses Gesetzes.

(2) Verwaltungsanordnungen trifft der Direktor der Verwaltung für Finanzen.

§ 5

Dieses Gesetz tritt mit Wirkung vom 1. Juli 1948 in Kraft.

Gesetz zur Aenderung des Gesetzes zur Sicherung von Forderungen für den Lastenausgleich

Vom 10. August 1949

(Verkündet im Gesetzblatt der Verwaltung des Vereinigten Wirtschaftsgebietes Nr. 29 vom 24. August 1949)

Der Wirtschaftsrat hat das folgende Gesetz beschlossen:

Artikel I

§ 1, Abs. 2 des Gesetzes zur Sicherung von Forderungen für den Lastenausgleich vom 2. September 1948 (WiGBl. S. 87) erhält folgende Fassung:

„(2) Die Vorschriften dieses Gesetzes gelten sinngemäß auch für

1. Schiffshypotheken,
2. Pfandrechte an Bahneinheiten,
3. Abgeltungslasten, die ein Darlehen zur Abgeltung der Gebäudeentschuldungssteuer gemäß der Verordnung vom 31. Juli 1942 (RGBl. I, S. 501) sichern,
4. Zusatzforderungen, die gemäß § 10 der (ersten) Verordnung des Reichspräsidenten über die Zinserleichterung für den landwirtschaftlichen Realkredit vom 27. September 1932 (RGBl. I, S. 480) auch ohne Eintragung ein Recht auf Befriedigung aus dem Grundstück gewähren.
5. Renten der Deutschen Landesrentenbank,
6. Entschuldungsrenten gemäß Art. 53 und 54 der Siebenten Verordnung zur Durchführung der landwirtschaftlichen Schuldenregelung vom 30. April 1935 (RGBl. I, S. 572) und Art. 5 der Achten Verordnung zur Durchführung der landwirtschaftlichen Schuldenregelung vom 20. Juni 1936 (RGBl. I, S. 496)."

Artikel II

In das Gesetz zur Sicherung von Forderungen für den Lastenausgleich werden nach § 3 eingefügt:

„§ 3a

(1) Sind Grundstücke von Kriegssachschäden im Sinne der Kriegssachschädenverordnung vom 30. November 1940 (RGBl. I, S. 1547) oder von

solchen Schäden betroffen, die infolge von Maßnahmen der Besatzungsmacht, insbesondere durch Demontagen oder Restitutionen eingetreten sind, so ist auf die nach § 1 entstehenden Grundschulden auf Antrag ganz oder teilweise zu verzichten.

(2) Ein Verzicht darf nur ausgesprochen werden, wenn der Einheitswert des Grundstückes, der auf Grund der Vorschriften des Abschnitt I des Gesetzes betreffend Fortschreibungen und Nachfeststellungen von Einheitswerten des Grundbesitzes auf den 21. Juni 1948 vom 10. März 1949 (WiGBl. S. 25) ermittelt ist, um mehr als 10 v. H. niedriger festgestellt worden ist, als der letzte Einheitswert vor dem Schadensfall. Für Grundstücke, die am 21. Juni 1948 zu mehr als 70 v. H. des letzten Einheitswertes vor dem Schadensfall belastet waren, ermäßigt sich die in Satz 1 genannte Schadensquote auf 5 v. H.; zur Belastung des Grundstückes gehören solche Rechte nicht, die bei Ablauf des 20. Juni 1948 dem Eigentümer zustanden oder gegen deren Geltungmachung in diesem Zeitpunkt dem Eigentümer eine Einrede zustand, die sich nicht nur auf den Zeitpunkt der Geltendmachung bezog.

(3) Der Verzicht auf die Grundschuld ist in Höhe des Betrags auszusprechen, der sich aus dem Verhältnis des Sachschadens zu dem Einheitswert des letzten Feststellungszeitpunktes vor dem Schadensfall errechnet. Als Sachschaden gilt der Unterschied zwischen dem letzten Einheitswert vor dem Schadensfall und dem auf den 21. Juni 1948 fortgeschriebenen Einheitswert.

(4) Sind die Schäden nach dem 21. Juni 1948 entstanden, so ist an Stelle des auf diesen Tag fortzuschreibenden Einheitswertes der Einheitswert einzusetzen, der für den nächsten Feststellungszeitpunkt nach Eintritt des Schadens festzustellen ist.

§ 3b

(1) Ist ein zerstörtes oder beschädigtes Gebäude (§ 3a, Abs. 1) in der Zeit vom 21. Juni 1948 bis zum 31. März 1953 wieder aufgebaut worden, so kann der Eigentümer nach beendigtem Aufbau auch verlangen, daß auf den Teil der Grundschulden verzichtet wird, für den die Leistungen aus den Erträgnissen des im Rahmen des Aufbauplans als Dauerbau wiederhergestellten Gebäudes nicht aufgebracht werden können.

(2) Bei der Aufstellung der Ertragsrechnung sind die öffentlichen Lasten, die notwendigen Kosten für die Bewirtschaftung, die Verpflichtungen aus umgestellten Grundpfandrechten Dritter, die angemessene Verzinsung und Tilgung der Wiederherstellungskosten sowie eine angemessene Verzinsung von Eigenkapital zu berücksichtigen.

§ 3c

Bei wiederhergestellten Betriebsgrundstücken, die vom Eigentümer selbst genutzt werden, ist unter Berücksichtigung der gesamten wirtschaftlichen und finanziellen Verhältnisse des Betriebes sinngemäß zu verfahren.

§ 3d

Dem Eigentümer kann vor Beginn des Aufbaus rechtsverbindlich zugesichert werden, daß auf die nach § 1 entstandene Grundschuld verzichtet werden wird, wenn die Voraussetzungen des § 3b gegeben sind. Im Falle eines Eigentumsüberganges gehen die Rechte aus der Zusicherung auf den neuen Eigentümer über.

§ 3e

(1) Der Verzicht ist dem Grundbuchamt oder dem Eigentümer gegenüber in der Form des § 29 der Grundbuchordnung zu erklären.

(2) Durch den Verzicht geht die Grundschuld auf den Eigentümer über. § 1176 BGB ist entsprechend anzuwenden. Ist für das umgestellte Recht bestimmt, daß es durch Verzicht des Gläubigers erlischt, so erlischt die Umstellungsgrundschuld durch Verzicht.

§ 3f

Der Verzicht und die verbindliche Zusicherung werden vom Finanzamt oder von einer durch die Landesregierung mit Zustimmung des Direktors der Verwaltung für Finanzen bestimmten anderen Stelle erklärt."

Artikel III

Dieses Gesetz tritt mit Wirkung vom 1. Juli 1948 in Kraft.

Das vorstehende Gesetz wird nach Zustimmung des Länderrates hiermit verkündet.

Frankfurt am Main, den 10. August 1949

Der Präsident des Wirtschaftsrates

Verordnung zur Durchführung des Gesetzes zur Sicherung von Forderungen für den Lastenausgleich

Vom 7. September 1948

Auf Grund von § 4 des Gesetzes zur Sicherung von Forderungen für den Lastenausgleich vom 2. September 1948 (Gesetz- und Verordnungsblatt Seite 87) wird mit Zustimmung des Wirtschaftsrates und des Länderrats verordnet:

Artikel I

Allgemeine Bestimmungen

§ 1

(1) Die Länder üben die durch § 1 des Gesetzes begründeten Rechte für die Verwaltung des Vereinigten Wirtschaftsgebietes aus.

(2) Die Länder können die Ausübung der Rechte anderen Stellen übertragen. Sie sollen sich dabei insbesondere der Institute bedienen, die im Rahmen ihres gewöhnlichen Geschäftsbetriebes Realkredit gewähren oder treuhänderisch für die öffentliche Hand verwalten.

§ 2

Die Landesregierungen teilen der Verwaltung für Finanzen des Vereinigten Wirtschaftsgebietes am 15. eines jeden Monats die Höhe der im vorangegangenen Monat eingezogenen Gelder mit, getrennt nach Zinsen und Tilgungsbeträgen. Sie haben 15 v. H. der Eingänge zur Verfügung des Direktors der Verwaltung für Finanzen für Zwecke des übergebietlichen Ausgleichs zu halten.

§ 3

Die Länder sollen die Mittel zur Förderung des Wohnungsbaus, insbesondere zur Beseitigung von Kriegsschäden oder zur Zwischenfinanzierung anderer Bauvorhaben verwenden, die vorzugsweise den Bedürfnissen der Flüchtlinge und der durch Kriegseinwirkung betroffenen Bevölkerungskreise sowie der aus Gründen der Rasse, Religion, Nationalität, Weltanschauung oder politischen Gegnerschaft gegen den Nationalsozialismus Verfolgten dienen. Sie haben jedoch dafür zu sorgen, daß dadurch die endgültige Verwendung der Mittel einschließlich der dabei anfallenden Zinsen zur Durchführung des Lastenausgleichs nicht gefährdet wird.

§ 4

Zu den umgestellten Rechten gehören auch Abgeltungslasten, die ein Darlehen zur Abgeltung der Gebäudeentschuldungssteuer gemäß der Verordnung vom 31. Juli 1942 (RGBl. I, S. 501) sichern.

§ 5

(1) Der Schuldner kann die Grundschuld jederzeit, auch in Teilbeträgen durch Zahlung ablösen. Die Verzinsung endet mit dem Tage der Zahlung. § 7 ist entsprechend anzuwenden.

(2) Die mit der Ausübung der Rechte betraute Stelle kann auf Antrag

a) Grundstücke oder Teile von Grundstücken sowie Gegenstände, auf die sich die Rechte erstrecken, aus der Haftung entlassen, wenn der Rest zur Sicherheit ausreicht,

b) zugunsten eines Rechts, das bestellt wird, um den Aufbau zerstörter oder beschädigter Gebäude zu ermöglichen, einer Aenderung des Ranges der Grundschuld zustimmen.

(3) Soweit vor dem Inkrafttreten des Gesetzes zwischen dem Gläubiger des umgestellten Rechts und dem Schuldner von dem Inhalt des Grundbuches abweichende Vereinbarungen über Zins- und Tilgungsleistungen ausdrücklich oder stillschweigend getroffen oder Verbindlichkeiten des Schuldners durch richterliche Entscheidung festgesetzt sind, gilt der Inhalt dieser Vereinbarungen oder Regelungen auch für die Grundschuld.

(4) Auf Antrag des Schuldners können fällige Leistungen insoweit erlassen werden, als diese aus den Erträgnissen des Grundstücks unter Berücksichtigung der öffentlichen Lasten, der Kosten für die notwendige Unterhaltung und Instandsetzung und der Verpflichtungen aus vorhergehenden Rechten Dritter nicht aufgebracht werden können oder ihre Einziehung aus sonstigen Gründen zu offenbarer Härte führen würde. Ueber den Antrag entscheidet das Finanzamt. Lehnt das Finanzamt den Antrag ganz oder teilweise ab, so kann der Schuldner Beschwerde einlegen. Ueber die Beschwerde entscheidet die obere Finanzbehörde. Die Vorschriften der Reichsabgabenordnung über das Beschwerdeverfahren sind entsprechend anzuwenden.

§ 6

Soweit die Vermutung des § 891. Abs. 1 des Bürgerlichen Gesetzbuches zugunsten des Gläubigers des umgestellten Rechtes gilt, kann sich auch der Gläubiger der Grundschuld in Ansehung der Grundschuld darauf berufen.

§ 7

Stand das umgestellte Recht bei Inkrafttreten des Gesetzes ganz oder teilweise dem Eigentümer zu, so kann er verlangen, daß insoweit die Grundschuld auf ihn dadurch übertragen wird, daß er als Gläubiger in das Grundbuch eingetragen wird. Das gleiche gilt im Falle einer umgestellten Grundschuld insoweit, als sie bei Inkrafttreten des Gesetzes die Forderung überstieg, zu deren Sicherung sie bestimmt ist.

§ 8

Sind in unmittelbarer Rangfolge zugunsten desselben Gläubigers mehrere umgestellte Rechte eingetragen, so gelten sie in Ansehung ihres Rangverhältnisses zur Grundschuld als einheitliches Recht.

§ 9

Die sofortige Zwangsvollstreckung wegen der Zinsen und Tilgungsbeträge gegen den Schuldner kann auch aus der Grundschuld betrieben werden, wenn sie aus dem umgestellten Recht zulässig war.

§ 10

Ist der Eigentümer nicht der persönliche Schuldner der Forderung, für die ein umgestelltes Recht bestellt war, so kann er von dem persönlichen Schuldner Ersatz für die auf Grund des Gesetzes erbrachten Leistungen verlangen, soweit sich nicht aus dem Rechtsverhältnis zwischen ihm und dem persönlichen Schuldner etwas anderes ergibt.

§ 11

(1) Der Schuldner hat nach näherer Anweisung der Landesregierung der von dieser bestimmten Stelle die für den Umfang seiner Verpflichtung maßgebenden Angaben zu machen und Auskünfte zu erteilen.

(2) Die mit der Ausübung der Rechte betraute Stelle ist berechtigt, das Grundbuch einzusehen und von dem Gläubiger des umgestellten Rechts Auskünfte zu verlangen. Die Vorschriften der §§ 810, 811 des Bürgerlichen Gesetzbuches sind entsprechend anzuwenden.

(3) Vorsätzliche Verstöße gegen die Pflichten nach den Abs. 1 und 2 werden mit Geldstrafen bis zu 10 000 Deutsche Mark bestraft.

Artikel II

Uebergangs- und Schlußbestimmungen

§ 12

Sind Grundstücke, die im Vereinigten Wirtschaftsgebiet in verschiedenen Ländern liegen, mit einer Gesamthypothek belastet, so übt das Land die Rechte aus der Grundschuld aus, in dessen Bereich der Gläubiger der Gesamthypothek seinen Sitz oder Wohnsitz hat. Liegt dieser außerhalb des Vereinigten Wirtschaftsgebietes, so übt das Land die Rechte aus der Grundschuld aus, in dessen Bereich dasjenige der belasteten Grundstücke liegt, das den höchsten steuerlichen Einheitswert hat. Die Landesregierung stellt sicher, daß die Beträge, welcher für in anderen Ländern gelegene Grundstücke geleistet werden, an diese Länder überwiesen werden. Jeder Eigentümer kann verlangen, daß die Grundschuld an seinem Grundstück auf den Teilbetrag, der dem Verhältnis — des Wertes seines Grundstücks zum Werte der sämtlichen Grundstücke entspricht, nach § 1132, Abs. 2 des Bürgerlichen Gesetzbuches beschränkt wird; der Wert wird unter Abzug der Belastungen berechnet, die der Grundschuld im Range vorgehen.

§ 13

(1) Ist vor dem 21. Juni 1948 der Gläubiger einer Hypothek, Grund- oder Rentenschuld befriedigt worden, wird aber das Recht erst nach diesem Zeitpunkt im Grundbuch gelöscht, so entsteht eine Grundschuld nach § 1 des Gesetzes nicht.

(2) Ist nach dem 20. Juni 1948, jedoch vor dem Inkrafttreten des Gesetzes der Gläubiger des umgestellten Rechts befriedigt worden, so wird die Befriedigung für die Anwendung des Gesetzes nach dessen Inkrafttreten wirksam.

(3) Wird nach Inkrafttreten des Gesetzes der Gläubiger des umgestellten Rechts befriedigt, so steht einer Löschung des Rechts die Bestimmung des § 16, Abs. 2 des Umstellungsgesetzes nicht entgegen. Wird das umgestellte Recht im Grundbuch gelöscht, so ist gleichzeitig mit der Löschung die Grundschuld von Amts wegen einzutragen.

§ 14

Die Landesregierungen erlassen mit Zustimmung des Direktors der Verwaltung für Finanzen die zur Durchführung dieser Verordnung erforderlichen allgemeinen Verwaltungsvorschriften sowie Richtlinien für die Verwaltung der Grundschulden, soweit es sich um Rechte an Grundstücken in ihrem Lande handelt.

§ 15

Diese Verordnung trit mit Wirkung vom 1. Juli 1948 in Kraft.

Zweite Verordnung zur Durchführung des Gesetzes zur Sicherung von Forderungen für den Lastenausgleich

Vom 8. August 1949

(Verkündet im Gesetzblatt der Verwaltung des Vereinigten Wirtschaftsgebietes Nr. 29 vom 24. August 1949)

Auf Grund des § 4 des Gesetzes zur Sicherung von Forderungen für den Lastenausgleich vom 2. September 1948 (Gesetz- und Verordnungsblatt des Wirtschaftsrates des Vereinigten Wirtschaftsgebietes S. 87) wird mit Zustimmung des Wirtschaftsrates und des Länderrates verordnet:

Artikel I

Vorschriften über die Umstellungsgrundschuld

§ 1

Auf Umstellungsgrundschulden an Grundstücken im Eigentum von solchen Geldinstituten, Versicherungsunternehmen und Bausparkassen, die nach dem Umstellungsgesetz und seinen Durchführungsverordnungen bei nicht ausgeglichener Bilanz Anspruch auf Zuteilung von Ausgleichsforderungen gegen die öffentliche Hand haben, werden Leistungen bis auf weiteres nicht erhoben.

§ 2

Die mit der Ausübung der Rechte betraute Stelle kann auf Antrag einer Aenderung des Ranges der Grundschuld — § 5, Abs. 2 (b) der (ersten) Durchführungsverordnung — auch zugunsten eines Rechts zustimmen, das bestellt wird, um die Ausführung von Neu-, Ergänzungs- und Umbauten sowie von landwirtschaftlichen Meliorationen zu ermöglichen. Der Rangänderung soll in diesen Fällen jedoch nur zugestimmt werden, wenn dadurch die Sicherheit der Grundschuld nicht gefährdet wird und wenn die Zins- und Tilgungssätze für das Recht, zu dessen Gunsten die Rangänderung eingeräumt wird, den zur Zeit der Geldaufnahme üblichen Jahresleistungen auf erststellige Tilgungshypotheken entsprechen.

§ 3

Dient eine umgestellte Hypothek der Sicherung einer auf ausländische Währung lautenden Forderung, so sind die aus der Umstellungsgrundschuld geschuldeten Beträge gestundet, deren der Schuldner bedarf, um seinen Verpflichtungen aus der auf ausländische Währung lautenden Verbindlichkeit nachzukommen, soweit deren Gegenwert in Deutscher Mark den Umstellungsbetrag der Hypothek übersteigt.

§ 4

Die Erteilung eines Briefes für die Umstellungsgrundschuld ist ausgeschlossen.

§ 5

Ein vor dem 21. Juni 1948 zu Lasten des umgestellten Rechts eingetragener Rangvorbehalt wirkt auch gegen die Umstellungsgrundschuld. Dasselbe gilt für eine bei dem umgestellten Recht eingetragene Löschungsvormerkung.

§ 6

(1) Das Kapital der Umstellungsgrundschuld wird mit Ausnahme der Tilgungsleistungen auf Tilgungshypotheken auch dann nicht fällig, wenn das Kapital des umgestellten Rechts ohne Kündigung fällig wird.

(2) Bis zum Inkrafttreten der endgültigen Regelung über den Lastenausgleich kann in das Grundstück wegen fälliger Zins- und Tilgungsleistungen aus der Umstellungsgrundschuld nicht im Wege der Zwangsversteigerung vollstreckt werden.

§ 7

Besteht für das umgestellte Recht ein vollstreckbarer Titel, so ist zur Vollstreckung aus der Umstellungsgrundschuld zugunsten der Verwaltung des Vereinigten Wirtschaftsgebietes der die Rechte verwaltenden Stelle auf Antrag eine besondere vollstreckbare Ausfertigung zu erteilen. Hierfür ist die Stelle zuständig, der die Erteilung der Vollstreckungsklausel für das umgestellte Recht zukommt. Vor der Erteilung der Ausfertigung soll der Schuldner gehört werden.

§ 8

Bei einer Tilgungshypothek ist die mit der Ausübung der Rechte aus der Umstellungsgrundschuld betraute Stelle berechtigt, der Berechnung des Betrages der Umstellungsgrundschuld den Stand der Kapitalschuld zugrunde zu legen, der sich aus dem Tilgungsplan in Reichsmark für den 1. Juli 1948 ergibt.

§ 9

Die Umstellungsgrundschuld geht durch ihre Ablösung — § 5, Abs. 1, Satz 1 der (ersten) Durchführungsverordnung — auf den Eigentümer über. Ist jedoch für das umgestellte Recht bestimmt, daß es im Falle der Befriedigung des Gläubigers erlischt, so erlischt die Umstellungsgrundschuld durch ihre Ablösung.

§ 10

(1) Die Bestimmungen des Gesetzes und die Durchführungsvorschriften die sich auf Grundstücke, Gebäude und Hypotheken, Grund- und Rentenschuld beziehen, sind, auch soweit dies nicht ausdrücklich bestimmt ist, auf Bahneinheiten entsprechend anzuwenden.

(2) Die Rechte aus der Umstellungsgrundschuld an einer Bahneinheit, die sich über mehrere Länder erstreckt, werden von dem Lande ausgeübt, in dem die Eisenbahn, welche die Bahneinheit bildet, ihren Verwaltungssitz hat.

§ 11

(1) Im Schiffsregister eingetragene Schiffe, im Sinne des § 1, Abs. 2 des Gesetzes sind Schiffe, die bei Inkrafttreten des Gesetzes in einem Schiffsregister im Währungsgebiet eingetragen waren, gleichgültig ob sie sich zu dieser Zeit im Währungsgebiet oder mit dem Willen des Verfügungsberechtigten außerhalb des Währungsgebietes befinden.

(2) Das Gesetz ist auf gesunkene oder für total verloren erklärte Schiffe nicht anzuwenden, auch wenn sie später wieder geborgen worden sind.

(3) An Schiffen entstehen statt Umstellungsgrundschulden Umstellungslasten.

(4) Die Leistungen aus den Umstellungslasten sind gestundet,

a) solange das Schiff nicht in unbestrittenem deutschen Eigentum steht und der deutschen Wirschaft nicht endgültig zur Verfügung überlassen ist,

b) solange der Gläubiger des umgestellten Rechts oder der Eigentümer den Wohnsitz nicht im Währungsgebiet hat.

(5) Pfandrechte an Schiffen im Sinne von § 1 Abs. 2 des Gesetzes sind nur Schiffshypotheken.

(6) Die Bestimmungen des Gesetzes und die Durchführungsvorschriften, die sich auf Grundstücke, Gebäude und Hypotheken an Grundstücken beziehen, sind auch, soweit dies nicht ausdrücklich bestimmt ist, unbeschadet der Absätze 7 und 8, auf im Schiffsregister eingetragene Schiffe und auf Schiffshypotheken mit der Maßgabe entsprechend anzuwenden, daß an Stelle der Vorschriften des Bürgerlichen Gesetzbuches und der Grundbuchordnung die Vorschriften des Gesetzes über Rechte an eingetragenen Schiffen und Schiffsbauwerken vom 15. November 1940 (Reichsgesetzbl. I, S. 1499) und der Schiffsregisterordnung vom 19. Dezember 1940 (Reichsgesetzbl. I, S. 1591) treten und Schiffshypotheken Sicherungshypotheken an Grundstücken gleichgeachtet werden.

(7) Soweit der Eigentümer am 21. Juni 1948 die Befugnis aus § 57, Abs. 3 und 4 des Gesetzes über Rechte an eingetragenen Schiffen und Schiffsbauwerken hatte, entsteht eine Umstellungslast nicht. Der Eigentümer kann solange die Schiffshypothek nicht gelöscht ist, eine neue Schiffshypothek in Deutscher Mark im Range und bis zur Höhe des Reichsmarkbetrages der erloschenen Schiffshypothek bestellen.

(8) Die Umstellungslast erlischt durch ihre Ablösung. § 57, Abs. 3 und 4 des Gesetzes über Rechte an eingetragenen Schiffen und Schiffsbauwerken ist entsprechend anzuwenden.

Artikel II

Verfahrensvorschriften

§ 12

(1) Die Umstellungsgrundschuld wird in das Grundbuch nur eingetragen. soweit sie auf den Eigentümer übertragen wird oder übergegangen ist. Bei der Eintragung sind die §§ 1192 und 1115 des Bürgerlichen Gesetzbuches anzuwenden; hinsichtlich der Zins- und Zahlungsbedingungen ist die Bezugnahme auf das umgestellte Recht zulässig.

(2) Die Aenderung des Rangverhältnisses eines im Grundbuch eingetragenen Rechts zu einer nicht eingetragenen Umstellungsgrundschuld bedarf der Eintragung. Die Umstellungsgrundschuld ist hierbei durch den Hinweis auf das umgestellte Recht zu bezeichnen, bei dem sie entstanden ist.

§ 13

(1) Eine vor dem 21. Juni 1948 eingetragene Hypothek, Grundschuld oder Rentenschuld soll nicht in der Form des § 46, Abs. 2 der Grundbuchordnung gelöscht werden. Wenn nach dem 20. Juni 1948 eine Hypothek, Grundschuld oder Rentenschuld auf dem Grundbuchblatt gelöscht worden ist, so ist bei der Uebertragung des Grundstücks oder eines Grundstücksteils auf ein anderes Grundbuchblatt das gelöschte Recht und der Löschungsvermerk mitzuübertragen. Dasselbe gilt im Falle der Umschreibung des Grundbuchs.

(2) Abs. 1 ist nicht anzuwenden, wenn feststeht, daß im Range nach dem umgestellten Recht keine Umstellungsgrundschuld entstanden ist, oder das übertragene Grundstück oder der übertragene Grundstücksteil aus der Haftung für die Umstellungsgrundschuld entlassen worden ist.

§ 14

Von der Löschung eines umgestellten Rechts, das am 21. Juni 1948 zugunsten eines anderen als des Eigentümers eingetragen war, soll das Grundbuchamt die Stelle benachrichtigen, die für den Fall der Entstehung einer Umstellungsgrundschuld zur Ausübung der Rechte aus dieser Grundschuld berufen ist. Die Benachrichtigung kann unterbleiben, wenn aus einer vor dem 21. Juni 1948 errichteten öffentlichen Urkunde oder einer vor diesem Zeitpunkt öffentlich beglaubigten Urkunde hervorgeht, daß das umgestellte Recht am 21. Juni 1948 dem Eigentümer zustand.

Artikel III

Uebergangsvorschriften

§ 15

(1) Die Vorschriften des Art. I treten mit Wirkung vom 1. Juli 1948 in Kraft.

(2) Die Vorschriften der Art. II und III treten mit der Verkündung dieser Verordnung in Kraft.

(3) Die Vorschriften dieser Verordnung treten an die Stelle des § 5, Abs. 1 Satz 3 und des § 13, Abs. 3, Satz 2 der (ersten) Durchführungsverordnung.

Frankfurt am Main, den 8. August 1949.

Festkonto-Gesetz

(Viertes Gesetz zur Neuordnung des Geldwesens)

Amerikanisches Kontrollgebiet, Gesetz Nr. 65.

§ 1

Hinsichtlich der Beträge, die einem Festkonto in Deutscher Mark gemäß § 2, Absatz 1 des Gesetzes Nr. 63 der Militärregierung (Umstellungsgesetz) gutgeschrieben sind, wird folgende Regelung getroffen:

a) Sieben von je zehn Deutschen Mark werden mit Wirkung vom Tage der Gutschrift auf das Festkonto gestrichen.

b) Zwei von je zehn Deutschen Mark werden auf das entsprechende Freikonto in Deutscher Mark übertragen.

c) Der Restbetrag ist für Anlage in mittel- oder langfristigen Wertpapieren nach Maßgabe von Verordnungen verfügbar, welche von der Alliierten Bankkommission vor dem 1. Januar 1949 zu erlassen sind.

§ 2

Die Alliierte Bankkommission wird ermächtigt, Verordnungen zur Durchführung und Ergänzung dieses Gesetzes zu erlassen. Diese Verordnungen sollen die im Hinblick auf die Auswirkungen dieses Gesetzes notwendige oder angemessene Angleichung der auf Gesetz Nr. 63 der Militärregierung beruhenden Rechtsbeziehungen finanzieller Art bewirken.

§ 3

Der deutsche Wortlaut dieses Gesetzes ist der maßgebende Wortlaut. Die Vorschriften der Militärregierungsverordnung Nr. 3 und des Artikels II Ziff. 5 des Militärregierungsgesetzes Nr. 4 finden auf diesen Wortlaut keine Anwendung.

§ 4

Dieses Gesetz tritt in den Ländern Bayern, Bremen, Hessen und Württemberg-Baden am 4. Oktober 1948 in Kraft.

Im Auftrag der Militärregierung

Britisches Kontrollgebiet, Gesetz Nr. 65.

§§ 1—3 wie amerikanisches Kontrollgebiet.

§ 4

Dieses Gesetz tritt am 4. Oktober 1948 in Kraft.

Im Auftrag der Militärregierung

Französisches Kontrollgebiet, Verordnung Nr. 175.

Artikel 1

Hinsichtlich der Beträge, die einem Festkonto in Deutscher Mark gemäß Artikel 2, § 3 der Verordnung Nr. 160 des Commandant en Chef Francais en Allemagne vom 26. Juni 1948 über die Geldreform gutgeschrieben sind, wird folgende Regelung getroffen:

Hierzu Amerikanisches und Britisches Kontrollgebiet Gesetz Nr. 65 § 1 Buchstabe a), b) und c).

Artikel 2

Die Alliierte Bankkommission wird ermächtigt, Anordnungen zur Durchführung und Ergänzung dieses Gesetzes zu erlassen. Diese Anordnungen sollen die im Hinblick auf die Auswirkungen dieser Verordnung notwendige oder angemessene Angleichung der auf Verordnung Nr. 160 des Commandant en Chef Francais en Allemagne vom 26. Juni 1948 über die Geldreform beruhenden Rechtsbeziehungen finanzieller Art bewirken.

Artikel 3

Allein der deutsche Text ist amtlich, die französische Uebersetzung gilt nur als Information.

Artikel 4

Diese Verordnung tritt am 4. Oktober 1948 in Kraft.

Artikel 5

Die zuständigen Behörden des französischen Oberkommandos in Deutschland werden mit der Durchführung dieser Anordnung beauftragt, die im Amtsblatt des französischen Oberkommandos in Deutschland zu veröffentlichen ist.

Baden-Baden, den 30. September 1948.

Erste Durchführungsverordnung zum Festkonto-Gesetz

Auf Grund des § 2 des Vierten Gesetzes zur Neuordnung des Geldwesens (Festkonto-Gesetz) wird hiermit verordnet:

§ 1

(1) Altgeldguthaben dürfen auch nach Inkrafttreten des Festkonto-Gesetzes nur unter den Voraussetzungen, die im Dritten Gesetz zur Neuordnung des Geldwesens (Umstellungsgesetz) und den dazu erlassenen Durchführungsvorschriften bezeichnet sind, in Neugeldguthaben umgewandelt werden.

(2) Bei der Umwandlung der Altgeldguthaben sind dem Kontoinhaber vom Inkrafttreten dieser Verordnung an für je sechs Deutsche Mark auf

'reikonto und eine halbe Deutsche Mark auf Anlagekonto (§ 2) gutzuchreiben.

(3) Der auf einem Festkonto nach Durchführung der in § 1 Buchst. a) ınd b) des Festkontogesetzes vorgesehenen Buchungen verbleibende Restetrag § 1 Buchst. c) des Festkontogesetzes ist auf das Anlagekonto des Kontoinhabers zu übertragen.

(4) Die im Festkontogesetz vorgesehenen Buchungen und die Ueberräge von Festkonten auf Anlagekonten (Abs. 3) sind mit Wertstellung vom 21. Juni 1948 vorzunehmen.

§ 2

(1) Ueber die in § 1 bezeichneten Anlagekonten kann nur nach Maßgabe der im § 1 Buchst. c) des Festkonto-Gesetzes vorgesehenen Durchführungsbestimmungen verfügt werden.

(2) Die Guthaben auf Anlagekonten gelten als befristete Einlagen im Sinne des § 6 des Emissionsgesetzes und von § 10 des Umstellungsgesetzes. Sie sind mit 2½ v. H. jährlich zu verzinsen. Die Zinsen sind am Schluß jedes Kalenderjahres fällig. Sie sind dem Freikonto des Kontoinhabers gutzuschreiben.

§ 3

Der deutsche Wortlaut dieser Verordnung ist maßgebend.

§ 4

Diese Verordnung tritt am 1. November 1948 in Kraft.

Im Auftrag der Alliierten Bankkommission

Zweite Durchführungsverordnung zum Festkonto-Gesetz

(Betr.: Anpassung von Vorschriften des Umstellungsgesetzes)

Auf Grund des § 2 des Vierten Gesetzes zur Neuordnung des Geldwesens (Festkontogesetz) wird hiermit verordnet:

Artikel I

§ 1

(1) Hat der Schuldner einer Reichsmarkverbindlichkeit, die dadurch entstanden ist, daß er fremdes Geld als Verwahrer oder auf Grund einer Geschäftsbesorgung oder zum Zwecke der Hinterlegung (§ 372 BGB) oder als Sicherheitsleistung erhalten oder beschlagnahmt oder sonst zwecks Sicherstellung in Besitz genommen hat, den geschuldeten Reichsmarkbetrag auf einem Reichsmark-Konto bei einem Geldinstitut im Währungsgebiet gehalten und dieses Guthaben nach § 11, Abs 3, Ziff. 2 des Währungsgesetzes, gegebenenfalls in Verbindung mit § 1 oder § 2 der Achten Durchführungsverordnung zum Umstellungsgesetz, mit Vordruck B angemeldet, so wird die Reichsmarkverbindlichkeit in Abweichung von § 16, Abs. 1 des Umstellungsgesetzes mit der Wirkung auf Deutsche Mark umgestellt, daß der Schuldner für je einhundert Reichsmark sechseinhalb Deutsche Mark zu zahlen hat.

(2) Der Schuldner kann sich von seiner Verbindlichkeit durch Abtretung seiner Anspüche aus den durch die Umwandlung des Altgeldguthabens entstandenen Guthaben auf Freikonto und Anlagekonto befreien. Ist das Altgeldguthaben noch nicht umgewandelt, so kann der Schuldner die Verbind-

lichkeit nur durch Abtretung des Anspruchs aus dem Altgeldguthaben erfüllen.

(3) Auf die nach Abs. 2 abgetretenen Altgeldguthaben finden die für die Altgeldguthaben der Abtretungsempfänger geltenden Vorschriften der §§ 2 und 34, Abs. 3 des Umstellungsgesetzes Anwendung. Soweit die Altgeldguthaben des Abtretungsempfängers zur Gruppe I (§ 1, Abs. 1, Ziff. 1, Buchst. a des Umstellungsgesetzes) gehören, dürfen sie erst nach Freigabe durch die Abwicklungsbank des Abtretungsempfängers in Neugeldguthaben umgewandelt werden. Die Abwicklungsbank darf sie nur unter den in den §§ 4 bis 7 des Umstellungsgesetzes bestimmten Voraussetzungen, insbesondere erst nach Anrechnung etwa noch nicht anderweitig angerechneter Kopfbeträge des Abtretungsempfängers und seine Familie und nach Anrechnung etwa noch nicht anderweitig angerechneter Geschäftsbeträge zur Umwandlung in Neugeldguthaben freigeben.

(4) Hat der Schuldner einer unter Abs. 1 fallenden Verbindlichkeit den Gläubiger in der Zeit zwischen dem 20. Juni 1948 und dem Tage des Inkrafttretens dieser Verordnung befriedigt, so ist in Höhe des ursprünglich geschuldeten Reichsmarkbetrages für die Umwandlung des Altgeldguthabens die Vorlage der Quittung des Gläubigers erforderlich und ausreichend. Das Geldinstitut hat sich von der Höhe des ursprünglich geschuldeten Reichsmarkbetrages zu vergewissern.

§ 2

Das im § 1, Abs. 1 vorgeschriebene Umstellungsverhältnis gilt auch für Reichsmarkverbindlichkeiten aus Vorauszahlungen auf noch nicht entstandene oder noch nicht fällige Verbindlichkeiten.

§ 3

Ansprüche gegen den bisherigen Gläubiger auf Rückerstattung eines nach § 1, Abs. 1 oder § 2 zuviel gezahlten Betrages bleiben unberührt.

Artikel II

§ 4

§ 21, Abs. 2 des Umstellungsgesetzes wird geändert und erhält folgende Fassung:

„(2) Wird die richterliche Vertragshilfe zwecks Stundung oder Herabsetzung einer nach § 16 umgestellten Verbindlichkeit angerufen, so ist der Antrag ohne weiteres zurückzuweisen, wenn und soweit den auf Deutsche Mark umgestellten Reichsmarkverbindlichkeiten des Schuldners im Zeitpunkt der Währungsumstellung nicht Altgeldguthaben oder solche Reichsmarkforderung gegenübergestanden haben, bei denen nach § 14 eine Umstellung auf Deutsche Mark unterbleibt.

Artikel III

§ 5

Der deutsche Wortlaut dieser Verordnung ist maßgebend.

§ 6

Diese Verordnung tritt am 1. Januar 1949 in Kraft.

Im Auftrag der Alliierten Bankkommission

Dritte Durchführungsverordnung zum Festkontogesetz

Auf Grund des § 1, Abs. c und § 2 des Vierten Gesetzes zur Neuordnung des Geldwesens (Ergänzung zum Umstellungsgesetz) wird hiermit verordnet:

§ 1

Guthaben auf Anlagekonten können nach Maßgabe der besonderen Bestimmungen des § 2 zur Bezahlung des Erwerbspreises für neuausgegebene Wertpapiere verwendet werden, vorausgesetzt, daß diese Wertpapiere von einer für die Genehmigung von Emissionen für das gesamte Währungsgebiet zuständigen Stelle als hierfür geeignet erklärt worden sind. Diese Stelle darf als hierfür geeignet Wertpapiere nur in dem Umfang erklären, der von der Bank deutscher Länder periodisch festgelegt wird. Bis zur Errichtung einer solchen Stelle kann die Bank deutscher Länder durch öffentliche Bekanntmachung bestimmte Wertpapiere als zum Erwerb durch Verwendung von Guthaben auf Anlagekonten geeignet erklären, mit der Maßgabe, daß die Verwaltung des Vereinigten Wirtschaftsgebietes und jede Landesregierung in der französischen Zone in ihrem Zuständigkeitsgebiet die Verwendung dieser Guthaben auf Anlagekonten zum Erwerb solcher Wertpapiere weiter einschränken können.

§ 2

Die Guthaben auf Anlagekonten dürfen zum Erwerb von Wertpapieren (§ 1) nur dann verwendet werden, wenn der Inhaber des Anlagekontos das Wertpapier selbst gezeichnet oder das Wertpapier von einem Mitglied des Emissionskonsortiums übernommen hat. Der Zeichnung durch den Inhaber des Anlagekontos steht der Erwerb des Eigentums oder Miteigentums an Wertpapieren gleich, die das kontoführende Geldinstitut oder für seine Rechnung eine Girozentrale oder genossenschaftliche Zentralkasse gezeichnet oder von einem Mitglied des Emissionskonsortiums erworben hat. Als Wertpapiere im Sinne der vorstehenden Bestimmungen gelten auch Schuldbuchforderungen gegen eine Körperschaft oder Anstalt des öffentlichen Rechts. Miteigentumsrechte im Nennbetrag von weniger als fünf Deutsche Mark dürfen nicht zu Lasten von Guthaben auf Anlagekonten erworben werden. Ein aus Guthaben auf Anlagekonten erworbenes Wertpapier oder Miteigentumsrecht darf vor Ablauf eines Jahres nach dem Erwerb nicht veräußert werden.

§ 3

(1) Ueber Guthaben auf Anlagekonten, die nicht höher als fünf Deutsche Mark sind, darf mit sofortiger Wirkung frei verfügt werden. Dasselbe gilt für Spitzenbeträge von weniger als fünf Deutsche Mark, die bei Verwendung der Guthaben auf Anlagekonten zum Erwerb von Wertpapieren entstanden sind. Für die in Satz 1 bezeichneten Guthaben werden keine Zinsen vergütet; der Anspruch auf Verzinsung der in Satz 2 bezeichneten Restguthaben endet mit dem Zeitpunkt, von dem ab sie frei verfügbar sind.

(2) Die übrigen Guthaben auf Anlagekonten werden ab 1. Januar 1954 Freikonten. Die Guthaben auf diesen Konten gelten von diesem Zeitpunkt ab als Sichteinlagen. Bis zu diesem Zeitpunkt werden sie mit Wirkung vom 21. Juni 1948 mit zwei und einem halben Prozent jährlich verzinst. Die Zinsen sind am Ende eines jeden Kalenderjahres fällig. Sie werden dem Freikonto des Kontoinhabers gutgeschrieben.

§ 4

Der deutsche Wortlaut dieser Verordnung ist maßgebend.

§ 5

Diese Verordnung tritt am 5. Mai 1949 in Kraft.

Im Auftrag der Alliierten Bankkommission

Vierte Durchführungsverordnung zum Festkontogesetz

Auf Grund des § 2 des Vierten Gesetzes zur Neuordnung des Geldwesens (Festkontogesetz) wird hiermit verordnet:

§ 1

Guthaben auf Anlagekonten können auf andere Anlagekonten überwiesen werden.

§ 2

Der deutsche Wortlaut dieser Verordnung ist maßgebend.

§ 3

Diese Verordnung tritt am 12. September 1949 in Kraft.

Im Auftrag der Alliierten Bankkommission

Richtlinien der Bank deutscher Länder

zur Erstellung der Reichsmark-Schlußbilanz und der Umstellungsrechnung der Geldinstitute (RBDL)

Vom 31. Januar 1949

I. Allgemeines

Ziff. 1 bis 16

1. Gesetzliche Grundlage der Richtlinien
2. Sachlicher Geltungsbereich
3. Geldinstitute ohne Ausgleichsforderungen
4. Handelsrechtliche und steuerliche Eröffnungsbilanz
5. Fristen
6. Vorläufiger Abschluß der Umstellungsrechnung
7. Bilanz-Kontinuität
8. Steuerliche Vorschriften
9. Inventur
10. Bilanzstichtag
11. Berichtigung der Umstellungsrechnung
12. Prüfung und Bestätigung der Berichtigungen
13. Wirkung der Berichtigungen
14. Erläuterungsbericht
15. Prüfungspflicht
16. Bestätigungsvermerk

II. Allgemeine Bewertungsgrundsätze

Ziff. 17 bis 26

17. Räumliche Abgrenzung
18. Anzuwendendes Währungsrecht
19. Oeffentlich-rechtliche Verfügungsbeschränkungen
20. Auslandsvermögen
21. Valuta-Schuldverhältnisse
22. Vereinbarter Umstellungssatz
23. Stille Reserven
24. Merk- und Erinnerungsposten
25. Niederlassungen innerhalb und außerhalb des Währungsgebietes
26. Steckengebliebene Ueberweisungen

III. Besondere Bewertungsbestimmungen

Ziff. 27 bis 52

A. Aktiven

Ziff. 27 bis 44

27. Forderungen gegen Schuldner in Deutschland außerhalb des Währungsgebietes
28. Forderungen gegen Schuldner in den Westsektoren von Groß-Berlin
29. Uralt-Guthaben in Groß-Berlin
30. Forderungen gegen Schuldner in der sowjetischen Besatzungszone Deutschlands
31. Forderungen gegen Schuldner östlich der Oder-Neiße-Linie
32. Forderungen gegen Schuldner im Ausland und Valuta-Forderungen
33. Im Verhältnis 1 : 1 umgestellte Forderungen
34. Wertpapiere des Reiches
35. Sonstige Forderungen gegen das Reich
36. Sonstige Wertpapiere
37. Nicht lieferbare Wertpapiere
38. Giro-Sammeldepot
39. Streifbanddepot
41. Grundstücke innerhalb des Währungsgebietes
42. Grundstücke außerhalb des Währungsgebietes
43. Einrichtungsgegenstände
44. Warenvorräte

B. Passiven

Ziff. 45 bis 52

45. Bankgeschäftliche Verbindlichkeiten
46. Sondervorschriften für Grundkreditanstalten
47. Valutaverbindlichkeiten gegenüber ausländischen Gläubigern
48. Stillhaltekredite
49. Goldmarkverbindlichkeiten und RM-Verbindlichkeiten mit Wertbeständigkeitsklauseln
50. RM-Einlagen von Angehörigen der Vereinten Nationen
51. Sonstige RM-Verbindlichkeiten gegenüber Angehörigen der Vereinten Nationen
52. Verbindlichkeiten gegenüber geschlossenen Geldinstituten

IV. Wertberichtigungen, Rückstellungen, Abgrenzungsposten

Ziff. 53 bis 62

53. Wertberichtigung bei geringerem gemeinen Wert
54. Sammelwertberichtigung
55. Niedrigverzinsliche und unverzinsliche Forderungen
56. Rückstellungen
57. Pensionsrückstellungen
58. Abgrenzungsposten
59. Anteilige Zinsen
60. Kontokorrentzinsen
61. Habenzinsen
62. Löhne und Gehälter

V. Eigenkapital

Ziff. 63 bis 64

63. Bemessung des Eigenkapitals
64. Ausstehende Kapital-Einlagen

Richtlinien der Bank deutscher Länder

zur Erstellung der Reichsmark-Schlußbilanz und der Umstellungsrechnung der Geldinstitute (RBDL)

Vom 31. Januar 1949

Auf Grund des § 3, Abs. 8 der Zweiten Verordnung zur Durchführung des Umstellungsgesetzes (Bankenverordnung) werden hiermit die folgenden Richtlinien zur Erstellung der Reichsmark-Schlußbilanz und der Umstellungsrechnung der Geldinstitute erlassen:

I. Allgemeines

1. Gesetzliche Grundlage der Richtlinien

(1) Gesetzliche Grundlage der Richtlinien ist die Bestimmung des § 3, Abs. 8 der Zweiten Durchführungsverordnung zum Umstellungsgesetz (Bankenverordnung — BVO). Auf Grund der dort gegebenen Ermächtigungen kann die Bank deutscher Länder nicht nur Bestimmungen über die formelle Erstellung der Reichsmark-Schlußbilanz und der Umstellungsrechnung erlassen, sondern auch materielle Bilanzierungsvorschriften, insbesondere Richtlinien über die bilanzmäßige Bewertung der in der Umstellungsrechnung anzusetzenden Aktiven und Passiven geben. Die Richtlinien legen die Währungsgesetze und ihre Durchführungsverordnungen für Zwecke der Aufstellung der Reichsmark-Schlußbilanz, der Umstellungsrechnung und der sich unmittelbar aus ihnen ergebenden Rechtsfolgen (insbesondere der für Schuldner und Gläubiger verbindlichen Feststellung der Höhe der Ausgleichsforderung) authentisch aus, sollen jedoch nicht sonstige materiellrechtliche Fragen regeln.

(2) Soweit sich das Bedürfnis zur Aenderung oder Ergänzung der Durchführungsverordnungen oder für eine authentische Auslegung der Bestimmungen mit Wirkung außerhalb der unmittelbaren Zwecke des Reichsmark-Abschlusses und der Umstellungsrechnung ergibt, muß dies einer Durchführungsverordnung vorbehalten bleiben.

2. Sachlicher Geltungsbereich

Die Richtlinien gelten für den Reichsmark-Abschluß und die Umstellungsrechnung lediglich der Geldinstitute. Für Versicherungsunternehmen und Bausparkassen werden entsprechende Richtlinien von den Aufsichtsbehörden im Einvernehmen mit der Bank deutscher Länder erlassen werden. Diesen drei Gruppen von Unternehmungen ist gemeinsam, daß die Passiven durch Ausgleichsforderungen gedeckt werden, soweit die verbliebenen Aktiven hierzu nicht ausreichen. Andere Unternehmungen können daher diese Richtlinien ihrem Reichsmark-Abschluß und ihrer DM-Eröffnungsbilanz nicht ohne weiteres zugrunde legen.

3. Geldinstitute ohne Ausgleichsforderungen

Reichsmark-Abschluß und Umstellungsrechnung sind von allen Geldinstituten aufzustellen, also auch von solchen, die Ausgleichsforderungen nicht beanspruchen. Auch diese Geldinstitute haben ihren Reichsmark-Abschluß, Erläuterungsbericht und ihre Umstellungsrechnung prüfen zu lassen und sodann der Bankaufsichtsbehörde zur Bestätigung einzureichen.

4. Handelsrechtliche und steuerliche Eröffnungsbilanz

(1) Die Umstellungsrechnung gilt nach § 3, Abs. 4 BVO als Eröffnungsbilanz auf den 21. 6. 1948.

(2) Bei der Bewertung ist daher davon auszugehen, daß die in der Umstellungsrechnung auf der Aktiv- und Passivseite für die einzelnen Vermögensgegenstände eingestellten Werte voraussichtlich für die Steuer vom Einkommen, Ertrag und Vermögen maßgebend sein werden.

5. Fristen

Nach § 3, Abs. 5 BVO in Verbindung mit einer in Vorbereitung befindlichen Durchführungsverordnung zum Umstellungsgesetz (UG) ist die Umstellungsrechnung am 31. 3. 1949 vorläufig abzuschließen. Reichsmarkabschluß, Erläuterungsbericht, Umstellungsrechnung und Prüfungsbericht sind spätestens am 30. 6. 19:9 der Bankaufsichtsbehörde einzureichen.

6. Vorläufiger Abschluß der Umstellungsrechnung

Die Richtlinien behandeln nur den vorläufigen Abschluß der Umstellungsrechnung (§ 3, Abs. 5 BVO). Die Festsetzung eines Termins, bis zu dem die Umstellungsrechnung endgültig abzuschließen ist, bleibt vorbehalten. Voraussetzung hierfür ist, daß die handelsrechtlichen und steuerrechtlichen Bewertungsvorschriften sowie diejenigen für den endgültigen Lastenausgleich erlassen sind.

7. Bilanz-Kontinuität

(1) Zwischen dem Reichsmark-Abschluß zum 26. 6. 1948 und dem letzten Reichsmark-Jahresabschluß besteht Bilanzkontinuität. Zwischen der Umstellungsrechnung und dem Reichsmark-Abschluß ist die Bilanz-Kontinuität unterbrochen.

(2) In die Umstellungsrechnung sind alle Vermögenswerte und Verbindlichkeiten der Reichsmark-Schlußbilanz aufzunehmen, die nicht auf Grund gesetzlicher Bestimmungen weggefallen sind. Ferner sind diejenigen Posten in die Umstellungsrechnung aufzunehmen, die erst durch die Neuordnung des Geldwesens entstanden sind.

8. Steuerliche Vorschriften

(1) In den Bestimmungen über die Bewertung der Aktiven und Passiven (§§ 4, 6 und 7 BVO) ist zum Teil auf steuerrechtliche Vorschriften — Vorschriften der Einkommen- und Körperschaftssteuer für die auf den 21. 6. 1948 aufzustellende steuerliche Eröffnungsbilanz und Vorschriften über die Vermögensfeststellung auf den 1. Hauptveranlagungszeitpunkt nach dem 20. 6. 1948 — verwiesen. Soweit derartige Vorschriften eine Aenderung oder Ergänzung dieser Richtlinien notwendig machen sollten, wird die Bank deutscher Länder unverzüglich die Richtlinien entsprechend ändern.

(2) Hauptveranlagungszeitpunkt für die Vermögenssteuerfeststellung wird voraussichtlich der 21. 6. 1948 sein. Bei Grundstücken wird die nächste Einheitswert-Hauptfeststellung voraussichtlich erst in einigen Jahren durchgeführt werden können.

9. Inventur

In Anwendung von § 39, Abs. 1 HGB ist die Umstellungsrechnung auf der Grundlage einer Inventur zu erstellen. Hierbei ist von der nach Art. IX (in der französischen Zone Art. VI) § 1 des Steuerreformgesetzes No. 64 (in der französ. Zone der Verordnung No. 161) auf den 20. 6. 1948 aufzustellenden Bestandsaufnahme auszugehen; die dort aufgenommenen Gegenstände sind unter Beachtung der nachstehenden Richtlinien zu bewerten.

10. Bilanzstichtag. Bewertungsstichtag

(1) Zum Stichtag der Umstellungsrechnung, dem 21. Juni 1948, hat eine neue Bewertung stattzufinden. Der Bewertung sind die Werte vom 21. 6.

1948 zugrunde zu legen, soweit nicht in den nachfolgenden Einzelbestimmungen oder in den bis zum 21. 3. 1949 etwa ergehenden steuerlichen Bewertungsvorschriften ein anderer Bewertungsstichtag vorgeschrieben wird.

(2) Das Festkonto-Gesetz, die westberliner und die ostzonale Währungsreform, die Anordnung der Deutschen Wirtschaftskommission für die sowjetische Besatzungszone „über die Behandlung von Forderungen von Kreditinstituten in den Westzonen (einschließlich des Saargebietes) oder geschlossenen Banken in Groß-Berlin gegen Schuldner in der sowjetischen Besatzungszone Deutschlands" vom 18. 8. 1948 und ähnliche Maßnahmen, die zwischen dem 21. 6. 1948 und dem 31. 3. 1949 getroffen werden, sind bei der Bewertung zu berücksichtigen.

11. Berichtigung der Umstellungsrechnung

Die Umstellungsrechnung ist (vergl. § 3, Abs. 6 BVO) in allen Fällen zu berichtigen, in denen

a) Posten zu Unrecht oder mit einem unrichtigen Wert in die Umstellungsrechnung aufgenommen waren, oder
b) Posten zu Unrecht in die Umstellungsrechnung nicht aufgenommen waren, oder
c) Forderungen oder Verbindlichkeiten, deren Umstellung auf Deutsche Mark bisher in der Schwebe gehalten war, nachträglich umgestellt werden, oder
d) ein Vermögenssteuerwert berichtigt wird.

12. Prüfung und Bestätigung der Berichtigungen

Berichtigungen der Umstellungsrechnungen sind jeweils in Verbindung mit den zu den Bilanzstichtagen aufzustellenden Jahresabschlüssen zu prüfen und der Bankaufsichtsbehörde zur Bestätigung einzureichen. Die Verpflichtung zur monatlichen Berichterstattung über den Stand der Umstellungsrechnung gemäß § 3, Abs. 7 BVO bleibt unberührt.

13. Wirkung der Berichtigungen

(1) Berichtigungen (§ 3, Abs. 6 BVO) wirken stets auf den 21. Juni 1948 zurück (vergl. § 3, Abs. 4 BVO). Dies gilt auch für die Berechnung und Auszahlung von Zinsen auf die Ausgleichsforderung nach § 11, Abs. 2 BVO.

(2) Bei einer Berichtigung der Bewertung eines Vermögensgegenstandes kann der Wert so angesetzt werden, daß ein zeitweiliger Minderertrag während der auf den 20. 6. 1948 folgenden Zeit Berücksichtigung findet. Hierbei sind die Bestimmungen der Ziffer 55 zu beachten.

(3) Führt eine Berichtigung der Umstellungsrechnung zur Ermäßigung des Anspruchs der Geldinstitute auf Zuteilung einer Ausgleichsfordeung, so ist die Berichtigung der Ausgleichsforderung gemäß § 3, Abs. 6 BVO in der Weise vorzunehmen, daß das Geldinstitut das Land in die Lage versetzt, eine Ausgleichsforderung gleicher Art und Ausstattung zu löschen und daß es dem Land die seit dem 21. Juni 1948 auf diese Ausgleichsforderung gezahlten Zinsen erstattet.

14. Erläuterungsbericht

(1) In dem in § 3, Abs. 2 BVO genannten erläuternden Bericht ist die Ueberleitung jeder einzelnen Position aus der Reichsmarkschlußbilanz in die Umstellungsrechnung zu erläutern. In ihm ist jede Einzelbewertung zu erläutern; dies gilt jedoch bei Verbindlichkeiten und Forderungen nur dann, wenn nicht der gesetzliche Umstellungssatz von 100 : 6,5 bei Verbindlichkeiten aus Altgeldguthaben oder von 10 : 1 bei Forderungen und sonstigen Verbindlichkeiten zugrunde gelegt oder wenn bei der Bewertung vom DM-

Nennbetrag abgewichen wird. Die Einsetzung eines Erinnerungswertes ist ebenfalls zu erläutern.

(2) Die Bank deutscher Länder wird Formblätter für den Erläuterungsbericht herausgeben und behält sich vor, die Aufstellung von Uebersichten als Anlagen zum Erläuterungsbericht, z. B. für Ost-West-Verbindlichkeiten oder Auslandsverbindlichkeiten, vorzuschreiben.

15. Prüfungspflicht

(1) Nach § 3, Abs. 1 und 5 BVO unterliegen Reichsmark-Abschluß, Erläuterungsbericht und Umstellungsrechnung der für den Jahresabschluß vorgeschriebenen Prüfung. War für den Jahresabschluß eines Geldinstituts bisher keine Prüfung vorgeschrieben, so sind Reichsmark-Abschluß und Umstellungsrechnung durch einen von der Bankaufsichtsbehörde zuzulassenden Prüfer nach von ihr gegebenen Richtlinien zu prüfen.

(2) Der letzte vor dem 21. Juni 1948 bestellte Abschlußprüfer gilt auch für die Prüfung des Reichsmark-Abschlusses als bestellt. Das Recht der Aufsichtsbehörde, der Bestellung des Abschlußprüfers gemäß § 2 der Verodnung vom 7. Juli 1937 (RGBl. I, S. 763) zu widersprechen, bleibt unberührt. Der Prüfer muß in jedem Fall, auch bei Aktiengesellschaften, durch die Bankaufsichtsbehörde bestätigt werden.

16. Bestätigungsvermerk

Sind nach dem abschließenden Ergebnis der Prüfung keine Einwendungen zu erheben, so hat der Püfer dies durch einen Vermerk zu bestätigen; der Bestätigungsvermerk muß ergeben,

„daß nach pflichtmäßiger Prüfung auf Grund der Bücher und der Schriften des Geldinstituts sowie der erteilten Aufklärungen und Nachweise die Buchführung, der Reichsmark-Abschluß (bzw. der Erläuterungsbericht oder die Umstellungsrechnung) den gesetzlichen Vorschriften einschl. der auf Grund des § 3, Abs. 8 BVO von der Bank deutscher Länder erlassenen Richtlinien entsprechen."

II. Allgemeine Bewertungsgrundsätze

17. Räumliche Abgrenzung

(1) Währungsgebiet sind die 11 Länder der 3 Westzonen (§ 1, Abs. 1, Ziff. 4 UG).

(2) Unter „Deutschland" ist das Gebiet des Deutschen Reiches zu verstehen, wie es am 31. 12. 1937 bestanden hat (vgl. Art. VII, Ziff. 11g des Militärreg.Gesetzes No. 53). Hierzu gehören außer dem Währungsgebiet die 3 Westsektoren und der Ostsektor Groß-Berlins, die 5 Länder der sowjetischen Besatzungszone, die unter polnischer oder russischer Verwaltung stehenden Gebiete östlich der Oder—Neiße-Linie und das Saargebiet.

(3) Alle übrigen Gebiete sind Ausland.

18. Anzuwendendes Währungsrecht

(1) Bei der Bewertung von Forderungen und Verbindlichkeiten ist, wenn sich der Schuldner innerhalb Deutschlands befindet, das Währungsrecht des letztbekannten Wohnsitzes zugrunde zu legen, den der Schuldner vor dem 21. 6. 1948 gehabt hat, es sei denn, daß sich der Schwerpunkt des Rechtsverhältnisses am 21. 6. 1948 eindeutig an einem anderen Ort befunden hat.

(2) Bei durch Grundpfandrecht gesicherten Forderungen richtet sich das dingliche Recht nach dem Währungsrecht am Ort der belegenen Sache.

Für die Bewertung der persönlichen Forderung ist davon auszugehen, daß sich diese regelmäßig ebenfalls nach dem für das dingliche Recht maßgebenden Währungsrecht richtet.

(3) Reichsmark-Forderungen gegen Schuldner mit Wohnsitz in Deutschland außerhalb des Währungsgebietes gelten vorbehaltlich einer gesetzlichen Regelung für ihre Bewertung als nach den Vorschriften des Umstellungsgesetzes auf Deutsche Mark umgestellt, soweit in Vermögen vollstreckt werden kann, das im Währungsgebiet belegen ist.

19. Oeffentlich-rechtliche Verfügungsbeschränkungen

Das Bestehen einer Verfügungsbeschränkung auf Grund der Gesetze der Militärregierung Nr. 52 und 53 und des § 26, Abs. 2 UG oder ähnlich wirkender allgemeiner Verfügungsbeschränkungen rechtfertigt für sich allein noch nicht eine Bewertung von Aktiven unter ihrem Nennbetrag. In dem Erläuterungsbericht ist der solchen Verfügungsbeschränkungen unterliegende Gesamtbetrag zu vermerken.

20. Auslandsvermögen

(1) Aktiven, die von dem Kontrollratsgesetz Nr. 5 oder entsprechenden Maßnahmen im Auslande erfaßt worden sind, sowie Aktiven, die auf Grund des Militärregierungsgesetzes Nr. 53 abgeliefert wurden, sind in der Umstellungsrechnung mit einem Erinnerungsposten von 1 D-Mark einzusetzen, solange über ihre künftige Behandlung noch keine Entscheidung getroffen worden ist.

(2) In dem Erläuterungsbericht sind sie mit dem gemeinen Wert vor Inkrafttreten der im Abs. 1 genannten Maßnahmen aufzuführen. Bei Forderungen aller Art ist außerdem der Nennbetrag in fremder Währung anzugeben.

21. Valuta-Schuldverhältnisse

(1) Für die Bewertung von Valuta-Verpflichtungen und nicht unter Ziff. 20 fallende Valuta-Forderungen in der Umstellungsrechnung wird einstweilen der jeweilige Umrechnungskurs der JEIA (z. Z. 30 Dollar-Cents = 1 DM) zugrunde gelegt. Auf der Grundlage dieses Dollarkurses werden andere Fremd-Valuten nach den vom Internationalen Währungsfonds mitgeteilten Paritäten zunächst nach dem letzten Stand vor dem 1. 1. 1949 umgerechnet. Soweit solche Paritäten nicht geregelt sind, sind sie auf der Grundlage des Dollar-Umrechnungskurses nach dem Mittelkurs für Auszahlungen in der betreffenden Währung an der New Yorker Börse zunächst nach dem Stand vom 31. 12. 1948 in Deutsche Mark umzurechnen. Maßgebend ist die anliegende Umrechnungstabelle.

(2) Im Reichsmark-Abschluß ist die bisherige von den Geldinstituten gehandhabte Uebung beizubehalten.

22. Vereinbarter Umstellungssatz

Ein vereinbarter, von den gesetzlichen Vorschriften für die Umstellung von Forderungen und Verbindlichkeiten abweichender Umstellungssatz kann in der Umstellungsrechnung nicht berücksichtigt werden, es sei denn, daß sich der Anspruch auf Ausgleichforderungen dadurch verringert, oder daß die Bankaufsichtsbehörde im einzelnen Falle der Berücksichtigung in der Umstellungsrechnung bereits zugestimmt hat.

23. Stille Reserven

Aus den Vorschriften des Umstellungsgesetzes und der Bankenverordnung folgt, daß die Bildung stiller Reserven in der Umstellungsrechnung der Geldinstitute unzulässig ist.

24. Merk- und Erinnerungsposten

In allen Fällen, in denen diese Richtlinien die Einsetzung eines Merk- oder Erinnerungspostens von 1 D-Mark vorschreiben oder zulassen, ist die Umstellungsrechnung auch insoweit nach oben oder unten zu berichtigen als die Entwicklung oder das Schicksal eines solchen Postens zur Möglichkeit oder Notwendigkeit einer Bewertung führt.

25. Niederlassungen innerhalb und außerhalb des Währungsgebietes

(1) Bei Geldinstituten mit Sitz außerhalb des Währungsgebietes sind für die Behandlung der Forderungen und Verbindlichkeiten von Niederlassungen im Währungsgebiet die Bestimmungen der zu erwartenden Durchführungsverordnung heranzuziehen.

(2) Geldinstitute mit Sitz im Währungsgebiet haben diejenigen Aktiven und Passiven, die in den Büchern einer außerhalb des Währungsgebietes gelegenen Zweigniederlassung geführt worden sind, vorläufig in die Umstellungsrechnung nicht einzusetzen.

(3) „Forderungen" und „Verbindlichkeiten" zwischen Niederlassungen des gleichen Geldinstituts sind nicht Forderungen und Verbindlichkeiten im Rechtssinne. Sie können daher in den Reichsmark-Abschluß und die Umstellungsrechnung nicht eingesetzt werden.

26. Steckengebliebene Ueberweisungen

(1) Verbindlichkeiten oder Forderungen aus vor dem 8. Mai 1945 erteilten Ueberweisungsaufträgen, die am 1. 6. 1948 bestritten waren, sind in der Umstellungsrechnung unter dem Bilanzstrich mit ihrem auf DM umgestellten Nennwert zu vermerken. Eine Aufnahme solcher Verbindlichkeiten in die Umstellungsrechnung ist zulässig, soweit ihr die Bankaufsichtsbehörde allgemein oder im einzelnen Fall zugestimmt hat.

(2) Den Ueberweisungen der im Absatz 1 genannten Art stehen gleich nicht mehr durchgebuchte Scheckeinlösungen und -einziehungen, Wertpapierankäufe und -verkäufe, nicht in Anspruch genommene Akkreditive und ähnliche Vorgänge.

III. Besondere Bewertungsbestimmungen

A.

Aktiven

27. Forderungen gegen Schuldner in Deutschland außerhalb des Währungsgebietes

Forderungen an Schuldner in Deutschland außerhalb des Währungsgebietes sind in der Umstellungsrechnung auszuweisen. Sie sind mit dem gemeinen Wert zu aktivieren, oder falls ein solcher nicht feststellbar ist, mit einem Merkposten von 1 DM einzustellen. Die Vorschriften der Ziff. 18 bleiben unberührt.

28. Forderungen gegen Schuldner in den Westsektoren von Groß-Berlin

Forderungen, die nach den in den Westsektoren von Groß-Berlin geltenden Währungsvorschriften umgestellt sind, sind nicht nach § 4 Abs. 1 B Buchst. c) BVO, sondern nach § 4, Abs. B Buchst. d) BVO zu bewerten.

29. Uralt-Guthaben in Groß-Berlin

Uralt-Guthaben bei Geldinstituten in Groß-Berlin, deren Geschäftsbetrieb ruht oder geschlossen worden ist, sind nicht erloschen; sie sind als z. Z. nicht bewertbar mit 1 DM anzusetzen.

30. Forderungen gegen Schuldner in der sowjetischen Besatzungszone Deutschlands

Forderungen gegen Schuldner östlich der Oder-Neiße-Linie sind mit Deutschlands einschließlich der Forderungen gegen Geldinstitute (auch sog. Uralt-Guthaben) werden vorläufig mit einem Merkposten von 1 DM eingesetzt.

31. Forderungen gegen Schuldner östlich der Oder—Neiße-Linie

Forderungen gegen Schuldner östlich der Oder-Neiße-Linie sind mit einem Merkposten von 1 DM einzusetzen; auf Wertpapiere, deren Aussteller dort ihren Sitz haben, finden die für Wertpapiere geltenden Vorschriften entsprechende Anwendung.

32. Forderungen gegen Schuldner im Ausland und Valuta-Forderungen

Wegen der gegen Schuldner im Ausland gerichteten Forderungen sowie wegen der Valuta-Forderungen vgl. oben Ziff. 20, 21.

33. Im Verhältnis 1 : 1 umgestellte Forderungen

(1) Mit Rücksicht auf eine zu erwartende Durchführungsverordnung zum Umstellungsgesetz. die § 4, Abs. 1 B Buchst c) BVO entsprechend ändern soll, sind Forderungen, die nach § 18, Abs. 1 des Umstellungsgesetzes im Verhältnis 1 : 1 umgestellt werden, grundsätzlich mit einer Deutschen Mark für je eine Reichsmark in der Umstellungsrechnung einzustellen.

(2) Eine Bewertung mit dem niedrigeren gemeinen Wert nach den allgemeinen Grundsätzen ist möglich, dies gilt z. B. dann, wenn mit einer Herabsetzung im Vertragshilfeverfahren gerechnet werden muß.

34. Wertpapiere des Reiches

Bei Wertpapieren, in denen Verbindlichkeiten des Reiches oder diesen gleichgestellte Verbindlichkeiten (§ 14 UG) verbrieft sind, einschließlich der im Reichsschuldbuch eingetragenen Verbindlichkeiten des Reiches, ist zu unterscheiden, ob das bilanzierende Institut Ausgleichsforderungen erhält oder nicht. Im zweiten Falle sind die Wertpapiere mit einem Erinnerungsposten von 1 DM in die Umstellungsrechnung einzusetzen. Im ersten Fall bleiben sie in der Umstellungsrechnung außer Ansatz; in dem Erläuterungsbericht ist auszusprechen, daß diese Werte nach § 11, Abs. 1 letzter Satz UG auf das Land zu übertragen sind.

35. Sonstige Forderungen gegen das Reich

Kriegsschäden-Forderungen sowie sonstige Forderungen gegen das Reich und andere im § 14 UG genannte Schuldner sind zu behandeln wie Wertpapiere, deren Aussteller das Reich ist (Ziff. 34).

36. Sonstige Wertpapiere

(1) Der Bewertung von Wertpapieren, die an einer deutschen Börse amtlich notiert oder im geregelten Freiverkehr gehandelt werden, ist vorläufig ein Kurszettel zugrunde zu legen, der von der Bank deutscher Länder für die Umstellungsrechnung mit Stichtag vom 31. 12. 1948 im Oeffentlichen Anzeiger des Vereinigten Wirtschaftsgebietes, den amtlichen Bekanntmachungsorganen der Länder der französischen Zone sowie im Mitteilungsblatt der Bank deutscher Länder veröffentlicht wird.

(2) Wertpapiere, die von diesem Kurszettel nicht erfaßt werden, sind in der Umstellungsrechnung vorläufig mit einem Drittel des zuletzt vor

dem 21. 6. 1948 festgestellten Vermögenssteuerwertes anzusetzen. Ist dieser Wertansatz nachweisbar zu hoch, so kann ein höherer Abschlag vorgenommen werden. Aktien von und Anteile an Geldinstituten und Versicherungsunternehmen, die von dem Kurszettel nicht erfaßt werden, sind grundsätzlich mit einem Zehntel ihres Reichsmark-Nennbetrages in die Umstellungsrechnung einzusetzen.

37. Nicht lieferbare Wertpapiere

Ziffer 36 bezieht sich nur auf Wertpapiere, für die die Voraussetzungen der Erteilungen von Lieferbarkeitsbescheinigungen nach den „Richtlinien für die Bescheinigung der Lieferbarkeit von Wertpapieren" in der ab 1. 7. 1948 geltenden Fassung vorliegen. Alle übrigen vor dem 1. 1. 1945 ausgestellten Wertpapiere sind grundsätzlich mit einem Merkposten von 1 DM in die Umstellungsrechnung einzusetzen.

38. Giro-Sammeldepot

(1) Giro-Sammeldepot-Anteile sind bis zum Erlaß des Wertpapier-Bereinigungs-Gesetzes in zwei Gruppen aufzuteilen. Eine Gruppe umfaßt die Wertpapiere von Ausstellern im Währungsgebiet, die zweite Gruppe Wertpapiere von Ausstellern innerhalb Deutschlands außerhalb des Währungsgebietes.

(2) Die Wertpapiere der Gruppe I sind vorläufig mit einem Abschlag bis zu 30 vom Hundert von dem gemäß Ziff. 36 sich ergebenden Wert zu bewerten. Die Gruppe II ist mindestens mit einem Merkposten von 1 D-Mark anzusetzen.

(3) Für die Umstellungsrechnung kommen nur die Nostro-Girosammeldepots-Anteile in Frage. In dem Erläuterungsbericht sind die Nennbeträge der einzelnen Gruppen aufzuteilen in festverzinsliche und Dividendenwerte und jeweils die gesamten Nennbeträge in einer Summe anzugeben.

39. Streifbanddepot

Hinsichtlich der Streifbanddepots in Deutschland außerhalb des Währungsgebietes gilt Ziff. 37 entsprechend. Streifbanddepots im Saargebiet sind wie Streifbanddepots im Währungsgebiet zu bewerten. Wegen Depots im Ausland vgl. oben Ziff. 20.

40. Beteiligungen

Beteiligungen im Sinne des § 131, A II 6 Aktiengesetz sind grundsätzlich wie Wertpapiere (Ziff. 35) zu behandeln. Eine wesentliche Beteiligung kann nach den Grundsätzen ordnungsmäßiger Bilanzierung eine höhere Bewertung (Paketzuschlag) rechtfertigen.

41. Grundstücke innerhalb des Währungsgebietes

Grundstücke im Währungsgebiet sind in der Umstellungsrechnung vorläufig mit den Einheitswerten zu bewerten, die auf den letzten vor dem 21. 6. 1948 liegenden Feststellungszeitpunkt festgesetzt worden sind. Dabei gelten folgende Besonderheiten:

a) Flächen, die als unbebaute Grundstücke mit dem gemeinen Wert bewertet worden sind, können, soweit eine Wertfortschreibung noch nicht stattgefunden hat, im Falle der Wertminderung vorläufig mit 50 vom Hundert dieses Wertes eingesetzt werden.

b) (1) Soweit an Gebäuden Kriegsschäden eingetreten sind, die durch eine Wertfortschreibung noch nicht berücksichtigt worden sind, ist der Einheitswert entsprechend zu mindern. Maßgebend sind die Verhältnisse am 21. Juni 1948.

(2) Ist der Eigentümer des Grundbesitzes zur Vermögenssteuer herangezogen worden, so ist der Wert zugrunde zu legen, von dem bei der Erhebung der Vermögenssteuer zuletzt tatsächlich ausgegangen worden ist. Weicht der Wert bei Abstellung auf die Verhältnisse am 21. Juni 1948 um mehr als ein Zehntel von dem bei der Vermögenssteuer eingesetzten Wert ab, oder ist der Eigentümer des Grundbesitzes nicht zur Vermögenssteuer herangezogen worden, so ist der Wert maßgebend, von dem bei einer Vermögensteuer-Veranlagung auf den 21. 6. 1948 auszugehen sein würde.

42. Grundstücke außerhalb des Währungsgebietes

Grundstücke, die außerhalb des Währungsgebietes innerhalb Deutschlands gelegen sind, sind zum gemeinen Wert einzusetzen. Bei der Bewertung ist auf die Möglichkeit, über das Grundstück, seinen Ertrag oder einen etwaigen Verkaufserlös zu verfügen, Rücksicht zu nehmen. Ist ein gemeiner Wert z. Z. nicht feststellbar, so ist vorläufig von einer Bewertung abzusehen und ein Erinnerungsposten von 1 DM anzusetzen (vgl. Ziff. 24).

43. Einrichtungsgegenstände

(1) Einrichtungsgegenstände sind vorläufig mit dem Wert am 21. 6. 1948 anzusetzen, der sich auf der Grundlage der am 31. 8. 1948 geltenden regulären Anschaffungskosten unter Berücksichtigung der Restlebensdauer im Verhältnis zur bisherigen Nutzungsdauer errechnet.

(2) Gehörten mehr als 70 vom Hundert des Gesamtwertes der Einrichtungsgegenstände seit dem 1. 1. 40 zum Betriebsvermögen des Geldinstitutes, so können die Einrichtungsgegenstände insgesamt mit 20 vom Hundert ihrer regulären Anschaffungskosten am 31. 8. 1948 bewertet werden.

44. Warenvorräte

Warenvorräte sind mit den am 31. 8. 1948 geltenden regulären Anschaffungskosten anzusetzen, es sei denn, daß sie vor dem 1. 9. 1948 veräußert worden sind; in diesem Fall sind die Anschaffungskosten aus dem erzielten Verkaufserlös unter Abzug der handelsüblichen Verdienstspanne zu ermitteln.

B

Passiven

45. Bankgeschäftliche Verbindlichkeiten

Zu den in § 4, Abs. 1 A Buchst a) BVO aufgeführten bankgeschäftlichen Verbindlichkeiten gehören nur solche Verbindlichkeiten, die von Reichsmark auf Deutsche Mark umgestellt sind. Alle nicht bankgeschäftlichen Verbindlichkeiten sowie alle Valuta-Verbindlichkeiten sind unter § 4, Abs. 1 A Buchst b) BVO behandelt.

46. Sondervorschriften für Grundkreditanstalten

(1) Verpflichtungen der Grundkreditanstalten Kommunalkreditanstalten, Schiffsbeleihungsbanken und Ablösungsanstalten aus den von ihnen ausgegebenen Pfandbriefen und verwandten Schuldverschreibungen sowie aus Darlehen, die für Grundkredit- oder Kommunalkreditzwecke aufgenommen worden sind (Globaldarlehen), sind unter § 4, Abs. 1 A Buchst a) BVO zu passivieren, und zwar ohne Rücksicht darauf, ob sie auf Reichsmark oder auf fremde Währung lauten.

(2) Die in Abs. 1 genannten Geldinstitute haben ihre Verpflichtungen aus den von ihnen ausgegebenen Pfandbriefen und verwandten Schuldverschreibungen in der Weise aufgeteilt in die Umstellungsrechnung einzu-

setzen, daß die nicht fälligen Verpflichtungen einerseits und die fälligen Kapital- und Zinsbeträge andererseits unter Buchst. a) getrennt ausgewiesen werden.

47. Valuta-Verbindlichkeiten gegenüber ausländischen Gläubigern

(1) Valuta-Verbindlichkeiten gegenüber ausländischen Gläubigern (vgl. auch oben Ziff. 21) sind in die Umstellungsrechnung nur insoweit einzusetzen, als sie unter Berücksichtigung der deutschen Gesetzgebung über die Tilgung von Auslandsverbindlichkeiten noch geschuldet werden. Insbesondere sind die bis zum 8. Mai 1945 an die Konversionskasse für deutsche Auslandsschulden abgeführten Zins- und Tilgungsbeträge nicht mehr als Verbindlichkeiten einzustellen. Dies gilt auch für etwaige Verzugszinsen.

(2) Soweit das Geldinstitut, der Zweitschuldner oder ein weiterer Schuldner Sicherheiten bestellt hat, die von dem Kontrollgesetz Nr. 5 oder entsprechenden Maßnahmen im Ausland erfaßt oder nach dem Mil-Reg.-Gesetz Nr. 53 abgeliefert worden sind, ist in der Umstellungsrechnung bei den entsprechenden Passivposten hierauf hinzuweisen.

(3) In dem Erläuterungsbericht ist — ohne Rücksicht darauf, ob hierfür ein besonderer Bilanzansatz in dem Reichsmarkabschluß vorgesehen ist oder nicht — anzugeben, für welche Valuta-Verbindlichkeiten (Zins- und Tilgungsbeträge) der Reichsmarkgegenwert an die Konversionskasse für deutsche Auslandsschulden gezahlt und, soweit der Schuldner hierüber unterrichtet ist, wie weit diese den ausländischen Gläubigern zugeführt worden sind.

48. Stillhaltekredite

Ziff. 47, Abs. 2 und 3 gelten auch für Kredite, die unter die Deutschen Kreditabkommen fallen (Stillhaltekredite).

49. Goldmark-Verbindlichkeiten und RM-Verbindlichkeiten mit Wertbeständigkeitsklauseln

(1) Auf Goldmark-Verbindlichkeiten und auf solche in Reichsmark zu erfüllende Verbindlichkeiten, deren Betrag durch Bezugnahme auf eine gleitende Skala oder auf den Preis des Feingoldes oder den Preis anderer Edelmetalle oder Waren, Wertpapiere oder ausländische Zahlungsmittel oder in ähnlicher Weise bestimmt ist (Wertbeständigkeitsklauseln), finden die §§ 13 ff. des Umstellungsgesetzes Anwendung (§ 13, Abs. 3, Satz 1 des Umstellungsgesetzes in Verbindung mit Artikel II des Gesetzes Nr. 51 der Militärregierung in der Fassung der Aenderung Nr. 1).

(2) In dem Reichsmarkabschluß ist bei Goldmark-Verbindlichkeiten eine Goldmark einer Reichsmark gleichzusetzen; bei Verbindlichkeiten mit Feingoldklauseln ist ein Preis von 2790 Reichsmark für je ein Kilogramm Feingold maßgebend. Bei anderen in Reichsmark zu erfüllenden Verbindlichkeiten der im Abs. 1 genannten Art ist die Skala oder der Preis am Tage des Inkrafttretens der Aenderung Nr. 1 zum Gesetz Nr. 51 — dem 1. Juli 1947 — zugrunde zu legen.

(3) In der Umstellungsrechnung sind die nach Abs. 1 und 2 ermittelten Beträge mit dem aus den §§ 13 ff. des Umstellungsgesetzes sich ergebenden Umstellungssatz in Deutscher Mark zu berücksichtigen.

50. RM-Einlagen von Angehörigen der Vereinten Nationen

Reichsmark-Einlagen von ausländischen Gläubigern sind Altgeldguthaben und werden auch dann nach den für Altgeldguthaben geltenden Vorschriften umgestellt, wenn der ausländische Gläubiger den Vereinten Nationen angehört. Ein Widerspruchsrecht nach § 15 UG gibt es bei Altgeldguthaben nicht.

51. Sonstige RM-Verbindlichkeiten gegenüber Angehörigen der Vereinten Nationen

(1) Hat ein Geldinstitut eine RM-Verbindlichkeit gegenüber einem Angehörigen der Vereinten Natonen und hat dieser der Umstellung auf Deutsche Mark bis zum 20. 10. 1948 widersprochen oder aber die Annahme einer der nach den Vorschriften des Umstellungsgesetzes angebotenen oder bewirkten Leistung verweigert, so ist auch in diesen Fällen die Reichsmark-Verbindlichkeit in der Umstellungsrechnung als im Verhältnis 10 : 1 umgestellt zu behandeln. Die Einsetzung eines höheren D-Mark-Betrages in die Umstellungsrechnung ist gemäß § 15, Abs. 2 UG auch nicht im Wege einer Rückstellung zulässig.

(2) In dem Erläuterungsbericht ist anzugeben, hinsichtlich welcher Beträge nach § 15 UG Widerspruch eingelegt ist oder der Gläubiger die Annahme einer angebotenen oder bewirkten Leistung verweigert hat und welche sonstigen Reichsmark-Verbindlichkeiten auf D-Mark umgestellt sind, die Angehörigen der Vereinten Nationen geschuldet werden.

52. Verbindlichkeiten gegenüber geschlossenen Geldinstituten

Verbindlichkeiten gegenüber geschlossenen Geldinstituten mit Sitz außerhalb des Währungsgebiets sind vorläufig in der Umstellungsrechnung mit dem sich bei Anwendung der Umstellungsvorschriften ergebenden DM-Betrage auszuweisen.

IV. Wertberichtigungen, Rückstellungen, Abgrenzungsposten

53. Wertberichtigung bei geringerem gemeinen Wert

Falls nach den Bewertungsrichtlinien für Forderungen statt des Regelwerts (umgestellten Nennbetrages) der geringere gemeine Wert in die Umstellungsrechnung eingestellt wird, kann dies in der Weise geschehen, daß auf der Aktivseite der Regelwert und auf der Passivseite ein entsprechender Wertberichtigungsposten eingesetzt wird; die Vorschrift des § 4, Abs. 1 B, Buchst. c) der BVO steht dem nicht entgegen.

54. Sammelwertberichtigung

Sammelwertberichtigungen entsprechend dem Erlaß des Reichsaufsichtsamtes für das Kreditwesen vom 2. 9. 1941 dürfen in der Umstellungsrechnung vorbehaltlich einer anderweitigen Regelung nicht vorgenommen werden.

55. Niedrigverzinsliche und unverzinsliche Forderungen

(1) Bei befristeten Forderungen, die unverzinslich oder unternormal verzinslich sind, ist eine Bewertung zum niedrigeren gemeinen Wert (§ 4, Abs. 1 B, Buchst. c) BVO) nach Maßgabe des § 14 des Reichsbewertungsgesetzes und der einschlägigen Rechtsprechung zulässig. Unter Berücksichtigung dieser Grundsätze sind, soweit dies nach den allgemeinen Grundsätzen ordnungsmäßiger Bilanzierung zulässig ist, auch unverzinsliche oder unternormal verzinsliche befristete Verpflichtungen mit einem geringeren gemeinen Wert einzustellen.

(2) Als unternormal verzinslich im Sinne des Abs. 1 gilt eine Forderung, wenn sie mit weniger als 3 vom Hundert verzinslich ist; Forderungen,

die zur Deckung von Schuldverschreibungen oder Globaldarlehen von Geldinstituten der in § 22, Abs. 1 UG genannten Art dienen, gelten jedoch als unternormal verzinslich, wenn sie mit weniger als 4,5 vom Hundert jährlich verzinslich sind.

56. Rückstellungen

(1) Rückstellungen können in der Umstellungsrechnung der Geldinstitute gebildet werden, soweit der Grund für eine Verpflichtung, deren Höhe am 21. 6. 1948 noch nicht feststand, bereits am 21. 6. 1948 gegeben war oder soweit sich unmittelbar aus den Aufgaben der Geldinstitute aus Anlaß der Währungsumstellung besondere Aufwendungen ergeben.

(2) Zu den Verpflichtungen, deren Grund bereits am 21. 6. 1948 gegeben war, deren Höhe damals aber noch nicht feststand, gehören z. B.:

a) Garantie- und Bürgschaftsverpflichtungen insoweit, als aus ihnen Ansprüche bereits geltend gemacht worden sind, die nicht durch Sicherheiten gedeckt sind,

b) der Höhe nach noch nicht feststehende Verpflichtungen aus schwebenden Rechtsfällen, z. B. auch Rückerstattungsverpflichtungen gemäß Ges. Nr. 58 und 59 der US-Mil.-Reg.,

c) Risiken aus Prozessen, die am 21. 6. 1948 anhängig waren.

(3) Zu den Aufwendungen, die aus den Aufgaben der Geldinstitute aus Anlaß der Währungsumstellung entstanden sind, gehören z. B. die Kosten für die Umstellung der bankgeschäftlichen Passiv- und Aktivkonten, und die Kosten für die Aufstellung und Prüfung der Umstellungsrechnung sowie für deren Veröffentlichung.

(4) Besondere Vorschriften für die Bewertung der Rückstellungen für Umstellungskosten (z. B. durch Pauschalierungen) bleiben vorbehalten.

57. Pensionsrückstellungen

(1) Für die am 20. 6. 1948 dem Grunde nach feststehenden Pensionsverpflichtungen (einschließlich der Anwartschaften) können im Reichsmark-Abschluß Rückstellungen in Höhe eines versicherungsmathematisch auf der Grundlage eines dreiprozentigen Rechnungszinsfußes errechneten Gegenwartwertes gebildet werden.

(2) In der Umstellungsrechnung können nach § 4, Abs. 1 B, Buchst. c) BVO in der gegenwärtigen Fassung Pensionsrückstellungen vorläufig höchstens zu einem Satz von zehn Deutschen Mark für je hundert Reichsmark des in der Reichsmark-Schlußbilanz ausgewiesenen Betrages eingesetzt werden.

58. Abgrenzungsposten

(1) Die Abgrenzungsposten sind in die Umstellungsrechnung einzustellen, um zu einer zutreffenden Ermittlung des Eigenkapitals und der Höhe der gegebenenfalls zuzuteilenden Ausgleichsforderungen zu gelangen.

(2) Die in der Reichsmark-Schlußbilanz enthaltenen Abgrenzungsposten werden für die Umstellungsrechnung nicht umgestellt, sondern neu bewertet. In der Umstellungsrechnung sind Abgrenzungsposten zu bilden für periodische Einnahmen und Ausgaben, die sich auf einen Zeitraum beziehen, in den der 20. Juni 1948 fällt. Solche Abgrenzungsposten sind:

Aktive Abgrenzungsposten:

a) Ausgaben vor dem 21. Juni 1948, soweit sie Aufwand für die Zeit nach dem 20. Juni 1948 darstellen (transitorische Aktiva);

b) Einnahmen nach dem 20. Juni 1948, soweit sie Ertrag für die Zeit vor dem 21. Juni 1948 darstellen (antizipative Aktiva);

Passive Abgrenzungsposten:

c) Einnahmen vor dem 21. Juni 1948, soweit sie Ertrag für die Zeit nach dem 20. Juni 1948 darstellen (transitorische Passiva);

d) Ausgaben nach dem 20. Juni 1948, soweit sie Aufwand für die Zeit vor dem 21. Juni 1948 darstellen (antizipative Passiva).

zu a): Die transitorischen Aktiva sind mit dem Betrag zu bewerten, um den sich die Ausgaben nach dem 21. Juni 1948 tatsächlich vermindern.

Beispiele:

a 1. Am 1. Juni 1948 wurde die Miete für den Monat Juni entsprechend der Fälligkeit mit 300 RM bezahlt. Der Zeit vom 20. bis 30. Juni sind 100 RM zuzurechnen. Dementsprechend ist in der RM-Schlußbilanz ein aktiver Rechnungsabgrenzungsposten in Höhe von 100 RM zu bilden. Die Mietkosten für die Zeit vom 21. bis 30. Juni 1948 würden sich auf 100 D-Mark belaufen. Durch die Vorauszahlung am 1. Juni 1948 ist diese Ausgabe erspart, so daß in die Umstellungsrechnung 100 DM unter die aktiven Posten der Rechnungsabgrenzung einzustellen sind.

a 2. Am 1. Juni 1948 wurden als fällige Prämie für die Feuerversicherung 300 RM für die Zeit vom 1. bis 30. Juni 1948 bezahlt. Der Zeit vom 20. bis 30. Juni sind 100 RM zuzurechnen. Dieser Betrag ist in der RM-Schlußbilanz unter die aktiven Posten der Rechnungsabgrenzung einzustellen. Die Versicherungskosten für die Zeit vom 21. bis 30. Juni würden sich auf 100 DM belaufen. Nach § 6 Ziff. 5 der Versicherungsverordnung (3. DVO zum Gesetz Nr. 63) hat das Unternehmen 90 DM nachzubezahlen. Ersparte Ausgaben mithin 10 DM, welcher Betrag in die Umstellungsrechnung als aktiver Abgrenzungsposten einzustellen ist.

zu b): Die antizipativen Aktiva sind mit dem Betrag zu bewerten, um den sich die Einnahmen nach dem 20. Juni 1948 tatsächlich erhöhen:

Beispiel:

Am 30. Juni 1948 wurden als zufällige Miete für die Zeit vom 1. bis 30. Juni 1948 300 DM vereinnahmt. In der RM-Schlußbilanz sind zeitanteilig 200 RM unter die aktiven Posten der Rechnungsabgrenzung einzustellen. Durch die Zahlung am 30. Juni 1948 erhöhen sich die Einnahmen nach dem 20. Juni 1948 in D-Mark um 200 DM. Dieser Betrag ist in die Umstellungsrechnung als aktiver Posten der Rechnungsabgrenzung zu übernehmen.

zu c): Die transitorischen Passiva sind mit dem Betrag zu bewerten, um den sich die Einnahmen nach dem 20. Juni 1948 tatsächlich vermindern:

Beispiele:

c 1. Am 1. Juni 1948 wurden 300 RM Miete für die Teilvermietung eines Gebäudes für die Zeit vom 1. bis 30. Juni 1948 vereinnahmt. Von der Miete entfallen auf die Zeit nach dem 20. Juni 1948 100 RM. Dieser Betrag ist unter die Passivposten der Rechnungsabgrenzung in der Reichsmark-Schlußbilanz einzustellen. Die Soll-Einnahme aus Mieten für die Zeit vom 21. bis 30. Juni 1948 beträgt 100 DM, die tatsächliche Mieteinnahme beträgt Null. Dementsprechend sind unter die passiven Posten der Rechnungsabgrenzung in die Umstellungsrechnung 100 DM einzustellen.

c 2. Am 1. Juni 1948 sind als Aval-Provision für die Zeit vom 1. bis 30. Juni 1948 300 RM vereinnahmt. Hiervon entfallen 100 RM auf die Zeit nach dem 20. Juni 1948. Dieser Betrag ist daher in die Reichsmark-Schlußbilanz als passiver Abgrenzungsposten einzustellen. Die verbürgte Reichsmark Forderung ist im Verhältnis von 10 : 1 auf D-Mark umgestellt. Die Soll-Einnahme aus Aval-Provision für die Zeit vom 21. bis 30. Juni 1948 beträgt demgemäß 10 DM, die tatsächliche Einnahme beträgt Null. Dementsprechend sind in die Umstellungsrechnung 10 DM als passiver Abgrenzungsposten einzustellen.

zu d): Die antizipativen Passiva sind mit dem Betrag zu bewerten, um den sich die Ausgaben nach dem 20. Juni 1948 tatsächlich erhöhen:

Beispiele:

d 1. Am 30. 6. 1948 sind für die Zeit vom 1. bis 30. 6. 1948 300 DM als Miete verausgabt worden. Hiervon entfallen auf die Zeit vor dem 21. Juni 1948 200 DM. Unter die passiven Posten der Rechnungsabgrenzung in der Reichsmark-Schlußbilanz sind 200 RM einzustellen. Für Miete für die Zeit vom 21. bis 30. Juni 1948 hätte das Geldinstitut 100 DM aufzuwenden. Die tatsächliche Ausgabe beträgt 300 DM. Die tatsächliche Mehrausgabe von 200 DM ist unter die passiven Posten der Rechnungsabgrenzung in die Umstellungsrechnung einzustellen.

d 2. Am 30. Juni 1948 waren als Avalprovision für die Zeit vom 1. bis 30. Juni 1948 300 RM zu zahlen. Hiervon entfallen 200 RM auf die Zeit vom 1. bis zum 20. Juni 1948, die als passiver Abgrenzungsposten in der RM-Schlußbilanz auszuweisen sind. Die verbürgte Forderung und die Provisionsverpflichtung sind im Verhältnis 10 : 1 auf DM umgestellt. Als Avalprovision für die Zeit vom 21. bis zum 30. Juni 1948 hätte das Geldinstitut 10 DM aufzuwenden. Die tatsächliche Ausgabe beträgt 30 DM. Die tatsächliche Mehrausgabe von 20 DM ist als passiver Abgrenzungsposten in die Umstellungsrechnung einzustellen.

59. Anteilige Zinsen

Für anteilige Zinsen gelten die Grundsätze der Ziff. 58 sinngemäß, obwohl sie nach den für die Bilanzen der Geldinstitute herausgegebenen Formblättern nicht unter Abgrenzungsposten auszuweisen sind.

Beispiele:

a) Am 15 Juni 1948 wurden entsprechend der Fälligkeit 270 RM Hypothekenzinsen für die Zeit vom 1. April bis 30. Juni 1948 vereinnahmt. Von dem Zinsertrag entfallen auf die Zeit nach dem 20. Juni 1948 30 RM. Dieser Betrag ist unter die passiven Posten der Rechnungsabgrenzung in der RM-Schlußbilanz einzustellen. Die Solleinnahme aus Zinsen für die Zeit vom 21. bis 30. Juni 1948 beträgt, wenn die Kapitalforderung 10 : 1 abzuwerten ist, 3 DM. Die tatsächliche Zinseinnahme beträgt — DM. Dementsprechend sind unter die passiven Posten der Rechnungsabgrenzung in die Umstellungsrechnung 3 DM zu übernehmen.

b) Am 1. Juli 1948 sind Pfandbriefzinsen für die Zeit vom 1. Januar bis 30. Juni 1948 in Höhe von 18 DM (= 180 RM) verausgabt worden. Von der Ausgabe entfallen auf die Zeit vor dem 21. Juni 1948 170 RM. Dieser Betrag ist unter die passiven Posten der Rechnungsabgrenzung in der RM-Schlußbilanz einzustellen Für Zinsen für die Zeit vom 21. bis 30. Juni 1948 hätte das Institut 1 DM aufzuwenden. Die tatsächliche Ausgabe beträgt 18 DM. Die tatsächliche Mehrausgabe von 17 DM ist unter die passiven Posten der Rechnungsabgrenzung in der Umstellungsrechnung zu übernehmen.

c) Bei kongruenter Aktiv- und Passivseite (Pfandbriefe mit Sonderdeckungsmasse), einem Zinssatz von 5 % p. a. und einem Zinsabschnitt vom 1. 1. bis 30. 6. 1948 wurden für eine Hypothek von 18 000 Reichsmark Zinsen am 15. Juni 1948 fällig, während die Zinsfälligkeit auf der Passivseite am 1. Juli 1948 eintrat. Die vor dem 20. Juni für die Zeit vom 21. bis 30. Juni 1948 bereits vereinnahmten Zinsen sind als passivische Abgrenzungsposten mit 2,50 DM in die Umstellungsrechnung einzusetzen, ferner ist der auf die Zeit vom 1. 1. bis 20. Juni 1948 entfallende Betrag der Passivzinsverpflichtung als passivischer Abgrenzungsposten mit 42,50 DM einzustellen. Die Summe dieser beiden gemäß Ziff. 58, Buchst. c) und d) ermittelten passivischen Abgrenzungsposten deckt den Betrag, den das Geldinstitut tatsächlich am 1. Juli 1948 für seine Zinsverpflichtung aufwenden muß.

60. Kontokorrentzinsen

Belastungen der Kontokorrentkonten mit Soll-Zinsen, Gebühren und Spesen für die Zeit bis zum 20. Juni 1948 sind mit Wertstellung vom 20. Juni 1948 vorzunehmen. In die Umstellungsrechnung dürfen sie demgemäß nicht unter den anteiligen Zinsen oder Abgrenzungsposten eingesetzt werden.

61. Haben-Zinsen

Bisher nicht vergütete Haben-Zinsen für die Zeit zum 20. Juni sind vorläufig in die Umstellungsrechnung nicht einzustellen.

62. Löhne und Gehälter

(1) Für Löhne und Gehälter gilt Ziff. 58.

(2) Die Nachzahlungsverpflichtungen nach § 5 WG sind in der Umstellungsrechnung voll zu passivieren.

V. Eigenkapital

63. Bemessung des Eigenkapitals

(1) Das vorläufige Eigenkapital kann in Grundkapital (Stammkapital) und Rücklagen erst aufgeteilt werden, wenn die handelsrechtlichen Vorschriften über die Umstellungsmaßnahmen vorliegen, deswegen ist das vorläufige Eigenkapital in der vorläufigen Umstellungsrechnung einstweilen unaufgeteilt auszuweisen.

(2) Im Falle des § 8, Satz 3 BVO ist der Ueberschuß als „Verbindlichkeit zur Abführung an das Land gemäß § 8, Satz 3 BVO" auszuweisen.

(3) Zur Position „vorläufiges Eigenkapital" ist in der Umstellungsrechung zu vermerken, nach welchen Bestimmungen der BVO das vorläufige Eigenkapital errechnet worden ist.

(4) Wird das Eigenkapital in einem bestimmten Verhältnis zum Reichsmark-Kapital errechnet, so gilt als Reichsmark-Kapital nur das haftende Eigenkapital nach § 11, Abs. 2 des Gesetzes über das Kreditwesen vom 25. 9. 1939 (Reichsgesetzbl. I Seite 1955) also nicht der nicht eingezahlte Teil des Grund- oder Stammkapitals. Dies gilt auch in den Fällen des § 8, Satz 2 und 3 BVO.

64. Ausstehende Kapital-Einlagen

(1) Bei der Bewertung von ausstehenden Einlagen auf das Grund- oder Stammkapital ist von einem Umstellungssatz von 10 : 1 auszugehen. Der Gesamtbetrag der ausstehenden Kapital-Einlagen ist auf beiden Seiten der Umstellungsrechnung unter dem Strich zu vermerken.

(2) Die Verpflichtung eines Geldinstituts zur Leistung ausstehender Einlagen auf das Grund- oder Stammkapital ist als Eventualverpflichtung in der Umstellungsrechnung unter dem Strich zu vermerken.

Frankfurt a. M., den 31. Januar 1949.

Bank deutscher Länder

gez. Könneker gez. Dr. Zachau

Umrechnungstabelle für ausländische Währungen

zur Erstellung der Umstellungsrechnung der Geldinstitute

(auf der Basis US-Dollar 0,30 = DM 1,— nach dem Stichtage vom 31. Dezember 1948)

Anlage zu Ziff. 21

Land	Währung	DM
Afghanistan	100 Afghani	25,56
Aegypten	1 Pfund	13,77
Aethiopien	1 Dollar	1,34
Argentinien	1 Peso	0,69
Australien	1 Pfund	10,74
Belgien	100 Franken	7,60
Belgisch-Kongo	100 Franken	7,60
Bolivien	100 Boliviano	7,93
Brasilien	100 Cruzeiros	18,01
Bulgarien	100 Lewa	1,16
Chile	100 Peso	10,75
Costa Rica	1 Colòn	0,59
Dänemark	100 Kronen	69,45
Dominikanische Republik	1 Peso	3,33
Ekuador	100 Sucre	24,69
El Salvador	1 Colon	1,33
Finnland	100 Finmark	2,45
Frankreich	100 Franken	1,25
Algerien	100 Franken	1,25
Tunis	100 Franken	1,25
Marokko	100 Franken	1,25
Franz. Kolonien in Afrika	100 C. F. A. Franken	2,50
Franz. Kolonien im Stillen Ozean	100 C. F. P. Franken	6,63
Franz. Vorderindien	1 Rupie	1,—
Franz. Indochina	1 Piaster	0,21
Griechenland	100 Drachmen	0,03
Großbritannien	1 Pfund	13,43
Brit. Westafrika	1 Pfund	13,43
Brit. Ostafrika	1 Schilling	0,67
Rhodesien	1 Pfund	13,43
Bahama-Inseln	1 Pfund	13,43
Bermuda-Inseln	1 Pfund	13,43
Falkland-Inseln	1 Pfund	13,43
Gibraltar	1 Pfund	13,43
Jamaica	1 Pfund	13,43
Malta	1 Pfund	13,43
Zypern	1 Pfund	13,43
Brit.-Westindien	1 W. I. Dollar	2,79
Brit.-Honduras	1 Dollar	3,33
Brit.-Nord-Borneo	1 Dollar	1,56
Malaia	1 Dollar	1,56
Sarawak	1 Dollar	1,56
Hongkong	1 Dollar	0,83
Mauritius	1 Rupie	1,—
Seschellen	1 Rupie	1,—
Fidschi-Inseln	1 Pfund	12,10
Tonga-Inseln	1 Pfund	10,72
Guatemala	1 Quetzal	3,33
Honduras	1 Lempira	1,66
Indien	1 Rupie	1,—

Land	Währung	DM
Irak	1 Dinar	13,43
Iran	100 Rial	10,33
Irland	1 Pfund	13,43
Island	100 Kronen	51,37
Italien	100 Lire	0,58
Japan	100 Yen	1,23
Jugoslawien	100 Dinare	6,66
Kanada	1 Dollar	3,33
Kolumbien	1 Peso	1,90
Kuba	1 Peso	3,33
Libanon	1 Pfund	1,52
Luxemburg	100 Franken	7,60
Mexiko	1 Peso	0,68
Niederlande	100 Gulden	125,65
Surinam und Curacao	100 Gulden	176,75
Nikaragua	1 Cordoba	0,66
Norwegen	100 Kronen	67,16
Oesterreich	100 Schillinge	33,33
Palästina	1 Pfund	13,43
Panama	1 Balboa	3,33
Paraguay	1 Guarani	1,07
Peru	1 Sol	0,51
Philippinen	1 Peso	1,66
Polen	100 Zloty	0,83
Portugal	100 Escudo	13,43
Rumänien	100 Leu	2,22
Schweden	100 Kronen	92,73
Schweiz	100 Franken	77,43
Spanien	100 Peseten	30,46
Südafrikanische Union	1 Pfund	13,43
Syrien	1 Pfund	1,52
Tschecho-slowakei	100 Kronen	6,66
Türkei	1 Pfund	1,19
UdSSR	100 Rubel	62,86
Ungarn	100 Forint	28,66
Uruguay	1 Peso	1,51
Venezuela	1 Bolivar	0,99
Verein. Staaten von Amerika	1 Dollar	3,33

Leitsätze

der Bankaufsichtsbehörden für die Prüfung von Reichsmark-Abschluß, Erläuterungsbericht und Umstellungsrechnung der Geldinstitute vom 10. 3. 1949

A. Zweck und Bedeutung der Prüfung der Umstellungsrechnung.

1. Nach § 3, Abs. 5 der Zweiten Durchführungsverordnung zum Umstellungsgesetz — Bankenverordnung (BVO) — unterliegt die Umstellungsrechnung der Geldinstitute der für den Jahresabschluß vorgeschriebenen Prüfung. Zweck der Prüfung ist die Feststellung, ob die zur Errechnung der dem Unternehmen auf Grund von § 11 und § 12, Abs. 1 des Umstellungsgesetzes (UG) zustehenden Ausgleichsforderung zu erstellende Umstellungsrechnung den gesetzlichen Vorschriften und den Richtlinien der Bank deutscher Länder vom 31. 1. 1949 (RBdL) entspricht. In den Fällen, in denen kein Anspruch auf Zuteilung einer Ausgleichsforderung besteht und sich ein größeres Eigenkapital in DM ergeben würde, als in der Handelsbilanz per 31. 12. 1947 in RM ausgewiesen wird, dient die Umstellungsrechnung zur Errechnung des gemäß § 12, Abs. 3 UG in Verbindung mit § 8 BVO an das Land abzuführenden Ueberschusses.

Umstellungsrechnung und Prüfungsbericht sollen außerdem der Bankaufsichtsbehörde Unterlagen vermitteln, deren sie zur Ausübung der ihr nach den Währungsgesetzen, insbesondere nach § 11 UG und §§ 3, 4 und 9 BVO, zustehenden Rechte bedarf.

2. Die in den Umstellungsrechnungen ausgewiesenen Ausgleichsforderungen werden in einem entscheidenden Umfange das Ausmaß der Verschuldung des Landes bestimmen. Der Prüfer übernimmt mit der Uebernahme des Prüfungsauftrages die Verpflichtung, bei allen seinen Fest-

stellungen einen objektiven Maßstab anzulegen, um zu erreichen, daß die Ausgleichsforderungen nur in dem gesetzlich zulässigen Umfange ausgewiesen werden. Er hat deshalb dafür zu sorgen, daß die Bewertung sich an die gegebenen Vorschriften und Richtlinien hält; insbesondere hat er darauf zu achten, daß keine stillen Reserven gebildet werden (vgl. RBdL Ziff. 23)

3. Die Prüfer können zweifelhafte Sach- und Rechtsfragen schon während der Dauer der Prüfung an die Bankaufsichtsbehörde herantragen, die ihrerseits, wenn notwendig, eine Stellungnahme des bei jeder Bankaufsichtsbehörde zu bildenden Sachverständigenausschusses bzw. eine gutachtliche Aeußerung der Bank deutscher Länder herbeiführen kann.

4. Durch diese Leitsätze werden die dem bestellten Prüfer nach anderen Gesetzen oder Bestimmungen obliegenden Pflichten nicht berührt.

B. Prüfungsbericht.

1. Die Geldinstitute haben der Bankaufsichtsbehörde den Reichsmarkabschluß nebst dem dazugehörigen Prüfungsbericht zusammen mit dem Erläuterungsbericht, der Umstellungsrechnung und dem Prüfungsbericht dazu fristgemäß in dreifacher Ausfertigung einzureichen, wobei auch der Reichsmarkabschluß auf den Stand der Buchungen am 31. 5. 1949 abzustellen ist.

2. Die Prüfungsberichte sind in übersichtlicher Form so abzufassen daß sie eine umfassende Unterrichtung über alle bei der Prüfung behandelten wichtigen Fragen ermöglichen. Die ausführliche Berichterstattung soll in einem besonderen Anhang (Teil II) erfolgen, jedoch sind die wesentlichsten Prüfungsergebnisse im Abschnitt B des Hauptberichts (Teil I) in großen Zügen darzustellen, wobei wegen der Einzelheiten auf die Ausführungen in Teil II verwiesen werden kann.

3. Den Berichten sind allgemeine Ausführungen über die rechtlichen und wirtschaftlichen Grundlagen des Unternehmens nach dem Stand vom 20. 6. 1948 in einer besonderen Berichtsmappe nach folgendem Aufbau beizufügen:

Entwicklung, rechtliche und wirtschaftliche Grundlagen des Geldinstituts

1. Kurze Schilderung der Entwicklung des Geldinstituts
2. Rechtliche Grundlagen
   a) Hinweis auf Satzung bzw. Gesellschaftsvertrag*);
   b) Gesellschafter, Hauptaktionäre, Zahl der Genossen;
   c) Vorstand bzw. Geschäftsführer, Aufsichts- bzw. Verwaltungsrat, Zahl der Prokuristen;
   d) Zugehörigkeit zu Verbänden;
   e) Verflechtung mit anderen Unternehmungen, insbesondere mit Kreditinstituten;
   f) Gesamtumfang der unmittelbaren öffentlichen Interessen an dem Geldinstitut;
      fa) durch Beteiligung am Grund- oder Stammkapital;
      fb) durch öffentliche Darlehen;
      fc) durch öffentliche Bürgschafts-, Gewähr- oder sonstigen ähnlichen wirtschaftlichen Zwecken dienende Verträge;
      fd) durch sonstige öffentliche Hilfe, z. B. Zinszuschüsse.

---

*) Die Satzung bzw. der Gesellschaftsvertrag sind als Anlage beizufügen mit Ausnahme der Satzungen von Sparkassen und Kreditgenossenschaften, sofern diese mit den Mustersatzungen übereinstimmen.

3. Wirtschaftliche Grundlagen

a) Arbeitsbereiche und Bedeutung des Geldinstituts

aa) Normaler Arbeitsbereich (Umfang des In- und Auslandgeschäfts, Art des Kundenkreises, Anzahl der Konten, Schwergewicht der geschäftlichen Betätigung, Krisenempfindlichkeit);

ab) Neben und Hilfsgeschäfte im Rahmen der Satzung;

ac) Betätigung außerhalb der satzungsmäßigen Aufgaben.

b) Jetziger Betriebsaufbau (Grundsätzliches, namentliches Verzeichnis der Zweigstellen sowie der Annahme- und Zahlstellen mit getrennter Angabe der Zahl der haupt- und ehrenamtlich Beschäftigten);

c) Kurze Darstellung des Rechnungswesens.

4. Für den Hauptbericht (Teil I) ist folgender Aufbau zu wählen:

A. Auftrag, Prüfungsdauer, Auskunftspersonen

B. Prüfungsergebnis

1. Prüfungsunterlagen und -arbeiten (Hinweis auf Prüfungsunterlagen und Prüfungshandlungen);
2. Zusammenfassende Darstellung unter Berücksichtigung der Eventualverbindlichkeiten und Haftungsverhältnisse;
3. Auswertung, insbesondere Stellungnahme zur Vermögenslage;
4. Abschließende Prüfungsfeststellungen und evtl. Abänderungsvorschläge;
5. (nur für die Umstellungsrechnung) Angabe der Gesamthöhe der Ausgleichsforderung getrennt nach der Höhe der Verzinsung (§ 22, Abs. 2 UG).

Für den Bestätigungsvermerk ist die in Ziff. 16 RBdL vorgeschriebene Fassung zu wählen.

Für die Umstellungsrechnung ist dabei folgendes zu beachten:

a) Der Prüfungsbericht soll die Bilanzpositionen möglichst in der Reihenfolge des für Umstellungsrechnungen gültigen Bilanzierungsschemas besprechen.

b) Die Prüfung umfaßt auch die stichprobenweise Nachprüfung der ordnungsgemäßen Durchführung der Kontenumstellung nach Maßgabe der Währungsgesetze und Durchführungsverordnungen und der von der Bank deutscher Länder erlassenen Ergänzungsvorschriften (vgl. Mitteilungen der Bank deutscher Länder), insbesondere der nach § 2 und § 9 UG erloschenen Altgeldguthaben, der Kopf- und Geschäftsbeträge, der Festkontenregelung, der Unbedenklichkeitsbescheinigungen und Genehmigungsbescheide des Finanzamtes, der Freigabebescheide der Abwicklungsbanken, der mit Vordruck B angemeldeten Fremdgelder bei Emissionsinstituten auch die Uebereinstimmung der eingestellten Verbindlichkeiten mit dem Umlaufregister. Dabei ist besonders Gewicht zu legen auf die mindestens stichprobenweise Nachprüfung der Umbuchungen, die in den Monaten unmittelbar vor und nach der Währungsumstellung durchgeführt worden sind. Auswahl und Umfang der durchgeführten Stichproben sind anzugeben.

c) Zu allen Bilanzpositionen, deren Bewertung eine Ermessensfrage ist, muß der Prüfer Stellung nehmen. Der zugrunde liegende Tatbestand und die Begründung der vom Prüfer gebilligten Bewertung müssen aus den Darlegungen der Geldinstitute und den Feststellungen des Prüfers so klar hervorgehen, daß die Bankaufsichtsbehörde in der Lage ist, die Angemessenheit des Wertansatzes zu beurteilen.

Eine genaue Berichterstattung erübrigt sich, soweit es sich bei dem einzelnen Posten um keinen höheren Ausgangsbetrag als 50 000 Reichsmark handelt und der umgestellte DM-Betrag 1 % der Aktiva der Umstellungsrechnung ohne die Ausgleichsforderung nicht überschreitet. Der Gesamtbetrag der hierdurch erfaßten Kleinstfälle in DM darf 10 % der Bilanzsumme der Umstellungsrechnung nicht übersteigen. Abweichungen von diesen Toleranzgrenzen müssen von der Bankaufsichtsbehörde genehmigt werden.

d) Der Prüfer hat die Vollzähligkeit der nach den Richtlinien der Bank deutscher Länder zum Erläuterungsbericht zu erstellenden Anlagen zu bestätigen und sie auf ihre Vollständigkeit zu überprüfen.

e) Die von der Bank deutscher Länder gemäß § 3, Abs. 8 BVO erlassenen Bestimmungen (z. B. RBdL vom 31. 1. 1949) sind von den Prüfern zu beachten. Wird von anderen Erläuterungen und Hinweisen der BdL oder sonstiger öffentlicher Stellen abgewichen, so ist zu dieser Abweichung vom Prüfer Stellung zu nehmen.

Wertpapierkurszettel

der Bank deutscher Länder nach dem Stand vom 31. Dezember 1948

Zu Ziffer 36 (1) der Richtlinien der Bank deutscher Länder zur Erstellung der Reichsmark-Schlußbilanz und der Umstellungsrechnung der Geldinstitute (RBdL)

Uebersicht

Anordnung der Bank deutscher Länder

über die Herausgabe eines Wertpapierkurszettels vom 2. Mai 1949

Auf Grund des § 3, Absatz 8 der Zweiten Verordnung zur Durchführung des Umstellungsgesetzes (Bankenverordnung) in Verbindung mit Ziffer 36, Absatz 1 der Richtlinien der Bank deutscher Länder zur Erstellung der Reichsmark-Schlußbilanz und der Umstellungsrechnung der Geldinstitute (RBdL) vom 31. Januar 1949 (Oeff. Anz. f. d. V. W. Nr. 10 vom 5. 2. 1949) geben wir nachstehend den Wertpapierkurszettel nach dem Stand vom 31. Dezember 1948 für die Umstellungsrechnung der Geldinstitute bekannt.

Frankfurt/M., den 2. Mai 1949

Bank deutscher Länder

gez. Dr. Vocke gez. Könneker

Wertpapierkurszettel

der Bank deutscher Länder für die Umstellungsrechnung der Geldinstitute nach dem Stand vom 31. Dezember 1948

Vorbemerkung

Die Kurse verstehen sich für effektive Stücke mit Lieferbarkeitsbescheinigung oder für solche, bei denen die Voraussetzung für die Erteilung einer Lieferbarkeitsbescheinigung gegeben ist.

Die Wertpapiernummern sind nach dem Verzeichnis über Wertpapiernumerierung des Berliner Kassenvereins nach dem Stand vom 24. Mai 1939 nebst Nachträgen angegeben. Die Kurse verstehen sich in Deutscher Mark für 100 Reichsmark Nominale, sofern nichts Besonderes angegeben ist.

Verwendete Abkürzungen: Pf = Pfandbriefe
Ko = Kommunalobligationen.

Wertpapier-Nr.		Kurs in DM für RM 100.— Nominale
	A. Aktien	
	1. Industrieaktien	
	Aachener Lederfabrik in Aachen	5
	Aachener Thermal Wasser Kaiserbrunnen	9
50010	Accumulatoren Hagen	21
50030	Ada-Ada Schuhfabrik, Höchst	35
50080	Adler Werke Kleyer, Frankfurt/M.	25
50090	Adt Gebrüder, Wächtersbach	22
50100	Aktien-Bierbrauerei in Essen-Ruhr, jetzt Essener Aktien-Brauerei Carl Funke A.G., Essen	48
	A.G. Bad Salzschlirf — siehe unter B, Bad Salzschlirf	
	A.G. Ems	20
	A.G. vorm. Burgeff & Co.	30
50190	A.G. für Grob- und Feinkeramik München (fr. Aktienziegelei München-Wien)	45
	A.G. Weser (früher Deutsche Schiffs- u. Maschinenbau — Deschimag)	15

Wert-papier-Nr.			Kurs in DM für RM 100.— Nominale
50390	„Ahag" Allg. Häuser- u. Industrie	Vorz.-Akt.	5
	dto.	Stamm-Akt.	5
	Aktienbrauerei Dormagen		40
50130	Aktienbrauerei Kaufbeuren		77
	Aktienbrauerei H. Lück A.G., Lübeck		40
50179	Aktienfärberei Münchberg		69
	Alemania Portland-Cement		30
50329	Alexanderwerk A. v. d. Nahmer, Remscheid		37
50359	Allgäuer Baumwoll-Spinnerei, Blaibach		50
50360	Allgem. Bauges. Lenz und Cie.	Stamm-Akt.	8
	dto.	Vorz.-Akt.	7
50380	A.E.G.		10
	Allgem. Hoch- und Ingenieurbau A.G., Düsseldorf		30
	Allweiler Pumpen		32
50530	Amag-Hilpert		20
50440	Ammendorfer Papier		5
50450	Amperwerke, Elektr. A.G., München		61
50470	Andreae-Noris-Zahn, Frankfurt/Main		68
50490	Ankerwerke, Sitz Bielefeld		38
	Appel Feinkost A.G., Hannover	Stamm-Akt.	45
50640	Arienheller Sprudel- und Kohlensäure A.G.		40
50540	Aschaffenburger Aktienbrauerei, Aschaffenburg		39
50550	Aschaffenburger Buntpapierfabrik		32
50560	Aschaffenburger Zellstoffwerke A.G.		36
	Asche & Co., Hamburg		60
50580	Atlaswerke Bremen		21
50609	Augsburger Brauerei „Zum Hasen"		46
50610	Augsburger Buntweberei		78
50620	Augsburger Kammgarnspinnerei		64
	Augsburger Kammgarnspinnerei vollbezahlte Zwischenscheine		60
50630	Augsburg-Nürnberger Maschinenfabrik		36
50780	Auto-Union		5
	Badenia Verlag und Druckerei, Karlsruhe		30
51540	Badische Maschinenfabrik und Eisengießerei, vorm. G. Sebold und Sebold u. Neff in Durlach		30
	Badische Tabakmanufaktur „Roth-Händle" A.G.		55
51560	Bad Salzschlirf A.G.		25
	Balatum Neuss		30
51590	Balcke Maschinenbau Bochum		35
51620	Bamag Meguin Stamm-Akt.		16
51640	Bamberger Mälzerei A.G.		48
	J. Banning Maschinenfabrik, Hamm/W.		25
	Barbarino und Kilp		20
51680	Basalt A.G., Linz a/Rhein		27
51690	Bast A.G., Nürnberg		74
51710	Baumwollspinnerei Augsburg		60
	Baumwollspinnerei Gronau in Gronau		52
51720	Baumwollspinnerei Kolbermoor München		83
	Baumwollspinnerei Lamperts Mühle		30
	Baumwollspinnerei Speyer		45

Wert-papier-Nr.		Kurs in DM für RM 100.— Nominale
51749	Baumwollspinnerei am Stadtbach, Augsburg	57
	Baumwollspinnerei Unterhausen	45
	Bauverein Hamburg	55
51810	Bavaria- und St. Pauli-Brauerei	51
51840	Bayerisches Brauhaus Pforzheim	30
51860	Bayerische Elektr. Lieferungs-Ges. Bayreuth	60
51870	Bayerische Elektr. Werke, München	80
51890	Bayerische Hartstein Industrie A.G., Nürnberg	25
51900	Bayerische Motorenwerke A.G., München	23
	Bayerische Portlandzementwerke Kiefersfelden	15
	Bayerische Warenvermittlung landw. Genossenschaften A.G.	18
51990	Beck & Henckel	16
	Bedburger Wollindustrie A.G., Bedburg	7
52001	P. Beiersdorf & Co.	65
52020	J. P. Bemberg A.G.	35
52040	Bergbau A.G. Ewald-König-Ludwig, Herten/Westf.	19
52060	Bergbau A.G. Lothringen in Bochum	10
52090	Berger Julius, Tiefbau A.G.	16
52100	Bergmann Elektr. Werke	5
	Berliner Asphalt Ges., Kopp & Co.	3
	Berliner Holzkontor	3
52210	Berliner Kindl Brauerei	4
52213	Berliner Kindl Brauerei Prioritäten	3
53030	Berliner Kraft und Licht (Bekula)	6
52220	Berliner Maschinenbau	6
	Berlin-Neuroder Kunstanstalt	3
52250	Berthold Messing	3
52260	Beton- und Monierbau A.G., Berlin	13
	Bielefelder Mech. Weberei	27
	Bill-Brauerei, Hamburg	70
52330	Bleich., Färberei u. Appr. Uhingen Stamm-Akt.	43
	Bode Panzer	14
	Bösperde Neuwalzwerk in Bösperde/W.	30
	C. und W. Bohnert	6
	Bonner Bürgerverein	30
52430	Bonner Portland Cementwerk A.G.	58
52950	Boswau & Knauer A.G.	14
53020	Brandenb. Elektr. und Gas	3
52970	Brauerei Cluss Heilbronn a. N.	31
	Brauerei Feldschlößchen in Minden	25
	Brauerei Feldschlößchen-Streitberg, Braunschweig	30
52470	Brauerei Kleinlein, Heidelberg	70
	Brauerei Meyer Söhne	15
	Brauereiges. vorm. S. Moninger, Karlsruhe Stamm-Akt.	47
	Brauerei Schuck-Jaenisch	23
78050	Brauerei Wulle, Stuttgart	35
52500	Brauhaus Amberg A.G., Amberg	43
52510	Brauhaus Nürnberg	37
52930	Brauhaus Regensburg A.G., früher Jesuitenbrauerei A.G.	50
	Brauhaus Würzburg (s. Würzburger Hofbräu AG)	

Wert-papier-Nr.			Kurs in DM für RM 100.— Nominale
52540	Braunk. u. Brikettfabrik (Bubiag)		7
52550	Braunkohlen-Industrie A.G. „Zukunft" in Weisweiler		37
52560	Braunschw. Jute		25
52570	Braunschweigische Kohlenbergwerke in Helmstedt		26
	Braunschweigische Maschinenbauanstalt		25
52590	Breitenburger Portland-Cement-Fabrik in Lägerdorf		46
	„Brema" Kolonialwaren Verk.A.G.		30
52619	Bremen-Besigheimer Oel		30
	Bremer Silberwaren		78
52710	Bremer Vulkan		40
52720	Bremer Wollkämmerei, Bremen		70
53070	Brennaborwerke		5
	Brenner Hotel, Baden-Baden		22
52740	Bronze Farbwerke, vorm. G. Schlenk, Barnsdorf b. Nürnberg		30
52910	Brown, Boveri & Cie., Mannheim		57
51960	Bruckmühl, Bayerische Wolldeckenfabrik		65
	Brüggener Tonwaren		35
	Brüning & Sohn, Lüneburg		35
	Brunsviga Maschinenwerke, Grimme, Natalis & Co., in Braunschweig		54
52780	Buderus Eisenwerke, Wetzlar		36
52940	Burbach-Kali-Werke		12
	Bürgerbräu Ludwigshafen		55
	Bürgerl. Brauhaus, Bonn		6
52800	Bürgerliches Brauhaus Ingolstadt		50
52810	Bürgerliches Brauhaus Ravensburg		40
52820	Bürsten Kränzlein		33
	Bürstenfabrik Todtnau Jos. E. Faller		12
	Büttnerwerke in Uerdingen		45
52860	Busch-Jäger, Lüdenscheider Metallwerke		44
54100	Charlottenb. Wasser- und Industriewerke		12
	Chem. Düngerfabrik, Rendsburg		20
	Chemische Fabrik Budenheim		38
	Chem. Fabrik Flörsheim	Stamm-Akt.	10
	dto.	Vorz.-Akt.	10
54190	Chem. Fabrik von Heyden		12
54470	Chem. Fabrik Milch Pommerensd.		4
	Chemische Fabriken Oker und Braunschweig in Oker a. Harz	Stamm-Akt.	25
54230	Chemische Werke Albert, Mainz-K.		38
54249	Chemische Werke Brockhues, Nieder-Walluf		35
54309	Chillingworth R., Preß- und Stanzwerk, Nürnberg		15
54320	Christoph & Unmack		5
	Collet & Engelhard, Offenbach a. M.		25
54440	Concordia Bergbau A.G., Oberhausen		13
	Concordia Elektrizität A.G., Dortmund		42
54390	Continental Gummiwerke, Hannover		53
	Conventgarten, Hamburg		20

Wert-papier-Nr.			Kurs in DM für RM 100.— Nominale
	Dahlbusch Bergwerksgesellschaft in Gelsenkirchen-Rotthausen	Stamm-Akt.	23
	dto.	Vorz.-Akt.	23
55000	Daimler-Benz		26
55840	Demag, Duisburg		25
55040	Dessauer Gas (Dt. Continentale Gas-Ges.)		7
55030	Dessauer Werk für Zucker und Chem. Ind.	Stamm-Akt.	5
	Deutsche Asphalt A.G. der Limmer und Vorwohler Grubenfelder, Hannover		15
55060	Deutsch-Atlantische Telegrafengesellschaft, Berlin		4
55090	Deutsche Erdöl A.G.		17
55100	Deutsche Gasolin		18
55120	Deutsche Gold- und Silberscheideanstalt, Frankfurt/Main		37
55180	Deutsche Linoleum-Werke		36
	Deutsche Patent- und Wärmeschutz		22
	Deutsche Schiffs- u. Maschinenbau — s. A.G. Weser		
	Deutsche Spiegelglas		45
55280	Deutsche Steinzeugwarenfabrik für Kanalisation und Chem. Industrie, Friedrichsfeld	Stamm-Akt.	93
55880	Deutsche Tafelglas A.G., Fürth		40
55290	Deutsche Telefonwerke u. Kabelindustrie, Berlin		4
55320	Deutsche Waffen- u. Munitionsfabriken		13
55330	Deutsche Werft, Hamburg		49
55080	Deutscher Eisenhandel		7
55360	Diamalt A.G., München		84
55800	Dierig, Christian A.G.		40
55370	Didier-Werke		21
	Dingler-Maschinen		40
	dto. Girostücke		36
	Diskus-Werke, Frankfurt		52
55779	Dolerit-Basalt A.G. in Köln		27
55420	Dom Brauerei Carl Funke, Köln		41
	„Doornkaat" A.G. in Norden		40
	Dorstener Eisengießerei und Maschinenfabrik, Hervest-Dorsten		24
55480	Dortmunder Aktien-Brauerei		53
55850	Dortmunder Hansabrauerei		50
	Dortmunder Matten- und Läuferfabrik M. Dietrich, Bochum		25
55490	Dortmunder Ritterbrauerei		35
55500	Dortmunder Union-Brauerei		53
55560	Dresdner Gardinen		3
	Druckerei und Appretur Brombach		30
55650	Dürrwerke		40
55700	Düsseldorfer Kammgarn		40
55730	Durlacher Hof, vorm. Hagen, Mannheim		38
55910	Dyckerhoff Portland-Cement		54
55760	Dynamit, vorm. A. Nobel & Cie., Troisdorf		13
	Eberle I. N. und Cie., Augsburg-Pfersee		40
57060	Eichbaum-Werger Brauereien, Worms		40

Wertpapier-Nr.		Kurs in DM für RM 100.— Nominale
56560	Eisenbahn Verkehrsmittel (E. V. A.)	21
56580	Eisen & Hüttenwerke A.G., Köln	16
	Eisenwerk G. Meurer, Cossebaude (vorm. Haller & Co.)	7
57149	Eisenwerk Weserhütte, Bad Oeynhausen	23
56650	Eisenwerk Wülfel in Hannover-Wülfel	25
56679	Elbschloßbrauerei	51
56750	Elektr. Licht- und Kraftanlagen	10
56690	Elektr. Lieferungsges.	13
	Elsa Portland Zement- u. Kalkwerke, Neubeckum i. Westf.	56
	Enders Metall	40
56830	Engelhardt-Brauerei A.G., Berlin	5
56840	Enzinger Union-Werke, Mannheim	31
55890	Ergoldsbacher Dachziegel-Werke	80
56870	Erlangen-Bamberg Baumwollindustrie A.G.	69
56900	Erste Kulmbacher Aktien-Exportbierbrauerei	41
56930	Eschweiler Bergwerksverein in Kohlscheid	43
56970	Eßlinger Maschinenfabrik	37
65770	Esterer Maschinen, Altötting	60
56980	Ettlinger Spinnerei (Ges. für Spinnerei und Weberei, Ettlingen)	44
57090	Export Malzfabrik, München	55
	Export Schlachterei u. Schmalz-Raffinerie	12
57020	Expreßwerke A.G., Neumarkt	40
57510	Faber & Schleicher, Maschinenfabrik, Offenbach	36
57550	Fahlberg List	4
57560	Gebr. Fahr	36
57630	Feinmechanik Jetter & Scheerer, Tuttlingen	37
	Feintuch, M.-Gladbach	40
57649	Feist-Belmont'sche Sektkellerei, Frankfurt/Main	64
57650	Feldmühle Papier- u. Zellstoffwerke	24
57670	Felten-Guilleaume, Köln	39
	Filzfabrik Fulda	40
57710	Flensburger Schiffbau	50
57970	Ford Werke, Köln	55
57750	Fränkische Ueberlandwerke, Nürnberg	85
	Francke Werke, Bremen	19
	Frankfurter Likör (Alifa)	10
57830	Frankfurter Maschinen-Bau A.G., vorm. Pokorny u. Wittekind, Frankfurt/Main	50
57890	Friedrichshütte, Bergbau	4
	Fuchs Waggonfabrik, Heidelberg Stamm-Akt.	50
	Garbe Lahmeyer	50
	Gasanstalt Kaiserslautern	25
	Gebhard & Co.	60
58580	Gehe & Co.	10
58590	Geiling Sekt	50
	Gemeinnütz. Wohnungsbauges. V.A., Köln	40
	Arnold Georg	25
58690	Germania-Brauerei F. Dieninghoff, Münster i. Westf.	60
58720	Germania Cementfabrik, Hannover	34
58730	Gerresheimer Glashütte, vorm. Ferd. Heye, Düsseldorf	55

Wert-papier-Nr.			Kurs in DM für RM 100.— Nominale
	Gesellschaft f. Gasindustrie, München		15
	Gladbacher Aktienbau		27
58800	Gladbacher Wollindustrie, vorm. L. Josten, M.-Gladbach		85
	Glashüttenwerk Holzminden		11
58840	Glas- und Spiegelmanufaktur zu Gelsenkirchen-Schalke i. W.		80
58870	Glückauf Brauerei zu Gelsenkirchen		38
	Göcke & Sohn, Hohenlimburg		46
58880	Gebr. Goedhart, Düsseldorf		17
58930	Th. Goldschmidt, Essen		34
59000	Gritzner-Kayser, Durlach		44
59040	Großkraftwerk Franken, Nürnberg		67
59190	Großkraftwerk Württemberg, Heilbronn a. N.		53
	Großer Kurfürst Heringsfischerei		50
59090	Grün & Bilfinger, Mannheim		44
59150	Grünerbräu A.G., Fürth		87
59160	Guano Werke, Hamburg		20
59130	E. Gundlach		35
59230	Gutehoffnungshütte		25
59149	Gutmann Maschinen		36
	Haake-Beck Brauerei, Bremen		27
60020	Habermann & Guckes		14
50270	Hackerbräu, München		49
60030	Hackethal Draht- und Kabelwerke		33
60040	Hafenmühle, Frankfurt/Main		51
60050	Hageda		15
60070	Haid & Neu, Nähmaschinenfabrik, Karlsruhe		34
60120	Hamburgische Elektrizitätswerke		20
	Hamb. Getreide-Lagerhaus		19
	Hamb. Getreide-Lagerhaus	Vorz.-Akt.	19
60270	Hanauer Gummischuhfabrik		35
60170	Hanauer Hofbrauhaus		30
	Hanf-Union Schopfheim		80
60190	Hanfwerke Füssen-Immenstadt		94
	Hanfwerke Oberachern A.G., Oberachern		70
60230	Hannover Portland-Cement		42
	Hannoversche Eisengießerei und Maschinenfabrik in Anderten		18
60210	Hannoversche Immobiliengesellschaft in Liqu., Sitz Hannover	DM p. Stck.	58
61100	Hannoversche Kaliwerke, Oedesse b. Peine		10
	Hannoversche Papierfabrik Alfeld-Gronau		45
	Hansa A.G., Frankfurt/Main		11
60249	Hansabrauerei Lübeck		40
	Hansa Mühle		13
	Hansa Schwerweberei		25
	Hanseatische Hochseefischerei		48
60290	Hanseatische Stuhlrohrfabriken		12
60300	Harburger Eisen- und Bronzewerke		30
60319	Harburger Gummiwarenfabrik Phönix		47
	Hardegsen, Cementfabrik		41

Wert-papier-Nr.		Kurs in DM für RM 100.— Nominale
60340	Harpener Bergbau, Dortmund	30
60360	Hartmann & Braun, Frankfurt/Main	26
60380	Haunstedter Spinnerei und Weberei, Augsburg	48
	Haus der Landwirte, München	4
	Hefft'sche Kunstmühle, Mannheim	50
60470	Heidelberger Cement, auch: Portlandzementwerke Heidelberg	59
60430	Heilmann & Littmann, München	29
60440	Hein, Lehmann & Co., Eisenkonstruktionen, Brücken- u. Signalbau, Düsseldorf	27
60480	Hemmoor-Portland-Cement	64
61070	Henninger-Bräu, Frankfurt/Main	60
	Herbig Haarhaus	40
	Herdfabrik Delligsen	24
	Heringsfischerei Dollart	50
	Herrenmühle, vorm. C. Genz, Heidelberg	35
60530	Hessische u. Herkules Bierbrauerei A.G., Kassel	38
60540	Hessisch-Nassauische Gas A.G., Frankfurt/Main	50
60550	Hesser Fr., Maschinenfabrik, Stuttgart-Cannstatt	61
	Hildesheimer Aktien-Brauerei	28
60610	Hilgers A.G., Rheinbrohl	27
60640	Hindrichs Auffermann, Metall-, Walz- und Plattierwerke, Barmen	35
	Hitdorfer Brauerei	30
60680	Hochofenwerk Lübeck	15
60690	Hochseefischerei Nordstern, siehe Nordstern	
60700	Hochtief A.G. für Hoch- und Tiefbauten, vorm. Gebr. Helfmann, Essen	32
60720	Hoesch-Eisen, Dortmund	18
60730	Hofbräu A.G., Bamberg u. Erlangen	48
60740	Hofbräuhaus Coburg	44
	Hofbrauhaus Wolters A.G.	33
60760	Hoffmann Stärke	65
60790	Mathias Hohner, Trossingen	30
60810	Holstenbrauerei, Altona	52
	Holzwerkzeugfabrik Laupheim A.G.	20
	Holthaus Maschinen, Dinklage	29
60820	Ph. Holzmann, Frankfurt/Main	36
60880	Hotel A.G., Frankfurt/Main	12
60900	Hourdeaux-Bergmann, Lichtenfels	46
60930	Hürner Bräu A.G., Ansbach	53
61000	Huta Hochtief	2
61020	Lorenz Hutschenreuther, Selb	41
62010	Ilse Bergbau Stamm-Akt.	7
62015	Ilse Bergbau Genußscheine	4
62020	Ilseder Hütte, Peine	19
	Intern. Baumaschinen „Ibag"	21
62090	Isenbeck & Cie., Brauerei in Hamm i. Westf.	45
62250	Isola-Werke in Düren	40
62110	W. Jacobsen, Kiel	11
62190	Jülicher Zucker	25

Wert-papier-Nr.			Kurs in DM für RM 100.— Nominale
62200	Geb. Junghans, Schramberg		41
62210	Jute Spinnerei und Weberei, Bremen		35
	Kabelwerk Duisburg		55
63480	Kabelwerke Rheydt		53
62510	Kahla Porzellan		29
	Kaiser Brauerei A.G., Hannover		40
	Kaiser-Friedrich-Quelle, Offenbach a. M.		20
63500	Kali-Chemie		45
62660	Kammgarnspinnerei Kaiserslautern		45
	Kammgarnspinnerei Bietigheim		40
63600	Kampnagel Hamburg	Stamm-Akt.	32
	dto.	Vorz.-Akt.	32
62750	Rudolph Karstadt		31
	Katz und Klumpp		70
62819	Kaufhaus Kortum, Bochum		21
62870	Kieler Brauerei „Zur Eiche"		45
62920	Klein, Schanzlin und Becker		28
62940	Klöckner-Werke, Duisburg		18
	Wm. Klöpper		30
62960	Knoeckel, Schmidt & Cie., Lambrecht		34
62970	C. H. Knorr, Heilbronn a. N.		65
62990	Kochs Adlernähmaschinen		40
63040	Kölnische Gummifädenfabrik vorm. Kohlstadt & Co., Köln-Deutz		48
63070	Kölsch-Fölzer Werke in Siegen/W.		31
63180	Kötitzer Ledertuch- u. Wachstuchwerke		3
63200	Kolb u. Schüle, Kirchheim u. T.		65
63219	Kollmar & Jourdan, Pforzheim		33
	Kollnauer Baumwollspinnerei und Weberei in Kollnau		45
63230	Konservenfabrik Braun		40
63280	Kraftwerk Alt Württemberg		49
	Kraftwerke Haag		50
70190	Kraftübertragungswerke Rheinfelden		75
63320	Krauss Maffei, München		35
	Krefelder Baumwolle		40
	Krefelder Hotel		20
	Krefelder Teppichfabrik		17
63330	W. Krefft, Gevelsberg i. W.		46
63340	G. Kromschröder, Osnabrück		31
	Kühlhaus Lübeck		40
	Kühlhaus Zentrum in Hamburg		52
63370	Kühltransit, Hamburg		15
	Kühnle, Kopp & Kausch A.G., Frankenthal		21
63380	F. Küppersbusch, Gelsenkirchen		60
	Küstriner Zellwolle		2
63450	Kunstmühle Tivoli, München		92
63410	Kupferberg Sekt		34
	Kurmärkische Zellwolle		2
64520	Lahmeyer & Co., Frankfurt/Main		39
65110	Heinr. Lanz, Mannheim		32
64580	Lech-Elektrizitätswerke, Augsburg		60

Wert-papier-Nr.			Kurs in DM für RM 100.— Nominale
64590	Ledererbräu, Nürnberg	Stamm-Akt.	58
64593	Ledererbräu, Nürnberg	Vorz.-Akt.	58
64619	Lederwerke Rothe		20
64630	Lederwerke Wiemann, Hamburg		64
	Lehnkering & Cie., Duisburg		60
64760	Leonische Drahtwerke A.G., Nürnberg		31
64850	Lindener Aktienbrauerei in Hannover-Linden		26
64830	Lindes Eismaschinen, Wiesbaden		44
64870	Gottfried Lindner		3
64989	Linke-Hofmann		5
65070	Losenhausenwerk, Düsseldorfer Maschinenbau		35
64960	Löwenbräu, München		50
	Löwenbrauerei Freiburg		7
65080	Lübecker Maschinenbau		20
	Lüneburger Kronenbrauerei		37
65020	Lüneburger Wachswerke A.G.		37
64990	Ludwigshafener Aktienbrauerei		42
65000	Ludwigshafener Walzm.		50
65530	H. Maihak, Hamburg		32
65540	Main-Kraftwerke A.G., Frankfurt/Main		57
65550	Mainzer Aktien-Brauerei		41
	Malmedie & Co.		25
	Malzfabrik Bruchsal		25
	Malzfabriken Erfurt u. Etgersleben		3
	Malzfabrik Niedersedlitz		3
	Malzfabrik Rheinpfalz (nicht konvert.)		35
	MAN Maschinenfabrik Augsburg-Nürnberg, s. unter Augsburg-Nürnberg		
65620	Mannesmann-Röhren-Werke, Düsseldorf	Stamm-Akt.	18
65623	dto.	Vorz.-Akt.	11
65650	Mansfelder Bergbau		4
66410	Marienberger Mosaik		30
65690	Markt- und Kühlhallen, Hamburg		31
	Marswerke		15
65750	Maschinenbau- u. Bahnbedarf, vorm. Orenstein & Koppel		5
65753	dto.	Vorz.-Akt.	4
65760	Maschinenfabrik Buckau		6
65800	Maschinenfabrik Hartmann A.G., Offenbach a. M.		29
65790	Maschinenfabrik Weingarten		28
65830	Mech. Baumwollspinnerei und Weberei, Augsburg		66
	Mech. Netzfabrik und Weberei A.G., Itzehoe		75
	Mech. Buntweberei Brennet		45
	Mech. Seidenweberei Viersen		35
	Mechan. Seilerwarenfabrik Bamberg		51
65850	Mech. Baumwollspinnerei und Weberei, Bayreuth		50
65890	Mechan. Weberei, Fischen		55
65900	Mechan. Webereien Linden, Hannover-Linden		9
	Friedrich Mehmel A.G.		15
66060	Merkur Kaufhof		4
	Messingwerke Unna		40
66029	Metallgesellschaft Frankfurt/Main		28

Wert-papier-Nr.			Kurs in DM für RM 100.— Nominale
66040	Metallpapier-, Bronzefarben-, Blattmetallwerke, München		20
66100	Mez A.G., Freiburg i. Br.		30
66130	Mimosa		3
66430	Mittelschwäbische Ueberlandzentrale A.G., Giengen/Brenz		43
66190	Mix und Genest		14
66200	Mönchshof, Kulmbach		42
66210	Moenus Maschinen		19
	Motorenwerke Mannheim, vorm. Benz		31
66280	Mühle Rüningen		55
	Mühlenthaler Spinnerei und Weberei zu Dieringhausen/Rhld.		36
66290	Mülheimer Bergwerk		20
66310	C. Müller Gummiwarenfabrik, Berlin-Weißensee		1
66360	Münchener Licht- und Kraftversorgung		73
66450	Müser Brauerei, Bochum-Langendreer		55
67580	Neckarwerke Esslingen		50
67590	Neue Augsburger Kattunfabrik		51
67600	Neue Baumwollspinnerei u. Weberei, Hof		66
	Neußer Lagerhaus		20
67570	N. S. U.-Werke, Neckarsulm		48
	New-York-Hamburger Gummiwaren		23
	Niebag, Niederschl. Bergbau A.G.		2
67810	Niedermayr Papierwarenfabrik, Rosenheim		60
67830	Niederrhein. Bergwerks A.G. in Neukirchen (Krs. Moers)		15
	Nordd. Azetylen- und Sauerstoffwerke A.G.		32
	Norddeutsche Portland-Zementfabrik, Misburg		36
	Norddeutsche Hefe-Industrie, Berlin		34
	Norddeutsche Hochseefischerei		51
67710	Norddeutsche Lederwerke		17
67700	Nordd. Steingut		45
67720	Nordd. Wollk.- und Kammgarnindustrie		35
60690	Nordstern Hochseefischerei		51
	Nordwestdeutsche Hefe- und Spritwerke A.G.		35
67760	Nordwestd. Kraftwerke		23
68500	Oberbayerische A.G. für Kohlenbergbau		25
68540	Oberpfalzwerke A.G., Regensburg		53
68513	Oberschl. Hydrier-Blechh.	Vorz.-Akt.	1
	Odenkirchener Aktienbauges.		22
68570	Odenwälder Hartsteinindustrie, Darmstadt		38
	Oppman Sekt		50
68680	Ostbayrische Stromversorgung A.G., Landshut		53
68750	Ostertag Werke A.G., Aalen		38
68749	Ottensener Eisenwerk		21
	Pantherwerke in Braunschweig		32
	Papierfabrik Dillweißenstein		30
	Papierfabrik Kabel		52
69020	Parkbrauerei A.G., Pirmasens		33
50300	Paulaner-Thomasbräu, München		51
69110	Pfälzische Mühlenwerke, Mannheim		35
69130	Pfälz. Preßh. u. Spritfabrik A.G., Ludwigshafen		38
	Phrix Werke	Namens-Akt.	13
	dto.	Inh.-Akt.	14

Wert-papier-Nr.			Kurs in DM für RM 100.— Nominale
	Physikalische Werkstätten (Phywe), Göttingen		14
69280	Planeta Druckmaschinenwerk A.G.		1
69310	J. Pohlig, Köln		40
69540	Pongs u. Zahn, Textilwerke, Viersen		60
70010	Fr. Rasquin, Farbwerke in Köln-Mülheim		72
	Rastatter Waggon		30
70030	Rathgeber Waggonfabrik, München		46
70050	Ravensberger Spinnerei		40
70070	Reichelbräu A.G., Kulmbach		39
70140	Reis- und Handels-A.G., Bremen		40
70150	Friedr. Remy Nachf., Neuwied a. Rh.		30
70220	Rheinische A.G. für Braunkohlenbergbau u. Brikettfabrikation in Köln		46
70250	Rheinische Chamotte- und Dinas Werke Mehlem am Rhein		20
70260	Rheinische Elektr. A.G.	Stamm-Akt.	50
	Rhein. Kunstseide		21
70318	Rhein. Möbelstoff		60
70330	Rheinische Stahlwerke		19
	Rhein-Strohzellstoff		41
70340	Rheinische Textilfabriken, Wuppertal-Elberfeld		34
70370	Rhein-Westf. Elektr. (R. E. W.), Essen		37
70380	Rhein-Westf. Kalkwerke zu Dornap		39
	Rheinische Zellwolle		22
70300	Rheinmetall Borsig A.G.		7
70420	Rhenser Mineralbrunnen		18
	Rheydter Aktienbau		22
	Rhume-Mühle in Northeim		23
70480	Riebeck-Montan		3
70490	J. D. Riedel E. de Haën		29
	Roddergrube, Braunkohlen		55
70780	Rodi und Wienenberger		30
70580	Röder Gebr. A.G., Darmstadt		46
70620	Rosenthal Porzellan, Selb		67
	Roser J. H., Eßlingen		38
70680	Ruberoid Werke, Hamburg		50
70700	Rückforth, Ferdinand		2
70720	Rütgers Werke		12
	Sächs. Zellwolle		2
73010	Sachtleben, Köln		43
73050	Salamander A.G., Kornwestheim		58
73040	Saline Ludwigshall, Wimpfen		58
	Saline Lüneburg u. Chem. Fabrik A.G.		34
71620	Salzdetfurth Kali		20
71630	Salzwerk Heilbronn		75
71650	Sarotti		13
	Sartoriuswerke A.G.		50
71710	Scheidemandel Motardwerke Berlin		13
	Schenk & Liebe-Harkort		24
71720	Schering, Berlin		12
73130	Schermbecker Ton- und Falzziegelwerke		52

Wert-papier-Nr.			Kurs in DM für RM 100.— Nominale
73020	Schiess Defries A.G., Düsseldorf		14
	Schiffsbau Gesellschaft, Unterweser A.G.		23
	Schilde, Benno, Maschinenfabrik, Hersfeld		35
71750	Schlegel Scharpenseel Brauerei, Bochum		53
71909	Schloßfabrik Schulte-Schlagbaum, Schlagbaum bei Velbert		15
73060	Schloßgartenbau, Stuttgart		20
	Schloßhotel Heidelberg		10
71920	Schneider, Hugo, Leipzig-Paunsdorf		2
	Schnellpressenfabrik Heidelberg		60
	Schnellpressenfabrik König & Bauer		20
71950	Schöfferhof-Binding, Frankfurt/Main		38
71960	Schöller Kammgarn, Eitorf		80
72009	Hermann Schött A.G., Rheydt		50
	Konrad Scholtz A.G.		80
72030	Schramm, Lack- und Farbenfabriken, Offenbach a. M.		45
72070	Schriftg. Stempel A.G.		42
72080	Schubert & Salzer, Chemnitz		12
72100	Schüle-Hohenlohe A.G., Gerabronn		58
73120	Schürer Julius, Augsburg		40
72140	Schultheiss Brauerei, Berlin	Stamm-Akt.	7
72143	Schultheiss Brauerei, Berlin	Vorz.-Akt.	6
72170	Schwabenbräu, Düsseldorf		48
	Schwabenverlag, Stuttgart		60
	Schwäb. Zellstoff		61
72180	Schwandorfer Tonwarenfabrik		53
72200	Schwartauer Werke, Bad Schwartau		53
72210	Schwartz, Storchen-Brauerei, Speyer		38
72239	Schwerdtfeger & Co., Berlin		4
72280	Seilindustrie (Wolff), Mannheim		46
72290	Sektkellerei Schloß Wachenheim		18
	Servais-Werke, Bonn		28
72360	Siemens & Halske A.G.,	Stamm-Akt.	14
72363	Siemens & Halske A.G.,	Vorz.-Akt.	13
72350	Siemens Glasindustrie		6
73160	Siemens Reinigerwerke		30
72400	Sinalco A.G., Detmold		32
72410	Sinner A.G., Karlsruhe		44
72430	Solenhofer Lithographie		8
72660	Spiegelglas Union A. G., Fürth		28
	Spinnerei Atzenbach A.G., Schopfheim i. B.		50
73290	Spinnerei und Weberei, Kempten		46
72490	Spinnerei und Weberei, Kottern		73
	Spinnerei und Weberei Offenburg, Offenburg		55
69150	Spinnerei und Weberei, Pfersee		72
	Spinnerei und Weberei, Zell-Schönau A.G., Zell i. W.		70
	Spinnerei und Weberei Haagen, Wiesenthal		25
	Spinnstoff Glauchau	Namens-Akt.	2
73310	Spinnstoff Zehlendorf	Inh.-Akt.	5
73310	Spinnstoff Zehlendorf	Namens-Akt.	5
72520	Stader Lederfabrik		65
72570	Steatit Magnesia		20

Wert-papier-Nr.			Kurs in DM für RM 100.— Nominale
72740	R. Stock & Co., Berlin-Marienfelde		3
72770	Stöhr & Cie., Kammgarnspinnerei, Leipzig		5
72790	Stolberger Zink A.G. für Bergbau und Hüttenbetrieb Aachen		23
72800	Gebrüder Stollwerck, Köln		46
72830	Straßenbau Niederlahnstein		50
75640	Stürtz Universitätsdruckerei		28
72860	Stuttgarter Bäckermühlen		58
	Stuttgarter Gipsgeschäft		35
73180	Stuttgarter Hofbräu		39
72880	Stuttgarter Vereinsbuchdruckerei A.G.		30
72920	Süd — Chemie A. G., München		68
72900	Süddeutsche Baumwoll-Industrie, Kuchen		33
	Süddeutsche Zellwolle		84
72970	Süddeutsche Zucker A. G., Mannheim		63
	Taunus Leder		24
74560	Tellus A.G. für Bergbau und Hüttenindustrie, Frankfurt a. M.		10
	Teppich- und Leinenindustrie, Fulda		22
	Teutonia, Misburger Portland Zement		36
50220	Textilausrüstung und Druckerei Prinz A.G., Ausgburg (fr. A.G. f. Bleicherei)		56
74779	Thörl's Vereinigte Harburger Oelfabriken		45
74800	Thür. Elektr. Lief., Gotha		1
74810	Thüringer Gas		15
74780	Thüringer Zellwolle	Inh.-Akt.	4
74781	Thüringer Zellwolle	Namens-Akt.	4
	Tittel & Krüger		10
	Tonwerke Kandern		12
	Torpedo-Werke, Frankfurt a. M.		61
74890	Transport A.G. (vorm. J. Hevecke), Hamburg		15
	Triton-Werke		25
74950	Triumphwerke Nürnberg A. G.		63
74970	Tuchfabrik Aachen, vorm. Süskind und Sternau		56
	Tuchfabrik Rheydt		11
74960	v. Tuchersche Brauerei, Nürnberg		31
75640	Ueberlandwerke Unterfranken A.G., (früher Mainfranken A.G.)		64
75490	Ueberlandlandwerke Oberfranken, Bamberg		55
	Uelzener Bierbrauerei Gesellschaft in Uelzen		30
75549	Ulmer Brauereigesellschaft		48
	Union Brauerei, Bremen		40
76020	Veith-Gummiwerke, Sandbach		43
76050	Verein Deutscher Oelfabriken		34
76110	Vereinigte Deckenfabriken, Calw		60
76770	Vereinigte Deutsche Metallwerke, Frankfurt a. M.		33
76120	Vereinigte deutsche Nickelwerke, Schwerte a. d. Ruhr		30
76170	Vereinigte Filzfabriken Giengen/Brz.		52
76380	Vereinigte Fränkische Schuhfabriken, Nürnberg		35
76220	Vereinigte Glanzstoff-Fabriken in Elberfeld		40
76230	Vereinigte Gothaniawerke in Gotha		3

Wertpapier-Nr.		Kurs in DM für RM 100.— Nominale
	Vereinigte Großalmeroder Tonwerke, Großalmerode	50
76270	Vereinigte Jutespinnereien und Webereien in Hamburg	38
76280	Vereinigte Kapsel, Nackenheim	20
76290	Vereinigte Kunstmühlen, Landshut-Rosenheim	92
76340	Vereinigte Pinselfabriken, Nürnberg	10
76360	Vereinigte Rumpuswerke in M.-Gladbach	34
76370	Vereinigte Schmirgel- und Maschinenfabriken, Hannover	37
76800	Vereinigte Stahlwerke, Düsseldorf	15
76700	Vereinigte Trikotfabriken A.G., Vaihingen a. F.	38
76450	Vereinigte Ultramarinfabriken, Köln, vorm. Leverkusen, Zeitner u. Consorten	18
76470	Vereinigte Werkstätten für Kunst im Handwerk, München	70
76490	Vereinigte Westdeutsche Waggonfabriken, Köln	43
76740	Veritas Gummi	40
76560	Viersener Spinnerei, Viersen	30
76570	Viktoria-Werke Nürnberg	28
76630	Voigt & Haeffner, Frankfurt a. M.	33
	Voigtländer & Sohn in Braunschweig	10
76650	Voltohm Seil- und Kabelwerke, Frankfurt a. M.	14
76670	Vorwohler Portland-Zementfabrik, Hannover	38
	Vosswerke A. G.	37
77510	Waggonfabrik Uerdingen	62
77530	Waitzingerbräu A.G., Miesbach	46
78210	Walther & Cie., Köln-Dellbrück	42
77560	Wanderer-Werke, Schönau b. Chemnitz	5
77590	Warsteiner Eisenwerke, Primkenau und Henriettenhütte	21
77600	Wasserwerke Gelsenkirchen	40
77610	Wayss & Freytag, Frankfurt a. M.	61
	Weber & Ott, Forchheim	70
	Wehra A.G. für Teppich- u. Möbelstoffweberei	30
	Wessel-Werk, Bonn	33
78190	Westdeutsche Kaufhof A.G., Köln	40
77760	Westfalia Dinnendahl-Gröppel, Bochum	50
77770	Westfälische Drahtindustrie in Hamm	23
77790	Westfälische Kupfer- und Messingwerke, vorm. Casp. Noell, in Lüdenscheid	46
77810	Wickrather Leder	65
	Wicküler Küpperbrauerei	30
77860	Wilcke Werke A.G., Braunschweig	36
78110	Wintershall Kali A.G. (Berlin), Kassel	14
77949	Wolldeckenfabrik Weil der Stadt	60
77950	Wollwäscherei und Kämmerei in Döhren bei Hannover	58
77980	Württemberg. Baumwollspinnerei und Weberei in Eßlingen	70
77990	Württemb. Elektrizitäts A.G., Stuttgart	45
78010	Württemberg. Kattunmanufaktur Heidenheim	75
70829	Württemberg. Leinenindustrie, Blaubeuren	30
78030	Württemberg. Metallwarenfabrik, Geislingen	53
78160	Württemberg. Portland-Zementwerke, Lauffen a. Neckar	52

Wert-papier-Nr.			Kurs in DM für RM 100.— Nominale
78080	Würzburger Hofbräu A.G.		51
	Wunsdorfer Portland-Zement		30
78509	Zahnräderfabrik Augsburg, vorm. v. Renk		37
	A. Zaleski, Bonn		25
78720	Zeiss-Ikon		24
78540	Zellstoffabrik Waldhof	Stamm-Akt.	25
	dto.	Vorz.-Akt.	18
78560	Ziegelwerke Ludwigsburg		51
	Zuckerfabrik Bedburg		60
	Zuckerfabrik Brühl		60
	Zuckerraffinerie Braunschweig		5
78600	Zucker- u. Cie., Kartonnagen- und Lederwarenfabrik, Erlangen A.G., Großbuchbinderei		43
	Zschockewerke		20
78700	Zwirnerei- und Nähfadenfabrik, Göggingen bei Augsburg		84
	dto.	Lit. B.	84

2. Bankenaktien

80000	Allgem. Deutsche Creditanstalt	1
80050	Badische Bank, Karlsruhe	10
80090	Bank für Brauindustrie, Berlin	10
80150	Bank für Realbesitz, Berlin	6
	Bankverein Bremen A.G.	7
80190	Bayerische Handelsbank, München	15
80200	Bayerische Hypotheken- und Wechsel-Bank, München	15
80220	Bayerische Vereinsbank, München	16
80250	Berliner Handelsgesellschaft, Berlin	4
	Braunschweig.-Hannoversche Hypothekenbank	8
80330	Commerzbank A.G., Berlin	7
80400	Deutsche Bank, Berlin	6
80980	Deutsche Centralbodenkredit A.G.	3
80410	Deutsche Effecten- und Wechselbank, Frankfurt/Main	11
80420	Deutsche Hypothekenbank, Berlin	3
80780	Deutsche Hypothekenbank, Weimar (Meininger Hypothekenbank), jetzt Deutsche Hypothekenbank, Bremen	4
80430	Deutsche Ueberseebank	6
80460	Dresdner Bank, Berlin	6
80510	Eisenbahn-Rentenbank	10
80250	Frankfurter Bank, Frankfurt	14
	Frankfurter Handelsbank, vorm. Frankfurter Viehmarktsbank	10
80530	Frankfurter Hypothekenbank	10
80550	Geestemünder Bank, Wesermünde-Geestemünde	10
81320	Getreidekreditbank, Sitz Berlin	5
	Handelsbank Lübeck	10
	Handels- und Verkehrsbank, Hamburg	8
80590	Hypothekenbank in Hamburg	5
	Kreditbank Hameln	5
80698	Liquidationscasse in Hamburg	5
80760	Mecklenburg. Hypotheken- u. Wechselbank	1

Wertpapier-Nr.		Kurs in DM für RM 100.— Nominale
	Meininger Hypothekenbank s. Deutsche Hypothekenbank, Weimar	
	Nationalbank Essen	7
	Norddeutsche Kreditbank A.G.	9
80860	Oldenburg. Landesbank, Oldenburg i. O.	16
80920	Pfälzische Hypothekenbank	11
81010	Rheinische Hypothekenbank	12
81030	Rhein.-Westfälische Bodenkreditbank in Köln	16
81090	Sächs. Bodenkreditanstalt, Dresden	1
81100	Schlesw.-Holst. und Westbank, Husum	28
81140	Süddeutsche Bodenkreditbank	15
81170	Vereinsbank, Hamburg	11
80840	Vereinsbank in Nürnberg	15
81200	Westdeutsche Bodenkreditanstalt, Köln	16
81250	Württemberg Bank, Stuttgart	11

3. Verkehrsaktien

	Aachener Straßenbahn und Energie-Versorgung A.G.	37
82020	A.G. für Verkehrswesen	19
82050	Allgem. Lokalbahn und Kraftwerke	13
	Atlas-Levante Linie	5
82100	Badische A.G. für Rheinschiffahrt (jetzt Fendel Schiffahrts A.G.)	15
82140	Bayerischer Lloyd A.G., Regensburg	14
82160	Bochum-Gelsenkirchener Straßenbahn A.G. in Bochum	25
	Braunschweig. Schöninger Eisenbahn	10
	Bremisch-Hann. Kleinbahn	12
82220	Bremer Straßenbahn, Bremen	47
82290	Dampfschiffahrts-Ges. für den Niederrhein und Mittelrhein in Düsseldorf	90
82310	Deutsche Eisenbahn-Betriebsgesellschaft	26
	Dürener Eisenbahn	10
	Elmshorn-Barmstedt-Oldesloer Eisenbahn A.G. „A“	16
	dto. „B“	16
	Gernrode-Harzgerode, Dessau	1
	Göttinger Kleinbahn	10
82440	Halberstadt-Blankenburg Eisenbahn	6
	Haldenslebener Eisenbahn	5
82450	Halle-Hettstedter Eisenbahn	4
82470	Hamburger Hochbahn	18
82490	Hamburg-Südamerikanische Dampfschiffahrts-Gesellschaft	7
82500	Hannoversche Ueberlandwerke und Straßenbahnen, Hannover	29
82510	Hansa Dampfschiffahrts-Ges., Bremen	13
82468	Hapag, Hamburg	9
82529	Heidelberger Straßen- u. Bergbahn A.G.	33
82530	Hildesheim-Peiner Kreiseisenbahn-Gesellschaft	20
	Ilmebahngesellschaft in Dassel Stamm-Akt.	20
	dto. Prior.-Akt.	20
82570	Kahlgrund Eisenbahn, Schöllkrippen bei Aschaffenburg	26

Wert-papier-Nr.			Kurs in DM für RM 100.— Nominale
82430	Kasseler Verkehrsgesellschaft A.G.	Stamm-Akt.	14
82433	dto.	Vorz.-Akt.	15
	Kiel-Segeberger Kleinbahn		14
	Krefelder Eisenbahngesellschaft		20
82690	Marienborn-Beendorfer Kleinbahn		4
	Marienwerder Kleinbahn		1
	Müllheim-Badenweiler Eisenb.		24
82719	Neptun Dampfschiffahrts-Ges., Bremen		47
82760	Norddeutscher Lloyd, Bremen		9
82770	Nordhausen-Wernigerode Eisenbahn		4
	Oldenburg Portug. Dampfschiff-Ges.		12
	Ostpreuß. Kleinbahn A.G.		1
82860	Preuss. Rhein. Dampfschiffahrts-Ges. in Köln		90
82920	Rinteln-Stadthagen	„A"	30
	dto.	„B"	25
82960	Schleppschiffahrt a. d. Neckar A.G., Heilbronn a. N.		18
83020	Stuttgarter Straßenbahnen		65
83039	Süddeutsche Eisenbahngesellschaft		28
	Teutoburger Wald-Eisenbahn	„A"	15
	dto.	„B"	12
83040	Unterweser Reederei A.G., Bremen		23
	Westpr. Kleinbahnen		1

Wert-papier-Nr.			Kurs in DM je Stück
	4. Versicherungsaktien		
84000	Aachener und Münchener Feuerversicherung		220
84010	Aachener Rückversicherungsgesellsch.		50
	Agrippina Allgemeine Versicherungs A.G.		26
84020	Agrippina-See-, Fluß- und Landtransport-Versicherungsgesellschaft in Köln		42
84570	Albingia Versicherungsgesellschaft		10
	Allg. Rentenanstalt — Lebensvers.	— vollgez. —	18
	dto.	— 25% Einz. —	3
84040	Allianz Versicherungs A.G.		44
84030	Allianz Lebensversicherungs A.G.		35
84100	Colonia Feuervers. Köln		60
	Concordia Lebensvers. (in DM für RM 100,— Nominale)		25
84170	Frankona Rück- und Mitversicherung	Lit. C	8
84170	dto.	Lit. D	28
84170	dto.	Lit. E	20
	Gerling-Konzern, allgem. Versicherungs A.G., Köln, (in DM für RM 100,— Nominale)		10
84180	Gladbacher Feuerversicherungs A.G., M.-Gladbach		250
	Gladbacher Lebensversicherungs A.G., (in DM für RM 100,— Nominale)		20
	Gladbacher Rückversicherungs A.G., M.-Gladbach, (in DM für RM 100,— Nominale)		15
	Hamburger Allg. Versicherungsges.		7

Wertpapier-Nr.		Kurs in DM je Stück
	Hamburg-Bremer Feuerversicherungsgesellsch., Hamburg	18
	Hamburg-Bremer Rückversicherung	19
84190	„Hermes" Kredit Vers. A.G.	7
84200	Kölnische Hagelversicherungsgesellschaft Köln	30
84210	Kölner Lloyd Allgemeine Versicherungs A.G. in Köln	27
84228	Kölner Rückversicherungsgesellschaft in Köln, Große	27
84229	Kölner Rückversicherungsgesellschaft in Köln, Kleine	18
	Mitteleurop. Versicherungs A.G.	11
84300	Münchner Rückvers.-Gesellschaft	68
84302	Münchner Rückversicherung, junge	32
	Norddeutsche Lebensversicherungsgesellschaft A.G., Hamburg	7
	Norddeutsche Versicherungsgesellschaft, Hamburg	10
84330	„Nordstern" Allgem. Versicher.-A.G., Berlin-Schöneberg	40
	Oldenb. Versicherungsges., Oldenburg — voll gez. —	25
	dto. — teil gez. 30% —	7
	Patria Versicherungs A.G., Köln	25
	Rheinland Feuerversicherungsgesellschaft	25
84550	Württemberg. und Badische Vereinigte Versicherungsgesellschaft, Heilbronn	3
84560	Württemb. Feuerversicherungs A.G., Stuttgart	20

B. **Kuxe:**

1. Steinkohle

	Carolus Magnus-Gewerkschaft in Essen/Ruhr	350
	Constantin der Große, Ver. Gewerkschaft Bochum	825
	Diergardt-Mevissen, Bergwerksgesellschaft Rheinhausen	1350
79190	Deutschland Gewerkschaft in Oelsnitz	6
	Heinrich Gewerkschaft in Ueberruhr	1500
	Langenbrahm Gewerkschaft in Essen	320

2. Braunkohle

Gute Hoffnung Gewerkschaft, Großkayna/Merseburg	350
Leonhardt Gewerkschaft, Großkayna/Merseburg	500
Michel Gewerkschaft, Großkayna/Merseburg	550
Vesta Gewerkschaft in Bochum	500

3. Kali

Beienrode Kaliwerk Gewerkschaft, Königslutter	50
Burbach Gewerkschaft in Beendorf	80
Wintershall Gewerkschaft in Heeringen	3000

4. Verschiedene

Bernhardshall Gewerkschaft, Salzungen	35

Wertpapier-Nr.		Kurs in DM für RM 100.— Nominale

C. Obligationen

1 Industrieobligationen

30061	4% A. E. G. Obl. v. 42	3
30070	4% dto. v. 43 (Jungscheine)	1/2
30068	4 1/2% dto. von 1934	3
30072	5% dto. von 1939	3
30030	4 1/2% A. G. Sächsische Werke Obl. von 38	1
30031	4 1/2% dto. von 40	1
30120/21	4% A.G. f. Kraftstoffanl. Dresden (Aka), Obl. von 41 I/II	1/2
30122	4% dto. von 43	1/2
30001	4% Accumulatoren Hagen Obl.	4
30130/1	4% Arado Flugzeugw. Obl. von 42/43	1/2
30090	2% Aschaffenb. Zellstoffw. Obl. von 40	5
30140	4% Augsburg-Nürnberg Maschinenfabrik Obl. von 1943	6 1/2
30640	6% Bank f. Brauindustrie Berlin Obl. 1928	2 1/2
30560	4% Bayerische Motoren Werke Obl. von 42	4
30561	4% dto. von 43	4
30580	4% Bayerische Wasserkraftwerke Obl. von 43	6 1/2
30663	4% Bergbau A.G. Ewald-König-Ludwig, Herten Obl. von 42	4
	4% Bergbau A.G. Ewald-König-Ludwig, Herten Obl. von 44 (Jungscheine)	4
	4% Bergbau Lothringen Obl. von 45 (Jungscheine)	4
30530/1	4 1/2% Braunkohle Benzin Obl. von 38 (Brabag)	1
30532	5% dto. Obl. von 40	1
30550	Braunkohlen- u. Brikett-Wke. Roddergrube s. Roddergrube	
	5 u. 4% Chem. Werke Essener Steinkohlen Obl. von 1942, 39, 41	4
31242	4 1/2% Concordia Bergbau Obl. von 1938	4
31553	4% Daimler Benz Obl. von 42	7 1/2
31412	4% Dessauer Gas-Obl. von 37 (Dt. Continental Gas-Ges.)	3
31560	4 3/4% Deutsche Bau- und Bodenbank Obl. p. 1948	1
31450	4 1/2% Deutsche Erdöl A.G. Obl. von 38	7 1/2
31440	4% Deutsche Gold- u. Silberscheideanstalt, Frankfurt, Obl. von 43	7 1/2
31463	4% Deutsche Industrie-Bank Obl. von 41	3 1/2
31461	4 1/2% dto. von 39	3 1/2
31462	4 1/2% dto. von 40	3 1/2
	4% dto. von 44 (Jungscheine)	2
31470	4 1/2% Deutsche Niles-Werke Obl. von 42	2
31510	4% Deutsche Waffen Obl. von 42	2 1/2
	4% Dürener Metallwerke Obl. von 43	3
32000	5% Eisenbahnbank, Frankfurt a. M. Obl.	4
32011	5% Eisenbahn-Rentenbank, Frankfurt a. M. Obl. abgest.	6
32030	4 1/2% Eisen- u. Hüttenw. Obl. von 40	5
32123	4% Elektrowerke Obl. von 43	1 1/2
32124	4 1/2% Elektrowerke Obl. von 37	1 1/2
32125	4% dto. von 44 (Jungscheine)	1/2
32121/2	4 3/4% dto. von 34	2

Wert-papier-Nr.		Kurs in DM für RM 100.- Nominale
32060	4½% Elektr. Werk Unterelbe Obl. von 34	7½
32080	4½% Energie-Versorg. Schwaben Obl. von 40	8
32081	4% dto. von 41	8
32163	4% Eschweiler Bergwerk Obl. von 44 (Jungscheine)	4
34042	5% Essener Bergwerksverein König-Wilh. Obl. von 35	4
32133	4% Essener Steinkohlen-Bergwerke Obl. von 41	4
32132	5% dto. von 39	4½
32542	4% Feldmühle Papier- und Zellstoffwerke Obl. von 43	6
32541	5% dto. von 40	7
	5% Freudenberg & Co. Obl. von 39	7½
32841	4½% Gelsenberg Benzin Obl. von 40	4½
32581	4% Gelsenkirchener Bergwerks-A.G., Essen Obl. von 42	4
32722	4% Gesfürel Obl. von 41	1½
32721	4½% dto. von 34	1½
32780	5% Goldschmidt Th. Obl. von 40 (gekündigt p. 1. 2. 49)	9
32805	4% Großkraftwerk Mannheim Obl. von 44 (Jungscheine)	6½
32832	5% Gute Hoffnungshütte Obl. von 39	7
32833	4% dto. von 43	6
33481	4½% Hackethal Draht- u. Kabelwerke A.G.	7
33324	4% Hamburgische Elektriz.-Werke (H. E. W.) Obl. von 41	7½
33330/2	4% Hamburg Freihafen-Lagerhaus Gesellschaft Obl.	8
33376	4% Harpener Bergbau Obl. von 42	5½
33373	4½% Harpener Bergbau Obl. von 1935 Bonds	15½
33501	4½% Hartmann & Braun A.G., Frankfurt Obl. von 42	7
	4% Ernst Heinkel Obl. von 43	1
33400	4% Henschel Werke Obl. v. 43	1
30490	4½% Hibernia Obl. von 39	4
33410	5% Hochofenwerk Lübeck Obl. von 40	5
33472	4% Hoesch von 44 (Jungscheine)	5
	4% Howaldtswerke Obl. von 43	4
33462	4% Hydrierwerke Pölitz von 40	1
33461	4½% dto.	1
33460	5% dto. von 39	1
33910	4% Junkers-Werke Obl. von 42	1
34160	5% Kali-Chemie Obl. von 39	7½
	4% Kaufhaus Kortum Obl. von 35	6½
34151	4½% Klein, Schanzlin & Becker, Obl. von 43	7
34010	4% Klöckner-Werke Obl. von 43	6½
34013	5% dto. von 39	7
	4—10% Kolbermoor-Union	12
35274	5% Kom. Elektr. Werke Mark in Hagen Obl. von 39 I/II	8½
34123	4½% Krupp Obl. von 36	5
34120	4½% Krupp Obl. von 39	5
34130	5% Krupp Treibstoffwerke Obl. von 37	5
34653/4	4% Lech-Elektr. Werke A.G., Augsburg Obl. von 42/43	7½
	4% Lech Obl. von 43 (Jungscheine)	5
34681	5% Leopold-Grube Obl. von 37	1
34700	4% C. Lorenz Obl. von 43	2
	5% Mainzer Aktienbrau von 38	7½
	MAN Maschinenfabrik Augsburg-Nürnberg siehe Augsbung-Nürnberg	

Wertpapier-Nr.		Kurs in DM für RM 100.— Nominale
35141	$4^1/_2$% Mannesmann-Röhrenwerke Obl. von 40	$6^1/_2$
35133	5% Mansfelder Bergbau Obl. von 37	1
35134	5% Mansfelder Bergbau Obl. von 39	1
	4% Mauser Obl. von 43 (Jungscheine)	$2^1/_2$
32144	4% Maximilianshütte Obl. von 41	5
35190	5% Mechanische Weberei zu Linden, Hann.-Linden Obl. von 26	$3^1/_2$
35250	5% Metallges. A.G., Frankfurt/M. Obl. von 39	$7^1/_2$
35251	4% Metallges. A.G. von 43	7
35200	5% Miag Obl. von 34	$4^1/_2$
35263	4% Mitteldeutsche Stahlwerke Obl. von 41	1
35302	4% Mülheimer Bergwerksverein Obl. von 42	4
35301	$4^1/_2$% dto. von 40	4
35721	$4^1/_2$% Natronzellstoff von 41	1
35744	4% Neckar A.G. Obl. von 41	7
35746	4% dto. von 35	7
35760	4% Norddeutsche Affinerie Obl. von 43	7
35761	4% dto. von 44	7
35820	5% Norddeutsche Portland-Cement-Fabrik Misburg Obl. von 39	8
	4% Oberschl. Hydrier-Blechhammer Obl. von 42 und 43	$^1/_2$
	$4^1/_2$% Phrix-Werke Obl. von 42	5
36260	$4^1/_2$% Preuß. Bergwerks- u. Hütten (Preußag) Obl. von 40	$1^1/_2$
	4% Rabbethge & Giesecke Obl. von 41	2
36430	5% Rhein. Braunkohlen Obl. von 40	8
	4% Rhein. Metall Borsig Obl. von 44 (Jungscheine)	2
36469	4% Rhein. Westf. Elektr.-Werke Obl. von 44 (Jungscheine)	$6^1/_2$
36530	4% Rhenania-Ossag Obl. von 42	$7^1/_2$
30550	4% Roddergrube Obl. von 41	$6^1/_2$
	3—4% Ruhr-Chemie von 48	$4^1/_2$
36493	4% Ruhr-Gas Obl. von 43	$6^1/_2$
36490	$4^3/_4$% dto. von 34	8
36500	$4^3/_4$% Ruhrwohnungsbau Obl. von 34	7
36731	$4^1/_2$% Salzmann & Co. A.G., Kassel Obl. von 41	$8^1/_2$
36752	4% Schluchsee Werke A.G. Obl. von 41	$6^1/_2$
36753	4% dto. von 43	$6^1/_2$
	6% Spinnerei u. Zwirnerei Ramie Obl.	$7^1/_2$
36820	5% Steinkohle-Elektr. A.G., Essen von 1939	$6^1/_2$
36911	4% Gebr. Stumm Obl. von 41	$4^1/_2$
37420	$4^1/_2$% Thür. Zellwolle Obl. von 43	1
37463	4% August Thyssen Obl. von 43 (Jungscheine)	5
37632	4% Union Rhein. Braunkohlen-Kraftstoff A.G. Obl. von 42	$4^1/_2$
37631	$4^1/_2$% dto. von 40	$4^1/_2$
37700	4% Verein. Deutsche Metallwerke A.G., Frankfurt Obl. von 42	7
37737	$4^1/_2$% Vereinigte Elektr. Werke Westf. (V. E. W.) Obl. von 40	$7^1/_2$
37753	$4^1/_2$% Verein. Industrieunternehmen (Viag) Obl. von 36	2
37751	$4^1/_2$% dto. von 34	2

Wert-papier-Nr.		Kurs in DM für RM 100.— Nominale
37760	$4^1/_2$% Ver. Oberschlesische Hüttenwerke Obl. von 1940	$^1/_2$
	4% Waggon Uerdingen Obl. von 44 (Jungscheine)	$6^1/_2$
38000	4% Walchensee Goldanleihe (in gr. Feingold) Obl. (DM für 1 gr.)	0,30
38015	$4^1/_2$% Wasserwirtschaft (Rhein-Ruhr)	7
	$4^1/_2$% Carl Weber & Co.	8
38093	4% Wintershall A.G., Kassel von 44 (Jungscheine)	$3^1/_2$
	2. Verkehrsobligationen	
39320	$4^1/_2$% Schles. Dampfer Comp. Obl. von 40	4

D. Pfandbriefe, Rentenbriefe und ähnliche Schuldverschreibungen

4% Badische Komm. Landesbank Pf.	8
4% Badische Komm. Landesbank Ko.	7
4% Bayer. Handelsbank Pf.	$7^1/_2$
4% dto. Ko.	$6^1/_2$
4% Bayer. Hypoth. u. Wechselbank Pf.	$7^1/_2$
4% dto. Ko.	7
4% Bayer. Landeskultur Rentenbr.	$7^1/_2$
4% Bayer. Landwirtschaftsbank Pf.	8
4% Bayer. Vereinsbank Pf.	$7^1/_2$
4% dto. Komm. Schuldverschr.	7
4% Berliner Goldstadtschaft Pf.	1
4% Berliner Pfandbriefamt Pf.	1
4% Braunschw. Hann. Hypothekenbank Pf.	$7^1/_2$
4% dto. Ko.	$6^1/_2$
4% Braunschw. Rittersch. Kreditverein Pf.	7
4% Braunschweig. Staatsbank Pf.	8
4% dto. Ko.	7
4% Bremen Rittersch. Kreditver. Pf.	7
4% Calenberg Rittersch. Kreditv. Schuldv.	$7^1/_2$
4% Celler Rittersch. Kreditinst. Pf.	$7^1/_2$
4% Dt. Centralbodenkredit Pf.	4
4% dto. Ko.	$3^1/_2$
4% Dt. Genossenschafts-Hyp.-Bank Pf.	2
4% dto. Ko.	1
4% Dt. Hypothekenbank Berlin Pf.	2
4% dto. Ko.	$1^1/_2$
Deutsche Hyp.-Bk. Weimar (Bremen) s. Meininger Hyp.-Bk.	
4% Dt. Landesbankenzentrale Schuldv. von 34 Ser. A	$2^1/_2$
4% Dt. Landesrentenbank Rentenbr.	$2^1/_2$
4% Dt. Landesrentenbank Schuldv.	2
4% Dt. Rentenbank Ablös. Schuldver.	$4^1/_2$
4% Dt. Rentenbank Kreditanstalt Schuldv. Ausgabe 1934 Ser. A	3
4% Dt. Rentenbank Kreditanstalt Agrar-Kreditbriefe	3
4% Dt. Rentenbank Kreditanstalt Ld.-K.-Schuldv.	3
$4^1/_2$% dto. Ko.	3
4% Dt. Schiffsbeleihungsbank Schiffspf.	4
4% Dt. Schiffskredit Bank Pf.	4

Wert-papier-Nr.	Kurs in DM für RM 100.— Nominale
4% Dt. Schiffspfandbriefbk. Pf.	3
4% Dt. Wohnstätten Hypothekenbank Pf.	4
4% dto. Ko.	3
4% Erbländische Rittersch. Creditv. Sachsen Pf.	1
4% Frankfurter Hypothekenbank Pf.	$7^{1}/_{2}$
4% dto. Ko.	6
4% Hamburgische Landesbank Pf.	$7^{1}/_{2}$
4% Hamburger Hypothekenbank Pf.	7
4% dto. Ko.	$6^{1}/_{2}$
4% Hannoversche Bodenkredit Pf.	$7^{1}/_{2}$
4% Hannoversche Landeskreditanstalt Pf.	$7^{1}/_{2}$
4% Hess. Landesbank Pf.	$7^{1}/_{2}$
4% dto. Ko.	$6^{1}/_{2}$
4% Landeskreditkasse Kassel Pf.	7
4% dto. Ko.	6
4% Kur-Neumärk. rittersch. Pfandbriefe	1
4% dto. Abf. K.-Schuldverschr.	1
4% Kur-Neumärk. rittersch. Schuldverschr.	$^{1}/_{2}$
Landesbank der Provinz Westfalen s. Westfalen Landesbk.	
Landschaft der Provinz Westfalen s. Westfalen Landschaft	
4% Landschaftl. Central Pf.	1
4% Landständische Bank Oberlausitz Pf.	$^{1}/_{2}$
4% Leipziger Hypothekenbank Pf.	1
4% Lübecker Hypothekenbank Pf.	7
4% Mecklenburgische Hypotheken- und Wechselbank Pf.	2
4% dto. Ko.	$1^{1}/_{2}$
4% Mecklenburgische Credit- und Hypothekenbank Pf.	1
4% dto. Ko.	1
4% Mecklenburgische Ritterschaft Creditver. Pf.	1
4% Meininger Hypothekenbank Pf.	$5^{1}/_{2}$
4% dto. Ko.	4
4% Mitteldeutsche Bodencredit Pf.	6
4% dto. Ko.	5
4% Mitteldeutsche Landesbank Girozentrale Anleihe	2
4% Nassauische Landesbank Pf.	8
4% dto. Ko.	7
4% Niedersächsische Landesbank Girozentrale Anleihe 40 u. 41	$7^{1}/_{2}$
4% Oldenburger staatl. Kreditanstalt Pf.	$7^{1}/_{2}$
4% dto. Ko.	7
4% Ostpreuß. Landschaftl. Pf.	$^{1}/_{2}$
4% Pfälzische Hypothekenbank Pf.	$7^{1}/_{2}$
4% Pfälzische Hypothekenbank Ko.	7
4% Pommersche Landschaftl. Pf.	1
4% Preuß. Centralboden Pf. (Fonciers)	3
4% Preuß. Landespfandbrief-Anstalt Pf.	$5^{1}/_{2}$
4% dto. Ko.	$4^{1}/_{2}$
4% Preuß. Landesrentenbank Rentenbr.	2
$4^{1}/_{2}$% dto. Liquid. Rtbrfe.	$2^{1}/_{2}$
6% dto. Abfind. Schuldv.	2
4% Preuß. Zentralstadtschaft Pf.	$1^{1}/_{2}$

Wertpapier-Nr.		Kurs in DM für RM 100.— Nominale
	4% Rhein. Girozentrale u. Provinzialbank (fr. Rheinprovinz Landesbank) Pf.	7½
	4% dto. Ko.	7
	4% Rhein. Hypothekenbank Pf.	7½
	4% dto. Ko.	6
	4% Rhein. Westf. Bodencredit Pf.	7½
	4% dto. Ko.	6½
	4% Sachsen Provinz landsch. Pf.	1
	4% Sachsen landw. Kreditv. Pf.	1
	4% dto. Kreditbr.	½
	4% Sächs. Bodencreditanstalt Pf.	1
	4% dto. Ko.	1
	4% Schles. Landeskredit Pf.	1
	4% dto. Ko.	½
	4% Schles. Landschaftliche Pf.	½
	4% Schlesw. Holst. Landesbank Girozentrale Pf.	7½
	4% dto. Ko.	7
	4% Schlesw. Holst. Landw. Kreditv. Pf.	7½
	4% Schlesw. Holst. Landschaftl. Pf.	7½
	4% Süddeutsche Bodencreditbank Pf.	7½
	4% Süddeutsche Bodencreditbank Ko.	6½
	4% Thüringer Landeshypothekenbank Pf.	2
	4% dto. Ko.	1½
	4% Thüringer Staatsbank Pf.	1
	4% Vereinsbank Nürnberg Pf.	8
	4% dto. Ko.	7½
	4% Westdeutsche Bodencredit-Anstalt Pf.	7½
	4% dto. Ko.	6½
	4% Westfalen Landesbank Girozentrale Pf.	7½
	4% dto. Ko.	7½
	4% Westfalen Landschaftl. Pf.	7½
	4% Westfälische Pfandbrief-Amt Pf.	7½
	4% Württembergische Hypothekenbank Pf.	7½
	4% dto. Ko.	7
	4% Württemberg. Kreditverein Pf.	7½
	4% Württemberg. Wohnungskreditanstalt jetzt Württembergische Landeskreditanstalt Pf.	7½
	4% Zentrale für Bodenkultur Schv.	1½

E. Oeffentliche Anleihen

1. Staatsanleihen

10402	Anleihe Auslosungsscheine mit Abl. Schuld des Freistaats Bayern	17½
	2½% Badische Staatsanleihe von 1946	7½
10403	3½% Bayr. Landesanleihe von 1941	7½
	Braunschweig. Land Anleiheablösung mit Auslosung	16
10507	4% Braunschweig. Staatsanleihe von 29	7½
10605	4% Bremer Umtauschanleihe von 1934	7
10707	4% Hamburger Anleihe von 1942	7

Wert-papier-Nr.		Kurs in DM für RM 100.— Nominale
10702	Hamburger Staatsanl. Auslos. Scheine (einschl. 1/5 Ablös. Schuld)	16
10806	$3^1/_2$% Hessen Staatsanl. von 1929 Reihe 5 Buchst. A—E, rckz. z. 102%	7
	3% Hessen-Pfalz Schatzanweisungen von 1946	$7^1/_2$
11108	4% Meckl. Schwerin Staatsanleihe von 1929	1
	$2^1/_2$% Rheinland-Hessen-Nassau Schatzanw. von 1946	$7^1/_2$
	$2^1/_2$% Süd-Württemberg-Hohenzollern (franz. Zone) Schatzanweisungen von 1946	$7^1/_2$
	2. Anleihen der Provinzial- und Bezirksverbände	
12500/02	4% Brandenburgische Provinzanleihen	1/2
12606	Hannover. Provinzial-Anleihe Ablösungsschuld mit Auslosungsschein	16
12800	Oberhessen Prov. Anl. Auslos. Scheine einschl. 1/8 Ablös.-Schuld	$15^1/_2$
13100	Rheinprov. Anl. Ausl. Scheine einschl. 1/5 Abl. Schuld Buchst. A—G	17
13415	4% Schles. Holst. Prov. Verb. Anl. von 1941	$5^1/_2$
13410	dto. Anl. Ablös. mit Auslosungsschein	16
13606	Westfalen, Provinz-Anleihe-Ablösungsschuld mit Auslosungsschein	17
	3. Sammel-Ablösungs-Anleihen	
	Bayer. Kommunalsammelablösungsanleihe mit Auslosungsrechten, Serie 1	$18^1/_2$
14100	Braunschweigische Kommunal-Sammel-Ablösungsanleihe mit Auslosungsrechten	16
20093	Braunschweig. Staatsbank Auslosungsscheine mit Abl.-Schuld	16
14000	Deutsche Kommunal-Sammel-Anleihe-Auslosungsscheine mit Abl.-Schuld	$4^1/_2$
	4. Kreis-Anleihen	
	Eiderstedter Kreis-Anl. Ablösungsschuld mit Auslosungsrecht	15
	5. Stadtanleihen	
15000	4% Aachen Stadtanl. von 1929 Buchst. A—D	7
15110	4% Augsburg Stadtanl. von 1926 Buchst. A—E	8
15250	4% Berliner Stadtanleihe von 1926	1/2
	4% dto. Verkehrsanleihe	1
15560	4% Darmstadt Stadtanl. von 1926 Buchst. A	7
15561	4% dto. von 1928 Buchst. B	7
15641	4% Dresden Stadtanl. von 1926 Reihe 1 A—D	1
15642	4% dto. von 1926 Reihe 2 A—D	1
15643	4% dto. von 1928 Buchst. A—D	1
16002	Freiburg Altbesitz-Anleihe	$15^1/_2$
16440	4% Hanau Stadtanleihe von 1926 Buchst. A—D	7
16853	4% Leipzig Stadtanl. von 1928 Buchst. A—D	1

Wert-papier-Nr.		Kurs in DM für RM 100.— Nominale
16854	4% dto. von 1929 Buchst. A—D	1
17105	4% Mainz Stadtanl. von 1926 Lit. A	7
17104	4½% dto. von 1928 Lit. B	7
17134	Mannheim Anl. Ausl. Schein einschl. 1/6 Abl. Schuld	15½
17224	4% München Stadtanl. von 1929 Buchst. A—D	9
17226	4% dto. von 1927	9
17227	4% München Stadtanl. von 1928 Buchst. A—D	9
17650	4% Pforzheim Stadtanl. von 1926 Buchst. A—D	7
17651	4% dto. von 1927 A—D	7
18286	4% Wiesbaden-Stadtanl. von 1928 Ser. 1	7
	soweit vorstehend nicht aufgeführt:	
	4% Stadtanleihen i. d. amerik. Zone	7
	4% Stadtanleihen i. d. brit. Zone	7
	4% Stadtanleihen i. d. franz. Zone	7
	4% Stadtanleihen i. d. russ. Zone	½
	Städte Altbesitz i. d. amerik. Zone	15
	Städte Altbesitz i. d. brit. Zone	15
	Städte Altbesitz i. d. franz. Zone	15
	6. Anleihen der öffentlich-rechtl. Verbände	
	4% Deutsche Kommunal Anleihen	2
16710	4% Gemeinde Umschuldungsanleihe	6
18517/18	4% Bayer. Kommunal-Anleihe von 1940 und 1942	9
18750	4% Oberschwäb. Elektrizitätswerke Obligationen von 1927 (Bezirksverb.) Buchst. A—E	8
18600	4% Emscher Genossenschaft 6 A	7½
18601	4% dto. 6 B	7½
18659	4% Ruhrverband Obl. von 1942	7
18674	4% Schleswig-Holstein. Elektr. Verband-Anleihe	6½
18770	4% Siedlungsverband Ruhrkohlenbezirk von 1926	7

Sachregister

Die Zahlen bedeuten die Seiten

FSC
www.fsc.org
MIX
Papier | Fördert gute Waldnutzung
FSC® C083411

Kolibri 360 GmbH
Ferdinand-Jühlke-Straße 7
99095 Erfurt, Deutschland
produktsicherheit@kolibri360.de